教材解析

数　学 江苏国标 八年级上

主　　编：李朝东

二维码总码（此功能须下载“扫扫看”客户端）

用“扫扫看”扫描二维码总码，打包下载本书所含二维码资源，下载后，再扫描书里二维码，无需等待，不要流量。总码容量比较大，最好在wifi环境下下载。

黄河出版传媒集团
宁夏人民教育出版社

读者反馈表

亲爱的书友

为了进一步了解大家的需求，使我们的产品更好地为大家服务，现诚邀您参与经纶产品问卷调查。您可以通过电话、电子邮箱或QQ群等方式，留下宝贵意见。请保证您所填的信息真实有效。若您是老师，有意向成为我们的作者，欢迎联系我们。

联系方式：

电话：025-68569578；邮箱：3179602249@qq.com；经纶学典图书质量反馈QQ群：656260881

读者信息

姓　名		职　务	
学　校		班　级	
电　话		QQ/邮箱	
通讯地址	省　市　区/县　邮编		

产品信息

书　名		科　目	
年　级	例：七年级上	教材版本	例：人教版
购买方式	□自主购买　□家长购买　□老师推荐 □同学介绍　□学校订购　□其他方式		
书中错误	请您指出书中内容性错误，如讲解错误、题目错误、答案错误、装订错误等		
主要优点			
主要不足			
其他建议			
困难说明	请您谈谈在学习（或教学）过程中遇到过的困惑		
需求类型	请您谈谈在学习（或教学）中还需要的图书类型		

本书特色

教材是学习之本，但由于篇幅所限，它并不能将知识点详尽阐述。教师在课堂教学中受教学时间限制也不能弥补此缺陷。本书则填补了教材和课堂教学的不足。它有两个突出功能：

一 课前预习和课后复习提升之用，有助于提高课堂学习效果。对于上课没听懂的同学，使用本书等于把一个优秀教师请回了家。

二 填补教材与考试之间的差距，以考试的要求，对教材知识进行全面地挖掘和提升，使同学们在考试时能居高临下，得心应手。

本书的栏目突出了本书的特点：知识点讲解透彻、例题典型、方法规律归纳全面。

书码结合，相得益彰

本书采用最新的二维码技术，将数字内容植入纸质图书中。在保持原有图书自身完整性的基础上，穿插了二维码链接的多媒体学习资源，用全新的方式呈现了纸质图书不能呈现的学习内容和形式。本书二维码内容有：

拓展阅读

以图文、视频等形式拓展学生的视野，增加学生的学习兴趣。

错误诊断

通过大量的错题分析，找出学生易错的类型题目，进行合理的错误类型归纳，学生根据自己的错误类型对号入座，可以查看错误的原因，并配有变式练习，及时反馈。

精品微课

一段5~10分钟的视频课程，只针对一个疑难点、易错点、常考点，名师主讲，短小、精练、高效，足不出户，名师到家。可以随时看，反复看。

手机扫描书中二维码，或下载“扫扫看”客户端配合本书使用，你将获得全新的学习体验。

目录

第1章 全等三角形

第2章 轴对称图形

本章导航

情境导读

在一次战役中，我军阵地与敌军碉堡隔河相望，为了炸掉这个碉堡，需要知道碉堡与我军阵地的距离．在不能过河测量又没有任何测量工具的情况下，一个战士想出这样一个办法：他面向碉堡的方向站好，然后调整帽子，使视线通过帽檐正好落在碉堡的底部．然后，他转过一个角度，保持刚才的姿态，这时视线落在自己所在岸的某一点上，接着，他用步测的办法量出自己与那个点的距离，这个距离就是他与碉堡间的距离．你知道为什么吗？ 想知道吗？ 那就让我们一起带着问题进入到本章的学习中吧！

本章概述

【本章内容】

全等三角形是初中数学的重要内容，本章所学主要内容有：（1）全等图形、全等三角形和探索三角形全等的条件；（2）能用直尺和圆规作出符合要求的图形，并能了解作图的原理；（3）能运用全等三角形有关知识解决实际问题．全等三角形作为中考考查的重点，它的考查形式灵活多样，选择题、填空题、解答题均有，有的是对全等三角形的独立考查，有的是与其他知识结合的综合考查．探究三角形全等条件的开放性题目是中考考查的热点．

【本章重点】

三角形全等的性质与判定．

【本章难点】

三角形全等的性质与判定．

学法点津

（1）在本章的学习过程中，要结合图形来理解概念，使概念具体化、形象化．

（2）在本章的学习中，应善于动手实践，勤于思考，勇于探索，从平移、旋转和翻折中感受与认识图形的全等，并在这个过程中学会简单的推理和归纳，训练思维的广阔性和创造性．

（3）要选用恰当的方法来判定两个三角形全等，并能找出题目中隐藏的条件，如“公共边”“公共角”，并在自主探索、发现的过程中形成一定的数学建模能力以及运用数学知识的意识．

（4）当要求证角相等或者线段相等时，往往需要构造全等三角形来解决，在很多题目里面需要添加辅助线，要学会几种常见的添加辅助线的方法．

（5）还要能从复杂图形中提炼出基本图形，如常见的“8”型、“K”型等．

1.1 全等图形

学习目标　明确方向，有的放矢

1. 认识全等图形，理解全等图形的概念与特征.
2. 理解全等图形的基本特征，掌握全等图形的识别方法.
3. 在操作、交流中经历平移、翻折、旋转等全等变换的过程，提高识图的能力.

知识详解　讲透教材，解疑释难

知识点一　全等图形　重点

能完全重合的图形叫做全等图形.

提醒

1. 全等图形关注的是图形的形状和大小，只有形状相同、大小相等的图形才是全等图形，它和图形的位置无关.

2. 一个图形经过平移、旋转或翻折后所得到的图形能够与原图形完全重合，它们一定是全等图形.

3. 全等图形是指两个或两个以上的图形的关系.

例 1　如图，①~⑫中全等的图形是______和______；______和______；______和______；______和______；______和______；______和______.(填图形的序号)

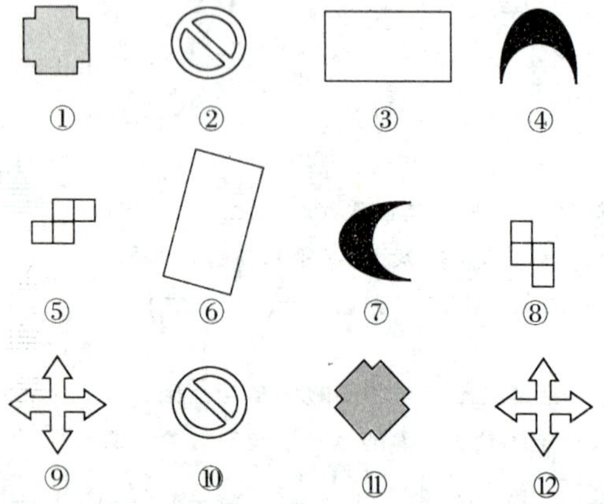

解析　图①与⑪通过平移和旋转能重合；图②与⑩通过平移能重合；图③与⑥通过平移和旋转能重合；图④与⑦通过平移和旋转能重合；图⑤与⑧通过平移和旋转能重合；图⑨与⑫通过平移能重合，通过翻折也可以重合.

答案　①　⑪　②　⑩　③　⑥　④　⑦　⑤　⑧　⑨　⑫

点评　本题考查了全等图形的定义，若几个图形通过平移、旋转或翻折中的一种或几种能够互相重合，那么这些图形就是全等图形.其中图⑨和⑫通过平移能重合，通过翻折也可以互相重合.判断两个图形是否全等，还可以先看形状是否相同，再看大小是否相等.

知识点二　全等图形的性质　重点

两个图形全等，它们的形状和大小都相同.

拓展

图形的全等必须具备两个条件：图形的大小相等，图形的形状相同.在实际应用时，先根据形状判断，形状相同再看大小.

注意

形状相同的图形也不一定是全等图形.图形的形状相同，大小相等这两个条件缺一不可.

全等图形的面积相等，但面积相等的图形不一定是全等图形.(如：三角形、长方形等面积相等时不一定全等；而等边三角形、正方形等面积相等时就一定全等.)

归纳：正多边形的面积相等时就一定全等.

例 2　如图，请用三种方法把正方形 $ABCD$ 分成4个全等的图形.你能在一个正方形中画出一些全等图形吗？试试看.

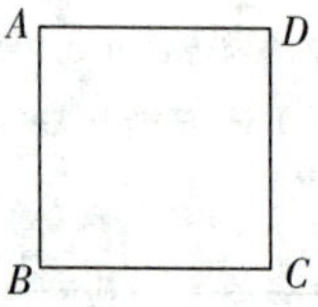

解析 通过观察、动手操作.

解 把正方形 $ABCD$ 分成4个全等的图形,显然答案不唯一.如下图所示:

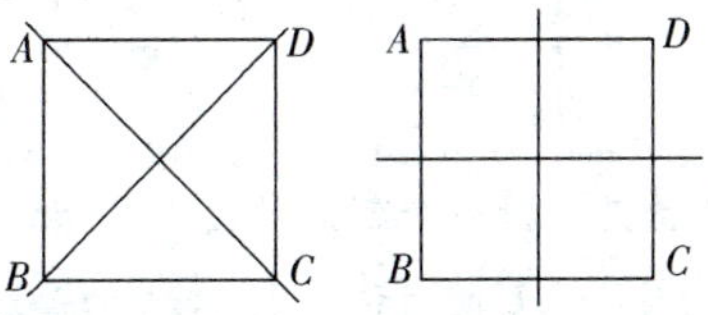

点评 注意要动手操作,尝试可能出现的结果.

知识点三　全等图形的全等变换　重难点

只改变图形的位置,而不改变其形状、大小的图形变换叫全等变换.

拓展

平移、翻折、旋转属于全等变换.因此,变换后得到的新图形一定与原图形全等.

例3 图中不能与左图构成全等图形的是　(　　)

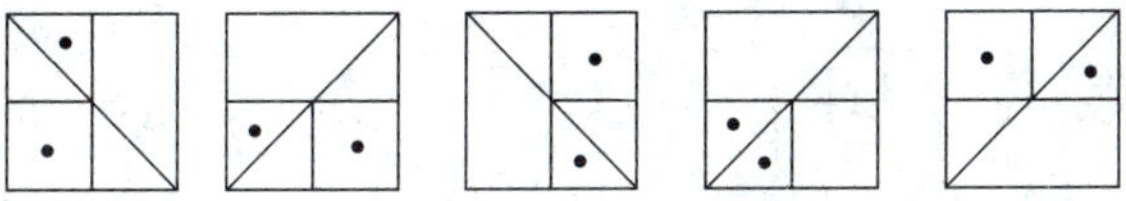

A　　B　　C　　D

解析 首先将A、B、C、D四个图形进行旋转变换到左边图形的位置,其次注意图中黑点的位置.

答案 C

点评 通过对图形的分析(图形的形状、大小不变,图形的位置发生变化),运用图形变换的方法认识和研究图形.

★教材中的问题解答★

交流(P_7)

图中的全等图形有:(1)与(11),(2)与(9),(3)与(10),(4)与(7).

操作(P_7)

第(1)个图形是把最左边的图形向右平移7格得到的;

第(2)个图形是通过翻折得到的;

第(3)个图形是右边的图形绕最中间的点逆时针旋转90°得到的(答案不唯一).

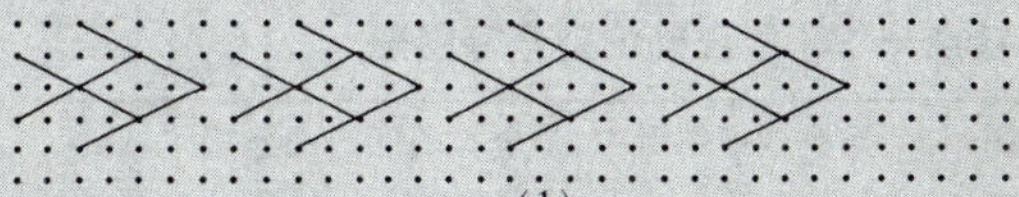

(1)

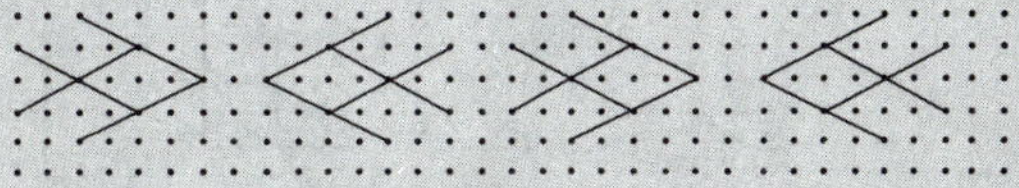

(2)

第(3)个图形略

拓展典例　分类提升,典例剖析

拓展点一　判断问题

例1 下列说法中正确的个数为　(　　)

①用一张底片冲印出来的10张一寸照片是全等图形;

②我国国旗上的四颗小五角星是全等图形;

③边数相同的图形一定能够互相重合;

④面积相等的两个正方形是全等图形.

A. 1　　B. 2　　C. 3　　D. 4

解析 根据已知条件,我们判断是否能够完全重合.①用一张底片冲印出来的10张一寸照片能够完全重合,是全等图形;②我国国旗上的四颗小五角星能够完全重合,是全等图形;③边数相同的图形,形状不一定相同,大小不一定相等,故不一定能够互相重合;④面积相等的两个正方形的边长是相等的,形状是相同的,能够完全重合,是全等图形.

答案 C

点评 判断图形是否为全等图形主要是看其是否完全重合,我们可以根据给出的条件,结合图形,判断这两个图形的形状和大小是否相同,是不是能够完全重合.

拓展点二　学科内综合问题

例2 下列几何体中,同一个几何体的三视图是全等图形的是　(　　)

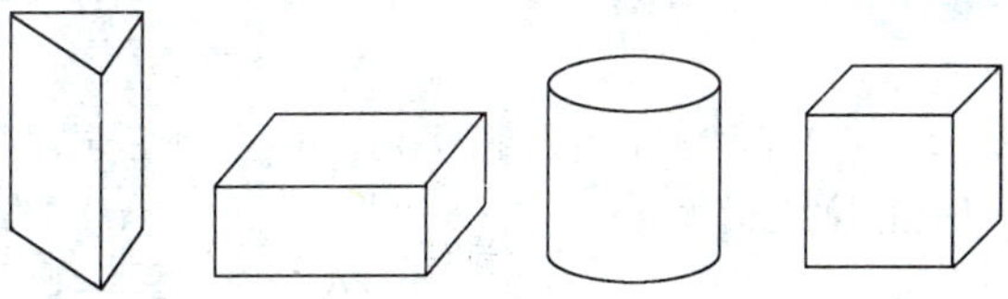

A　　B　　C　　D

解析 可以先画出上述几何体的三视图,再依据全等图形的条件作出判断.

答案 D

点评 画出几何体的三视图是解本题的关键.

▶ 拓展点三　全等图形的分割与拼接

例 3 如图是由一个正方形和一个等腰直角三角形拼接而成的直角梯形,如何把它剪成 4 块全等的图形?

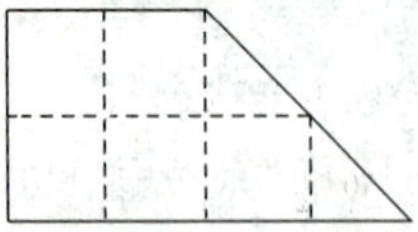

解析 如果分成的 4 个图形全等,那么它们的面积也相等,如果总面积是 6,那么每个图形的面积应该是 1.5,即一个小正方形加上半个小正方形.

解 如图所示就是要求的图形.

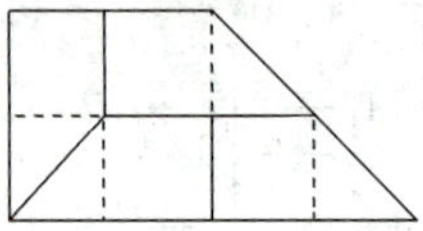

点评 解决本题的关键是弄清楚分割后的图形有什么样的性质,即分割后的每个图形的面积相等,以此为突破口可以化难为易.

易错辨析　　错误分析,拨开迷雾

易错点一　不能正确识别全等图形

例 1 下列四组图形中,是全等图形的一组是　　(　　)

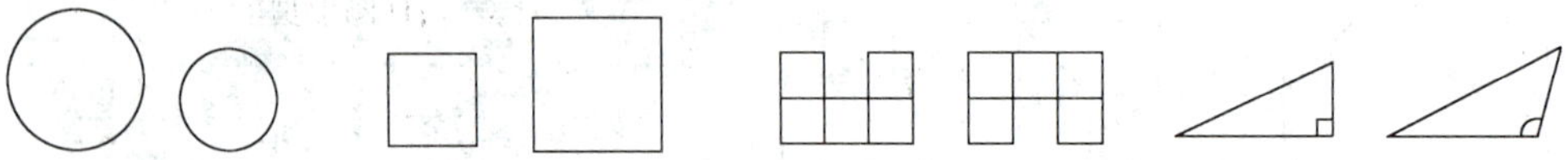

A　　B　　C　　D

正确解答 由全等图形的概念可知:A,B 中的两个图形大小不同,D 中的两个图形形状不同,C 中的两个图形旋转、平移后可以重合,故 C 是全等图形.故选 C.

易错总结 判断两个图形是否为全等图形时,可以从定义来判断,也可以从形状和大小来判断,但需要注意的是不仅形状要相同,而且大小也要相等,在判断时容易忽略“大小相等”这个条件.

易错点二　不能正确理解全等图形的概念

例 2 判断对错:两个图形面积相等,周长也相等,这两个图形一定全等.　　(　　)

正确解答 × 面积相等只能说明底与高的乘积相等,周长相同不能确定形状相同.

易错总结 正确理解全等图形的概念,能够完全重合的两个图形是全等图形.

品味中考　　对接中考,小试牛刀

1. (2017 · 黔西南州)下列四个几何体中,主视图与左视图相同的几何体有　　(　　)

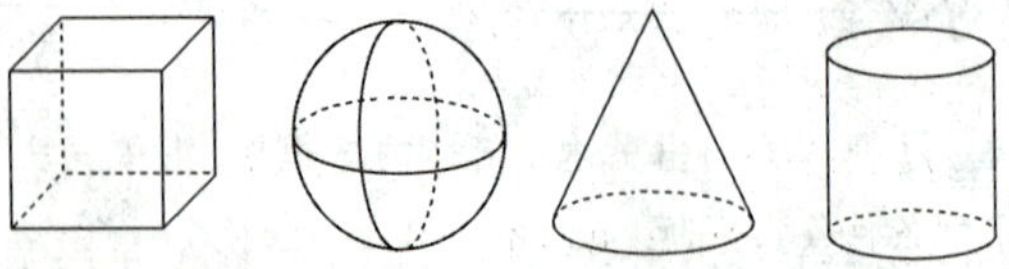

①正方体　②球　③圆锥　④圆柱

A. 1 个　　B. 2 个

C. 3 个　　D. 4 个

2. (2017 · 营口)下列几何体中,同一个几何体的三视图完全相同的是　　(　　)

A. 球　　B. 圆锥

C. 圆柱　　D. 三棱柱

趁热打铁　即时检测，巩固提高

基础篇

1. （知识点一、二 ☆）下列说法中正确的是　（　　）

A. 两个形状相同的图形，称为全等图形

B. 两个圆是全等图形

C. 两个正方形是全等图形

D. 全等图形的形状和大小都相同

2. （知识点一 ☆）下列图形中被虚线分成的两部分不是全等图形的是　（　　）

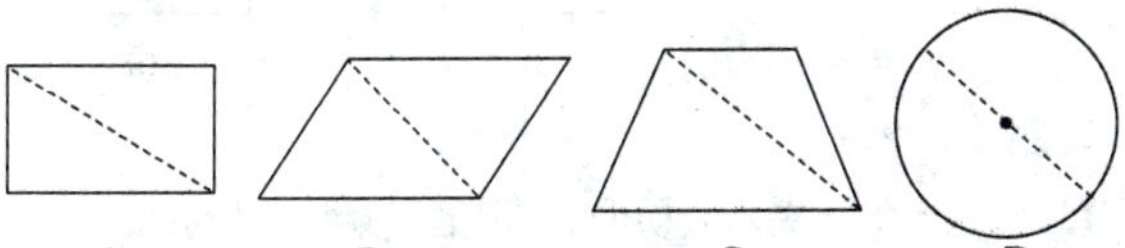

A　B　C　D

3. （知识点一、二 ☆☆）下列各组图形中，一定是全等图形的是　（　　）

A. 两个周长相等的等腰三角形

B. 两个面积相等的长方形

C. 两个斜边相等的直角三角形

D. 两个周长相等的圆

4. （知识点一、三 ☆）如图，有 6 个条形方格图，图上由实线围成的图形是全等图形的有________和________.

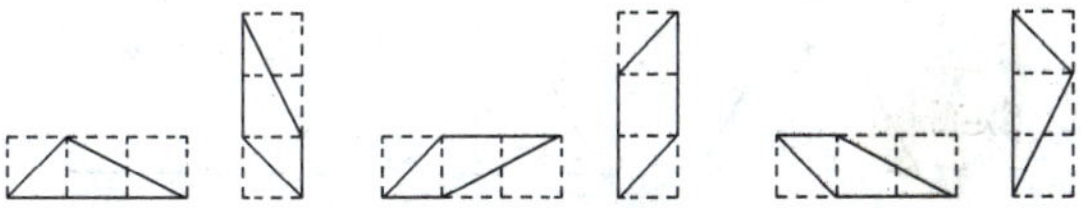

①　②　③　④　⑤　⑥

5. （知识点一 ☆☆）请在右图中画出一个图形，使它与左图中的图形全等.

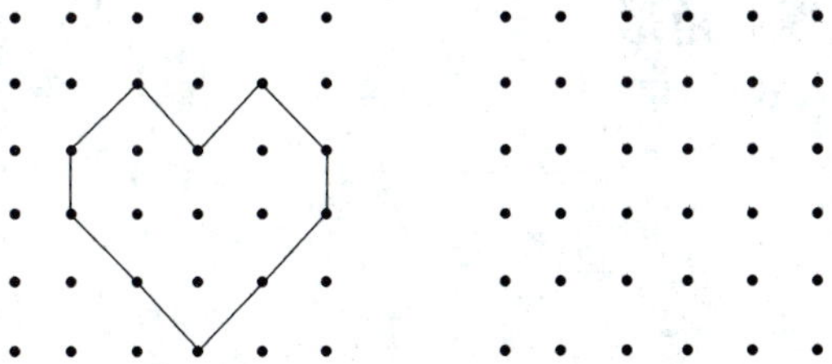

提升篇

6. （知识点一 ☆☆）两个全等图形中可以不同的是　（　　）

A. 位置　B. 长度　C. 角度　D. 面积

7. （知识点一 ☆☆☆）如图，在下列 4 个正方形图案中，与左边正方形图案全等的是　（　　）

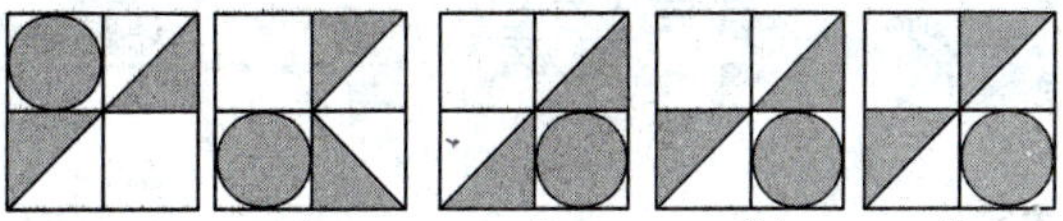

A　B　C　D

8. （知识点一 ☆☆☆）如图，将标号为 A，B，C，D 的正方形沿图中的虚线剪开后，得到四个图形，则 A 图形剪开后得到的图形与______图形对应；B 图形剪开后得到的图形与______图形对应；C 图形剪开后得到的图形与______图形对应；D 图形剪开后得到的图形与______图形对应.

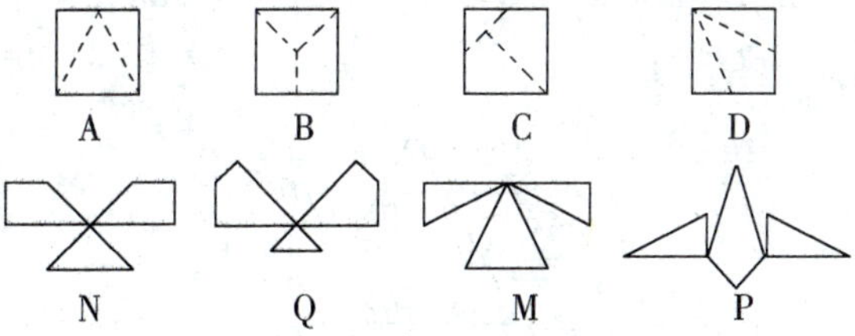

9. （知识点一、二 ☆☆☆）如图所示，请你在图中画出两条直线，把这个图形分成四个全等的图形（要求至少画出两种）.

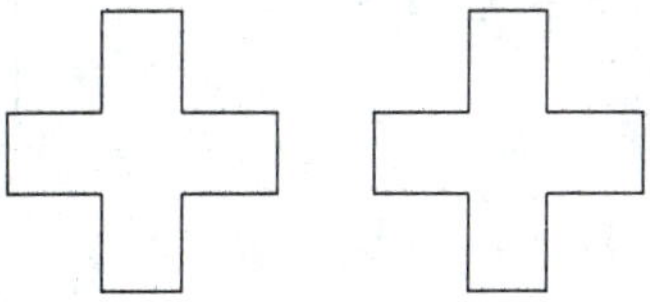

挑战篇

10. （知识点一、二 ☆☆☆☆☆）（温州中考题）如图，在方格纸中，$\triangle PQR$ 的三个顶点及 A,B,C,D,E 五个点都在小方格的顶点上，现以 A,B,C,D,E 中的三个顶点为顶点画三角形.

（1）在图①中画出一个三角形与 $\triangle PQR$ 全等；

（2）在图②中画出一个三角形与 $\triangle PQR$ 面积相等但不全等.

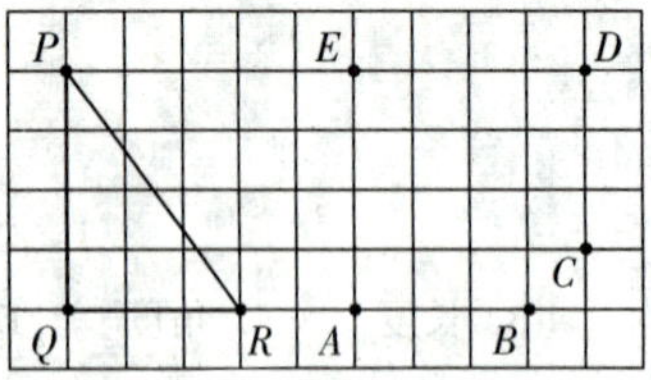

①

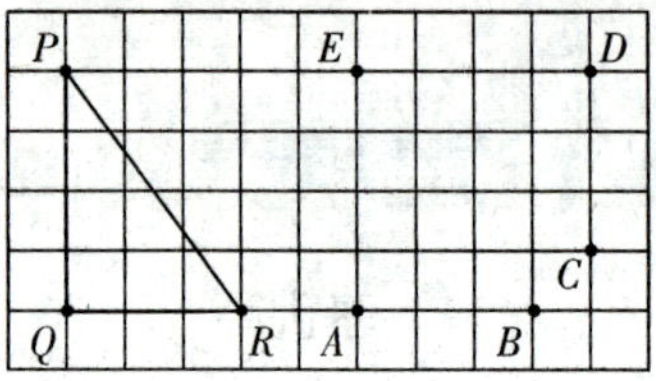

②

课后答案

详解习题，夯实基础

练习(P_8)

1. 如图，图中的全等图形有：2 个大三角形：$\triangle AJF$，$\triangle HLD$；6 个小三角形：$\triangle ABC$，$\triangle DCE$，$\triangle EFG$，$\triangle GHI$，$\triangle JIK$，$\triangle KLB$；3 个平行四边形：平行四边形 $BJGD$，平行四边形 $LIFC$，平行四边形 $AKHE$；6 个梯形：梯形 $BCFJ$，梯形 $AKIF$，梯形 $AEGJ$，梯形 $BKHD$，梯形 $GILD$，梯形 $CEHL$；6 个五边形：五边形 $BCEHK$，五边形 $BCFIK$，五边形 $BDGIK$，五边形 $AEGIK$，五边形 $LIGEC$，五边形 $JGECB$.

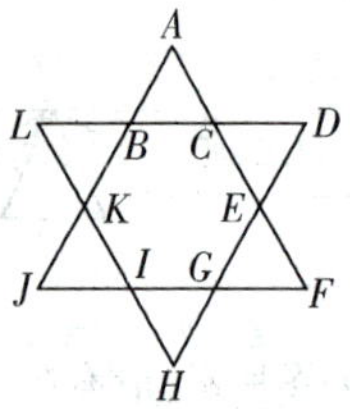

2. 答案不唯一，示例：

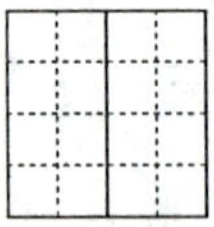
①

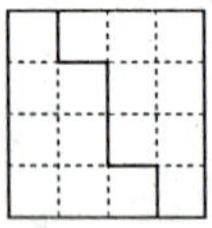
②

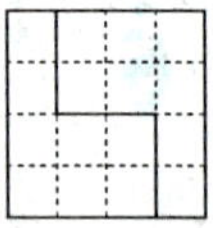
③

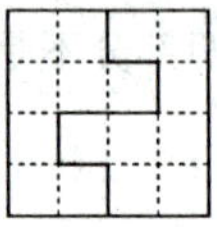
④

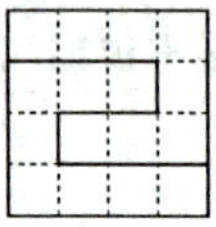
⑤

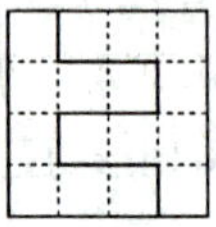
⑥

习题 1.1(P_8)

1. (1)③④　提示：④可以看作由③翻折得到的.

(2)①②④　提示：②可以看作由①顺时针旋转 90°得到的；④可以看作由①旋转 180°得到的.

2. 有以下几种常见的分法：

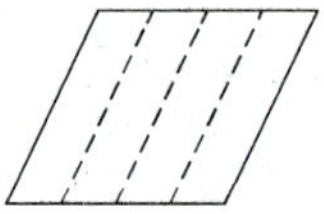
①

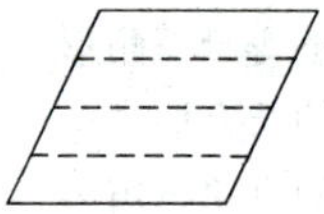
②

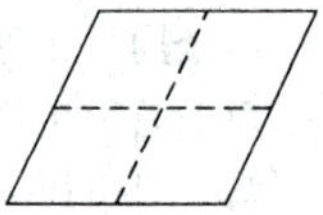
③

3. 分成 2 个全等的三角形；分成 3 个全等的三角形；分成 4 个全等的三角形(分法不唯一). 如图所示.

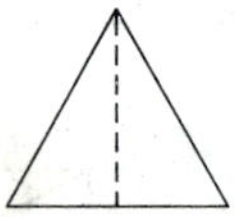

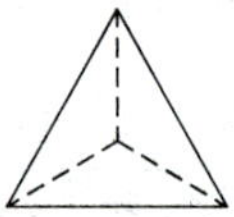

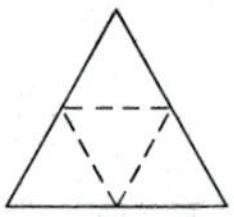

1.2 全等三角形

学习目标

明确方向，有的放矢

❶ 理解全等三角形的概念，能识别全等三角形中的对应边、对应角.

❷ 掌握全等三角形对应边相等、对应角相等的性质，并能进行简单的推理和计算.

❸ 经历三角形平移、翻折、旋转的操作活动，了解用图形运动的方法识别复杂图形中的全等三角形.

知识详解 讲透教材，解疑释难

知识点一 全等三角形及相关概念 重点

1. 全等三角形

两个能完全重合的三角形叫做全等三角形.

2. 全等三角形的对应元素：互相重合的点叫做对应点；互相重合的边叫做对应边；互相重合的角叫做对应角.

3. 全等三角形及对应关系的表示方法

我们用符号"≌"表示全等.如果△ABC和△A′B′C′全等，那么记作：△ABC≌△A′B′C′，读作：△ABC全等于△A′B′C′.

拓展

任何两个三角形只要能完全重合，那么这两个三角形就是全等的.

(1)在表示两个三角形全等的时候，我们通常是把对应点所对应的字母写在对应的位置上；(2)对应角的夹边就是对应边，对应边的夹角也就是对应角.

提醒

两个三角形全等，与它们所处的位置无关.

例1 如图，△ACB≌△BDA，AC和BD是对应边，写出其他的对应边、对应角和对应顶点.

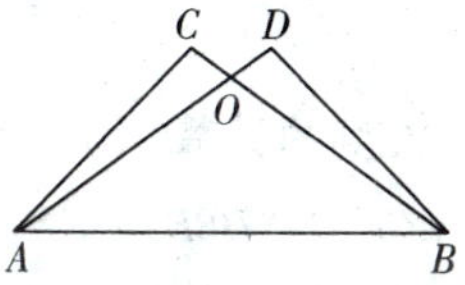

解析 线段AB是两个三角形的公共边，故AB和BA是一组对应边；由于AC和BD是对应边，故剩余的一组边BC与AD是对应边.由此可知各组对应边所对的∠CBA和∠DAB，∠CAB和∠DBA，∠ACB和∠BDA分别是对应角.而对应角的顶点(点C与点D，点A与点B，点B与点A)即为对应顶点.

解 AB和BA，BC和AD是对应边；∠CBA和∠DAB，∠CAB和∠DBA，∠ACB和∠BDA是对应角；△ABC的顶点A，B，C分别对应△BAD的顶点B，A，D.

知识点二 全等三角形的性质 重难点

全等三角形的对应边相等，对应角相等.

拓展

(1)全等三角形的对应边相等，对应角相等，对应的高、对应的角平分线、对应的中线也相等，全等三角形的周长和面积也对应相等.

(2)全等三角形的性质是证明线段相等、角相等的应用方法，在几何证明和计算中起着重要作用.运用全等三角形的性质时，应结合图形及表达式中的位置灵活判断出对应边和对应角.

提醒

周长相等或面积相等的两个三角形不一定全等.

例2 如图，△ABC≌△DEF，∠A=30°，∠B=50°，BF=2.求∠DFE的度数与EC的长.

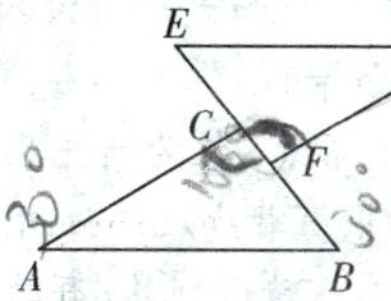

解析 由∠A，∠B的度数，并结合三角形内角和定理可得∠ACB的度数；再由全等三角形的对应角相等、对应边相等，求出欲求角的度数与线段的长.

解 在△ABC中，∵ ∠A=30°，∠B=50°，

又∠A+∠B+∠ACB=180°，∴ ∠ACB=180°−30°−50°=100°.

∵ △ABC≌△DEF，

∴ ∠ACB=∠DFE(全等三角形的对应角相等)，

BC=EF(全等三角形的对应边相等).

∴ ∠DFE=100°，EC=EF−FC=BC−FC=BF=2.

点评 本题把BF，EC都加上线段CF，将它们转化为全等三角形的两条边，然后由△ABC与△DEF全等得到了相等的线段.这种"求和"(或"求差")法是证两条线段相等的重要方法，它也是证两个角相等的重要方法.

知识点三 全等变换 难点

如图①，把△ABC沿直线BC移动线段BC长的距离可以变到△ECD的位置；如图②，以BC为轴把△ABC翻折180°，可以变到△DBC的位置；如图③，以点A为中心，把△ABC旋转180°，可以变到△AED的位置.

知识讲解
图形运动与全等三角形

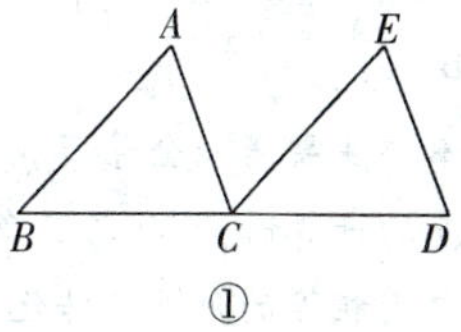

①

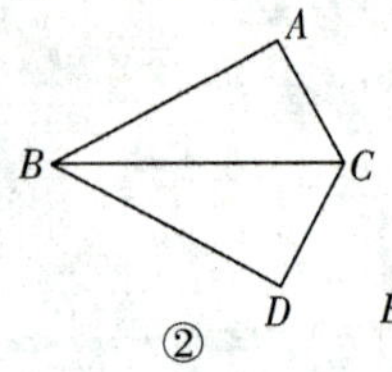

②

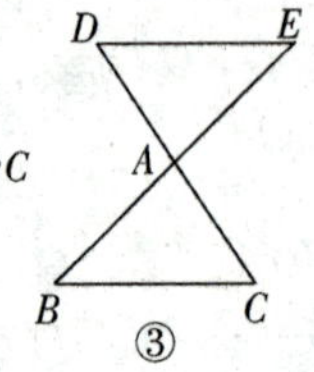

③

像这样，只改变图形的位置，而不改变其形状大小的图形变换叫做全等变换.

提醒

1. 全等三角形与全等变换的关系：一个图形经过翻折、平移和旋转等变换所得到的新图形一定与原图形全等；反过来，两个全等的图形经过上述变换后一定能够互相重合.

2. 图形的翻折、旋转、平移是图形的三种基本变换.前面我们已经知道图形经过上述三种变换，位置虽然发生了变化，但形状和大小都没有改变，也就是说前后两个图形是全等的.

3. 图形的全等变换，不仅为研究几何图形提供方便，而且在实际生活中有着广泛的应用.有的图案是由一些简单的图形经过旋转得到的；有的图案是由一些图形平行移动得到的.这些图案均可作为装饰的图案.

例 3 如图，将$\triangle ABC$绕其顶点A顺时针旋转30°后得$\triangle ADE$，已知$\angle C=40°$，$\angle B=35°$，求$\triangle ADE$各内角的度数.

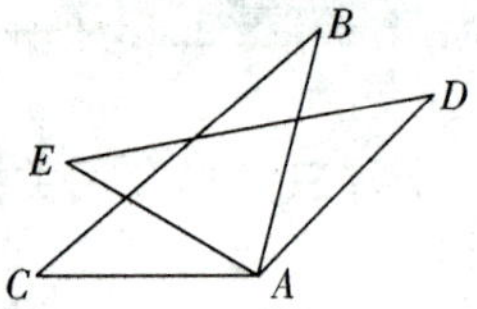

解析 旋转前后的图形是一对全等图形，即$\triangle ABC\cong\triangle ADE$，得$\angle D=\angle B$，$\angle E=\angle C$，再由三角形的内角和不难求出$\angle DAE$的度数.

解 由题意可得$\triangle ABC\cong\triangle ADE$，

$\therefore \angle D=\angle B=35°$，$\angle E=\angle C=40°$，

$\therefore \angle DAE=180°-\angle D-\angle E=105°$.

★教材中的问题解答★

讨论(P_{10})

把图 1-4(1)中$\triangle ABC$沿BC的方向平移线段BE的长度；

把图 1-4(2)中$\triangle ABC$沿BC翻折180°；

把图 1-4(3)中$\triangle ABC$绕点C旋转180°.

拓展典例

分类提升，典例剖析

拓展点一　角度的计算

例 1 如图，$\triangle ABC\cong\triangle ADE$，$\angle B=80°$，$\angle C=30°$，$\angle DAC=35°$，则$\angle EAC$的度数为(　　)

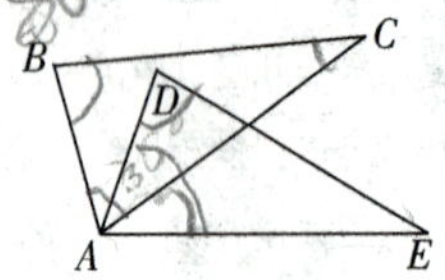

A. 40°　　B. 35°

C. 30°　　D. 25°

解析 根据三角形的内角和定理得$\angle BAC=180°-80°-30°=70°$，再根据全等三角形对应角相等可得$\angle DAE=\angle BAC=70°$，由图形可得$\angle EAC=\angle DAE-\angle DAC=70°-35°=35°$.

答案 B

点评 本题主要考查全等三角形对应角相等的性质，在进行角度的计算时，往往与三角形的内角和综合运用，有时还需要用相等的角进行转化.

拓展点二　长度的计算

例 2 如图，$\triangle ACF\cong\triangle DBE$，$\angle E=\angle F$，若$AD=11$，$BC=7$，求线段$AB$的长.

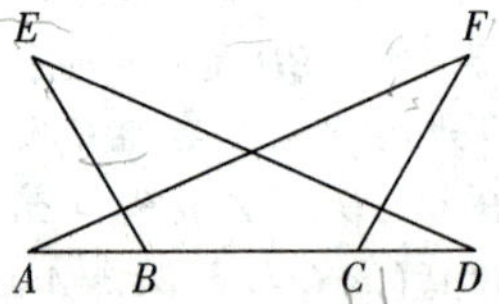

解析 由全等三角形的性质可得$AC=BD$，再由等式性质可得$AB=CD$，最后由BC，AD的长度求得线段AB的长.

解 $\because \triangle ACF\cong\triangle DBE$，

$\therefore AC=DB$(全等三角形的对应边相等)，

$\therefore AC-BC=DB-BC$，$\therefore AB=DC$.

又$AD=11$，$BC=7$，

$\therefore AB=DC=\frac{1}{2}(AD-BC)=\frac{1}{2}\times4=2$，$\therefore AB=2$.

点评 在计算线段的长度时，不仅要注意根据图形全等的性质、线段的中点等得到相等的线段，有时还要结合线段的和或差来解决问题.

拓展点三 折叠问题

例 3 如图,长方形 $ABCD$ 沿 AE 折叠,使点 D 落在 BC 边上的 F 点处,若 $BC=8$ cm, $\angle BAF=40°$,求 $\angle DAE$ 的度数与 AF 的长度.

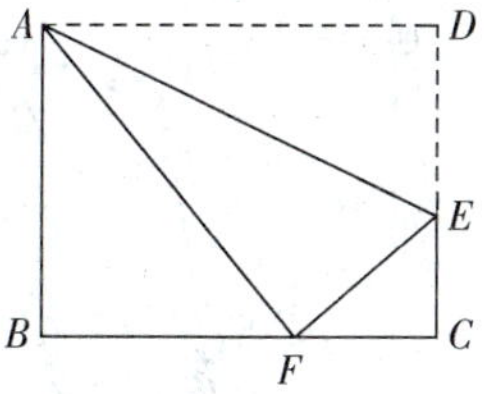

解析 因为折叠后 $\triangle AEF$ 与 $\triangle AED$ 完全重合,所以 $\triangle AEF\cong\triangle AED$,可以得到 $AF=AD$, $\angle FAE=\angle DAE$. 又长方形的对边相等,每个角都是直角,所以可求出角度与线段长度.

解 由题意可得 $\triangle AEF\cong\triangle AED$,

$\therefore AF=AD$, $\angle FAE=\angle DAE$.

在长方形 $ABCD$ 中, $AD=BC=8$ cm,

$\angle DAF=90°-\angle BAF=50°$,

$\therefore AF=8$ cm, $\angle DAE=\frac{1}{2}\angle DAF=25°$.

点评 折叠问题的关键是弄清楚在折叠过程中发生了什么变化,有没有全等三角形,根据相关性质进行解题.

易错辨析

错误分析,拨开迷雾

易错点一 找错对应边或对应角

例 1 (1)如图①所示, $\triangle ABC\cong\triangle CDA$, AB 和 CD, BC 和 DA 是对应边,请说出对应角和另外一组对应边;

(2)如图②所示, $\triangle ABE\cong\triangle ACD$, $\angle 1=\angle 2$, $\angle B=\angle C$,指出对应边和另外一组对应角.

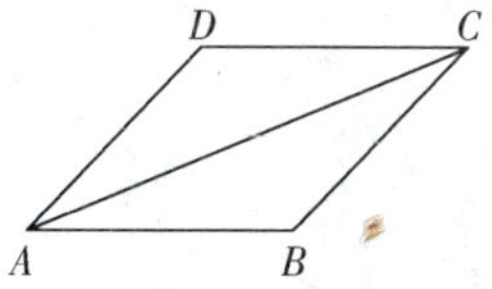

①

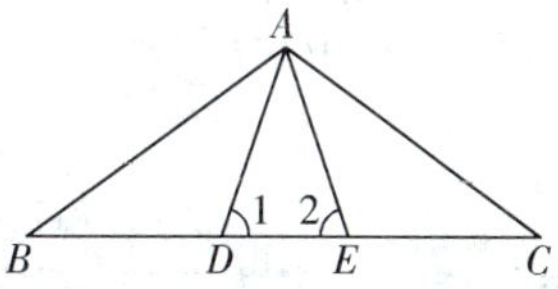

②

正确解答 (1)对应角是 $\angle B$ 与 $\angle D$, $\angle BAC$ 和 $\angle DCA$, $\angle BCA$ 和 $\angle DAC$,另一组对应边是 AC 和 CA. (2)对应边是 AB 和 AC, AE 和 AD, BE 和 CD,另一组对应角是 $\angle BAE$ 和 $\angle CAD$.

易错总结 1. 容易出现的错误:(1)对应角容易错写成 $\angle BAC$ 和 $\angle DAC$, $\angle BCA$ 和 $\angle DCA$. (2)对应边容易错写成 AB 和 CD, BE 和 AC;2. 避免出现错误的方法:书写三角形全等时,对应顶点的字母要写在对应的位置上,只需把对应的字母按顺序写出即是对应的边和角,从而就可以避免出现的错误.

易错点二 不能正确运用全等三角形的性质

例 2 如图,点 F,A,D,C 在同一直线上, $\triangle ABC\cong\triangle DEF$, $AD=3$, $CF=10$,则 AC 等于 ( )

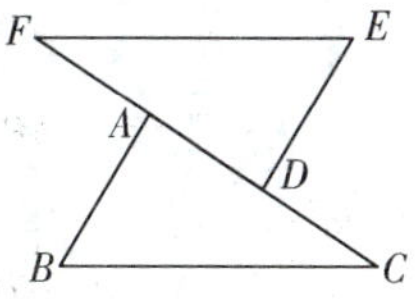

A. 5 B. 6 C. 6.5 D. 7

正确解答 $\because \triangle ABC\cong\triangle DEF$, $\therefore AC=FD$,即 $CD+AD=AF+AD$, $\therefore AF=DC$. $\because AD=3$, $CF=10$, $\therefore DC=\frac{1}{2}(CF-AD)=\frac{1}{2}\times(10-3)=3.5$, $\therefore AC=AD+DC=3+3.5=6.5$.故选 C.

易错总结 本题易误选 D,原因是不能正确运用全等三角形的性质,直接用 $10-3=7$.事实上,由全等三角形的对应边相等,可得 $AC=DF$,由此可得到 $AF=CD$,先求出 AF 或 CD,进而可求得 AC.

品味中考

对接中考，小试牛刀

1. (2016·厦门)如图，点 E,F 在线段 BC 上，$\triangle ABF$ 与 $\triangle DCE$ 全等，点 A 与点 D，点 B 与点 C 是对应顶点，AF 与 DE 交于点 M，则 $\angle DCE=$ (　　)

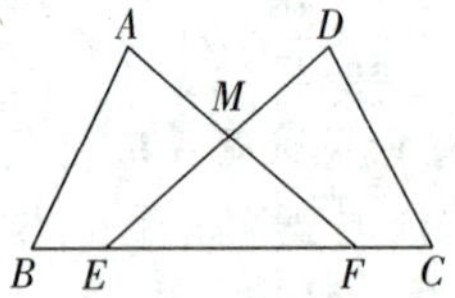

A. $\angle B$　　B. $\angle A$　　C. $\angle EMF$　　D. $\angle AFB$

2. (毕节中考题)如图，已知 D 为 $\triangle ABC$ 边 AB 的中点，E 在 AC 上，将 $\triangle ABC$ 沿着 DE 折叠，使 A 点落在 BC 上的 F 处.若 $\angle B=65°$，则 $\angle BDF$ 等于 (　　)

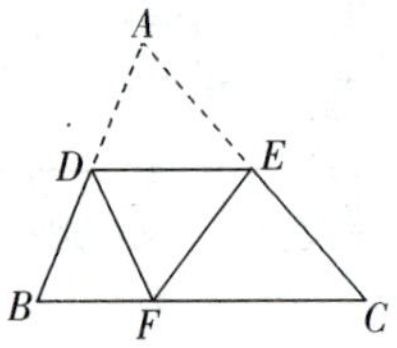

A. 65°　　B. 50°　　C. 60°　　D. 57.5°

3. (2016·成都)如图，$\triangle ABC\cong\triangle A'B'C'$，其中 $\angle A=36°$，$\angle C'=24°$，则 $\angle B=$ ________.

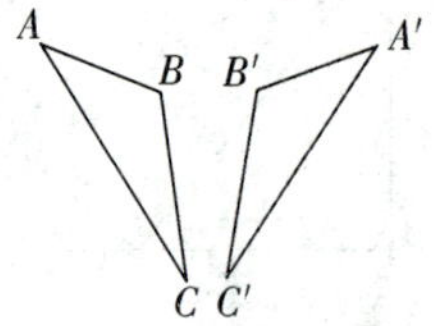

4. 如图，在五边形 $ABCDE$ 中，已知 $\angle BCD=\angle EDC=90°$，$\angle B=140°$，$\triangle ABC\cong\triangle AED$，求 $\angle BAE$ 的度数.

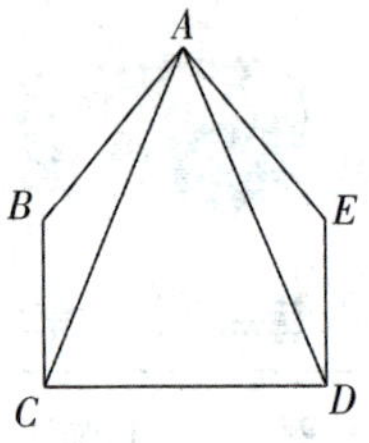

趁热打铁

即时检测，巩固提高

基础篇

1. (知识点二 ☆)如图，$\triangle ABC\cong\triangle DEF$，$\angle C=\angle F=90°$，则 $\angle E$ 的度数为 (　　)

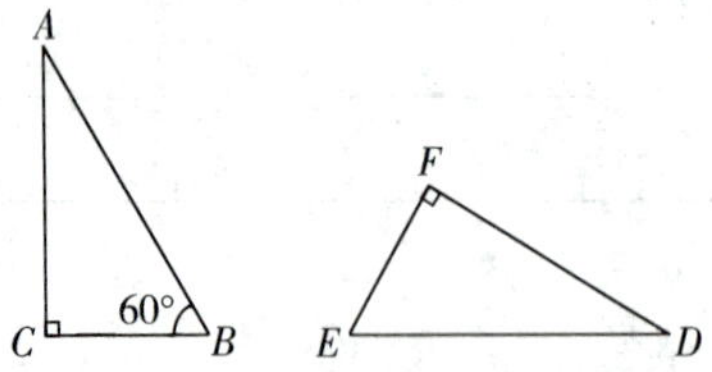

A. 30°　　B. 45°　　C. 60°　　D. 90°

2. (知识点二 ☆)如图，$\triangle ABC\cong\triangle DCB$，若 $AC=13$，$DE=4$，则 BE 的长为 (　　)

A. 8　　B. 9　　C. 10　　D. 11

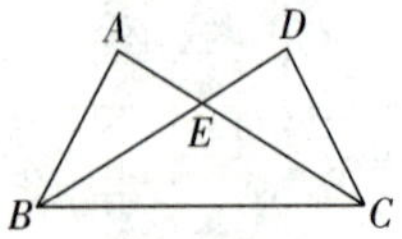

(第2题)

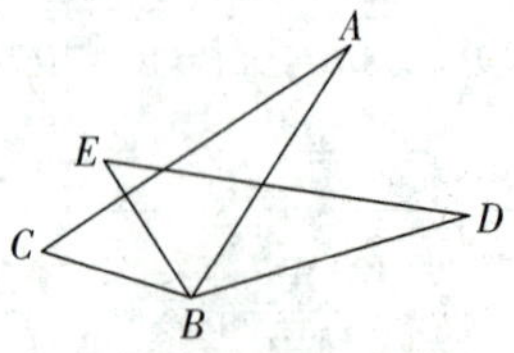

(第3题)

3. (知识点二、三 ☆)如图，$\triangle ABC\cong\triangle DBE$，$\angle DBC=150°$，$\angle ABD=40°$，则 $\angle ABE$ 的度数是 (　　)

A. 70°　　B. 65°　　C. 60°　　D. 55°

4. (知识点二、三 ☆)如图，$\triangle ABC\cong\triangle AEF$，$AB=AE$，$\angle B=\angle E$，则对于结论：

①$AC=AF$；②$\angle FAB=\angle EAB$；③$EF=BC$；④$\angle EAB=\angle FAC$.其中正确结论的个数是 (　　)

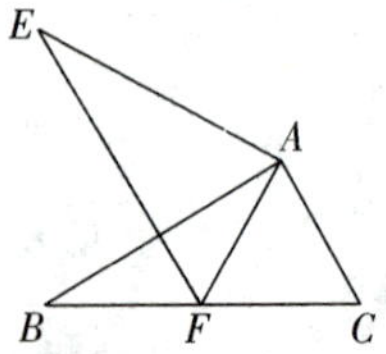

A. 1个　　B. 2个　　C. 3个　　D. 4个

5. (知识点一、二 ☆☆)已知 $\triangle ABC$ 的三边长分别为5，7，8，$\triangle DEF$ 的三边长分别为5，$2x$，$3x-5$，若两个三角形全等，则 $x=$ ________.

6. (知识点一、二 ☆☆) 如图所示，$\triangle ABD\cong\triangle ACD$，$\angle BAC=90°$.

(1)求$\angle B$；

(2)判断 AD 与 BC 的位置关系，并说明理由.

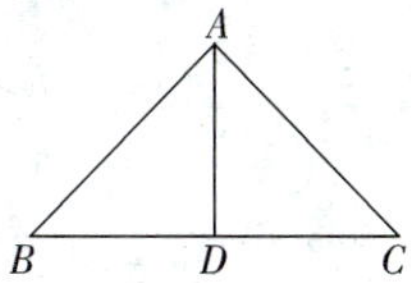

提升篇

7. (知识点二 ☆☆) 如图，$\triangle ADE\cong\triangle BDE$，若$\triangle ADC$ 的周长为 12，AC 的长为 5，则 CB 的长为　　　(B)

A. 8　　B. 7　　C. 6　　D. 5

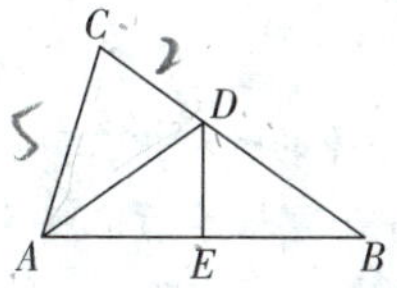

(第 7 题)

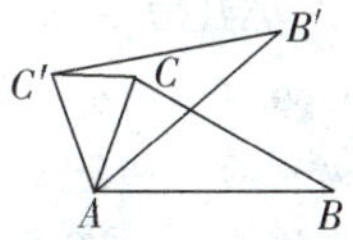

(第 8 题)

8. (知识点二、三 ☆☆☆) 如图，在$\triangle ABC$ 中，$\angle CAB=70°$，将$\triangle ABC$ 绕点 A 逆时针旋转到$\triangle AB'C'$的位置，使得 $CC'/\!/AB$，则$\angle BAB'$是　　　(　　)

A. 70°　　B. 35°　　C. 40°　　D. 50°

9. (知识点二、三 ☆☆☆) 如图，有一张三角形纸片 ABC，$AB=10$ cm，$BC=7$ cm，$AC=6$ cm，沿过点 B 的直线折叠这个三角形，使顶点 C 落在 AB 边上的点 E 处，折痕为 BD，则$\triangle AED$ 的周长为 ________ cm.

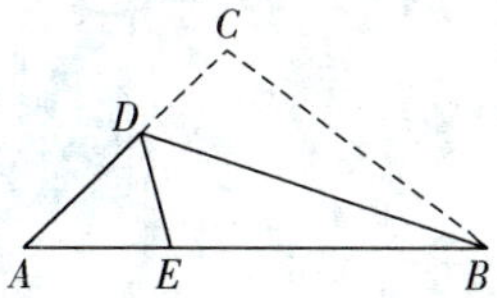

10. (知识点一、二 ☆☆☆☆) 如图，已知$\triangle ABC\cong\triangle DEB$，点 E 在 AB 上，DE 与 AC 相交于点 F.

(1)当 $DE=8$，$BC=5$ 时，线段 AE 的长为 ________；

(2)若$\angle D=35°$，$\angle C=60°$，

①求$\angle DBC$ 的度数；

②求$\angle AFD$ 的度数.

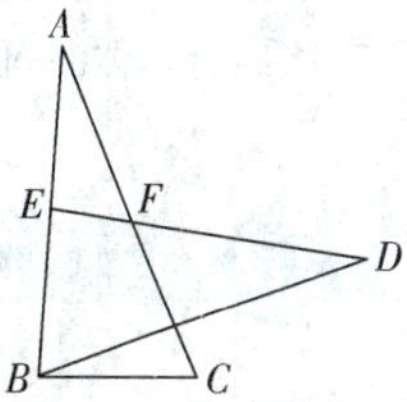

挑战篇

11. (知识点二 ☆☆☆☆☆) 如图是重叠的两个直角三角形. 将其中一个直角三角形沿 BC 方向平移得到$\triangle DEF$. 如果 $AB=8$ cm，$BE=4$ cm，$DH=3$ cm，那么图中阴影部分的面积为 ________ cm^2.

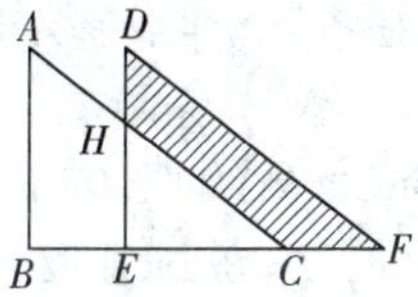

课后答案

详解习题，夯实基础

练习(P_{10})

1. 相等的边：$AB=CD$，$AC=CA$，$BC=DA$；相等的角：$\angle B=\angle D$，$\angle BAC=\angle DCA$，$\angle ACB=\angle CAD$.

2. 把$\triangle ABC$ 沿 BC 所在直线翻折 180°，把$\triangle DOE$ 沿 OE 所在直线翻折 180°，然后将所得的图形绕点 O 分别旋转 120°，240°就能与图中其他相应的三角形重合.

习题 1.2(P_{12})

1. 对应边：MQ 和 PN，MO 和 PO，QO 和 NO；对应角：$\angle M$ 和$\angle P$，$\angle Q$ 和$\angle N$，$\angle MOQ$ 和$\angle PON$.

2. 对应角：$\angle E$ 和$\angle D$，$\angle EBC$ 和$\angle DCB$，$\angle ECB$ 和$\angle DBC$；对应边：EC 和 DB，BE 和 CD，BC 和 CB.

3. $\because\triangle ABC\cong\triangle DBC$，$\angle A=45°$，$\angle ACD=76°$，

$\therefore\angle D=\angle A=45°$，$\angle DCB=\angle ACB=\frac{1}{2}\angle ACD=\frac{1}{2}\times76°=38°$.

$\therefore\angle CBD=180°-45°-38°=97°$.

1.3 探索三角形全等的条件

学习目标　明确方向,有的放矢

❶ 经历探索三角形全等的条件的过程,体会分析问题的方法,积累数学活动的经验.
❷ 掌握三角形全等的判定条件,并能解决一些实际问题.
❸ 了解三角形的稳定性.
❹ 能用尺规完成一些基本作图,在尺规作图中,了解作图的道理.
❺ 能结合具体的问题和情境,用推理的方法有条理地思考和表达.

知识详解　讲透教材,解疑释难

知识点一　边角边　重点

两边及其夹角分别相等的两个三角形全等(可以简写成“边角边”或“SAS”).

提醒

1. 在运用“SAS”来判定两个三角形全等时,必须是两边和它们的夹角对应相等(即“SAS”),不是两边和其中一边的对角对应相等(即“SSA”).

2. 在书写两个三角形全等的条件时,一定要把夹角相等写在中间位置,以突出两边及夹角对应相等.

例 1 (2017·南充改编)如图,$DE\perp AB,CF\perp AB$,垂足分别是 $E,F,DE=CF,AE=BF$.求证:$\triangle AFC\cong\triangle BED$.

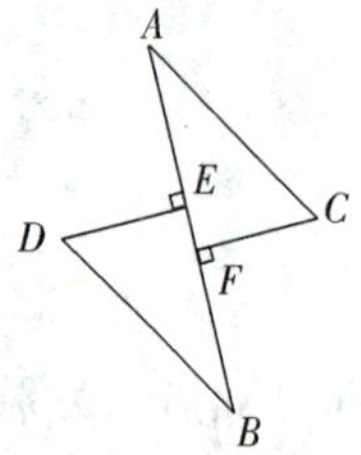

解析 已有一对对应边 $DE=CF$,由 $AE=BF$,两边加上 EF,利用等式的性质可得到 $AF=BE$,再由 $DE\perp AB,CF\perp AB$,得到它们的夹角相等,利用 SAS 即可得证.

证明 $\because AE=BF,\therefore AE+EF=BF+EF$,即 $AF=BE$.

$\because DE\perp AB,CF\perp AB,\therefore \angle AFC=\angle BED=90^\circ$.

在$\triangle AFC$和$\triangle BED$中,$\because \begin{cases}AF=BE,\\ \angle AFC=\angle BED,\\ CF=DE,\end{cases}$

$\therefore \triangle AFC\cong\triangle BED$(SAS).

点评 1. 在证明两个三角形全等的过程中,有时需要先证明两边或两角相等.证明角或边相等的依据主要有:①平行线的性质;②余角定理与补角定理;③垂直的性质;④三角形的内角和定理及推论;⑤等线段(或角)的和或差相等.

2. 证明三角形全等时,首先要寻找已知中直接的条件(相等的边、相等的角),其次寻找图形中的隐含条件(公共边、公共角、对顶角等),最后用全等三角形的判定证明两三角形全等.

知识点二　角边角　重点

两角及其夹边分别相等的两个三角形全等(可以简写成“角边角”或“ASA”).

提醒

用“ASA”来判定两个三角形全等,一定要证明这两个三角形有两个角以及这两个角所夹的边对应相等,证明时要注意边角的对应关系.

例 2 如图,已知$\angle ABC=\angle DCB,\angle ACB=\angle DBC$,求证:$\triangle ABC\cong\triangle DCB$.

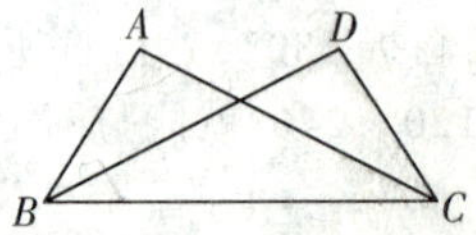

解析 题目中已经给出$\angle ABC=\angle DCB,\angle ACB=\angle DBC$.观察图形,在$\triangle ABC$和$\triangle DCB$中有一条公共边 BC,在这

两个三角形中就满足有两角分别相等，且夹边相等，所以这两个三角形全等.

证明 在△ABC和△DCB中，$\begin{cases}\angle ABC=\angle DCB(\text{已知}),\\ BC=CB(\text{公共边}),\\ \angle ACB=\angle DBC(\text{已知}),\end{cases}$

∴ △ABC≌△DCB(ASA).

点评 本题考查了利用ASA来证明全等三角形的方法，但本题中只给出了两组角对应相等，能利用隐含条件BC是公共边是解题的关键.

知识点三 角角边 重点

两角分别相等且其中一组等角的对边相等的两个三角形全等(可以简写成"角角边"或"AAS").

提醒

1. 在"角角边"定理中，相等的边必须是两组等角中其中一组等角的对边，而不是任意一边.三个角相等的两个三角形不一定全等.

2. 在两个三角形中，如果有两个角及一条边分别对应相等，则这两个三角形一定全等.它包含两种情况：(1)已知两个角及两角的夹边对应相等，可用"ASA"判定；(2)已知两个角和其中一个角的对边对应相等，可用"AAS"判定.

例3 (陕西中考题)如图，∠AOB=90°，OA=OB，直线l经过点O，分别过A，B两点作AC⊥l交l于点C，BD⊥l交l于点D，求证：AC=OD.

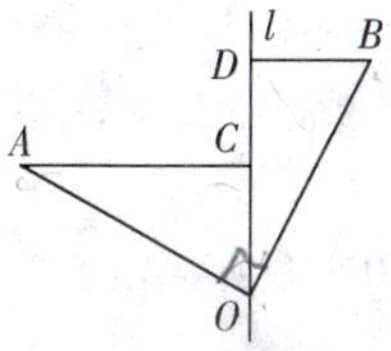

解析 通过代换得到∠A=∠BOD，又AO=OB，∠ACO=∠ODB=90°，由"角角边"得到△AOC≌△OBD.再根据全等三角形的对应边相等，得到AC=OD.

证明 ∵ ∠AOB=90°，∴ ∠AOC+∠BOD=90°.

∵ AC⊥l，BD⊥l，∴ ∠ACO=∠ODB=90°，

∴ ∠A+∠AOC=90°，∴ ∠A=∠BOD.

∵ OA=OB，∴ △AOC≌△OBD(AAS). ∴ AC=OD.

点评 本题考查了三角形全等的判定及全等三角形的性质.掌握判定方法是解题关键.

例4 如图，已知B，C，E三点在同一条直线上，AC∥DE，AC=CE，∠ACD=∠B.求证：△ABC≌△CDE.

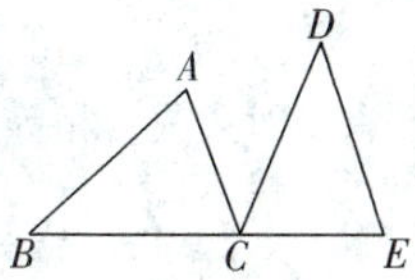

解析 题目中存在着平行，可以由平行得到角相等.要得到三角形全等，题目中已经有一组条件，只需要再找出两组条件即可，由AC∥DE可以得到∠ACB=∠E，∠D=∠ACD=∠B.这样结合AC=CE就可证明△ABC≌△CDE.

证明 ∵ AC∥DE，∴ ∠D=∠ACD=∠B，∠ACB=∠E，

在△ABC和△CDE中，$\begin{cases}\angle B=\angle D,\\ \angle ACB=\angle E,\\ AC=CE,\end{cases}$

∴ △ABC≌△CDE(AAS).

点评 当题目中出现平行时，往往能得到角的相等，为证明两三角形全等提供角相等的条件.

知识点四 边边边 重点

三边分别相等的两个三角形全等(可以简写成"边边边"或"SSS").

提醒

1. 已知三条线段，能作出形状唯一的三角形，即三角形三边长度确定了，三角形的大小和形状就确定了；由此可以得出三角形具有稳定性.

2. 在证两个三角形全等时，若出现两对边对应相等，则可考虑第三边(用"SSS")或它们的夹角(用"SAS")是否相等，从而找到解决问题的突破口.

例5 (2016·福州)一个平分角的仪器如图所示，其中AB=AD，BC=DC，求证：∠BAC=∠DAC.

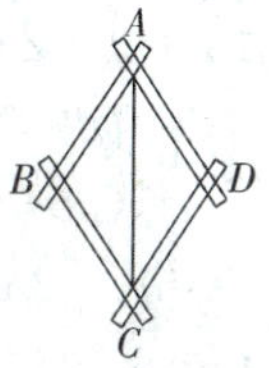

解析 本题考查了全等三角形的判定与性质，解题的关键是识别出两个三角形全等的条件.在△ABC和△ADC中，由三组边分别相等可通过全等三角形的判定定理(SSS)证得△ABC≌△ADC，再由全等三角形的性质即可得出结论.

证明 在△ABC与△ADC中，$\begin{cases}AB=AD,\\ BC=DC,\\ AC=AC,\end{cases}$

∴ △ABC≌△ADC(SSS)，∴ ∠BAC=∠DAC.

点评 证明线段的相等关系，或是角的相等关系，全等三角形依然是最有效的解决方法与手段之一.根据条件合理选择三角形全等的证明方法：SAS，ASA，AAS，SSS.与

全等三角形有关的问题,先根据题目中的已有条件和隐含的条件,结合全等三角形的判定方法证明全等.

知识点五　斜边、直角边　重点

斜边和一条直角边分别对应相等的两个直角三角形全等(可以简写成“斜边、直角边”或“HL”).

提醒

1. 只有两个三角形都是直角三角形时,才能用这种方法判定它们全等.

2. 任何类型的两个三角形都不能用“AAA”的方法来判定全等;“AAS”“ASA”“SAS”“SSS”能判定任何类型的两个三角形全等.

3. 判定两个直角三角形全等的方法除了“HL”外,前面学习的几种方法也都可以用来说明两个直角三角形的全等.

例 6　如图,D 是 BC 的中点,$DE\perp AB$,$DF\perp AC$,垂足分别是点 E,F,且 $BE=CF$.求证:$\angle B=\angle C$.

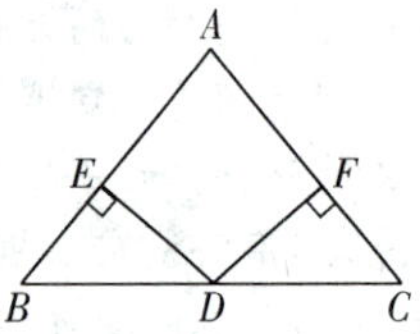

解析　要证 $\angle B=\angle C$,只需证 $Rt\triangle BED\cong Rt\triangle CFD$.由 $BE=CF$,$BD=DC$,可证得这两个直角三角形全等.

证明　$\because$ D 是 BC 的中点,$\therefore BD=CD$.

又 $DE\perp AB$,$DF\perp AC$,$\therefore\ \angle BED=\angle CFD=90°$.

在 $Rt\triangle DEB$ 和 $Rt\triangle DFC$ 中,$\begin{cases}BE=CF,\\BD=CD,\end{cases}$

$\therefore Rt\triangle DEB\cong Rt\triangle DFC(HL)$,$\therefore\ \angle B=\angle C$.

点评　在两个直角三角形中,已经有两个直角相等,故证明它们全等时,只需知道两组边对应相等(若两条直角边对应相等,则用“SAS”证;若斜边与一条直角边对应相等,则用“HL”证),或者任意一组边和另一组角对应相等(用“ASA”或“AAS”来证明)即可.

知识点六　用直尺和圆规作图　重点

1. 能用尺规完成以下基本作图:作一个角的平分线;过一点作已知直线的垂线.会利用基本作图作三角形:已知三边、两边及其夹角、两角及其夹边作三角形;已知一直角边和斜边作直角三角形.

2. 在尺规作图中,了解作图的道理,保留作图的痕迹,不要求写出作法.

提醒

1. 我们一共学习了 4 种基本作图:①作一条线段等于已知线段;②作一个角等于已知角;③作已知角的平分线;④过一点作已知直线的垂线.要掌握这四种基本作图的方法和步骤.利用基本作图作三角形的依据是三角形全等的判定方法:SSS,SAS,ASA,AAS,HL.

2. 在具体作图时一般需要以下几个步骤:

(1)已知:当作图是用文字语言叙述时,要根据文字语言用数学语言写出题目中的条件.

(2)求作:根据题目写出要求作出的图形及此图形应满足的条件.

(3)作法:根据作图的过程写出每一步的操作过程.当不要求写作法时,要保留作图痕迹.这一点应根据题目的具体要求来定,一般现在的中考作图只要求保留作图痕迹,不要求写作法.

(4)图画好以后还要进行总结,格式一般可以写作“所以……就是所要求作的图形”.

例 7　已知 $\triangle ABC$,只用直尺和圆规作出 $\triangle ABC$ 的高 AD.(尺规作图,保留作图痕迹,不写作法)

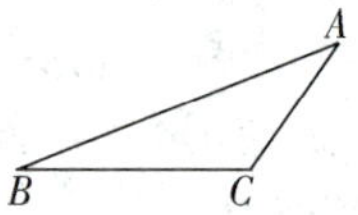

解析　作 $\triangle ABC$ 的高 AD,就是过点 A 作对边 BC 的垂线,该条垂线与对边的交点为 D,从而得到 $\triangle ABC$ 的高 AD.

解　如图,线段 AD 就是所要画的高.

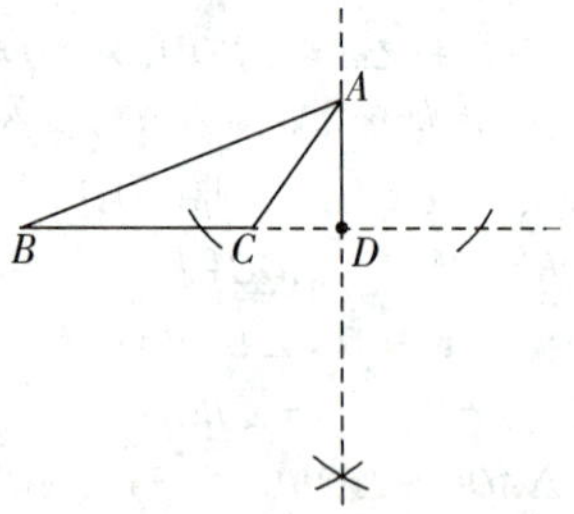

点评　三角形的角平分线是一条线段,而垂线是一条直线,高线是一条线段.

★教材中的问题解答★

讨论(P_{13})

1. 当两个三角形有 1 对边或角相等时,它们不一定全等.

2. 当两个三角形有2对边或角相等时,它们不一定全等.

3. 当两个三角形有3对边或角相等时,有以下几种情形:

- 两边一角
  - 两边和它的夹角
  - 两边和一边的对角
- 两角一边
  - 两角和夹边
  - 两角和一角的对边
- 边边边
- 角角角

其中,在"两边和一边的对角"和"角角角"这两种情形下不一定全等,其余情形都全等.

交流(P_{13})

1. 只要剪下的直角三角形的两条直角边分别对应相等就行.

2. $\triangle ABC$ 和 $\triangle PNM$ 能完全重合.

讨论(P_{16})

能证明,理由如下:$\because \triangle AEC\cong\triangle BFD$,$\therefore \angle C=\angle D$,

$\therefore AC/\!/BD$.

EC 沿 DF 向上平移,当点 E 与点 F 重合时,即得到图1-8.

能.$AC=BD$.理由如下:$\because \triangle AEC\cong\triangle BFD$,$\therefore AC=BD$.(全等三角形的对应边相等)

讨论(P_{17})

1. 第1个图形所画的三角形与其他同学会有不同,第2个图形所画的三角形与其他同学画的三角形能完全重合.

2. $\triangle ABC$ 与 $\triangle FDE$ 能完全重合.

讨论(P_{20})

AD 与 $A'D'$ 相等.

已知:如图,$\triangle ABC\cong\triangle A'B'C'$,$AD$,$A'D'$ 分别是 $\triangle ABC$ 和 $\triangle A'B'C'$ 的中线.

求证:$AD=A'D'$.

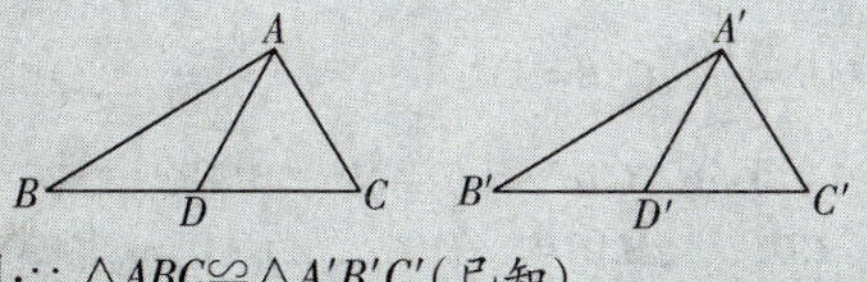

证明:$\because \triangle ABC\cong\triangle A'B'C'$(已知),

$\therefore AB=A'B'$,$BC=B'C'$(全等三角形的对应边相等),

$\angle B=\angle B'$(全等三角形的对应角相等).

$\because AD$,$A'D'$ 分别是 $\triangle ABC$ 和 $\triangle A'B'C'$ 的中线(已知),

$\therefore BD=\frac{1}{2}BC$,$B'D'=\frac{1}{2}B'C'$(三角形中线的定义),

$\therefore BD=B'D'$(等量代换).

在 $\triangle ABD$ 和 $\triangle A'B'D'$ 中,$\begin{cases}AB=A'B'(\text{已证}),\\ \angle B=\angle B'(\text{已证}),\\ BD=B'D'(\text{已证}),\end{cases}$

$\therefore \triangle ABD\cong\triangle A'B'D'$(SAS).

$\therefore AD=A'D'$(全等三角形的对应边相等).

已知:如图,$\triangle ABC\cong\triangle A'B'C'$,$AD$,$A'D'$ 分别是 $\triangle ABC$ 和 $\triangle A'B'C'$ 的角平分线.

求证:$AD=A'D'$.

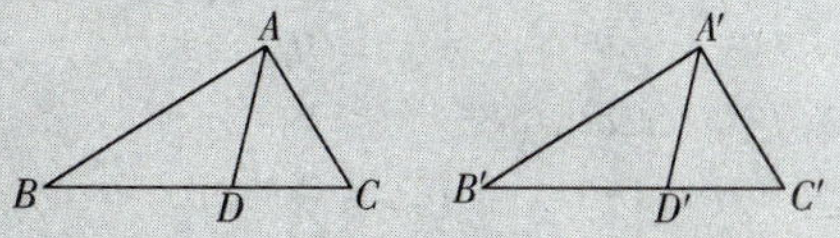

证明:$\because \triangle ABC\cong\triangle A'B'C'$,

$\therefore AB=A'B'$,$\angle B=\angle B'$,$\angle BAC=\angle B'A'C'$.

$\because AD$,$A'D'$ 分别是 $\triangle ABC$ 和 $\triangle A'B'C'$ 的角平分线,

$\therefore \angle BAD=\frac{1}{2}\angle BAC=\frac{1}{2}\angle B'A'C'=\angle B'A'D'$.

$\therefore \triangle ABD\cong\triangle A'B'D'$,$\therefore AD=A'D'$.

讨论(P_{21})

1. 能,理由如下:

$\because \angle 1=\angle 2$(已知),

$\therefore \angle 1+\angle BEC=\angle 2+\angle BEC$(等式性质).

即 $\angle AEC=\angle BED$.

在 $\triangle AEC$ 和 $\triangle BED$ 中,$\begin{cases}\angle A=\angle B(\text{已证}),\\ EA=EB(\text{已知}),\\ \angle AEC=\angle BED(\text{已证}),\end{cases}$

$\therefore \triangle AEC\cong\triangle BED$(ASA).

$\therefore AC=BD$(全等三角形的对应边相等).

2. 能,理由如下:

$\because AF=DC$(已知),$\therefore AF-CF=CD-CF$(等式性质),

即 $AC=DF$.

在 $\triangle ABC$ 和 $\triangle DEF$ 中,$\begin{cases}\angle B=\angle E(\text{已知}),\\ \angle A=\angle D(\text{已知}),\\ AC=DF(\text{已证}),\end{cases}$

$\therefore \triangle ABC\cong\triangle DEF$(AAS).

$\therefore AB=DE$(全等三角形的对应边相等).

操作(P_{23})

所作的三角形与其他同学作的三角形能完全重合.

思考(P_{24})

有,证明:作 $\triangle ABC$ 的角平分线 AD,交 BC 于点 D.

$\therefore \angle BAD=\angle CAD$(三角形的角平分线的定义),

在 $\triangle ABD$ 和 $\triangle ACD$ 中,$\begin{cases}AB=AC(\text{已知}),\\ \angle BAD=\angle CAD(\text{已作}),\\ AD=AD(\text{公共边}),\end{cases}$

$\therefore \triangle ABD\cong\triangle ACD$(SAS).

$\therefore \angle B=\angle C$(全等三角形的对应角相等).

讨论(P_{25})

(1)可以发现:$CE=DE$;$\angle CPQ=\angle DPQ$;$\angle CQE=\angle DQE$;

$\angle CEP=\angle DEP=\angle CEQ=\angle DEQ=90°$;$PQ\perp CD$;

$\angle PCD=\angle PDC$;$\angle QCD=\angle QDC$;$\angle PCQ=\angle PDQ$.

(2)能,理由如下:

在$\triangle CPQ$和$\triangle DPQ$中,$\begin{cases}PC=PD(\text{已知}),\\PQ=PQ(\text{公共边}),\\QC=QD(\text{已知}),\end{cases}$

$\therefore\triangle CPQ\cong\triangle DPQ$(SSS).

$\therefore\angle CPQ=\angle DPQ$(全等三角形的对应角相等).

在$\triangle CPE$和$\triangle DPE$中,$\begin{cases}CP=DP(\text{已知}),\\\angle CPE=\angle DPE(\text{已证}),\\PE=PE(\text{公共边}),\end{cases}$

$\therefore\triangle CPE\cong\triangle DPE$(SAS).

$\therefore\angle CEP=\angle DEP=\frac{1}{2}\times180°=90°$(全等三角形的对应角相等).

$\therefore PE\perp CD$(垂直的定义).即$PQ\perp CD$.

思考(P_{26})

可以把过点P作AB的垂线转化成作平角$\angle APB$的平分线,如图:

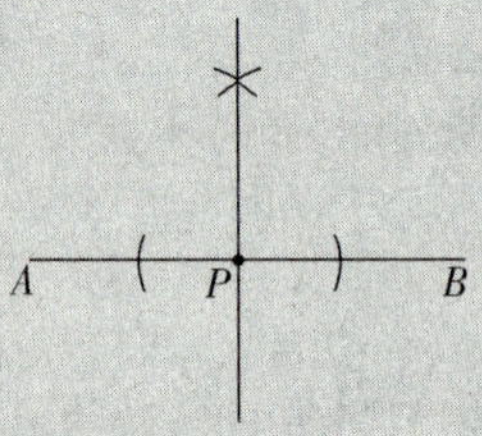

操作(P_{27})

所作的直角三角形与其他同学作的直角三角形能完全重合.

拓展典例　分类提升,典例剖析

拓展点一　三角形全等判定条件的选择

例1 如图,在$\triangle ABC$与$\triangle DEF$中,给出以下六个条件:①$AB=DE$;②$BC=EF$;③$AC=DF$;④$\angle A=\angle D$;⑤$\angle B=\angle E$;⑥$\angle C=\angle F$.以其中三个作为已知条件,不能判断$\triangle ABC$与$\triangle DEF$全等的是　(　　)

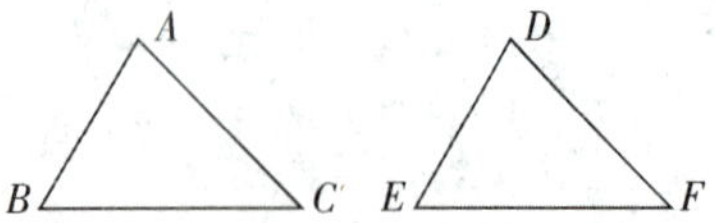

知识讲解　三角形全等几种判定方法的综合运用

A. ①②⑤　B. ①②③　C. ①④⑥　D. ②③④

解析 A选项用"SAS";B选项用"SSS";C选项用"AAS",均可判定两个三角形全等;D选项是"SSA",它不能证明两个一般三角形全等.

答案 D

点评 用边、角法判定两个一般三角形全等的方法有"SSS""SAS""ASA""AAS"四种,而判定两个直角三角形全等时,又多了"HL"这一种,共五种.在用这些方法判定两个三角形全等时,一定要注意对应边、角的相对位置关系.

拓展点二　尺规作图问题

例2 (绍兴中考题)如图,$AB\parallel CD$,以点A为圆心,小于AC长为半径作圆弧,分别交AB,AC于E,F两点,再分别以E,F为圆心,大于$\frac{1}{2}EF$长为半径作圆弧,两条圆弧交于点P,作射线AP,交CD于点M.

(1)若$\angle ACD=114°$,求$\angle MAB$的度数;

(2)若$CN\perp AM$,垂足为N,求证:$\triangle ACN\cong\triangle MCN$.

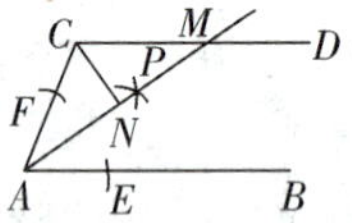

解析 (1)根据$AB\parallel CD$,$\angle ACD=114°$,得出$\angle CAB=66°$,再根据AM是$\angle CAB$的平分线,即可得出$\angle MAB$的度数.

(2)根据$\angle CAM=\angle MAB$,$\angle MAB=\angle CMA$,得出$\angle CAM=\angle CMA$,再根据$CN\perp AM$,$CN=CN$,即可得出$\triangle ACN\cong\triangle MCN$.

解 (1)$\because AB\parallel CD$,$\therefore\angle ACD+\angle CAB=180°$.

又$\because\angle ACD=114°$,$\therefore\angle CAB=66°$.

由作法知,AM是$\angle CAB$的平分线,

$\therefore\angle MAB=\frac{1}{2}\angle CAB=33°$.

(2)$\because AM$平分$\angle CAB$,$\therefore\angle CAM=\angle MAB$.

$\because AB\parallel CD$,$\therefore\angle MAB=\angle CMA$,$\therefore\angle CAM=\angle CMA$.

又$\because CN\perp AM$,$\therefore\angle ANC=\angle MNC$,

在$\triangle ACN$和$\triangle MCN$中,$\begin{cases}\angle ANC=\angle MNC,\\\angle CAM=\angle CMA,\\CN=CN,\end{cases}$

$\therefore\triangle ACN\cong\triangle MCN$(AAS).

点评 本题主要考查尺规作图的基本作图(角平分线),理解作图的过程是解题的关键.注意:解答问题时要善于

抓住“平行线+角平分线⇒全等三角形”这个规律.

拓展点三 开放性问题

例 3 如图,在 $\triangle ABC$ 和 $\triangle BAD$ 中, $BC=AD$,请你再补充一个条件,使 $\triangle ABC\cong\triangle BAD$.你补充的条件是__________(只填一个).

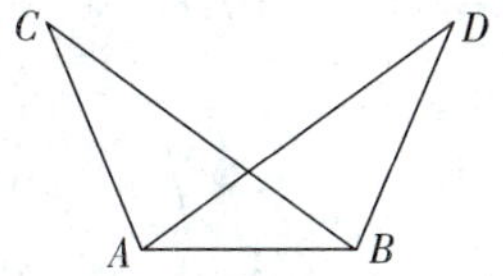

解析 欲证两三角形全等,已有条件: $BC=AD$, $AB=BA$,所以补充两边夹角 $\angle CBA=\angle DAB$ 便可以根据 SAS 证明;补充 $AC=BD$ 便可以根据 SSS 证明.故补充的条件是 $AC=BD$(或 $\angle CBA=\angle DAB$).

答案 $AC=BD$(或 $\angle CBA=\angle DAB$)

点评 本题考查了全等三角形的判定,根据已知条件在三角形中位置结合三角形全等的判定方法寻找条件.已知给出了一边对应相等,由一条公共边,还缺少角或边,于是答案可得.

拓展点四 有关线段的证明 难点

例 4 如图,在 $\triangle ABC$ 中, $AB=AC$, $\angle BAC=90°$, BD 平分 $\angle ABC$ 交 AC 于点 D, CE 垂直于 BD,交 BD 的延长线于点 E.求证: $BD=2CE$.

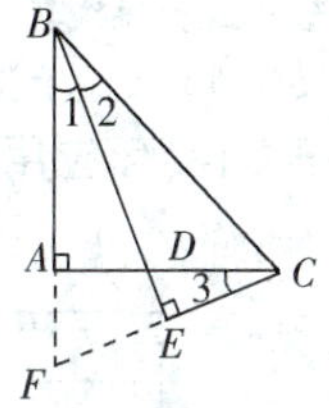

知识讲解
旋转中的证明问题

解析 要证 $BD=2CE$,可用加倍法,延长短边,通过证 $\triangle BAD$ 与 $\triangle CAF$ 全等,将 BD 转化为 CF,又通过证 $\triangle BFE$ 与 $\triangle BCE$ 全等得到 FC 与 EC 的倍数关系,从而使问题得证.

证明 如图,延长 BA, CE 交于点 F.

在 $\triangle BEF$ 和 $\triangle BEC$ 中, $\begin{cases}\angle 1=\angle 2,\\ BE=BE,\\ \angle BEF=\angle BEC=90°,\end{cases}$

$\therefore \triangle BEF\cong\triangle BEC$(ASA), $\therefore EF=EC$, $\therefore CF=2CE$.

$\because \angle 1+\angle F=\angle 3+\angle F=90°$, $\therefore \angle 1=\angle 3$(同角的余角相等).

在 $\triangle ABD$ 和 $\triangle ACF$ 中, $\begin{cases}\angle 1=\angle 3,\\ AB=AC,\\ \angle BAD=\angle CAF=90°,\end{cases}$

$\therefore \triangle ABD\cong\triangle ACF$(ASA), $\therefore BD=CF$, $\therefore BD=2CE$.

点评 本题通过两组全等的三角形,将线段转化,最终求得结论,这体现了数学上的化归思想.作出线段 CF 是转化的关键,它在整个解题过程中起着重要的桥梁作用.

拓展点五 有关角度的证明

例 5 如图, $OA=OB$, $AC=BD$,且 $OA\perp AC$, $OB\perp BD$, M 是 CD 的中点.求证: OM 平分 $\angle AOB$.

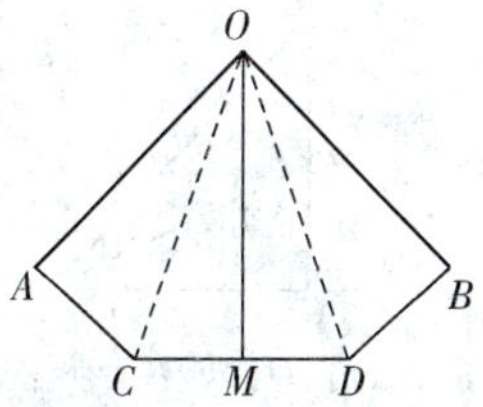

解析 连接 OC, OD 后,可以构造两组全等的三角形: $\triangle OAC\cong\triangle OBD$ 和 $\triangle OCM\cong\triangle ODM$.由这两组三角形全等可得到 $\angle AOC=\angle BOD$ 和 $\angle COM=\angle DOM$,最后由等式的性质可得出结论.

证明 $\because OA\perp AC$, $\therefore \angle OAC=90°$.同理 $\angle OBD=90°$,

$\therefore \angle A=\angle B$.如图,连接 OC, OD,

在 $\triangle OAC$ 和 $\triangle OBD$ 中, $\begin{cases}OA=OB,\\ \angle A=\angle B,\\ AC=BD,\end{cases}$

$\therefore \triangle OAC\cong\triangle OBD$(SAS), $\therefore OC=OD$, $\angle AOC=\angle BOD$.

在 $\triangle OCM$ 和 $\triangle ODM$ 中, $\begin{cases}OC=OD,\\ OM=OM,\\ CM=DM,\end{cases}$

$\therefore \triangle OCM\cong\triangle ODM$(SSS), $\therefore \angle COM=\angle DOM$.

$\therefore \angle AOC+\angle COM=\angle BOD+\angle DOM$,

即 $\angle AOM=\angle BOM$. $\therefore OM$ 平分 $\angle AOB$.

点评 本题通过中点 M 构造了两对全等的三角形,从而把 $\angle AOM$ 与 $\angle BOM$ 划分为两组相等角的和,为证 OM 为角平分线打下基础.

拓展点六 运用三角形全等判断位置关系

例 6 如图,点 A, E, B, D 在同一条直线上, $AE=DB$, $AC=DF$, $AC/\!/DF$.请探索 BC 与 EF 有怎样的位置关系?并说明理由.

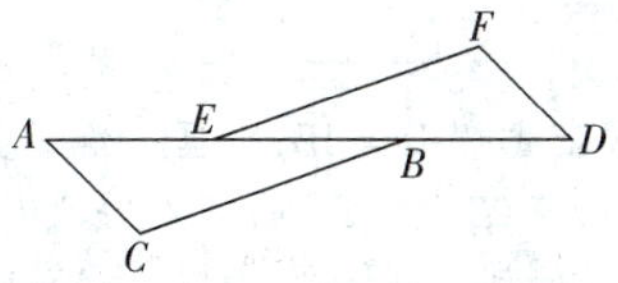

解析 根据所给条件,可证 $\triangle ACB$ 与 $\triangle DFE$ 全等,得到 $\angle FED=\angle CBA$,从而得到 BC 与 EF 有怎样的位置关系.注意它们不是数量关系.

解 $BC/\!/EF$.理由如下:

$\because AE=DB$, $\therefore AE+BE=DB+BE$, $\therefore AB=DE$.

$\because AC/\!/DF$, $\therefore \angle A=\angle D$.

$\because AC=DF$, $\therefore \triangle ACB\cong\triangle DFE$,

$\therefore \angle FED=\angle CBA$，$\therefore BC/\!/EF$.

例 7 如图，在$\triangle ABC$中，$\angle ACB=90°$，$AC=BC$，延长AC到点D，使$CD=CE$.试判断AE与BD有怎样的位置关系，并说明理由.

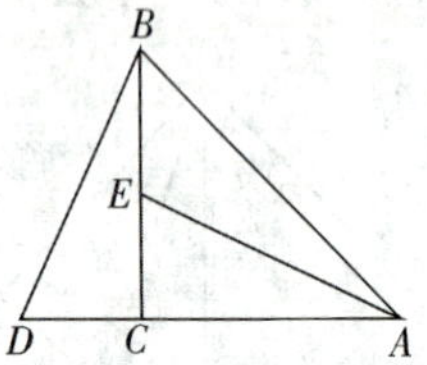

解析 延长AE交BD于O，只要证明$\angle D+\angle EAC=90°$，而$\angle DBC+\angle D=90°$，因此就要证$\angle EAC=\angle DBC$，只需要证$\triangle BCD$与$\triangle ACE$全等，根据两边夹角对应相等的两个三角形全等即可判定.

解 $AE\perp BD$.理由如下：延长AE交BD于O，

$\because \angle ACB=90°$，$\therefore \angle ACE=\angle BCD$，

在$\triangle BCD$和$\triangle ACE$中，$\begin{cases} BC=AC, \\ \angle BCD=\angle ACE=90°, \\ CD=CE, \end{cases}$

$\therefore \triangle BCD\cong\triangle ACE$，$\therefore \angle DBC=\angle EAC$.

$\because \angle DBC+\angle D=90°$，$\therefore \angle D+\angle EAC=90°$，

$\therefore \angle AOD=90°$，即$AE\perp BD$.

点评 判断两条直线（线段）之间的平行或垂直关系，归根结底还是寻找角之间的相等关系，要证明角相等，必须要证这两个角所在的三角形是否全等.为此，首先要寻找条件，然后根据判定定理加以判别.

拓展点七　“截长补短法”证明线段的和、差关系

例 8 已知：如图，$AD/\!/BC$，AE平分$\angle BAD$，$AE\perp BE$；证明：$AD+BC=AB$.

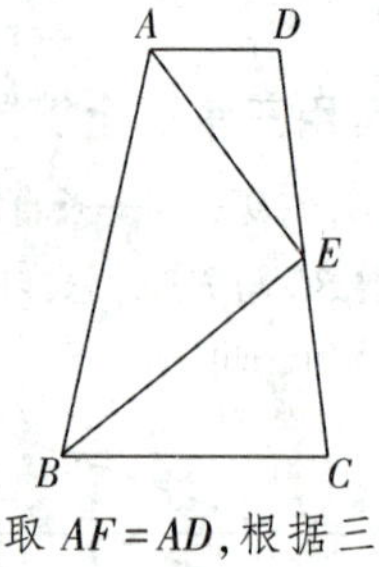

解析 在AB上截取$AF=AD$，根据三角形全等的判定，证明$\triangle DAE\cong\triangle FAE$以及$\triangle BEF\cong\triangle BEC$，从而可以得到$AD=AF$、$BC=BF$，即可以证明$AD+BC=AB$；或延长$BE$交$AD$的延长线于$M$，根据三角形全等的判定，证明$\triangle BAE\cong\triangle MAE$以及$\triangle BEC\cong\triangle MED$，从而可以得到$AB=AM$、$DM=BC$，即可以证明$AD+BC=AB$.

证明 证法一：如图①，在AB上截取$AF=AD$，

$\therefore AE$平分$\angle BAD$，$\therefore \angle DAE=\angle FAE$.

$\because AF=AD$，$AE=AE$，$\therefore \triangle DAE\cong\triangle FAE$，

$\therefore \angle D=\angle AFE$，$\angle DEA=\angle FEA$.

$\because AD/\!/BC$，$\therefore \angle DAB+\angle CBA=180°$.

$\because AE\perp BE$，$\therefore \angle BAE+\angle ABE=90°$，

$\therefore \angle DAE+\angle CBE=90°$，

$\therefore \angle ABE=\angle CBE$，同理$\angle FEB=\angle CEB$.

$\because BE=BE$，$\therefore \triangle BEF\cong\triangle BEC$，

$\therefore BF=BC$，$\therefore AB=AF+FB=AD+BC$.

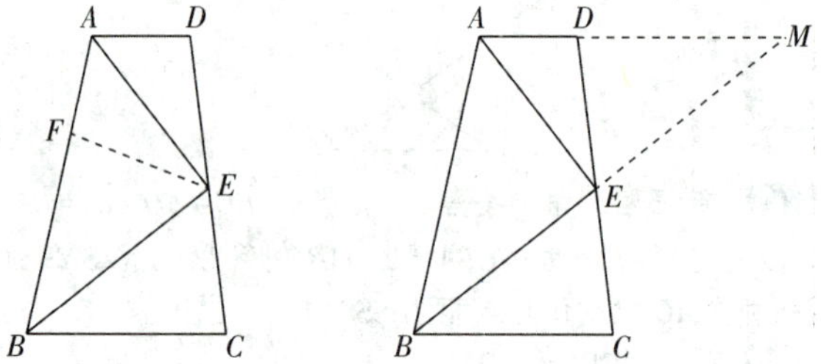

证法二：如图②，延长BE交AD的延长线于M，AE平分$\angle BAD$，

$\therefore \angle DAE=\angle BAE$.$\because AE\perp BE$，$\therefore \angle BEA=\angle AEM=90°$.

又$AE=AE$，$\therefore \triangle BAE\cong\triangle MAE$，$\therefore AB=AM$，$BE=ME$.

$\because AD/\!/BC$，$\therefore \angle CBE=\angle DME$.

又$\angle BEC=\angle MED$，$\therefore \triangle BEC\cong\triangle MED$，

$\therefore BC=MD$，$AB=AM=AD+DM=AD+BC$.

点评 证明一条线段等于两条线段的和，可采用“截长法”或“补短法”.“截长法”的基本思路是在长线段上取一段，使之等于其中一短线段，然后证明剩下的线段等于另一线段；“补短法”的基本思路是延长短线段，使之延长部分等于另一短线段，再证明延长后的线段等于长线段.

拓展点八　全等三角形的实际应用

例 9 如图，工人师傅要在墙壁的O处用钻打孔，要使孔口从墙壁对面的B点处打开，墙壁厚是35 cm，B点与O点的铅直距离AB长是20 cm，工人师傅在旁边墙上与AO水平的线上截取$OC=35$ cm，画$CD\perp OC$，使$CD=20$ cm，连接OD，然后沿着DO的方向打孔，结果钻头正好从B点处打出，这是什么道理呢？请你说出理由.

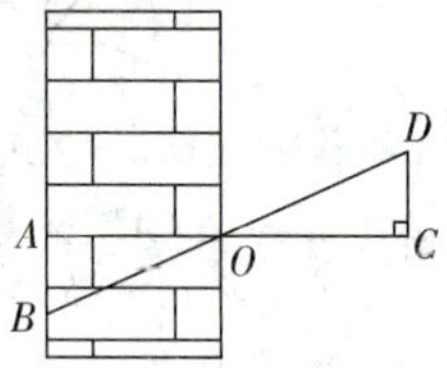

解析 沿着DO的方向打孔，结果钻头正好从B点处打出，这说明点D，O，B三点共线，因此只需证明$\angle DOB$是平角即可.因为$\angle AOC$是平角，根据同角的补角相等，只需证明$\angle AOB=\angle COD$，于是问题可以转化为证明$\triangle AOB\cong\triangle COD$.

解 $\because AB=CD=20$ cm，$\angle BAO=\angle DCO=90°$，$AO=CO=35$ cm，$\therefore \triangle AOB\cong\triangle COD$，$\therefore \angle AOB=\angle COD$.

$\because \angle AOB+\angle BOC=180°$，$\therefore \angle COD+\angle BOC=180°$，

$\therefore \angle BOD$是平角，$\therefore D$，O，B三点共线，

$\therefore$沿着DO的方向打孔，结果钻头正好从B点处打出.

点评 全等三角形是一个非常重要的数学模型，它可以解决生活中有关边、角关系的一些实际问题.在方案设计过程中，先把要解决的问题抽象为边或角，再由此设计或构造全等三角形，再根据全等三角形的性质即可求解.

易错辨析 错误分析，拨开迷雾

易错点一　要注意元素的对应性

例 1 如图所示，$\angle B=\angle ACD$，$\angle ACB=\angle D=90^\circ$，$AC$ 是 $\triangle ABC$ 和 $\triangle ACD$ 的公共边，所以就可以判定 $\triangle ABC\cong\triangle ACD$.你认为正确吗？为什么？

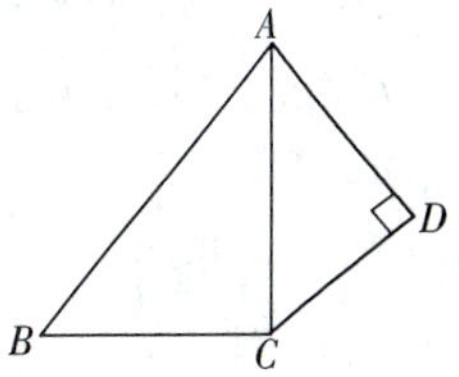

正确解答 已知给出两组角对应相等，只需利用“AAS”或“ASA”，找到两角的夹边或一组角的对边对应相等，即可证明三角形全等.而在 $\triangle ABC$ 中，AC 为 $\angle B$ 的对边，在 $\triangle ACD$ 中，AC 却是 $\angle D$ 的对边，这样的边不存在“对应相等”的关系，故不能判定 $\triangle ABC\cong\triangle ACD$.

易错总结 若用 AAS 证明两个三角形全等，其中相等的一组边的两个对角必须相等，如果不相等，则无法证明这两个三角形全等；若用 ASA 证明两个三角形全等，其中相等的边必须是对应相等的两组角的夹边，如果不相等，则无法证明这两个三角形全等.

易错点二　“SSA”不能作为判定两个三角形全等的条件

例 2 如图，已知 $\triangle ABC$ 中，$AB=AC$，D，E 分别是 AB，AC 上的点，且 $CD=BE$，$\triangle ADC$ 与 $\triangle AEB$ 全等吗？并说明理由.

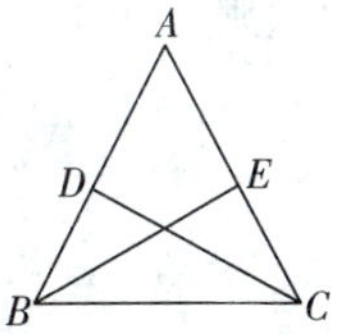

正确解答 无法证明 $\triangle ADC$ 和 $\triangle AEB$ 全等，因为本题中只给出 $AB=AC$、$BE=CD$，虽然题目中还有隐含条件 $\angle A$ 是公共角，但 $\angle A$ 并不是两组相等的边的夹角，故无法证明这两个三角形全等.

易错总结 本题易误认为可以判定这两个三角形全等，理由是用“SSA”来证明它们全等，显然这是错误的.

品味中考 对接中考，小试牛刀

1. (2016·新疆)如图，在 $\triangle ABC$ 和 $\triangle DEF$ 中，$\angle B=\angle DEF$，$AB=DE$，添加下列一个条件后，仍然不能证明 $\triangle ABC\cong\triangle DEF$，这个条件是（ A ）

A. $\angle A=\angle D$　　B. $BC=EF$

C. $\angle ACB=\angle F$　　D. $AC=DF$

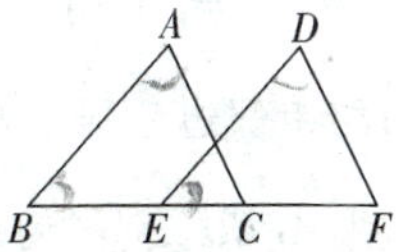

（第1题）

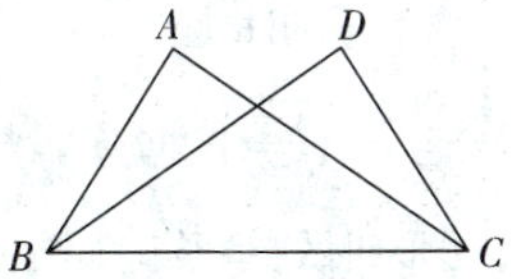

（第2题）

2. (2017·娄底)如图，在 Rt$\triangle ABC$ 与 Rt$\triangle DCB$ 中，已知 $\angle A=\angle D=90^\circ$，请你添加一个条件(不添加字母和辅助线)，使 Rt$\triangle ABC\cong$ Rt$\triangle DCB$，你添加的条件是________.

3. (2017·达州) $\triangle ABC$ 中，$AB=5$，$AC=3$，AD 是 $\triangle ABC$ 的中线，设 AD 长为 m，则 m 的取值范围是________.

4. (2016·宜昌)杨阳同学沿一段笔直的人行道行走，在由 A 步行到达 B 处的过程中，通过隔离带的空隙 O，刚好浏览完对面人行道宣传墙上的社会主义核心价值观标语.其具体信息汇集如下：如图，$AB\parallel OH\parallel CD$，相邻两平行线间的距离相等.$AC$，$BD$ 相交于 O，$OD\perp CD$，垂足为 D. 已知 $AB=20$ 米.请根据上述信息求标语 CD 的长度.

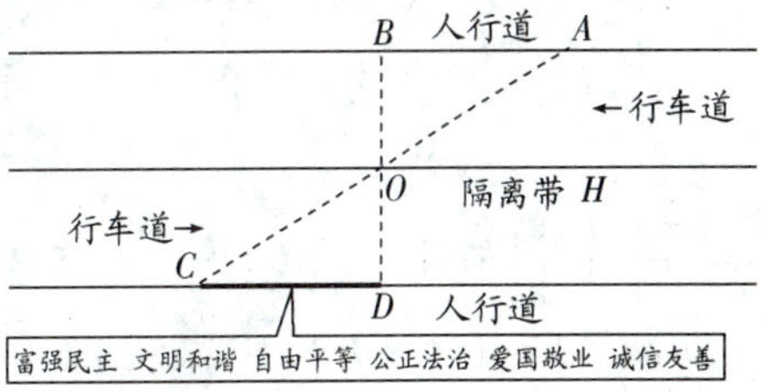

趁热打铁　即时检测，巩固提高

基础篇

1. （知识点三 ☆☆）如图，点 D 在 $\triangle ABC$ 的一边 BC 的延长线上，$AB /\!/ DE$，$\angle A=\angle ECD$，$CA=CE$，若 $AB=2$，$DE=5$，则 $BD=$（　　）

A. 5　　B. 6　　C. 7　　D. 8

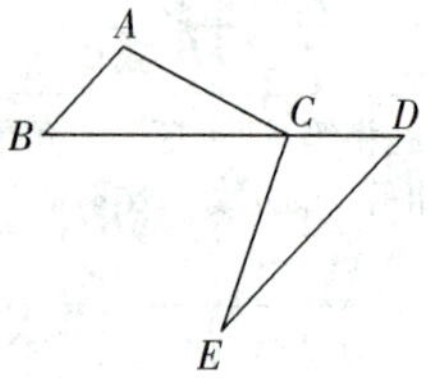

（第 1 题）

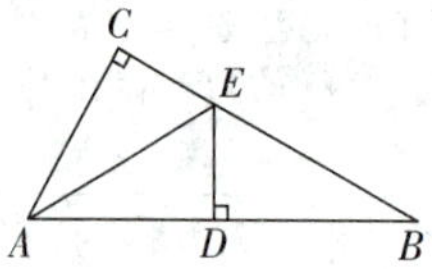

（第 2 题）

2. （知识点五 ☆☆）如图所示，已知在 $\triangle ABC$ 中，$\angle C=90^\circ$，$AD=AC$，$DE\perp AB$ 交 BC 于点 E，连接 AE，若 $\angle B=28^\circ$，则 $\angle AEC=$（　　）

A. 28°　　B. 59°

C. 60°　　D. 62°

3. （知识点一、二、四 ☆☆）如图，若 $CB=CE$，则下列条件不能使 $\triangle ABC\cong\triangle DEC$ 的是（　　）

A. $CA=CD$，$\angle BCE=\angle ACD$

B. $\angle B=\angle E$，$\angle BCE=\angle ACD$

C. $\angle B=\angle E$，$CA=CD$

D. $CA=CD$，$AB=DE$

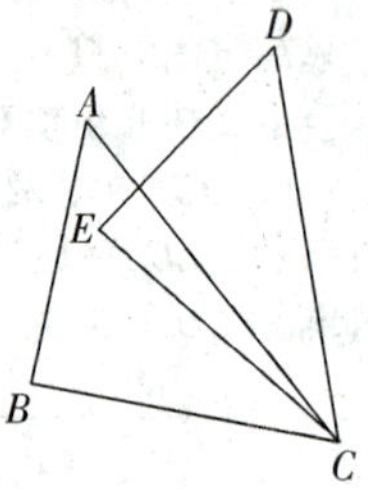

（第 3 题）

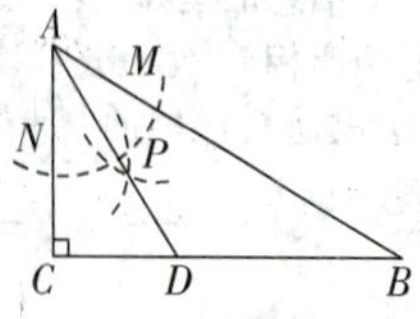

（第 4 题）

4. （知识点六 ☆☆）如图，在 $\triangle ABC$ 中，$\angle C=90^\circ$，$\angle B=30^\circ$，以 A 为圆心，任意长为半径画弧分别交 AB，AC 于点 M 和 N，再分别以 M，N 为圆心，大于 MN 的长为半径画弧，两弧交于点 P，连接 AP 并延长交 BC 于点 D，则 $\angle ADC=$________.

5. （知识点二 ☆☆）如图，四边形 $ABCD$ 中，E 点在 AD 上，其中 $\angle BAE=\angle BCE=\angle ACD=90^\circ$，且 $BC=CE$，求证：$\triangle ABC\cong\triangle DEC$.

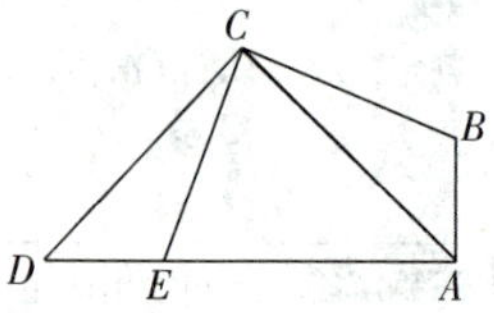

提升篇

6. （知识点二 ☆☆）某同学把一块三角形的玻璃打碎成了 3 块，现在要到玻璃店去配一块完全一样的玻璃，那么最省事的方法是（　　）

A. 带①去　　B. 带②去

C. 带③去　　D. ①②③都带去

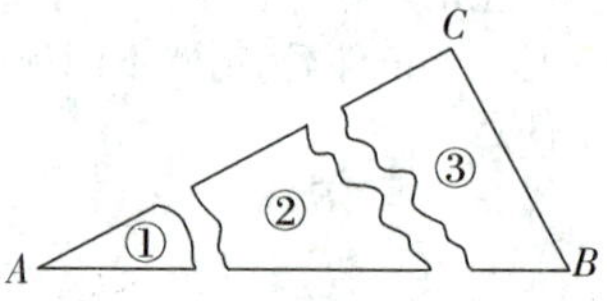

（第 6 题）

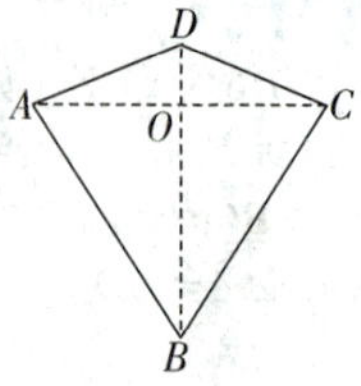

（第 7 题）

7. （知识点一、四 ☆☆☆）（宜昌中考题）两组邻边分别相等的四边形叫做“筝形”，如图，四边形 $ABCD$ 是一个筝形，其中 $AD=CD$，$AB=CB$，詹姆斯在探究筝形的性质时，得到如下结论：① $AC\perp BD$；② $AO=CO=\frac{1}{2}AC$；③ $\triangle ABD\cong\triangle CBD$. 其中正确的结论有（　　）

A. 0 个　　B. 1 个

C. 2 个　　D. 3 个

8. (知识点五 ☆☆☆☆)(2017·陕西)如图,四边形 $ABCD$ 中,$AD=AB$,$\angle BAD=\angle BCD=90°$,连接 AC.若 $AC=6$,则四边形 $ABCD$ 的面积为________.

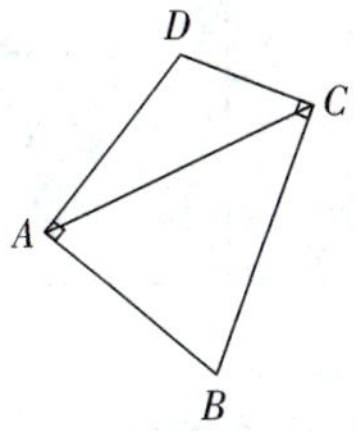

挑战篇

9. (知识点一、二 ☆☆☆☆☆)如图,在△ABC 中,AD 平分∠BAC,交 BC 于点 D,$CE\perp AD$ 于点 G,交 AB 于点 E,$EF/\!/BC$ 交 AC 于点 F.求证:∠DEC=∠FEC.

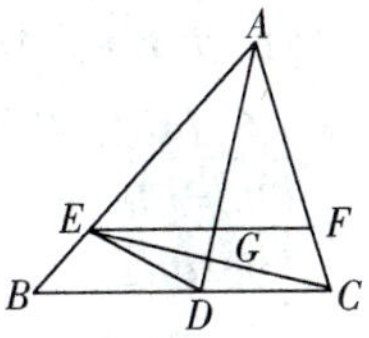

课后答案

详解习题,夯实基础

练习(P_{14})

1. ①和④;③和⑤. 根据"SAS"可证得.

2. 在△ABE 和△ACD 中,

$\begin{cases}AB=AC(已知),\\ \angle A=\angle A(公共角),\\ AE=AD(已知),\end{cases}$ ∴ △ABE≌△ACD(SAS).

练习($P_{16\sim17}$)

1. AC BC 线段中点的定义 AE BD 已知 A B 已知 AC BC 已证 SAS 全等三角形的对应角相等

2. ADB ADC ADB ADC 等角的补角相等 BD CD 已知 ADB ADC 已证 AD AD 公共边 SAS 全等三角形的对应边相等

3. ∵ $AB/\!/CD$(已知),

∴ ∠ABD=∠CDB(两直线平行,内错角相等).

在△ABD 和△CDB 中,

$\begin{cases}AB=CD(已知),\\ \angle ABD=\angle CDB(已证),\\ BD=DB(公共边),\end{cases}$ ∴ △ABD≌△CDB(SAS).

∴ ∠ADB=∠CBD(全等三角形的对应角相等).

∴ $AD/\!/BC$(内错角相等,两直线平行).

练习(P_{19})

1. ①与⑥,△ABC≌△MNG. 理由:∵ ∠A=∠M=75°,$AB=MN=7$,∠B=∠N=25°,∴ △ABC≌△MNG.

②与④,△XYZ≌△TSW. 理由:∵ ∠T=∠X=70°,∠W=∠Z=50°,$WS=ZY=7$,∴ △XYZ≌△TSW.

③与⑤,△PRQ≌△FDE. 理由:∵ ∠R=∠D=110°,$PR=FD=7$,∠P=∠F=25°,∴ △PRQ≌△FDE.

2. ∵ O 是 AB 的中点(已知),∴ $OA=OB$(线段中点的定义).

∵ $AC/\!/BD$(已知),

∴ ∠A=∠B(两直线平行,内错角相等).

在△ACO 和△BDO 中,$\begin{cases}\angle A=\angle B(已证),\\ OA=OB(已证),\\ \angle AOC=\angle BOD(对顶角相等),\end{cases}$

∴ △ACO≌△BDO(ASA).

∴ $OC=OD$(全等三角形的对应边相等).

∴ O 是 CD 的中点(线段中点的定义).

练习(P_{21})

1. 在△ABC 和△DCB 中,

$\begin{cases}\angle A=\angle D(已知),\\ \angle ACB=\angle DBC(已知),\\ BC=CB(公共边),\end{cases}$ ∴ △ABC≌△DCB(AAS).

∴ $AB=DC$(全等三角形的对应边相等).

2. ∵ $CB\perp AD$,$AE\perp CD$(已知),

∴ ∠ABF=∠CBD=90°,∠AED=90°(垂直的定义).

∵ ∠A=90°−∠D,∠C=90°−∠D(直角三角形的两个锐角互余),∴ ∠A=∠C(等量代换).

在△ABF 和△CBD 中,$\begin{cases}\angle A=\angle C(已证),\\ AB=BC(已知),\\ \angle ABF=\angle CBD(已证),\end{cases}$

∴ △ABF≌△CBD(ASA).

练习(P_{22})

1. 在△ABE 和△ACD 中,$\begin{cases}\angle A=\angle A(公共角),\\ AB=AC(已知),\\ \angle 1=\angle 2(已知),\end{cases}$

$\therefore \triangle ABE \cong \triangle ACD$(ASA).$\therefore AE=AD$(全等三角形的对应边相等).又 $AC=AB$(已知),

$\therefore AC-AE=AB-AD$(等式性质).即 $DB=EC$.

2. $\because \angle ABC=\angle DCB, \angle 1=\angle 2$(已知),

$\therefore \angle ABC-\angle 1=\angle DCB-\angle 2$(等式性质),

即 $\angle DBC=\angle ACB$.在 $\triangle ABC$ 和 $\triangle DCB$ 中,

$\begin{cases} \angle ABC=\angle DCB(\text{已知}), \\ BC=CB(\text{公共边}), \\ \angle ACB=\angle DBC(\text{已证}), \end{cases}$ $\therefore \triangle ABC \cong \triangle DCB$(ASA).

$\therefore AB=DC$(全等三角形的对应边相等).

练习(P_{24})

1. 不一定全等,例如两个边长分别为 1 cm,6 cm 的两个等边三角形,它们的三对对应角都等于 60°,但显然它们不是全等三角形.

2. 如图,连接 BD,在 $\triangle ABD$ 和 $\triangle CDB$ 中,

$\begin{cases} AB=DC(\text{已知}), \\ BD=DB(\text{公共边}), \\ AD=BC(\text{已知}), \end{cases}$

$\therefore \triangle ABD \cong \triangle CDB$(SSS).

$\therefore \angle 1=\angle 2, \angle 3=\angle 4$(全等三角形的对应角相等).

$\therefore AB /\!/ DC, AD /\!/ BC$(内错角相等,两直线平行).

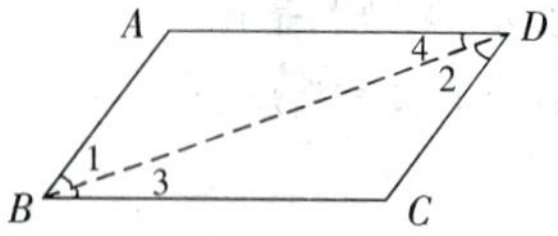

(第 2 题)

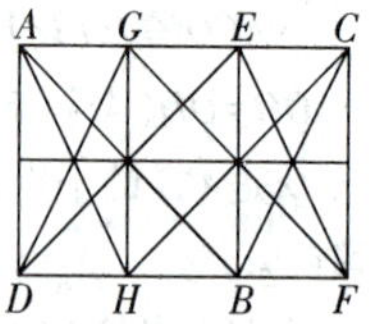

(第 3 题)

3. 如图,能画 3 个,分别为 $\triangle ABC$,$\triangle CHA$,$\triangle FGD$.

练习(P_{26})

1. (1)如图①,射线 OA,OB,OC 是 $\angle MON$ 的四等分线.

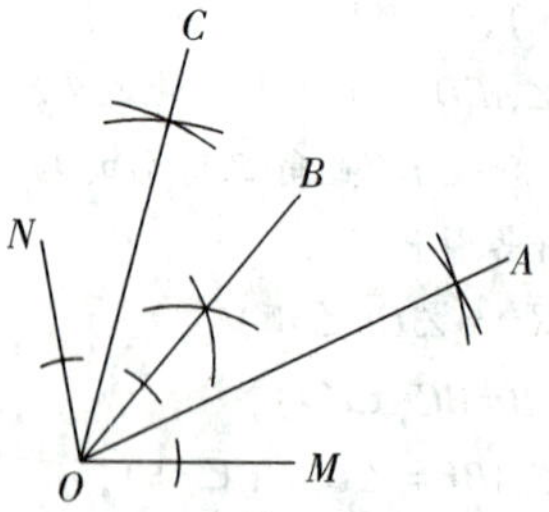

①

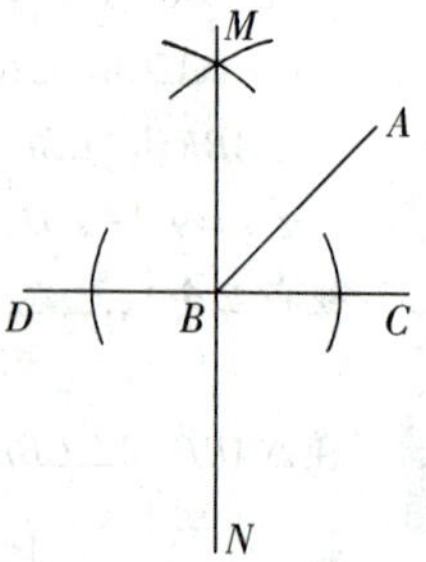

②

(2)如图②,直线 MN 就是过点 B 与 BC 垂直的直线.图中与 $\angle ABC$ 互余的角是 $\angle MBA$.

2. 如图,就是所要作的直角三角形,其中 $AB=a, BC=b$, $\angle ABC=90°$.

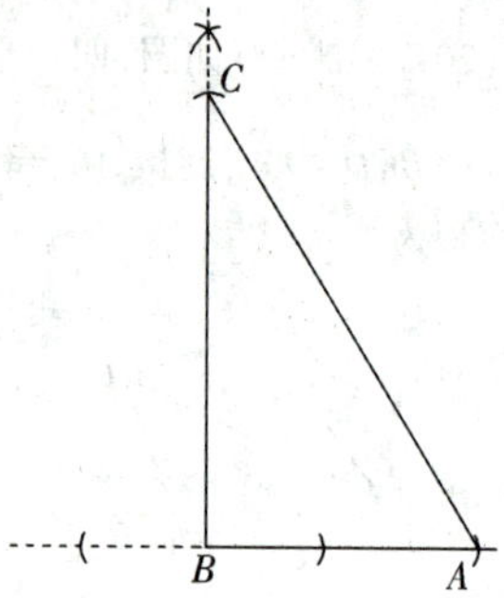

练习(P_{29})

1. 图中所有的直角三角形如图:

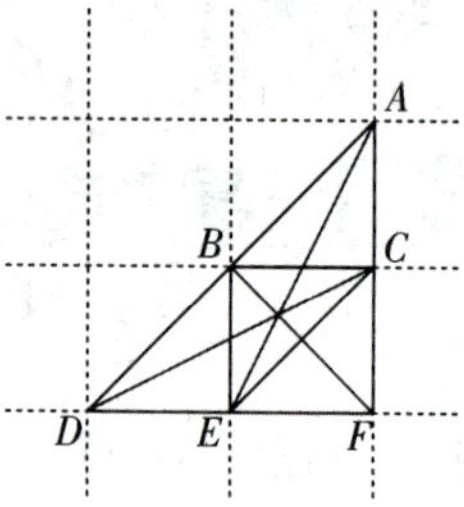

其中全等的直角三角形是:

$Rt\triangle ABC \cong Rt\triangle FBC \cong Rt\triangle ECB \cong Rt\triangle CEF \cong Rt\triangle BDE \cong Rt\triangle BFE$;$Rt\triangle ABF \cong Rt\triangle DBF$; $Rt\triangle AEF \cong Rt\triangle DCF$.

2. 例如:由于这两个三角形是直角三角形,若用"HL"证明,可以添加:$AD=AC$ 或 $BD=BC$;若用"AAS"证明,可以添加:$\angle DAB=\angle CAB$ 或 $\angle DBA=\angle CBA$(答案不唯一).

3. $\because CA \perp AB, AC \perp CD$,

$\therefore \angle BAC=\angle ACD=90°$.在 $Rt\triangle ABC$ 和 $Rt\triangle CDA$ 中,

$\begin{cases} BC=AD(\text{已知}), \\ AC=CA(\text{公共边}), \end{cases}$ $\therefore Rt\triangle ABC \cong Rt\triangle CDA$(HL).

$\therefore \angle DAC=\angle BCA$(全等三角形的对应角相等).

$\therefore AD /\!/ BC$(内错角相等,两直线平行).

习题 1.3($P_{29\sim32}$)

1. ①与⑥,可表示为:$\triangle MPN \cong \triangle KGH$.理由略.

②与⑤,可表示为:$\triangle YXZ \cong \triangle DEF$.理由略.

③与④,可表示为:$\triangle ABC \cong \triangle SRT$.理由略.

2. 在 $\triangle ADB$ 和 $\triangle BCA$ 中,

$\begin{cases} BD=AC(\text{已知}), \\ \angle 2=\angle 1(\text{已知}), \\ AB=BA(\text{公共边}), \end{cases}$ $\therefore \triangle ADB \cong \triangle BCA$(SAS).

3. 能.理由如下:连接 $AB, A'B'$,

$\because$ 点 O 是 AA',BB'的中点,$\therefore OA=OA', OB=OB'$.

在 $\triangle AOB$ 和 $\triangle A'OB'$中,

$\begin{cases} OA=OA'(\text{已证}), \\ \angle AOB=\angle A'OB'(\text{对顶角相等}), \\ OB=OB'(\text{已证}), \end{cases}$

$\therefore \triangle AOB \cong \triangle A'OB'$(SAS).

$\therefore AB=A'B'$(全等三角形的对应边相等).

即只要量出$A'B'$的长度就可以知道内槽AB的长度.

4. $\because$ 点B,D分别是AC,AE的中点(已知),

$\therefore AC=2AB,AE=2AD$(线段中点的定义).

$\because AB=AD$(已知),$\therefore AC=AE$(等量代换).

在$\triangle ADC$和$\triangle ABE$中,$\begin{cases} AD=AB(\text{已知}), \\ \angle A=\angle A(\text{公共角}), \\ AC=AE(\text{已证}), \end{cases}$

$\therefore \triangle ADC \cong \triangle ABE$(SAS).

5. $\because$ 点C是AE的中点(已知),

$\therefore AC=CE$(线段中点的定义).

$\because AB/\!/CD$(已知),

$\therefore \angle A=\angle DCE$(两直线平行,同位角相等),

$\angle B=\angle BCD$(两直线平行,内错角相等).

在$\triangle ABC$和$\triangle CDE$中,$\begin{cases} AC=CE(\text{已证}), \\ \angle A=\angle DCE(\text{已证}), \\ AB=CD(\text{已知}), \end{cases}$

$\therefore \triangle ABC \cong \triangle CDE$(SAS).

$\therefore \angle B=\angle D$(全等三角形的对应角相等).

$\because \angle B=\angle BCD$(已证),$\therefore \angle D=\angle BCD$(等量代换).

$\therefore BC/\!/DE$(内错角相等,两直线平行).

6. (1)$\triangle ABE \cong \triangle ACD$,证明如下:

在$\triangle ABE$和$\triangle ACD$中,$\begin{cases} \angle B=\angle C(\text{已知}), \\ AB=AC(\text{已知}), \\ \angle A=\angle A(\text{公共角}), \end{cases}$

$\therefore \triangle ABE \cong \triangle ACD$(ASA).

(2)$\triangle BDF \cong \triangle CEF$,证明如下:

在$\triangle BDF$和$\triangle CEF$中,$\begin{cases} \angle B=\angle C(\text{已知}), \\ \angle BFD=\angle CFE(\text{对顶角相等}), \\ BD=CE(\text{已知}), \end{cases}$

$\therefore \triangle BDF \cong \triangle CEF$(AAS).

7. 理由如下:

$\because AB\perp BF,DE\perp BF,\therefore \angle ABC=\angle EDC=90^\circ$.

在$\triangle ABC$和$\triangle EDC$中,$\begin{cases} \angle ABC=\angle EDC(\text{已证}), \\ BC=CD(\text{已知}), \\ \angle ACB=\angle ECD(\text{对顶角相等}), \end{cases}$

$\therefore \triangle ABC \cong \triangle EDC$(ASA).

$\therefore AB=DE$(全等三角形的对应边相等).

即测量DE的长就能知道A,B两点之间的距离.

8. $\because BD,CE$是高(已知),

$\therefore \angle ADB=\angle AEC=90^\circ$(三角形高的定义).

在$\triangle ADB$和$\triangle AEC$中,$\begin{cases} \angle A=\angle A(\text{公共角}), \\ \angle ADB=\angle AEC(\text{已证}), \\ AB=AC(\text{已知}), \end{cases}$

$\therefore \triangle ADB \cong \triangle AEC$(AAS).

$\therefore BD=CE$(全等三角形的对应边相等).

9. 在$\triangle AOB$和$\triangle DOC$中,$\begin{cases} \angle 1=\angle 2(\text{已知}), \\ \angle AOB=\angle DOC(\text{对顶角相等}), \\ AB=CD(\text{已知}), \end{cases}$

$\therefore \triangle AOB \cong \triangle DOC$(AAS).

$\therefore OA=OD,OB=OC$(全等三角形的对应边相等).

$\therefore OA+OC=OD+OB$(等式性质),即$AC=DB$.

10. $\because ED\perp AB,FC\perp AB$(已知),

$\therefore \angle ADE=\angle BCF=90^\circ$(垂直的定义).

$\because AE/\!/BF$(已知),

$\therefore \angle A=\angle B$(两直线平行,内错角相等).

在$\triangle ADE$和$\triangle BCF$中,$\begin{cases} \angle A=\angle B(\text{已证}), \\ \angle ADE=\angle BCF(\text{已证}), \\ AE=BF(\text{已知}), \end{cases}$

$\therefore \triangle ADE \cong \triangle BCF$(AAS).

$\therefore AD=BC$(全等三角形的对应边相等).

$\therefore AD-CD=BC-CD$(等式性质),即$AC=BD$.

11. 图中共有四对全等三角形:$\triangle ABD \cong \triangle CDB$,$\triangle ACD \cong \triangle CAB$,$\triangle AOB \cong \triangle COD$,$\triangle AOD \cong \triangle COB$. 证明如下:

$\because AB/\!/DC,AD/\!/BC$(已知),

$\therefore \angle ABD=\angle CDB,\angle ADB=\angle CBD$(两直线平行,内错角相等).

在$\triangle ABD$和$\triangle CDB$中,$\begin{cases} \angle ABD=\angle CDB(\text{已证}), \\ BD=DB(\text{公共边}), \\ \angle ADB=\angle CBD(\text{已证}), \end{cases}$

$\therefore \triangle ABD \cong \triangle CDB$(ASA).

同理可证$\triangle ACD \cong \triangle CAB$.

$\therefore AB=CD,AD=BC$(全等三角形的对应边相等).

$\because AB/\!/DC$(已知),

$\therefore \angle BAO=\angle DCO$(两直线平行,内错角相等).

在$\triangle AOB$和$\triangle COD$中,$\begin{cases} \angle ABD=\angle CDB(\text{已证}), \\ AB=CD(\text{已证}), \\ \angle BAO=\angle DCO(\text{已证}), \end{cases}$

$\therefore \triangle AOB \cong \triangle COD$(ASA).

同理可证$\triangle AOD \cong \triangle COB$.

12. 图中的全等三角形有:$\triangle ABC \cong \triangle AED$,$\triangle ABD \cong \triangle AEC$. 证明如下:

$\because \angle 3=\angle 4$(已知),

$\therefore \angle ACB=\angle ADE$(等角的补角相等).

在△ABC 和△AED 中，$\begin{cases}\angle ACB=\angle ADE(\text{已证}),\\ \angle 1=\angle 2(\text{已知}),\\ BC=ED(\text{已知}),\end{cases}$

∴ $\triangle ABC\cong\triangle AED$(AAS).

∴ $AB=AE$（全等三角形的对应边相等），

$\angle B=\angle E$(全等三角形的对应角相等).

在△ABD 和△AEC 中，$\begin{cases}\angle B=\angle E(\text{已证}),\\ \angle 4=\angle 3(\text{已知}),\\ AB=AE(\text{已证}),\end{cases}$

∴ $\triangle ABD\cong\triangle AEC$(AAS).

13. ∵ $AC=DB$(已知)，∴ $AC-BC=BD-BC$(等式性质)，即 $AB=CD$.

在△ABE 和△DCF 中，$\begin{cases}AB=CD(\text{已证}),\\ AE=DF(\text{已知}),\\ BE=CF(\text{已知}),\end{cases}$

∴ $\triangle ABE\cong\triangle DCF$(SSS).

∴ $\angle A=\angle D$，$\angle ABE=\angle DCF$(全等三角形的对应角相等)，

∴ $AE/\!/DF$（内错角相等，两直线平行），

$\angle EBD=\angle FCA$(等角的补角相等).

∴ $BE/\!/CF$（内错角相等，两直线平行）.

14. ∵ $BE=FC$(已知)，∴ $BE+CE=FC+CE$(等式性质)，即 $BC=FE$.

在△ABC 和△DFE 中，$\begin{cases}BC=FE(\text{已证}),\\ AC=DE(\text{已知}),\\ AB=DF(\text{已知}),\end{cases}$

∴ $\triangle ABC\cong\triangle DFE$(SSS).

∴ $\angle ACB=\angle DEF$(全等三角形的对应角相等).

在△AOC 和△DOE 中，$\begin{cases}\angle ACO=\angle DEO(\text{已证}),\\ \angle AOC=\angle DOE(\text{对顶角相等}),\\ AC=DE(\text{已知}),\end{cases}$

∴ $\triangle AOC\cong\triangle DOE$(AAS).

∴ $AO=DO$，$CO=EO$(全等三角形的对应边相等).

又 $CF=BE$(已知)，

∴ $CO+CF=EO+BE$(等式性质)，即 $FO=BO$.

15. △ABC 的角平分线 CD，高 AE 如下图：

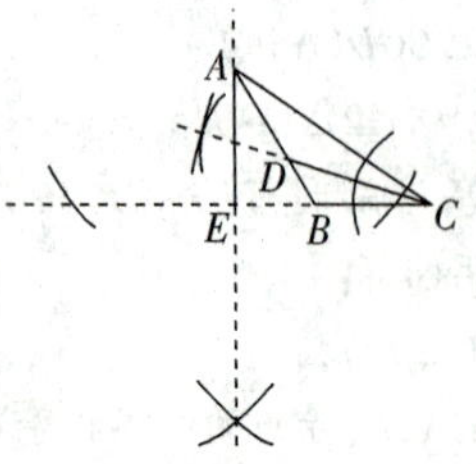

16. (1)如图所示：

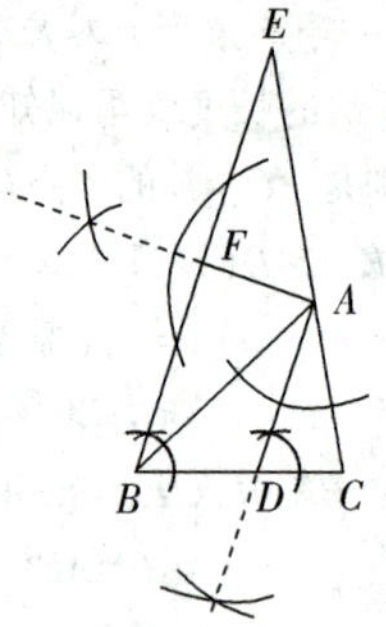

(2)结论：$EF=BF$，证明如下：

∵ $\angle CBE=\angle ADC$(作图)，

∴ $BE/\!/AD$(同位角相等，两直线平行)，

∴ $\angle E=\angle DAC$（两直线平行，同位角相等），

$\angle ABF=\angle BAD$(两直线平行，内错角相等).

又 AD 平分∠BAC(已知)，

∴ $\angle DAC=\angle BAD$(角平分线的定义).

∴ $\angle E=\angle ABF$(等量代换).

∵ $AF\perp BE$(作图)，

∴ $\angle AFB=\angle AFE=90^\circ$(垂直的定义).

在△ABF 和△AEF 中，$\begin{cases}\angle AFB=\angle AFE(\text{已证}),\\ \angle ABF=\angle E(\text{已证}),\\ AF=AF(\text{公共边}),\end{cases}$

∴ $\triangle ABF\cong\triangle AEF$(AAS).

∴ $BF=EF$(全等三角形的对应边相等).

17. ∵ $CE\perp OA$，$CF\perp OB$(已知)，

∴ $\angle OEC=\angle OFC=90^\circ$(垂直的定义).

在 Rt△OEC 和 Rt△OFC 中，$\begin{cases}OE=OF(\text{已知}),\\ OC=OC(\text{公共边}),\end{cases}$

∴ $Rt\triangle OEC\cong Rt\triangle OFC$(HL).

∴ $\angle EOC=\angle FOC$(全等三角形的对应角相等)，

∴ 射线 OC 平分∠AOB(角平分线的定义).

18. ∵ AD 是高(已知)，

∴ $\angle ADB=\angle ADC=90^\circ$(三角形高的定义).

在 Rt△ADB 和 Rt△ADC 中，$\begin{cases}AB=AC(\text{已知}),\\ AD=AD(\text{公共边}),\end{cases}$

∴ $Rt\triangle ADB\cong Rt\triangle ADC$(HL).

∴ $BD=CD$(全等三角形的对应边相等)，

$\angle B=\angle C$(全等三角形的对应角相等).

∵ $DE\perp AB$，$DF\perp AC$(已知)，

∴ $\angle DEB=\angle DFC=90^\circ$(垂直的定义).

在△DEB 和△DFC 中，$\begin{cases}\angle B=\angle C(\text{已证}),\\ \angle DEB=\angle DFC(\text{已证}),\\ BD=CD(\text{已证}),\end{cases}$

∴ $\triangle DEB\cong\triangle DFC$(AAS).

∴ $DE=DF$(全等三角形的对应边相等).

本章总结

知识框架

要点归纳,一览无余

- 全等三角形
  - 全等图形
    - 定义:能完全重合的图形叫做全等图形
    - 性质:两个图形全等,它们的形状相同,大小相等
    - 条件:通过对图形的平移、旋转、翻折后能完全重合
  - 全等三角形
    - 定义:两个能完全重合的三角形是全等三角形
    - 性质:全等三角形的对应边相等,对应角相等
    - 条件
      - 任意三角形
        - 角角边(AAS)
        - 边角边(SAS)
        - 角边角(ASA)
        - 边边边(SSS)
      - 直角三角形:直角边、斜边(HL)
    - 应用
      - 尺规作图
        - 平分已知角
        - 过一点作已知直线的垂线
      - 解决实际问题

专题归纳

科学总结,突破难点

知识技能

一、全等三角形条件的探索

熟练掌握三角形全等的条件:SAS,ASA,AAS,SSS.对于直角三角形除了上面的条件外还有:HL.中考中这类题目常常给出一个或两个条件(包括图形中的条件,如对顶角相等、公共边),然后再补充一个条件,得到两个三角形全等.

例 1 (2016·黔西南州)如图,点 B,F,C,E 在一条直线上,$AB/\!/ED$,$AC/\!/FD$,那么添加下列一个条件后,仍无法判定$\triangle ABC\cong\triangle DEF$的是　　(　　)

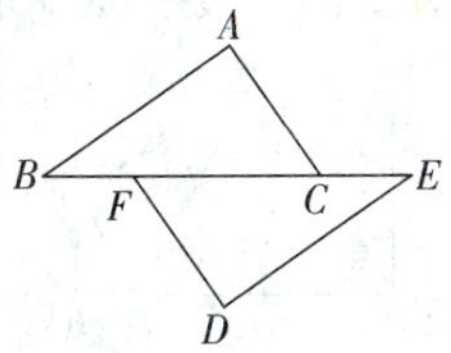

A. $AB=DE$　　B. $AC=DF$

C. $\angle A=\angle D$　　D. $BF=EC$

解析 根据全等三角形的判定方法分别进行判定即可.

选项 A,添加 $AB=DE$ 可用 AAS 进行判定,故本选项不符合题意;

选项 B,添加 $AC=DF$ 可用 AAS 进行判定,故本选项不符合题意;

选项 C,添加 $\angle A=\angle D$ 不能判定$\triangle ABC\cong\triangle DEF$,故本选项符合题意;

选项 D,添加 $BF=EC$ 可得出 $BC=EF$,然后可用 ASA 进行判定,故本选项不符合题意.故选 C.

答案 C

点评 本题考查三角形全等的判定方法,判定两个三角形全等的一般方法有:SSS,SAS,ASA,AAS,HL.注意:AAA,SSA 不能判定两个三角形全等,判定两个三角形全

等时,必须有边的参与,若有两边一角对应相等时,角必须是两边的夹角.

二、判定三角形全等条件的选用

在判定两个三角形全等的三个条件中,"边"是必不可少的,所以"AAA"不能判定两个三角形全等,而两边及其一边的对角对应相等(即"SSA")的两个三角形不一定全等.在判定两个三角形全等的过程中,寻求判定条件的具体思路是:

(1)当图中有现成的全等三角形时,

三角形全等

- 已知两边
  - 找夹角→SAS
  - 找直角→HL
  - 找第三边→SSS
- 已知两角
  - 找夹边→ASA
  - 找其中一角的对边→AAS
- 一边一角
  - 边为角的对边→找一角→AAS
  - 边为角的邻边
    - 找夹边的另一角→ASA
    - 找边的对角→AAS
    - 找夹角的另一边→SAS

(2)当已知图形中无现成的全等三角形时,可通过添加辅助线构成证题所需的三角形.

例 2 如图,$AB=CD$,$BC=DA$,E,F 是 AC 上的两点,且 $AE=CF$.求证:$BF=DE$.

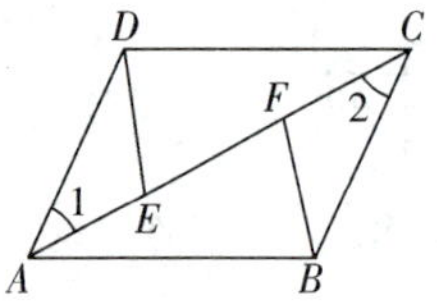

解析 思路一:欲证 $DE=BF$,可先证包含这两条线段的 $\triangle AED$ 与 $\triangle CFB$ 全等.在这两个三角形中已知两组边($BC=DA$,$AE=CF$)相等,只需证这两边的夹角(即 $\angle 1$ 与 $\angle 2$)相等即可,而欲证这两个角相等,只需证包含它们的两个三角形($\triangle CDA$ 与 $\triangle ABC$)全等即可,由"SSS"可证它们全等.思路二:欲证 $DE=BF$,也可先证包含这两条线段的 $\triangle CDE$ 与 $\triangle ABF$ 全等,而题目中只有一个已知条件 $AB=CD$,故需再找其他两组相等的元素.我们可证 $\angle DCE=\angle BAF$ 和 $CE=AF$.

证明 证法一:在 $\triangle ABC$ 与 $\triangle CDA$ 中,

$AB=CD$,$BC=DA$,$CA=AC$(公共边),

$\therefore \triangle ABC\cong\triangle CDA$(SSS),$\therefore \angle 2=\angle 1$.

在 $\triangle BCF$ 与 $\triangle DAE$ 中,

$BC=DA$,$\angle 2=\angle 1$,$CF=AE$,

$\therefore \triangle BCF\cong\triangle DAE$(SAS),$\therefore BF=DE$.

证法二:在 $\triangle ABC$ 与 $\triangle CDA$ 中,

$AB=CD$,$BC=DA$,$CA=AC$(公共边),

$\therefore \triangle ABC\cong\triangle CDA$(SSS),$\therefore \angle BAF=\angle DCE$.

$\because AE=CF$,$\therefore AE+EF=CF+EF$,即 $AF=CE$.

在 $\triangle ABF$ 和 $\triangle CDE$ 中,

$AB=CD$,$\angle BAF=\angle DCE$,$AF=CE$,

$\therefore \triangle ABF\cong\triangle CDE$(SAS),$\therefore BF=DE$.

点评 本题通过两种证法,示例了寻求条件证两三角形全等的基本方法.在解题的过程中,我们应根据题目所求与已知条件按照三角形全等条件选用的思路,通过不断探索,找出解决问题的合适方法.在这一过程中,若我们只知一组对应元素相等,则需要从以上思路中探求其他两组对应元素相等.

方法规律

一、利用图形的全等变换解题

平移、翻折和旋转是图形全等变换的三种形式.找到一组图形的全等变换形式,就明确了图形的重合方式,使图形中的对应元素更加清晰,为解答问题提供了基础.

1. 平移变换

例 1 如图,将 $\triangle ABC$ 沿 BC 的方向平移得到 $\triangle DEF$.

(1)若 $\angle B=74°$,$\angle F=26°$,求 $\angle A$ 的度数;

(2)若 $BC=4.5$ cm,$EC=3.5$ cm,求 $\triangle ABC$ 平移的距离.

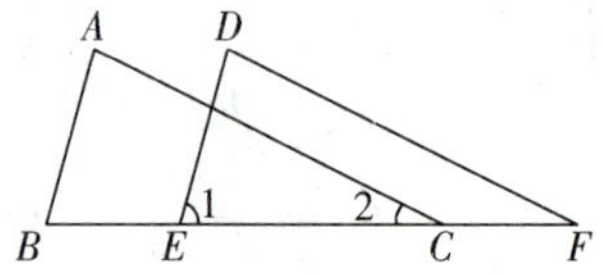

知识讲解

平移变换中的全等

解析 (1)根据平移的性质求出 $\angle 2=\angle F$,再利用三角形的内角和等于 180° 列式计算即可得解;(2)先求出 BE,再根据平移的性质可得 BE 即为平移距离.

解 (1)由图形平移的特征可知 $\triangle ABC$ 和 $\triangle DEF$ 的形状与大小相同,即 $\triangle ABC\cong\triangle DEF$,$\therefore \angle 2=\angle F=26°$.

$\because \angle B=74°$,

$\therefore \angle A=180°-(\angle 2+\angle B)=180°-(26°+74°)=80°$.

(2)$\because BC=4.5$ cm,$EC=3.5$ cm,

$\therefore BE=BC-EC=4.5-3.5=1$(cm),

$\therefore \triangle ABC$ 平移的距离为 1 cm.

点评 解此题的关键是找准对应角、对应边.根据平移的性质可确定出全等的两个三角形,在全等三角形中找对应角和对应边.

2. 翻折变换

例 2 如图,有一长方形纸片 $ABCD$,先找到长方形纸片的宽 DC 的中点 E,将 $\angle C$ 沿过点 E 的直线折起,使点 C 落在点 C' 的位置上,折痕是 EF,再将 $\angle D$ 沿过点 E 的直线折起,使 DE 和 $C'E$ 重合,折痕是 GE.试求 $\angle GEF$ 的度数.

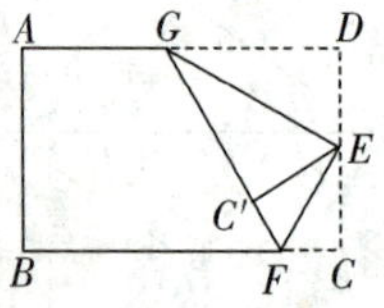

解析 折叠后$\triangle GDE$与$\triangle GC'E$，$\triangle CEF$与$\triangle C'EF$完全重合，$\therefore \triangle GDE \cong \triangle GC'E$，$\triangle CEF \cong \triangle C'EF$，由此可得到$\angle DEG=\angle C'EG$，$\angle CEF=\angle C'EF$，再根据平角的度数列等式，可计算出$\angle GEF$的度数.

解 由已知可得$\triangle DEG \cong \triangle C'EG$，$\triangle CEF \cong \triangle C'EF$，

$\therefore \angle DEG=\angle C'EG$，$\angle CEF=\angle C'EF$.

又$\angle DEG+\angle C'EG+\angle CEF+\angle C'EF=180°$，

$\therefore 2(\angle C'EG+\angle C'EF)=180°$，$\therefore \angle GEF=90°$.

点评 解决折叠问题的关键是弄清在折叠过程中发生的是翻折变换——全等变换.在此过程中，一定能产生全等三角形，根据具体翻折情况，找出哪些三角形全等，然后再根据全等三角形的相关性质解题.

3. 旋转变换

例 3 （2016·毕节改编）如图，已知$\triangle ABC$中，$AB=AC$，把$\triangle ABC$绕A点沿顺时针方向旋转得到$\triangle ADE$，连接BD，CE交于点F.求证：$\triangle AEC \cong \triangle ADB$.

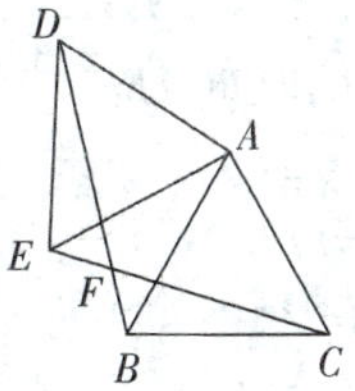

知识讲解

旋转变换中的全等

解析 由图形旋转变换得到的图形是全等图形，可以得到$\triangle ABC$与$\triangle ADE$全等，以及$AB=AC$，利用全等三角形对应边相等，对应角相等得到两组边相等，一组角相等，再利用 SAS 即可得到$\triangle AEC$与$\triangle ADB$全等.

证明 $\because \triangle ABC$绕A点旋转得到$\triangle ADE$，$\therefore \triangle ABC \cong \triangle ADE$，$\therefore AB=AD$，$AC=AE$，$AE=AD$，$\angle BAC=\angle DAE$，

$\therefore \angle BAC+\angle BAE=\angle DAE+\angle BAE$，即$\angle CAE=\angle BAD$，

在$\triangle AEC$和$\triangle ADB$中，$\begin{cases} AE=AD, \\ \angle CAE=\angle BAD, \\ AC=AB, \end{cases}$

$\therefore \triangle AEC \cong \triangle ADB$(SAS).

点评 (1)由图形变换(平移、翻折、旋转)得到的图形是全等图形；(2)当图中有一对全等三角形时，要利用全等三角形的性质——全等三角形的对应边相等以及对应角相等，找到自己需要的条件去解题.

二、添加辅助线构造全等三角形

解题时有时需要根据条件通过做辅助线构造全等三角形，构造全等三角形的方法一般有：连公共边构造全等三角形、倍长中线构造全等三角形、利用角平分线构造全等三角形，一般采取连接、截取、延长等方法.

1. 连公共边构造全等三角形

例 4 如图，$AB=AC$，$BD=CD$，$DE\perp AB$交AB的延长线于点E，$DF\perp AC$交AC的延长线于点F，试问：DE和DF相等吗？说明理由.

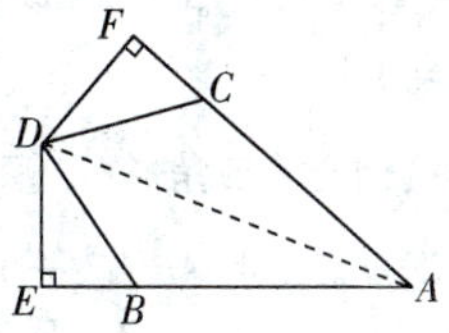

解析 连接AD，易证$\triangle ABD \cong \triangle ACD$，根据全等三角形对应角相等的性质可得$\angle EAD=\angle FAD$，再根据$\angle AED=\angle AFD$，$AD=AD$，即可证明$\triangle ADE \cong \triangle ADF$，根据全等三角形对应边相等的性质可得$DE=DF$.

解 $DE=DF$.理由：

如图，连接AD，在$\triangle ABD$和$\triangle ACD$中，$\begin{cases} AB=AC, \\ AD=AD, \\ BD=CD, \end{cases}$

$\therefore \triangle ABD \cong \triangle ACD$(SSS)，$\therefore \angle EAD=\angle FAD$.

$\because DE\perp AE$，$DF\perp AF$，$\therefore \angle AED=\angle AFD=90°$，

$\therefore$在$\triangle ADE$和$\triangle ADF$中，$\begin{cases} \angle AED=\angle AFD, \\ \angle EAD=\angle FAD, \\ AD=AD, \end{cases}$

$\therefore \triangle ADE \cong \triangle ADF$，

$\therefore DE=DF$.

点评 本题考查了全等三角形的判定，考查了全等三角形对应角、对应边相等的性质.

2. 倍长中线构造全等三角形

例 5 如图，AE是$\triangle ABD$的中线，求证：$AB+AD>2AE$.

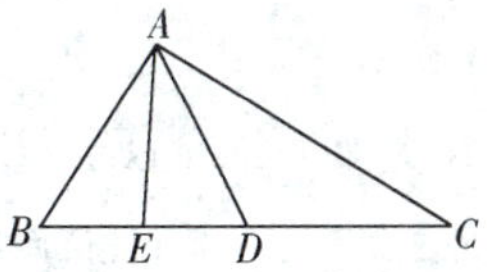

解析 延长AE到M，使$AE=EM$，连接DM，得出$\triangle AEB \cong \triangle MED$，根据全等三角形的性质得出$AB=DM$，根据三角形三边关系定理得$AD+DM>AM$，即可得出答案.

证明 如图，延长AE到M，使$AE=EM$，连接DM.

$\because AE$为$\triangle ABD$的中线，

$\therefore BE=DE$.

在$\triangle AEB$和$\triangle MED$中，

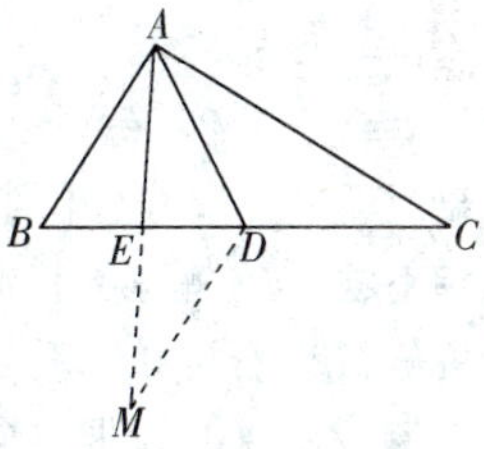

$\begin{cases} AE=ME, \\ \angle AEB=\angle MED, \\ BE=DE, \end{cases}$

$\therefore \triangle AEB\cong\triangle MED$(SAS)，$\therefore AB=DM$，

在$\triangle AMD$中，$AD+DM>AM$，即$AB+AD>2AE$.

点评 本题考查了全等三角形的性质和判定以及三角形三边关系定理，能正确作出辅助线和推出$\triangle AEB\cong\triangle MED$是解本题的关键.

3. 利用角平分线构造全等三角形

例 6 如图，设P为三角形ABC内一点，且$PC=BC$.求证：$AB>AP$.

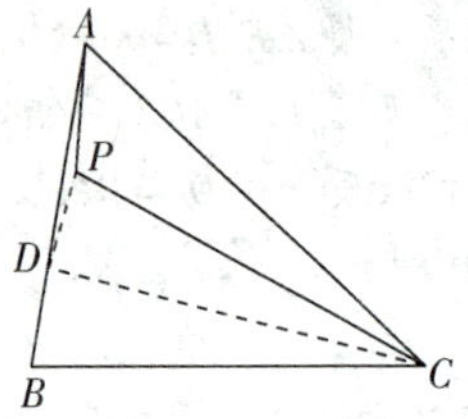

解析 要证明两条线段不等，可以设法将这两条线段转化到同一个三角形中去，这样可以运用三角形的三边关系定理解决问题，于是，想到通过添加辅助线构造全等三角形求解.

证明 如图，作$\angle BCP$的平分线交AB于点D，

连接DP，则$\angle BCD=\angle PCD$.

在$\triangle BCD$和$\triangle PCD$中，$\begin{cases} BC=PC, \\ \angle BCD=\angle PCD, \\ CD=CD, \end{cases}$

所以$\triangle BCD\cong\triangle PCD$(SAS)，所以$DB=DP$.

在$\triangle ADP$中，因为$AD+DP>AP$，即$AD+DB>AP$，

所以$AB>AP$.

点评 本题是有一定难度，但可以在$PC=BC$的提示下，作出角平分线，构造出全等三角形，使问题得以证明.

数学思想

转化思想

在解题过程中，灵活运用转化思想，可以化难为易，化繁为简，化抽象为直观.需要仔细观察，从多角度按一定的顺序观察，运用转化思想进行积极的探索.

例 如图，已知$AB/\!/DE$，$AC/\!/DF$，$BE=CF$.

求证：$AB=DE$.

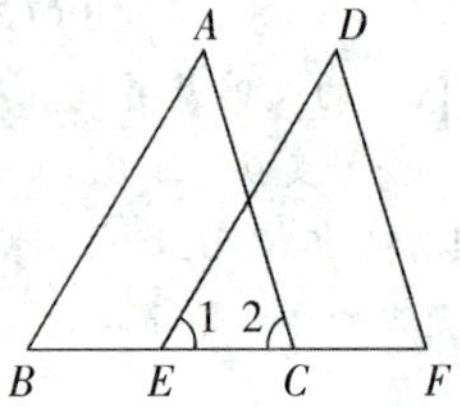

解析 用"ASA"判定$\triangle ABC\cong\triangle DEF$即可求得$AB=DE$.故需要寻求三组相等的元素，由$AB/\!/DE$，$AC/\!/DF$可转化为两组相等角，由$BE=CF$可转化为一组相等的边.

证明 $\because AB/\!/DE$，$AC/\!/DF$，$\therefore \angle1=\angle B$，$\angle2=\angle F$.

$\because BE=CF$，$\therefore BE+EC=CF+EC$，即$BC=EF$.

在$\triangle ABC$和$\triangle DEF$中，$\begin{cases} \angle2=\angle F, \\ BC=EF, \\ \angle B=\angle1, \end{cases}$

$\therefore \triangle ABC\cong\triangle DEF$(ASA)，$\therefore AB=DE$.

点评 要证明线段相等，首先考虑的方法是证明它们所在的三角形全等.本题中所给出的条件都不能直接证明AB与DE所在的三角形全等，所以必须将它们转化成可以利用的条件.如BE，CF不是三角形的边，应根据等式的基本性质在两边都加上EC，转化成三角形的边.由$AB/\!/DE$，$AC/\!/DF$不能直接用来证明三角形全等，而由平行关系我们可以得到角相等.这种转化思想体现在本章中主要有证明线段、角相等转化成证明三角形全等，把测量长度、选址等方案问题转化为数学问题来解决.

探究中考

综合分析，把握考向

命题趋势

全等三角形是中考的重要内容，也是今后学习的基础.考题中不仅有基础题，而且也有综合题，既有选择题、填空题，也有解答题.特别是近几年，出现了说理、操作探究等新题型.其中全等三角形的性质与判定仍是考查的关键所在，熟练掌握与全等三角形有关的基本知识和基本技能，通过数学活动积累基本活动经验，并需要注意将相关知识应用到综合题的解题过程中去，通过转化思想将角度问题、线段大小关系问题和位置关系问题，转化成求证三角形全等的问题，从而将复杂的数学问题转化成简单的数学问题.

分类展示

1. 三角形全等判定方法的应用

例 1 (2016·金华)如图,已知$\angle ABC=\angle BAD$,添加下列条件还不能判定$\triangle ABC\cong\triangle BAD$的是　(　　)

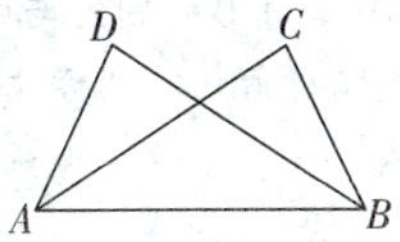

A. $AC=BD$　　B. $\angle CAB=\angle DBA$

C. $\angle C=\angle D$　　D. $BC=AD$

解析 由题意,得$\angle ABC=\angle BAD$,$AB=BA$,

A. $\angle ABC=\angle BAD$,$AB=BA$,$AC=BD$,SSA不能判定三角形全等,故A错误;

B. 在$\triangle ABC$与$\triangle BAD$中,$\begin{cases}\angle ABC=\angle BAD,\\ AB=BA,\\ \angle CAB=\angle DBA,\end{cases}$ $\triangle ABC\cong\triangle BAD$(ASA),故B正确;

C. 在$\triangle ABC$与$\triangle BAD$中,$\begin{cases}\angle C=\angle D,\\ \angle ABC=\angle BAD,\\ AB=BA,\end{cases}$ $\triangle ABC\cong\triangle BAD$(AAS),故C正确;

D. 在$\triangle ABC$与$\triangle BAD$中,$\begin{cases}BC=AD,\\ \angle ABC=\angle BAD,\\ AB=BA,\end{cases}$ $\triangle ABC\cong\triangle BAD$(SAS),故D正确.故选A.

答案 A

考题点睛 当题目已知一边一角时,根据三角形全等的判定条件,可选择再补上一角或另一边,应用“SAS”或“ASA”或“AAS”进行说理;当已知两边时,可选择“SAS”或“SSS”进一步探索推理的思路;若已知两角时,则应补上一边,利用“AAS”或“ASA”进行说理.总之,熟练掌握全等三角形的判定方法是解决本类型题目的关键.

2. 利用全等三角形的判定方法和性质证明线段相等,求角度、求线段长度

例 2 如图,点A,C,D在同一条直线上,BC与AF交于点E,$AF=AC$,$AD=BC$,$\angle EAC=\angle ECA$.

(1)求证:$FD=AB$;

(2)若$\angle B=50^\circ$,$\angle F=110^\circ$,求$\angle BCD$的度数.

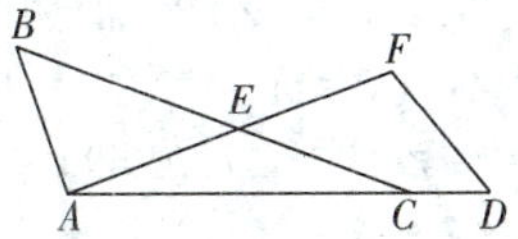

解析 (1)要证$FD=AB$,只需证明$\triangle AFD$与$\triangle CAB$全等,利用SAS即可证得;(2)利用全等三角形的性质,求出$\angle BAC$,根据$\angle BCD=\angle B+\angle BAC$即可解决问题.

解 (1)在$\triangle AFD$和$\triangle CAB$中,

$\begin{cases}AF=CA,\\ \angle FAD=\angle ACB,\\ AD=CB,\end{cases}$ $\therefore\triangle AFD\cong\triangle CAB$,$\therefore FD=AB$.

(2)$\because\triangle AFD\cong\triangle CAB$,$\therefore\angle BAC=\angle F=110^\circ$,

$\therefore\angle BCD=180^\circ-\angle BCA=\angle B+\angle BAC=50^\circ+110^\circ=160^\circ$.

考题点睛 本题考查了全等三角形的判定与性质.在应用全等三角形的判定时,要注意三角形间的公共边或公共角,要证明角相等或线段相等可以尝试证明两个三角形全等.

3. 利用全等三角形证明多条线段之间的数量关系、位置关系

例 3 已知:$\angle ACB=90^\circ$,$AC=BC$,$AD\perp CM$,$BE\perp CM$,垂足分别为D,E.

(1)如图①,请写出:①线段CD和BE的数量关系,并说明理由;

②线段AD,BE,DE之间的数量关系,并证明.

(2)如图②,上述结论②还成立吗?如果不成立,请写出线段AD,BE,DE之间的数量关系,并说明理由.

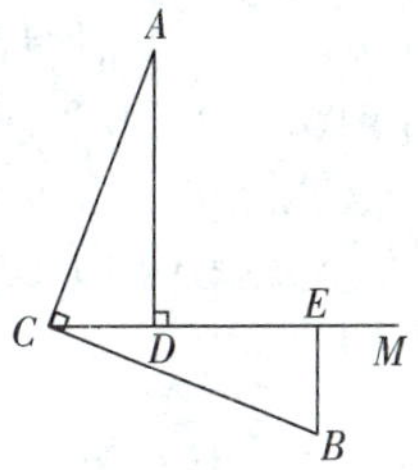

①

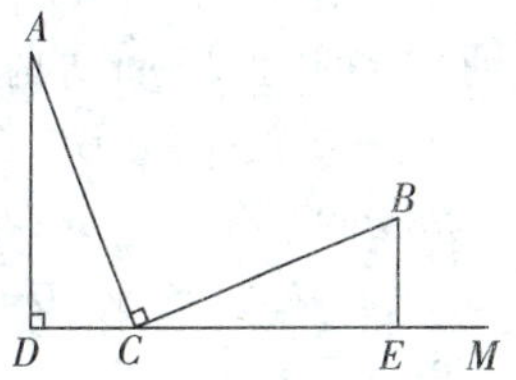

②

解析 (1)根据余角的性质,可得$\angle ACD=\angle B$,根据全等三角形的判定与性质,可得CD与BE的关系,再根据等量代换,可得答案.(2)结论不成立.结论:$DE=AD+BE$.证明方法类似(1).

解 (1)①结论:$CD=BE$.理由:

$\because AD\perp CM$,$BE\perp CM$,$\therefore\angle ACB=\angle BEC=\angle ADC=90^\circ$,

$\therefore\angle ACD+\angle BCE=90^\circ$,$\angle BCE+\angle CBE=90^\circ$,

$\therefore\angle ACD=\angle B$,

在$\triangle ACD$和$\triangle CBE$中,$\begin{cases}\angle ADC=\angle CEB,\\ \angle ACD=\angle B,\\ AC=CB,\end{cases}$

$\therefore\triangle ACD\cong\triangle CBE$,$\therefore CD=BE$.

②结论:$AD=BE+DE$.证明:

$\because\triangle ACD\cong\triangle CBE$,$\therefore AD=CE$,$CD=BE$.

$\because CE=CD+DE=BE+DE$,$\therefore AD=BE+DE$.

(2)②中的结论不成立.结论:$DE=AD+BE$.

理由:∵ $AD\perp CM$,$BE\perp CM$,

∴ $\angle ACB=\angle BEC=\angle ADC=90°$,

∴ $\angle ACD+\angle BCE=90°$,$\angle BCE+\angle CBE=90°$,

∴ $\angle ACD=\angle B$,

在△ACD和△CBE中,$\begin{cases}\angle ADC=\angle CEB,\\ \angle ACD=\angle B,\\ AC=CB,\end{cases}$

∴ $\triangle ACD\cong\triangle CBE$,∴ $AD=CE$,$CD=BE$.

∵ $DE=CD+CE=BE+AD$,

∴ $DE=AD+BE$.

考题点睛 本题考查了全等三角形的判定与性质,用到了余角的性质,全等三角形的判定与性质,等量代换等.解题的关键是学会证明角相等的方法,熟练掌握全等三角形的判定和性质.

课后答案

详解习题,夯实基础

复习题($P_{34\sim37}$)

复习巩固

1. ①与⑥,可表示为:$\triangle ABC\cong\triangle MNO$.　提示:可用"SAS"来判定;

②与④,可表示为:$\triangle DEF\cong\triangle TWR$.　提示:可用"SSS"来判定;

③与⑤,可表示为:$\triangle KGH\cong\triangle PSQ$.　提示:可用"HL"来判定.

2. 理由如下:∵ $CD=CA$,$CE=CB$,$\angle DCE=\angle ACB$,根据"SAS",可以知道$\triangle DCE\cong\triangle ACB$,∴ $DE=AB$,即量得的DE的长度就是A,B两点的距离.

3. 点C,D到点A的距离相等.∵ $AB\perp CD$,∴ $\angle DBA=\angle CBA=90°$.又$BD=BC$,$AB=AB$,根据"SAS",可以知道$\triangle ABD\cong\triangle ABC$,∴ $AD=AC$.

4. ∵ BE,CD是中线(已知),

∴ $AE=\frac{1}{2}AC$,$AD=\frac{1}{2}AB$(三角形中线的定义).

∵ $AB=AC$(已知),∴ $AE=AD$(等量代换).

在△ABE和△ACD中,$\begin{cases}AE=AD(已证),\\ \angle A=\angle A(公共角),\\ AB=AC(已知),\end{cases}$

∴ $\triangle ABE\cong\triangle ACD$(SAS).

∴ $BE=CD$(全等三角形的对应边相等).

5. ∵ $MS\perp PS$,$MN\perp SN$,$PQ\perp SN$(已知),

∴ $\angle MSP=\angle N=\angle PQS=90°$(垂直的定义),

∴ $\angle MSN=90°-\angle QSP$,$\angle P=90°-\angle QSP$,

即$\angle MSN=\angle P$.在△MNS和△SQP中,

$\begin{cases}\angle N=\angle PQS(已证),\\ \angle MSN=\angle P(已证),\\ MS=SP(已知),\end{cases}$∴ $\triangle MNS\cong\triangle SQP$(AAS).

6. ∵ $AB/\!/CD$,$BE/\!/CF$(已知),

∴ $\angle A=\angle D$,$\angle BEO=\angle OFC$(两直线平行,内错角相等).

∴ $\angle AEB=\angle DFC$(等角的补角相等).

在△ABE和△DCF中,$\begin{cases}\angle A=\angle D(已证),\\ \angle AEB=\angle DFC(已证),\\ AB=CD(已知),\end{cases}$

∴ $\triangle ABE\cong\triangle DCF$(AAS).

∴ $BE=CF$(全等三角形的对应边相等).

7. 在△ABC和△DCB中,

$\begin{cases}AB=DC(已知),\\ AC=DB(已知),\\ BC=BC(公共边),\end{cases}$∴ $\triangle ABC\cong\triangle DCB$(SSS).

∴ $\angle BAC=\angle CDB$(全等三角形的对应角相等).

在△AOB和△DOC中,$\begin{cases}\angle BAO=\angle CDO(已证),\\ \angle AOB=\angle DOC(对顶角相等),\\ AB=DC(已知),\end{cases}$

∴ $\triangle AOB\cong\triangle DOC$(AAS).

8. ∵ $\triangle AOD\cong\triangle BOC$(已知),

∴ $OA=OB$,$OD=OC$(全等三角形的对应边相等),

$\angle AOD=\angle BOC$(全等三角形的对应角相等).

∴ $\angle AOD-\angle COD=\angle BOC-\angle COD$(等式性质),

即$\angle AOC=\angle BOD$.在△AOC和△BOD中,

$\begin{cases}OA=OB(已证),\\ \angle AOC=\angle BOD(已证),\\ OC=OD(已证),\end{cases}$∴ $\triangle AOC\cong\triangle BOD$(SAS).

灵活运用

9. 图中相等的锐角有:$\angle AEB=\angle DEC$,$\angle ABE=\angle DCE$,$\angle ABC=\angle DCB$,$\angle ACB=\angle DBC$,证明如下:

∵ $\angle A=\angle D=90°$(已知),

∴ $\angle ABE=90°-\angle AEB$,$\angle DCE=90°-\angle DEC$(直角三角形的两个锐角互余).

又$\angle AEB=\angle DEC$(对顶角相等),

∴ ∠ABE＝∠DCE(等量代换).

在 Rt△ABC 和 Rt△DCB 中,

$\begin{cases} AB=DC(已知), \\ BC=CB(公共边), \end{cases}$ ∴ Rt△ABC≌Rt△DCB(HL).

∴ ∠ABC＝∠DCB,∠ACB＝∠DBC (全等三角形的对应角相等).

10. 图中有 3 对全等的直角三角形:Rt △ABE ≌ Rt△ACD, Rt △ADO ≌ Rt △AEO, Rt△BOD ≌ Rt△COE,证明如下:

∵ BE⊥AC,CD⊥AB(已知),

∴ ∠AEB ＝∠ADC＝∠CEO＝∠BDO＝90°(垂直的定义).

在 Rt△ABE 和 Rt△ACD 中,

$\begin{cases} \angle AEB=\angle ADC(已证), \\ \angle BAE=\angle CAD(公共角), \\ AB=AC(已知), \end{cases}$

∴ Rt△ABE≌Rt△ACD(AAS).

∴ AD＝AE(全等三角形的对应边相等).

在 Rt△ADO 和 Rt△AEO 中,

$\begin{cases} AD=AE(已证), \\ AO=AO(公共边), \end{cases}$ ∴ Rt△ADO≌Rt△AEO(HL).

∴ OD＝OE(全等三角形的对应边相等).

在 Rt△BOD 和 Rt△COE 中,

$\begin{cases} \angle BDO=\angle CEO(已证), \\ OD=OE(已证), \\ \angle DOB=\angle EOC(对顶角相等), \end{cases}$

∴ Rt△BOD≌Rt△COE(ASA).

11. AE,BD 的大小关系为:AE＝BD,位置关系为:AE⊥BD,证明如下:

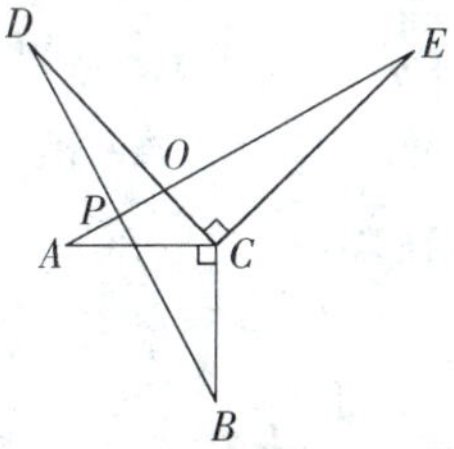

如图,设 AE,CD 交于点 O,AE,BD 交于点 P.

∵ AC⊥BC,DC⊥EC(已知),

∴ ∠ACB ＝∠DCE＝90°(垂直的定义).

∴ ∠COE+∠E＝90°(直角三角形的两个锐角互余),∠DCE+∠ACD ＝∠ACB+∠ACD(等式性质),即∠ACE＝∠BCD.在△ACE 和△BCD 中,

$\begin{cases} AC=BC(已知), \\ \angle ACE=\angle BCD(已证), \\ CE=CD(已知), \end{cases}$

∴ △ACE≌△BCD(SAS).

∴ AE＝BD(全等三角形的对应边相等),∠D＝∠E(全等三角形的对应角相等).

又∠COE+∠E＝90°(已证),∠COE＝∠AOD(对顶角相等),∴ ∠AOD +∠D＝90°(等量代换).

∴ ∠DPO＝180°－(∠AOD +∠D)＝90°(三角形内角和定理).∴ AE⊥BD (垂直的定义).

探索研究

12. (1)如图①,△FEC 就是符合要求的三角形(答案不唯一);

(2)如图②,△ABE 就是符合要求的三角形(答案不唯一).

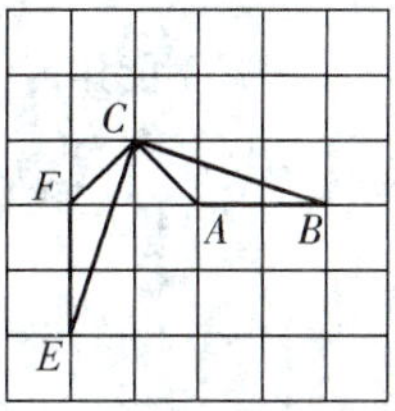

①

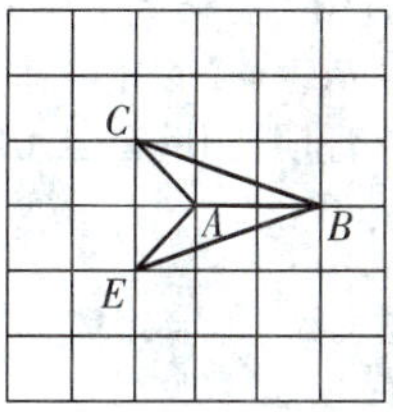

②

13. 有三种不同的分法,如图:

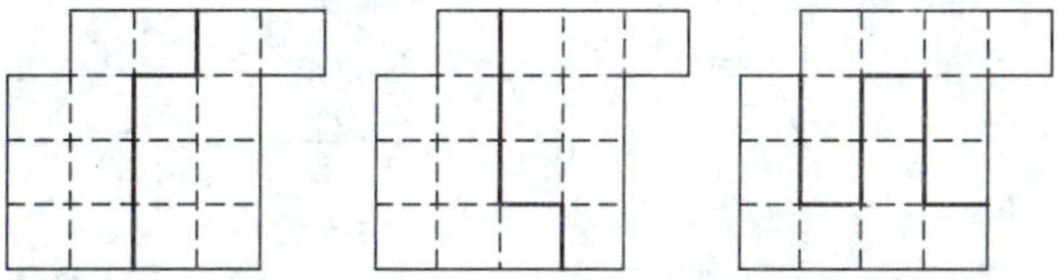

14. 如图,已知一个角∠AOB,可以按照如下方法,只用刻度尺画出它的平分线:分别在射线 OA,OB 上画 OC＝OD,量出 CD 的长,取 CD 中点 P,则射线 OP 就是∠AOB 的平分线.

理由:∵ P 是 CD 的中点(作图),∴ PC＝PD(线段中点的定义).

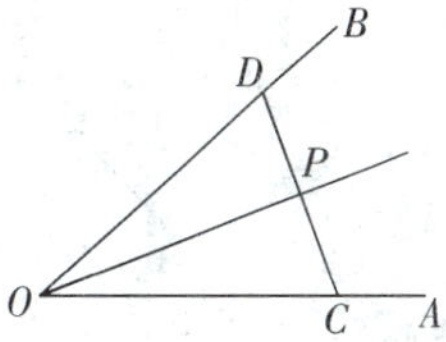

在△COP 和△DOP 中,$\begin{cases} PC=PD(已证), \\ OC=OD(作图), \\ OP=OP(公共边), \end{cases}$

∴ △COP≌△DOP(SSS).

∴ ∠COP＝∠DOP(全等三角形的对应角相等).

∴ 射线 OP 是∠AOB 的平分线(角平分线的定义).

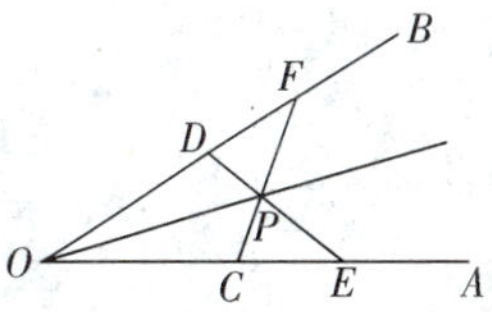

还可以这样画:在射线 OA 上一次取两点 C,E,在射线 OB 上取 OD＝OC,OF＝OE,连接 CF,DE,交于点 P,则射线 OP 就是∠AOB 的平分线,理由略.

章末小练

巩固基础，综合提升

1. 下列条件不能判断两个直角三角形全等的是（　　）

A. 两条直角边分别对应相等

B. 斜边和一个锐角分别对应相等

C. 两个锐角对应相等

D. 斜边和一直角边分别对应相等

2. 如图：①$AB=AD$，②$\angle B=\angle D$，③$\angle BAC=\angle DAC$，④$BC=DC$，以上4个等式中的2个等式不能作为依据来证明$\triangle ABC\cong\triangle ADC$的是（　　）

A. ①②　　B. ①③　　C. ①④　　D. ②③

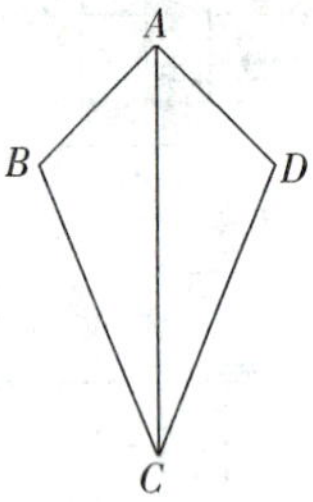

（第2题）

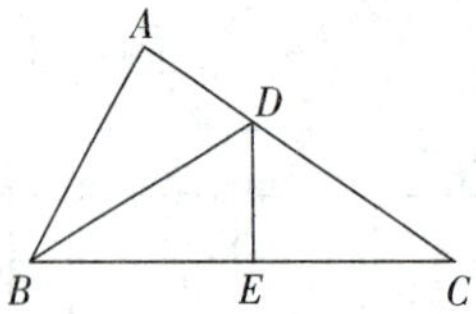

（第3题）

3. 如图所示，在$\triangle ABC$中，D，E分别是边AC，BC上的点，若$\triangle ADB\cong\triangle EDB\cong\triangle EDC$，则$\angle C$的度数为（　　）

A. 15°　　B. 20°　　C. 25°　　D. 30°

4. 如图，AD是$\triangle ABC$的中线，E，F分别是AD和AD延长线上的点，且$DE=DF$，连接BF，CE，且$\angle FBD=35°$，$\angle BDF=75°$，下列说法：①$\triangle BDF\cong\triangle CDE$；②$\triangle ABD$和$\triangle ACD$的面积相等；③$BF\parallel CE$；④$\angle DEC=70°$.其中正确的有（　　）

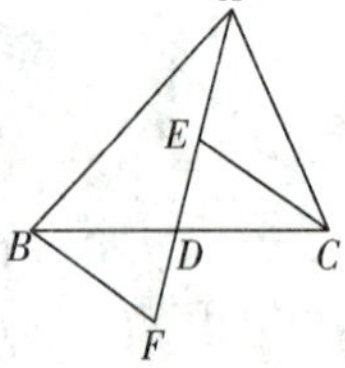

A. 1个　　B. 2个　　C. 3个　　D. 4个

5. 如图，$\triangle DAF\cong\triangle DBE$，如果$DF=7$ cm，$AD=15$ cm，则$AE=$________cm.

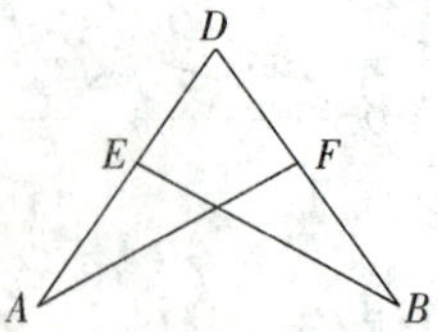

（第5题）

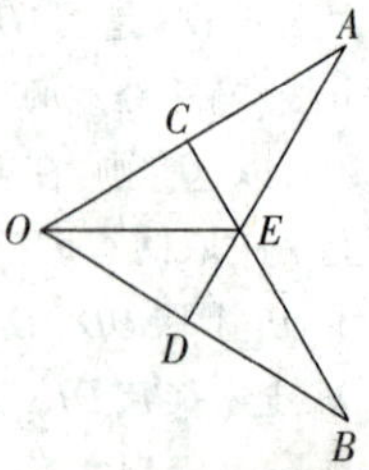

（第6题）

6. 如图，已知$OA=OB$，点C在OA上，点D在OB上，$OC=OD$，AD与BC相交于点E，那么图中全等的三角形共有________对.

7. 如图，在Rt$\triangle ABC$中，$\angle ACB=90°$，$BC=3$ cm，$CD\perp AB$，在AC上取一点E使$EC=BC$，过点E作$EF\perp AC$交CD的延长线于点F，若$EF=5$ cm，则$AE=$________cm.

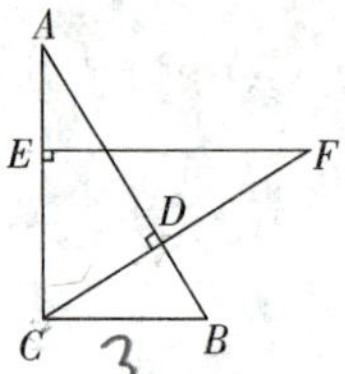

（第7题）

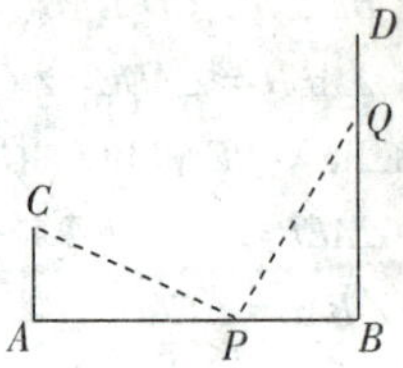

（第8题）

8. 如图，$AB=12$ m，$CA\perp AB$于A，$DB\perp AB$于B，且$AC=4$ m，P点从B向A运动，每分钟走1 m，Q点从B向D运动，每分钟走2 m，P，Q两点同时出发，运动________分钟后$\triangle CAP$与$\triangle PBQ$全等.

9. 王强同学用10块高度都是2 cm的相同长方体小木块，垒了两堵与地面垂直的木墙，木墙之间刚好可以放进一个等腰直角三角板（$AC=BC$，$\angle ACB=90°$），点C在DE上，点A和B分别与木墙的顶端重合，求两堵木墙之间的距离.

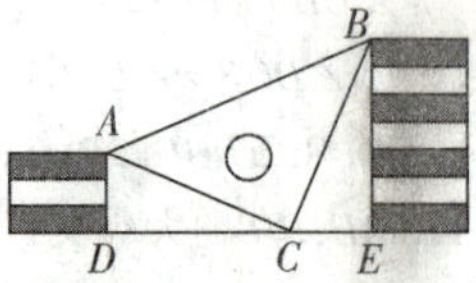

10. 如图，$\triangle ACB$和$\triangle ECD$都是等腰直角三角形，A，C，D三点在同一直线上，连接BD，AE，并延长AE交BD于F.

（1）求证：$AE=BD$；

（2）试判断直线AE与BD的位置关系，并证明你的结论.

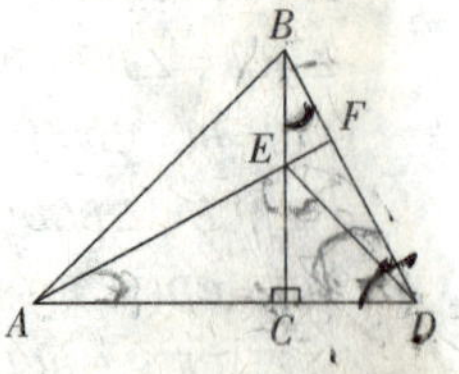

本章导航

情境导读

相传，古希腊亚历山大里亚城有一位久负盛名的学者，名叫海伦.有一天，有位将军不远万里专程前来向海伦求教一个百思不得其解的问题：如图，将军从 A 地出发到河边 l 饮马，然后再到 B 地军营视察，显然有许多走法.问走什么样的路线最短呢？ 精通数理的海伦稍加思索，便利用轴对称的知识作了完善的回答.这个问题后来被人们称作"将军饮马"问题.

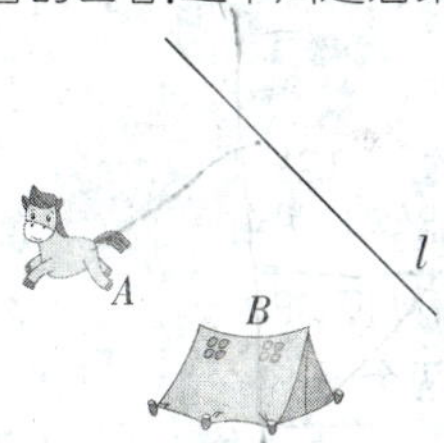

你想知道这个问题是怎样被海伦抽象成数学问题，并确定答案的吗？ 那就让我们一起学习本章的有关知识吧！

本章概述

【本章内容】

轴对称是现实生活中广泛存在的一种现象，是密切数学与现实联系的重要内容.本章的所学内容包括：（1）认识轴对称和轴对称图形，探索轴对称的性质，设计轴对称图案；（2）研究线段、角的轴对称性；（3）探索等腰三角形、等边三角形的性质和判定.轴对称图形的判断，等腰三角形的性质、判定及其综合应用是中考考查的主要考点，考查形式灵活多样，选择题、填空题、解答题均有，有的是对轴对称图形的判断的独立考查，有的是与其他知识结合的综合考查.

【本章重点】

轴对称的性质，线段、角的轴对称性，等腰三角形的性质和判定，等边三角形的性质及判定.

【本章难点】

综合应用线段、角、等腰三角形和等边三角形的知识解决问题.

学法点津

1．本章的内容具有丰富的实际背景，在现实世界中也有着广泛的应用，因此在学习中要注意联系实际，发现生活中轴对称知识的广泛应用，能够判别常见的轴对称图案.

2．能进行简单的轴对称图案设计，用自己所学知识和灵巧的双手创造美.

3．在学习完线段的轴对称性后，学习角、等腰三角形、等边三角形的轴对称性的时候，要类比学习线段的轴对称性的方法，转化为自己熟悉的方法来学习新知识，体会转化、类比等数学思想方法在解决问题中的作用.

4．要通过对特殊的轴对称图形的深入探究，进一步掌握说理的方法，能通过观察、猜想、验证等方法，获得解决问题的体验.

2.1 轴对称与轴对称图形

学习目标

明确方向,有的放矢

1. 欣赏生活中的轴对称现象和轴对称图案,探索它们的共同特征,发展空间观念.
2. 通过具体实例了解轴对称的概念,了解轴对称图形的概念.知道轴对称与轴对称图形的区别和联系.

知识详解

讲透教材,解疑释难

知识点一 轴对称的相关概念 重难点

把一个图形沿着某一条直线翻折,如果它能够与另一个图形重合,那么称这两个图形关于这条直线对称,也称这两个图形成轴对称,这条直线叫做对称轴,两个图形中的对应点叫做对称点.

提醒

1. 成轴对称的两个图形的对称轴只有一条,且是某一条直线,不是线段也不是射线.

2. 对称点是两个图形沿着对称轴折叠重合的两个点.对称点不一定在对称轴的两侧,如果某个点在对称轴上,那么它的对称点也在对称轴上,并且相互重合.

3. 轴对称是指两个图形的一种特殊的位置关系.一般用如下文字描述:图形 A 与图形 B 关于直线 l 成轴对称.

4. 轴对称的定义是判断两个图形成轴对称的依据.一般只要动手折叠就能判断两个图形是否成轴对称,也能够轻松地找出对称轴、对称点、对应线段和对应角.

例 1 图中的两组图形都成轴对称,请在图中标出 A,B,C 关于它们各自对称轴的对称点 A',B',C'.

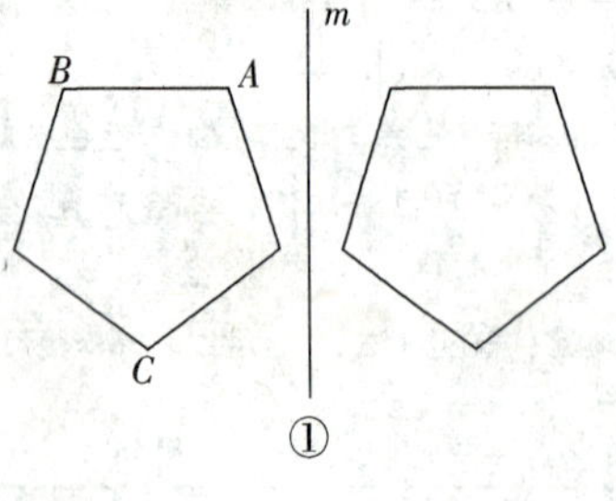

①

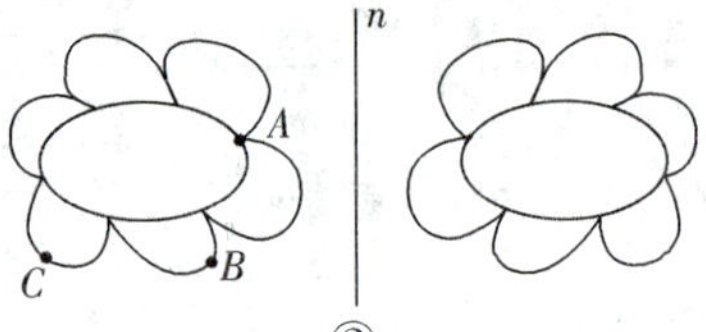

②

解析 首先确定对称轴,再看已知点对折后与哪一点重合,与之重合的点就是它的对称点.一般地,对称点分别在对称轴的两侧,如果某点在对称轴上,那么它的对称点就是它本身.

解 如图.

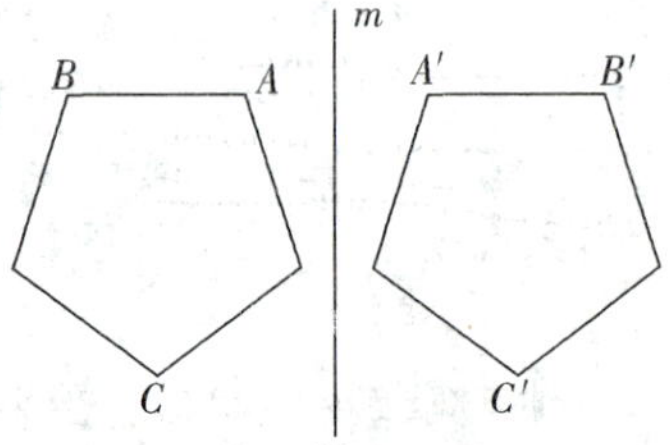

①

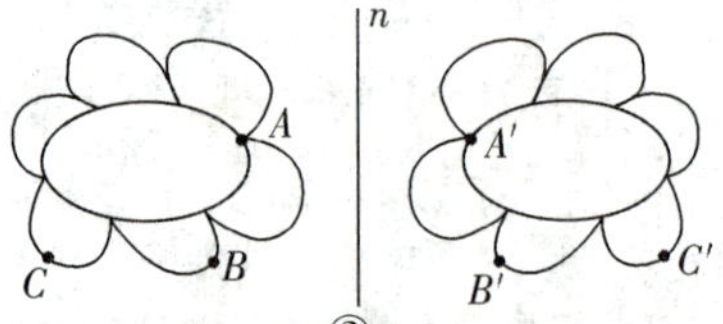

②

点评 理解轴对称的概念应把握以下几点:(1)两个图形;(2)存在一条直线(对称轴);(3)翻折后完全重合.

知识点二 轴对称图形 重点

把一个图形沿着某一条直线折叠,如果直线两旁的部分能够互相重合,那么称这个图形是轴对称图形,这条直线就是对称轴.

提醒

1. 理解轴对称图形的概念应抓住以下四点:(1)指一个图形;(2)存在一条直线;(3)图形沿这条直线折叠;(4)图形被直线分成的两部分互相重合.

2. 一个轴对称图形的对称轴不一定只有一条,也可能有两条或多条.

例 2 (2017·齐齐哈尔)下面四个图形分别是节能、节水、低碳和绿色食品标志,是轴对称图形的是 ( )

A　　B　　C　　D

解析 根据轴对称图形的概念对各选项分析判断即可得出答案.A. 不是轴对称图形,故本选项错误;B. 不是轴对称图形,故本选项错误;C. 不是轴对称图形,故本选项错误;D. 是轴对称图形,故本选项正确.故选 D.

答案 D

点评 本题考查了轴对称图形,要掌握轴对称图形的概念.识别轴对称图形的关键是寻找对称轴,图形沿对称轴折叠后两部分可重合.

知识点三 轴对称与轴对称图形的区别与联系 重点

区别:(1)轴对称是指两个图形沿着某直线翻折能够完全重合,而轴对称图形是指一个图形沿着某直线折叠,直线两旁的部分能完全重合.

(2)轴对称是反映两个图形的特殊位置、大小关系;轴对称图形是反映一个图形的特性.

联系:(1)两部分都能够完全重合,都有对称轴,都有对称点.

(2)如果把成轴对称的两个图形看成是一个整体,那么这个整体就是一个轴对称图形;如果把一个轴对称图形位于对称轴两旁的部分看成两个图形,那么这两部分图形就成轴对称.

例 3 如图,在正方形 $ABCD$ 中,对角线 AC,BD 相交于点 O,试用折叠的方法判断:

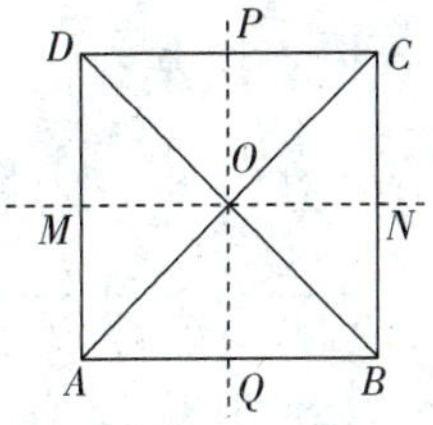

(1)图中有哪几对三角形成轴对称?指出它们的对称轴.

(2)图中哪几个三角形是轴对称图形?指出它们的对称轴.

解析 轴对称是指两个图形沿着某直线翻折能够完全重合,而轴对称图形是指一个图形的两个部分沿着某直线折叠能完全重合.根据轴对称和轴对称图形的定义进行判断.

解 (1) $\triangle OAB$ 和 $\triangle ODC$,$\triangle ABC$ 和 $\triangle DCB$,$\triangle ABD$ 和 $\triangle DCA$ 成轴对称,它们的对称轴是直线 MN;$\triangle OAD$ 和 $\triangle OBC$,$\triangle ABC$ 和 $\triangle BAD$,$\triangle ADC$ 和 $\triangle BCD$ 成轴对称,它们的对称轴是直线 PQ;$\triangle OAD$ 和 $\triangle OAB$,$\triangle OCD$ 和 $\triangle OCB$,$\triangle ACD$ 和 $\triangle ACB$ 成轴对称,它们的对称轴是直线 AC;$\triangle OAD$ 和 $\triangle OCD$,$\triangle OCB$ 和 $\triangle OAB$,$\triangle ABD$ 和 $\triangle CBD$ 成轴对称,它们的对称轴是直线 BD.

(2) $\triangle OAB$,$\triangle OCD$ 是轴对称图形,它们的对称轴是直线 PQ;$\triangle OBC$,$\triangle ODA$ 是轴对称图形,它们的对称轴是直线 MN;$\triangle ABD$ 和 $\triangle CBD$ 是轴对称图形,它们的对称轴是直线 AC;$\triangle ACD$ 和 $\triangle ACB$ 是轴对称图形,它们的对称轴是直线 BD.

点评 轴对称图形与两个图形成轴对称,这两个概念既有区别,又有联系.解题时要理清概念,不重不漏.

★教材中的问题解答★

操作(P_{41})

(1)例如可以按照如下方法剪:

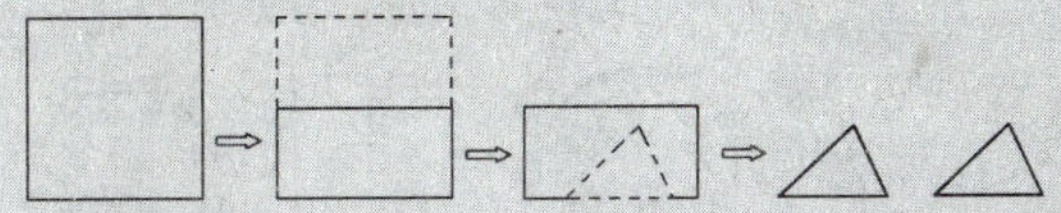

(2)如图(方法不唯一),明显可以看出这个图形是轴对称图形,对称轴是翻折边所在的直线.

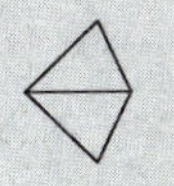

(3)例如可以摆成以下图案(方法不唯一):

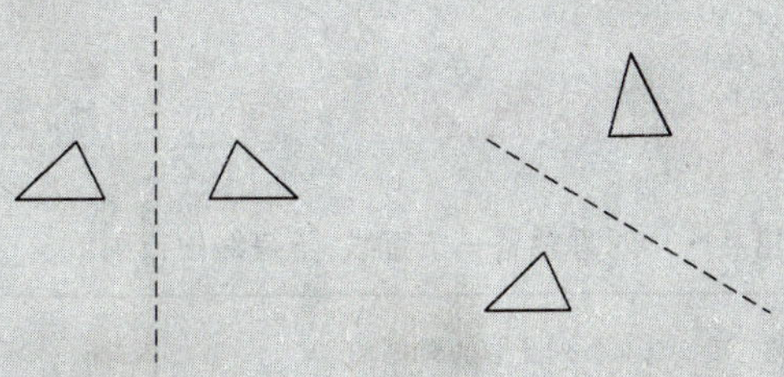

拓展典例　分类提升,典例剖析

拓展点一　识别轴对称图形

例 1 (2016·北京)甲骨文是我国的一种古代文字,是汉字的早期形式,下列甲骨文中,不是轴对称图形的是(　　)

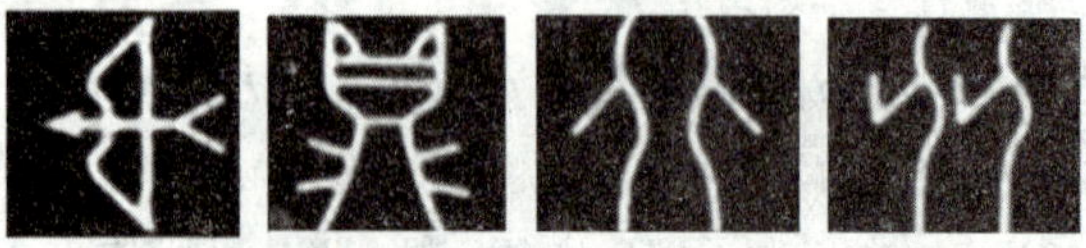

A　　B　　C　　D

解析 根据轴对称图形的概念,在所给图形中若能找到一条直线,将图形沿着直线进行折叠后,直线两旁的部分能够完全重合,则该图形即为轴对称图形.据此,逐一对所给图形进行识别即可.观察各图形,其中选项A中的甲骨文沿着图形中间水平的一条直线折叠后两侧部分能够完全重合,B,C中的甲骨文沿着图形中间竖直的一条直线折叠后两侧部分能够完全重合,故它们都是轴对称图形;选项D中的甲骨文可以通过左边或右边的一半平移得到,不是轴对称图形,故选D.

答案 D

点评 识别轴对称图形的关键是判断是否有对称轴,使图形两部分翻折后正好重合.

拓展点二　对称轴的条数

例 2 下列轴对称图形中,对称轴条数是四条的图形是(　　)

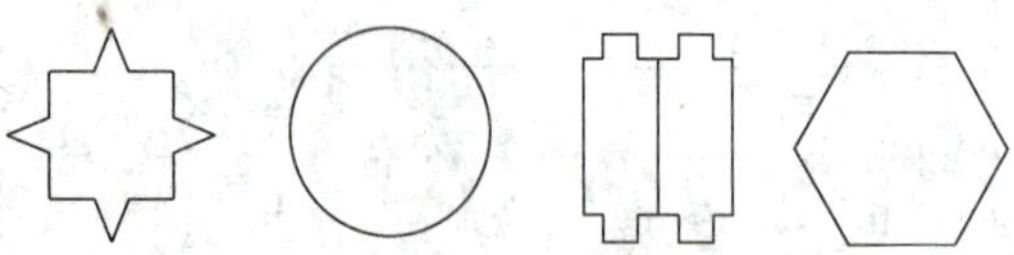

A　　B　　C　　D

解析 可以通过折叠,分别找出它们的对称轴,A.有4条对称轴,故此选项正确;B.有无数条对称轴,故此选项错误;C.有2条对称轴,故此选项错误;D.有6条对称轴,故此选项错误.故选A.

答案 A

点评 本题考查了轴对称及对称轴的定义,解决问题的关键是准确找到正多边形的对称轴.考查学生对轴对称图形概念的理解和动手操作的能力.

拓展点三　镜面对称问题

例 3 某公路急转弯处设立了一面大镜子,从镜子中看到汽车的车牌号码如图所示,则该汽车的车牌号码是________.

解析 现实中的事物与镜子中恰好左右颠倒,且关于镜面对称.题中所显示的图片中的号码与"B6395"成轴对称,则该汽车的车牌号码是B6395.

答案 B6395

点评 解决问题不能光从表面上获取信息,要用数学的眼光处理问题,才能避免错误的判断.

拓展点四　规律探索问题

例 4 轴对称现象在数的运算中也会出现,同学们先观察下面运算中的对称式:

$11^2=121$, $111^2=12\ 321$, $1\ 111^2=1\ 234\ 321$, ….

请根据你观察到的规律直接写出 $111\ 111\ 111^2=$________________.

解析 通过观察不难发现 n 个1组成的数平方的结果是关于 n 的对称式.

答案 12 345 678 987 654 321

点评 解题时要认真观察题目的规律,有时轴对称也是同学们找规律的一个依据.

易错辨析　错误分析,拨开迷雾

易错点一　对称轴是一条直线,不是线段或射线

例 1 说出下列图形的对称轴:

(1)等腰三角形;(2)角;(3)圆.

正确解答	(1)等腰三角形的对称轴是底边上的中线所在的直线.　(2)角的对称轴是角平分线所在的直线.　(3)圆的对称轴是经过圆心的任意一条直线.
易错总结	在叙述轴对称图形的对称轴时,容易误认为是线段或射线,比如等腰三角形的对称轴误认为是底边上的高、底边上的中线或顶角的平分线;角的对称轴容易误认为是角平分线;圆的对称轴容易误认为是直径.对此,应特别注意.

易错点二　不能正确找出对称轴

例 2　(2016 · 青海)以下图形中对称轴的数量小于 3 的是　　(　　)

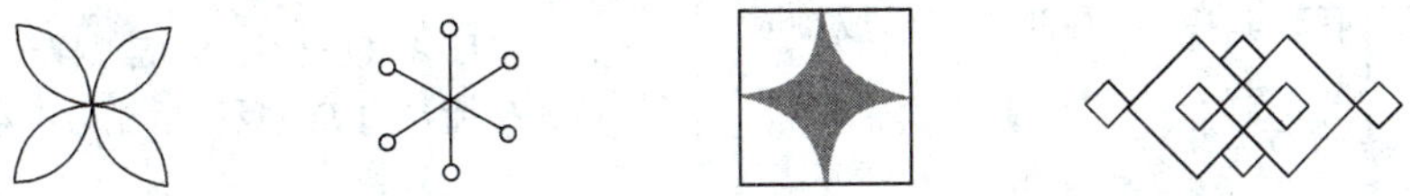

A　　B　　C　　D

正确解答　根据图形的对称轴的概念求解,A 有 4 条对称轴,B 有 6 条对称轴,C 有 4 条对称轴,D 有 2 条对称轴,故选 D.

易错总结　解答此类题的关键是观察图形的特点,正确找出图形的对称轴,数对称轴时要注意不重不漏.

品味中考　对接中考,小试牛刀

1. (2017 · 重庆)下列图形是轴对称图形的是　　(　　)

A　　B　　C　　D

2. (2017 · 呼和浩特)下图中序号(1)(2)(3)(4)对应的四个三角形,都是△*ABC* 这个图形进行了一次变换之后得到的,其中是通过轴对称得到的是　　(　　)

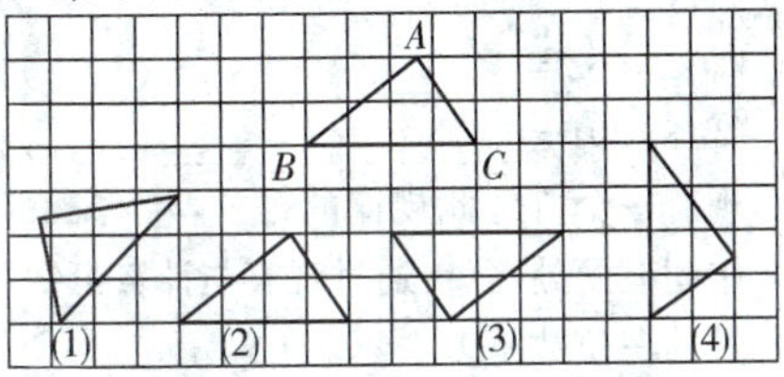

A. (1)　　B. (2)　　C. (3)　　D. (4)

3. (2016 · 绍兴)我国传统建筑中,窗框(如图①)的图案玲珑剔透、千变万化,窗框的一部分如图②,它是一个轴对称图形,其对称轴有　　(　　)

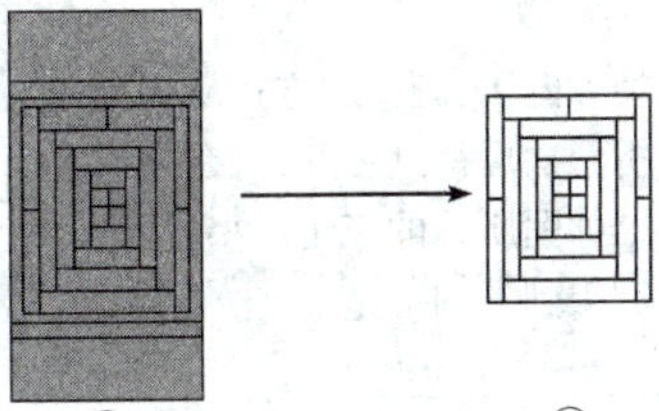

①　　②

A. 1 条　　B. 2 条

C. 3 条　　D. 4 条

趁热打铁　即时检测,巩固提高

基础篇

1. (知识点二 ☆)(2017 · 重庆)下列图形是轴对称图形的是　　(　　)

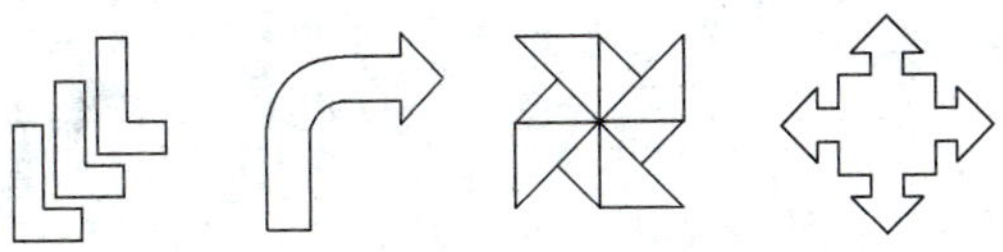

A　　B　　C　　D

2. (知识点二 ☆)(2016 · 泸州)下列图形中不是轴对称图形的是　　(　　)

A　　B　　C　　D

3. (知识点二 ☆☆)在下列轴对称图形中,对称轴的条数最多的图形是　　(　　)

A. 圆　　B. 等边三角形

C. 正方形　　D. 正六边形

4. (知识点一 ☆)下列各组图:①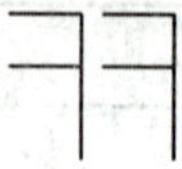;②;③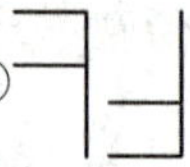;④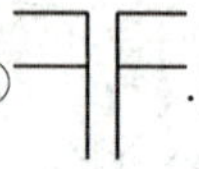.其中,左右两个图形成轴对称的是________(填序号).

5. (知识点一 ☆☆)如图,$\triangle ABC$与$\triangle A'B'C'$关于某条直线对称,请你找出这条对称轴,在图中画出,并说出点A,B,C的对称点.

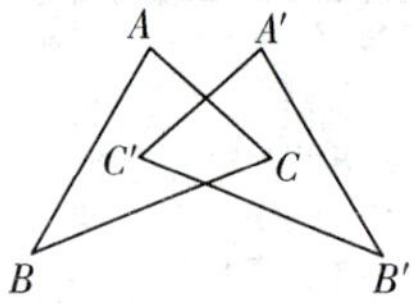

提升篇

6. (知识点二 ☆☆☆)(2017·贵州)把一张长方形纸片按如图①、图②的方式从右向左连续对折两次后得到图③,再在图③中挖去一个如图所示的三角形小孔,则重新展开后得到的图形是　　(　　)

拓展阅读

剪纸、折纸与轴对称图形

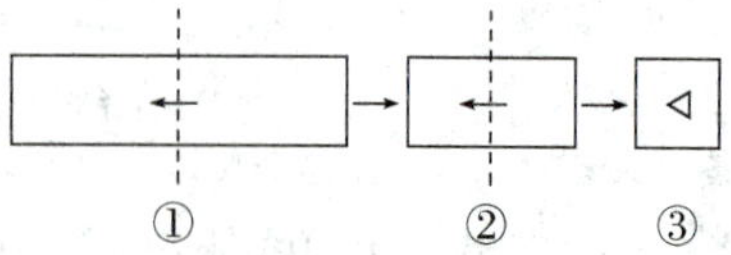

①　　②　　③

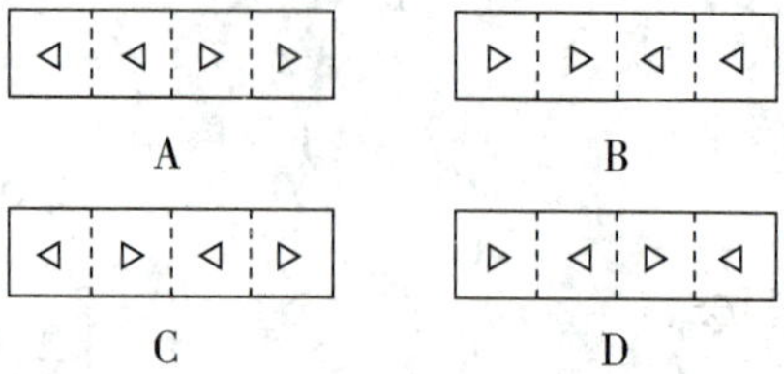

A　　B

C　　D

7. (知识点二 ☆☆☆)图中是大小相等的两个长方形,请你判断甲、乙阴影部分面积的大小:$S_{甲}$________$S_{乙}$.(填">""<"或"=")

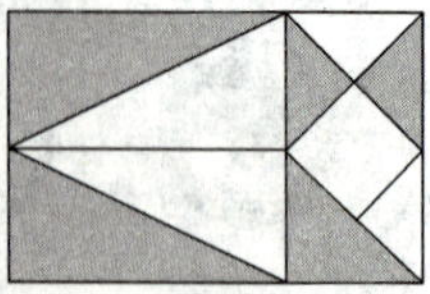

甲

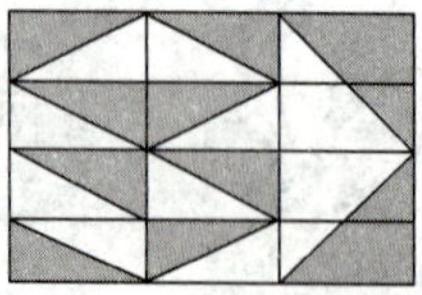

乙

8. (知识点二 ☆☆☆)"羊"字象征着美好和吉祥,下列图案都与"羊"字有关,如图所示,且都是轴对称图形,请你在后面再写出两个具有轴对称性质的汉字或英文字母.

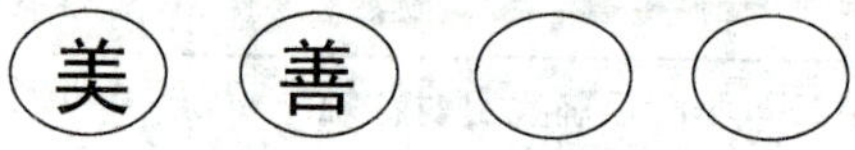

9. (知识点一 ☆☆☆☆)如图,四边形$EFGH$为矩形台球桌面,现有一白球A和一彩球B,应怎样击打白球A,才能使白球A碰撞台边EF,反弹后能击中彩球B?

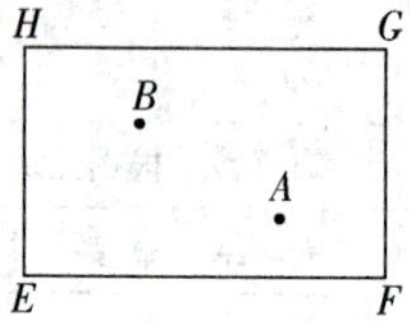

挑战篇

10. (知识点一、二 ☆☆☆☆☆)数的计算中有一些有趣的对称形式,如:$12\times231=132\times21$;$23\times352=253\times32$;….

(1)仿照上面的形式填空,并在后面的括号内判断是否成立:

①$12\times462=$________$\times$________(　　),

②$18\times891=$________$\times$________(　　);

(2)现有一个符合此规律的等式:42×3■6=●×24,中间有两处污染,通过观察与计算可知"●"污染处的三位数是多少?

课后答案　详解习题，夯实基础

练习（$P_{41\sim42}$）

1. 如下图，字母“A”的对称轴为直线 a，两对对称点为：A 和 B，C 和 D（答案不唯一）．

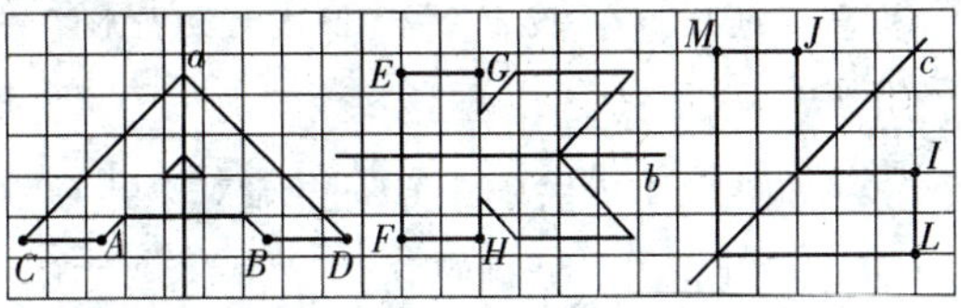

字母“K”的对称轴为直线 b，两对对称点为：E 和 F，G 和 H（答案不唯一）．

字母“L”的对称轴为直线 c，两对对称点为：I 和 J，L 和 M（答案不唯一）．

2. 如下图，图①的对称轴为直线 a 和直线 b；图②的对称轴为直线 d、直线 c 和直线 e；图③的对称轴为直线 f、直线 g、直线 h 和直线 m．

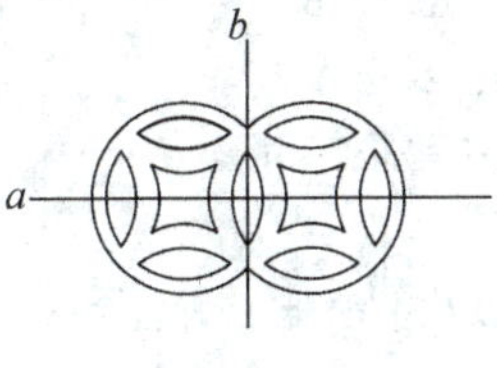

①

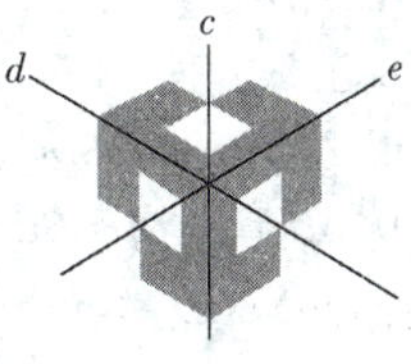

②

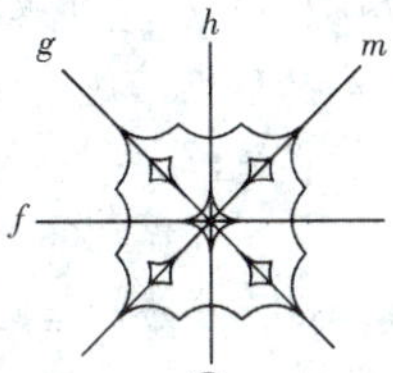

③

3. 图②的两个截面成轴对称．

习题 2.1（P_{42}）

1. 1976 年蒙特利尔与 1980 年莫斯科的奥运会会徽是轴对称图形，它们的对称轴分别为直线 a，直线 b，如下图；2008 年北京与 2004 年雅典的奥运会会徽不是轴对称图形．

1976年　蒙特利尔

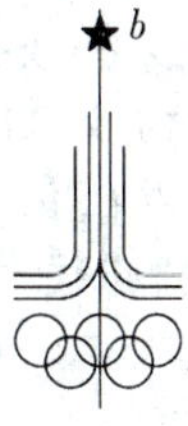

1980年　莫斯科

2. （1）正五边形有 5 条对称轴．

（2）图②有 1 条对称轴．

（3）有以下 4 种情况，如下图，所得的图③④⑤⑥的对称轴都是一条，分别是直线 a，b，c，d．

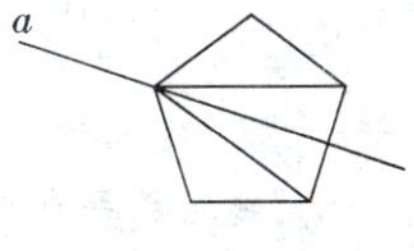

③

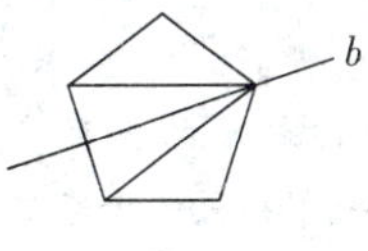

④

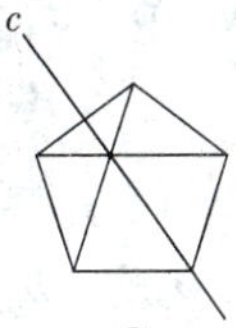

⑤

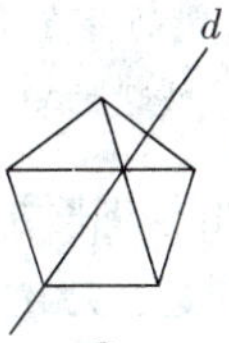

⑥

3. 略．

4. 略．

2.2 轴对称的性质

学习目标　明确方向，有的放矢

1. 知道线段的垂直平分线的概念，知道成轴对称的两个图形全等，成轴对称的两个图形中，对应点的连线被对称轴垂直平分．
2. 能画出简单的平面图形（点、线段、直线、三角形等）关于给定对称轴的对称图形．
3. 经历探索轴对称的性质的活动过程，进一步发展空间观念．

知识详解　讲透教材，解疑释难

知识点一　线段的垂直平分线　重难点

垂直并且平分一条线段的直线，叫做这条线段的垂直平分线.

线段的垂直平分线定义的几何语言：

如图，直线 MN 是线段 AB 的垂直平分线，根据线段垂直平分线的定义可用几何语言描述为：因为直线 MN 交线段 AB 于点 C，$AC=BC$，$MN\perp AB$，所以直线 MN 是线段 AB 的垂直平分线.

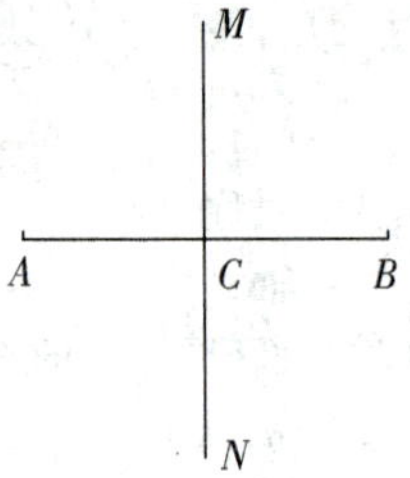

提醒

1. 线段的垂直平分线是一条直线，而非射线、线段；一条线段的垂直平分线是唯一的，线段的垂直平分线也叫线段的中垂线.

2. 线段的垂直平分线经过线段的中点，与线段垂直，垂足是线段的中点.

例 1　如图，将长方形纸片 $ABCD$ 折叠，使点 B 与点 D 重合，折痕为 MN，MN 交 BD 于点 O，则 OB______OD.（填“>”“<”或“=”）

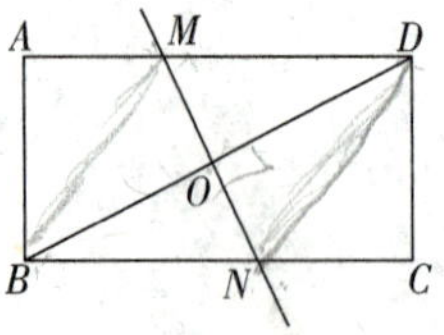

解析　折痕相当于对称点所连线段 BD 的垂直平分线，而线段垂直平分线与线段的交点是线段的中点，所以 $OB=OD$.

答案　=

点评　本题以长方形为背景，实质还是线段的折叠问题，解决问题时要善于转化为已经学过的知识.

知识点二　轴对称的性质　重难点

1. 成轴对称的两个图形全等.

2. 成轴对称的两个图形中，对应点的连线被对称轴垂直平分.

提醒

如果两个图形关于某直线成轴对称，那么这两个图形全等，对称的部分分别相等，即对应角相等，对应边相等.反过来，两个图形全等，但这两个图形不一定成轴对称.

例 2　如图，$\triangle AOD$ 关于直线 l 进行轴对称变换后得到 $\triangle BOC$，下列说法中不正确的是（　　）

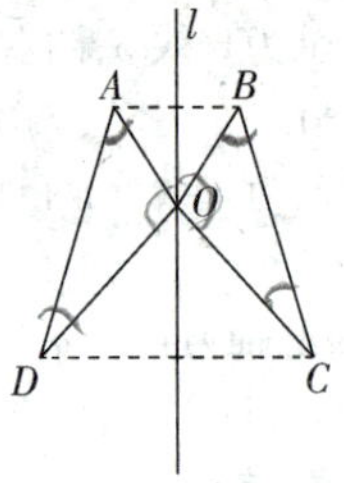

A. $\angle DAO=\angle CBO$，$\angle ADO=\angle BCO$

B. 直线 l 垂直平分 AB，CD

C. $\triangle AOD$ 和 $\triangle BOC$ 均是等腰三角形

D. $AD=BC$，$OD=OC$

解析　$\because \triangle AOD$ 关于直线 l 进行轴对称变换后得到 $\triangle BOC$，$\therefore \angle DAO=\angle CBO$，$\angle ADO=\angle BCO$，直线 l 垂直平分 AB，CD，$AD=BC$，$OD=OC$.$\because$ 题设中没有给定 $\triangle AOD$ 为等腰三角形，$\therefore \triangle AOD$ 和 $\triangle BOC$ 的形状不能确定，$\therefore$ A，B，D 选项的说法正确；C 选项的说法错误. 故选 C.

答案　C

点评　熟悉轴对称的性质是解题的关键.解题时不要被图像迷惑，所有结论都应有理有据.

知识点三　画对称轴、补全轴对称图形　重点

1. 画对称轴

如果一个图形是轴对称图形，那么连接对称点的线段的垂直平分线就是该图形的对称轴. 对于成轴对称的两个图形，只要找到任何一对对应点，作出连接它们的线段的垂直平分线，就可以得到这两个图形的对称轴. 对称轴是一条直线，且有些图形的对称轴有时不止一条，可能有无数条.

2. 补全轴对称图形

补全轴对称图形时，先确定对称轴，再找对称点. 关键是画出一些特殊点，如线段的端点、多边形的顶点等的对称点，再连接就能得到所求的轴对称图形.

提 醒

1. 对称轴的画法：(1) 先找出轴对称图形中的任意一组对称点，连接对称点；(2) 再画出对称点所连线段的垂直平分线。

2. 画对称点的方法是：当要找的点在对称轴上时，它的对称点就是它本身；当要找的点不在对称轴上时，过已知点作对称轴的垂线并延长，在延长线上取一点，使这点到垂足的距离等于垂足到已知点的距离。

3. 补全轴对称图形的关键是找准"关键点"的对称点。

例 3 如图所示，补全图形使其为关于直线 MN 对称的轴对称图形。

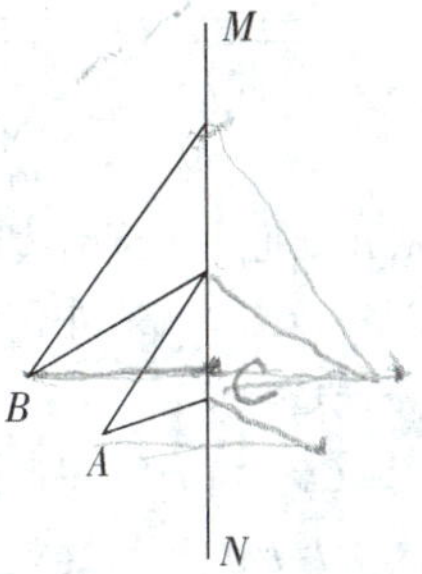

解析 能确定已知图形的点有 5 个，其中有三个点在对称轴上，它们的对称点就是本身，因此本题只要画其余两个点的对称点，然后将这些对称点连接起来即可。

解 作 $AO \perp MN$ 于点 O，并延长，在延长线上截取 $OA' = OA$，得到点 A 的对称点 A'，用同样的方法作出左侧图形中 B 点关于直线 MN 的对称点 B'，按图形中的次序连接即可，如图。

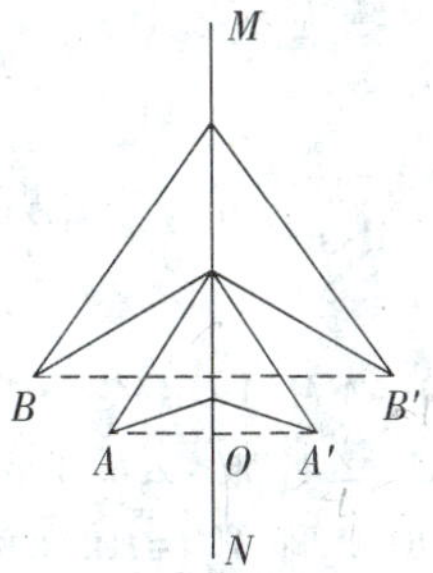

点评 作图时要注意在找已知图形中点的对称点时的线都要用虚线。

★教材中的问题解答★

思考(P_{43})

线段 AA' 被直线 l 平分，且线段 AA' 与直线 l 垂直。

图 2－7(2) 中的问题(P_{44})

直线 l 是线段 CC' 的垂直平分线。

思考(P_{45})

符合要求的格点 D 有四个：D_1，D_2，D_3，D_4。如图。

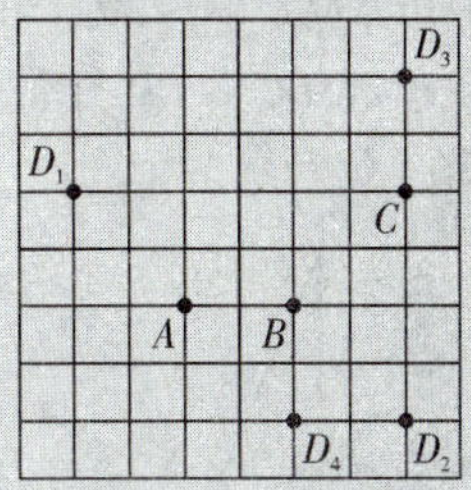

操作(P_{45})

如图。

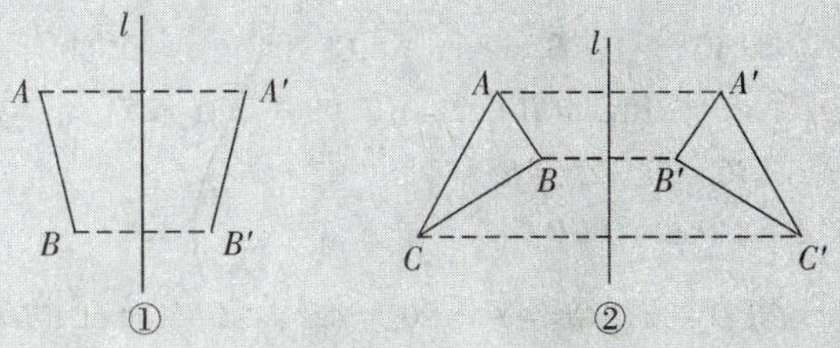

讨论(P_{46})

方法一：将四边形 $ABCD$ 沿直线 l 对折，在点 P 处扎孔找到对称点 Q。

方法二：作点 P 关于 l 的对称点 Q。

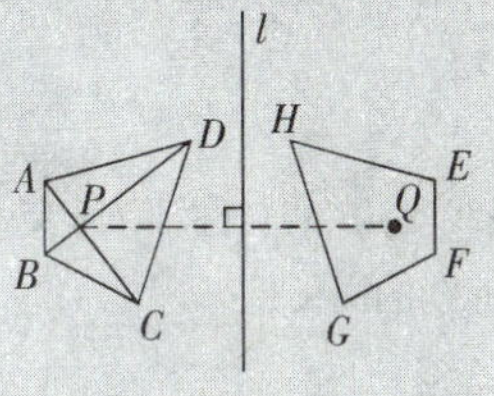

方法二

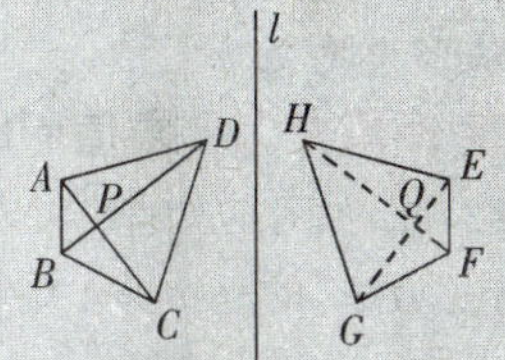

方法三

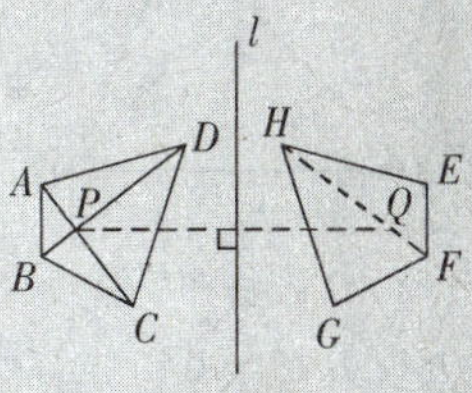

方法四

方法三：连接 HF，EG，交于点 Q，点 Q 就是点 P 关于 l 的对称点。

方法四：连接 HF 或 EG，过点 P 作 l 的垂线，交 HF 于点 Q，点 Q 即为所求。

拓展典例

分类提升，典例剖析

拓展点一　翻折问题

例 1 如图，在 Rt△ACB 中，$\angle ACB=90°$，$\angle A=25°$，D 是 AB 上一点，将 Rt△ABC 沿 CD 折叠，使 B 点落在 AC 边上的点 B' 处，则 $\angle CDB'$ 等于（　　）

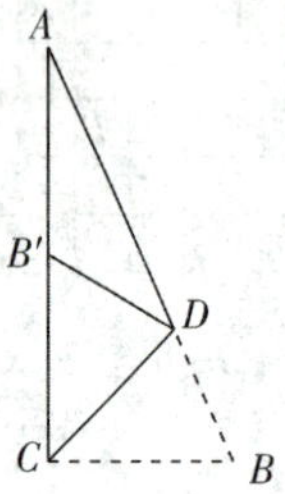

A. 40°　　B. 60°　　C. 70°　　D. 80°

解析 ∵ 在 Rt△ACB 中，$\angle ACB=90°$，$\angle A=25°$，

∴ $\angle ABC=90°-25°=65°$.

∵ △$B'CD$ 由△BCD 翻折而成，

∴ $\angle BCD=\angle B'CD=\frac{1}{2}\times 90°=45°$，$\angle CB'D=\angle CBD=65°$，

∴ $\angle CDB'=180°-45°-65°=70°$. 故选 C.

答案 C

点评 翻折是一种常见的图形变换，一般翻折后产生成轴对称的图形，可利用轴对称的性质，找到对应边和对应角，解出答案.

拓展点二　求值问题

例 2 如图，已知直线 MN 是线段 AB 的对称轴，CA 交 MN 于点 D，若 $AC=6$，$BC=4$，则△BCD 的周长是______.

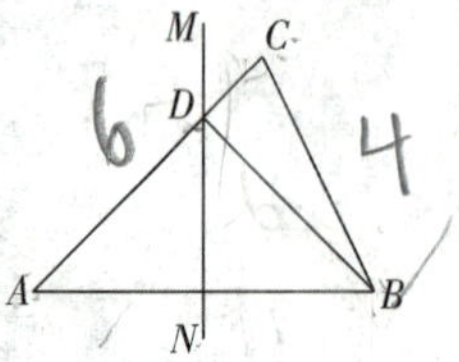

解析 ∵ DN 是线段 AB 的垂直平分线，

∴ $AN=DN$，$\angle AND=\angle BND=90°$.

又 $DN=DN$，∴ △AND≌△BND，

∴ $AD=BD$，∴ $AC=AD+CD=BD+CD$.

∵ $AC=6$，$BC=4$，∴ $CA+CB=10$，

∴ △BCD 的周长 $=BD+CD+BC=AD+CD+BC=CA+BC=10$. 故答案为：10.

答案 10

点评 本题只需抓住 MN 是对称轴，A，B 是对应点，由轴对称的性质可得 $AD=BD$，从而得△BCD 的周长就是 AC 与 BC 的和.

拓展点三　利用轴对称解决最短路径问题

例 3 如图，牧童在 A 处放牛，其家在 B 处，A，B 到河岸的距离分别为 AC，BD，且 $AC=BD$，A 到河岸 CD 的中点的距离为 500 m.

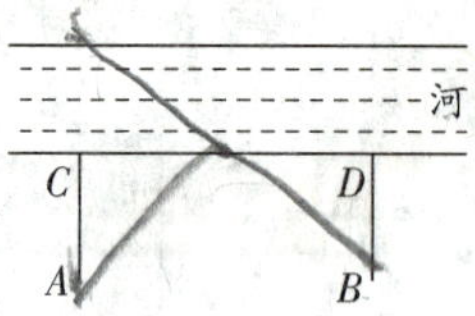

(1) 牧童从 A 处把牛牵到河边饮水后再回家，试问在何处饮水，所走路程最短？在图中作出该处，并说明理由.

(2) 最短路程是多少？

解析 已知直线 CD 和 CD 同侧两点 A，B，要求在 CD 上作出一点 M，使 $AM+BM$ 最小. 这就让我们联想到两点之间，线段最短，于是，我们又想到对称的知识，将点 A 或 B 转化到 CD 的另一侧即可求解.

解 (1) 作法：如图，①作点 A 关于 CD 的对称点 A'；②连接 $A'B$ 交 CD 于点 M. 则点 M 即为所求的点.

理由：在 CD 上任取一点 M'，连接 AM'，$A'M'$，BM'，AM，

因为直线 CD 是 A，A' 的对称轴，M，M' 在 CD 上，

所以 $AM=A'M$，$AM'=A'M'$，

所以 $AM+BM=A'M+BM=A'B$.

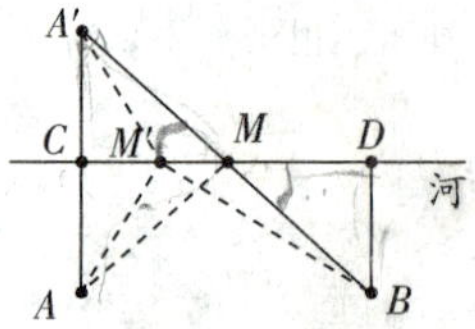

在△$A'M'B$ 中，

因为 $A'M'+BM'>A'B$，

所以 $A'M'+BM'>AM+BM$，

即 $AM+BM$ 最小.

(2) 由 (1) 可得 $AM=A'M$，$A'C=AC=BD$，

又 $\angle A'MC=\angle BMD$，$\angle A'CM=\angle BDM=90°$，

所以△$A'CM$≌△BDM，即 $A'M=BM$，$CM=DM$，

所以 M 为 CD 的中点，且 $A'B=2AM$.

因为 $AM=500$ m，所以 $A'B=AM+BM=2AM=1\ 000$ m.

即最短路程为 1 000 m.

点评 本题既考查了最短距离的求解方法，又考查了几何的实际应用，求解的关键是理解实际应用问题的理论依据，建立相应的数学模型.

拓展点四　方案设计问题

例 4　如图是由两个正方形组成的图形，它是轴对称图形吗？如果不是，请移动其中一个正方形，使它与另一个正方形组成一个轴对称图形，并使构成的图形的对称轴最多，请画出符合要求的图形.

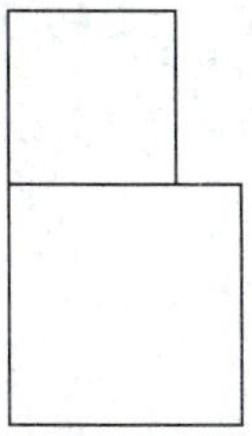

解析　只有使两个正方形的所有对称轴重合时，才能使得到的图形的对称轴最多.

解　不是.移动上面的正方形使两个正方形的所有对称轴重合，图形的对称轴最多，有四条，如图.

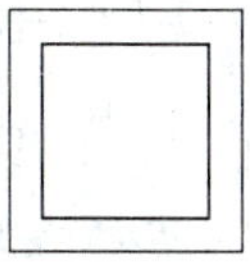

点评　通过对图形的实际操作我们可以发现：要使两个形状相同，大小不一样的轴对称图形移动后图形的对称轴最多，只有使两个图形的所有对称轴重合才能符合.

易错辨析

错误分析，拨开迷雾

易错点　找错对称轴，画错关键点

例　如图，作出$\triangle ABC$关于直线BC对称的图形.

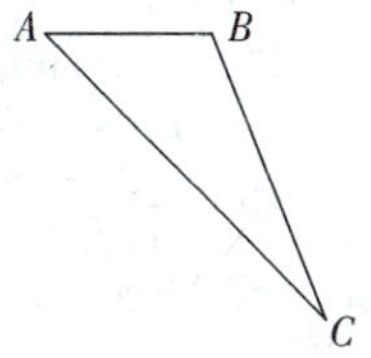

正确解答　过点A作AD垂直CB的延长线于点D，延长AD至点A'，使$A'D=AD$，分别连接$A'B$，$A'C$，得到$\triangle A'BC$与$\triangle ABC$关于直线BC对称，如图所示.

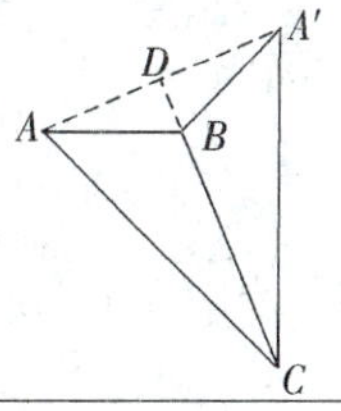

易错总结　本题常见错误：一是对称轴找错了，以AC或AB为对称轴；二是不能正确画垂线，导致找错对称点.

品味中考

对接中考，小试牛刀

1. (2017·台湾)将图①中五边形纸片$ABCDE$的A点以BE为折线往下折，A点恰好落在CD上，如图②所示，再分别以图②的AB，AE为折线，将C，D两点往上折，使得A，B，C，D，E五点均在同一平面上，如图③所示，若图①中$\angle A=124°$，则图③中$\angle CAD$的度数为何　(　　)

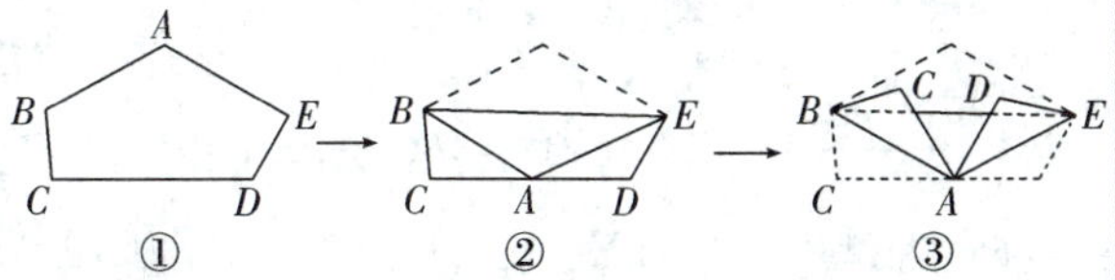

A. 56°　　B. 60°　　C. 62°　　D. 68°

2. (2016·娄底)如图，将$\triangle ABC$沿直线DE折叠，使点C与点A重合，已知$AB=7$，$BC=6$，则$\triangle BCD$的周长为________.

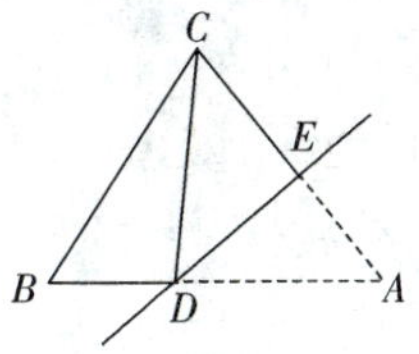

3. (2017·湖南)如图，方格图中每个小正方形的边长为1，点A，B，C都是格点.

(1)画出$\triangle ABC$关于直线BM对称的$\triangle A_1B_1C_1$；

(2)写出AA_1的长度.

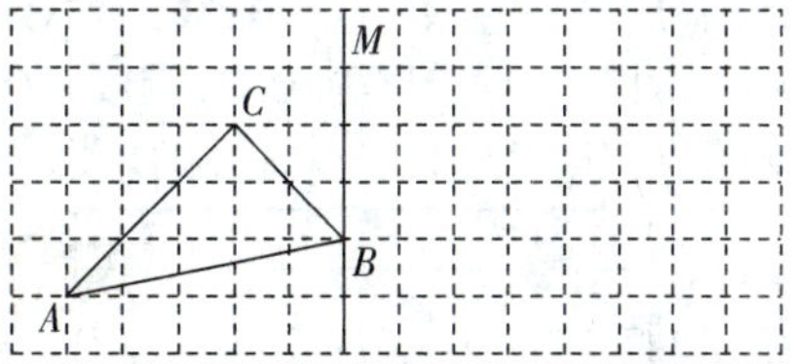

趁热打铁　即时检测，巩固提高

基础篇

1. (知识点二 ☆)如图，直线 MN 是四边形 $AMBN$ 的对称轴，与对角线 AB 交于点 Q，点 P 是直线 MN 上一点，下列判断错误的是　　(　　)

A. $AQ=BQ$　　B. $AP=BP$

C. $\angle MAP=\angle MBP$　　D. $\angle ANM=\angle NMB$

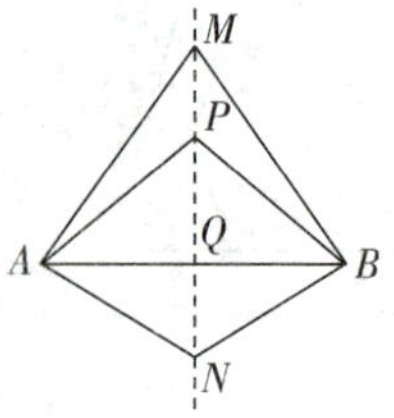

(第1题)

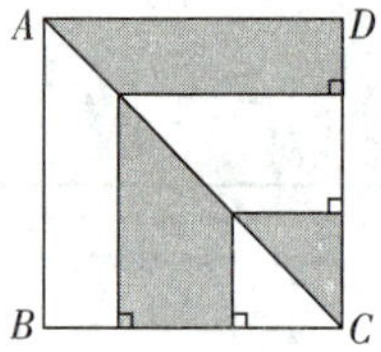

(第2题)

2. (知识点二 ☆)如图，正方形 $ABCD$ 的边长为 4 cm，则图中阴影部分的面积为(　　)cm^2.

A. 4　　B. 8　　C. 12　　D. 16

3. (知识点一、二 ☆☆)如图，$\triangle ABC$ 中，$AB+BC=8$，A，C 关于直线 DE 对称，则 $\triangle BCD$ 的周长是________.

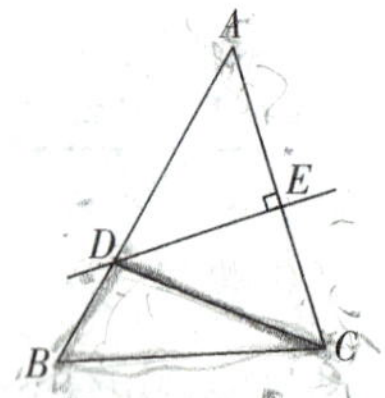

4. (知识点三 ☆☆☆)如图，网格中有一个四边形和两个三角形.

(1) 请你画出三个图形关于过点 O 的竖线的对称图形；

(2) 将(1)中画出的图形与原图形看成一个整体图形，请写出这个整体图形对称轴的条数.

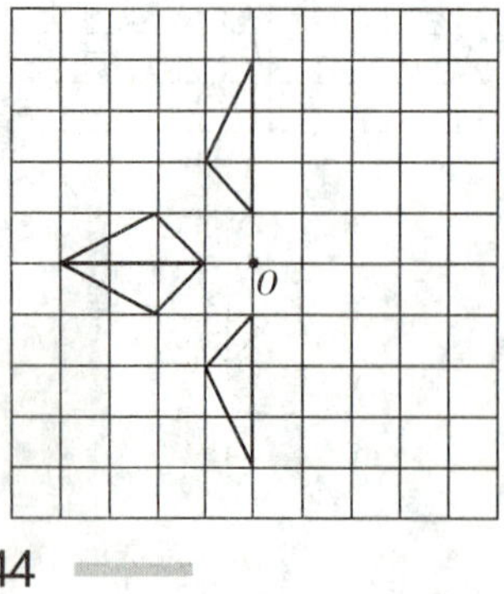

5. (知识点一 ☆☆)如图，直线 $l\perp AB$ 于点 O，且 $PA=PB$，则直线 l 是线段 AB 的垂直平分线吗？为什么？

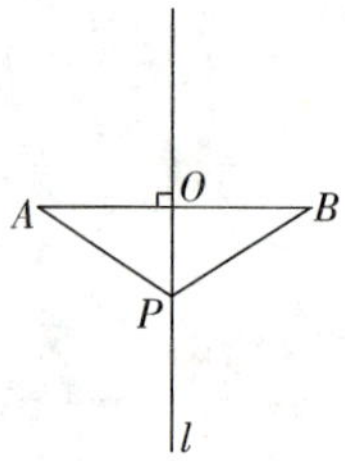

提升篇

6. (知识点二 ☆☆☆)如图，有一块长方形纸片 $ABCD$，$AB=8$，$AD=6$，将纸片折叠，使 AD 边落在 AB 边上，折痕为 AE，再将 $\triangle AED$ 沿 DE 向右翻折，AE 与 BC 的交点为 F，则 $\triangle CEF$ 的面积为　　(　　)

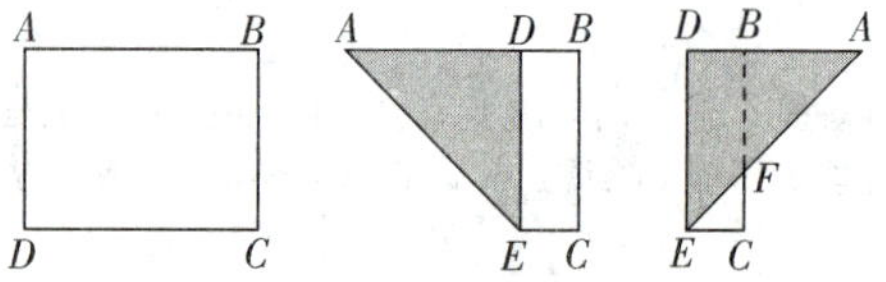

A. $\frac{1}{2}$　　B. $\frac{9}{8}$　　C. 2　　D. 4

7. (知识点二 ☆☆☆)如图，把一张长方形纸片 $ABCD$ 沿 EF 折叠后，点 A 落在 CD 边上的点 A' 处，点 B 落在点 B' 处. 若 $\angle 1=115°$，则 $\angle 2$ 的度数为________.

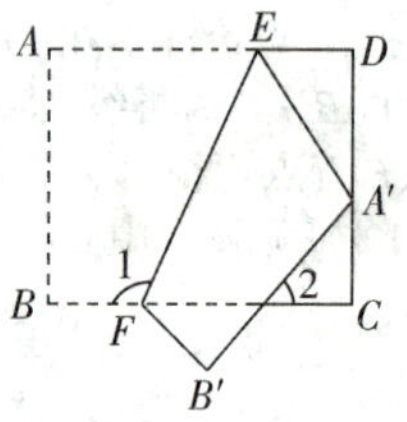

8. (知识点二 ☆☆☆)在三角形纸片 ABC 中，$\angle A=75°$，$\angle B=65°$，将纸片的一角折叠，使点 C 落在 $\angle ACB$ 内，DE 为折痕(如图)，若 $\angle 1=20°$，求 $\angle 2$ 的度数.

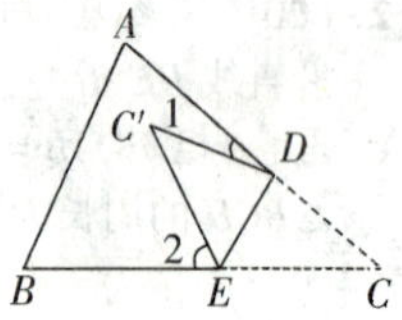

9. $\left(\dfrac{\text{知识点一、二、三}}{☆☆☆☆}\right)$如图,在所给网格图(每小格均为边长是 1 的正方形)中完成下列各题:

(1)画出格点△ABC(顶点均在格点上)关于直线 DE 对称的$\triangle A_1B_1C_1$,并求$\triangle A_1B_1C_1$的面积;

(2)在 DE 上画出点 Q,使 QA+QB 最小.

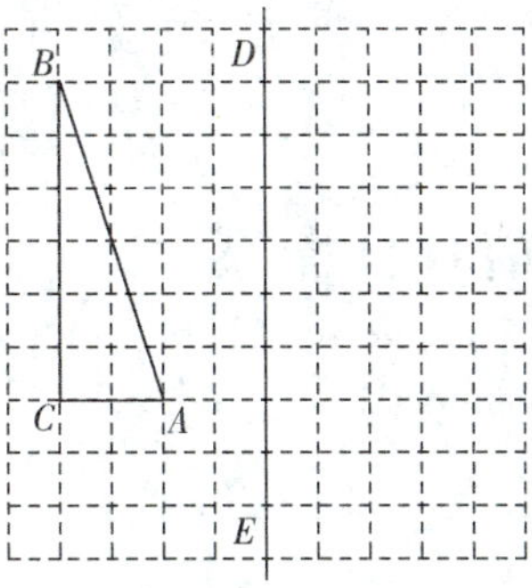

挑战篇

10. $\left(\dfrac{\text{知识点二、三}}{☆☆☆☆☆}\right)$如图,一条直的河流 l 的同侧有 A,B 两个村庄,要把 A 处的产品运往 B 处.按计划这批产品在河岸 M 处装上船,沿水路行 a 千米后在 N 处上岸,要使总路程最短,M,N 两点应选在河岸 l 的什么位置?

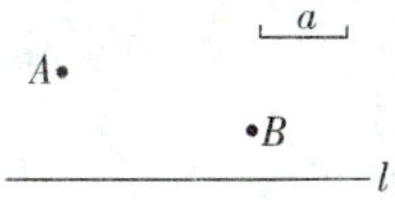

课后答案

详解习题,夯实基础

练习(P_{44})

1. 略.

2. 如图:

(1)$AB=A'B'$,$PA=PA'$,$QB=QB'$.

(2)$AA'/\!/BB'$,理由如下:

∵ A 和 A',B 和 B'是关于 l 的对称点(已知),

∴ $AA'\perp l$,$BB'\perp l$(轴对称的性质).

∴ $\angle QPA'=\angle PQB=90°$(垂直的定义),

∴ $AA'/\!/BB'$(内错角相等,两直线平行).

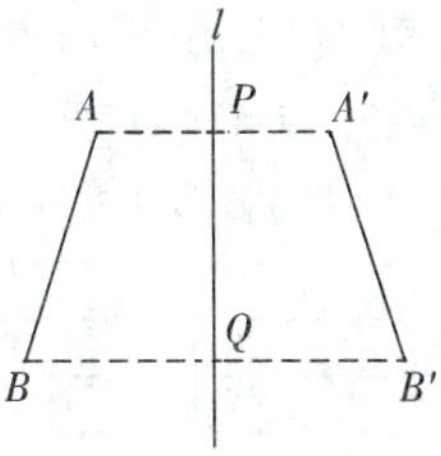

练习(P_{46})

1. 得到了一幅蝴蝶图案.图略.

2. (1)AB 与 $A'B'$,OA 与 OA',OB 与 OB'

(2)对称　AA'　$A'B'O$　$A'OB$

习题 2.2(P_{47})

1. 图①②③的对称轴分别是直线 d,e,f,图④的对称轴是直线 a,b,c,如图所示:

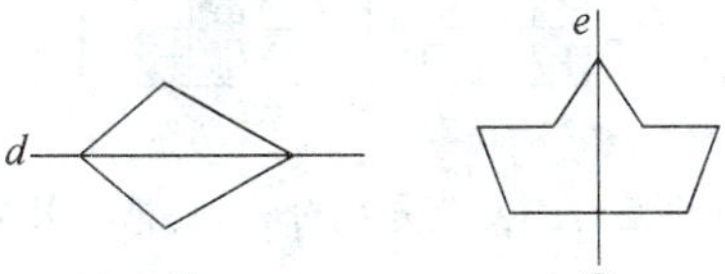

①　②

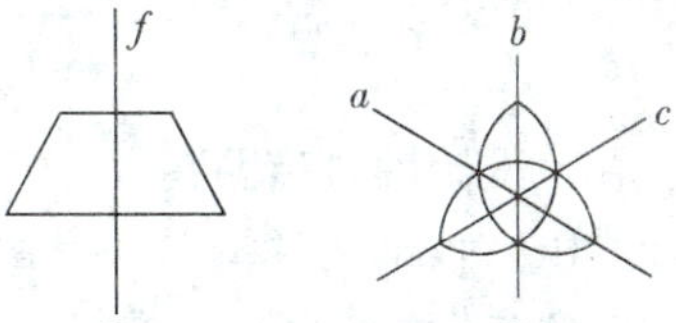

③　④

2. 图①:△ABC 关于直线 l 对称的三角形是△DEC;图②:△ABC 关于直线 l 对称的三角形是△FGH,如图:

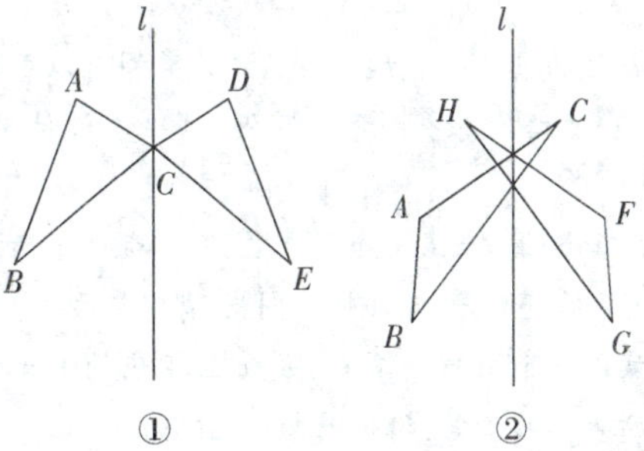

①　②

3. 如图:

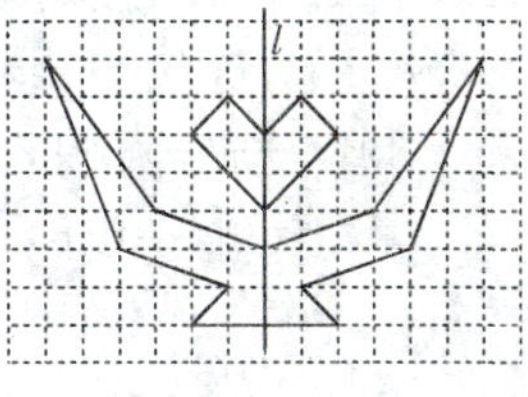

4. 如图,可分别添出①、②、③、④ 4 条线段中的 1 条,使图中的 3 条线段组成一个轴对称图形.

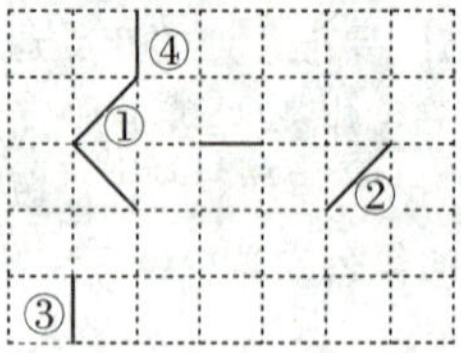

5. 三角形Ⅱ,Ⅲ,Ⅳ如图所示,三角形Ⅳ与三角形Ⅰ关于直线 l_1 成轴对称.

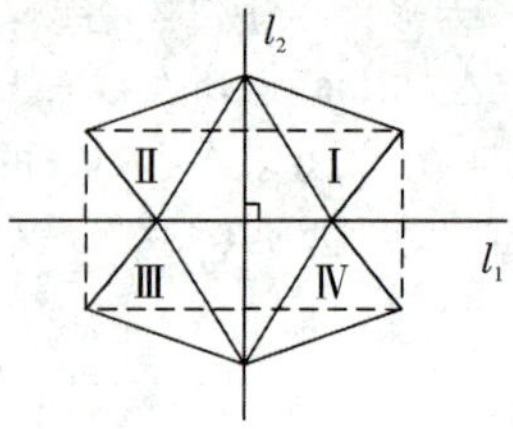

2.3 设计轴对称图案

学习目标　明确方向,有的放矢

1. 欣赏生活中的轴对称图案,感受数学之美无处不在.
2. 能利用轴对称设计简单的图案.

知识详解　讲透教材,解疑释难

知识点　设计轴对称图案　重难点

设计轴对称图案首先要掌握轴对称图形的概念和轴对称的性质.图案设计问题是开放性题目,答案是不唯一的,同学们应该放开思维、大胆尝试,充分发挥自己的创造设计能力,提高自身综合素质.

提醒

常见的设计轴对称图案题目的类型有以下几种:

(1)不给出基本图形和范例,只要求设计轴对称图案.

(2)给出一个或多个基本图形(如圆,三角形,正方形等)和范例,设计轴对称图案.有时还要给所设计的图案起一个恰当的名称,或配上相应的解说词,体现它所表示的含义,增强图案的趣味性.

(3)以正方形、圆、正三角形等为基础,设计轴对称图案.有许多对称的图案,除几何图形对称外,有时还要求颜色对称(即成轴对称的图案局部所涂颜色相同).

(4)剪纸是我国的一种传统民间艺术,它通过将纸折叠与剪切,得到一幅漂亮的图案.剪纸图案的共同特征是轴对称.

例 如图,阴影部分是由 5 个小正方形组成的一个直角图形,请用四种方法分别在如图方格内涂黑两个小正方形,使阴影部分成为轴对称图形.

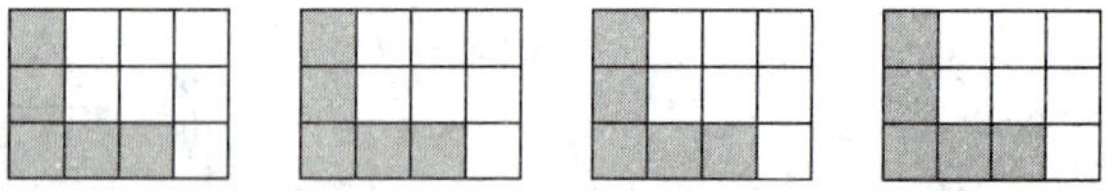

方法一　方法二　方法三　方法四

解析 涂黑的小正方形构成一个轴对称图形,可根据这个轴对称图形的对称轴,涂黑其他小正方形,设计出轴对称图形.

解 如图所示:

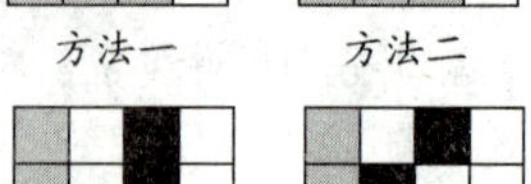

方法一　方法二

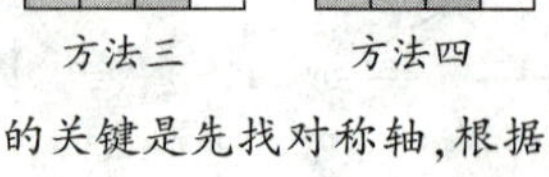

方法三　方法四

点评 解此题的关键是先找对称轴,根据轴对称图形的性质进行设计.

★教材中的问题解答★

图2-13的问题(P_{48})

如图方法涂色,就有4条对称轴.

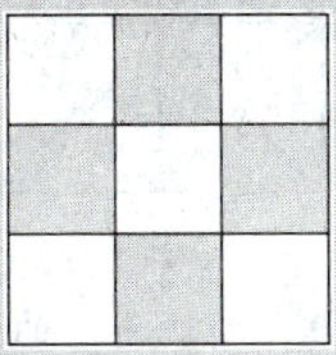

数学实验室(P_{49})

1. (1)略.

(2)图2-15中的图(1)有1条对称轴;图(2)有2条对称轴;图(3)没有对称轴.

(3)答案不唯一,如图.

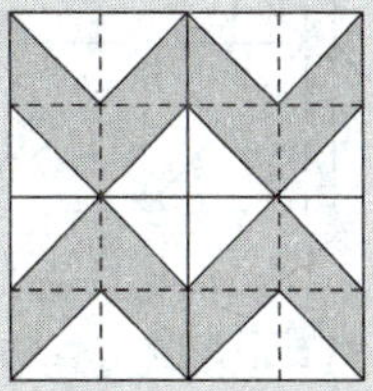

有2条对称轴.

2. 略.

拓展典例

分类提升,典例剖析

拓展点一　根据基本图形设计轴对称图形

例1 给出图形"○○　△△　｜｜"(两个圆,两个三角形,两条线段)为构件,设计一个构思独特且具有特殊意义的轴对称图形,并写出一两句贴切、诙谐的解说词.

解析 这是一道开放型试题,符合条件的图形有很多,充分展开想象的翅膀,画出符合要求的图形就可以了.

解 答案有多种,如图:

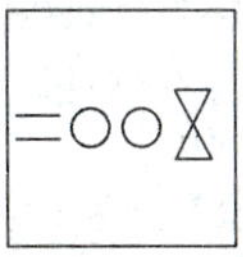

解说词:北京奥运

解说词:二箭双双中红心

解说词:"北斗"闯太空

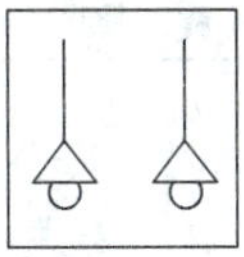

解说词:两盏电灯

点评 补全或设计图案是考题的新热点之一,它体现了新课程改革的特点,呈现给你广阔的思维空间,这类题目考查同学们动手操作的能力.要求我们:(1)明确设计的要求和意图;(2)创意要新颖独特;(3)清楚地表达自己的设计意图和制作过程.

拓展点二　在网格中设计轴对称图形

例2 图①、图②均为7×6的正方形网格,点A,B,C在格点上.在图①②中确定格点D,并画出以A,B,C,D为顶点的四边形,使其为轴对称图形.

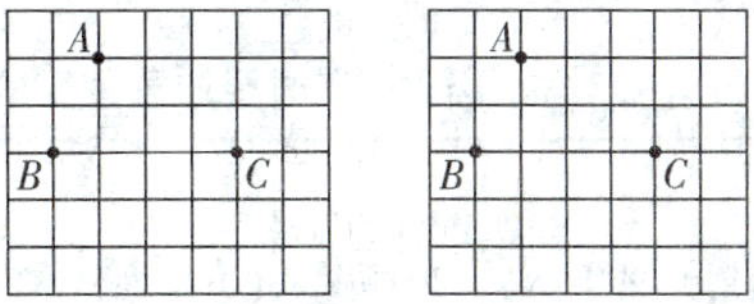

①　　②

解析 以BC的垂直平分线为对称轴,可设计轴对称图形;以BC所在直线为对称轴,可设计轴对称图形.

解 如图所示.

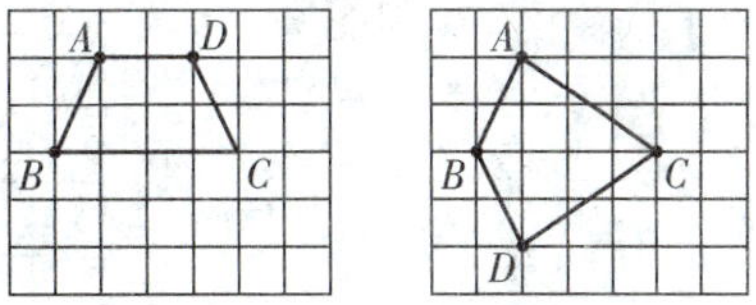

①　　②

点评 网格中给定几点,找另外的点与已知点构成轴对称图形,只需先找出对称轴.注意设计出的图形不能超出网格范围,故要对对称轴进行取舍.

拓展点三　实践操作问题

例3 如图甲,正方形被划分成16个全等的三角形,将其中若干个三角形涂黑,且满足下列条件:

(1)涂黑部分的面积是原正方形面积的一半;

(2)涂黑部分成轴对称图形.

甲　　乙　　丙

如图乙是一种涂法,请在图①~③中分别设计另外三种涂法(在所设计的图案中,若涂黑部分全等,则认为是同一种涂法,如图乙与图丙).

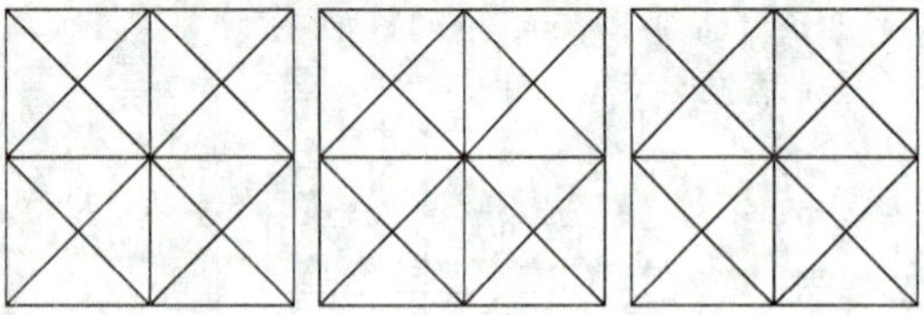

①　　②　　③

解析　根据轴对称图形的性质画图,但要注意本题中要求涂黑部分的面积是原正方形面积的一半,所以图中一共有16个三角形,那就要涂黑8个,而且这8个三角形组成轴对称图形.

解　不同涂法的图案如图(答案不唯一).

①　　②　　③

点评　本题主要利用轴对称图形的性质,及通过将四边形转化为三角形来计算面积,此类题目通常没有标准答案.本题主要是培养同学们的动手实践能力、创新能力,同学们要大胆发挥自己的创造力.

易错辨析

错误分析,拨开迷雾

易错点　设计轴对称图案时,有时要注意图案的颜色或者阴影部分斜线的方向

例　如图是由16个小正方形拼成的正方形网格,现将其中的两个小正方形画上阴影,请你用两种不同的方法分别在图中再将两个空白小正方形画上阴影,使其成为轴对称图形.

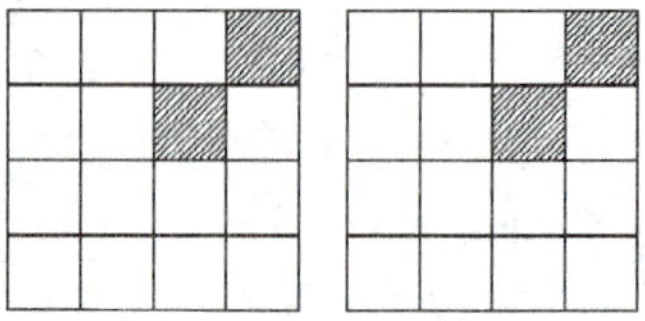

正确解答　如图所示(答案不唯一,合理即可).

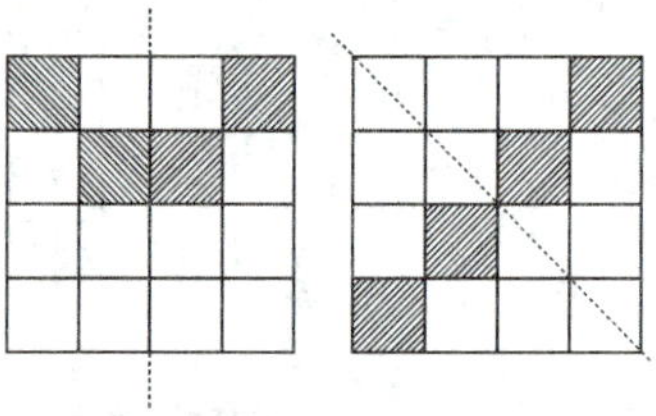

易错总结　需要注意阴影部分斜线的倾斜方向的不同,这是本题容易出错的地方.其关键点是找准对称轴,紧紧围绕对称轴来画图.

品味中考

对接中考,小试牛刀

1. (台湾中考题)如图是$P_1,P_2,\cdots,P_{10}$十个点在圆上的位置图,且此十点将圆周分成十等份,今小玉连接P_1P_2,P_1P_{10},P_9P_{10},P_5P_6,P_6P_7,判断小玉再连接下列哪一条线段后,所形成的图形不是轴对称图形?　(　　)

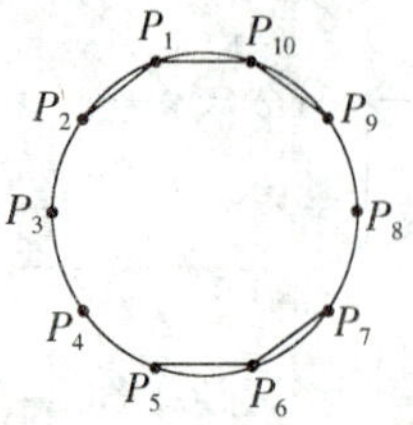

A. P_2P_3　　B. P_4P_5　　C. P_7P_8　　D. P_8P_9

2. (2017·湖北仙桃改编)如图,下列4×4网格图都是由16个相同小正方形组成的,每个网格图中有4个小正方形已涂上阴影,请在空白小正方形中,按下列要求涂上阴影.在图中选取2个空白小正方形涂上阴影,使6个阴影小正方形组成一个轴对称图形.

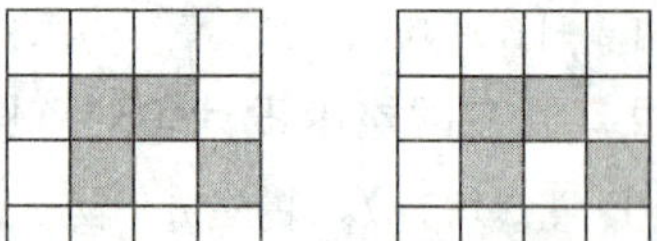

①　　②

趁热打铁

即时检测,巩固提高

基础篇

1. (☆)如图,图 2 的图案是由图 1 中五种基本图形中的两种拼接而成,这两种基本图形是　　(　　)

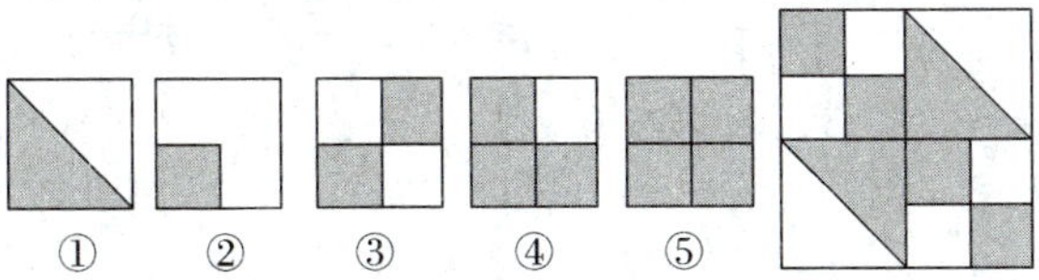

①　②　③　④　⑤

图1　　图2

A. ①②　　B. ①③　　C. ①④　　D. ③⑤

2. (☆)将一张正方形纸片按如图步骤①,②沿虚线对折两次,然后沿③中的虚线剪去一个角,展开铺平后的图形是　　(　　)

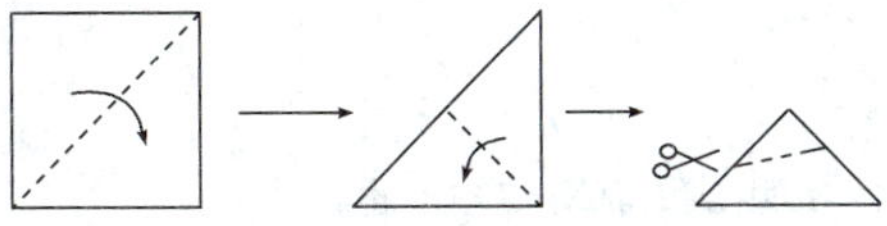

①　②　③

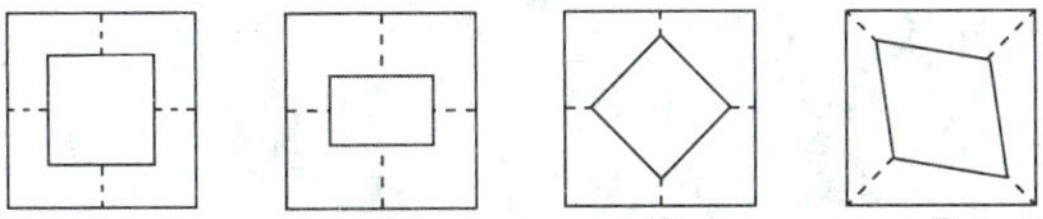

A　B　C　D

3. (☆☆)如图,点 A,B 在方格纸的格点位置上,若要再找一个格点 C,使它们所构成的三角形为轴对称图形,则这样的格点 C 在图中共有　　(　　)

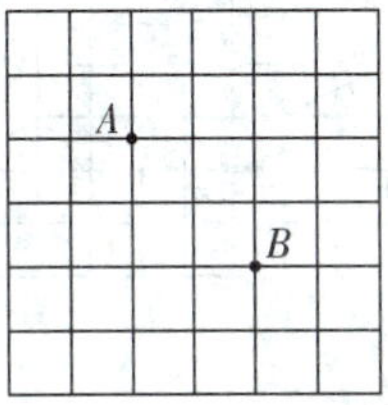

A. 4 个　　B. 6 个　　C. 8 个　　D. 10 个

4. (☆☆)如图,由 4 个小正方形组成的田字格,$\triangle ABC$ 的顶点都是小正方形的顶点,在田字格上能画出与 $\triangle ABC$ 成轴对称,且顶点都在小正方形顶点上的三角形的个数共有________个.

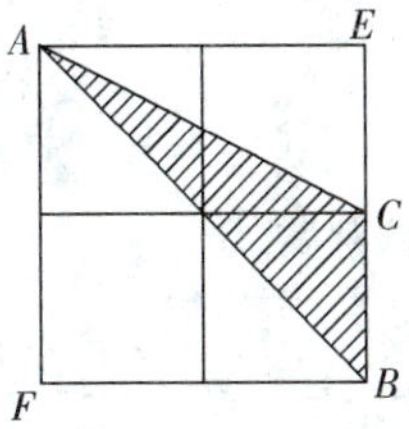

5. (☆☆)两个全等的三角形,可以拼出各种不同的图形,如图所示已画出其中一个三角形,请你分别补画出另一个与其全等的三角形,使每个图形分别成为不同的轴对称图形(所画三角形可与原三角形有重叠的边或顶点,至少设计四种).

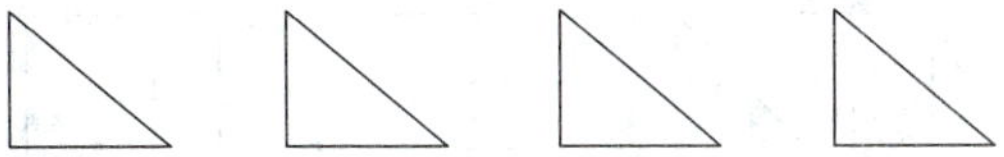

第一种　第二种　第三种　第四种

提升篇

6. (☆☆☆)在 4×4 的方格中的五个同样大小的正方形如图摆放,移动其中一个正方形到空白方格中,与其余四个正方形组成的新图形是一个轴对称图形,这样的移法共有________种.

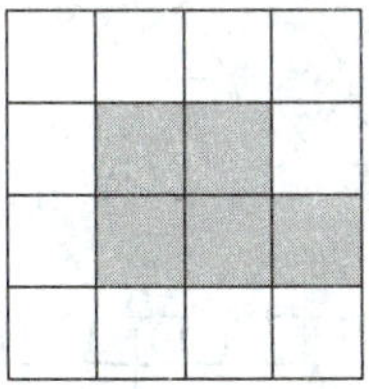

7. (☆☆☆)做一做:用四块如图①的瓷砖拼成一个正方形,使拼成的图案成轴对称图形.请你在图②、图③、图④中各画出一种拼法(要求三种拼法各不相同).

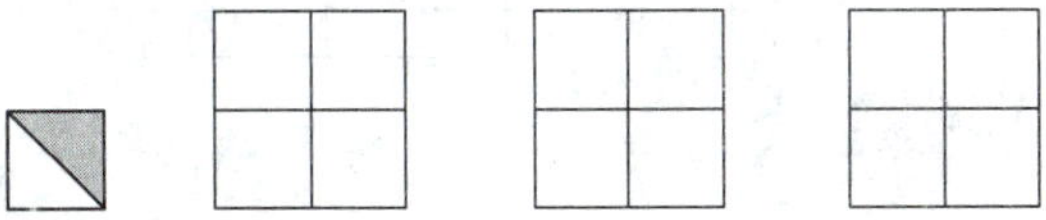

①　②　③　④

8. (☆☆☆☆)请用 1 个等腰三角形,2 个长方形,3 个圆设计一个轴对称图形,并用简练的文字说明你的创意.

挑战篇

9. (☆☆☆☆☆)为了美化环境,需在一块正方形空地上分别种植四种不同的花草.现将这块空地按下列要求分成四块:①分割后的整个图形必须是轴对称图形;②四块图形形状相同;③四块图形面积相等.现已有两种不同的分法:

(1)分别作两条对角线(如图①);(2)过一条边的三等分点作对边的垂线段(如图②)(图②中两个图形的分割看做同一方法).

① 　　②

请你按照上述三个要求,分别在下面三个正方形中给出另外三种不同的分割方法.(只要求正确画图,不写画法)

方法一　　方法二　　方法三

课后答案

详解习题,夯实基础

练习($P_{49\sim50}$)

1. 答案不唯一,如图:

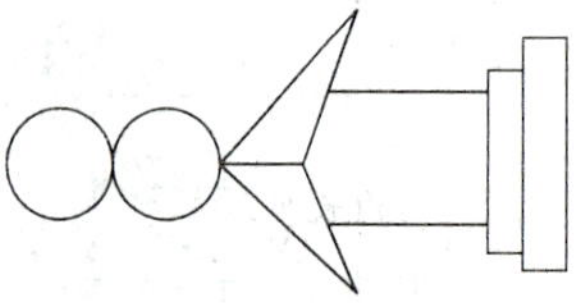

2. 答案不唯一,如图:

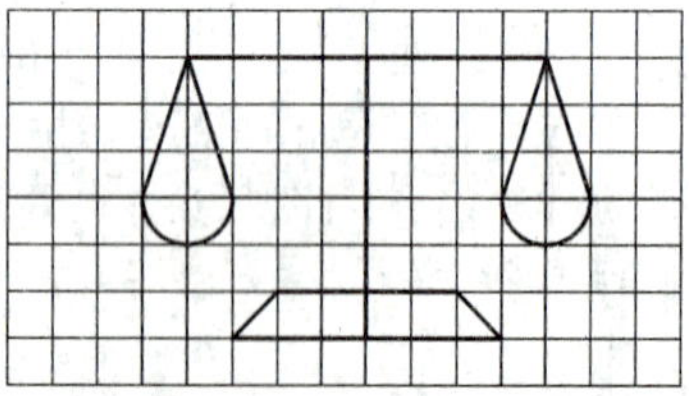

3. 略.

习题 2.3(P_{50})

1. 由琴键组成的轴对称图形还有:

E,F;

^{b}E,E,F,$^{\#}$F;

G,^{b}A,A;

$^{\#}$F,G,^{b}A,A,^{b}B;

F,$^{\#}$F,G,^{b}A,A,^{b}B,B;

C,$^{\#}$C,D,^{b}E,E.

2. 分别组成图案"树"与"燕子".

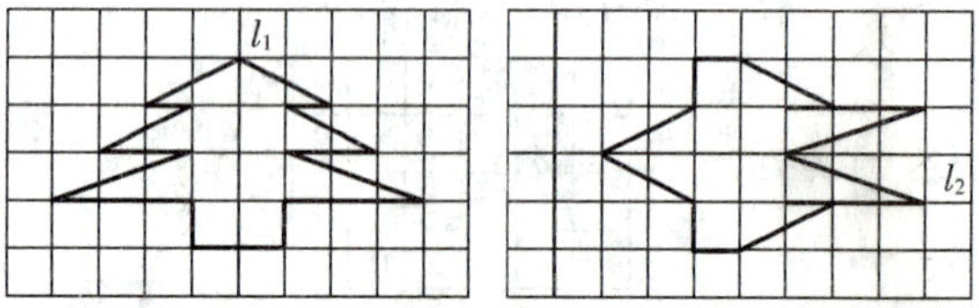

① 　　②

2.4 线段、角的轴对称性

学习目标

明确方向,有的放矢

1. 经历探索线段和角的轴对称性的过程,进一步体验轴对称的特性,发展空间观念.
2. 探索并证明线段的垂直平分线、角平分线的性质和判定.
3. 在"操作—探究—归纳—证明"的过程中,发展合情推理和演绎推理的能力.

知识详解

讲透教材，解疑释难

知识点一　线段的轴对称性　重难点

1. 线段的轴对称性：线段是轴对称图形，线段的垂直平分线是它的对称轴。

2. 线段的垂直平分线：

(1)线段的垂直平分线的性质：线段垂直平分线上的点到线段两端的距离相等。

(2)线段的垂直平分线的识别：到线段两端距离相等的点在线段的垂直平分线上。

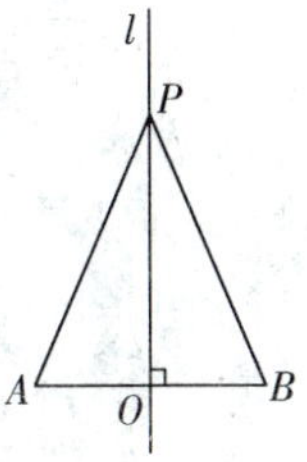

(3)几何语言：(图形如图所示)

①因为 $OA=OB$，$PO\perp AB$，所以 $PA=PB$。

②因为 $PA=PB$，所以点 P 在线段 AB 的垂直平分线上。

提醒

1. 线段的对称轴有两条，线段所在的直线是线段的另外一条对称轴。

2. 上面的"距离"指的是连接两点的线段的长度。要正确区分性质和识别中的题设和结论。二者正好相反，这点请仔细体会，应用它们解题时一定要区别对待。

3. 线段的垂直平分线的性质是证明线段相等的常用方法之一。

例 1　如图，四边形 $ABCD$ 中，$AB=AD$，BC 边的垂直平分线 MN 经过点 A，求证：点 A 在 CD 的垂直平分线上。

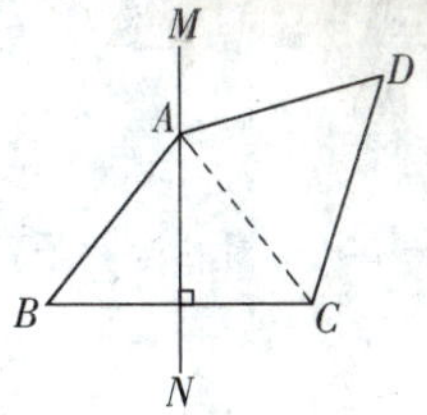

解析　连接 AC，根据线段垂直平分线的性质得 $AB=AC$，进而得 $AC=AD$，根据线段垂直平分线性质定理的逆定理即可证得结论。

证明　连接 AC，

$\because$ MN 垂直平分 BC，$\therefore$ $AB=AC$。

$\because$ $AB=AD$，$\therefore$ $AC=AD$，$\therefore$ 点 A 在 CD 的垂直平分线上。

点评　本题考查了线段垂直平分线的性质定理和逆定理，作出辅助线构建等腰三角形是解答本题的关键。

知识点二　角的轴对称性　重难点

1. 角的轴对称性：角是轴对称图形，角平分线所在的直线是它的对称轴。

2. 角平分线：

(1)角平分线的性质：角平分线上的点到角两边的距离相等。

(2)角的平分线的识别：角的内部到角两边距离相等的点在角的平分线上。

(3)几何语言：(图形如图所示)

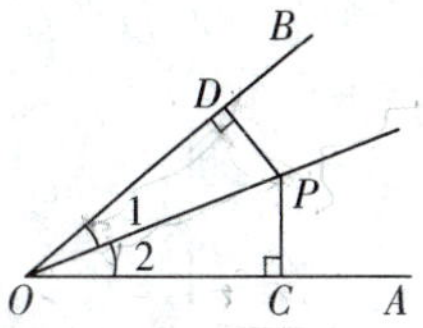

①$\because$ $\angle 1=\angle 2$，$PC\perp OA$，$PD\perp OB$，$\therefore$ $PC=PD$。

②$\because$ $PC\perp OA$，$PD\perp OB$，$PC=PD$，$\therefore$ $\angle 1=\angle 2$。

提醒

1. 角的平分线不是角的对称轴。因为角平分线是射线不是直线。

2. 上面的"距离"指的是点到直线的距离，是两条垂线段的长度，不要误认为角平分线上的点与角两边上的任意一点连线的长度。要正确区分性质和识别中的题设和结论。二者正好相反，这点请仔细体会，应用它们解题时一定要区别对待。

3. 角平分线的性质可以直接作为证明两条线段相等的依据，不需要再通过证三角形全等来推导。利用角平分线的性质证明线段相等时，证明的线段是"垂直于角两边的线段"，而不是"垂直于角平分线的线段"。角平分线的判定常常用来证明两个角相等。

4. 角平分线的判定必须同时具备"距离"和"相等"这两个条件，缺一不可。

例 2　如图，$\triangle ABC$ 中 $\angle ABC$ 的外角平分线 BD 与 $\angle ACB$ 的外角平分线 CE 相交于点 P，求证：点 P 在 $\angle CAB$ 的平分线上。

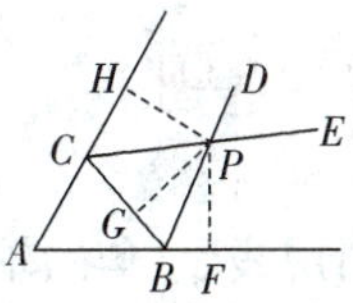

解析　根据角的平分线上的点到角的两边的距离相等，反过来，到角两边的距离相等的点也在角平分线上证明。

证明　过点 P 作 $PF\perp AB$ 于点 F，$PG\perp BC$ 于点 G，$PH\perp AC$ 于点 H，

∵ $\angle ABC$ 的外角平分线 BD 与 $\angle ACB$ 的外角平分线 CE 相交于点 P，∴ $PF=PG$，$PH=PG$，

∴ $PF=PH$. 又 $PF\perp AB$，$PH\perp AC$，

∴ 点 P 在 $\angle CAB$ 的平分线上.

点评 本题考查了角平分线的性质和判定，过交点向角的两边作垂线，是解决角平分线性质相关问题的常用方法.

知识点三 线段的垂直平分线和角平分线的尺规作图 重点

1. 用尺规作线段 AB 的垂直平分线：(1) 分别以点 A，B 为圆心，大于 $\frac{1}{2}AB$ 的长为半径画弧，两弧相交于两点 C，D. (2) 过点 C，D 作直线. 直线 CD 就是线段 AB 的垂直平分线.

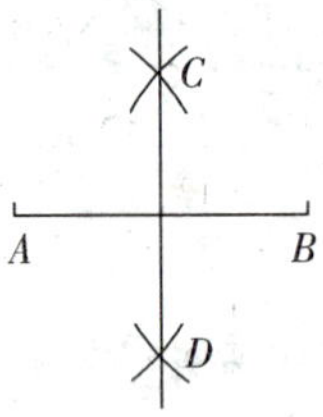

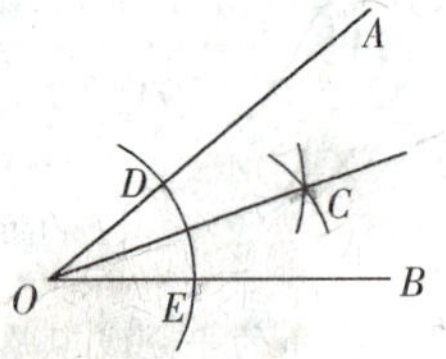

2. 用尺规作 $\angle AOB$ 的平分线：(1) 以 O 为圆心，任意长为半径画弧，分别交射线 OA，OB 于点 D，E. (2) 分别以 D，E 为圆心，大于 $\frac{1}{2}DE$ 的长为半径画弧，两弧在 $\angle AOB$ 的内部交于点 C. ③画射线 OC. 射线 OC 就是 $\angle AOB$ 的平分线.

例 3 现要在三角形地 ABC 内建一中心医院，使医院到 A，B 两个居民小区的距离相等，并且到公路 AB 和 AC 的距离也相等，请确定这个中心医院的位置.

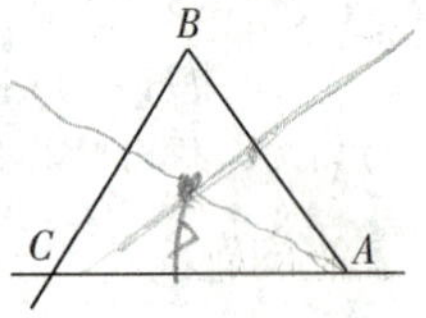

解析 根据线段垂直平分线的性质作出线段 AB 的垂直平分线，根据角平分线的性质作出 $\angle BAC$ 的平分线，即可得出答案.

解 作 AB 的垂直平分线 EF，作 $\angle BAC$ 的平分线 AM，两线交于点 P，则点 P 为这个中心医院的位置.

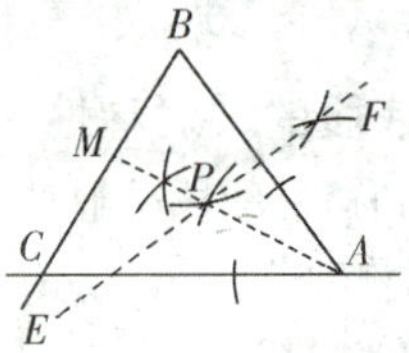

点评 本题考查了线段垂直平分线的性质和角平分线的性质的应用，主要考查学生的理解和动手操作能力.

★教材中的问题解答★

思考(P_{51})

$PA=PB$，理由除了教材上给出的外，还可以通过证明三角形全等来证明. ∵ l 为线段 AB 的垂直平分线，

∴ $\angle POA=\angle POB=90^\circ$，$OA=OB$.

在 $\triangle POA$ 与 $\triangle POB$ 中，$\begin{cases}OA=OB(\text{已证}),\\ \angle POA=\angle POB(\text{已证}),\\ OP=OP(\text{公共边}),\end{cases}$

∴ $\triangle POA\cong\triangle POB$(SAS)，

∴ $PA=PB$(全等三角形对应边相等).

操作(P_{54})

$PC=PD$，理由除了教材上给出的外，还可以通过三角形全等来证明.

∵ $PC\perp OA$，$PD\perp OB$，

∴ $\angle PCO=\angle PDO=90^\circ$.

∵ OP 为角平分线，

∴ $\angle COP=\angle DOP$.

在 $\triangle COP$ 与 $\triangle DOP$ 中，

$\begin{cases}\angle PCO=\angle PDO(\text{已证}),\\ \angle COP=\angle DOP(\text{已证}),\\ OP=OP(\text{公共边}),\end{cases}$

∴ $\triangle COP\cong\triangle DOP$(AAS)，

∴ $PC=PD$(全等三角形对应边相等).

拓展典例

分类提升，典例剖析

拓展点一 利用线段、角的轴对称性求值

例 1 如图，在 $\triangle ABC$ 中，$\angle C=90^\circ$，AD 平分 $\angle BAC$，$DE\perp AB$，如果 $DE=5$ cm，$\angle CAD=32^\circ$，求 CD 的长度及 $\angle B$ 的度数.

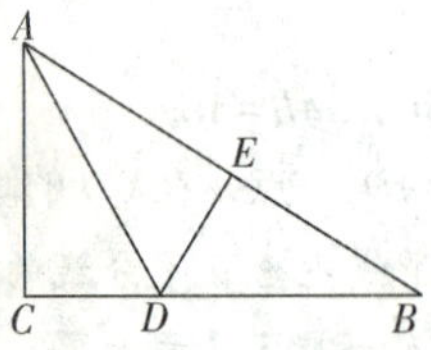

解析　根据角平分线上的点到角两边的距离相等可得 $CD=DE$；再根据角平分线的定义求出 $\angle BAC$，然后利用直角三角形两锐角互余求解即可.

解　$\because AD$ 平分 $\angle BAC$，$DE\perp AB$，$DC\perp AC$，

$\therefore CD=DE=5$ cm.

又 $\because AD$ 平分 $\angle BAC$，

$\therefore \angle BAC=2\angle CAD=2\times32^\circ=64^\circ$，

$\therefore \angle B=90^\circ-\angle BAC=90^\circ-64^\circ=26^\circ$.

点评　利用角平分线的性质，可以挖掘图形中隐含的相等的线段.

例 2　如图，已知 $\angle BAC=60^\circ$，$\angle B=80^\circ$，DE 垂直平分 AC 交 BC 于点 D，交 AC 于点 E.求 $\angle BAD$ 的度数.

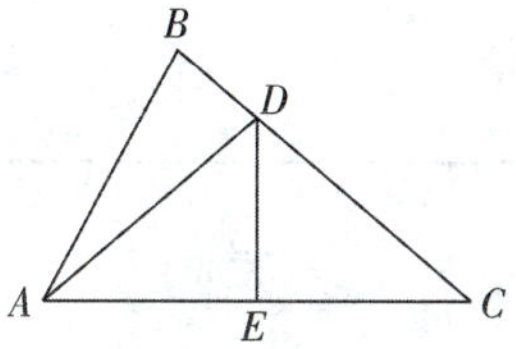

解析　根据三角形内角和定理求出 $\angle C$，根据线段垂直平分线的性质得到 $DA=DC$，求出 $\angle DAC$，计算即可.

解　$\because \angle BAC=60^\circ$，$\angle B=80^\circ$，

$\therefore \angle C=180^\circ-\angle BAC-\angle B=180^\circ-60^\circ-80^\circ=40^\circ$.

$\because DE$ 垂直平分 AC，$\therefore DA=DC$，$\angle DEA=\angle DEC=90^\circ$.

$\because DE=DE$，$\therefore \triangle ADE\cong\triangle CDE$，

$\therefore \angle DAC=\angle C=40^\circ$，$\therefore \angle BAD=60^\circ-40^\circ=20^\circ$.

点评　根据线段垂直平分线的性质，我们可以找到等边和等角，进而将未知量转化为已知量.

拓展点二　等积变形

例 3　如图，AD 是 $\triangle ABC$ 中 $\angle BAC$ 的平分线，$DE\perp AB$ 于点 E，$S_{\triangle ABC}=7$，$DE=2$，$AB=4$，求 AC 的长.

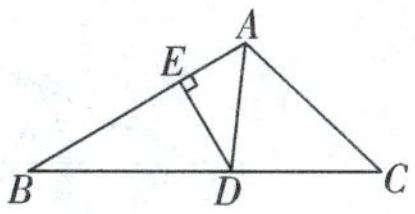

解析　过点 D 作 $DF\perp AC$ 于 F，根据角平分线上的点到角两边的距离相等可得 $DE=DF$，再根据 $S_{\triangle ABC}=S_{\triangle ABD}+S_{\triangle ACD}$ 列出方程求解即可.

解　如图，过点 D 作 $DF\perp AC$ 于 F，$\because AD$ 是 $\triangle ABC$ 中 $\angle BAC$ 的平分线，$DE\perp AB$，$\therefore DE=DF$.由图可知，$S_{\triangle ABC}=S_{\triangle ABD}+S_{\triangle ACD}$，即 $\frac{1}{2}\times4\times2+\frac{1}{2}\times AC\times2=7$，解得 $AC=3$.

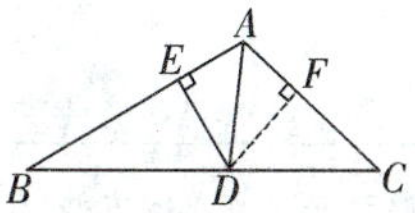

点评　本题巧妙地运用了面积之和不变的思想方法，将边长放到相应的三角形中，利用三角形面积公式解答.面积不变的思想是初中数学中重要的思想方法之一，在解一些习题时具有速度快、简单灵活的特点.

拓展点三　尺规作图问题

例 4　（白银中考题）两个城镇 A，B 与两条公路 l_1，l_2 的位置如图所示.电信部门需在 C 处修建一座信号发射塔，要求发射塔到两个城镇 A，B 的距离必须相等，到两条公路 l_1，l_2 的距离也必须相等，那么点 C 应选在何处？请在图中用尺规作图找出所有符合条件的点 C.（不写已知、求作、作法，只保留作图痕迹）

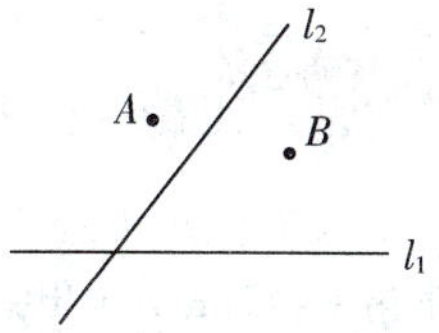

解析　发射塔到两个城镇 A，B 的距离相等，此点必在 AB 的垂直平分线上.到两条公路 l_1，l_2 的距离相等，此点必在两条公路夹角的平分线上，所以两线的交点是所求的点.

解　(1)作线段 AB 的垂直平分线.(2)作两条公路夹角的平分线.两线分别交于点 C_1，C_2.如图所示：

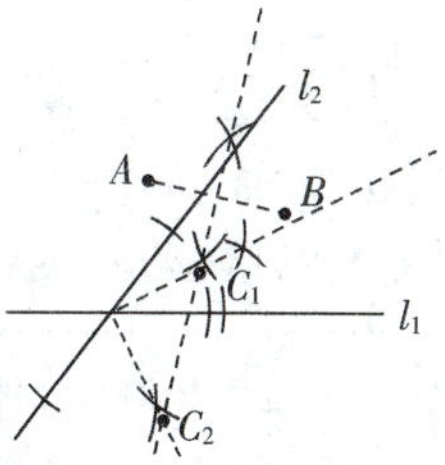

所以点 C_1，C_2 就是符合条件的点.

点评　本题考查尺规作图，理解线段垂直平分线和角平分线的性质是解题的关键.线段垂直平分线上的点到线段两个端点的距离相等，角平分线上的点到角两边的距离相等.用尺规作图时操作不规范，作图痕迹模糊，或者遗漏一种情况，都会导致出错.

拓展点四　最值问题

例 5　如图①，一个港湾内有 M，N 两个小岛，在 N 岛上的船公每天都要用渡船把 M 岛上的居民先送一部分到北岸上班，再直接送剩下的一部分到南岸上班，然后回到 N 岛上的家中休息，试问应怎样确定两岸的码头，才能使渡船行驶的路程最短？

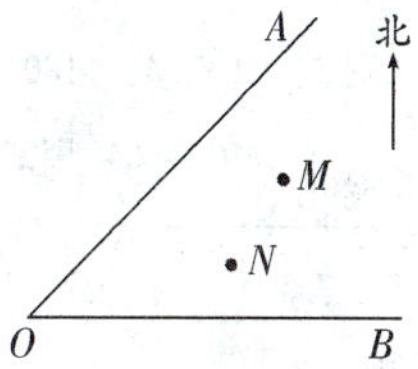

①

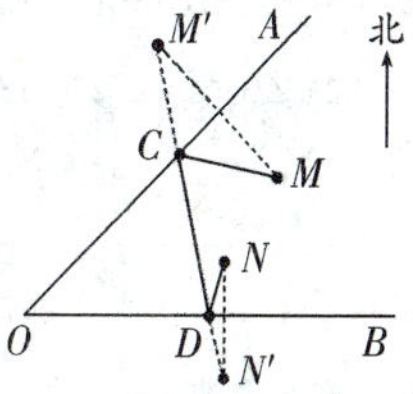

②

解析 把实际问题转化为数学问题，就是在∠AOB的内部有两点M，N，在射线OA，OB上分别确定点C，D，使折线$MC+CD+DN$的长度最短.通过轴对称变换，根据轴对称知识可使问题得以解决.

解 如图②所示，作点M关于OA的对称点M'，作点N关于OB的对称点N'，连接$M'N'$交OA于点C，交OB于点D，则在C，D两处分别修建码头，可使渡船行驶的路程最短.

点评 在已知直(射)线上确定与已知点的距离之和(折线长)最小的点，可通过点的轴对称变换，根据轴对称的性质和两点之间线段最短来确定.证明最短路程时要用到线段垂直平分线的性质.

易错辨析

错误分析，拨开迷雾

易错点一　容易混淆两种距离导致出错

例 1 如图，$CD\perp AB$于点D，$BE\perp AC$于点E，BE，CD交于点O，且AO平分∠BAC，求证：$OB=OC$.

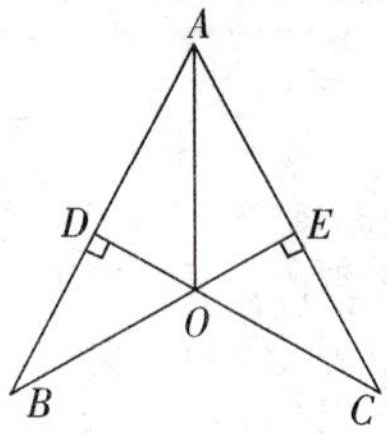

正确解答 ∵ $CD\perp AB$，$BE\perp AC$，AO平分∠BAC，∴ $OD=OE$，∠BDO=∠CEO=90°.

∵ ∠BOD=∠COE，∴ △BOD≌△COE(ASA).∴ $OB=OC$.

易错总结 我们已经学习过很多证明线段相等的方法，比如：全等三角形的对应边相等、角平分线的性质、线段的中点以及等线段的和差倍分等.本题有的同学没有分清两种距离，从而导致直接根据题目的角平分线的条件得出$OB=OC$.

易错点二　不能利用整体思想解题

例 2 如图，在△ABC中，DM，EN分别垂直平分AC和BC，交AB于点M，N.

(1)若△CMN的周长为18 cm，求AB的长；

(2)若∠MCN=52°，求∠ACB的度数.

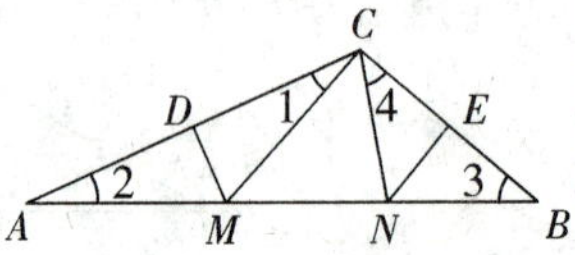

正确解答 (1)∵ DM，EN分别垂直平分AC和BC，∴ $AM=CM$，$CN=BN$.

∵ △CMN的周长为18 cm，即$CM+CN+MN$=18(cm)，∴ $AM+BN+MN=AB$=18(cm).∴ AB=18 cm.

(2)∵ DM垂直平分AC，∴ $AM=CM$，∠MDC=∠MDA=90°.

又$DM=DM$，∴ △DMA≌△DMC.∴ ∠1=∠2，同理，∠3=∠4.

又∠1+∠2+∠3+∠4+52°=180°，则2(∠1+∠4)=180°-52°=128°，

∴ ∠1+∠4=64°，∴ ∠ACB=∠1+∠4+∠MCN=64°+52°=116°.

易错总结 本题的两个小题都用到了整体思想，因此同学们要记住：整体思想是解决问题时一种常见的方法.有的同学因为没有能够掌握好整体思想，从而导致无从下手.

品味中考　对接中考，小试牛刀

1. (2017 · 浙江)如图，点 P 是 $\angle AOB$ 平分线 OC 上一点，$PD\perp OB$，垂足为 D.若 $PD=2$，则点 P 到边 OA 的距离是　(　　)

A. 1　　B. 2　　C. $\sqrt{3}$　　D. 4

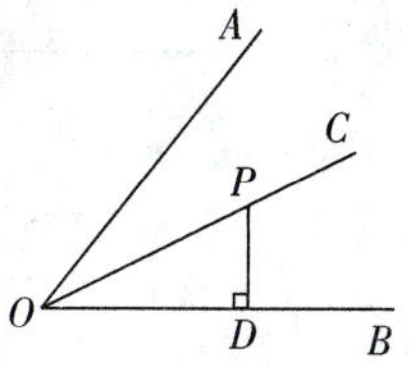

(第 1 题)

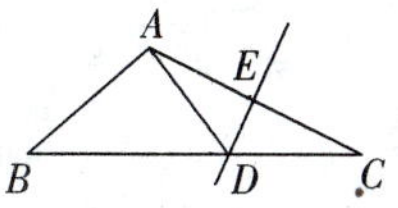

(第 2 题)

2. (2016 · 恩施州)如图，在 $\triangle ABC$ 中，DE 是 AC 的垂直平分线，$\triangle ABC$ 的周长为 19 cm，$\triangle ABD$ 的周长为 13 cm，则 AE 的长为　(　　)

A. 3 cm　　B. 6 cm　　C. 12 cm　　D. 16 cm

3. (2017 · 湖南)如图，在 Rt$\triangle ABC$ 中，$\angle C=90°$，BD 平分 $\angle ABC$ 交 AC 于点 D，DE 垂直平分 AB，垂足为点 E，请任意写出一组相等的线段________.

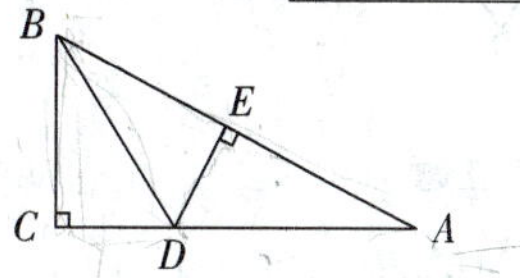

趁热打铁　即时检测，巩固提高

基础篇

1. (知识点一、二 ☆)如图，在 $\triangle ABC$ 中，BC 的垂直平分线 EF 交 $\angle ABC$ 的平分线 BD 于 E，如果 $\angle BAC=60°$，$\angle ACE=24°$，那么 $\angle BCE$ 的大小是　(　　)

A. 24°　　B. 30°　　C. 32°　　D. 36°

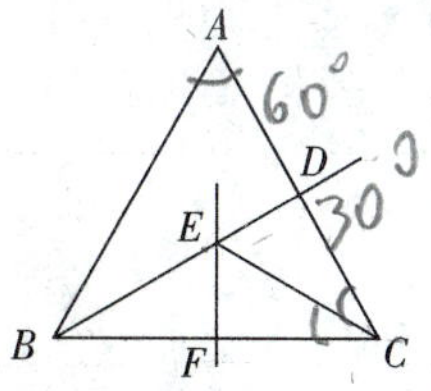

(第 1 题)

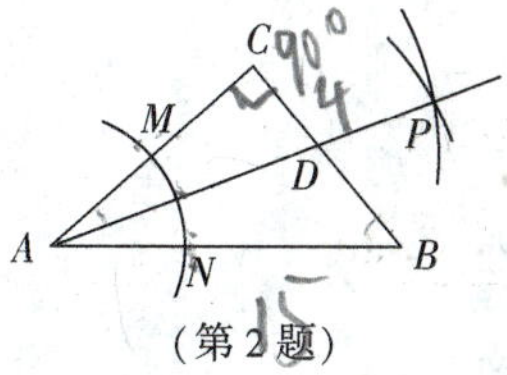

(第 2 题)

2. (知识点二、三 ☆)(2016 · 淮安)如图，在 Rt$\triangle ABC$ 中，$\angle C=90°$，以顶点 A 为圆心，适当长为半径画弧，分别交 AC，AB 于点 M，N，再分别以 M，N 为圆心，大于 $\frac{1}{2}MN$ 长为半径画弧，两弧交于点 P，作射线 AP 交边 BC 于点 D，若 $CD=4$，$AB=15$，则 $\triangle ABD$ 的面积为　(　　)

A. 15　　B. 30　　C. 45　　D. 60

3. (知识点二 ☆)如图，$\triangle ABC$ 中，$\angle C=90°$，$AC=BC$，AD 平分 $\angle BAC$ 交 BC 于 D，$DE\perp AB$ 于 E，且 $AB=10$ cm，则 $\triangle DEB$ 的周长是________.

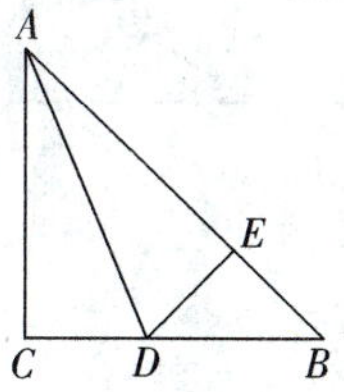

(第 3 题)

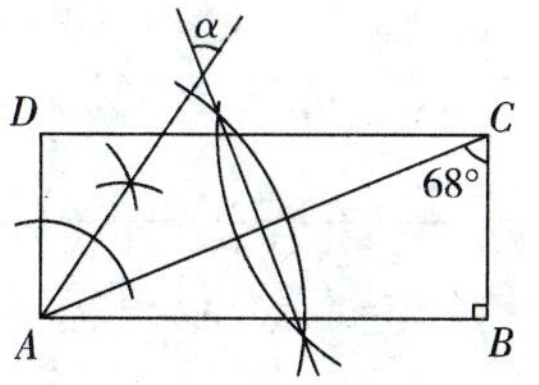

(第 4 题)

4. (知识点一、二、三 ☆☆)(2017 · 河北)如图，依据尺规作图的痕迹，计算 $\angle\alpha=$________°.

5. (知识点一 ☆☆)如图，点 P 在 $\angle AOB$ 内，点 M，N 分别是点 P 关于 AO，BO 的对称点，若 $\triangle PEF$ 的周长为 15，求 MN 的长.

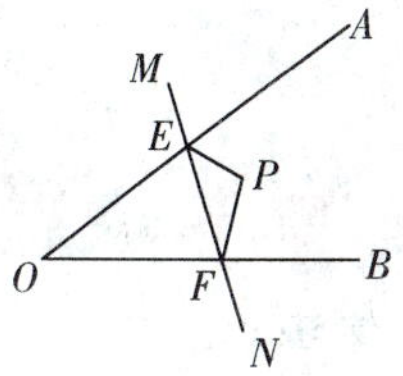

6. (知识点二 ☆☆)$\triangle ABC$ 的周长为 41 cm，边 $BC=17$ cm，$\angle BAC$ 的平分线 AD 将 $\triangle ABC$ 分为面积比为 3 : 5 的两部分，且 $AB<AC$，求 AB，AC 的长.

提升篇

7. （知识点二 ☆☆☆）如图，直线 l，l'，l'' 表示三条相互交叉的公路，现计划建一个加油站，要求它到三条公路的距离相等，则可供选择的地址有（　　）

A. 一处　　B. 二处　　C. 三处　　D. 四处

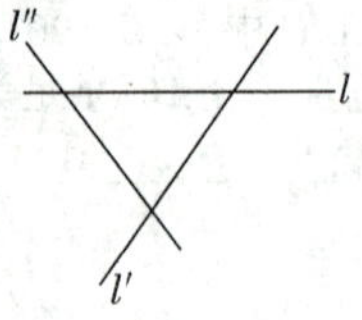

（第 7 题）

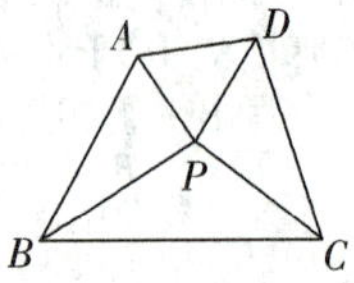

（第 8 题）

8. （知识点二 ☆☆☆）四边形 $ABCD$ 中，四个内角的平分线恰相交于一点 P，如图所示，记 $\triangle APD$，$\triangle APB$，$\triangle BPC$，$\triangle DPC$ 的面积分别为 S_1，S_2，S_3，S_4，则（　　）

A. $S_1+S_3=S_2+S_4$　　B. $S_1+S_2=S_3+S_4$

C. $S_1+S_4=S_2+S_3$　　D. 以上结论都不对

9. （知识点一 ☆☆☆）在 $\triangle ABC$ 中，AD 是高，在线段 DC 上取一点 E，使 $BD=DE$，已知 $AB+BD=DC$，求证：E 点在线段 AC 的垂直平分线上.

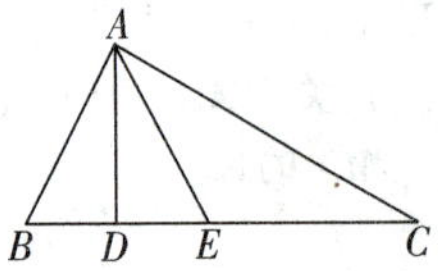

10. （知识点三 ☆☆☆☆）（2017·青岛）已知：四边形 $ABCD$. 求作：点 P，使 $\angle PCB=\angle B$，且点 P 到边 AD 和 CD 的距离相等.

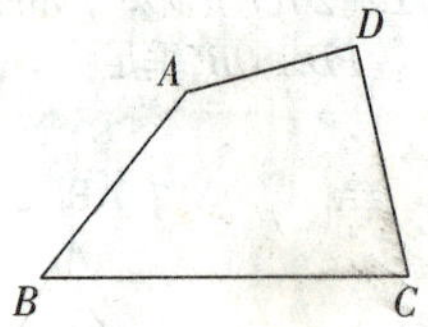

挑战篇

11. （知识点二 ☆☆☆☆）已知，如图，$\angle A=\angle B=90°$，点 E 是 AB 的中点，且 DE 平分 $\angle ADC$. 求证：CE 平分 $\angle BCD$.

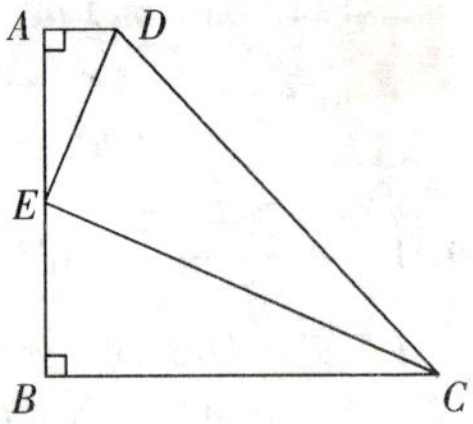

课后答案　　详解习题，夯实基础

练习（P_{52}）

1. 如图，直线 MN 就是所要画的线段 PQ 的垂直平分线.

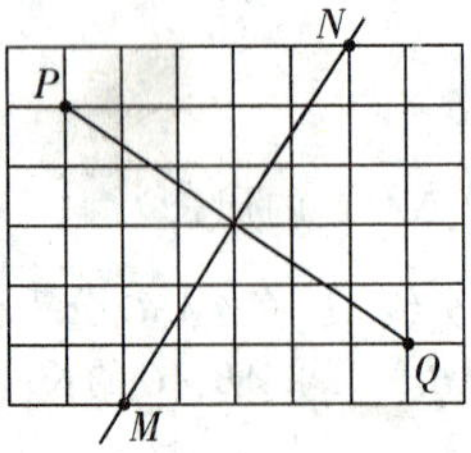

2. 车站设在如图的 P 点处，才能使 A，B 两村到车站的距离相等.

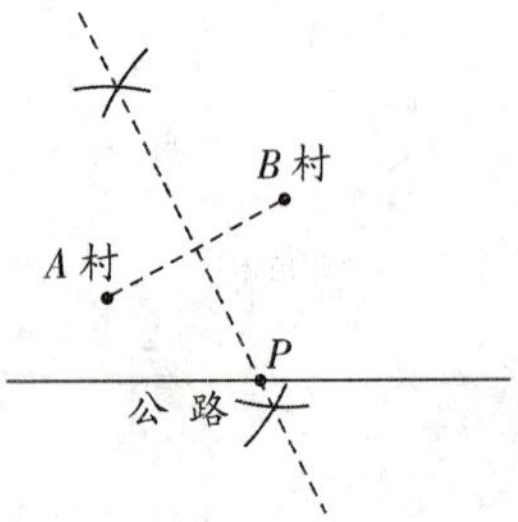

练习（P_{54}）

1. 如图，点 O 就是所要找的点.

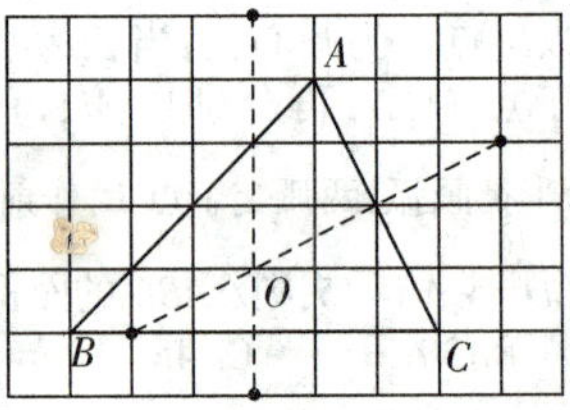

2. 不一定能找到，所有的情况如图：

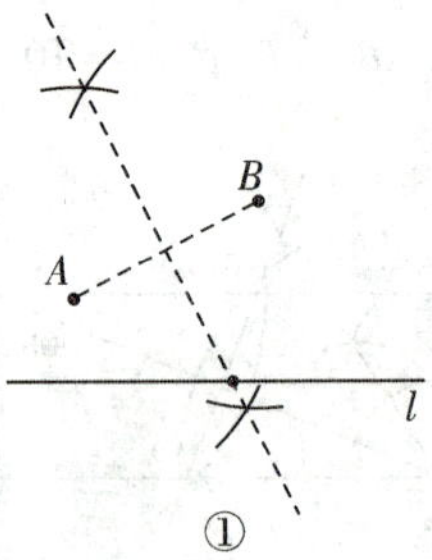

①

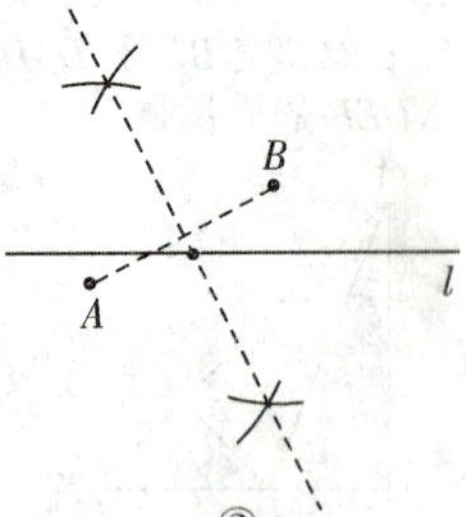

②

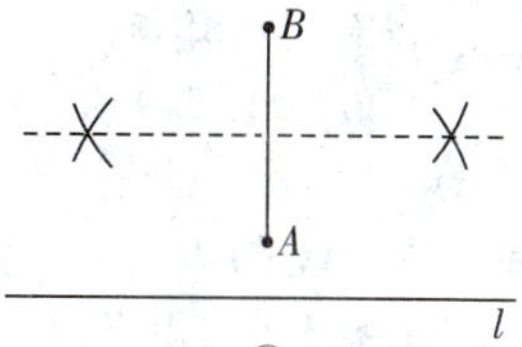

③

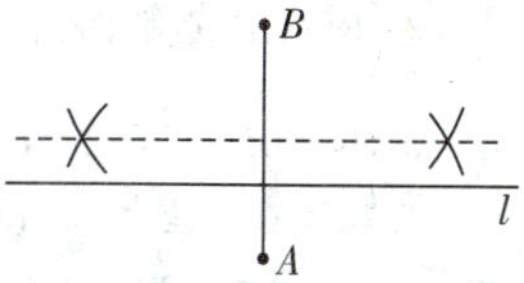

④

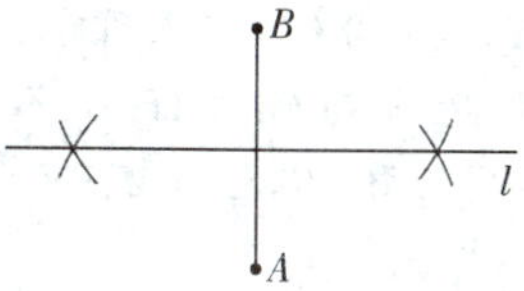

⑤

显然由图可以看出,图①,②所示的情况能找到唯一一个符合要求的点,图③,④所示的情况找不到符合要求的点,图⑤所示的情况中符合要求的点有无数个(直线 l 上的点都符合).

练习(P_{55})

(1)只要任意找一个以 A 为顶点的格点正方形,过 A 的对角线或其延长线与 BC 的交点就是符合要求的点 P,如图.

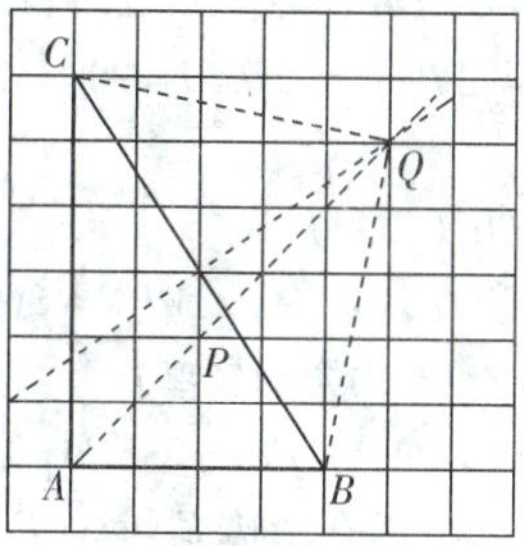

(2)在以 A 为一个顶点、边长为5的正方形中,与点 A 相对的顶点就是所求的点 Q,如图.

练习(P_{56})

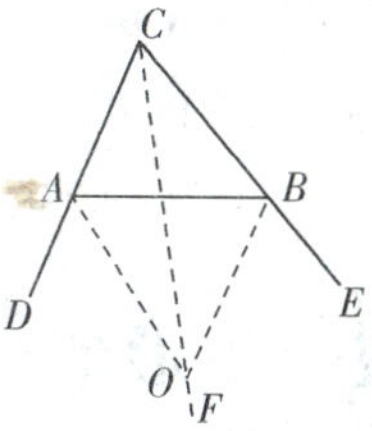

(1)如图.

(2)如图,点 O 在射线 CF 上,$\because$ 点 O 在 $\angle DAB$ 及 $\angle ABE$ 的平分线上,$\therefore$ 点 O 到 AD 与 BE 的距离相等,即点 O 到 $\angle DCE$ 的两边的距离相等,$\therefore$ 由角平分线的性质,可知点 O 就在 $\angle ACB$ 的平分线 CF 上.

习题2.4($P_{57\sim59}$)

1. $\because$ 点 E,G 分别在 AB,AC 的垂直平分线上(已知),

$\therefore EB=EA,GC=GA$(线段垂直平分线的性质).

$\therefore \triangle AEG$ 的周长 $=EA+GA+EG=EB+GC+EG=BC$(等量代换).

$\because BC=7,\therefore \triangle AEG$ 的周长为7.

2. 连接 BE,

设 $EC=x$,则 $AE=2x$,

$\because AC=9,\therefore x+2x=9$.解得 $x=3,\therefore AE=6$.

$\because$ 点 E 在线段 AB 的垂直平分线上(已知),

$\therefore BE=AE=6$(线段垂直平分线的性质),

即点 B 到点 E 的距离为6.

3. 连接 AC,AD,

$\because$ 点 A 在线段 CD 的垂直平分线上(已知),

$\therefore AC=AD$(线段垂直平分线的性质).

在 $\triangle ABC$ 和 $\triangle AED$ 中,$\begin{cases}AB=AE(\text{已知}),\\BC=ED(\text{已知}),\\AC=AD(\text{已证}),\end{cases}$

$\therefore \triangle ABC\cong\triangle AED$(SSS).

$\therefore \angle B=\angle E$(全等三角形的对应角相等).

4. (1)如图(任画两条即可).

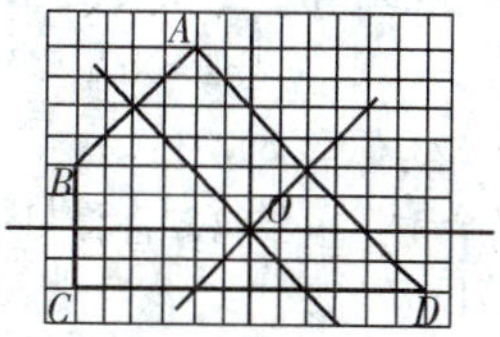

(2)点 O 在另两边的垂直平分线上.

(3)不能得到与上面相同的结论.

5. 在 $\triangle ABD$ 和 $\triangle ACD$ 中,$\begin{cases}AB=AC(\text{已知}),\\DB=DC(\text{已知}),\\AD=AD(\text{公共边}),\end{cases}$

$\therefore \triangle ABD\cong\triangle ACD$(SSS).

$\therefore \angle BAD=\angle CAD$(全等三角形的对应角相等).

在 $\triangle ABE$ 和 $\triangle ACE$ 中,$\begin{cases}AB=AC(\text{已知}),\\\angle BAE=\angle CAE(\text{已证}),\\AE=AE(\text{公共边}),\end{cases}$

$\therefore \triangle ABE\cong\triangle ACE$(SAS).

$\therefore EB=EC$(全等三角形的对应边相等).

6. 在 $\triangle ABE$ 和 $\triangle ACD$ 中,$\begin{cases}AB=AC(\text{已知}),\\\angle A=\angle A(\text{公共角}),\\AE=AD(\text{已知}),\end{cases}$

$\therefore \triangle ABE\cong\triangle ACD$(SAS).

$\therefore \angle ABE=\angle ACD$(全等三角形的对应角相等).

$\because AB=AC,AD=AE$(已知),

$\therefore AB-AD=AC-AE$(等式性质),

即 $BD=CE$.

在 $\triangle BOD$ 和 $\triangle COE$ 中,

$\begin{cases}\angle BOD=\angle COE(\text{对顶角相等}),\\\angle DBO=\angle ECO(\text{已证}),\\BD=CE(\text{已证}),\end{cases}$

$\therefore \triangle BOD\cong\triangle COE$(AAS).

∴ $OB=OC$(全等三角形的对应边相等).

∴ 点 O 在线段 BC 的垂直平分线上.

7. (1)如图.

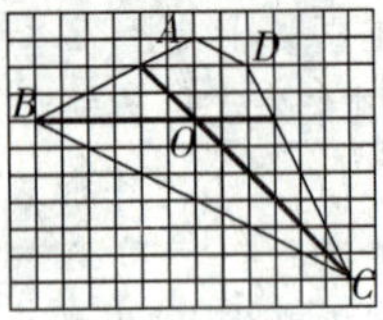

(2)通过观察发现,点 O 在另两个内角的平分线上.

(3)不能.

8. 连接 AD.∵ $DE\perp AB$,$DF\perp AC$,$DE=DF$(已知),

∴ 点 D 在 $\angle BAC$ 的平分线上(角的内部到角两边距离相等的点在角的平分线上),

即 $\angle BAD=\angle DAC$.

在 $\triangle ADB$ 和 $\triangle ADC$ 中,$\begin{cases}AD=AD(\text{公共边}),\\ \angle DAB=\angle DAC(\text{已证}),\\ AB=AC(\text{已知}),\end{cases}$

∴ $\triangle ADB\cong\triangle ADC$(SAS).

∴ $DB=DC$(全等三角形的对应边相等).

∴ 点 D 是线段 BC 的中点(线段中点的定义).

9. 过点 D 作 $DF\perp BC$ 于点 F,

∵ BD 是 $\triangle ABC$ 的角平分线,$DE\perp AB$(已知),

∴ $DE=DF$(角平分线上的点到角两边的距离相等).

∵ $S_{\triangle ABC}=70$,$AB=16$,$BC=12$(已知),

又 $S_{\triangle ABC}=\frac{1}{2}AB\times DE+\frac{1}{2}BC\times DF$,

∴ $\frac{1}{2}\times16\times DE+\frac{1}{2}\times12\times DE=70$.∴ $DE=5$.

10. 连接 DB,DC,

∵ $DE\perp AB$,$DF\perp AC$,AD 平分 $\angle BAC$(已知),

∴ $DE=DF$(角平分线上的点到角两边的距离相等),

$\angle BED=\angle DFC=90^\circ$(垂直的定义).

∵ 点 D 在 BC 的垂直平分线上(已知),

∴ $DB=DC$(线段垂直平分线的性质).

在 Rt△BDE 和 Rt△CDF 中,$\begin{cases}DE=DF(\text{已证}),\\ DB=DC(\text{已证}),\end{cases}$

∴ Rt△BDE≌Rt△CDF(HL).

∴ $BE=CF$(全等三角形的对应边相等).

11. (1)图①中,$PE\perp OA$,$PF\perp OB$,点 P 在 $\angle AOB$ 的平分线上,

∴ $PE=PF$(角平分线上的点到角两边的距离相等).

(2)图②中,PE 不与 OA 垂直,PF 不与 OB 垂直,可以分别过点 P 作 $PM\perp OA$ 于点 M,$PN\perp OB$ 于点 N.如图.

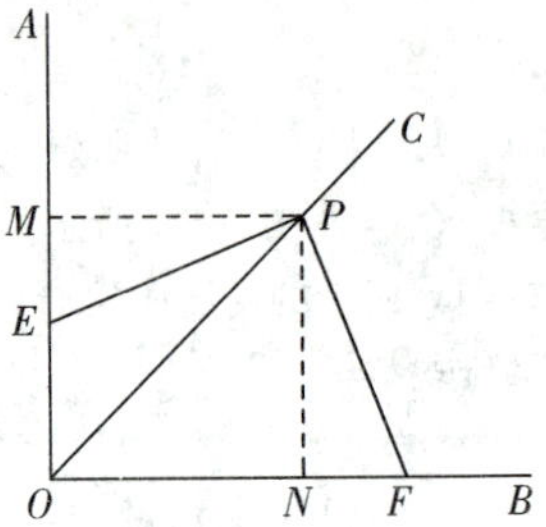

∵ 点 P 在 $\angle AOB$ 的平分线上,

∴ $PM=PN$(角平分线上的点到角两边的距离相等).

∵ $PM\perp OA$,$PN\perp OB$(作图),$PE\perp PF$(已知),

∴ $\angle PME=\angle PNF=\angle PNO=90^\circ$,$\angle EPF=90^\circ$(垂直的定义).

又 $\angle AOB=90^\circ$(已知),

∴ 在四边形 $ONPM$ 中,$\angle MPN=360^\circ-90^\circ-90^\circ-90^\circ=90^\circ$(多边形内角和定理),

∴ $\angle MPN-\angle EPN=\angle EPF-\angle EPN$(等式性质),

即 $\angle MPE=\angle NPF$.在 $\triangle MPE$ 和 $\triangle NPF$ 中,

$\begin{cases}\angle PME=\angle PNF(\text{已证}),\\ PM=PN(\text{已证}),\\ \angle MPE=\angle NPF(\text{已证}),\end{cases}$

∴ $\triangle MPE\cong\triangle NPF$(ASA).

∴ $PE=PF$(全等三角形的对应边相等).

2.5 等腰三角形的轴对称性

学习目标

明确方向,有的放矢

1. 经历探索等腰三角形的轴对称性的过程,进一步体验轴对称的特征,培养几何直观能力.
2. 探索并证明等腰三角形的性质定理;探索并掌握等腰三角形的判定定理;探索等边三角形的性质定理及判定定理.
3. 探索并掌握直角三角形的性质定理:直角三角形斜边上的中线等于斜边的一半.

知识详解　讲透教材，解疑释难

知识点一　等腰三角形的性质　重点

1. 等腰三角形的轴对称性

等腰三角形是轴对称图形，顶角平分线所在直线是它的对称轴.

2. 等边对等角

等腰三角形的两底角相等（简称“等边对等角”）.

图形如图①所示，几何语言：$\because AB=AC$，$\therefore \angle B=\angle C$（等边对等角）.

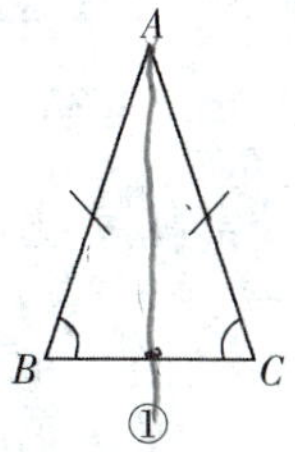
①

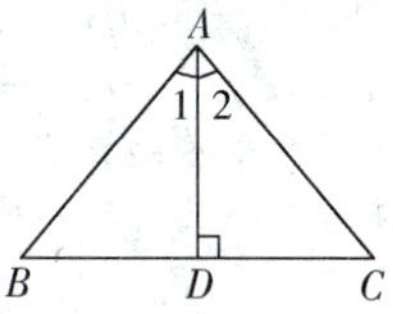
②

3. “三线合一”

等腰三角形底边上的高线、中线及顶角平分线重合（简称“三线合一”）.

图形如图②所示.

几何语言：(1) $\because AB=AC$，$\angle 1=\angle 2$，$\therefore BD=CD$，$AD\perp BC$.

(2) $\because AB=AC$，$BD=CD$，$\therefore \angle 1=\angle 2$，$AD\perp BC$.

(3) $\because AB=AC$，$AD\perp BC$，$\therefore \angle 1=\angle 2$，$BD=CD$.

提醒

1. 等腰三角形的对称轴也可以说成是底边上的中线所在的直线、底边上的高所在的直线或底边的垂直平分线. 实质上就是等腰三角形的三线所在的直线.

2. 等边对等角的前提是在同一个三角形中，不在同一个三角形中则不一定成立. 如图，$BD=CD$，而 $\angle BAD\neq\angle DAC$.

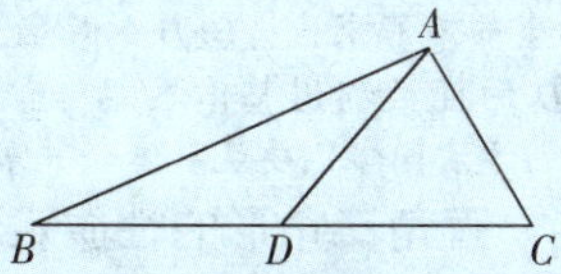

3. 等腰三角形的顶角的度数 $=180°-2\times$ 底角的度数；等腰三角形的底角的度数 $=\frac{1}{2}\times(180°-$ 顶角的度数$)$.

4. 证明角相等的主要方法：(1) 用三角形全等对应角相等，来证明角相等. (2) 用等边对等角，先证边相等，再证角相等.

5. “三线合一”是等腰三角形的一个重要的性质. 在理解时一定要把握重合的含义，认准题中用的是哪条线. 三线也是解等腰三角形题目时常添加的辅助线.

例 1　在 $\triangle ABC$ 中，$AB=AC$，过点 C 作 $CN\parallel AB$ 且 $CN=AC$，连接 AN 交 BC 于点 M. 求证：$BM=CM$.

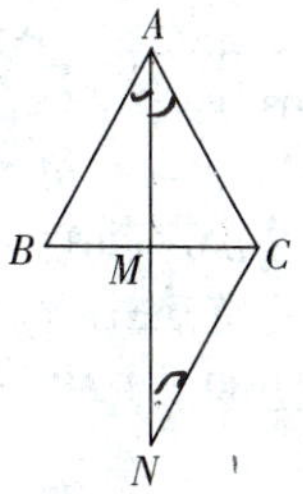

解析　由“等边对等角”得 $\angle N=\angle CAN$，再由平行得到 AM 为 $\angle BAC$ 的平分线，根据等腰三角形的三线合一性质得 M 是 BC 的中点.

证明　$\because CN=AC$，$\therefore \angle N=\angle CAN$.

又 $\because AB\parallel CN$，$\therefore \angle BAM=\angle N$，

$\therefore \angle BAM=\angle CAM$，$\therefore AM$ 为 $\angle BAC$ 的平分线.

又 $\because AB=AC$，$\therefore AM$ 为 $\triangle ABC$ 的边 BC 上的中线，

$\therefore BM=CM$.

点评　等腰三角形“三线合一”的性质既涉及角相等又涉及线段相等或垂直，为证明线段和角的关系又增添了一个理论依据. 本题也可用全等三角形相关知识解答，但是过程相对繁琐.

知识点二　等腰三角形的判定　重点

等角对等边：有两个角相等的三角形是等腰三角形（简称“等角对等边”）.

图形如图所示，几何语言：

$\because \angle B=\angle C$，

$\therefore AB=AC$（等角对等边）.

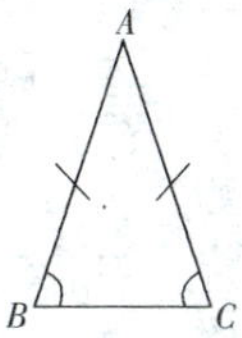

提醒

1. 等角对等边的前提也是在同一个三角形中.

2. 证明线段相等的主要方法：(1) 用三角形全等对应边相等，来证明线段相等. (2) 当两条线段在同一个三角形中时，用等角对等边，先证角相等，再证明线段相等. 这也是证明等腰三角形的主要方法之一.

例 2　如图，在 $\triangle ABC$ 中，$\angle ABC=60°$，$\angle C=45°$，AD 是 BC 边上的高，$\angle ABC$ 的平分线 BE 交 AD 于点 F，则图中共有等腰三角形　　（　　）

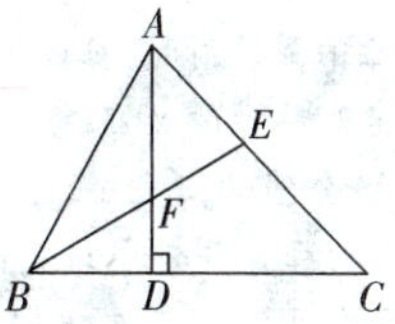

A. 2 个　　B. 3 个　　C. 4 个　　D. 5 个

解析　根据等腰三角形的判定定理，等角对等边，找出

图中含有两个等角的三角形即可.

$\because \angle ABC=60^\circ$, $\angle ACB=45^\circ$, AD 是高,

$\therefore \angle DAC=45^\circ$, $\therefore CD=AD$,

$\therefore \triangle ADC$ 为等腰直角三角形.

$\because \angle ABC=60^\circ$, BE 是 $\angle ABC$ 的平分线,

$\therefore \angle ABE=\angle CBE=30^\circ$.

在 $\triangle ABD$ 中, $\angle BAD=180^\circ-\angle ABD-\angle ADB=180^\circ-60^\circ-90^\circ=30^\circ$, $\therefore \angle ABF=\angle BAD=30^\circ$,

$\therefore AF=BF$, 即 $\triangle ABF$ 是等腰三角形.

在 $\triangle ABC$ 中, $\angle BAC=180^\circ-\angle ABC-\angle ACB=180^\circ-60^\circ-45^\circ=75^\circ$,

$\because \angle AEB=\angle CBE+\angle ACB=30^\circ+45^\circ=75^\circ$,

$\therefore \angle BAE=\angle BEA$,

$\therefore AB=EB$, 即 $\triangle ABE$ 是等腰三角形,

$\therefore$ 等腰三角形有 $\triangle ACD$, $\triangle ABF$, $\triangle ABE$, 故选 B.

答案 B

点评 在复杂的三角形中识别等腰三角形,一是要抓住等腰三角形的判定定理,二是要充分利用已知条件,求出角度.此外,三角形的全等、内角关系等也是常结合考查的知识.

知识点三　等边三角形　重难点

1. 等边三角形的定义

三边相等的三角形叫做等边三角形或正三角形.

2. 等边三角形的性质

(1)等边三角形是轴对称图形,并且有 3 条对称轴.

(2)等边三角形的三条边相等.

(3)等边三角形的各角都等于 60°.

3. 等边三角形的判定

判定等边三角形的方法主要有下面三种:(1)用定义来证明等边三角形.(2)三个角都相等的三角形是等边三角形.(3)有一个角是 60° 的等腰三角形是等边三角形.

知识讲解 等边三角形的判定

提醒

1. 等边三角形是特殊的等腰三角形,是腰和底相等的等腰三角形,所以它具有等腰三角形的所有性质. 等腰三角形不一定是等边三角形.

2. 一般等腰三角形的"三线合一"中的三线必须是顶角的平分线、底边上的高线、底边上的中线,而等边三角形却是每一条边上的高线、中线、所对角的平分线"三线合一".

3. 学习等边三角形性质时,可以类比等腰三角形的性质.它们都具有轴对称性.等边三角形具有"四点合一"的特征,即三条角平分线的交点,三条中线的交点,三条高的交点和三条边的垂直平分线的交点互相重合.

例 3 已知:如图, $\triangle ABC$ 是等边三角形, D, E, F 分别是各边上的一点,且 $AD=BE=CF$.请你说明 $\triangle DEF$ 是等边三角形.

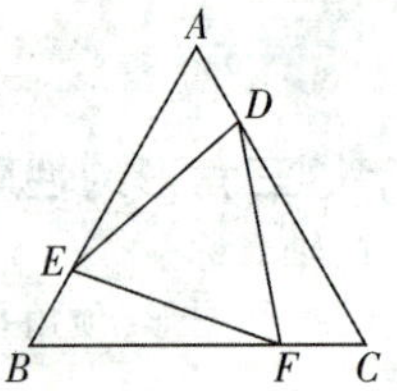

解析 根据 $\triangle ABC$ 是等边三角形,可得 $AB=AC=BC$, $\angle BAC=\angle BCA=\angle ABC=60^\circ$,由 $AD=BE=CF$,证得 $\triangle ADE\cong\triangle BEF\cong\triangle CFD$,即可得出 $\triangle DEF$ 是等边三角形.

解 $\because \triangle ABC$ 为等边三角形,

$\therefore AB=AC=BC$, $\angle BAC=\angle BCA=\angle ABC=60^\circ$.

又 $AD=BE=CF$,

$\therefore AE=BF=CD$, $\therefore \triangle ADE\cong\triangle BEF\cong\triangle CFD$(SAS),

$\therefore DF=ED=EF$, $\therefore \triangle DEF$ 是等边三角形.

点评 本题考查等边三角形的判定和性质,比较简单,关键是证明三个三角形全等.

例 4 在等边三角形 ABC 中, D, E 分别在边 BC, AC 上, $DC=AE$, AD, BE 交于点 F.请你量一量 $\angle BFD$ 的度数,并证明你的结论.

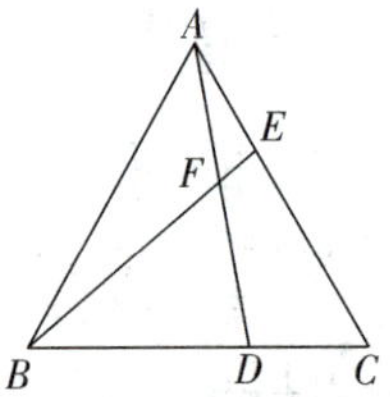

解析 本题先让动手操作,量出角的度数再去证明.根据等边三角形的边、角性质可以证得 $\triangle ABE$ 与 $\triangle CAD$ 全等或者 $\triangle ABD$ 与 $\triangle BCE$ 全等.再利用外角,进而得出结论.

解 可以量得 $\angle BFD$ 为 60°.证明如下:

在等边三角形 ABC 中, $AB=AC$, $\angle BAC=\angle C=60^\circ$,

$\because DC=AE$, $\therefore \triangle ABE\cong\triangle CAD$(SAS). $\therefore \angle ABE=\angle CAD$.

$\therefore \angle BFD=\angle ABE+\angle BAF=\angle CAD+\angle BAF=\angle BAC=60^\circ$.

点评 本题运用等边三角形的性质证明三角形全等问题不难,但是很多学生却不能求出 $\angle BFD$ 的度数.究其原因是没有办法把 $\angle BFD$ 的度数利用整体思想转化为 $\angle BAC$ 的度数.本题求角度的方法同学们要认真体会并掌握好.

知识点四　直角三角形的性质定理　重难点

直角三角形斜边上的中线等于斜边的一半.

图形如图所示,几何语言:在Rt$\triangle ABC$ 中, $\because CD$ 是斜边 AB 上的中线, $\therefore CD=BD=AD=\frac{1}{2}AB$.

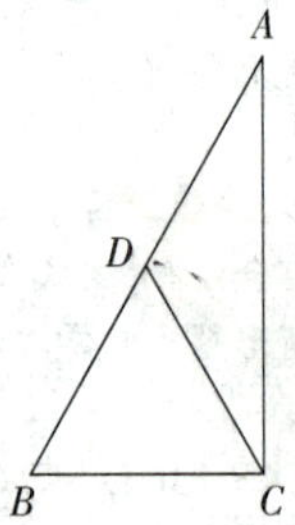

提醒

1. 在这个图形中还有两个等腰三角形,等腰△ACD和等腰△BCD.

2. 直角三角形斜边上的中线等于斜边的一半是直角三角形的一个重要性质,是本节的一个难点,也是同学们容易忘记的结论.解题时往往想不到,平时解题时有直角三角形斜边上的中线时一定要多联想此结论.如果没有现成的直角三角形斜边上的中线,而只是出现斜边上的中点时,要想到作这样一条常用的辅助线.

3. 这个性质可以解决几何图形中有关线段的倍数关系问题.

例 5 如图所示,BE,CF是△ABC的高,D是BC边的中点,试说明$DE=DF$.

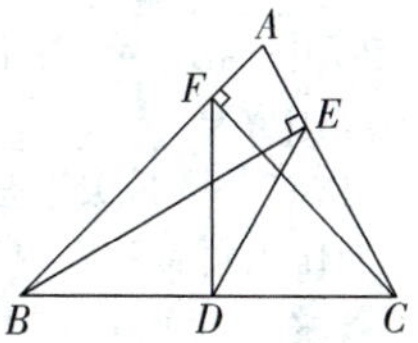

解析 根据直角三角形斜边上的中线等于斜边的一半,Rt△BFC和Rt△EBC共斜边,易证$DE=DF$.

解 ∵ BE,CF是△ABC的高,

∴ △BCE和△BCF都是直角三角形.

∵ D是BC的中点,

∴ DE,DF分别是Rt△BCE和Rt△BCF斜边BC上的中线,∴ $DE=\frac{1}{2}BC$,$DF=\frac{1}{2}BC$,∴ $DE=DF$.

点评 直角三角形的性质定理,同学们应熟练掌握.在运用中也可看成直角三角形斜边上的中线将直角三角形分成两个等腰三角形.

★教材中的问题解答★

交流(P_{62})

这个命题的逆命题是:"两个角相等的三角形是等腰三角形",这个命题是真命题.

思考(P_{64})

结论:AD平分∠EAC,证明如下:

∵ $AB=AC$,∴ ∠B=∠C.

∵ AD∥BC,∴ ∠EAD=∠B,∠DAC=∠C,

∴ ∠EAD=∠DAC,∴ AD平分∠EAC.

思考(P_{65})

结论:$BC=\frac{1}{2}AB$,证明如下:

∵ ∠$ACB=90°$, $AD=BD$,

∴ $CD=\frac{1}{2}AB=BD$(直角三角形斜边上的中线等于斜边的一半),

∴ △BCD为等腰三角形.

又∠$ACB=90°$,∠$A=30°$,∴ ∠$B=90°-30°=60°$.

∴ 等腰△BCD为等边三角形(有一个角等于60°的等腰三角形是等边三角形).

∴ $BC=CD=\frac{1}{2}AB$.

拓展典例

分类提升,典例剖析

▶ 拓展点一 计算求值问题

例 1 (2017·烟台)某城市几条道路的位置关系如图所示,已知AB∥CD,AE与AB的夹角为48°,若CF与EF的长度相等,则∠C的度数为 ( )

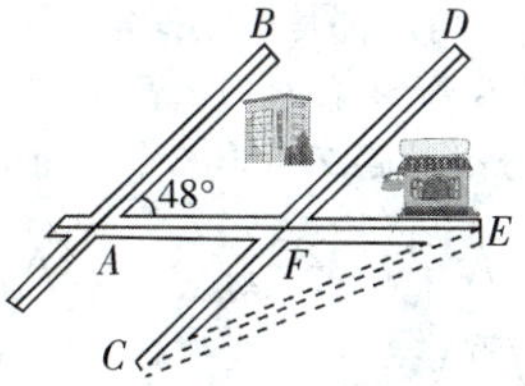

A. 48° B. 40° C. 30° D. 24°

解析 ∵ AB∥CD,∠$BAE=48°$,∴ ∠$DFE=48°$.

∵ $CF=EF$,∴ ∠C=∠E.

又∵ ∠C+∠E=∠DFE,

∴ 2∠$C=48°$,解得∠$C=24°$,故选D.

答案 D

点评 本题主要考查等腰三角形的性质,难度不大.等腰三角形中求角度,一般与三角形内角和定理及推论紧密相关,要能灵活运用.

例 2 如图,在△ABC中,$BC=5$ cm,BP,CP分别是∠ABC和∠ACB的平分线,且PD∥AB,PE∥AC,求△PED的周长.

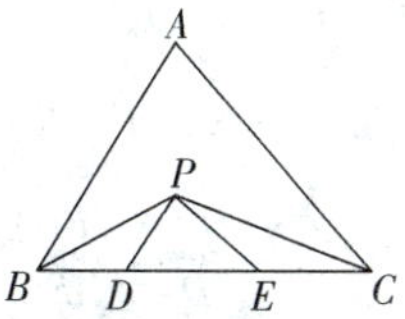

解析 由于BP是∠ABC的平分线,CP是∠ACB的平分线,PD∥AB,PE∥AC,于是可得到等腰三角形BDP和等腰三角形CEP,进而求得△PED的周长.

解 ∵ BP是∠ABC的平分线,CP是∠ACB的平分线,

∴ ∠ABP=∠DBP,∠ACP=∠ECP.

$\because PD /\!/ AB$,$\therefore \angle ABP=\angle BPD$,$\therefore \angle DBP=\angle BPD$,

$\therefore BD=PD$(等角对等边).

又$\because PE /\!/ AC$,$\therefore \angle EPC=\angle ACP$,$\therefore \angle EPC=\angle ECP$,

$\therefore PE=EC$(等角对等边).

$\therefore \triangle PDE$的周长为$PD+PE+DE=BD+DE+EC=BC=5$ cm.

点评 本题主要通过角的平分线以及平行线特征,运用"等角对等边"来解决问题,其中平行线对于构造等角起着桥梁的作用.

拓展点二　等腰三角形性质在证明中的应用

例 3 如图,已知在等边三角形ABC的AC边上取中点D,BC的延长线上取一点E,使$CE=CD$.求证:$BD=DE$.

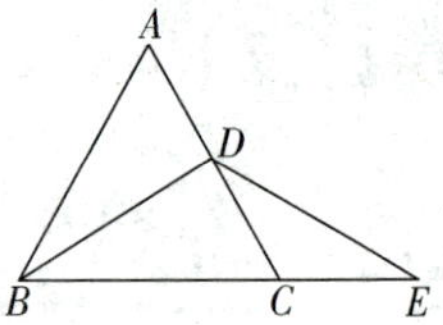

知识讲解

等腰三角形的判定

解析 要证明$BD=DE$,只要证$\angle DBC=\angle E$,因为$CE=CD$,可以证明$\angle E=30°$,因为D为AC中点,故$\angle DBC=30°$.

证明 $\because \triangle ABC$是等边三角形,$\therefore \angle ABC=\angle ACB=60°$.

$\because D$为AC中点,$\therefore \angle DBC=30°$.$\because CE=CD$,$\therefore \angle E=30°$,

$\therefore \angle DBC=\angle E$,$\therefore BD=DE$.

点评 本题是等边三角形性质和等腰三角形性质的综合运用,根据等腰三角形和等边三角形的性质,我们可以将等边和等角进行相互转化.

拓展点三　直角三角形性质定理在证明中的应用

例 4 如图,已知:在$\triangle ABC$中,$AB=AC$,BD平分$\angle ABC$,$DE\perp BD$,垂足为D,DE交BC于点E.试证明$CD=\frac{1}{2}BE$.

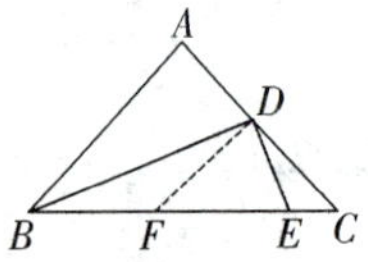

解析 取BE的中点F,连接DF.根据"直角三角形斜边上的中线等于斜边的一半",可得$DF=\frac{1}{2}BE$,再利用角平分线和三角形外角的知识及等腰三角形的性质,可得$\angle CFD=\angle ABC=\angle C$,则$CD=FD$,本题得证.

证明 取BE的中点F,连接DF.

在$Rt\triangle BDE$中,$\because BF=EF$,$\therefore DF=BF=\frac{1}{2}BE$,

$\therefore \angle CBD=\angle BDF$,$\therefore \angle CFD=\angle CBD+\angle BDF=2\angle CBD$.

$\because \angle ABC=2\angle CBD$,$\therefore \angle CFD=\angle ABC$.

又$AB=AC$,$\therefore \angle ABC=\angle C$,即$\angle CFD=\angle C$,

$\therefore CD=DF$,$\therefore CD=\frac{1}{2}BE$.

点评 直角三角形斜边上的中线在解决线段的倍分问题时,起到边之间转化的桥梁作用,因此当题目中含有直角三角形时,构造斜边中线是解此类题常用的方法.

拓展点四　猜想型问题

例 5 探究等腰三角形中一条腰上的高与底边所成的夹角和顶角的数量关系.

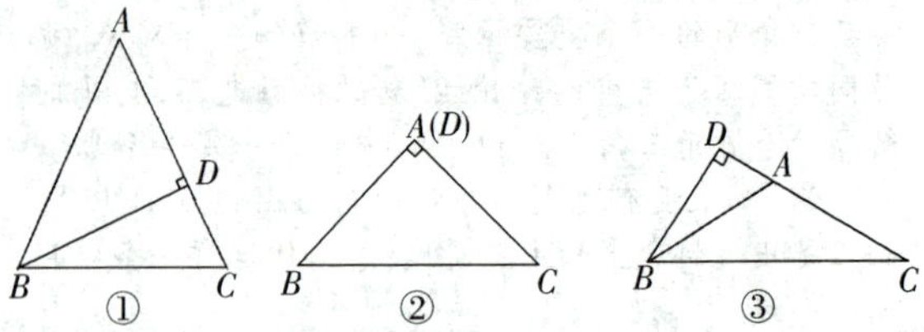

(1)为了解决这个问题,我们可以从特殊情况入手:

如图①,在$\triangle ABC$中,$AB=AC$,$\angle A=50°$,BD是AC边上的高,则$\angle DBC=$________.

如图②,在$\triangle ABC$中,$AB=AC$,$\angle A=90°$,BD是AC边上的高,则$\angle DBC=$________.

如图③,在$\triangle ABC$中,$AB=AC$,$\angle BAC=120°$,BD是AC边上的高,则$\angle DBC=$________.

(2)猜想$\angle BAC$与$\angle DBC$的数量关系是________.

(3)对上述猜想,你能作出解释吗?

解析 根据等腰三角形的性质和三角形内角和定理可求出等腰三角形的底角的度数,然后在一腰上的高与底边所构成的直角三角形中,可得出所求角的度数.

解 (1) 25°　45°　60°　(2) $\angle DBC=\frac{1}{2}\angle BAC$

(3)在$\triangle ABC$中,$AB=AC$,BD是边AC上的高,那么

$\angle ABC=\angle ACB=(180°-\angle BAC)\div 2=90°-\frac{1}{2}\angle BAC$,

在$Rt\triangle BDC$中,$\angle DBC=90°-\left(90°-\frac{1}{2}\angle BAC\right)=\frac{1}{2}\angle BAC$.

点评 本题主要考查等腰三角形的性质,难度不大,在三角形中,常常借助等腰三角形性质、三角形内角和等知识寻找角之间的关系.

拓展点五　实践操作问题

例 6 如图,已知:$\triangle ABC$中,$AB=AC$,$\angle A=36°$.仿照图①,请你再设计两种不同的分法,将$\triangle ABC$分割成3个三角形,使得每个三角形都是等腰三角形.(图②、图③供画图用,作图工具不限,不要求写出画法,不要求证明;要求标出所分得的每个等腰三角形三个内角的度数)

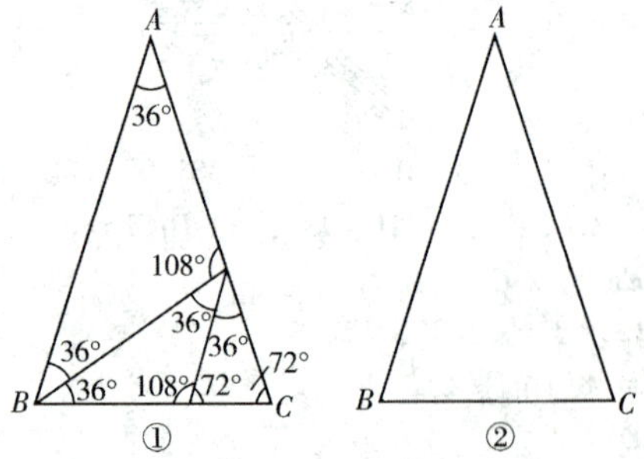

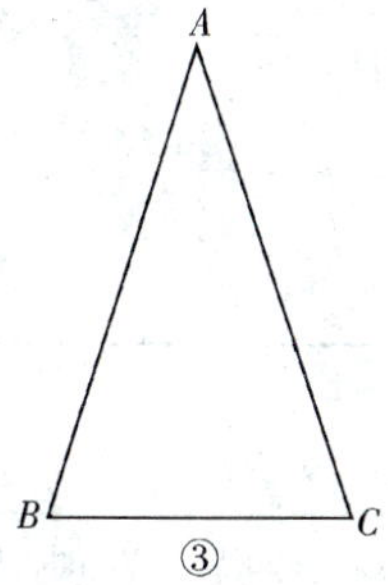

③

解析 本题很好地考查了学生观察、分析图形的能力，学生若能够很好地利用所给示例，就能创造性地分割好图形.本题利用学生所熟悉的顶角为 36° 的等腰三角形出题，并且本题给出了一种分法，让学生有一个模仿的根据.学生若能够利用所学知识从图①中得出这个等腰三角形的一个重要性质“顶角为 36° 的等腰三角形的一个底角平分线把这个等腰三角形分成两个等腰三角形，并且有一个还是顶角为 36° 的等腰三角形”，并以此为突破口，问题就迎刃而解.分割图形时可以先画出 $\angle ABC$ 的平分线，然后再把其中一个等腰三角形再分割成两个等腰三角形即可.

解 答案不唯一，两种设计分法如图②③所示.

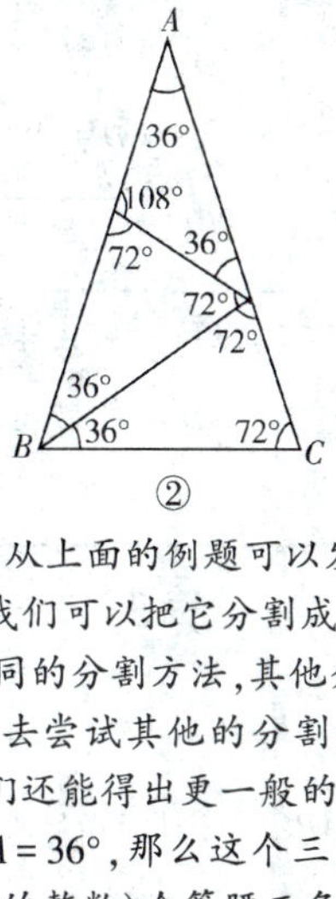

②

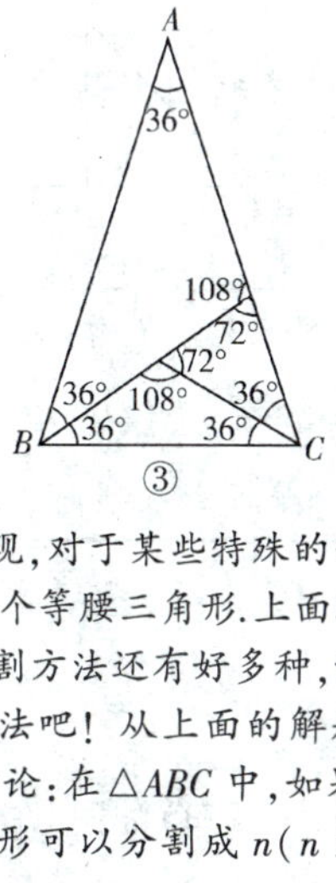

③

点评 从上面的例题可以发现，对于某些特殊的等腰三角形，我们可以把它分割成 3 个等腰三角形.上面给出了 3 种不同的分割方法，其他分割方法还有好多种，请同学们自己去尝试其他的分割方法吧！从上面的解题过程中，我们还能得出更一般的结论：在 $\triangle ABC$ 中，如果 $AB=AC$，$\angle A=36°$，那么这个三角形可以分割成 n（n 为大于等于 2 的整数）个等腰三角形.

▶ 拓展点六　运动变化问题

例 7（东营中考题）(1) 如图①，已知：在 $\triangle ABC$ 中，$\angle BAC=90°$，$AB=AC$，直线 m 经过点 A，$BD\perp$ 直线 m，$CE\perp$ 直线 m，垂足分别为点 D，E.证明：$DE=BD+CE$.

(2) 如图②，将 (1) 中的条件改为：在 $\triangle ABC$ 中，$AB=AC$，D，A，E 三点都在直线 m 上，并且有 $\angle BDA=\angle AEC=\angle BAC=\alpha$，其中 α 为任意锐角或钝角.请问结论 $DE=BD+CE$ 是否成立？若成立，请你给出证明；若不成立，请说明理由.

(3) 拓展与应用：如图③，D，E 是 D，A，E 三点所在直线 m 上的两动点（D，A，E 三点互不重合），点 F 为 $\angle BAC$ 平分线上的一点，且 $\triangle ABF$ 和 $\triangle ACF$ 均为等边三角形，连接 BD，CE，若 $\angle BDA=\angle AEC=\angle BAC$，试判断 $\triangle DEF$ 的形状.

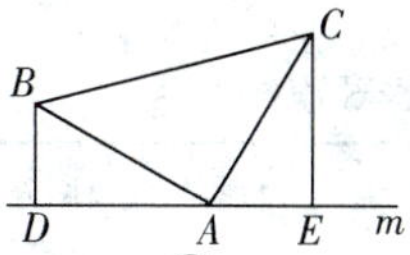

①

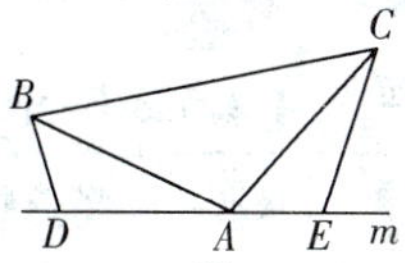

②

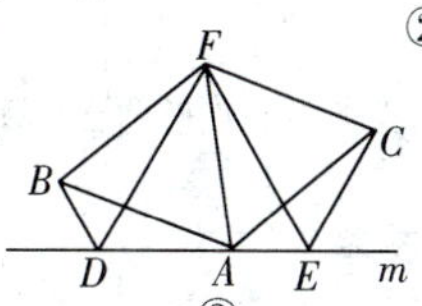

③

解析 对于 (1)，很容易证明 $\triangle ADB\cong\triangle CEA$.可以得到 $DE=BD+CE$.(2) 运用类比的方法，同样可以证明 $\triangle ADB\cong\triangle CEA$，也可以得出 $DE=BD+CE$.(3) 结合 (2) 及 (3) 的已知条件，可以证明 $\triangle DBF\cong\triangle EAF$，得到 $DF=EF$，$\angle DFE=60°$，故可以判断 $\triangle DEF$ 为等边三角形.

解 (1) $\because BD\perp$ 直线 m，$CE\perp$ 直线 m，

$\therefore \angle BDA=\angle AEC=90°$.

$\because \angle BAC=90°$，$\therefore \angle BAD+\angle CAE=90°$.

$\because \angle BAD+\angle ABD=90°$，$\therefore \angle CAE=\angle ABD$.

又 $AB=CA$，$\therefore \triangle ADB\cong\triangle CEA$，

$\therefore AE=BD$，$AD=CE$，$\therefore DE=AE+AD=BD+CE$.

(2) 成立.证明：$\because \angle BDA=\angle BAC=\alpha$，

$\therefore \angle DBA+\angle BAD=\angle BAD+\angle CAE=180°-\alpha$，

$\therefore \angle DBA=\angle EAC$.

$\because \angle BDA=\angle AEC=\alpha$，$AB=AC$，$\therefore \triangle ADB\cong\triangle CEA$，

$\therefore AE=BD$，$AD=CE$，$\therefore DE=AE+AD=BD+CE$.

(3) $\because \triangle ABF$ 和 $\triangle ACF$ 均为等边三角形，$\therefore AB=AF=AC$.

由 (2) 知，$\triangle ADB\cong\triangle CEA$，

$\therefore BD=AE$，$\angle DBA=\angle EAC$.

$\because \triangle ABF$ 和 $\triangle ACF$ 均为等边三角形，

$\therefore \angle ABF=\angle CAF=60°$，

$\therefore \angle DBA+\angle ABF=\angle CAE+\angle CAF$，$\therefore \angle DBF=\angle EAF$.

又 $\because BF=AF$，$\therefore \triangle DBF\cong\triangle EAF$，

$\therefore DF=EF$，$\angle BFD=\angle AFE$，

$\therefore \angle DFE=\angle DFA+\angle AFE=\angle DFA+\angle BFD=\angle BFA=60°$，

$\therefore \triangle DEF$ 为等边三角形.

点评 本题是一道综合性试题，考点众多，主要考查了等腰直角三角形、三角形全等、三角形的外角、等边三角形以及动点等有关知识.解决问题的关键是从特殊到一般以及运用类比法分析问题.证明线段的和差的一般方法是截长或补短，本题中证明线段的和即证明长线段中两段分别等于要证明的两条线段即可.证明等边三角形一般有三种方法，第一，根据定义证明三边相等；第二，证明三角相等；第三，根据有一个角是 60° 的等腰三角形是等边三角形进行证明.

易错辨析

错误分析,拨开迷雾

易错点一　考虑问题不全面导致出错

例 1 (盐城中考题)若一个等腰三角形的两边长分别是 2 和 5,则它的周长为　(　　)

A. 12　　B. 9　　C. 12 或 9　　D. 9 或 7

正确解答　∵ 一个等腰三角形的两边长分别是 2 和 5,∴ 当腰长为 2 时,则 $2+2<5$,此时不成立,当腰长为 5 时,则它的周长为 $5+5+2=12$.故选 A.

易错总结　本题容易误选为 C,也就是认为腰长也可以是 2.事实上,以 2,2,5 为三边并不能构成三角形,解这类问题一是注意分类讨论,二是注意隐含条件,即只有满足任意两条线段之和大于第三条线段的三条线段才可以构成三角形(或两条较小线段之和大于第三条线段的三条线段可以组成三角形).

易错点二　不能正确画出所有符合题意的图形导致漏解

例 2 (广东中考题)已知等腰$\triangle ABC$中,$AD\perp BC$于点 D,且 $AD=\frac{1}{2}BC$,则$\triangle ABC$底角的度数为　(　　)

A. 45°　　B. 75°　　C. 45°或 75°　　D. 60°

正确解答　结合题意画出图形,有助于解题,注意分类讨论.

①当 BC 为底边时,如图①所示,$AB=AC$,$AD\perp BC$,$AD=\frac{1}{2}BC$,而 $BD=DC=\frac{1}{2}BC$,∴ $AD=BD=DC$.又$\angle ADB=90°$,∴ $\triangle ABC$ 的底角$\angle ABC=45°$.

②当 BC 为腰长时,如图②所示,$BC=AB$, $AD\perp BC$,$AD=\frac{1}{2}BC$, $AD=\frac{1}{2}AB$,∴ $\angle B=30°$,因此$\triangle ABC$ 的底角$\angle ACB=75°$,故选 C.

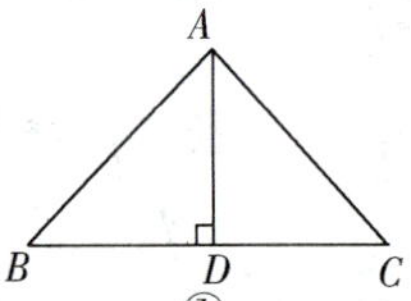

①

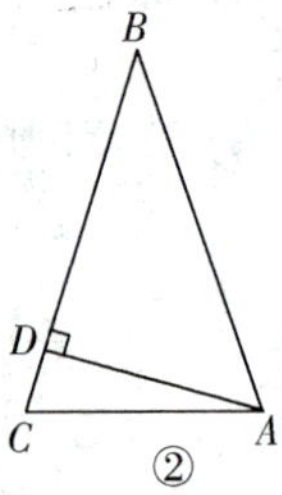

②

易错总结　等腰三角形的边、角的计算问题,如果题目无图形,注意画图,运用数形结合解答问题.等腰三角形问题往往有多种情况,应当分类讨论.此类题目很多学生只能画出第一种图形从而错选 A. 如果把条件中的“$AD\perp BC$ 于点 D,且 $AD=\frac{1}{2}BC$”换成条件“一边上的高等于这边的一半”,那么就会又多出一个图形来,这点同学们一定要注意.

品味中考

对接中考,小试牛刀

1. (2017·滨州)如图,在$\triangle ABC$ 中,$AB=AC$,D 为 BC 上一点,且 $DA=DC$,$BD=BA$,则$\angle B$ 的大小为　(　　)

A. 40°　　B. 36°　　C. 30°　　D. 25°

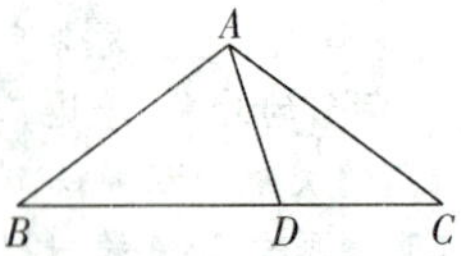

(第 1 题)

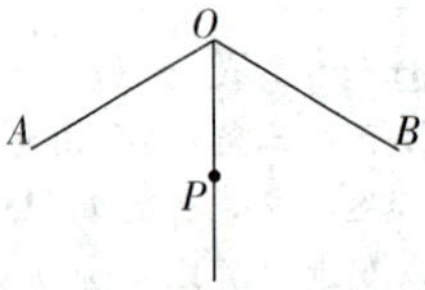

(第 2 题)

2. (2016·河北)如图,$\angle AOB=120°$,OP 平分$\angle AOB$,且 $OP=2$.若点 M,N 分别在 OA,OB 上,且$\triangle PMN$ 为等边三角形,则满足上述条件的$\triangle PMN$ 有　(　　)

A. 1 个　　B. 2 个　　C. 3 个　　D. 3 个以上

3. (2017·益阳)如图,在$\triangle ABC$ 中,$AB=AC$,$\angle BAC=36°$,DE 是线段 AC 的垂直平分线,若 $BE=a$,$AE=b$,则用含 a,b 的代数式表示$\triangle ABC$ 的周长为________.

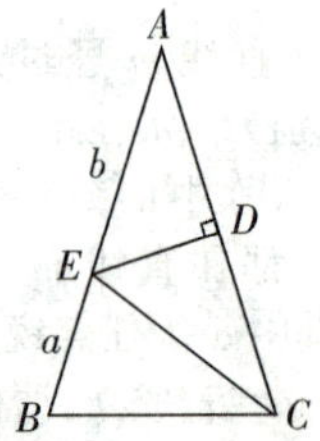

趁热打铁

即时检测，巩固提高

基础篇

1. (知识点二 ☆) 如图，已知 OC 平分 $\angle AOB$，$CD /\!/ OB$，若 $OD=3$ cm，则 CD 等于 (　　)

A. 3 cm　　B. 4 cm　　C. 1.5 cm　　D. 2 cm

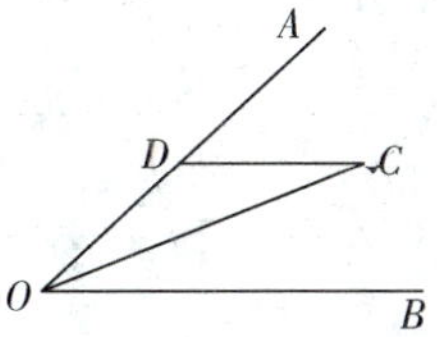

（第 1 题）

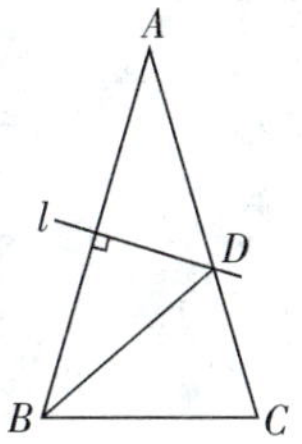

（第 2 题）

2. (知识点一 ☆)（2017 · 荆州）如图，在 $\triangle ABC$ 中，$AB=AC$，$\angle A=30°$，AB 的垂直平分线交 AC 于点 D，则 $\angle CBD$ 的度数为 (　　)

A. 30°　　B. 45°

C. 50°　　D. 75°

3. (知识点一、四 ☆☆) 如图，在等腰 $\triangle ABC$ 中，$AB=AC=8$，AD 平分 $\angle BAC$，E 为 AC 的中点，则 $DE=$________.

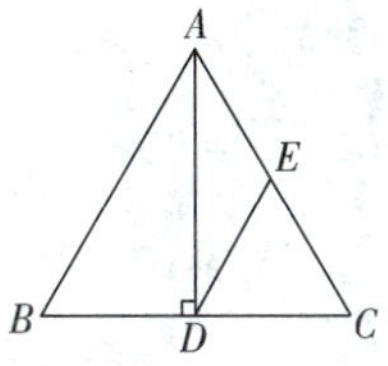

（第 3 题）

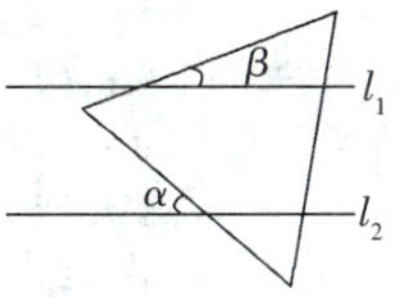

（第 4 题）

4. (知识点三 ☆☆)（2016 · 泰州）如图，已知直线 $l_1 /\!/ l_2$，将等边三角形如图放置，若 $\angle\alpha=40°$，则 $\angle\beta$ 等于______.

5. (知识点一 ☆☆)（2016 · 天门改编）如图，在 $\triangle ABC$ 中，$AB=AC$，AD 是 BC 边上的中线，点 E 在 AD 上，请写出图中两对全等三角形，并选择其中的一对加以证明.

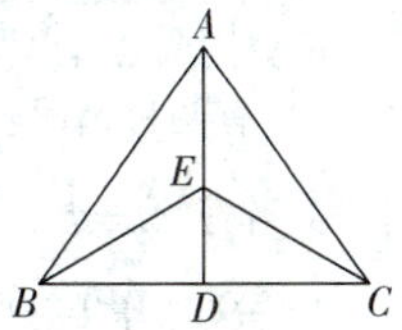

提升篇

6. (知识点二 ☆☆☆)（2017 · 海南）已知 $\triangle ABC$ 的三边长分别为 4，4，6，在 $\triangle ABC$ 所在平面内画一条直线，将 $\triangle ABC$ 分割成两个三角形，使其中的一个是等腰三角形，则这样的直线最多可画 (　　)

A. 3 条　　B. 4 条　　C. 5 条　　D. 6 条

7. (知识点一、三 ☆☆☆) 如图，已知 $\triangle ABC$ 是等边三角形，点 B，C，D，E 在同一直线上，且 $CG=CD$，$DF=DE$，则 $\angle E$ = ________ 度.

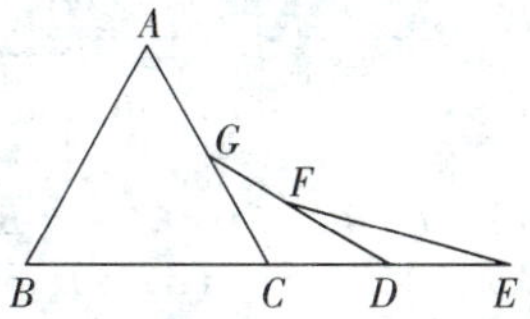

8. (知识点一、二、四 ☆☆☆☆) 如图，$\angle ABC=90°$，D，E 分别在 BC，AC 上，$AD\perp DE$，且 $AD=DE$. 点 F 是 AE 的中点，FD 与 AB 相交于点 M.

(1) 求证：$\angle FMC=\angle FCM$.

(2) AD 与 MC 垂直吗？并说明理由.

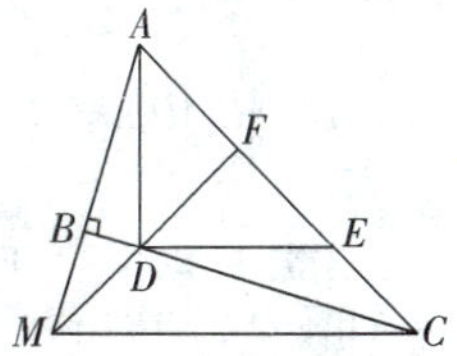

挑战篇

9. $\left(\frac{\text{知识点三}}{☆☆☆☆}\right)$(2017·黑龙江)已知:线段 $AB\perp$ 直线 l 于点 B,点 D 在直线 l 上,分别以 AB,AD 为边作等边 $\triangle ABC$ 和 $\triangle ADE$,直线 CE 交直线 l 于点 F.

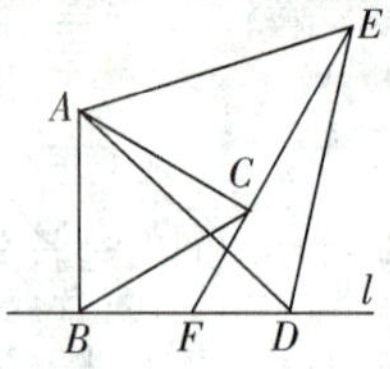

①

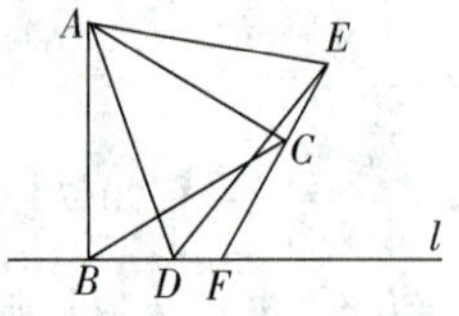

②

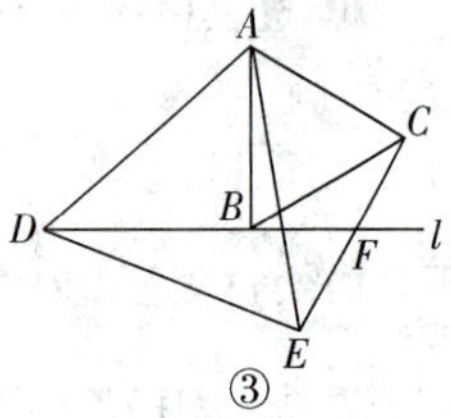

③

(1)当点 F 在线段 BD 上时,如图①,求证:$DF=CE-CF$;
(2)当点 F 在线段 BD 延长线上时,如图②,当点 F 在线段 DB 的延长线上时,如图③,请分别写出线段 DF,CE,CF 之间的数量关系,不需要证明;
(3)在(1)(2)的条件下,若 $BD=2BF,EF=6$,则 $CF=$______.

课后答案　详解习题,夯实基础

练习($P_{61\sim62}$)

1. $BAD\quad CAD\quad AD\quad BC\quad BD=CD\quad \angle BAD=\angle CAD$

2. (1)70　40　(2)55　55　(3)120　30　30

(4)有两种情况:①当$\angle A=50°$时,$\because AB=AC$,

$\therefore \angle B=\angle C=\frac{1}{2}\times(180°-50°)=65°$,即另外两个角分别等于$65°,65°$.

②当$\angle B=50°$时,$\because AB=AC$,$\therefore \angle C=\angle B=50°$.

$\therefore \angle A=180°-2\times50°=80°$,即另两个角分别等于$50°,80°$.

3. $\because AB=AC,\angle BAC=110°$,

$\therefore \angle B=\angle C=\frac{1}{2}\times(180°-110°)=35°$.

$\because AB=AC,AD\perp BC$,$\therefore \angle BAD=\angle CAD=\frac{1}{2}\angle BAC=55°$.

练习($P_{63\sim64}$)

1. $\triangle ABC$ 是等腰三角形.理由如下:

如图,$\because$ 沿 AB 折叠纸片,$\therefore \angle DAB=\angle CAB$.

$\because BC/\!/AD$,$\therefore \angle CBA=\angle DAB$,

$\therefore \angle CBA=\angle CAB$,$\therefore CA=CB$(等角对等边).

$\therefore \triangle ABC$ 是等腰三角形.

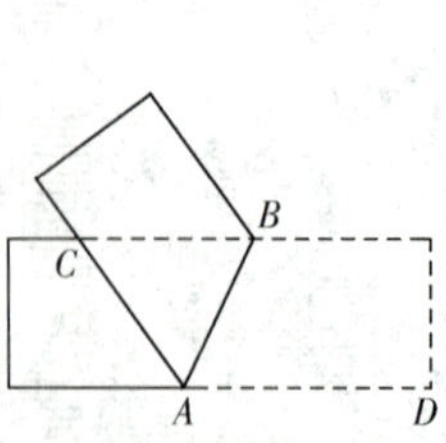

(第1题)

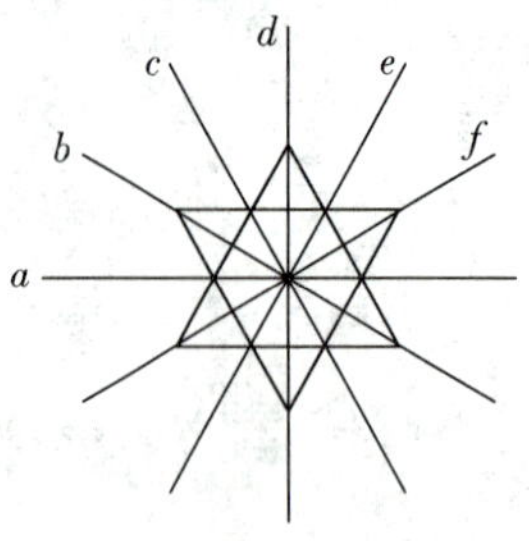

(第2题)

2. 这个图形共有6条对称轴:直线 a,b,c,d,e,f,如图.

3. $\because \triangle ABC$ 是等边三角形,$\therefore AB=AC=BC,\angle ABC=60°$.

又 BD,CE 是中线,

$\therefore \angle DBA=\frac{1}{2}\angle ABC=30°,CE\perp AB$.

$\therefore \angle CEB=90°$.$\therefore \angle 1=90°-\angle DBA=60°$.

$\therefore \angle 2=\angle 1=60°,\angle 3=\angle 4=180°-\angle 1=120°$.

练习(P_{66})

1. (1)4.8

(2)相等的线段有:$CE=AE,CD=AD=BD$;

相等的角有:$\angle A=\angle ACD,\angle CDE=\angle ADE$,

$\angle DCB=\angle B,\angle ACB=\angle DEC=\angle DEA$.

2. $\because BD,CE$ 是角平分线,

$\therefore \angle OBC=\frac{1}{2}\angle ABC,\angle OCB=\frac{1}{2}\angle ACB$.

$\because AB=AC$,$\therefore \angle ABC=\angle ACB$,

$\therefore \angle OBC=\angle OCB$.$\therefore OC=OB$(等角对等边).

习题 2.5($P_{66\sim68}$)

1. (1)它的腰长$=\frac{1}{2}\times(10-4)=3$,这时等腰三角形的三边长分别为3,3,4,符合两边之和大于第三边.

(2)它的底边长$=10-4\times2=2$,这时等腰三角形的三边长分别为2,4,4,符合两边之和大于第三边.

(3)有两种情况:

①当它的底边长为5时,它的腰长$=\frac{1}{2}\times(12-5)=3.5$,这时等腰三角形的三边长分别为3.5,3.5,5,符合两边之和大于第三边.

②当它的腰长为 5 时，它的底边长 $=12-5\times2=2$，这时等腰三角形的三边长分别为 5，5，2，符合两边之和大于第三边.

$\therefore$ 它的另外两边长分别为 3.5，3.5 或 5，2 .

2. 有两种不同的画法：画法一：可以画出底边上的高所在的直线；画法二：可以画出底边上的中线所在的直线.

3. (1) 设 $\angle B=x^\circ$，则 $\angle A=4x^\circ$，

$x+x+4x=180$，解得 $x=30$. $\therefore \angle C=\angle B=30^\circ$.

(2) $\because \angle A=4\angle B$，$\angle A$ 是底角，$\therefore \angle B$ 为顶角.

设 $\angle B=x^\circ$，则 $\angle A=4x^\circ$，$x+4x+4x=180$，解得 $x=20$，

$\therefore \angle C=\angle A=4\times20^\circ=80^\circ$.

4. 根据题意，可知线段 AD 是底边上的中线，根据等腰三角形的“三线合一”性质可得线段 AD 也是底边 BC 上的高，由于直线 AD 是铅垂线，所以 BC 此时处于水平位置.

5. $\because AB=AC$，$\angle A=40^\circ$，

$\therefore \angle B=\angle ACB=\dfrac{1}{2}\times(180^\circ-40^\circ)=70^\circ$.

(1) $\because CD$ 是 $\triangle ABC$ 的角平分线，

$\therefore \angle BCD=\dfrac{1}{2}\angle ACB=\dfrac{1}{2}\times70^\circ=35^\circ$.

(2) $\because CD$ 是 $\triangle ABC$ 的高，$\therefore \angle BDC=90^\circ$.

$\therefore \angle BCD=90^\circ-\angle B=90^\circ-70^\circ=20^\circ$.

(3) $\because CD=AD$，$\therefore \angle ACD=\angle A=40^\circ$.

$\therefore \angle BCD=\angle ACB-\angle ACD=70^\circ-40^\circ=30^\circ$.

(4) $\because CD=CB$，$\therefore \angle BDC=\angle B=70^\circ$，

$\therefore \angle BCD=180^\circ-2\times70^\circ=40^\circ$.

6. 若 $\angle A$ 为顶角，$\angle B=\dfrac{1}{2}\times(180^\circ-40^\circ)=70^\circ$ 时，$\triangle ABC$ 是等腰三角形；若 $\angle B$ 为顶角，$\angle B=180^\circ-2\times40^\circ=100^\circ$ 时，$\triangle ABC$ 是等腰三角形；若 $\angle C$ 为顶角，则 $\angle B$ 为底角，当 $\angle B=\angle A=40^\circ$ 时，$\triangle ABC$ 是等腰三角形. 综上所述，当 $\angle B=70^\circ$ 或 $\angle B=40^\circ$ 或 $\angle B=100^\circ$ 时，$\triangle ABC$ 是等腰三角形.

7. (1) $\because \angle C=36^\circ$，$\angle B=72^\circ$，

$\therefore \angle CAB=180^\circ-36^\circ-72^\circ=72^\circ$.

$\because \angle BAD=36^\circ$，$\therefore \angle 1=\angle CAB-\angle BAD=72^\circ-36^\circ=36^\circ$.

$\angle 2=180^\circ-\angle BAD-\angle B=180^\circ-36^\circ-72^\circ=72^\circ$.

(2) 图中等腰三角形有三个：等腰三角形 CAB、等腰三角形 ABD、等腰三角形 DAC，证明如下：

由 (1) 得 $\angle CAB=\angle B=72^\circ$，$\therefore \triangle CAB$ 是等腰三角形（有两个角相等的三角形是等腰三角形）.

由 (1) 得 $\angle 2=\angle B=72^\circ$，$\therefore \triangle ABD$ 是等腰三角形.

由 (1) 得 $\angle 1=\angle C=36^\circ$，$\therefore \triangle DAC$ 是等腰三角形.

8. $\because AB=AC$，$\angle BAC=120^\circ$，

$\therefore \angle B=\angle C=\dfrac{1}{2}\times(180^\circ-120^\circ)=30^\circ$.

$\because AD\perp AB$，$AE\perp AC$，$\therefore \angle BAD=\angle EAC=90^\circ$.

$\therefore \angle ADE=90^\circ-\angle B=90^\circ-30^\circ=60^\circ$，$\angle AED=90^\circ-\angle C=90^\circ-30^\circ=60^\circ$.

$\therefore \angle ADE=\angle AED$. $\therefore \triangle ADE$ 是等腰三角形（有两个角相等的三角形是等腰三角形）.

$\because \angle ADE=60^\circ$，$\therefore$ 等腰三角形 ADE 是等边三角形（有一个角等于 60° 的等腰三角形是等边三角形）.

9. 如图，连接 BC，

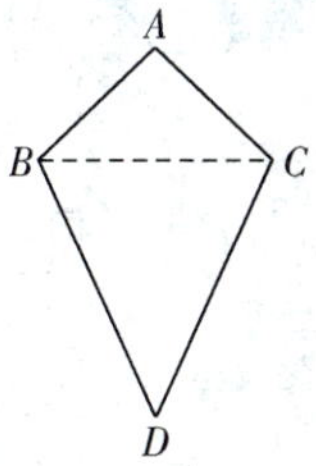

$\because AB=AC$，$\therefore \angle ABC=\angle ACB$.

又 $\angle ABD=\angle ACD$，

$\therefore \angle ABD-\angle ABC=\angle ACD-\angle ACB$，

即 $\angle DBC=\angle DCB$.

$\therefore BD=CD$（等角对等边）.

10. $AD=BE$，证明如下：

$\because \triangle ABC$ 和 $\triangle CDE$ 都是等边三角形，

$\therefore AC=BC$，$CD=CE$，$\angle ACB=\angle DCE=60^\circ$.

$\therefore \angle ACB+\angle BCD=\angle DCE+\angle BCD$，

即 $\angle ACD=\angle BCE$. 在 $\triangle ACD$ 和 $\triangle BCE$ 中，

$\begin{cases} AC=BC（已证），\\ \angle ACD=\angle BCE（已证），\\ CD=CE（已证），\end{cases}$ $\therefore \triangle ACD\cong\triangle BCE$(SAS).

$\therefore AD=BE$（全等三角形的对应边相等）.

11. (1) $\because AD$ 是高，$\therefore \angle ADB=\angle ADC=90^\circ$.

$\because E$，F 分别是 AB，AC 的中点，

$\therefore DE=\dfrac{1}{2}AB=5=AE$，$DF=\dfrac{1}{2}AC=4=AF$（直角三角形斜边上的中线等于斜边的一半）.

$\therefore$ 四边形 $AEDF$ 的周长 $=5+5+4+4=18$.

(2) EF 垂直平分 AD. 证明：$\because$ 同 (1) 可知 $ED=EA$，$FD=FA$，$\therefore$ 点 E，F 在线段 AD 的垂直平分线上（到线段两个端点的距离相等的点在这条线段的垂直平分线上）.

$\therefore EF$ 是线段 AD 的垂直平分线（两点确定一条直线）.

$\therefore EF$ 垂直平分 AD（线段垂直平分线的定义）.

12. $\because AC=BC$，$\angle ACB=90^\circ$，点 D 是 AB 的中点，

$\therefore CD=\dfrac{1}{2}AB=AD$（直角三角形斜边上的中线等于斜边的一半），

$\angle A=\angle B=\dfrac{1}{2}\times(180^\circ-90^\circ)=45^\circ$（等边对等角），

$\angle DCF=\dfrac{1}{2}\angle ACB=\dfrac{1}{2}\times90^\circ=45^\circ$（三线合一），

$\therefore \angle A=\angle DCF=45^\circ$.

在 $\triangle AED$ 和 $\triangle CFD$ 中，$\begin{cases} AD=CD（已证），\\ \angle A=\angle DCF（已证），\\ AE=CF（已知），\end{cases}$

$\therefore \triangle AED\cong\triangle CFD$(SAS).

$\therefore DE=DF$（全等三角形的对应边相等）.

本章总结

知识框架

要点归纳,一览无余

- 轴对称图形
  - 轴对称的性质
    - 成轴对称的两个图形全等
    - 成轴对称的两个图形中,对应点的连线被对称轴垂直平分
  - 几种基本的轴对称图形
    - 线段
      - 线段的对称性 —— 线段的垂直平分线是它的对称轴
      - 线段垂直平分线的性质 —— 线段垂直平分线上的点到线段两端的距离相等
      - 线段垂直平分线的判定 —— 到线段两端距离相等的点在线段的垂直平分线上
    - 角
      - 角的对称性 —— 角平分线所在直线是它的对称轴
      - 角平分线的性质 —— 角平分线上的点到角两边的距离相等
      - 角平分线的判定 —— 角的内部到角两边距离相等的点在角的平分线上
    - 等腰三角形
      - 等腰三角形的对称性 —— 顶角平分线所在直线是它的对称轴
      - 等腰三角形的性质 —— 等边对等角；等腰三角形底边上的中线、高线及顶角平分线互相重合
      - 等腰三角形的判定 —— 等角对等边
      - 等边三角形
        - 等边三角形的对称性 —— 有3条对称轴
        - 等边三角形的性质 —— 等边三角形的各内角都等于60°
        - 等边三角形的判定 —— 三个角都相等的三角形是等边三角形；有一个角等于60°的等腰三角形是等边三角形
  - 直角三角形的性质定理 —— 直角三角形斜边上的中线等于斜边的一半
  - 设计轴对称图案

专题归纳

科学总结,突破难点

知识技能

一、轴对称性质的应用

例 1 (2016·枣庄)如图,$\triangle ABC$的面积为6, $AC=3$,现将$\triangle ABC$沿AB所在直线翻折,使点C落在直线AD上的C'处,P为直线AD上的一点,则线段BP的长不可能是　(　　)

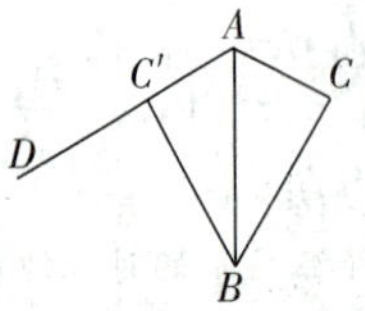

A. 3　　B. 4　　C. 5.5　　D. 10

解析 如图,过B作$BN\perp AC$的延长线于N,$BM\perp AD$于M.

$\because$将$\triangle ABC$沿AB所在直线翻折,使点C落在直线AD上的C'处,$\therefore\angle C'AB=\angle CAB$, $BN=BM$.

$\because\triangle ABC$的面积等于6,边$AC=3$,

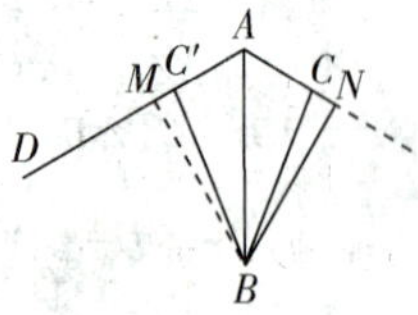

$\therefore\frac{1}{2}\times AC\times BN=6$,

$\therefore BN=4$, $\therefore BM=4$,

即点B到AD的最短距离是4,

∴ BP 的长不小于4,

即只有选项A不正确,故选A.

答案 A

点评 本题结合点到直线的距离,利用三角形面积公式求出临界值(即△ABC'的AC'边上的高),即可求解.

二、等腰三角形的判定与性质

例 2 如图,在△ABC中,BD平分∠ABC交AC于点D,DE∥BC交AB于点E,$EF\perp BD$于点F.求证:∠BEF=∠DEF.

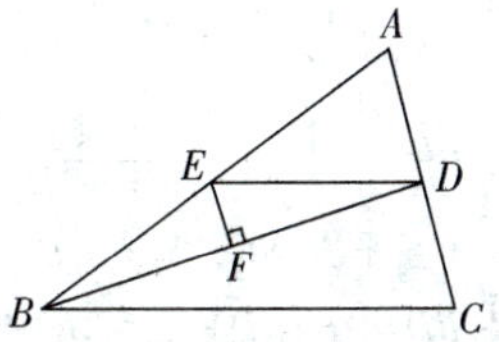

解析 根据角平分线的定义得到∠ABD=∠CBD,根据平行线的性质得到∠EDB=∠CBD,等量代换得到∠EDB=∠ABD,于是得到结论.

证明 ∵ BD平分∠ABC,∴ ∠ABD=∠CBD.

∵ DE∥BC,∴ ∠EDB=∠CBD.

∴ ∠EDB=∠ABD,∴ $ED=EB$.

∵ $EF\perp BD$于点F,∴ ∠BEF=∠DEF.

点评 利用等腰三角形的判定与性质,可以实现等腰三角形边角关系的互相转化.

方法规律

一、利用轴对称解决最短路线问题

例 1 如图,已知∠AOB等于30°,角内有一点P,OP=6,点M在OA上,点N在OB上,△PMN周长的最小值是________.

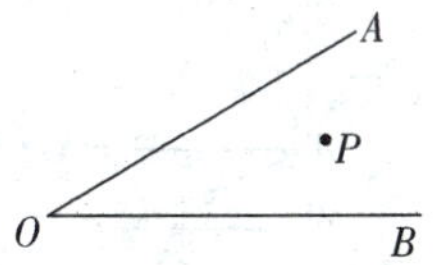

解析 设点P关于OA的对称点为C,关于OB的对称点为D,连接CD,分别交AO于点M',交OB于点N',当点M,N在CD上(即分别与M',N'重合)时,如图,根据线段垂直平分线的性质,$PM=CM$,$NP=ND$,根据两点之间线段最短,此时△PMN的周长最小.

设点P关于OA的对称点为C,点P关于OB的对称点为D,则$PM=CM$,$OP=OC$,∠COA=∠POA;

$PN=DN$,$OP=OD$,∠DOB=∠POB,

∴ $OC=OD=OP=6$,∠COD=∠COA+∠POA+∠POB+∠DOB=2∠POA+2∠POB=2∠AOB=60°,

∴ △COD是等边三角形,

∴ $CD=OC=OD=6$,

∴ △PMN的周长的最小值=$PM+MN+PN=CM+MN+DN=CD=6$.

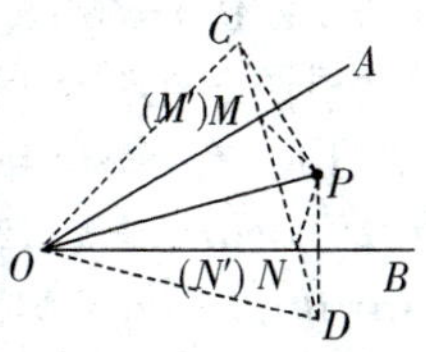

答案 6

点评 要在直线l上找一点O,使它到直线同侧两点A,B的距离的和最小,一般作点A关于直线l的对称点A',连接$A'B$,与直线的交点即为所求的O点.

二、构造对称图形解题

例 2 (1)已知:四边形$ABCD$中,$AB=AD$,∠BAD=60°,∠BCD=120°,如图①,证明:$BC+DC=AC$;

(2)如图②,四边形$ABCD$中,$AB=BC$,∠ABC=60°,P为四边形$ABCD$内一点,且∠APD=120°,证明:$PA+PD+PC\geqslant BD$.

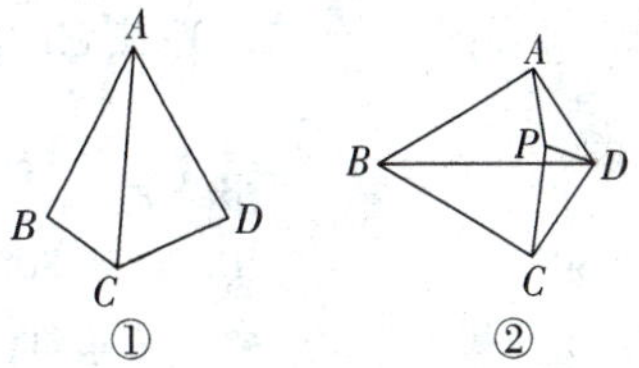

解析 (1)如图③,连接BD,由条件可知△ABD是等边三角形.证明$BC+DC=AC$,即证明两条线段的和等于另一条线段.有两种常规思路:一是延长,二是截取.但此时若以CD为边作等边三角形CDE,可以得出△ACD≌△BED.进一步得出结论.

(2)本题可以利用第(1)问的结论.如图④,以AD为边作等边三角形ADE.由(1)得$PE=AP+DP$.根据三角形三边的关系可得$PC+PE>CE$.当点P在CE上时,有$PC+PE=CE$.所以$PC+PE\geqslant CE$.所以$PA+PD+PC\geqslant CE$.再证明△ABD≌△ACE可得结论.

证明 (1)如图③,连接BD.∵ $AB=AD$,∠BAD=60°,

∴ △ABD是等边三角形.∴ $AD=BD$,∠ADB=60°.

以CD为边作等边三角形CDE,∴ $CD=ED=CE$,∠CDE=60°,∴ ∠ADB=∠CDE=60°.∴ ∠ADB+∠BDC=∠CDE+∠BDC,即∠ADC=∠BDE,∴ △ACD≌△BED. ∴ $AC=BE$.

∴ $BC+DC=BC+CE=BE=AC$.

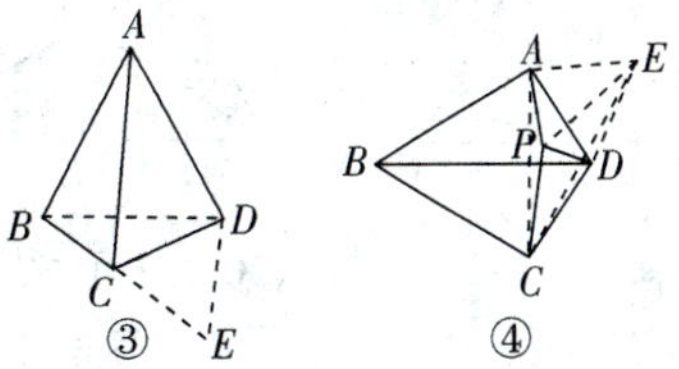

(2)如图④,以 AD 为边作等边三角形 ADE.连接 AC,PE,CE.$\because \angle AED=60°$.$\because \angle APD=120°$,由(1)得 $PE=AP+DP$.根据三角形三边的关系可得 $PC+PE>CE$.当点 P 在 CE 上时,有 $PC+PE=CE$.$\therefore PC+PE\geqslant CE$.$\therefore PA+PD+PC\geqslant CE$.$\because \triangle ADE$ 是等边三角形,$\therefore AE=AD$,$\angle EAD=60°$.又 $AB=BC$,$\angle ABC=60°$,$\therefore \triangle ABC$ 是等边三角形,$AC=AB$,$\angle BAC=60°$.$\therefore \angle BAD=\angle CAE$,$\therefore \triangle ABD\cong\triangle ACE$(SAS),$\therefore BD=CE$.$\therefore PA+PD+PC\geqslant BD$.

点评 学生对等边三角形的性质和判定非常熟悉.在解题中若有了等边三角形,许多问题就能迎刃而解,可是有时题目中并没有现成的等边三角形,或已有的等边三角形不能直接解决问题,这时学生只能望题兴叹了.此时如果能够构造出适当的等边三角形,就会有一种柳暗花明的感觉.

数学思想

一、分类讨论思想

例 1 等腰三角形的一个角是 80°,则它的底角是 (　　)

A. 50°　　B. 80°

C. 50°或 80°　　D. 20°或 80°

解析 题中没有指明该角是顶角还是底角,则应该分两种情况进行分析.①当顶角是 80°时,它的底角 $=(180°-80°)\div 2=50°$;②底角是 80°.所以底角是 50°或 80°.故选 C.

答案 C

点评 等腰三角形中常涉及对边与角的讨论,要审清题意,未明确规定顶角或底角(或者腰或底边)时,需分情况讨论,避免漏解.

例 2 等腰三角形一腰上的高与另一腰成 30°,则此等腰三角形的顶角的度数是________.

知识讲解

等腰三角形中的分类讨论

解析 根据已知条件利用三角形内角和定理及三角形外角的性质进行分析求解,注意分情况讨论.

(1)如图①,$\because AB=AC$,$\angle ABD=30°$,$BD\perp AC$,$\therefore \angle A=60°$.

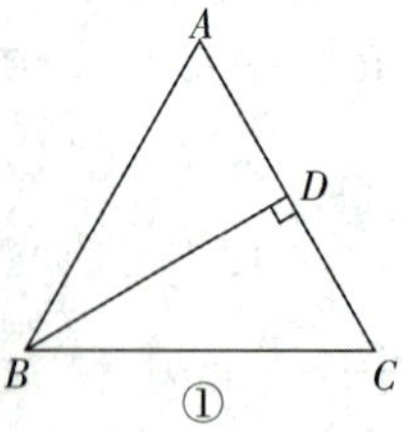

①

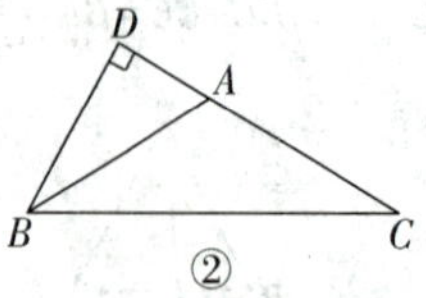

②

(2)如图②,$\because AB=AC$,$\angle ABD=30°$,$BD\perp AC$,$\therefore \angle BAC=30°+90°=120°$.

答案 60°或 120°

点评 本题主要考查三角形内角和定理及三角形外角的性质的综合运用.很多同学因只画出了第一个图形得出答案为 60°,从而导致漏解.

二、转化思想

例 3 (2017·常州)如图,已知在 $\triangle ABC$ 中,DE 是 BC 的垂直平分线,垂足为 E,交 AC 于点 D,若 $AB=6$,$AC=9$,则 $\triangle ABD$ 的周长是________.

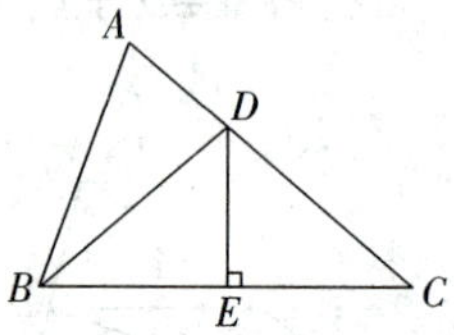

解析 因为 DE 垂直平分 BC,所以 $DB=DC$,所以 $\triangle ABD$ 的周长 $=AD+AB+BD=AB+AD+CD=AB+AC=6+9=15$.

答案 15

点评 本题 $\triangle ABD$ 三条边的长度没有办法都求出来,因此只能运用转化的思想求出三边的和.解答本题的关键是掌握线段的垂直平分线的性质.线段的垂直平分线往往可以让线段移动位置,而和线段的垂直平分线有关的求三角形的周长问题,常常会用到这种转化思想.

三、方程思想

例 4 (2017·绍兴)在探索"尺规三等分角"这个数学名题的过程中,曾利用了下图,该图中,四边形 $ABCD$ 是长方形,E 是 BA 延长线上一点,F 是 CE 上一点,$\angle ACF=\angle AFC$,$\angle FAE=\angle FEA$.若 $\angle ACB=21°$,则 $\angle ECD$ 的度数是 (　　)

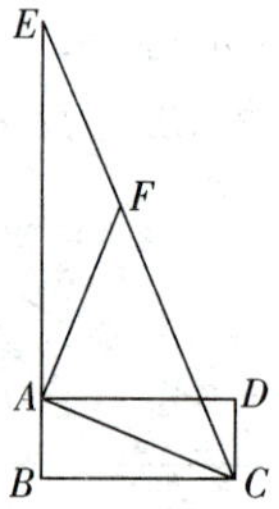

A. 7°　　B. 21°　　C. 23°　　D. 24°

解析 设 $\angle E=\angle EAF=x°$,根据题意,利用外角的性质可得 $\angle AFC=\angle ACF=2x°$,$\angle BAC=\angle E+\angle ECA=3x°$,在 $\triangle ABC$ 中利用三角形内角和定理,得 $\angle BAC+\angle ACB=90°$,即 $3x+21=90$,$\therefore x=23$,即 $\angle E=23°$.又 $\because AB\parallel CD$,$\therefore \angle ECD=\angle E=23°$.

答案 C

点评 本题考查等腰三角形中等边对等角、三角形内角和定理及推论,当出现多个角的和差倍分关系时,借助设未知数可以理清关系,解出答案.

探究中考　综合分析，把握考向

命题趋势

轴对称图形是本学期学习的重要内容之一.中考时，前面三节内容一般以填空题、选择题、作图题形式出现，常见的轴对称图形的性质为考查重点，填空题、选择题、解答题都会出现，在解答题中会出现一些开放性试题.以综合题、压轴题形式出现时，常常与全等三角形、三角形内角和等有关知识点相结合，一般综合性较强，难度较大.有时也会出现一些动态问题、通过轴对称找最短距离问题.中考时一般在前面三节出一道选择题，后面两节一般不单独考查，而是与其他知识综合起来进行考查.复习时，建议同学们在理解好各相关知识点的同时，一定要注意总结探索、发现结论的方法与思路，有意识地训练自己的推理、论证能力.

分类展示

1. 轴对称的性质

例 1 如图，将长方形纸片 $ABCD$ 折叠，使顶点 B 落在边 AD 的 E 点上，折痕 FG 交 BC 于 G，交 AB 于 F，若 $\angle AEF=20°$，则 $\angle FGB$ 的度数为　(　　)

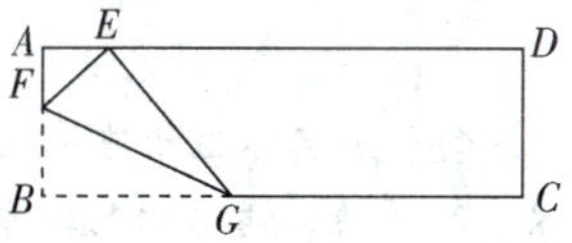

A. 25°　　B. 30°　　C. 35°　　D. 40°

解析 $\because \angle AEF=20°$，$\therefore \angle AFE=90°-\angle AEF=90°-20°=70°$，由翻折的性质，得 $\angle BFG=\angle EFG$，$\therefore \angle BFG=\frac{1}{2}\times(180°-\angle AFE)=\frac{1}{2}\times(180°-70°)=55°$，在 Rt$\triangle BFG$ 中，$\angle FGB=90°-\angle BFG=90°-55°=35°$.故选 C.

答案 C

考题点睛 本题考查了轴对称的性质.翻折就是轴对称，在求解此类问题时，注意应用轴对称的性质，如轴对称图形的对应线段、对应角相等.

2. 线段垂直平分线的性质

例 2 已知：如图，$AB=CD$，线段 AC 的垂直平分线与线段 BD 的垂直平分线相交于点 E.求证：$\angle ABE=\angle CDE$.

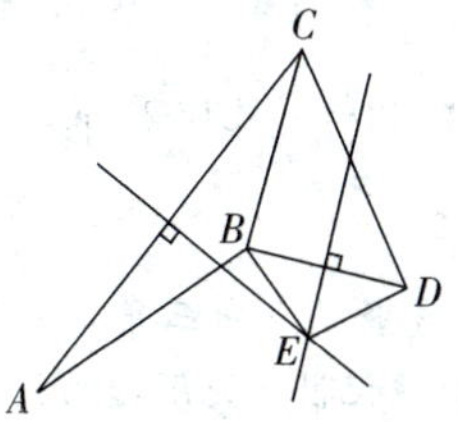

解析 连接 AE，CE，根据垂直平分线的性质得出 $AE=CE$，$BE=DE$，根据 SSS 推出 $\triangle ABE\cong\triangle CDE$ 即可.

证明 如图，连接 AE，CE.

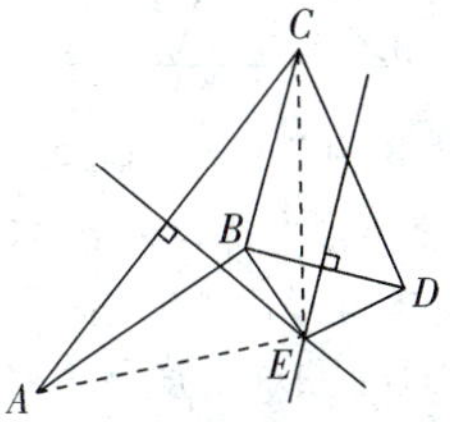

$\because AC$，BD 的垂直平分线相交于 E，$\therefore AE=CE$，$BE=DE$，

在 $\triangle ABE$ 和 $\triangle CDE$ 中，$\begin{cases} AB=CD, \\ AE=CE, \\ BE=DE, \end{cases}$

$\therefore \triangle ABE\cong\triangle CDE(\text{SSS})$，$\therefore \angle ABE=\angle CDE$.

考题点睛 本题考查了线段垂直平分线的性质、全等三角形的判定，分析图形应用线段垂直平分线的性质是解决问题的关键.

3. 角平分线的性质

例 3 如图，已知射线 OC 上的任意一点到 $\angle AOB$ 的两边的距离都相等，点 D，E，F 分别在边 OC，OA，OB 上，如果要想证得 $OE=OF$，只需要添加以下四个条件中的某一个即可，请写出所有可能的条件的序号________.

①$\angle ODE=\angle ODF$；②$\angle OED=\angle OFD$；③$ED=FD$；④$EF\perp OC$.

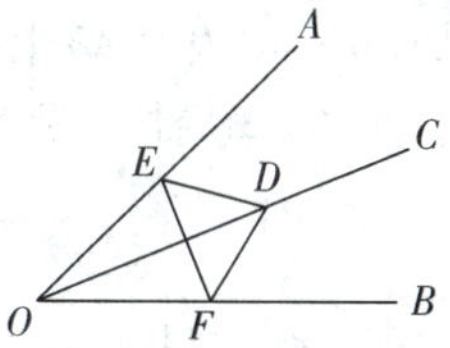

解析 $\because$ 射线 OC 上的任意一点到 $\angle AOB$ 的两边的距离都相等，$\therefore OC$ 平分 $\angle AOB$. ①若 $\angle ODE=\angle ODF$，根据 ASA 可证出 $\triangle ODE\cong\triangle ODF$，由三角形全等的性质可知 $OE=OF$，正确；②若 $\angle OED=\angle OFD$，根据 AAS 可证出 $\triangle ODE\cong\triangle ODF$，由三角形全等的性质可知 $OE=OF$.正确；③若 $ED=FD$，不能得出 $OE=OF$，错误；④若 $EF\perp OC$，设垂足为 G.根据 ASA 可证出 $\triangle OGE\cong\triangle OGF$，由三角形全等的性质可知 $OE=OF$，正确.故答案为①②④.

答案 ①②④

考题点睛 本题主要考查了角平分线的判定、三角形全等的判定与性质.由求线段相等转化为添加条件使三角形全等是正确解答本题的关键.

4. 等腰三角形的性质

例 4 如图,在△ABC 中,点 D,E,F 分别在边 BC,AB,AC 上,且 $BD=BE,CD=CF,\angle A=70°$,那么 $\angle FDE$ 等于（　　）

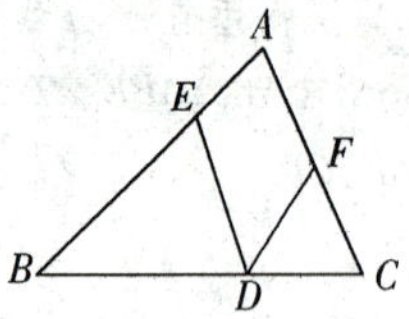

A. 40°　　B. 45°　　C. 55°　　D. 35°

解析 首先根据三角形内角和定理,求出 $\angle B+\angle C$ 的度数;然后根据等腰三角形的性质,表示出 $\angle BDE+\angle CDF$ 的度数,由此可求得 $\angle EDF$ 的度数.

在△ABC 中,$\angle B+\angle C=180°-\angle A=110°$,

在△BED 中,$BE=BD$,

$\therefore \angle BDE=\frac{1}{2}(180°-\angle B)$,

同理,得 $\angle CDF=\frac{1}{2}(180°-\angle C)$.

$\therefore \angle BDE+\angle CDF=180°-\frac{1}{2}(\angle B+\angle C)=180°-\angle FDE$.

$\therefore \angle FDE=\frac{1}{2}(\angle B+\angle C)=55°$.故选 C.

答案 C

考题点睛 此题主要考查的是等腰三角形的性质以及三角形内角和定理,其中把 $\angle B$ 与 $\angle C$ 的和看成一个整体是解题的关键.

5. 等腰三角形的判定

例 5 已知:如图,$AB=AC$,D 是 AB 上一点,$DE\perp BC$ 于点 E,ED 的延长线交 CA 的延长线于点 F.求证:△ADF 是等腰三角形.

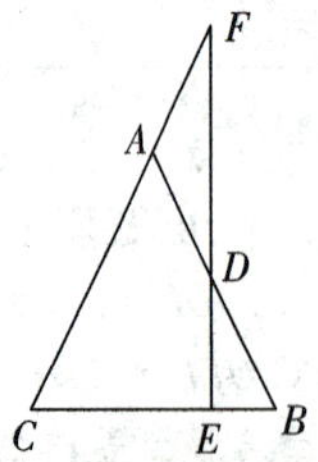

解析 先根据等腰三角形的性质得出 $\angle B=\angle C$,再由等角的余角相等得出 $\angle EFC=\angle EDB$,进而可得出 $\angle EFC=\angle ADF$,由此可得出结论.

证明 $\because AB=AC$,$\therefore \angle B=\angle C$(等边对等角).

$\because DE\perp BC$ 于 E,$\therefore \angle FEB=\angle FEC=90°$,

$\therefore \angle B+\angle EDB=\angle C+\angle EFC=90°$,

$\therefore \angle EFC=\angle EDB$(等角的余角相等).

$\because \angle EDB=\angle ADF$(对顶角相等),$\therefore \angle EFC=\angle ADF$.

$\therefore$ △ADF 是等腰三角形.

考题点睛 要判断一个三角形是等腰三角形,只要证明三角形中有两个角相等即可.

6. 等边三角形

例 6 (2016·黄石)如图所示,一艘海轮位于灯塔 P 的北偏东 30°方向,距离灯塔 4 海里的 A 处,该海轮沿南偏东 30°方向航行______海里后,到达位于灯塔 P 的正东方向的 B 处.

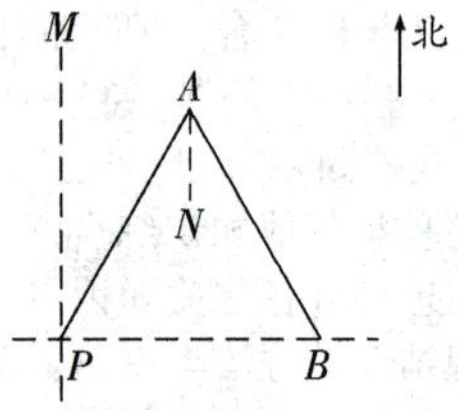

解析 根据题目中的条件,求出△ABP 的各内角的度数,即可求出 AB 的长.如图,由题意,得 $\angle MPA=30°$,$\angle MPB=90°$,所以 $\angle APB=90°-30°=60°$.因为 $MP\parallel AN$,所以 $\angle PAN=\angle MPA=30°$.又由题意得 $\angle NAB=30°$,所以 $\angle PAB=30°+30°=60°$,所以 $\angle PAB=\angle APB=60°$,所以△$PAB$ 是等边三角形,于是 $AB=AP=4$ 海里.

答案 4

考题点睛 (1)方向角是实际生活使用较多的角,要熟悉方向角的意义.(2)等边三角形的判断方法有:①三边都相等的三角形是等边三角形;②三个角都相等的三角形是等边三角形;③有两个角都等于 60°的三角形是等边三角形;④有一个角等于 60°的等腰三角形是等边三角形.

7. 直角三角形斜边上的中线等于斜边的一半

例 7 如图,已知 AB 是 Rt△ABC 和 Rt△ABD 的斜边,O 是 AB 的中点,其中 OC 是 2 cm,则 $OD=$______cm.

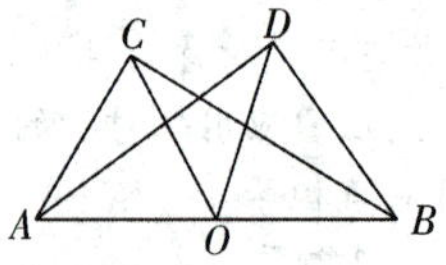

解析 根据直角三角形斜边上的中线等于斜边的一半可得 $CO=DO=\frac{1}{2}AB$.$\because \angle ACB=\angle ADB=90°$,$O$ 为斜边 AB 的中点,$\therefore CO=DO=\frac{1}{2}AB=2$ cm.

答案 2

考题点睛 本题考查了直角三角形斜边的中线等于斜边的一半的性质,熟记性质是解题的关键.

课后答案

详解习题，夯实基础

复习题($P_{72\sim75}$)

复习巩固

1. 轴对称图形为①②④. 如图：

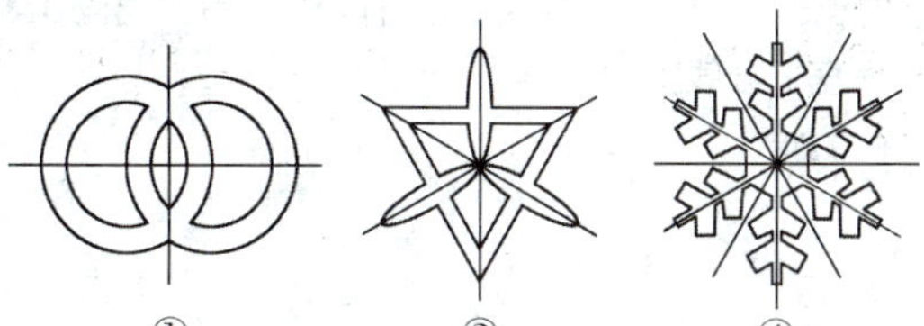

①　②　④

2. 略.

3. 略.

4. AC,AB　A,B,C

5. (1)50　20　80

(2)2.5　BC 是底边　2　AC 是底边　3

6. (1)(2)(3)如图；(4)直线 l_4 就是所要画的对称轴，如图.

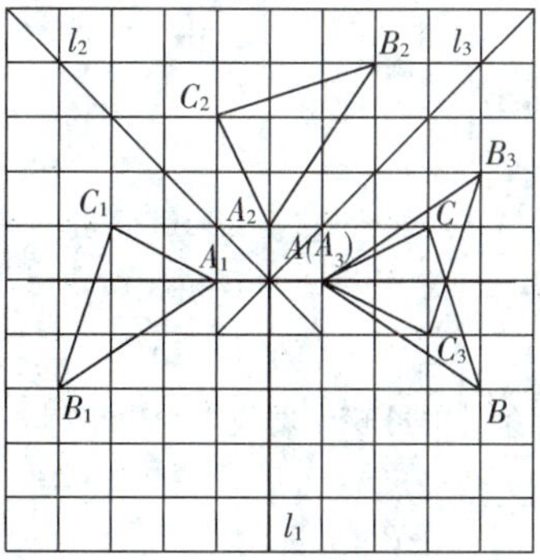

7. (1)$\triangle BDE$ 是等腰三角形，证明如下：

$\because DE/\!/AB$，$\therefore \angle EDB=\angle ABD$.

$\because BD$ 平分 $\angle ABC$，$\therefore \angle CBD=\angle ABD$，

$\therefore \angle EDB=\angle CBD$，$\therefore \triangle BDE$ 是等腰三角形(有两个角相等的三角形是等腰三角形).

(2)$\triangle ACE$ 是等腰三角形，证明如下：

$\because EC/\!/AD$，$\therefore \angle E=\angle BAD$，$\angle ECA=\angle CAD$.

$\because AD$ 平分 $\angle BAC$，$\therefore \angle CAD=\angle BAD$. $\therefore \angle E=\angle ECA$.

$\therefore \triangle ACE$ 是等腰三角形(有两个角相等的三角形是等腰三角形).

(3)$\triangle AGF$ 是等腰三角形，证明如下：

$\because GE/\!/AD$，$\therefore \angle G=\angle CAD$，$\angle AFG=\angle DAB$.

$\because AD$ 平分 $\angle BAC$，$\therefore \angle CAD=\angle BAD$. $\therefore \angle G=\angle AFG$.

$\therefore \triangle AGF$ 是等腰三角形(有两个角相等的三角形是等腰三角形).

8. $\because MN/\!/BC$，$\therefore \angle MOB=\angle CBO$，$\angle NOC=\angle OCB$.

$\because BO$，CO 分别平分 $\angle ABC$，$\angle ACB$，

$\therefore \angle MBO=\angle OBC$，$\angle NCO=\angle OCB$.

$\therefore \angle MOB=\angle MBO$，$\angle NOC=\angle NCO$.

$\therefore OM=BM$，$ON=CN$(等角对等边).

$\therefore MN=OM+ON=BM+CN$.

灵活运用

9. 图中相等的线段还有：$BD=CE$，$BE=CD$. 证明如下：

$\because AB=AC$，$AD=AE$，

$\therefore \angle B=\angle C$，$\angle ADE=\angle AED$.

$\therefore \angle ADB=\angle AEC$(等角的补角相等).

在 $\triangle ABD$ 和 $\triangle ACE$ 中，$\begin{cases}\angle B=\angle C(\text{已证}),\\ \angle ADB=\angle AEC(\text{已证}),\\ AB=AC(\text{已知}),\end{cases}$

$\therefore \triangle ABD\cong\triangle ACE$(AAS).

$\therefore BD=CE$(全等三角形的对应边相等)，

$\therefore BD+DE=CE+DE$，即 $BE=CD$.

10. 如图，连接 MB，MD，

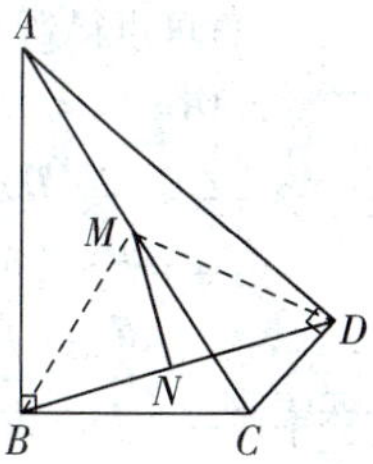

$\because \angle ABC=\angle ADC=90°$，$M$ 是 AC 的中点，$\therefore BM=\frac{1}{2}AC$，$DM=\frac{1}{2}AC$(直角三角形斜边上的中线等于斜边的一半).

$\therefore BM=DM$.

$\because N$ 是 BD 的中点，$\therefore MN\perp BD$.

11. (1)因为等腰三角形是轴对称图形.

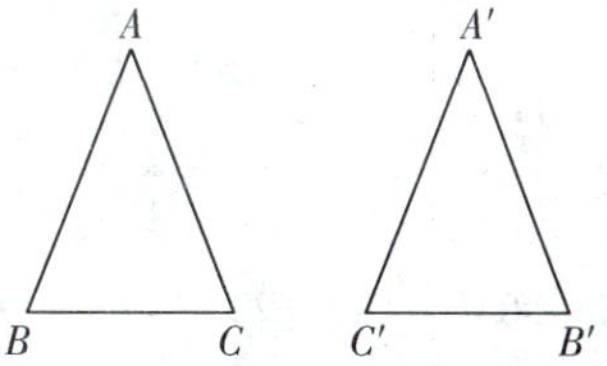

甲

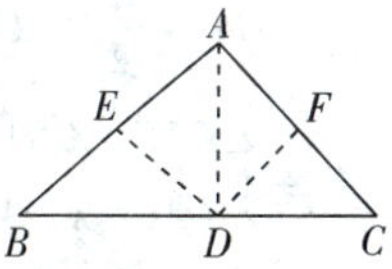

乙

如图甲，等腰三角形的饼 ABC 翻身后所得到的 $\triangle A'B'C'$ 与原来的三角形铁皮 ABC 全等，故能够重合.

(2)沿斜边的中线切开. 理由：直角三角形斜边上的中线把直角三角形分成了两个等腰三角形. 由(1)可知，问题能得到解决.

(3)如图乙，作 $\triangle ABC$ 的高 AD，又可把 $\triangle ABC$ 分成两个直角三角形，由(2)可知，问题能得到解决. 在图乙中，共切了 3 刀：AD，DE，DF. 但这时最少可以只切2 刀，即图

乙中只要找出高 AD 中的垂足 D,而不必切 AD 这一刀.图中四边形 $AEDF$ 翻身后仍能与原来重合.

12. 结论:这个三角形是直角三角形.证明如下:

已知:如图,BD 是 $\triangle ABC$ 的中线,且 $BD=\frac{1}{2}AC$.

求证:$\triangle ABC$ 是直角三角形.

证明:$\because$ BD 是 $\triangle ABC$ 的中线,$BD=\frac{1}{2}AC$,

$\therefore BD=\frac{1}{2}AC=AD=CD$.

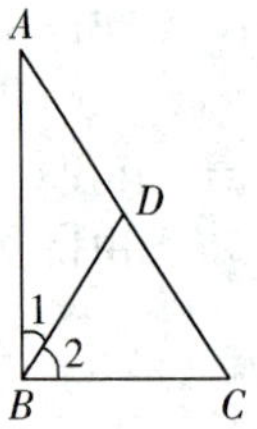

$\therefore \angle 1=\angle A,\angle 2=\angle C$.

$\because \angle 1+\angle 2+\angle A+\angle C=180°$,

$\therefore \angle 1+\angle 2+\angle 1+\angle 2=180°$.

$\therefore \angle 1+\angle 2=90°$,即 $\angle ABC=90°$.

$\therefore \triangle ABC$ 是直角三角形.

13. (1)结论:$\angle C=2\angle D$,证明如下:

$\because AB=AC=AD$,$\therefore \angle ABC=\angle C,\angle ABD=\angle D$.

$\because AD/\!/BC$,$\therefore \angle DBC=\angle D$.

又 $\angle ABC=\angle ABD+\angle DBC$,

$\therefore \angle ABC=\angle D+\angle D=2\angle D$.

$\because \angle ABC=\angle C$,$\therefore \angle C=2\angle D$.

(2)可以得到 $AD/\!/BC$,证明如下:

$\because AB=AC=AD$,$\therefore \angle ABC=\angle C,\angle ABD=\angle D$.

又 $\angle C=2\angle D$,$\therefore \angle ABC=2\angle D$.

$\because \angle ABC=\angle ABD+\angle DBC$,$\therefore 2\angle D=\angle D+\angle DBC$.

$\therefore \angle DBC=\angle D$.$\therefore AD/\!/BC$.

探索研究

14. (1)$\because AB=AC,\angle BAC=90°$,$\therefore \angle B=\angle ACB=45°$.

又 $AB=BD,AC=CE$,$\therefore \angle BAD=\angle BDA,\angle E=\angle CAE$.

$\therefore \angle BAD=\frac{1}{2}\times(180°-45°)=67.5°$,

$\angle CAE=\frac{1}{2}\angle ACB=22.5°$.

$\therefore \angle DAC=\angle BAC-\angle BAD=90°-67.5°=22.5°$.

$\therefore \angle DAE=\angle DAC+\angle CAE=22.5°+22.5°=45°$.

(2)$\angle DAE$ 的度数不会改变.

(3)结论:$\angle DAE=\frac{1}{2}\angle BAC$.设 $\angle BAC=\alpha$.

$\because BD=BA$,$\therefore \angle BAD=\frac{1}{2}(180°-\angle B)$.

$\therefore \angle CAD=\alpha-\frac{1}{2}(180°-\angle B)$.

$\because AC=CE$,$\therefore \angle CAE=\angle E$.$\therefore \angle CAE=\frac{1}{2}\angle ACB$,

$\angle DAE=\alpha-\frac{1}{2}(180°-\angle B)+\frac{1}{2}\angle ACB=\alpha-90°+\frac{1}{2}(\angle B+\angle ACB)=\alpha-90°+\frac{1}{2}(180°-\alpha)=\frac{1}{2}\alpha$,

即 $\angle DAE=\frac{1}{2}\angle BAC$.

15. 假设点 P 在线段 AB 的垂直平分线上,则 $PA=PB$,这与已知条件 $PA\neq PB$ 矛盾,所以点 P 不在线段 AB 的垂直平分线上.

16. (1)如图:

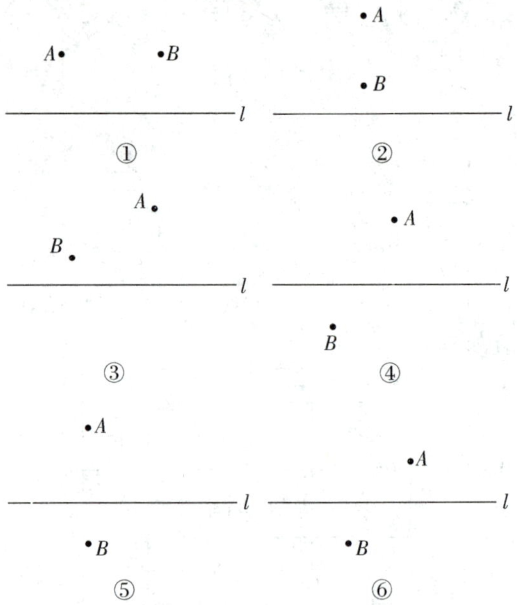

(2)符合条件的冷藏库看成点 P,如图:

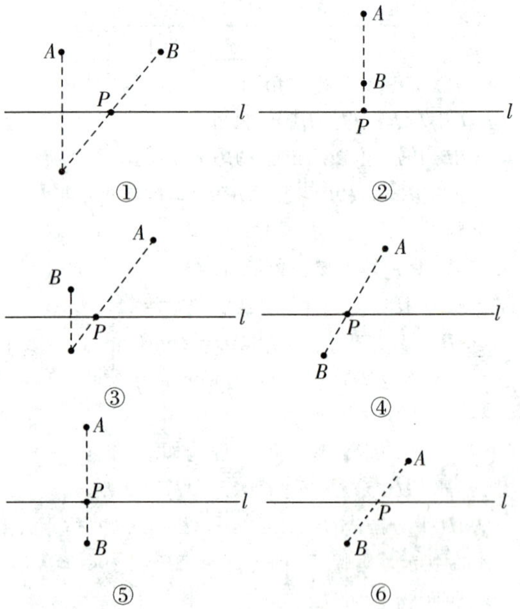

章末小练

巩固基础，综合提升

1. (2017 · 天津)在一些美术字中，有的汉字是轴对称图形。下面 4 个汉字中，可以看作是轴对称图形的是　(　　)

礼　　迎　　全　　运

A　　B　　C　　D

2. 如图，$\triangle ABC$ 中，D 为 AB 上一点，E 为 BC 上一点，且 $AC=CD=BD=BE$，$\angle A=50°$，则 $\angle CDE$ 的度数为　(　　)

A. 50°　　B. 51°　　C. 51.5°　　D. 52.5°

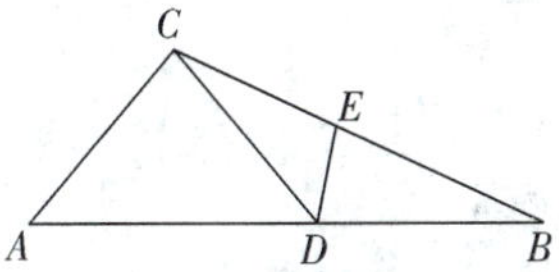

(第 2 题)

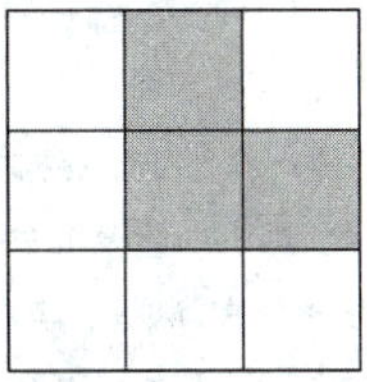
(第 3 题)

3. 如图所示，在 3×3 正方形网格中，已有三个小正方形被涂黑，将剩余的白色小正方形再任意涂黑一个，则所得黑色图案是轴对称图形的情况有　(　　)

A. 6 种　　B. 5 种　　C. 4 种　　D. 2 种

4. 如图所示，C,E 和 B,D,F 分别在 $\angle GAH$ 的两边上，且 $AB=BC=CD=DE=EF$，若 $\angle A=18°$，则 $\angle GEF$ 的度数是　(　　)

A. 80°　　B. 90°　　C. 100°　　D. 108°

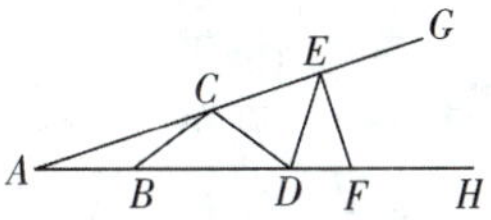

(第 4 题)

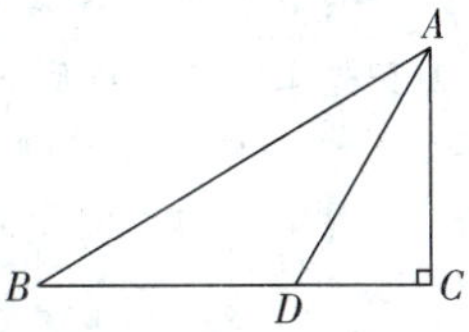

(第 5 题)

5. 如图所示，在 $\triangle ABC$ 中，$\angle C=90°$，$AB=8$，AD 是 $\triangle ABC$ 的一条角平分线。若 $CD=2$，则 $\triangle ABD$ 的面积为______.

6. 等腰 $\triangle ABC$ 的周长为 20 cm，一边长为 8 cm，则底边长为________.

7. 如图，在 Rt$\triangle ABC$ 中，$\angle BAC=90°$，过顶点 A 的直线 $DE/\!/BC$，$\angle ABC$，$\angle ACB$ 的平分线分别交 DE 于 E,D。若 $AC=6$，$AB=8$，则 $\angle DOE=$________，DE 的长为________.

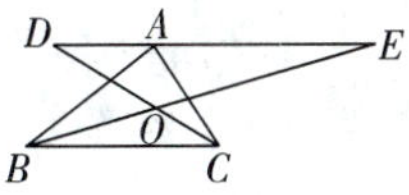

(第 7 题)

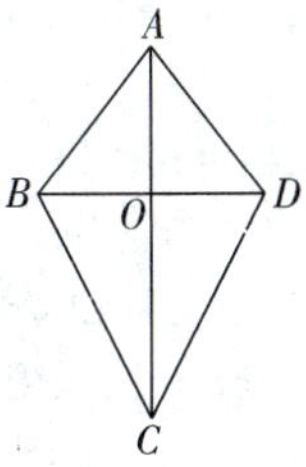

(第 8 题)

8. (2017 · 新疆)如图，在四边形 $ABCD$ 中，$AB=AD$，$CB=CD$，对角线 AC，BD 相交于点 O。下列结论中：①$\angle ABC=\angle ADC$；②AC 与 BD 互相平分；③AC，BD 分别平分四边形 $ABCD$ 的两组对角；④四边形 $ABCD$ 的面积 $S=\frac{1}{2}AC\cdot BD$，正确的是________.(填写所有正确结论的序号)

9. 如图，四边形 $ABCD$ 中，$\angle A=\angle B=90°$，在 AB 边上求作点 P，使 $PC+PD$ 最小.

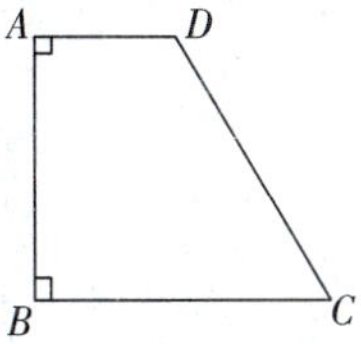

10. 如图，$\triangle ABC$ 中，AD 是高，CE 是中线，点 G 是 CE 的中点，$DG\perp CE$，点 G 为垂足.

(1)求证：$DC=BE$；

(2)若 $\angle AEC=66°$，求 $\angle BCE$ 的度数.

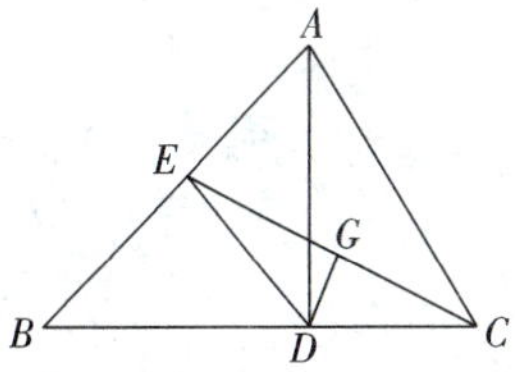

11. 已知：如图，AF 平分 $\angle BAC$，$BC\perp AF$，垂足为 E，点 D 与点 A 关于点 E 对称，PB 分别与线段 CF，AF 相交于 P,M.

(1)求证：$AB=CD$；

(2)若 $\angle BAC=2\angle MPC$，请你判断 $\angle F$ 与 $\angle MCD$ 的数量关系，并说明理由.

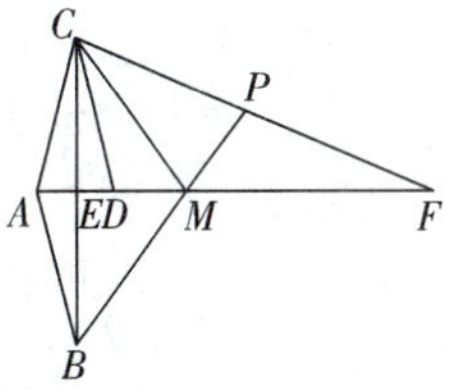

本章导航

情境导读

中国最早的一部数学著作——《周髀算经》的开头，记载着一段周公向商高请教数学知识的对话：

周公问："我听说您对数学非常精通，我想请教一下：天没有梯子可以上去，地也没法用尺子去一段一段丈量，那么怎样才能得到关于天地的数据呢？"

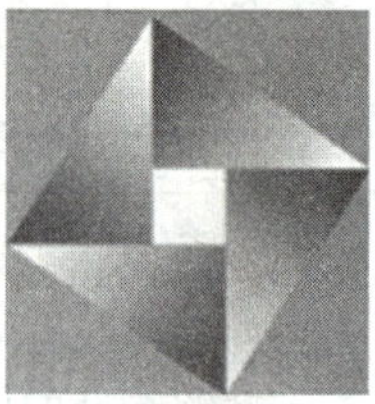

商高回答说："数的产生来源于对方和圆这些形体的认识．其中有一条原理：当直角三角形'矩'得到的一条直角边'勾'等于3，另一条直角边'股'等于4的时候，那么它的斜边'弦'就必定是5．这个原理是大禹在治水的时候总结出来的．"

从上面所引的这段对话中，我们可以清楚地看到，我国古代的人民早在几千年以前就已经发现并应用勾股定理这一重要的数学原理了．下面，就让我们一起来进入到勾股定理的学习中吧！

本章概述

【本章内容】

勾股定理是初中数学数形结合的完美体现，是初中数学的重要内容．本章所学的主要内容为：（1）勾股定理；（2）勾股定理的逆定理；（3）勾股定理的简单应用．勾股定理是一个十分重要的定理，揭示了直角三角形的三边关系，是历年中考中的热点问题，在考查勾股定理时，常常结合实际问题，题目以基础题为主，题型以选择题、填空题、解答题为主，在解答题中往往与解直角三角形的相关知识结合在一起．

【本章重点】

勾股定理及其逆定理．

【本章难点】

运用勾股定理及其逆定理解决问题．

学法点津

（1）体验勾股定理的探索和运用过程，获得更多与勾股定理有关的背景知识，对勾股定理的发展过程有所了解．

（2）经历探索勾股定理及其逆定理的过程，发展合情推理与演绎推理的能力，体会数形结合的思想．

（3）在运用勾股定理及其逆定理解决实际问题的过程中，感受数学的"转化"思想（把解斜三角形问题转化为解直角三角形问题），增强应用意识．

（4）通过测量、数格子和图形割补等方法探索勾股定理，经历用多种拼图的方法验证勾股定理的过程，发展有条理地思考与表达，从中感受勾股定理的文化价值，激发学习兴趣．

3.1 勾股定理

学习目标 明确方向，有的放矢

❶ 经历探索勾股定理的过程，发展合情推理的能力，体会数形结合的思想.

❷ 能应用勾股定理求直角三角形中未知边的长.

❸ 能应用已有的数学知识验证勾股定理.

❹ 经历用多种拼图的方法验证勾股定理的过程，发展有条理地思考与表达，从中感受勾股定理的文化价值.

知识详解 讲透教材，解疑释难

知识点一 勾股定理 重难点

1. 我国古代把直角三角形中较短的直角边称为"勾"，把较长的直角边称为"股"，把斜边称为"弦"."勾三股四弦五"实际上就是勾股定理的具体应用之一.如图①所示：

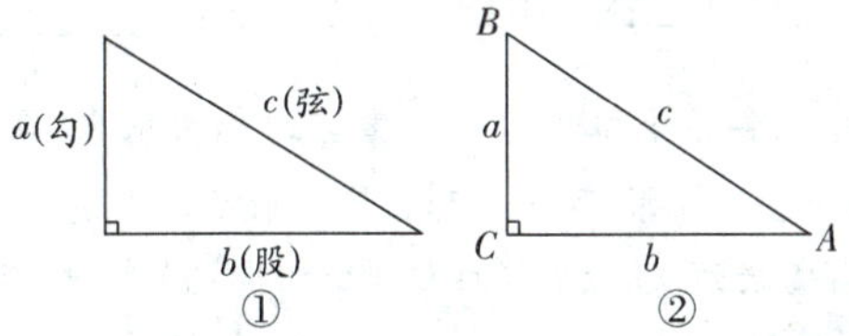

2. 勾股定理：直角三角形两直角边的平方和等于斜边的平方. 如图②，在Rt△ABC中，如果∠C=90°，BC=a，AC=b，AB=c，则有 $a^2+b^2=c^2$.

知识讲解
勾股定理简介

提醒

1. 勾股定理是直角三角形所特有的一个性质，它反映的是直角三角形三边之间的数量关系：两直角边的平方和等于斜边的平方.

2. 在勾股定理的应用中，同学们一定要正确区分直角边和斜边，千万不能相互混淆.最好的处理方法是根据题意画出正确的示意图，并在图上作适当的标注.

3. 对于勾股定理所揭示的结论，常常还有如下的变式：(1) $a^2=c^2-b^2$；(2) $b^2=c^2-a^2$. 对此，同学们也应当很熟悉.

4. 勾股定理揭示了直角三角形中三边的特殊数量关系，其主要作用一般有：(1)已知直角三角形的两边求第三边的长；(2)证明三角形中的某些线段之间的平方关系；(3)解决实际生活中的有关计算问题.

例 1 如图，在△ABC 中，AD⊥BC 于 D，AB=17，BD=15，DC=6，则 AC 的长为 ( )

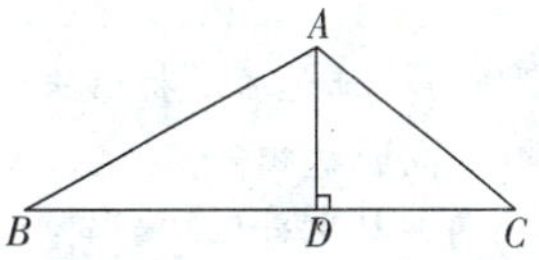

A. 11　　B. 10　　C. 9　　D. 8

解析 如图，∵ AD⊥BC，∴ ∠ADB=∠ADC=90°. 又 AB=17，BD=15，DC=6，∴ 在 Rt△ABD 中，由勾股定理得 $AD^2=AB^2-BD^2=64$. 在 Rt△ACD 中，由勾股定理得 $AC^2=AD^2+CD^2=64+36=100$，即 AC=10. 故选 B.

答案 B

点评 找出所求线段所在的直角三角形，再利用勾股定理求出它的长.

知识点二 勾股定理的验证 难点

1. 我国古代数学家赵爽用 4 个全等的直角三角形拼成如图所示的图形，证明了勾股定理.这个图形称为"弦图"或"勾股圆方图".

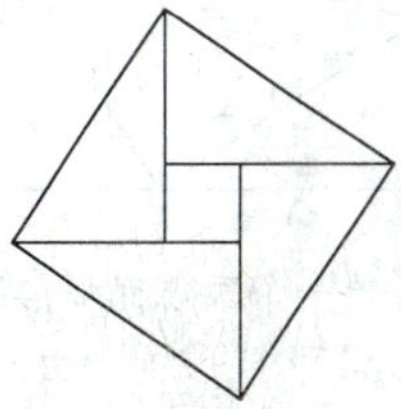

若设直角三角形的较短直角边长为 a，较长直角边长为 b，斜边长为 c，则围成的大正方形的面积为 c^2，四个直角三角形的面积之和为 2ab，中间围成的小正方形的面积为 $(b-a)^2$，而 $2ab+(b-a)^2=a^2+b^2$，由此，得到 $a^2+b^2=c^2$.

2. 如图，用四个全等的直角三角形，可得到一个以 c 为边长的小正方形和一个以 (a+b) 为边长的大正方形.

因为大正方形的边长为$(a+b)$，所以其面积为$(a+b)^2$.又大正方形还可以看成由4个全等的直角边分别为a，b的直角三角形和一个边长为c的正方形组成，所以其面积为$4\times\frac{1}{2}\times ab+c^2$，

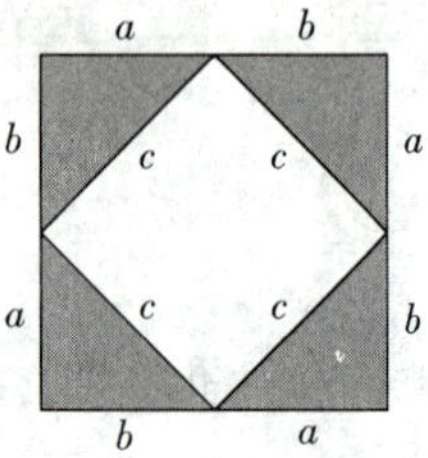

拓展阅读

勾股定理的9种证明方法

即$(a+b)^2=4\times\frac{1}{2}\times ab+c^2$，$a^2+b^2+2ab=2ab+c^2$.

所以$a^2+b^2=c^2$，其中a，b为直角三角形的直角边，c为斜边.

提醒

1. 勾股定理的验证是通过拼图法或割补法完成的，验证时关键要找面积相等，通过面积之间的相等关系，将"形"的问题转化为"数"的问题.

2. 拼图法是验证勾股定理的重要方法之一，最初人们就是通过拼图体验到了很大的乐趣，从而引发了对该定理的浓厚兴趣，也大大地激发了后人的探究欲望，因此才有了现在的"百花齐放"和"争奇斗艳"的400多种证明方法.拼图法一般遵循以下步骤：拼出图形→写出图形面积的表达式→找出等量关系→恒等变形→推导出勾股定理.

例 2 如图，以a，b为直角边，以c为斜边作两个全等的直角三角形，把这两个直角三角形拼在一起，使A，E，B这三点在一条直线上.请利用这个图形证明勾股定理.

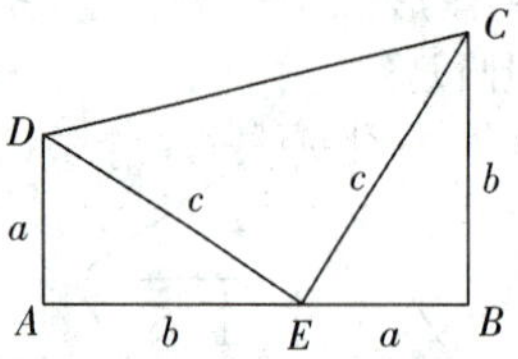

解析 拼成的图形是一个直角梯形，其上底为a，下底为b，高为$(a+b)$，其面积可求；该梯形由三部分构成：以a，b为直角边的两个全等的直角三角形和以c为腰的一个等腰直角三角形，各部分的面积可求.

证明 $\because \text{Rt}\triangle EAD\cong\text{Rt}\triangle CBE$，$\therefore \angle ADE=\angle BEC$.

$\because \angle AED+\angle ADE=90^\circ$，$\therefore \angle AED+\angle BEC=90^\circ$，

$\therefore \angle DEC=180^\circ-90^\circ=90^\circ$.

$\therefore \triangle DEC$是一个等腰直角三角形，它的面积为$\frac{1}{2}c^2$.

又直角梯形$ABCD$的面积为$\frac{1}{2}(a+b)^2$，$\text{Rt}\triangle ADE$和$\text{Rt}\triangle BEC$的面积都为$\frac{1}{2}ab$，

$\therefore \frac{1}{2}(a+b)^2=\frac{1}{2}ab\times2+\frac{1}{2}c^2$，整理可得$a^2+b^2=c^2$.

点评 运用拼图法证明勾股定理，事实上就是用两种不同的方法计算同一图形的面积，从而得到直角三角形三边之间的关系.以上证明勾股定理的方法是美国第20任总统加菲尔德在1876年首先运用的，又叫"总统证法".

例 3 如图是用硬纸板做成的四个全等的直角三角形(两直角边长分别是a，b，斜边长为c)和一个边长为c的正方形，请你将它们拼成一个能证明勾股定理的图形.

(1)画出拼成的这个图形的示意图；

(2)证明勾股定理.

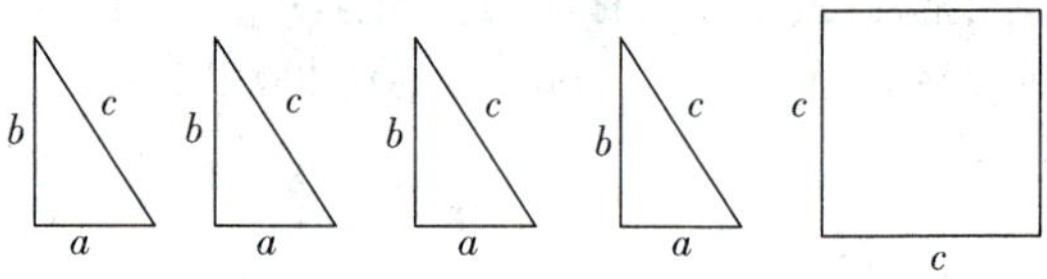

解析 以各部分面积和等于整体面积为依据，在验证时，首先拼出图形，列出各部分图形面积的表达式，然后建立等量表达式，最后经过整理变形推导出勾股定理.

解 (1)如图.

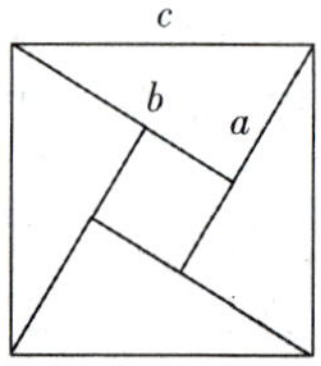

(2)如图，大正方形的面积可表示为c^2，又可以表示为$\frac{1}{2}ab\times4+(b-a)^2$，所以$c^2=\frac{1}{2}ab\times4+(b-a)^2$，化简得$c^2=2ab+b^2-2ab+a^2$，即$a^2+b^2=c^2$.即直角三角形两直角边的平方和等于斜边的平方.

点评 对于公式或定理的验证，要注意多角度、多层面的分析.

★教材中的问题解答★

操作(P_{78})

可以发现：以直角三角形的两条直角边为一边向外所作的正方形的面积之和等于以斜边为一边向外所作的正方形的面积.

探索(P_{81})

如图,用两种不同的方法计算梯形 $ABCD$ 的面积:

$S_{梯形ABCD}=\frac{1}{2}(AB+DC)\cdot BC=\frac{1}{2}(a+b)^2$,

$S_{梯形ABCD}=S_{\triangle ABE}+S_{\triangle CED}+S_{\triangle AED}=\frac{1}{2}ab+\frac{1}{2}ab+\frac{1}{2}c^2$,

$\therefore \frac{1}{2}(a+b)^2=\frac{1}{2}ab+\frac{1}{2}ab+\frac{1}{2}c^2$,化简,得 $a^2+b^2=c^2$.

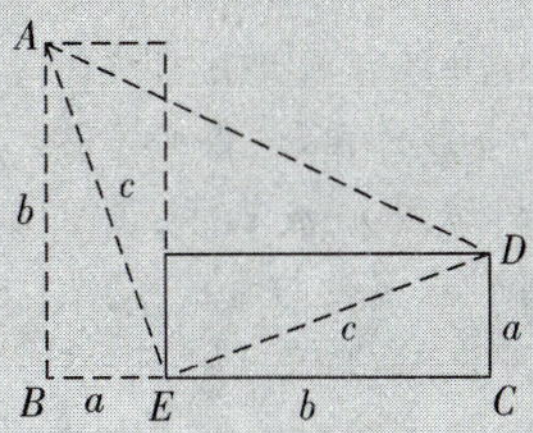

拓展典例 分类提升,典例剖析

拓展点一 计算求值问题

例1 一个零件的形状如图所示,已知 $AC\perp AB$,$BC\perp BD$,$AC=3$ cm,$AB=4$ cm,$BD=12$ cm,求 CD 的长.

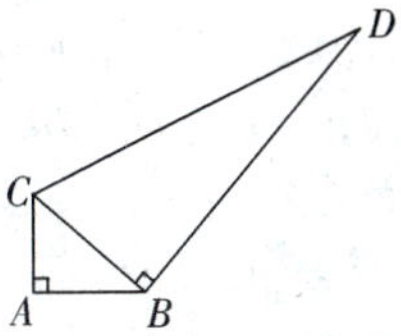

解析 在 Rt△ABC 中,运用勾股定理求出 BC 的长,在Rt△BCD中,运用勾股定理求出 CD 的长.

解 在 Rt△ABC 中,根据勾股定理,得 $BC^2=AC^2+AB^2=3^2+4^2=25$,在 Rt△$CBD$ 中,根据勾股定理,得 $CD^2=BC^2+BD^2=25+12^2=169$,$\therefore CD=13$ cm.

点评 BC 在本题中既是 Rt△ABC 的斜边,又是Rt△CBD 的直角边.

拓展点二 网格中的问题

例2 如图,在边长为1个单位长度的小正方形组成的网格中,点 A,B 都是格点,则线段 AB 的长度的平方为 ( )

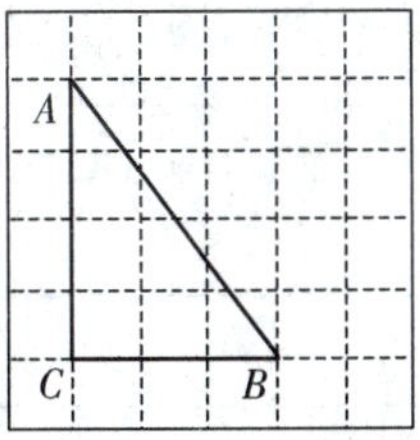

A. 5 B. 6 C. 7 D. 25

解析 如图所示:在 Rt△ABC 中,$AC=4$,$BC=3$,由勾股定理得,$AB^2=AC^2+BC^2=4^2+3^2=25$,故选 D.

答案 D

点评 解决此类问题时,应善于挖掘图中的隐含条件,即将所求的边放进直角三角形中,并根据图示,求出直角三角形的两边长,再根据勾股定理来求第三边的平方即可.

拓展点三 实际应用问题

例3 《中华人民共和国道路交通管理条例》规定:小汽车在城街路上行驶速度不得超过70千米/时,如图,一辆小汽车在一条城市街道上直道行驶,某一时刻刚好行驶到车速检测仪正前方30米 C 处,过了2秒后,小汽车行驶到 B 处,测得小汽车与车速检测仪间距离为50米.

(1)求 BC 的长;

(2)这辆小汽车超速了吗?

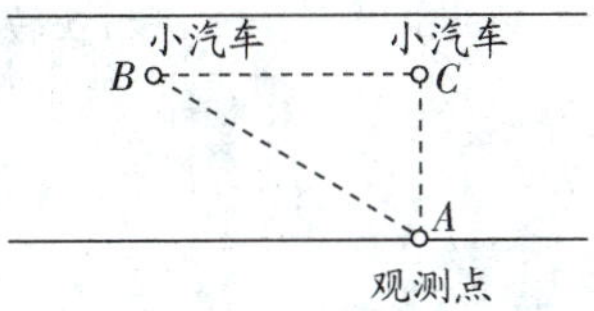

解析 (1)在直角三角形 ABC 中,已知 AB,AC,根据勾股定理即可求出小汽车2秒内行驶的距离 BC;(2)根据小汽车在两秒内行驶的距离 BC 可以求出小汽车的平均速度,求得数值与70千米/时比较,即可计算小汽车是否超速.

解 (1)在直角△ABC 中,已知 $AC=30$ 米,$AB=50$ 米,且 AB 为斜边,则 $BC^2=AB^2-AC^2=2\ 500-900=1\ 600$,即 $BC=40$ 米.

(2)因为小汽车在2秒内行驶了40米,所以平均速度为20米/秒,20米/秒=72千米/时.因为72>70,所以这辆小汽车超速了.

点评 本题考查了勾股定理在实际生活中的应用,找出实际问题中的直角三角形,正确运用勾股定理计算 BC 的长度是解题的关键.

拓展点四 证明问题

例4 (2016·杭州)已知直角三角形纸片的两条直角边长分别为 m 和 $n(m<n)$,过锐角顶点把该纸片剪成两个三角形.若这两个三角形都是等腰三角形,则 ( )

A. $m^2+2mn+n^2=0$ B. $m^2-2mn+n^2=0$

C. $m^2+2mn-n^2=0$ D. $m^2-2mn-n^2=0$

解析 首先画出符合题意的图形，利用斜边的垂直平分线与较长直角边的交点，得到两个等腰三角形；再将等腰直角三角形的斜边用 $n-m$ 表示；最后由勾股定理，得到 m,n 的等量关系，化简后即可选择正确答案. 如图，在 $\triangle ABC$ 中，$\angle C=90^{\circ}$，$AC=m$，$BC=n$，过点 A 的射线 AD 交 BC 于点 D，且将 $\triangle ABC$ 分成两个等腰三角形：$\triangle ACD$ 和 $\triangle ADB$，则 $AC=CD=m$，$AD=DB=n-m$. 在 Rt$\triangle ACD$ 中，由勾股定理，得 $m^2+m^2=(n-m)^2$，$2m^2=m^2-2mn+n^2$，从而 $m^2+2mn-n^2=0$，故选 C.

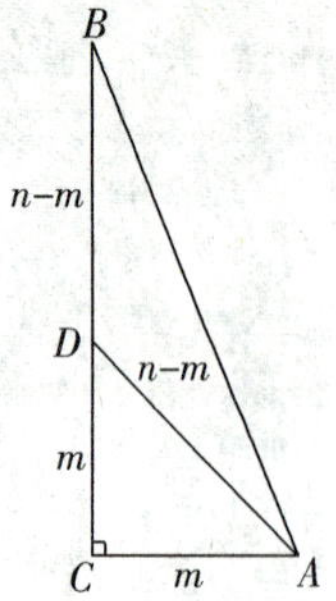

答案 C

点评 解答本题的关键在于将题意用图形语言表示出来，利用线段的垂直平分线上的点到线段的两个端点距离相等来画原三角形斜边的中垂线即可. 在解决了画图关后，如何用 m,n 的代数式表示等腰直角三角形的斜边就容易多了，最后利用勾股定理不难探索出 m,n 的等量关系. 综上所述，对于数学的学习，尤其是几何题，将文字语言、符号语言、图形语言三者之间相互转换，就显得尤为重要.

拓展点五　折叠问题

例 5 (2017·宜宾)如图，在长方形 $ABCD$ 中，$BC=8$，$CD=6$，将 $\triangle ABE$ 沿 BE 折叠，使点 A 恰好落在对角线 BD 上的 F 处，则 DE 的长是 (　　)

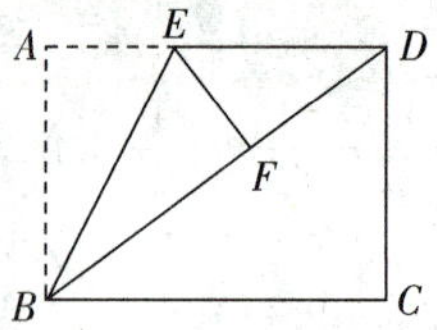

A. 3　　B. $\frac{24}{5}$　　C. 5　　D. $\frac{89}{16}$

解析 根据折叠后出现全等图形，从而找到相等的边与角，再运用勾股定理求相关线段的长. 由勾股定理得 $BD=10$. 由折叠可知，$BF=AB=6$，$AE=EF$，$\therefore DF=4$. 在 Rt$\triangle DEF$ 中，$\because EF^2+DF^2=DE^2$，$\therefore (8-DE)^2+4^2=DE^2$，解得 $DE=5$. 故选 C.

答案 C

点评 用勾股定理解决长方形的折叠问题，由折叠的过程构造全等图形，从而形成相等的边与角. 折叠后出现全等图形，将题目中的条件转化到直角三角形中，利用勾股定理求解.

易错辨析

错误分析，拨开迷雾

易错点一　不能正确区分直角三角形的直角边和斜边

例 1 在 Rt$\triangle ABC$ 中，$\angle B=90^{\circ}$，$a=5$，$b=13$，求三角形的周长.

正确解答 在 Rt$\triangle ABC$ 中，$\angle B=90^{\circ}$，根据勾股定理可得 $a^2+c^2=b^2$，$\therefore c=12$，$\therefore$ 三角形的周长为 $a+b+c=5+13+12=30$.

易错总结 勾股定理的内容已经在脑子里成定势. 因拿到题目不管三七二十一，就用 $a^2+b^2=c^2$ 而导致出错. 因此在解题时，一定要注意区分哪条边是斜边. 画出图形是避免出错的最好的方法.

易错点二　直角三角形中没有指明斜边时，要注意分情况讨论

例 2 已知一个直角三角形的两边长分别为 3 和 4，则第三边长的平方是 (　　)

A. 25　　B. 14　　C. 7　　D. 7 或 25

正确解答 本题中只是说有两条边长为 3 和 4，并没有说明是什么边长. 在直角三角形中斜边最长，因此本题有两种可能性：(1)两条直角边长分别为 3 和 4，则第三边为斜边；(2)斜边长为 4，一条直角边长为 3，则第三边为另一条直角边. 当为第(1)种时，根据勾股定理得，斜边的平方等于 $3^2+4^2=25$；当为第(2)种时，第三边的平方等于 $4^2-3^2=7$，故选 D.

易错总结 由 3 和 4 马上想到 5，而忽略了 4 为斜边的情况，这是我们在解题时常犯的错误，因此在考虑问题时，必须全面，要分情况去讨论.

品味中考　对接中考，小试牛刀

1. (2017·襄阳)“赵爽弦图”巧妙地利用面积关系证明了勾股定理，是我国古代数学的骄傲. 如图所示的“赵爽弦图”是由四个全等的直角三角形和一个小正方形拼成的一个大正方形. 设直角三角形较长直角边长为 a，较短直角边长为 b，若 $(a+b)^2=21$，大正方形的面积为13，则小正方形的面积为　(　　)

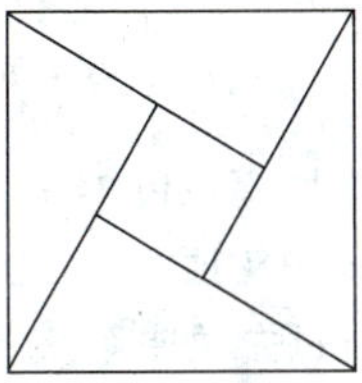

A. 3　　B. 4　　C. 5　　D. 6

2. (2017·安顺)如图，长方形纸片 $ABCD$ 中，$AD=4$ cm，把纸片沿直线 AC 折叠，点 B 落在 E 处，AE 交 DC 于点 O. 若 $AO=5$ cm，则 AB 的长为　(　　)

A. 6 cm　　B. 7 cm　　C. 8 cm　　D. 9 cm

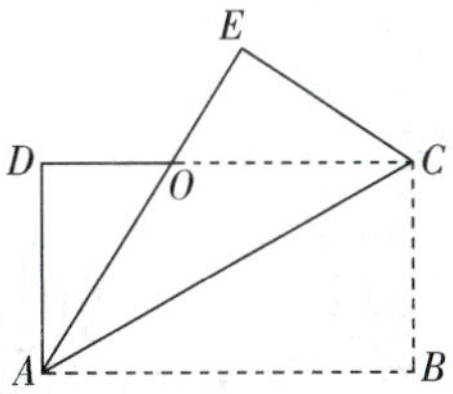

(第2题)

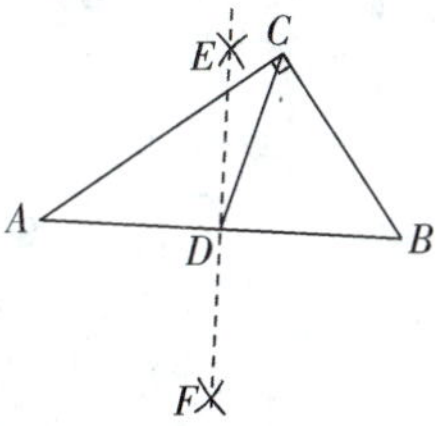

(第3题)

3. (2016·湖州)如图，在 Rt△ABC 中，$\angle ACB=90°$，$BC=6$，$AC=8$，分别以点 A，B 为圆心，大于线段 AB 长度一半的长为半径作弧，相交于点 E，F，过点 E，F 作直线 EF，交 AB 于点 D，连接 CD，则 CD 的长是________.

4. (2016·益阳)在△ABC 中，$AB=15$，$BC=14$，$AC=13$，求△ABC 的面积.

某学习小组经过合作交流，给出了下面的解题思路，请你按照他们的解题思路完成解答过程.

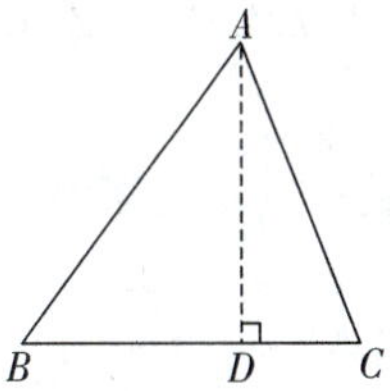

作 $AD\perp BC$ 于 D，设 $BD=x$，用含 x 的代数式表示 CD → 根据勾股定理，利用 AD 作为“桥梁”，建立方程模型求出 x → 利用勾股定理求出 AD 的长，再计算三角形面积

趁热打铁　即时检测，巩固提高

基础篇

1. (知识点一 ☆)下列说法中正确的是　(　　)

A. 若 a,b,c 是△ABC 的三边，则 $a^2+b^2=c^2$

B. 若 a,b,c 是 Rt△ABC 的三边，则 $a^2+b^2=c^2$

C. 若 a,b,c 是 Rt△ABC 的三边，$\angle A=90°$，则 $a^2+b^2=c^2$

D. 若 a,b,c 是 Rt△ABC 的三边，$\angle C=90°$，则 $a^2+b^2=c^2$

2. (知识点一 ☆☆)直角三角形有一条直角边为6，另两条边长是连续偶数，则该三角形的周长为　(　　)

A. 20　　B. 22

C. 24　　D. 26

3. (知识点一、二 ☆☆)图中字母所代表的正方形的面积为144的选项为　(　　)

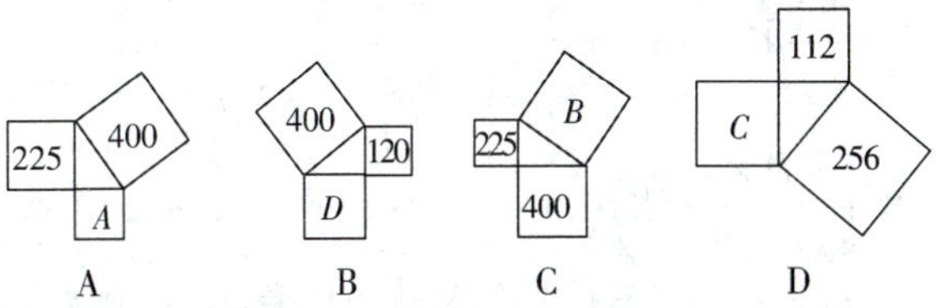

4. (知识点一 ☆☆)若直角三角形的两直角边长分别为3 cm，4 cm，则该直角三角形斜边上的高为　(　　)

A. $\frac{5}{2}$　　B. $\frac{5}{12}$　　C. 5　　D. $\frac{12}{5}$

5. (知识点一 ☆☆) 如图是一个外轮廓为矩形的机器零件平面示意图,根据图中的尺寸(单位:mm)计算两圆孔中心 A 和 B 的距离为________mm.

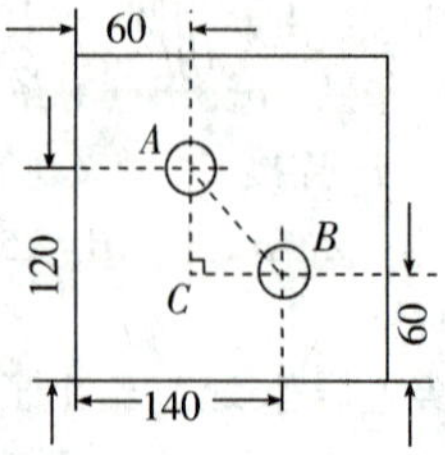

6. (知识点一 ☆☆) 在 Rt△ABC 中,∠ACB=90°,$CD\perp AB$ 于 D,AC=20,BC=15.

(1)求 AB 的长;

(2)求 CD 的长.

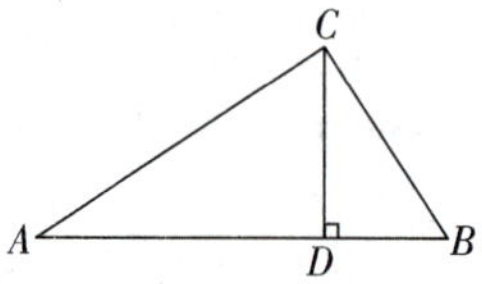

提升篇

7. (知识点二 ☆☆☆) 如图是“赵爽弦图”,△ABH,△BCG,△CDF 和△DAE 是四个全等的直角三角形,四边形 $ABCD$ 和 $EFGH$ 都是正方形,如果 AB=10,EF=2,那么 AH 等于 (　　)

A. 8　　B. 6　　C. 4　　D. 5

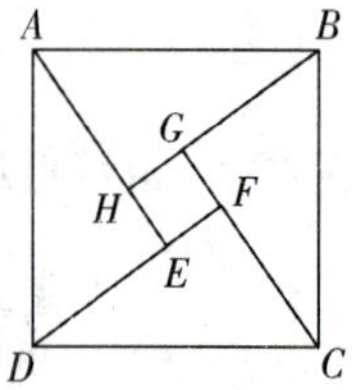

(第7题)

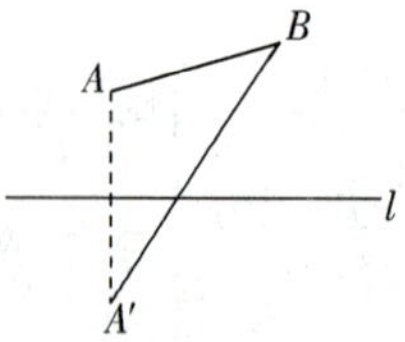

(第8题)

8. (知识点一 ☆☆☆) 如图,A,B 是直线 l 同侧的两点,作点 A 关于直线 l 的对称点 A',连接 $A'B$. 若点 A,B 到直线 l 的距离分别为 2 和 3,则线段 AB 与 $A'B$ 之间的数量关系是 (　　)

A. $A'B^2-AB^2=13$　　B. $A'B^2-AB^2=24$

C. $A'B^2+AB^2=25$　　D. $A'B^2+AB^2=26$

9. (知识点一 ☆☆☆) 如图,所有三角形都是直角三角形,所有四边形都是正方形,已知 $S_1=9$,$S_2=4$,$S_3=8$,$S_4=10$,则 S=________.

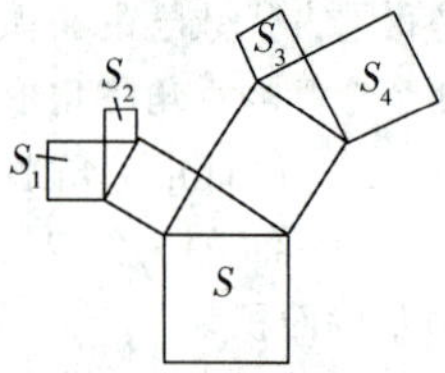

10. (知识点一 ☆☆☆) 有一只喜鹊在一棵 3 m 高的小树上觅食,它的巢筑在距离该树 24 m 远的一棵大树上,大树高 14 m,且巢离树顶部 1 m,当它听到巢中幼鸟的叫声时,立即赶过去,如果它飞行的速度为 5 m/s,那它至少需要多少时间才能赶回巢中?(画出符合题意的几何图形,并求解)

挑战篇

11. (知识点一 ☆☆☆☆☆) (泰安中考题)如图,在△ABC 中,∠ABC=45°,$CD\perp AB$,$BE\perp AC$,垂足分别为 D,E,F 为 BC 中点,BE 与 DF,DC 分别交于点 G,H,∠ABE=∠CBE.

(1)线段 BH 与 AC 相等吗?若相等,请给予证明,若不相等,请说明理由.

(2)求证:$BG^2-GE^2=EA^2$.

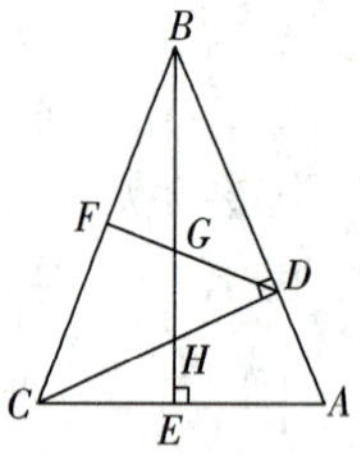

课后答案　　详解习题,夯实基础

练习($P_{79\sim80}$)

1. ①13　②15　③12
2. ①15　②5　③7
3. 两个小正方形面积的和都不等于大正方形的面积,左图中两个小正方形面积的和大于大正方形的面积,右图中两个小正方形面积的和小于大正方形的面积.

练习(P_{82})

(1)15　(2)6　(3)5　(4)60

习题 3.1(P_{82})

1. ①25　②30　③10
2. 由勾股定理,得 $h^2=2.5^2-1.5^2=4$,$\therefore h=2$ m.
3. 以格点为端点且长度为 5 的线段共 4 条,如图.

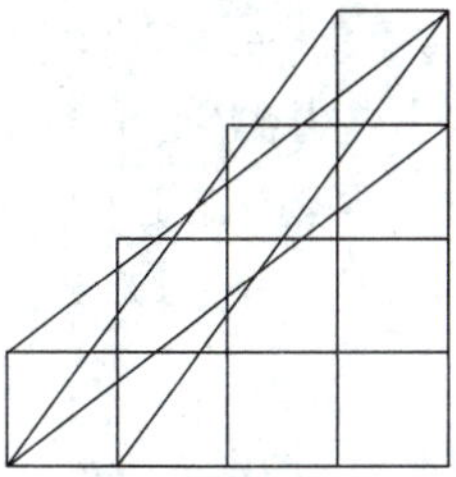

4. 如图,连接 AE,得梯形 $ABDE$,

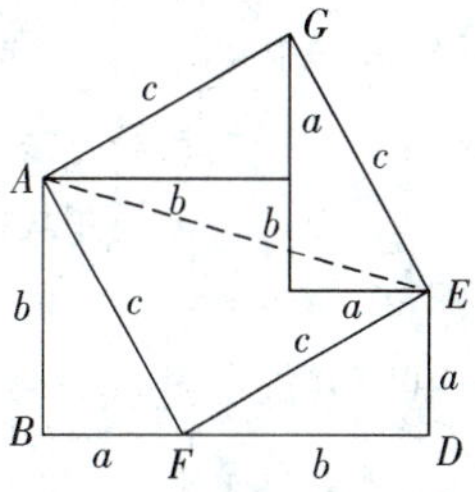

$S_{梯形ABDE}=\frac{1}{2}(a+b)\cdot(a+b)=\frac{1}{2}(a+b)^2$

$=\frac{1}{2}a^2+ab+\frac{1}{2}b^2$,

$S_{梯形ABDE}=S_{\triangle ABF}+S_{\triangle DEF}+S_{\triangle AFE}$

$=\frac{1}{2}ab+\frac{1}{2}ab+\frac{1}{2}c^2=ab+\frac{1}{2}c^2$,

$\therefore \frac{1}{2}a^2+ab+\frac{1}{2}b^2=ab+\frac{1}{2}c^2$,

则可得 $\frac{1}{2}a^2+\frac{1}{2}b^2=\frac{1}{2}c^2$,即 $a^2+b^2=c^2$.

3.2 勾股定理的逆定理

学习目标　　明确方向,有的放矢

1. 掌握直角三角形的判断条件(勾股定理的逆定理).
2. 理解勾股数的含义,探索常用勾股数的规律,能借助勾股数来构造直角三角形.
3. 经历探索一个三角形是直角三角形的条件的过程,加强推理论证能力.

知识详解　　讲透教材,解疑释难

知识点一　勾股定理的逆定理　重难点

勾股定理的逆定理:如果三角形的三边长分别为 a,b,c,且 $a^2+b^2=c^2$,那么这个三角形是直角三角形.

如图,在$\triangle ABC$ 中,如果 $AC^2+BC^2=AB^2$,那么$\triangle ABC$ 是直角三角形,$\angle C$ 是直角.

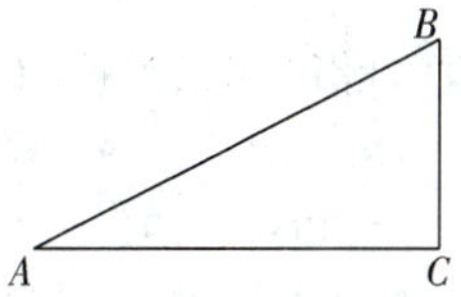

知识讲解
勾股定理的逆定理

提醒

1. 在判断一个三角形是不是直角三角形时，a^2+b^2 是否等于 c^2 须通过计算说明，不能直接写成 $a^2+b^2=c^2$.

2. 判定一个三角形是直角三角形的常用方法：(1)三角形中有一个角是直角(即定义法).(2)三角形中有两个角的和等于90°.(3)三角形的三边长 a,b,c 满足 $a^2+b^2=c^2$.其中，前两种方法是从角的关系得到直角三角形的，而第三种方法是从边的关系得到直角三角形的.

3. 不能机械地认为 c 边所对的角必是直角.例如，若 $a^2=b^2+c^2$，则 a 边所对的角是直角.

例 1 已知△ABC 的三边长为 a,b,c，且满足 $a+b=10$，$ab=18$，$c=8$，则此三角形为________三角形.

解析 ∵ $a+b=10,ab=18,c=8$，

∴ $a^2+b^2=(a+b)^2-2ab=100-36=64$，$c^2=64$，

∴ $a^2+b^2=c^2$，∴ 此三角形是直角三角形.

答案 直角

点评 要判断三角形的形状，通常判定三角形是否为等腰(等边)或直角三角形，判定一个三角形为直角三角形，通常用勾股定理的逆定理，熟练掌握勾股定理的逆定理是解答本题的关键.

知识点二　勾股数　重点

满足关系 $a^2+b^2=c^2$ 的 3 个正整数 a,b,c 称为勾股数.勾股数有无数组，同学们要记住常见的勾股数，它们对你今后的解题有帮助.比如：3,4,5;5,12,13;6,8,10;7,24,25;8,15,17 等.

提醒

1. 勾股数是具有特殊数量关系的三个正整数，它们首先要是正整数.

2. 每组勾股数的相同整数倍数也是勾股数.例如3,4,5是勾股数，它们同时扩大2倍，即为6,8,10也是勾股数.若同时扩大3倍，即为9,12,15也是勾股数.同理，把勾股数同时除以它们的公约数，所得数仍然是勾股数.

例 2 下列各组数中，是勾股数的为　　(　　)

A. 12,15,18　　B. 11,60,61

C. 15,16,17　　D. 12,35,36

解析 判断一组数据是否是勾股数，一要看这三个数是否为正整数，二要看是否符合 $a^2+b^2=c^2$ 的形式，两者必须都要满足，否则这组数便不是勾股数.逐项验证，只有选项 B 同时满足这两个要求，故选 B.

答案 B

点评 本题主要考查了勾股数的定义，即满足关系 $a^2+b^2=c^2$ 的三个正整数 a,b,c 称为勾股数.

拓展典例

分类提升，典例剖析

拓展点一　网格型问题

例 1 如图，在由 6 个大小相同的小正方形组成的网格中，A,B,C 是三个格点(即小正方形的顶点).猜想 AB 与 BC 的大小关系和位置关系，并说明理由.

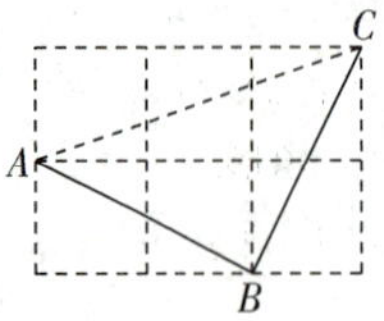

解析 根据勾股定理分别求出 BC^2,AB^2,AC^2，根据勾股定理的逆定理解答.

解 AB 与 BC 相等且垂直.理由：如图，连接 AC.设小正方形的边长为 1，由勾股定理可得 $BC^2=1^2+2^2=5$，$AB^2=1^2+2^2=5$，$AC^2=1^2+3^2=10$，∴ $AB=CB$，$AB^2+BC^2=AC^2$，∴ △ABC 是以∠B 为直角的直角三角形，即 $AB\perp BC$.

∴ AB 和 BC 的关系是相等且垂直.

点评 利用网格中的线段的长，再结合勾股定理及其逆定理进行计算、判断.

拓展点二　运用勾股定理的逆定理解决实际问题

例 2 如图，某住宅小区在施工过程中留下了一块空地，已知 $AD=4$ 米，$CD=3$ 米，$\angle ADC=90°$，$AB=13$ 米，$BC=12$ 米，求这块空地的面积.

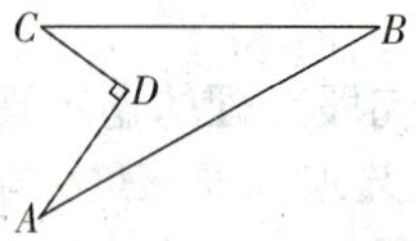

解析 这块空地是不规则图形，要求这块空地的面积，可连接 AC，将其转化为 $S_{\triangle ACB}-S_{\triangle ADC}$.

解 如图,连接 AC.

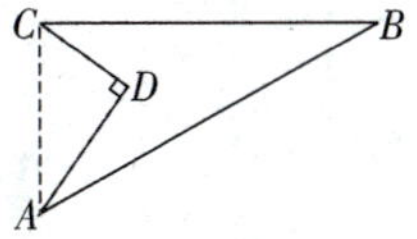

在△ACD 中,∵ $AD=4$ 米,$CD=3$ 米,$\angle ADC=90°$,

∴ $AC=5$ 米.

又 $AC^2+BC^2=5^2+12^2=13^2=AB^2$,

∴ △ABC 是直角三角形,

∴ 这块空地的面积$=S_{\triangle ACB}-S_{\triangle ADC}=\frac{1}{2}\times5\times12-\frac{1}{2}\times3\times4=24$(平方米).

点评 本题通过添加辅助线的方法(割补法),灵活运用勾股定理和勾股定理的逆定理构造了直角三角形,从而使不规则的图形转化为规则的图形.

拓展点三 实践操作问题

例 3 如图,有一个$\angle MPN$,如果只给你一把带有刻度的直尺,你能检验它是否为直角吗?请说明你的做法.

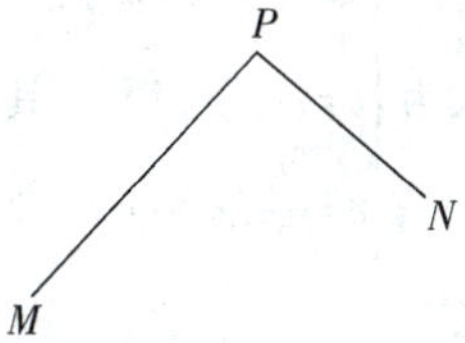

解析 问题的前提是只有一把带有刻度的直尺,因此,只能用这把刻度尺来度量这个角两边上的线段长度,如果$\angle MPN$是一个直角,那么它所在的三角形一定是直角三角形,因此,我们可以来构造一个三角形,利用勾股定理的逆定理解决问题.

解 ①在射线 PM 上截取 $PA=4$ cm,确定点 A,再在射线 PN 上截取 $PB=3$ cm,确定点 B;

②连接 AB,得△ABP;

③用刻度尺量取 AB 的长度,若 AB 恰好为 5 cm,则说明△ABP 为直角三角形;否则,△ABP 就不是直角三角形.

理由:∵ $PA=4$ cm,$PB=3$ cm,

如果 $AB=5$ cm,那么 $PA^2+PB^2=AB^2$.

∴ △ABP 为直角三角形,且$\angle MPN=90°$.

点评 这是一道动手操作题,是勾股定理的逆定理在现实生活中的一个典型应用,它要求同学们既能够动手操作,又能够用数学语言把操作的步骤完整地表述出来,同时还要能够用所学的数学知识加以说明.

拓展点四 构造直角三角形解决问题

例 4 如图,在公路 AB 旁有一座山,现 C 处需要爆破.已知点 C 与公路上的停靠站 A 的距离为 300 m,与公路上另一停靠站 B 的距离为 400 m,且 $CA\perp CB$,$CD\perp AB$,为了安全起见,爆破点 C 周围半径 250 m 范围内不得进入,问在进行爆破时,公路 AB 段是否因有危险而需要暂时封锁?

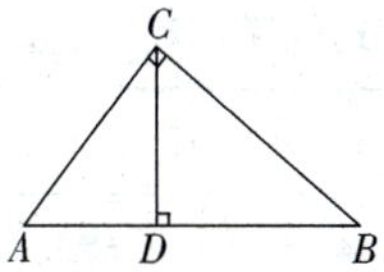

解析 要判断公路 AB 段是否需要封锁,则需要计算点 C 到 AB 的距离是否小于 250 米,如果小于则有危险,需要暂时封锁,大于则没有危险.

解 ∵ $CA\perp CB$,∴ $\angle ACB=90°$.

∵ $BC=400$ m,$AC=300$ m,

∴ 根据勾股定理得 $AB=500$ m.

∵ $CD\perp AB$,∴ $\frac{1}{2}AC\cdot BC=\frac{1}{2}AB\cdot CD$,∴ $CD=240$ m.

∵ 240 m<250 m,故有危险,∴ 公路 AB 段需要暂时封锁.

点评 可以借助勾股定理和三角形的面积公式计算出点 C 到 AB 的距离.

拓展点五 说理问题

例 5 已知:在△ABC 中,如果$\angle A$,$\angle B$,$\angle C$ 所对的边分别是 a,b,c,且满足表达式 $a^2c^2-b^2c^2=a^4-b^4$,试判断△ABC 的形状,并说明理由.

解析 三角形的形状按角分为锐角三角形、直角三角形和钝角三角形;按边分为不等边三角形、等腰三角形.由于条件等式是三边关系,应当考虑用有关的变形手段,比如因式分解法、配方法等,进行适当处理,得出三边之间明显的数量关系,从而为正确地判断奠定基础.

解 △ABC 是等腰三角形或直角三角形,理由如下:

∵ $a^2c^2-b^2c^2=a^4-b^4$,

∴ $c^2(a^2-b^2)=(a^2+b^2)(a^2-b^2)$,

即$(a^2-b^2)(c^2-a^2-b^2)=0$,∴ $a^2-b^2=0$ 或 $c^2-a^2-b^2=0$,也就是 $a^2=b^2$ 或 $c^2=a^2+b^2$,∴ $a=b$ 或 $c^2=a^2+b^2$.根据等腰三角形的概念和直角三角形的判定条件得到:△ABC 是等腰三角形或直角三角形.

点评 在解答本题时,应当注意:千万不能把等式两边的 a^2-b^2 约掉,这样处理显然与等式的性质是不相符的(想一想,为什么),同时,也把问题的解的两种情形漏掉了一种,造成解答的不完整.此外,在最后下结论的时候,应当注意用"或"而不是用"且".同学们对因式分解的常用方法,比如"提公因式法""公式法"等也应当要非常熟练地掌握.

易错辨析　错误分析,拨开迷雾

易错点　用勾股定理的逆定理判定直角三角形时理解错误

例 已知三角形的三边长 $a=12,b=20,c=16$,这个三角形是直角三角形吗?

正确解答 $\because a^2=144,b^2=400,c^2=256,\therefore a^2+c^2=b^2$,故三角形是以 b 为斜边的直角三角形.

易错总结 本题学生会出现这样的错解:在三角形中,$a^2+b^2=12^2+20^2=544,c^2=16^2=256.\because a^2+b^2\neq c^2,\therefore$ 该三角形不是直角三角形.前面我们提过,根据边长来判断三角形的形状时必须做到:①先找出三角形中的最长边,然后将三边分别平方;②比较最长边的平方与其他两边平方和的大小;③根据②中的比较情况下结论:若最长边的平方等于其他两边的平方和,则该三角形是直角三角形;否则,该三角形不是直角三角形.

品味中考　对接中考,小试牛刀

1. (2016·南京)下列长度的三条线段能组成钝角三角形的是　(　　)
   A. 3,4,4　B. 3,4,5　C. 3,4,6　D. 3,4,7
2. (2017·益阳)如图,△ABC 中,$AC=5,BC=12,AB=13,CD$ 是 AB 边上的中线,则 $CD=$________.

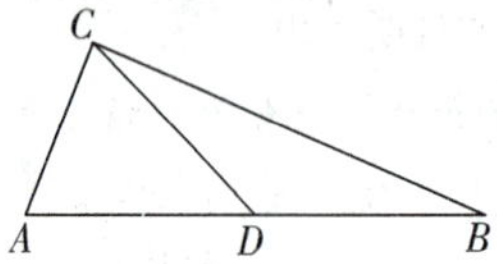

3. (2017·宜昌)阅读:能够成为直角三角形三条边长的三个正整数 a,b,c,称为勾股数.世界上第一次给出勾股数通解公式的是我国古代数学著作《九章算术》,其勾股数组公式为 $\begin{cases}a=\frac{1}{2}(m^2-n^2),\\b=mn,\\c=\frac{1}{2}(m^2+n^2).\end{cases}$ 其中 $m>n>0,m,n$ 是互质的奇数.
   应用:当 $n=1$ 时,求有一边长为 5 的直角三角形的另外两条边长.

趁热打铁　即时检测,巩固提高

基础篇

1. (知识点一 ☆)下列各组数,可以作为直角三角形的三边长的是　(　　)
   A. 2,3,4　B. 7,24,25
   C. 8,12,20　D. 5,13,15
2. (知识点二 ☆☆)下列几组数中,为勾股数的是　(　　)
   A. 12,16,20　B. 4,5,6
   C. 10,24,25　D. 0.9,4,5.1
3. (知识点一 ☆☆)(2017·黄石改编)如图,△ABC 中,E 为 BC 边的中点,$CD\perp AB,AB=10,AC=6,DE=4$,则 $\angle CDE+\angle ACD=$　(　　)

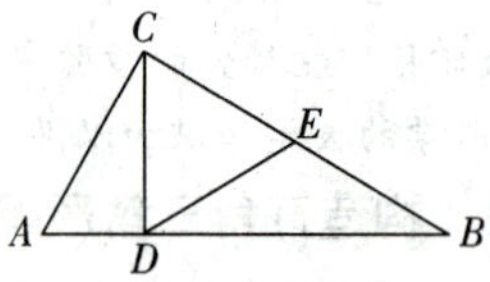

   A. 60°　B. 75°
   C. 90°　D. 105°

4. $\left(\frac{知识点一}{☆☆}\right)$已知 a,b,c 为$\triangle ABC$ 的三边，且满足$(a-b)(a^2+b^2-c^2)=0$，则$\triangle ABC$是 （ ）

A. 等边三角形 B. 直角三角形

C. 等腰直角三角形 D. 等腰三角形或直角三角形

5. $\left(\frac{知识点一}{☆☆}\right)$若一个三角形三边的长度之比为3∶4∶5，且周长为60 cm，则它的面积为______cm^2.

6. $\left(\frac{知识点一}{☆☆}\right)$如图，在$\triangle DEF$中，$DE=17$ cm，$EF=30$ cm，EF边上的中线$DG=8$ cm.求证：$\triangle DEF$是等腰三角形.

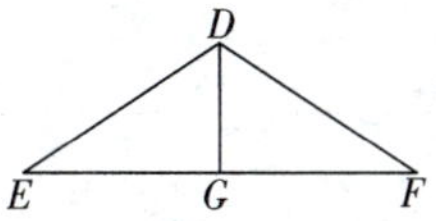

提升篇

7. $\left(\frac{知识点二}{☆☆}\right)$若正整数 a,b,c 是一组勾股数，则下列各组数一定还是勾股数的是 （ ）

A. $a+1,b+1,c+1$ B. $2a,2b,2c$

C. a^2,b^2,c^2 D. $a-1,b-1,c-1$

8. $\left(\frac{知识点二}{☆☆☆}\right)$如果三个正整数 $x,y,11$（其中 x 最大）是一组勾股数，那么以 $x,y,11$ 为三边的三角形的周长是 （ ）

A. 121 B. 120 C. 132 D. 不能确定

9. $\left(\frac{知识点一}{☆☆☆}\right)$如图，在单位正方形组成的网格图中标有 AB,CD,EF,GH 四条线段，其中能构成一个直角三角形三边的线段是______________.

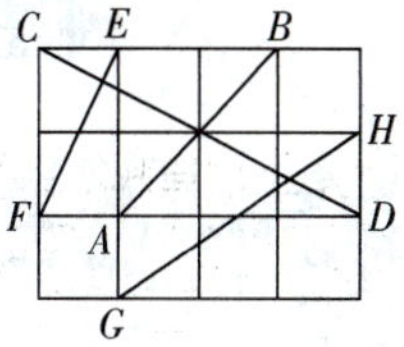

10. $\left(\frac{知识点一}{☆☆☆}\right)$有一块形状为四边形的钢板，量得它的各边长度为$AB=9$ cm，$BC=12$ cm，$CD=17$ cm，$AD=8$ cm，$\angle B=90°$.求这块钢板的面积.

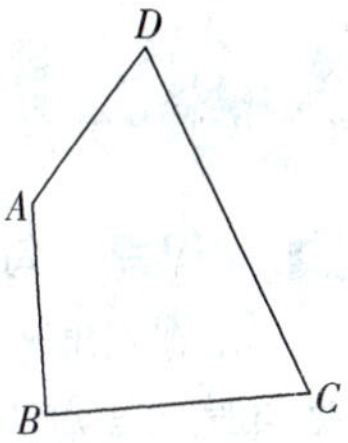

挑战篇

11. $\left(\frac{知识点一}{☆☆☆☆☆}\right)$如图，等边三角形 ABC 内有一点 P，$AP=3$，$BP=4$，$CP=5$，求$\angle APB$的度数.

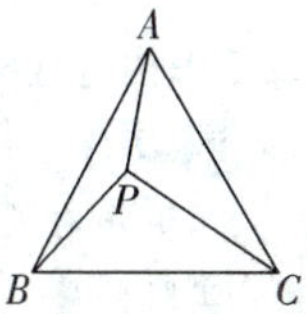

课后答案

详解习题，夯实基础

练习（$P_{84\sim85}$）

1. 设一段绳子为一个单位，由题意知，$AB=4$，$AC=3$，$BC=5$.$\because AB^2+AC^2=4^2+3^2=25$，$BC^2=5^2=25$，$\therefore AB^2+AC^2=BC^2$，由勾股定理的逆定理，得$\triangle ABC$为直角三角形，且$\angle A=90°$，$\therefore AB$与$AC$垂直.

2. 是直角三角形.$\because c^2=a^2-b^2$可以变形为$c^2+b^2=a^2$，由勾股定理的逆定理，得此三角形为直角三角形，且$\angle A$为直角.

3. （1）不是，$\because 12^2+15^2\neq18^2$；（2）是，$\because 11^2+60^2=61^2$；（3）是，$\because 15^2+36^2=39^2$；（4）不是，$\because 12^2+35^2\neq36^2$.

习题3.2（P_{85}）

1. （1）是勾股数，证明：$\because (3k)^2+(4k)^2=9k^2+16k^2=25k^2=(5k)^2$，$\therefore$ 3，4，5扩大k倍后仍是勾股数.

（2）是，证明：$\because a^2+b^2=(n^2-1)^2+(2n)^2=n^4-2n^2+1+4n^2=n^4+2n^2+1=(n^2+1)^2=c^2$，$\therefore$ 由勾股定理的逆定理，得$\triangle ABC$是直角三角形.

2. 是，证明：在$Rt\triangle ADC$，$Rt\triangle ADB$中，

由勾股定理，得$AC^2=5$，$AB^2=20$.

$\therefore AC^2+AB^2=5+20=25=BC^2$，

$\therefore$ 由勾股定理的逆定理，得$\triangle ABC$是直角三角形，且$\angle BAC$是直角.

3.3 勾股定理的简单应用

学习目标　明确方向，有的放矢

❶ 能运用勾股定理及其逆定理解决一些简单的实际问题.

❷ 在运用勾股定理及勾股定理的逆定理解决实际问题的过程中，感受数学的“转化”思想（把斜三角形、四边形等图形转化为直角三角形）.

知识详解　讲透教材，解疑释难

知识点　勾股定理的应用　重难点

1. 在直角三角形中，如果知道其任意两边的长，根据勾股定理就能求出它的第三边的长.

2. 勾股定理揭示了直角三角形中三边的特殊数量关系.把 $a^2+b^2=c^2$ 看成一个方程，里面有三个未知数，知道其中的一个就能得出其他两边的关系.比如当 $a=3$ 时，可得 $9+b^2=c^2$.如果再知道 b 与 c 的一个表达式，就能通过解方程求出 b,c 了.

3. 在三角形中，当出现线段的平方关系时，通常可以考虑构造直角三角形，利用勾股定理来说明平方关系.

提醒

运用勾股定理及其逆定理可以解决生活中的一些实际问题，在应用勾股定理解决实际问题时，应先构造直角三角形，然后把直角三角形中的边表示出来，再利用勾股定理解决问题.

例 1　如图，韩彬同学从家（记作 A）出发向北偏东 30° 的方向行走了 4 000 米到达超市（记作 B），然后再从超市出发向南偏东 60° 的方向行走 3 000 米到达卢飞同学家（记作 C），则韩彬家到卢飞家的距离为（　　）

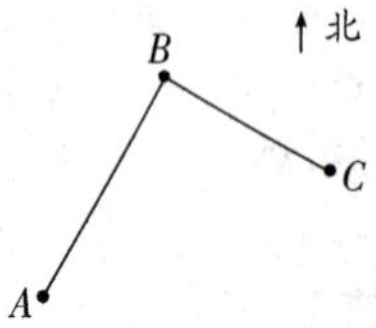

A. 2 000 米　　B. 3 000 米

C. 4 000 米　　D. 5 000 米

解析　如图，连接 AC.依题意得 $\angle ABC=90°$，$AB=4\ 000$ 米，$BC=3\ 000$ 米，则由勾股定理，得 $AC^2=AB^2+BC^2=4\ 000^2+3\ 000^2=5\ 000^2$，即 $AC=5\ 000$（米），故选 D.

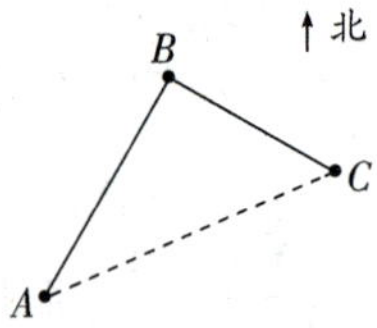

答案　D

点评　在解决实际问题时，要学会将实际问题转化为数学问题来解决，也就是要学会建立数学模型解题.

例 2　如图，已知某学校 A 与直线公路 BD 相距 3 000 米，且与该公路上一个车站 D 相距 5 000 米，现要在公路边建一个超市 C，使之与学校 A 及车站 D 的距离相等，那么该超市与车站 D 的距离是多少米？

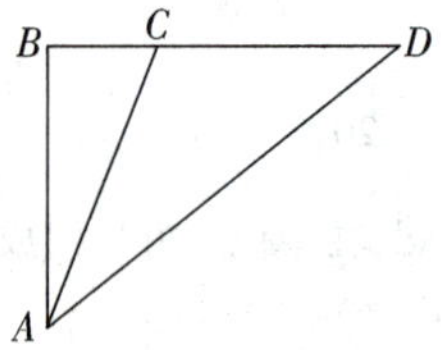

解析　根据题意，$AC=CD$，$\angle ABD=90°$，由 AB,AD 的长易求 BD，设 $CD=x$ 米，则 $AC=x$ 米，$BC=BD-x$.在 $Rt\triangle ABC$ 中运用勾股定理得关系式求解.

解　根据题意得 $AC=CD$，$\angle ABD=90°$.

在 $Rt\triangle ABD$ 中，$\because AB=3\ 000$ 米，$AD=5\ 000$ 米，

$\therefore BD^2=AD^2-AB^2=5\ 000^2-3\ 000^2=4\ 000^2$，

$\therefore BD=4\ 000$（米），

设 $CD=AC=x$ 米，则 $BC=(4\ 000-x)$ 米，

在 $Rt\triangle ABC$ 中，$AC^2=AB^2+BC^2$，

即 $x^2=3\ 000^2+(4\ 000-x)^2$，解得 $x=3\ 125$.

故该超市与车站 D 的距离是 3 125 米.

点评　解答这类问题时，常常运用勾股定理建立方程，很好地体现了数学中的方程思想.

点拨

应用勾股定理解决实际问题时，可按以下步骤：
(1)根据题意画出图形；
(2)明确图中边长的数量关系；
(3)根据勾股定理写出等量关系；
(4)计算求解作答.

★教材中的问题解答★

交流(P_{86})

分别在Rt△ABC，Rt△ABD，Rt△ABE，Rt△ABF，Rt△ABG中，根据勾股定理可以求得AC，AD，AE，AF，AG的长.

拓展典例

分类提升，典例剖析

拓展点一　构造直角三角形运用勾股定理求线段的长

例1 如图，校园内有两棵树，相距8米，一棵树高13米，另一棵树高7米，一只小鸟从一棵树的顶端飞到另一棵树的顶端，小鸟至少要飞（　　）

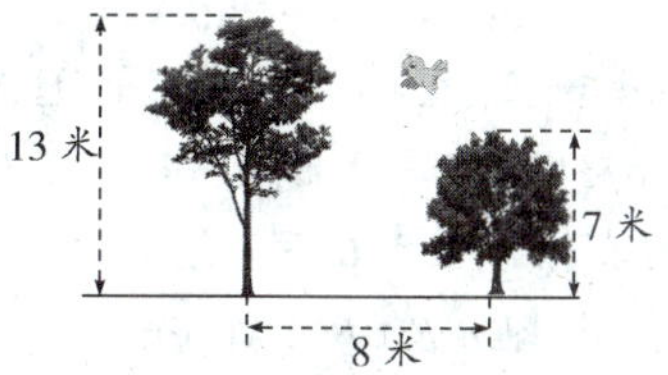

知识讲解 勾股定理的运用

A. 8米　　B. 9米　　C. 10米　　D. 11米

解析 如图所示，AB，CD为树，且AB=13米，CD=7米，BD为两树距离8米，过C作CE⊥AB于E，则CE=BD=8米，AE=AB−CD=6米，在直角三角形AEC中，AC=10米.故选C.

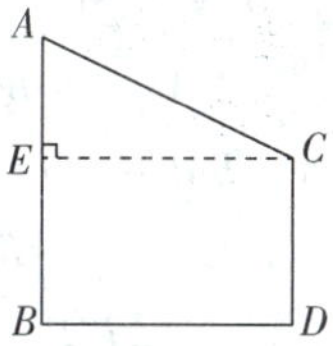

答案 C

点评 本题考查了勾股定理的应用，解答本题的关键是构造直角三角形，构造直角三角形的一般方法就是作垂线.

拓展点二　用勾股定理解决立体图形中距离最短问题

例2 如图①中的一块砖的宽AN=5 cm，长ND=10 cm，CD上的点B距地面的高度BD=8 cm.地面上A处的一只蚂蚁要到B处吃食，需爬行的最短路程是多少？

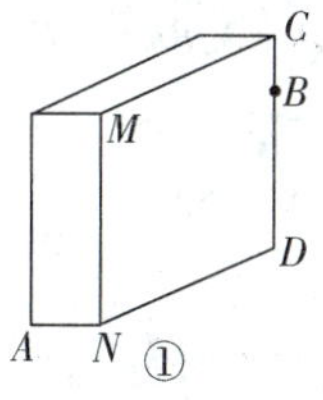

①

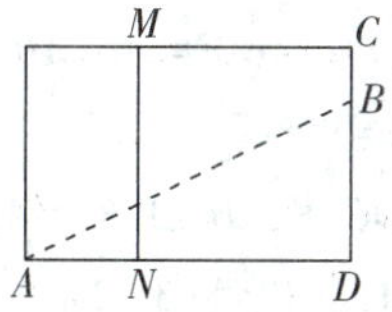

②

解析 把砖的侧面展开，平铺在平面上，连接AB，则线段AB为蚂蚁爬行的最短距离.

解 在砖的侧面展开图(如图②)上，连接AB，则线段AB的长即为蚂蚁从A处到B处的最短路程.

在Rt△ABD中，∵ $AD=AN+ND=5+10=15$(cm)，$BD=8$ cm，

∴ $AB^2=AD^2+BD^2=15^2+8^2=289$，∴ $AB=17$ cm.

∴ 蚂蚁爬行的最短路程为17 cm.

点评 解决这类问题的关键是将立体图形展开成平面图形.利用平面几何相关的知识，如对称、线段公理，结合勾股定理求解.如果画出展开图形有困难，可通过制作模型的办法来帮助分析、解决问题.

拓展点三　实际应用问题

例3 台风是一种自然灾害，它以台风中心为圆心，在周围数十千米范围内形成气旋风暴，有极强的破坏力，如图，据气象观测，在距沿海城市A的正南方向240 km的B处有一台风中心，其中心附近最大风力为12级，每远离台风中心25 km，风力就会削弱一级，该台风中心正以25 km/h的速度沿北偏东30°方向向C移动，且台风中心附近风力不变.若城市所受风力达到或超过4级，则称为受台风影响.

(1)该城市是否会受到台风的影响，请说明理由；

(2)若会受到台风影响，则台风影响该市的持续时间有多长？

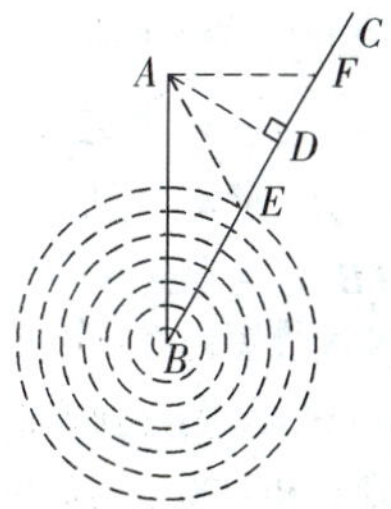

解析 要判断该城市是否会受到台风的影响，只要求出该城市距离台风中心附近最近时所受的风力是否超过4

级，由条件可以知道所受台风的风力与所距台风中心附近的距离有关系，因此，本题可以构造一个直角三角形，运用勾股定理来解答.

解 (1)该城市会受到台风的影响，理由如下：

过点 A 作 $AD\perp BC$ 于点 D，在 $\mathrm{Rt}\triangle ABD$ 中，

$\because \angle ADB=90^\circ,\angle ABD=30^\circ,\therefore AD=\frac{1}{2}AB=120$ km.

$\because$ 受到台风影响的最大距离为 $25\times(12-4)=200$(km)，而 $120<200$，$\therefore$ 该城市一定会受到台风的影响.

(2)设台风中心由 B 移动到点 E 处时，该城市刚好受到台风的影响，台风中心再由 D 移动到点 F 处时，该城市刚好脱离台风的影响，则 $AE=AF=200$ km.

在 $\mathrm{Rt}\triangle AED$ 中，$\because \angle ADE=90^\circ,AE=200$ km，$AD=120$ km，

$\therefore DE=160$ km.$\therefore DF=160$ km，$EF=320$ km.

$\therefore$ 台风影响该市的持续时间为 $320\div25=12.8$(h).

点评 本题是日常生活中经常遇到的台风问题，解答这类问题时需要我们从实际问题中抓住问题的本质，并建立直角三角形的模型，运用勾股定理加以解答.

拓展点四　方案设计问题

例 4 如图，要在河边修建一个水泵站，分别向张村和李庄送水，已知张村、李庄到河边 l 的距离分别为2 km和7 km，且 $CD=12$ km.

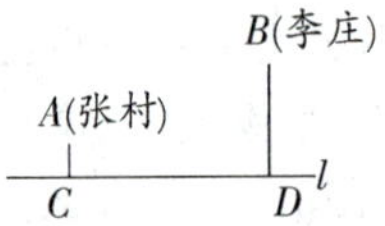

(1)水泵站应修建在什么地方，可使所用的水管最短？请你在图中设计出水泵站的位置.

(2)如果铺设水管的工程费用为每千米1 500元，为使铺设水管费用最节省，请求出最节省时铺设水管的费用为多少.

解析 费用最少即要求铺设水管最短，因此解决第(1)题即可解决第(2)题，而要使铺设水管最短，根据对称的性质作图即可.

解 (1)如图，作点 A 关于河边所在直线 l 的对称点 A'，连接 $A'B$ 交 l 于点 P，则点 P 即为所求水泵站的位置.此时，PA，PB 的距离之和最短，即所铺设的水管最短.

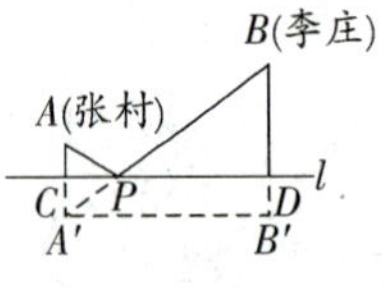

(2)如图，过点 B 作 l 的垂线，过 A' 作 l 的平行线，设这两条直线交于点 B'，则 $\angle B'=90^\circ$.

由题意，知 $AC=A'C=B'D=2$ km，$A'B'=CD=12$ km，$BD=7$ km.

在 $\mathrm{Rt}\triangle A'B'B$ 中，$A'B'=12$ km，$BB'=7+2=9$(km)，

根据勾股定理，得 $BA'=15$ km.

$\because PA=PA',\therefore PA+PB=BA'=15$ km，

$\therefore$ 最节省时铺设水管的费用为 $1\,500\times15=22\,500$(元).

点评 解决实际问题时，要注意将实际问题转化为数学问题，建立相应的数学模型，化未知为已知，从而解决问题.

拓展点五　分类讨论题

例 5 如图，长方形 $ABCD$ 中，$AB=3$，$BC=4$，点 E 是 BC 边上一点，连接 AE，把 $\angle B$ 沿 AE 折叠，使点 B 落在点 B' 处，当 $\triangle CEB'$ 为直角三角形时，BE 的长为________.

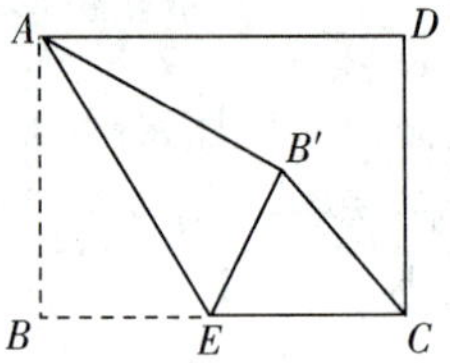

解析 解决此题需要分2步：(1)确定位置.①探索 $\triangle CEB'$ 为直角三角形存在的各种情况；分别以点 E，B' 和 C 为直角顶点进行分类讨论，且点 C 不可能为直角顶点；②当 E 点为直角顶点时，即 $B'E\perp BC$，尝试确定点 B'，E 的位置；同样当 B' 为直角顶点时，A，B'，C 三点共线，即点 B' 在 AC 上，画出相对应的图形.(2)解决问题.

①如图①，当点 B' 落在 AD 上时，$\because$ 四边形 $ABCD$ 是长方形，

$\therefore \angle BAD=\angle B=90^\circ,AD\parallel BC$.

由折叠可知 $\angle AB'E=90^\circ,AB=AB'$，$\therefore$ 四边形 $ABEB'$ 为正方形，$\therefore \angle B'EC=90^\circ,BE=AB=3$.

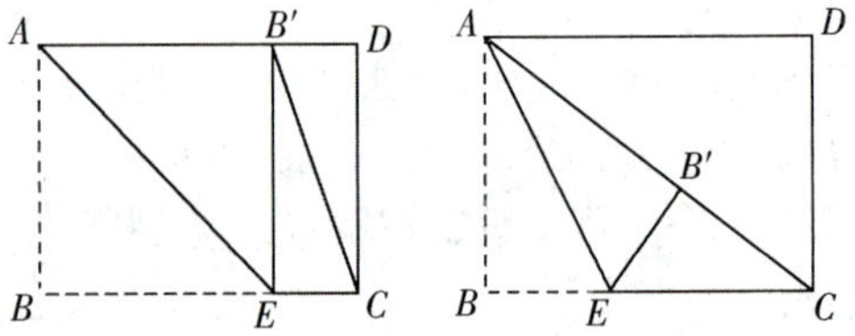

①　②

②如图②，当点 B' 落在 AC 上时，

$\because$ 四边形 $ABCD$ 是长方形，

$\therefore \angle B=90^\circ$.

由折叠可知 $\angle AB'E=90^\circ,AB=AB'=3,BE=B'E$，

$\therefore \angle EB'C=90^\circ$.

在 $\mathrm{Rt}\triangle ABC$ 中，$AB=3$，$BC=4$，$\therefore AC=5$.

$\therefore CB'=AC-AB'=5-3=2$.

在 $\mathrm{Rt}\triangle B'CE$ 中，设 $B'E=BE=x$，

则 $CE=4-x$，由勾股定理得 $x^2+2^2=(4-x)^2$，

解得 $x=\frac{3}{2}$，即 $BE=\frac{3}{2}$. 故填 3 或 $\frac{3}{2}$.

答案　3 或 $\frac{3}{2}$

点评　本题是以长方形为背景进行折叠(即轴对称变换)，考查直角三角形存在性条件的综合性动态题目.探索动态与存在性问题的综合题，首先利用存在性的不同进行分类讨论；再确定位置，画出相应的图形；利用几何图形的性质、勾股定理等解决问题，求出存在性的条件.

易错辨析

错误分析，拨开迷雾

易错点　未弄清题意，看清图形

例　如图，在四边形 $ABCD$ 中，已知 $AB:BC:CD:DA=2:2:3:1$，且 $\angle B=90°$，试求 $\angle DAB$ 的度数，并说明理由.

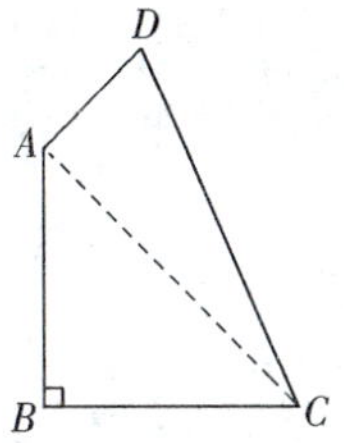

正确解答　如图，连接 AC. 设 $AD=k$，则 $AB=BC=2k$，$CD=3k$. 在 Rt△ABC 中，∵ $AB=BC$，$\angle B=90°$，
∴ $\angle BAC=\angle ACB=45°$，$AC^2=AB^2+BC^2=(2k)^2+(2k)^2=8k^2$. ∵ $AD^2=k^2$，$CD^2=(3k)^2=9k^2$，∴ $AC^2+AD^2=CD^2$.
根据直角三角形的判定条件，得到三角形 ACD 是直角三角形，且 $\angle DAC=90°$. 因此 $\angle DAB=\angle BAC+\angle DAC=45°+90°=135°$.

易错总结　勾股定理和它的逆定理在解决有关问题时常常会交汇在一起运用，尤其是解决三角形的角度、面积和周长的计算问题.由于勾股定理和它的逆定理是有本质区别的，因此，同学们应当注意区分它们的使用范围，千万不能混为一谈.

品味中考

对接中考，小试牛刀

1. (2017·绍兴)如图，小巷左右两侧是竖直的墙，一架梯子斜靠在左侧墙时，梯子底端与左墙角的距离为 0.7 米，顶端距离地面 2.4 米，如果保持梯子底端位置不动，将梯子斜靠在右墙时，顶端距离地面 2 米，则小巷的宽度为　(　　)

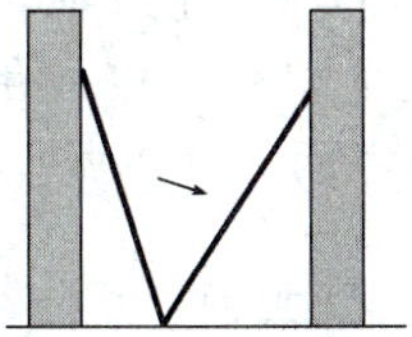

A. 0.7 米　B. 1.5 米　C. 2.2 米　D. 2.4 米

2. (厦门中考题)已知 A,B,C 三地位置如图所示，$\angle C=90°$，A,C 两地的距离是 4 km，B,C 两地的距离是 3 km，则 A,B 两地的距离是________km；若 A 地在 C 地的正东方向，则 B 地在 C 地的________方向.

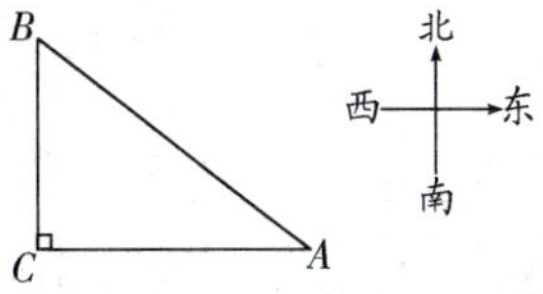

(第 2 题)

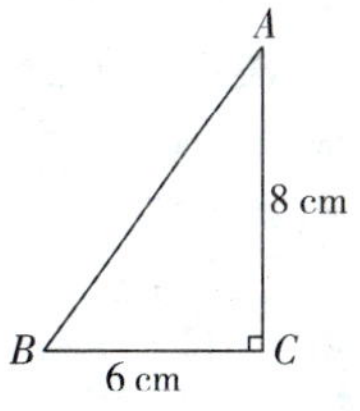

(第 3 题)

3. (2017·白银)如图，一张三角形纸片 ABC，$\angle C=90°$，$AC=8$ cm，$BC=6$ cm，现将纸片折叠，使点 A 与点 B 重合，那么折痕长等于________cm.

趁热打铁　即时检测，巩固提高

基础篇

1. (☆)一木杆在离地面 3 m 处折断，木杆顶端落在离木杆底端 4 m 处，木杆折断之前高　(　　)

A. 5 m　B. 7 m　C. 8 m　D. 9 m

2. (☆☆)如图，王大伯家屋后有一块长 12 m，宽 8 m 的长方形空地，他在以长边 BC 为直径的半圆内种菜，他家养的一只羊平时拴在 A 处的一棵树上，为了不让羊吃到菜，拴羊的绳长可以选用　(　　)

A. 9 m　B. 7 m

C. 5 m　D. 3 m

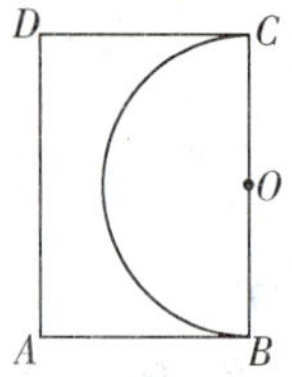

(第 2 题)

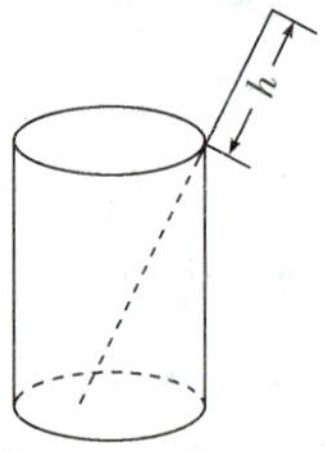

(第 3 题)

3. (☆☆)如图，将一根长 24 cm 的筷子，置于底面直径为 5 cm，高为 12 cm 的圆柱形水杯中，设筷子露在杯子外面的长度为 h cm，则 h 的取值范围是　(　　)

A. $12\text{ cm}\leqslant h\leqslant 19\text{ cm}$　B. $12\text{ cm}\leqslant h\leqslant 13\text{ cm}$

C. $11\text{ cm}\leqslant h\leqslant 12\text{ cm}$　D. $5\text{ cm}\leqslant h\leqslant 12\text{ cm}$

4. (☆)放学以后，萍萍和晓晓从学校分手，分别沿东南方向和西南方向回家，若萍萍和晓晓行走的速度都是 40 米/分，萍萍用 15 分钟到家，晓晓用 20 分钟到家，则萍萍家和晓晓家的距离为________.

5. (☆☆)如图，某学校有一块长方形花圃，有极少数人为了避开拐角走"捷径"，在花圃内走出了一条"路" AB，爱心小组想在 A 处竖立一个标牌"少走□米，踏之何忍?"通过计算后，在标牌的□里填上的适当数字为________.

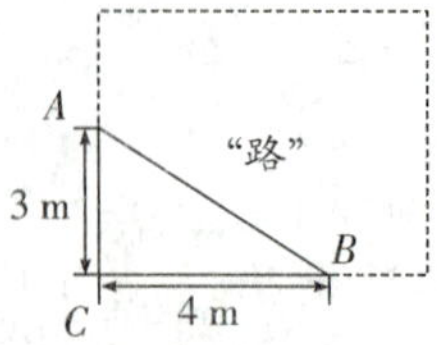

(第 5 题)

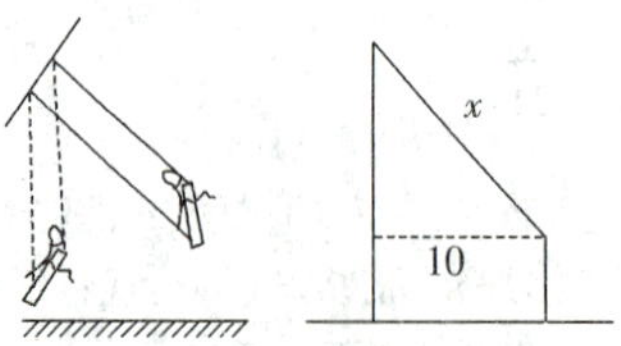

(第 6 题)

6. (☆☆)《算法统宗》是中国古代数学名著，作者是我国明代数学家程大位.在《算法统宗》中有一道"荡秋千"的问题："平地秋千未起，踏板一尺离地.送行二步与人齐，五尺人高曾记.仕女佳人争蹴，终朝笑语欢嬉.良工高士素好奇，算出索长有几?"译文："有一架秋千，当它静止时，踏板离地 1 尺，将它往前推送 10 尺(水平距离)时，秋千的踏板就和人一样高，这个人的身高为 5 尺，秋千的绳索始终拉得很直，试问绳索有多长?"设秋千的绳索长为 x 尺，根据题意可列方程为____________.

提升篇

7. (☆☆☆)如图所示，圆柱的底面周长为 6 cm，AC 是底面圆的直径，高 BC = 6 cm，点 P 是母线 BC 上一点且 $PC=\dfrac{2}{3}BC$.一只蚂蚁从 A 点出发沿着圆柱体的表面爬行到点 P 的最短距离是　(　　)

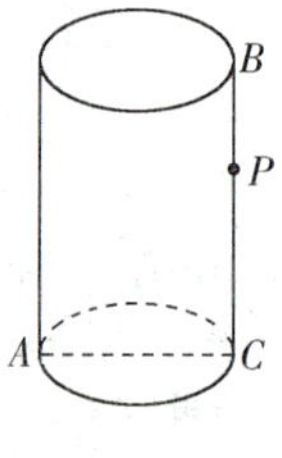

A. $\left(4+\dfrac{6}{\pi}\right)$ cm　B. 5 cm　C. 6 cm　D. 7 cm

8. (☆☆☆)某港口 P 位于东西方向的海岸线上，"远航"号、"海天"号轮船同时离开港口，各自沿一固定方向航行，"远航"号每小时航行 16 海里，"海天"号每小时航行 12 海里，它们离开港口 1.5 小时后相距 30 海里，且知道"远航"号沿东北方向航行，那么"海天"号航行的方向是________.

9. (☆☆☆)如图，平安路与幸福路是两条平行的道路，且与新兴大街垂直，老街与小米胡同垂直，书店位于老街与小米胡同的交口处，如果小强同学站在平安路与新兴大街的交叉路口，准备去书店，按图中的街道行走，最近的路程为________m.

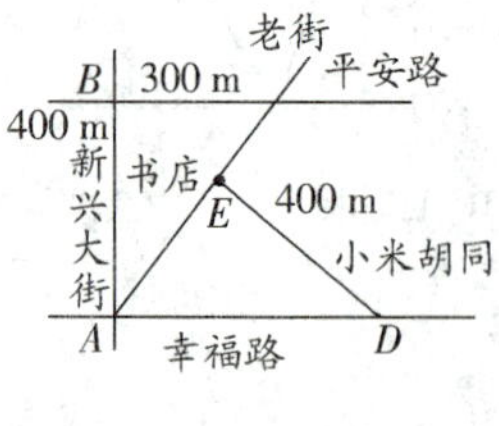

10. (☆☆☆)如图,一个牧童在小河的南边 4 km 的 A 处牧马,而他正位于他的小屋 B 的西边 8 km 北边 7 km 处,他想把他的马牵到小河边去饮水,然后回家,他要完成这件事情所走的最短路程是多少?

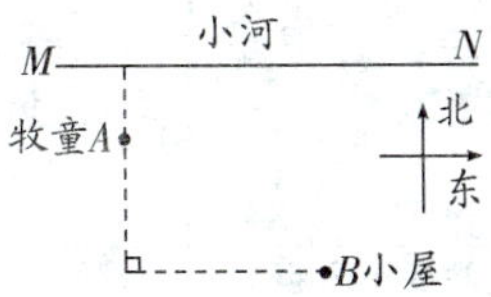

挑战篇

11. (☆☆☆☆)如图,已知△ABC 中,$AB=AC$,D 为 BC 上的任一点.试说明:$AD^2+BD\cdot DC=AB^2$.

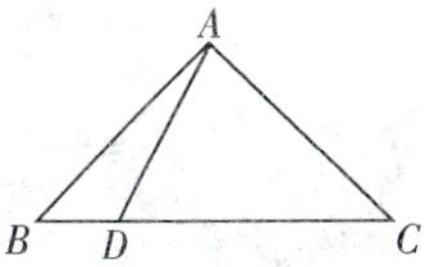

课后答案　详解习题,夯实基础

练习(P_{87})

1. ∵ 在 Rt△ABD 中,∠$A=90°$,

∴ 由勾股定理,得 $BD^2=AD^2+AB^2=12^2+16^2=400$,

∴ $BD=20$.

在△BCD 中,∵ $BD^2+CD^2=20^2+15^2=625=BC^2$,

∴ 由勾股定理的逆定理,得△BCD 为直角三角形,且∠$BDC=90°$.

又 $S_{四边形ABCD}=S_{\triangle ABD}+S_{\triangle BCD}$,

∴ $S_{四边形ABCD}=\frac{1}{2}AB\cdot AD+\frac{1}{2}CD\cdot BD=\frac{1}{2}\times16\times12+\frac{1}{2}\times15\times20=246$.

2. 设三角形的三边长分别为 $3x$ cm,$4x$ cm,$5x$ cm,

∵ 它的周长是 60 cm,

∴ $3x+4x+5x=60$,即$12x=60$,解得 $x=5$,

∴ 三角形的三边长分别为 15 cm,20 cm,25 cm.

∵ $15^2+20^2=625=25^2$,

∴ 该三角形是直角三角形,且两直角边分别为 15 cm,20 cm.

∴ 三角形的面积 $S=\frac{1}{2}\times15\times20=150(\text{cm}^2)$.

习题 3.3($P_{87\sim88}$)

1. 由题意得,△ABC 是直角三角形,且∠$B=90°$,

∴ 由勾股定理,得 $AB^2=AC^2-BC^2=19.5^2-7.5^2=324$,

∴ $AB=18$ m.

2. 如图,由题意得,△ABE 为直角三角形,四边形 $ABCD$ 为长方形.

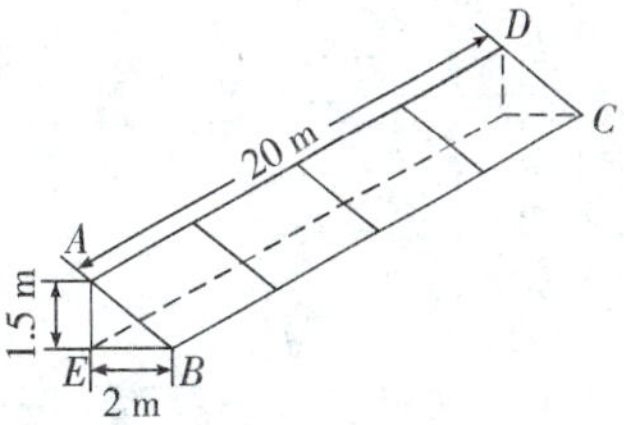

在 Rt△ABE 中,∵ ∠$AEB=90°$,

∴ 由勾股定理,得 $AB^2=AE^2+BE^2=1.5^2+2^2=6.25$,

∴ $AB=2.5$ m,∴ $S_{四边形ABCD}=AB\cdot BC=2.5\times20=50(\text{m}^2)$,

∴ 育苗棚顶部塑料薄膜的面积为 50 m².

3. 连接 BE,∵ DE 是 AB 的垂直平分线,

∴ $AE=BE$,设$AE=BE=x$,那么 $EC=12-x$.

在 Rt△EBC 中,∵ ∠$C=90°$,

∴ 由勾股定理,得 $BE^2=EC^2+BC^2$,

即 $x^2=(12-x)^2+9^2$,解得 $x=\frac{75}{8}$,则 $EC=\frac{21}{8}$,

∴ $AE=\frac{75}{8}$,$EC=\frac{21}{8}$.

4. 分别以两直角边为直径的两个半圆的面积之和等于以斜边为直径的半圆的面积.

理由:分别以 BC,AB 为直径的半圆的面积之和为 $\frac{\pi}{8}BC^2+\frac{\pi}{8}AB^2=\frac{\pi}{8}(BC^2+AB^2)$,以斜边为直径的半圆的面积为$\frac{\pi}{8}AC^2$.∵ 在 Rt△$ABC$ 中,∠$ABC=90°$,

∴ 由勾股定理,得 $BC^2+AB^2=AC^2$,

∴ $\frac{\pi}{8}(BC^2+AB^2)=\frac{\pi}{8}AC^2$,

即分别以两直角边为直径的两个半圆的面积之和等于以斜边为直径的半圆的面积.

本章总结

知识框架

要点归纳，一览无余

- 勾股定理
  - 勾股定理
    - 定理：直角三角形两条直角边的平方和等于斜边的平方
    - 验证勾股定理
      - 拼图法
      - 割补法
      - 面积法
  - 勾股定理的逆定理
    - 定理：如果三角形的三边长分别为a,b,c，且$a^2+b^2=c^2$，那么这个三角形是直角三角形
    - 勾股数：满足关系$a^2+b^2=c^2$的3个正整数a,b,c，称为勾股数
  - 勾股定理的简单应用
    - 利用勾股定理求直角三角形的边长
    - 勾股定理及其逆定理在生活中的应用

专题归纳

科学总结，突破难点

知识技能

一、勾股定理的验证

例 1 (1)如图①是一个重要公式的几何解释.请你写出这个公式；

(2)如图②，Rt△ABC≌Rt△CDE，$\angle B=\angle D=90^\circ$，且$B,C,D$三点共线.试证明$\angle ACE=90^\circ$；

(3)加菲尔德(Garfield，1881 年任美国第 20 届总统)利用(1)中的公式和图②证明了勾股定理(1876 年 4 月1 日，发表在《新英格兰教育日志》上)，现请你尝试该证明过程.

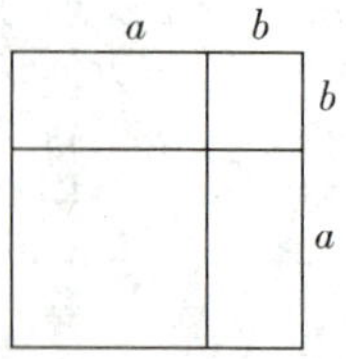

①

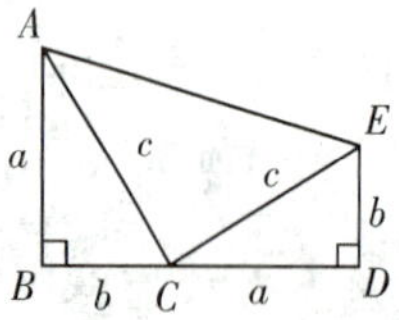

②

解析 (1)根据图①中正方形面积的两种不同的计算方法可得完全平方公式$(a+b)^2=a^2+2ab+b^2$.(2)利用全等三角形对应角相等和直角三角形的两个锐角互余可以证得$\angle ACE=90^\circ$.(3)根据梯形$ABDE$面积的两种不同的计算方法可得勾股定理.

解 (1)这个公式为$(a+b)^2=a^2+2ab+b^2$.

(2)$\because$ △ABC≌△CDE，$\therefore \angle BAC=\angle DCE$.

$\therefore \angle ACB+\angle DCE=\angle ACB+\angle BAC=90^\circ$.

$\therefore \angle ACE=180^\circ-(\angle ACB+\angle DCE)=180^\circ-90^\circ=90^\circ$.

(3)梯形$ABDE$的面积为$\frac{1}{2}(AB+ED)\cdot BD=\frac{1}{2}(a+b)\cdot(a+b)=\frac{1}{2}(a+b)^2$；

另一方面，梯形$ABDE$可分成三个直角三角形，其面积又可以表示成$\frac{1}{2}ab+\frac{1}{2}ab+\frac{1}{2}c^2$.

$\therefore \frac{1}{2}(a+b)^2=\frac{1}{2}ab+\frac{1}{2}ab+\frac{1}{2}c^2$.

即$a^2+b^2=c^2$.

点评　勾股定理的证明方法有300多种，很多名人都与勾股定理的证明有关.证明勾股定理的一种重要的方法就是面积法，运用面积法解题的思路同学们一定要掌握好.勾股定理的证明还体现了数学中的一种重要的数学思想——数形结合思想，请同学们认真体会.

二、运用勾股定理求线段的长度

例 2　如图，折叠长方形（四个角都是直角，对边相等）的一边 AD，使点 D 落在 BC 边的点 F 处，已知 $AB=3$ cm，$BC=5$ cm，求 EC 的长.

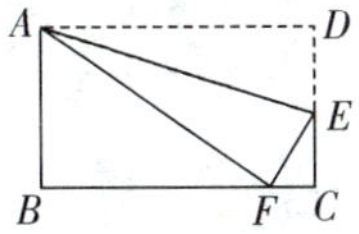

解析　设 $DE=x$ cm，则 $EC=(3-x)$ cm，由于折叠长方形的边 AD 且点 D 落在 BC 边的点 F 处，得到 $\triangle AEF\cong\triangle AED$，则 $EF=DE=x$ cm，$AF=AD=5$ cm，在 $Rt\triangle EFC$ 中运用勾股定理，即可得到关于 x 的方程，求出 x 的值即可.

解　由题意知 $\triangle AEF\cong\triangle AED$，则 $AF=AD=5$ cm，$DE=EF$，∴ 在 $Rt\triangle ABF$ 中，由勾股定理得 $BF^2=5^2-3^2=16$，

∴ $BF=4$ cm，$CF=5-4=1$(cm).

设 $DE=EF=x$ cm，则 $EC=(3-x)$cm.

在 $Rt\triangle EFC$ 中，由勾股定理可知 $EF^2=FC^2+EC^2$，即 $x^2=1^2+(3-x)^2$，解得 $x=\frac{5}{3}$，∴ $EC=3-\frac{5}{3}=\frac{4}{3}$(cm).

点评　勾股定理反映了直角三角形三边之间的关系，因此在许多问题中都需要利用勾股定理来求题目中一些线段的长度.当题目中线段之间的关系比较复杂时，往往需要把所求线段的长度设为未知数，再根据勾股定理列出方程，通过解方程来求得线段的长度.

三、运用勾股定理的逆定理判断三角形是否为直角三角形

例 3　一艘轮船以16海里/时的速度离开港口（如图），向北偏东40°方向航行，同时另一艘轮船以12海里/时的速度向北偏西一定角度的航向行驶，已知它们离港口一个半小时后相距30海里（即 $BA=30$ 海里），则另一艘轮船航行的方向是北偏西多少度?

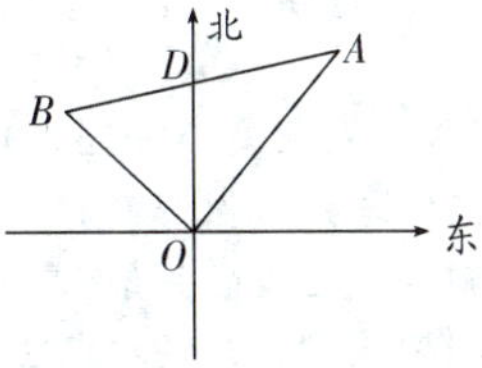

解析　先根据题意得出 OA 及 OB 的长，再根据勾股定理的逆定理判断出 $\triangle OAB$ 的形状，进而可得出结论.

解　由题意可知，$OA=16+16\times\frac{1}{2}=24$(海里)，$OB=12+12\times\frac{1}{2}=18$(海里)，$AB=30$ 海里.

∵ $24^2+18^2=900$，$30^2=900$，

∴ $OA^2+OB^2=AB^2$，∴ $\triangle OAB$ 是直角三角形.

∵ $\angle AOD=40°$，∴ $\angle BOD=90°-40°=50°$，即另一艘轮船航行的方向是北偏西50度.

点评　判断三角形是否为直角三角形的方法有很多，其中利用三边平方的数量关系判断三角形是否为直角三角形，是我们常用的一种方法.在解本题中，容易忽视运用勾股定理的逆定理来判断三角形是直角三角形而直接说明 $\triangle OAB$ 为直角三角形，犯了逻辑推理上的错误.

四、勾股定理的实际应用

例 4　如图，某地方政府决定在相距50 km的 A，B 两站之间的公路旁 E 点，修建一个土特产加工基地，且使 C，D 两村到 E 点的距离相等，已知 $DA\perp AB$ 于 A，$CB\perp AB$ 于 B，$DA=30$ km，$CB=20$ km，那么基地 E 应建在离 A 站多远的地方?

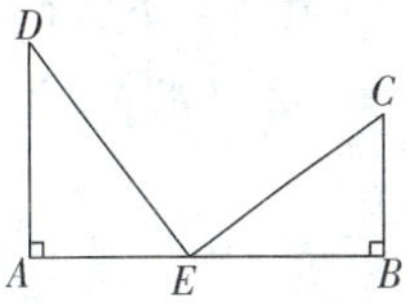

解析　在 $Rt\triangle DAE$ 和 $Rt\triangle CBE$ 中利用斜边相等和勾股定理得到 $AD^2+AE^2=BE^2+BC^2$，设 AE 为 x km，则 $BE=(50-x)$km，将 $DA=30$ km，$CB=20$ km 代入表达式即可求得 x 的值.

解　设基地 E 应建在离 A 站 x km 的地方.

则 $BE=(50-x)$km，

在 $Rt\triangle ADE$ 中，根据勾股定理得 $AD^2+AE^2=DE^2$，

∴ $30^2+x^2=DE^2$.

在 $Rt\triangle CBE$ 中，根据勾股定理得 $CB^2+BE^2=CE^2$，

∴ $20^2+(50-x)^2=CE^2$，

又∵ C，D 两村到 E 点的距离相等，

∴ $DE=CE$，∴ $DE^2=CE^2$，

∴ $30^2+x^2=20^2+(50-x)^2$，解得 $x=20$，

∴ 基地 E 应建在离 A 站20 km的地方.

点评　勾股定理是数学中的重要定理，它揭示了直角三角形三边的关系，把数与形统一起来，利用勾股定理可以解决实际生活中的很多问题.本题主要是运用勾股定理将两个直角三角形的斜边表示出来，利用两边相等求解方程即可.

方法规律

一、利用勾股定理构造直角三角形解决实际应用问题

例 1　如图，在 $\triangle ABC$ 中，$AB=AC=5$，$BC=8$，点 D 是线

段 BC 上的动点(不含端点 B,C),若线段 AD 的长为正整数,则点 D 的个数共有________个.

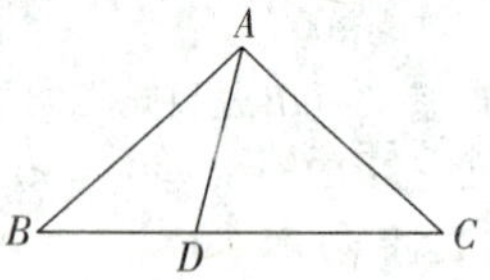

解析 过 A 作 $AE\perp BC$,$\because AB=AC$,

$\therefore EC=BE=\frac{1}{2}BC=4$,$\therefore$ 根据勾股定理得 $AE=3$.

$\because D$ 是线段 BC 上的动点(不含端点 B,C).

$\therefore 3\leqslant AD<5$.

$\because$ 线段 AD 的长为正整数,$\therefore AD=3$ 或 4,

$\therefore$ 点 D 的个数共有 3 个.

答案 3

点评 本题考查了勾股定理的应用,解答本题的关键是构造直角三角形,构造直角三角形的一般方法就是作垂线.

二、构造直角三角形,运用勾股定理解决实际问题

例 2 如图,有一张直角三角形纸片,两直角边 $AC=6$ cm,$BC=8$ cm,将 $\triangle ABC$ 折叠,使点 B 与点 A 重合,折痕为 DE,则 CD 等于 ( )

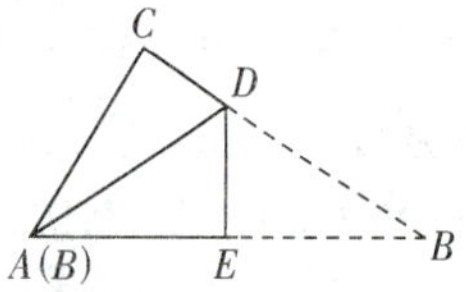

A. $\frac{25}{4}$ cm B. $\frac{22}{3}$ cm C. $\frac{7}{4}$ cm D. $\frac{5}{3}$ cm

解析 这是一个和折叠有关的问题,在思考过程中,可以先动手做一做,体验一下图形的变化规律,然后再寻找题中相关线段之间的数量关系.勾股定理的数学表达式是一个含有平方关系的等式,求线段的长时,可由此列出方程,运用方程思想分析问题和解决问题,以便简化求解.由折叠过程可以得到 $AD=BD$,设 $CD=x$ cm,那么 $AD=(8-x)$cm.在 Rt$\triangle ACD$ 中,根据勾股定理,得到 $AD^2=AC^2+CD^2$,即 $(8-x)^2=6^2+x^2$,解得 $x=\frac{7}{4}$.因此,应选 C.

答案 C

点评 在直角三角形中运用勾股定理建立方程模型解决问题,是在解与直角三角形有关的问题时常用的方法.关键是要运用相关的几何知识找出在一个直角三角形中要求的量与已知的量之间的数量关系.

数学思想

一、方程思想的运用

例 1 如图,在一棵树 CD 的 10 m 高处 B 有两只猴子,其中一只猴子爬下树走到离树 20 m 处的池塘的 A 处,另一只爬到树顶 D 后直接跃到 A 处,距离以直线计算.如果两只猴子所经过的距离相等,请问这棵树有多高?

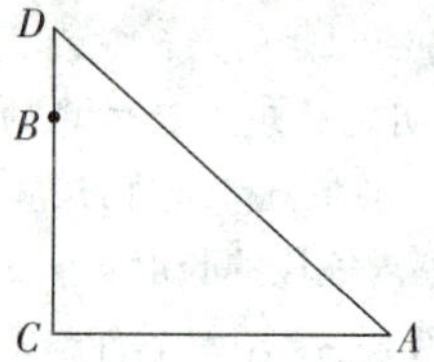

解析 由题意知 $AD+DB=BC+CA$,设 $BD=x$ 米,则 $AD=(30-x)$米,树高 $CD=(10+x)$米,且在 Rt$\triangle ACD$ 中 $CD^2+CA^2=AD^2$,代入勾股定理公式中即可求出 x 的值.

解 由题意知 $AD+DB=BC+CA$,

且 $CA=20$ 米,$BC=10$ 米,

设 $BD=x$ 米,则 $AD=(30-x)$米.

$\because$ 在 Rt$\triangle ACD$ 中,$CD^2+CA^2=AD^2$,

即 $(10+x)^2+20^2=(30-x)^2$,解得 $x=5$,

故树高为 $CD=10+x=15$(米).

点评 方程思想可以说是贯穿于勾股定理应用的始终.运用方程的思想解题,关键是设元和列方程,设元时我们通常是问什么就设什么,有时为了方便表示其他的量,我们也可以设其他的量为未知数.列方程时应该根据题目中的等量关系来列,有时列方程的依据隐含在图形中.

二、数形结合思想的运用

例 2 树根下有一蛇洞,树高 15 m,树顶有一只苍鹰,它看见一条蛇迅速向洞口爬去,与洞口的距离还有三倍树高时,鹰向蛇直扑过去.如果鹰、蛇的速度相等,鹰向何处扑击才能恰好抓住蛇?

解析 根据题意画出图形,进而利用勾股定理求出 AD 的长,即可得出答案.

解 如图所示,设大树高为 AC,蛇在 B 处向洞口爬去.由题意可设 $BD=AD=x$ m,

$\because AC=15$ m,$BC=45$ m,$\therefore DC=BC-BD=(45-x)$m,

$\therefore AD^2=AC^2+DC^2$,即 $x^2=15^2+(45-x)^2$,

解得 $x=25$,则 $BC-BD=45-25=20$(m).

答:鹰在距离树根 20 m 处扑击才能恰好抓住蛇.

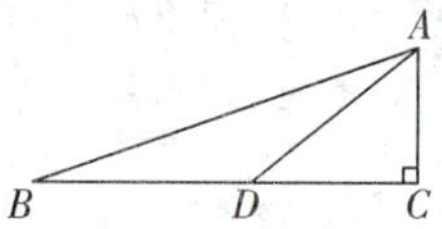

点评 勾股定理以及勾股定理的逆定理均体现了数形结合的思想,勾股定理是由图形的特征(三角形中有一个角是直角)得到数量之间的关系(三角形的三边长 a,b,c 满足 $a^2+b^2=c^2$);勾股定理的逆定理是由数量之间的关系($a^2+b^2=c^2$)得到图形的特征(以 a,b,c 为三边长的三角形是直角三角形).只有把数和形有机地结合起来,才能更好地理解和应用勾股定理及其逆定理.本题主要考查了勾股定理的应用,根据题意得出 BD 的长是解题关键.

三、整体思想的运用

例 3 已知 Rt△ABC 的周长是 10，斜边上的中线长为 2，求△ABC 的面积.

解析 根据问题的条件，我们运用目前所学的数学知识求出两直角边的长显然有点困难. 由于直角三角形斜边上的中线长为 2，则斜边长为 4. 又直角三角形的周长为 10，那么两条直角边的和为 6，再根据勾股定理，两直角边的平方和为 16，从而可以借助整式的乘法公式求出两直角边的积，进而求出三角形的面积.

解 设直角三角形的两条直角边分别为 x,y，根据条件，得 $\begin{cases}x+y=6,\\x^2+y^2=16,\end{cases}$ $\because (x+y)^2=x^2+2xy+y^2$，$\therefore 6^2=16+2xy$，则 $2xy=20$，那么 $\frac{1}{2}xy=5$，即 $S_{\triangle ABC}=5$.

点评 本题综合运用直角三角形斜边上的中线等于斜边的一半，勾股定理和完全平方公式解决问题. 同时较好地体现了整体的数学思想，根据面积公式，灵活地把两直角边的积看成一个整体，使问题的解答变得简洁.

探究中考

综合分析，把握考向

命题趋势

勾股定理的内容在中考中出现较多. 主要考查利用勾股定理进行计算以及勾股定理在实际生活中的运用. 它通常以填空题、选择题、计算题和解答题的形式出现. 具体考查点有：①用勾股定理及其逆定理求解与证明问题；②计算立体图形中两点或动点问题中的最短距离；③用拼图法验证勾股定理；④勾股数；⑤与其他数学知识结合，考查综合运用所学知识解决问题的能力.

分类展示

1. 利用勾股定理解决面积问题

例 1 （莆田中考题）如图是一株美丽的勾股树，其中所有的四边形都是正方形，所有的三角形都是直角三角形，若正方形 A,B,C,D 的面积分别为 2，5，1，2，则最大的正方形 E 的面积是________.

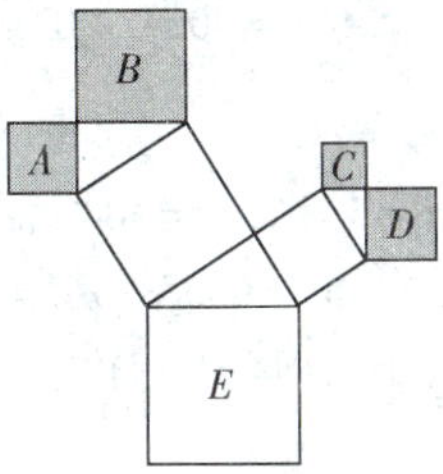

解析 设中间两个正方形和最大正方形的边长分别为 x,y,z，由勾股定理得出 $x^2=2+5=7$，$y^2=2+1=3$，$z^2=x^2+y^2=10$，即最大的正方形 E 的面积为 10.

答案 10

考题点睛 本题考查勾股定理. 根据正方形的面积公式，结合勾股定理，能够得出正方形 A,B,C,D 的面积和即为最大正方形的面积. 本题采用了“设中间变量法”，如题中所示，分别由勾股定理求出 x^2,y^2，再由勾股定理求出最大正方形边长的平方 $z^2=x^2+y^2$.

2. 用勾股定理求值

例 2 （2017 · 包头）如图，在 Rt△ABC 中，$\angle ACB=90°$，$CD\perp AB$，垂足为 D，AF 平分 $\angle CAB$，交 CD 于点 E，交 CB 于点 F，若 $AC=3$，$AB=5$，则 CE 的长为　　（　　）

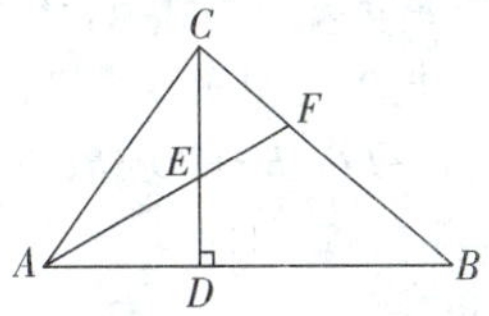

A. $\frac{3}{2}$　　B. $\frac{4}{3}$　　C. $\frac{5}{3}$　　D. $\frac{8}{3}$

解析 如图，过点 F 作 $FM\perp AB$ 于点 M.

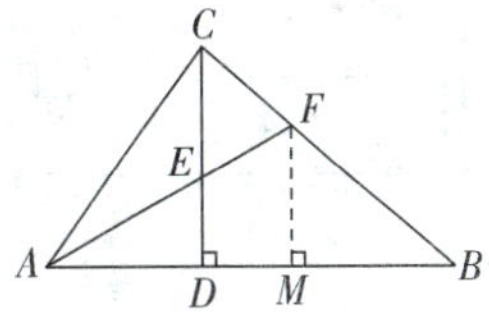

在 Rt△ABC 中，$\angle ACB=90°$，$CD\perp AB$，$AC=3$，$AB=5$，

根据勾股定理可得 $BC=4$，

设 $FM=x$，$\because AF$ 平分 $\angle CAB$，$\angle ACB=90°$，$CD\perp AB$，

$\therefore FM=CF=x$，$AC=AM=3$，$BM=2$，$BF=4-x$，

$\therefore$ 在 Rt△BMF 中，$BF^2=BM^2+FM^2$，

即 $(4-x)^2=2^2+x^2$，解得 $x=\frac{3}{2}$，$\therefore FM=CF=\frac{3}{2}$，$\angle CEF=\angle ACD+\angle CAF$，$\angle CFA=\angle B+\angle FAB$，

又 $\angle ACD=\angle B$，$\angle CAF=\angle FAB$，

$\therefore \angle CEF=\angle CFA$，$\therefore CE=CF=\frac{3}{2}$.

答案 A

考题点睛 本题综合考查了角平分线、勾股定理、等腰三角形的判定等知识，正确利用勾股定理列方程求出 CF

的长以及由两个角相等得到 $CE=CF$ 是解题的关键.

3. 利用勾股定理求最短距离

例 3 (青岛中考题)如图,圆柱形玻璃杯,高为 12 cm,底面周长为 18 cm,在杯内离杯底 4 cm 的点 C 处有一滴蜂蜜,此时一只蚂蚁正好在杯外壁,离杯上沿 4 cm 与蜂蜜相对的点 A 处,则蚂蚁到达蜂蜜的最短距离为______cm.

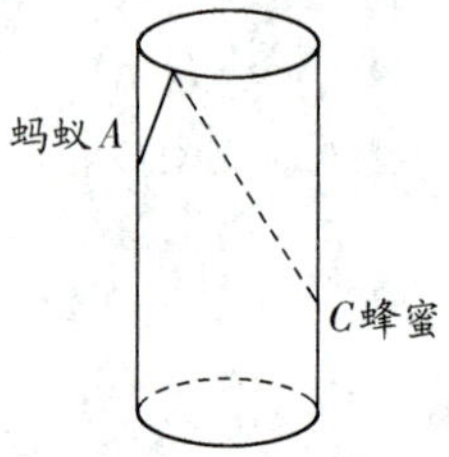

解析 如图,将圆柱形玻璃杯展开(沿点 A 竖直剖开)后,侧面是一个长 18 cm、宽 12 cm 的长方形,作点 A 关于杯上沿 MN 的对称点 B,连接 BC 交 MN 于点 P,过点 C 作 AB 的垂线交剖开线 MA 于点 D. 由轴对称的性质和三角形三边关系知,$AP+PC$ 为蚂蚁到达蜂蜜的最短距离,且 $AP=BP$. 由已知和长方形的性质,得 $DC=9$ cm,$BD=12$ cm. 在 Rt△BCD 中,由勾股定理得 $BC^2=9^2+12^2=15^2$,所以 $BC=15$ cm,$AP+PC=BP+PC=BC=15$ cm,即蚂蚁到达蜂蜜的最短距离为 15 cm.

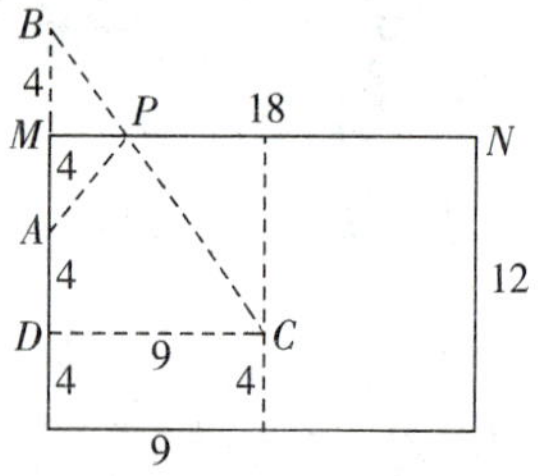

答案 15

考题点睛 本题考查了勾股定理、轴对称——最短路线问题的应用,关键是找出最短路线. 圆柱的侧面展开图为长方形,关键是在长方形上找出 A 和 C 两点的位置,根据"两点之间线段最短"得出结果."化曲面为平面",利用勾股定理解决. 要注意展开后有一直角边长是 9 cm 而不是 18 cm.

4. 勾股定理的综合应用

例 4 (永州中考题)如图,有两条公路 OM,ON 相交成 30°角,沿公路 OM 方向离 O 点 80 米处有一所学校 A. 当重型运输卡车 P 沿道路 ON 方向行驶时,在以 P 为圆心 50 米长为半径的圆形区域内都会受到卡车噪声的影响,且卡车 P 与学校 A 的距离越近噪声影响越大. 若已知重型运输卡车 P 沿道路 ON 方向行驶的速度为 18 千米/时.

(1)求对学校 A 的噪声影响最大时卡车 P 与学校 A 的距离;

(2)求卡车 P 沿道路 ON 方向行驶一次给学校 A 带来噪声影响的时间.

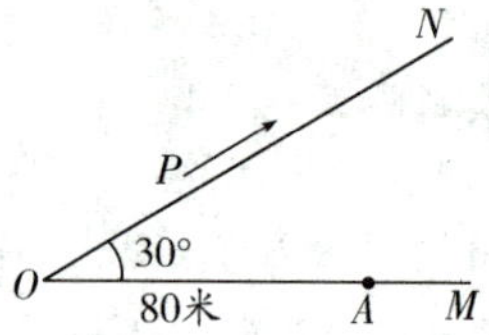

解析 (1)直接利用直角三角形中 30°所对的直角边等于斜边的一半求出即可;(2)根据题意可知,图中 $AB=50$ 米,$AD\perp BC$,且 $BD=CD$,$\angle AOD=30°$,$OA=80$ 米;再构造直角三角形用勾股定理即可解答问题.

解 (1)如图,过点 A 作 $AD\perp ON$ 于点 D,

$\because \angle NOM=30°$,$AO=80$ 米,$\therefore AD=40$ 米,

即对学校 A 的噪声影响最大时卡车 P 与学校 A 的距离为 40 米.

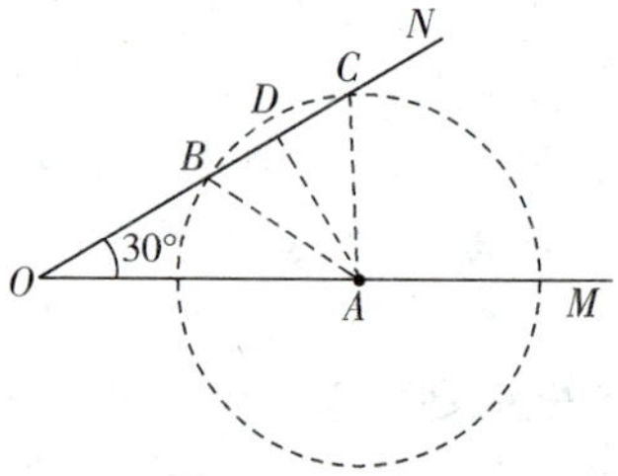

(2)由图可知,以 A 为圆心,以 50 米为半径画圆,分别交 ON 于 B,C 两点,$AD\perp BC$,$BD=CD=\frac{1}{2}BC$,$OA=80$ 米.

$\because$ 在 Rt△AOD 中,$\angle AOD=30°$,$\therefore AD=\frac{1}{2}OA=\frac{1}{2}\times 80=40$(米).

在 Rt△ABD 中,$AB=50$ 米,$AD=40$ 米,由勾股定理得 $BD^2=AB^2-AD^2=50^2-40^2=900$,故 $BD=30$ 米,

故 $BC=2\times 30=60$(米),即重型运输卡车在经过 BC 时对学校产生影响.

$\because$ 重型运输卡车的速度为 18 千米/时,

即 $\frac{18\,000}{60}=300$(米/分),

$\therefore$ 重型运输卡车经过 BC 时需要 $60\div 300=0.2$(分)= 12 秒.

答:卡车 P 沿道路 ON 方向行驶一次给学校 A 带来噪声影响的时间为 12 秒.

考题点睛 此题考查的是勾股定理在实际生活中的运用,解答这类问题时需要我们从实际问题中抓住问题的本质,并建立直角三角形的模型,运用勾股定理加以解答.

课后答案

详解习题,夯实基础

复习题($P_{90\sim91}$)

复习巩固

1. (1)是　(2)不是

2. (1)在 Rt△ABD 中,∠ABD=90°,由勾股定理,得 $AD^2=AB^2+BD^2=2^2+1.5^2=6.25$,
∴ AD=2.5 m.
(2)在 Rt△ABC 中,∠ACB=90°,由勾股定理,得 $AB^2=BC^2+AC^2=0.9^2+1.2^2=2.25$,∴ AB=1.5 m.

3. 在 Rt△ABC 中,∠BAC=90°,由勾股定理,得 $BC^2=AB^2+AC^2=15^2+20^2=625$,∴ BC=25.
∵ $S_{\triangle ABC}=\frac{1}{2}BC\cdot AD=\frac{1}{2}AB\cdot AC$,
∴ BC·AD=AB·AC,即 25×AD=15×20,解得 AD=12.
在 Rt△ABD 中,∠ADB=90°,由勾股定理,得 $BD^2=AB^2-AD^2=15^2-12^2=81$,∴ BD=9.∴ AD=12,BD=9.

灵活运用

4. 由题意得,在 Rt△AB′C 中,∠ACB′=90°,B′C=5 尺,设 AB=AB′=x 尺,则 AC=(x−1)尺,由勾股定理,得 $AB'^2=AC^2+B'C^2$,即 $x^2=(x-1)^2+5^2$,解得 x=13,那么 x−1=12,即 AB=AB′=13 尺,AC=12 尺,∴ 水深为 12 尺,芦苇长为 13 尺.

探索研究

5. 如图所示,AB=50 cm,BC=40 cm,DC=30 cm,

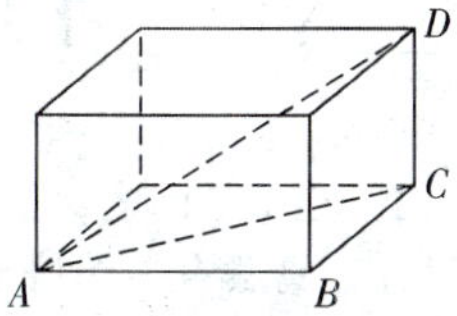

在 Rt△ABC 中,∠ABC=90°,由勾股定理,得 $AC^2=AB^2+BC^2=50^2+40^2=4\ 100\ (cm^2)$,在Rt△ACD 中,∠ACD=90°.由勾股定理,得 $AD^2=AC^2+CD^2=4\ 100+30^2=5\ 000\ (cm^2)$,而 $70^2=4\ 900$.∵ 5 000>4 900,∴ AD>70 cm,∴ 能放进去.

6. 我们把圆柱体树干的侧面展开,它是一个长方形,由题意得,长方形的长为 12 cm,宽为 9 cm,那么葛藤的长就是长方形对角线的长,根据勾股定理,可得对角线长为 15 cm,即这段葛藤的长是 15 cm.

章末小练

巩固基础,综合提升

1. 下列各组数是勾股数的是　(　　)
A. $\frac{1}{3},\frac{1}{4},\frac{1}{5}$　　B. 1,2,3
C. 0.3,0.4,0.5　　D. 5,12,13

2. 若直角三角形中,斜边的长为 13,一条直角边长为 5,则这个三角形的面积是　(　　)
A. 60　　B. 30
C. 20　　D. 32

3. △ABC 中,∠A,∠B,∠C 的对边分别是 a,b,c,AB=8,BC=15,CA=17,则下列结论不正确的是　(　　)
A. △ABC 是直角三角形,且 AC 为斜边
B. △ABC 是直角三角形,且∠ABC=90°
C. △ABC 的面积是 60
D. △ABC 是直角三角形,且∠A=60°

4. 如图,在四边形 ABCD 中,AB=AD=6,∠A=60°,∠ADC=150°,已知四边形的周长为 30,则 DC 的长为　(　　)
A. 6　　B. 7　　C. 8　　D. 9

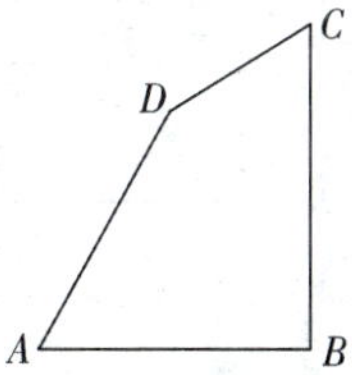

(第 4 题)

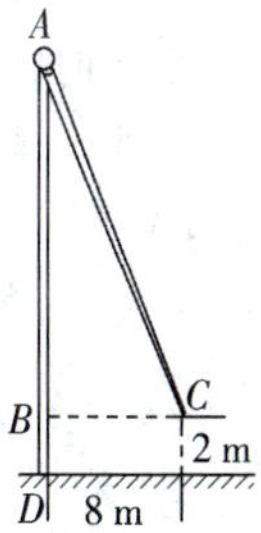

(第 5 题)

5. 如图,小华将升旗的绳子拉到竖直旗杆底端,绳子末端刚好接触到地面,然后将绳子末端拉到距离旗杆 8 m 处,此时绳子末端距离地面 2 m,则绳子的总长度为________m.

6. (西宁中考题)如图,Rt△ABC 中,∠B=90°,AB=4,BC=3,AC 的垂直平分线 DE 分别交 AB,AC 于 D,E 两点,则 CD 的长为________.

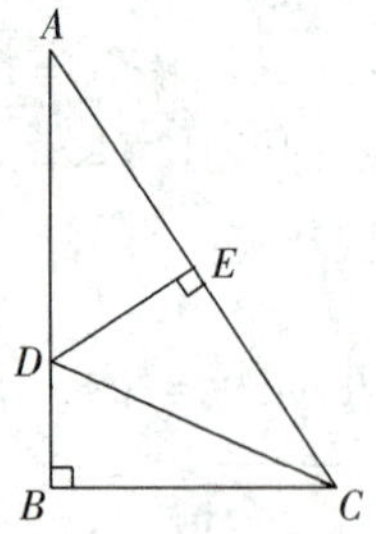

(第 6 题)

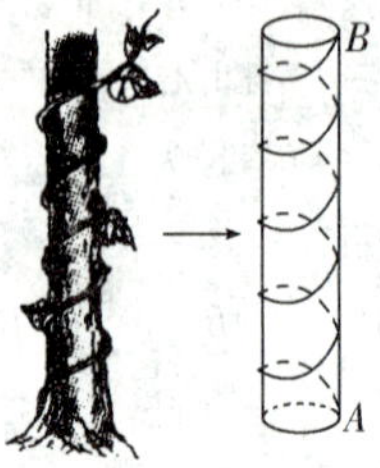

(第 7 题)

7. 我国古代有这样一道数学问题:"枯木一根直立地上,高二丈,周三尺,有葛藤自根缠绕而上,五周而达其顶,问葛藤之长几何?"题意是:如图所示,把枯木看成一个圆柱体,因一丈是十尺,则该圆柱的高为 20 尺,底面周长为 3 尺,有葛藤自点 A 处缠绕而上,绕五周后其末端恰好到达点 B 处.则问题中葛藤的最短长度是________尺.

8. 勾股定理是几何中的一个重要定理.在我国古算书《周髀算经》中就有"若勾三,股四,则弦五"的记载.如图①是由边长相等的小正方形和直角三角形构成的,可以用其面积关系验证勾股定理.图②是由图①放入长方形内得到的,∠BAC=90°,AB=6,AC=8,点 D,E,F,G,H,I 都在长方形 KLMJ 的边上,则长方形 KLMJ 的面积为________.

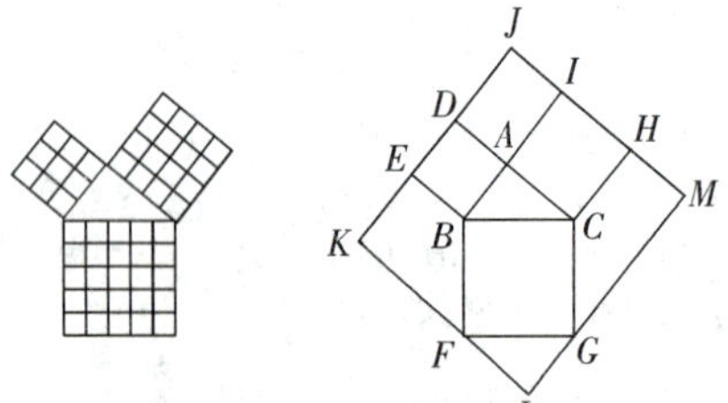

①　　②

9. 如图,已知:在△ABC 中,AD⊥BC 于点 D,若 $AD^2=BD\cdot DC$,求证:△ABC 是直角三角形.

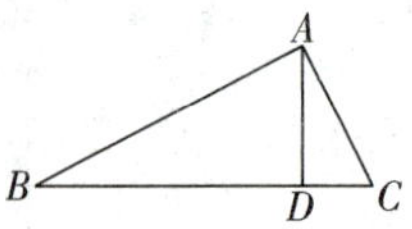

10. (1)探索:请你利用图①验证勾股定理;

(2)应用:如图②,已知在 Rt△ABC 中,∠ACB=90°,AB=6,分别以 AC,BC 为直径作半圆,面积分别记为 S_1,S_2,则 S_1+S_2的值等于________;(请直接写出结果)

(3)拓展:如图③所示,MN 表示一条铁路,A,B 是两个城市,它们到铁路所在直线 MN 的垂直距离分别为 AC=40 千米,BD=60 千米,且 CD=80 千米,现要在 CD 之间设一个中转站 O,求出 O 应建在离 C 点多少千米处,才能使它到 A,B 两个城市的距离相等.

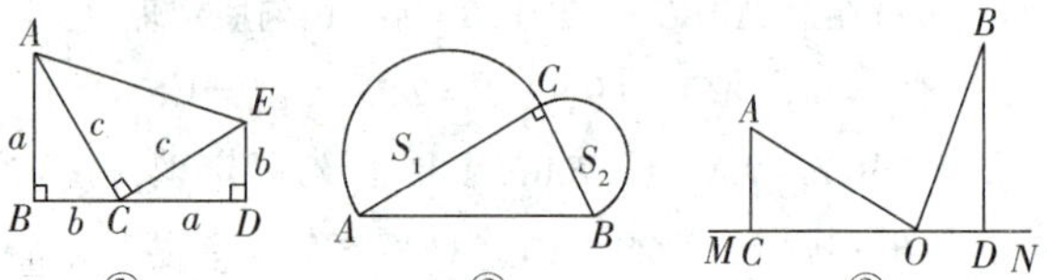

①　　②　　③

11. 在△ABC 中,BC=a,AC=b,AB=c. 若∠C=90°,如图①,根据勾股定理,则 $a^2+b^2=c^2$,若△ABC 不是直角三角形,如图②和图③,请你类比勾股定理,试猜想 a^2+b^2与 c^2的关系,并证明你的结论.

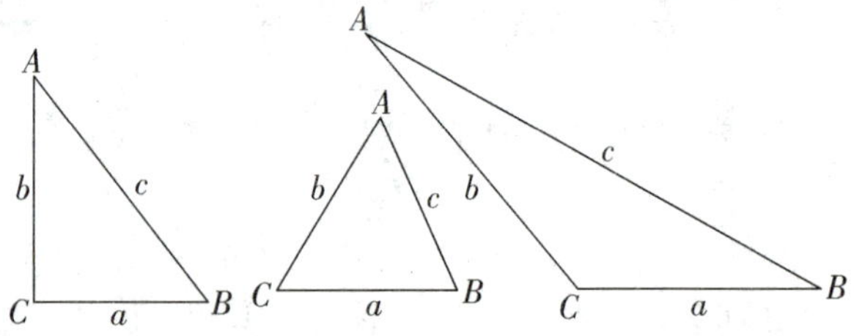

①　　②　　③

本章导航

情境导读

公元前6世纪，古希腊有个毕达哥拉斯学派的希帕索斯发现，一边长为1的正方形，其对角线（正方形相对两个顶点的连线）的长既不是整数，也不是分数，即这个数不是有理数，这对以整数为基础的毕氏哲学，是一次致命的打击，以至于有一段时间，他们费了很大的精力，将此事保密，不准外传，并且将希帕索斯本人也扔到大海中淹死了.然而真理是封不住的，不管毕氏门徒如何反对，无理数终于闯入了数的圣地，使数的概念又扩展了一步.

我们知道 π 和 2.101 001 000 1…这些形式的数都是无理数，除了这些数以外还有哪些形式的无理数呢？ 如何进行无理数的计算？ 实数有何特点？ 通过这一章的学习，你一定会明白的.

本章概述

【本章内容】

本章所学主要内容有：（1）平方根；（2）立方根；（3）实数的有关概念和运算.虽然本章的内容不多，篇幅不大，但在中学数学中占有重要地位.本章内容不仅是后续学习二次根式、一元二次方程以及锐角三角函数等知识的基础，也是学习高中数学中函数、不等式以及解析几何等知识的基础.

中考对于平方根和立方根单独命题的可能性较小，常以填空题或选择题形式出现；实数与数轴是中考命题的热点，题型以选择题、填空题或小计算题为主，常以无理数、实数的定义、运算和性质、数轴等为命题背景.

【本章重点】

平方根和算术平方根的概念及求法，立方根的概念及求法，实数的意义与运算.

【本章难点】

平方根与实数的概念.

学法点津

（1）学习本章的关键是正确理解和运用平方根、立方根、实数的概念及性质，在学习过程中要抓住新旧知识的联系，灵活应用乘方、开方的知识，实现知识的迁移，并使新旧知识融会贯通.

（2）要深刻理解并掌握类比的方法，类比平方根学习立方根，类比有理数的运算学习实数的运算等，同时还要注意它们的区别，更好地体会数的扩充过程中表现出来的概念、运算等的一致性和发展变化.

（3）实数与数轴上的点是一一对应的，因此，可以利用数轴将“数”与“形”联系起来，这不仅对理解实数的有关概念及运算很有帮助，而且对后续学习数学乃至研究数学都将产生深远影响，应注意初步认识“数形结合”思想方法的作用.

4.1 平　方　根

学习目标　明确方向，有的放矢

1. 了解数的平方根、算术平方根的概念，会表示一个非负数的平方根和算术平方根.
2. 了解开方与乘方是互逆的运算，会用平方运算求一些非负数的平方根和算术平方根.
3. 能运用算术平方根解决一些简单的实际问题.

知识详解　讲透教材，解疑释难

知识点一　平方根　重难点

1. 平方根的定义：如果 $x^2=a(a\geqslant 0)$，那么 x 叫做 a 的平方根，也称为二次方根.

2. 平方根的表示：为了方便地表示平方根，我们引入一个符号："$\sqrt{\ }$"，读作"根号".一个正数 a 的正的平方根就记作"$\sqrt{a}$"，正数 a 的负的平方根记作"$-\sqrt{a}$"，这两个平方根合起来记作"$\pm\sqrt{a}$"，读作"正、负根号 a".

3. 平方根的性质：一个正数有两个平方根，它们互为相反数；0 的平方根是 0；负数没有平方根.

4. 开平方的概念：求一个数的平方根的运算叫做开平方.

提醒

1. 平方等于同一个正数的数有两个，所以一个正数的平方根有两个，不要漏掉负的平方根.

2. 开平方就是已知一个数 a，要去找到一个数 x，使得 $x^2=a$.显然，它与我们熟悉的另一种运算——平方，是一种互为逆运算的关系.事实上，我们以后确定一个数的平方根时，常常就是利用平方与开平方互为逆运算来求解的.

3. 一个正数的平方根的求法：(1)根据平方根的定义，可以利用平方来寻找或检验一个数的平方根；(2)对于开方开不尽的数，直接用"$\pm\sqrt{\ }$"来表示即可.

例 1　求下列各数的平方根.

(1)64；(2)$\frac{25}{36}$；(3)$2\frac{1}{4}$；(4)0.49.

解析　求一个数的平方根，根据平方根的定义，只要找到满足表达式 $x^2=a$ 中的 x 即可.

解　(1)因为 $(\pm 8)^2=64$，所以 64 的平方根是 ± 8.

(2)因为 $\left(\pm\frac{5}{6}\right)^2=\frac{25}{36}$，所以 $\frac{25}{36}$ 的平方根是 $\pm\frac{5}{6}$.

(3)将 $2\frac{1}{4}$ 化为 $\frac{9}{4}$，因为 $\left(\pm\frac{3}{2}\right)^2=\frac{9}{4}$，所以 $\frac{9}{4}$ 的平方根是 $\pm\frac{3}{2}$.

(4)因为 $(\pm 0.7)^2=0.49$，所以 0.49 的平方根是 ± 0.7.

点评　整数和小数可按照平方根的定义直接求得，真分数和假分数的平方根可分别将分子和分母进行开方运算求得，带分数的平方根应先将其化成假分数，再进行开方运算.

知识点二　算术平方根　重点

1. 算术平方根的定义：正数 a 有两个平方根 $\pm\sqrt{a}$，我们把正数 a 的正的平方根 $\sqrt{a}$，叫做 a 的算术平方根.

特别地，0 的平方根也叫做 0 的算术平方根，即 $\sqrt{0}=0$.

2. 平方根和算术平方根的区别与联系：

(1)区别：①两者的概念不同；②两者运算结果的个数不同，一个正数有 2 个平方根，但只有 1 个算术平方根；③两者的表示方式不同，a 的平方根用 $\pm\sqrt{a}$ 表示，而正数 a 的算术平方根用 $\sqrt{a}$ 表示；④两者的结果的符号不同，正数的平方根是一正一负，正数的算术平方根一定是正数.

(2)联系：①两者有包含关系，平方根包含算术平方根；②两者存在的前提条件一样，只有非负数有平方根和算术平方根；③ 0 的平方根和算术平方根都是 0.

3. 算术平方根的实际应用：在直角三角形中，已知两条边的长，利用勾股定理求第三条边的长，实际上就是求一个数的算术平方根.此外,在有关图形的面积计算、长度测量等问题中,也常常要计算一个数的算术平方根.

提醒

1. 常见的非负数:一般地,$\sqrt{a}(a\geqslant0)$是一个非负数,即$\sqrt{a}\geqslant0(a\geqslant0)$.此外,$|a|$,$a^2$也是常见的非负数形式,在解决有关问题时常常会涉及.

2. 对$(\sqrt{a})^2$与$\sqrt{a^2}$的认识

(1)$(\sqrt{a})^2$的含义:$(\sqrt{a})^2$表示一个非负数 a 的算术平方根的平方,根据平方根的概念,显然应该有结论:$(\sqrt{a})^2=a(a\geqslant0)$.

(2)$\sqrt{a^2}$的含义:$\sqrt{a^2}$表示 a^2 的算术平方根,①当$a\geqslant0$时,$\sqrt{a^2}=a$;②当 $a<0$ 时,$\sqrt{a^2}=-a$.不难看出其结果一定是一个非负数,但底数 a 本身可以是正数、0 或负数.

例 2 求下列各数的算术平方根.

(1)1.44;(2)$\frac{81}{49}$;(3)10^{-4};(4)$(-1.3)^2$.

解析 由算术平方根的定义可知,求一个正数的算术平方根,就是看哪一个正数的平方等于这个数.

解 (1)$\because 1.2^2=1.44$,

$\therefore$ 1.44 的算术平方根为 1.2.

(2)$\because \left(\frac{9}{7}\right)^2=\frac{81}{49}$,$\therefore \frac{81}{49}$的算术平方根为$\frac{9}{7}$.

(3)$\because (10^{-2})^2=10^{-4}$,

$\therefore 10^{-4}$的算术平方根为10^{-2}.

(4)$\because 1.3^2=(-1.3)^2$,$\therefore \sqrt{(-1.3)^2}=1.3$.

点评 (1)在求一个带分数的算术平方根时,通常先把带分数化成假分数,然后再求其算术平方根.

(2)不要把$(-1.3)^2$看作-1.3^2,且此题不需要算出$(-1.3)^2$的结果,直接利用"$1.3^2=(-1.3)^2$"得出结论即可.

★教材中的问题解答★

交流(P_{95})

9 有平方根,平方根为±3;5 有平方根,平方根为$\pm\sqrt{5}$;$\frac{9}{25}$有平方根,平方根为$\pm\frac{3}{5}$;0 有平方根,平方根为 0;$-\frac{4}{9}$没有平方根,因为它是负数;-8 没有平方根,因为它是负数;-36 没有平方根,因为它是负数.

思考(P_{97})

1. $(\sqrt{0.01})^2=0.01$;$(\sqrt{5})^2=5$.

2. $\sqrt{16^2}=16$;$\sqrt{(-16)^2}=16$.

拓展典例

分类提升,典例剖析

拓展点一　平方根的性质

例 1 一个正数 x 的两个不同的平方根是 $3a-4$ 和 $1-6a$,求 a 及 x 的值.

解析 由平方根的性质可以知道:一个正数有两个平方根,它们互为相反数.因此可以确定 $3a-4$ 和 $1-6a$ 互为相反数.

解 由题意,得 $3a-4+1-6a=0$,解得 $a=-1$.所以正数 x 的平方根是 7 和-7,故正数 x 的值是 49.

点评 本题灵活地根据正数平方根的性质,确定两个式子互为相反数,从而建立方程解决问题.

拓展点二　与非负数有关的求值问题

例 2 已知$\sqrt{x-y+3}$与$\sqrt{x+y-1}$互为相反数,求$(x-y)^2$的平方根.

解析 因为$\sqrt{x-y+3}\geqslant0$,$\sqrt{x+y-1}\geqslant0$,而$\sqrt{x-y+3}$与$\sqrt{x+y-1}$互为相反数,即$\sqrt{x-y+3}+\sqrt{x+y-1}=0$,根据几个非负数的和为 0,那么这几个非负数同时为 0,可得$\sqrt{x-y+3}=0$,且$\sqrt{x+y-1}=0$,即可得关于 x 与 y 的方程组,解出 x,y 的值即可.

解 $\because \sqrt{x-y+3}$与$\sqrt{x+y-1}$互为相反数,$\therefore \sqrt{x-y+3}+\sqrt{x+y-1}=0$,则$\begin{cases}x-y+3=0,\\x+y-1=0,\end{cases}$解得$\begin{cases}x=-1,\\y=2,\end{cases}$$\therefore (x-y)^2=9$,

$\therefore (x-y)^2$的平方根为±3.

点评 (1)几个非负数的和为 0,那么这几个非负数同时为 0.

(2)初中阶段所学的三大非负数为:$a^2\geqslant0$;$|a|\geqslant0$;$\sqrt{a}\geqslant0(a\geqslant0)$.

拓展点三　解方程

例 3 求下列各式中 x 的值:

(1)$3x^2=48$;(2)$(x+1)^2=4$;(3)$2(x-1)^2-18=0$.

解析 (1)先求得 x^2 的值,然后利用平方根的性质求解即可;(2)先求得 $x+1$ 的值,然后解方程即可;(3)先求得

$(x-1)^2$ 的值,然后利用平方根的性质求解即可.

解 (1)$\because 3x^2=48$,$\therefore x^2=16$,$\therefore x=\pm4$.

(2)$\because (x+1)^2=4$,$\therefore x+1=\pm2$,$\therefore x=1$ 或 $x=-3$.

(3)$\because 2(x-1)^2-18=0$,$\therefore (x-1)^2=9$,$\therefore x-1=\pm3$,解得 $x=4$ 或 $x=-2$.

点评 (1)解这类题的关键是把等式转化为左边是关于 x 的一个代数式的完全平方式,右边是一个已知数.

(2)在解题时,运用了整体的数学思想.例如,把 $x+1$ 看成一个整体加以解答.

拓展点四　学科渗透问题

例 4 物理学中的自由落体公式:$s=\frac{1}{2}gt^2$(g 是重力加速度,它的值约为 10 m/s^2),如果物体降落的高度 s 是 180 m,那么降落的时间是多少?

解析 本题是求高度 s 为 180 m 时所对应的时间 t 的值,即将 s 的值代入公式中,即可求得 t 的值.

解 $\because s=\frac{1}{2}gt^2$,$s=180$,$g=10$,$\therefore \frac{1}{2}\times10t^2=180$,$t^2=36$.

$\because t\geqslant0$,$\therefore t=\sqrt{36}$,即 $t=6$ s.

点评 本题考查了算术平方根在物理学中的应用,所得的值必须具有实际意义.

拓展点五　实际应用问题

例 5 小明打算用一块面积为 900 cm^2 的正方形木板,沿着边的方向裁出一个长方形面积为 588 cm^2 的桌面,并且长、宽之比为 4∶3,你认为能做到吗?如果能,计算出桌面的长和宽;如果不能,请说明理由.

解析 根据长方形的面积,列出满足题意的方程,解方程,可得长方形的两边长,对比长方形的两边长与正方形的边长,可得答案.

解 能做到,理由如下:

设桌面的长和宽分别为 $4x$(cm)和 $3x$(cm),根据题意得,

$4x\times3x=588$,得 $12x^2=588$,$\therefore x^2=49$.

$\because x^2=49$,$x>0$,$\therefore x=\sqrt{49}=7$,

$\therefore 4x=4\times7=28$(cm),$3x=3\times7=21$(cm).

$\because$ 面积为 900 cm^2 的正方形木板的边长为 30 cm,28 cm<30 cm,21 cm<30 cm,

$\therefore$ 能够裁出一个长方形面积为 588 cm^2,并且长、宽之比为 4∶3 的桌面,且桌面长、宽分别为 28 cm 和 21 cm.

点评 本题考查了算术平方根,开平方是求边长的关键,注意在利用平方根解决实际问题的时候,所得结果必须符合题意.

易错辨析

错误分析,拨开迷雾

易错点　分不清求哪一个数的平方根或算术平方根

例	$\sqrt{16}$ 的平方根是________.
正确解答	先求出 $\sqrt{16}=4$,然后求出 4 的平方根.$\because \sqrt{16}=\sqrt{4^2}=4$,又 $(\pm2)^2=4$,$\therefore$ 4 的平方根是 ±2,故答案为 ±2.
易错总结	本题常见错误有两种:一是误求 16 的平方根,即答案错误地写成 ±4;二是误认为求 4 的算术平方根,所以错误地写成 2.解这类问题关键是要分清要求哪个数的平方根或算术平方根,本题不是要求 $\sqrt{16}$ 的值,而是相当于要求 4 的平方根,认真审题是解题的关键.

品味中考

对接中考,小试牛刀

1. (2017·酒泉)4 的平方根是 (　　)

A. 16　　B. 2　　C. ±2　　D. $\pm\sqrt{2}$

2. (2017·宜宾)9 的算术平方根是 (　　)

A. 3　　B. -3　　C. ±3　　D. $\sqrt{3}$

3. (2017·河南)计算:$2^3-\sqrt{4}=$________.

4. (2017·荆门)已知实数 m,n 满足 $|n-2|+\sqrt{m+1}=0$,则 $m+2n$ 的值为________.

趁热打铁　即时检测，巩固提高

基础篇

1. (知识点一 ☆) ±2 是 4 的 (　　)

A. 平方根　　B. 算术平方根

C. 绝对值　　D. 相反数

2. (知识点二 ☆☆) $(-0.7)^2$ 的算术平方根是 (　　)

A. -0.7　　B. 0.7　　C. ±0.7　　D. 0.49

3. (知识点一 ☆☆) 下列说法正确的是 (　　)

A. -81 的平方根是 ±9

B. 任何数的平方是非负数，因而任何数的平方根也是非负数

C. 任何一个非负数的平方根都不大于这个数

D. 2 是 4 的平方根

4. (知识点二 ☆☆) 已知一个表面积为 12 dm^2 的正方体，则这个正方体的棱长为 (　　)

A. 1 dm　　B. $\sqrt{2}$ dm　　C. $\sqrt{6}$ dm　　D. 3 dm

5. (知识点二 ☆☆) $\sqrt{a-1}+2$ 的最小值是________，此时 a 的取值是________.

6. (知识点一 ☆☆) 已知 $2m+2$ 的平方根是 ±4，$3m+n+1$ 的平方根是 ±5，求 $m+3n$ 的平方根.

提升篇

7. (知识点二 ☆☆) 已知 $\sqrt{3a+4}+b^2-12b+36=0$，则 ab 的值为 (　　)

A. 4　　B. -4　　C. -8　　D. 8

8. (知识点二 ☆☆) 一个正奇数的算术平方根是 a，那么与这个正奇数相邻的下一个正奇数的算术平方根是 (　　)

A. $a+2$　　B. a^2+2　　C. $\sqrt{a^2+2}$　　D. $\pm\sqrt{a+2}$

9. (知识点二 ☆☆☆) (2017 · 荆州) 若单项式 $-5x^4y^{2m+n}$ 与 $2\,017x^{m-n}y^2$ 是同类项，则 $m-7n$ 的算术平方根是________.

10. (知识点一、二 ☆☆☆☆) 某纸箱加工厂有一批边长为 40 cm 的正方形硬纸板，现准备将此纸板折成无盖的纸盒. 首先在四个角上截去四个相同的小正方形，然后做成底面积为 625 cm^2 的纸盒，想一想，怎样求出截去的小正方形的边长？

挑战篇

11. (知识点一、二 ☆☆☆☆☆) 仔细观察图形,认真分析各式,然后解答问题.

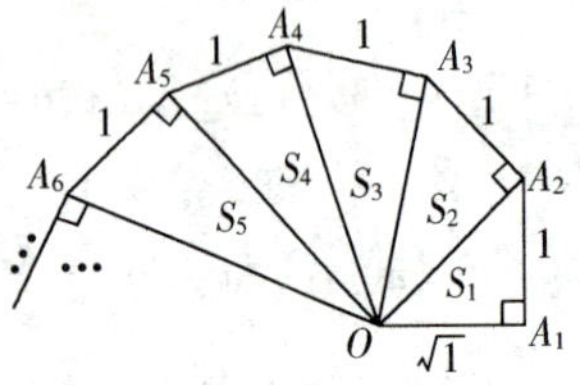

$(\sqrt{1})^2+1=2$　　$S_1=\frac{\sqrt{1}}{2}$

$(\sqrt{2})^2+1=3$　　$S_2=\frac{\sqrt{2}}{2}$

$(\sqrt{3})^2+1=4$　　$S_3=\frac{\sqrt{3}}{2}$

…　　…

(1)请用含有 n(n 是正整数)的等式表示上述变化规律;

(2)推算出 OA_{10} 的长;

(3)求出 $S_1^2+S_2^2+S_3^2+\cdots+S_{10}^2$ 的值.

课后答案

详解习题,夯实基础

练习(P_{95})

81 的平方根是 $\pm\sqrt{81}$,即±9;289 的平方根是 $\pm\sqrt{289}$,即±17;0 的平方根是 0;$2\frac{1}{4}$ 的平方根是 $\pm\sqrt{2\frac{1}{4}}=\pm\sqrt{\frac{9}{4}}$,即 $\pm\frac{3}{2}$;2.56 的平方根是 $\pm\sqrt{2.56}$,即±1.6;0.81 的平方根是 $\pm\sqrt{0.81}$,即±0.9.

练习(P_{97})

1. 0.01 的算术平方根是 $\sqrt{0.01}$,即 0.1;$\frac{25}{16}$的算术平方根是$\sqrt{\frac{25}{16}}$,即$\frac{5}{4}$;0 的算术平方根是 0;10 的算术平方根是 $\sqrt{10}$;$\left(-\frac{1}{3}\right)^2$ 的算术平方根是 $\sqrt{\left(-\frac{1}{3}\right)^2}=\sqrt{\frac{1}{9}}=\frac{1}{3}$.

2. (1)4　(2)3　(3)$\frac{3}{4}$　(4)2

习题 4.1($P_{97\sim98}$)

1. ±13,±15,$\pm\frac{1}{2}$,$\pm\sqrt{11}$,±0.4,$\pm\frac{6}{7}$,±1.2.

2. 7,$\frac{12}{11}$,$\sqrt{10}$,$\frac{2}{3}$.

3. (1)$x=\pm4$.(2)$x=\pm\frac{5}{7}$.(3)$x=\pm\sqrt{15}$.(4)$x=\pm\frac{9}{2}$.

4. (1)由勾股定理,得 $AB=\sqrt{AC^2+BC^2}=\sqrt{5^2+12^2}=\sqrt{169}=13$.

(2)由勾股定理,得 $AB=\sqrt{AC^2+BC^2}=\sqrt{2^2+3^2}=\sqrt{13}$.

(3)由勾股定理,得 $AC=\sqrt{AB^2-BC^2}=\sqrt{25^2-24^2}=\sqrt{49}=7$.

5. (1)由勾股定理,得斜边的长为 $\sqrt{3^2+5^2}=\sqrt{34}$.

(2)若第三边为斜边,则由(1)可得第三边的长为 $\sqrt{34}$;若第三边为直角边,那么 5 一定是斜边长,由勾股定理,得第三边的长为 $\sqrt{5^2-3^2}=\sqrt{16}=4$.

6. (1)不正确.由 $R=6\ 400$ km,$h=1.532\ 7$ km,得 $d\approx\sqrt{2\times1.532\ 7\times6\ 400}=\sqrt{19\ 618.56}$(km),

$\because 230^2=52\ 900$,$52\ 900>19\ 618.56$,$\therefore$ 天气晴朗时站在泰山之巅是看不到大海的.

(2)正确.由 $R=6\ 400$ km,$h=0.125$ km,得 $d\approx\sqrt{2\times0.125\times6\ 400}=\sqrt{1\ 600}=40$(km),$\because 40>35$,$\therefore$ 它反射的光能照到离灯塔 35 km 的海面上.

4.2 立　方　根

学习目标

明确方向,有的放矢

❶ 了解立方根的概念,会表示一个数的立方根.

❷ 了解开立方与立方是互逆运算,会用立方运算求一些数的立方根.

❸ 能用立方根解决一些简单的实际问题.

知识详解　讲透教材，解疑释难

知识点　立方根　重难点

1. 立方根的概念：一般地，如果 $x^3=a$，那么 x 叫做 a 的立方根，也称为三次方根.

2. 立方根的表示：数 a 的立方根记作"$\sqrt[3]{a}$"，读作"三次根号 a".

3. 开立方的概念：求一个数的立方根的运算叫做开立方.

4. 立方根的性质：正数的立方根是正数，负数的立方根是负数，0 的立方根是 0.

提醒

1. $\sqrt[2]{a}(a\geq0)$ 中的根指数 2 可以省略，简写为 $\sqrt{a}$，但在 $\sqrt[3]{a}$ 中的根指数 3 不能省略，否则会出现混淆.

2. 一个正数有两个平方根，而一个正数只有一个立方根，负数没有平方根，但负数有一个立方根.

3. 求带分数的立方根时，需先将带分数化为假分数，再求其立方根.

4. 平方根与立方根的联系与区别

(1)联系：①0 的平方根、立方根都是 0；②平方根、立方根都是开方的结果.

(2)区别：①定义不同；②运算结果的个数不同：一个正数有两个平方根，一个正数有一个立方根；一个负数没有平方根，一个负数有一个立方根；③表示方法不同：正数 a 的平方根表示为 $\pm\sqrt{a}$，a 的立方根表示为 $\sqrt[3]{a}$；④被开方数(就是二次根号或三次根号里面的数)的取值范围不同：$\pm\sqrt{a}$ 中的数 a 只能是非负数；$\sqrt[3]{a}$ 中的数 a 可以是任何数.

5. 立方根等于本身的数有 $-1,0,1$；平方根等于本身的数只有 0；算术平方根等于本身的数有 0，1.

6. $\sqrt[3]{a}$ 与 $\sqrt[3]{-a}$，$(\sqrt[3]{a})^3$ 与 $\sqrt[3]{a^3}$ 的含义及其关系

(1)式子 $\sqrt[3]{a}$ 的含义是表示 a 的立方根，而式子 $\sqrt[3]{-a}$ 的含义是表示 $-a$ 即 a 的相反数的立方根. 由于 a 与 $-a$ 的立方根也是互为相反数，因此，$\sqrt[3]{-a}=-\sqrt[3]{a}$.

(2)式子 $(\sqrt[3]{a})^3$ 的含义是表示 $\sqrt[3]{a}$ 的立方，式子 $\sqrt[3]{a^3}$ 的含义是表示 a^3 的立方根. 根据立方根的概念或者根据开立方与立方互为逆运算的关系，都能得到 $(\sqrt[3]{a})^3=a$，$\sqrt[3]{a^3}=a$，因此，$(\sqrt[3]{a})^3=\sqrt[3]{a^3}=a$.

例 1 下列说法正确的是　(　　)

A. 如果一个数的立方根是这个数本身，那么这个数一定是 0

B. 一个数的立方根不是正数就是负数

C. 负数没有立方根

D. 一个数的立方根与这个数同号，0 的立方根是 0

解析 立方根等于本身的数除了 0，还有 ±1，所以 A 是错误的；因为 0 的立方根是 0，所以 B 也是错误的；负数有一个负的立方根，所以 C 也是错误的.

答案 D

点评 正确理解立方根的定义与性质是解决此类题的关键.

例 2 求下列各数的立方根：

$(1)-64$；$(2)0.343$；$(3)3\frac{3}{8}$；$(4)25$；$(5)\sqrt{729}$.

解析 根据开立方与立方互为逆运算的关系，可以通过立方的方法求一个数的立方根.

解 (1)$\because(-4)^3=-64$，

$\therefore -64$ 的立方根是 -4，即 $\sqrt[3]{-64}=-4$.

(2)$\because 0.7^3=0.343$，

$\therefore 0.343$ 的立方根是 0.7，即 $\sqrt[3]{0.343}=0.7$.

(3)$3\frac{3}{8}=\frac{27}{8}$，$\because\left(\frac{3}{2}\right)^3=\frac{27}{8}$，

$\therefore 3\frac{3}{8}$ 的立方根是 $\frac{3}{2}$，即 $\sqrt[3]{3\frac{3}{8}}=\frac{3}{2}$.

(4)$\because(\sqrt[3]{25})^3=25$，

$\therefore 25$ 的立方根是 $\sqrt[3]{25}$.

(5)$\because\sqrt{729}=27$，$3^3=27$，

$\therefore\sqrt{729}$ 的立方根是 3，即 $\sqrt[3]{\sqrt{729}}=3$.

点评 (1)不要把平方根与立方根混淆. 例如，把 16 的立方根写成 4. (2)求有些形式比较复杂的数的立方根时，需把复杂的数先化简，例如，求 $\sqrt{729}$ 的立方根就是求 27 的立方根.

★教材中的问题解答★

交流(P_{100})

$\frac{8}{27}$ 的立方根是 $\frac{2}{3}$；0.001 的立方根是 0.1；9 的立方根是 $\sqrt[3]{9}$；-3 的立方根是 $\sqrt[3]{-3}$；-64 的立方根是 -4；$-\frac{125}{216}$ 的立方根是 $-\frac{5}{6}$；0 的立方根是 0.

拓展典例

分类提升,典例剖析

拓展点一　平方根与立方根

例 1 若一个数的一个平方根是8,则这个数的立方根是　　(　　)

A. ±2　　B. ±4　　C. 2　　D. 4

解析 先根据平方根定义求得该数,即$8^2=64$,再根据立方根的定义得$\sqrt[3]{64}=4$,故选D.

答案 D

点评 本题考查了对平方根和立方根的应用,主要考查学生的计算能力.弄清平方根与立方根的定义是解答本题的关键.

拓展点二　运用立方根求值

例 2 若$\sqrt[3]{2x+1}=\sqrt[3]{5x+10}$,试求代数式$x^2+6x+9$的值.

解析 根据立方根的概念和立方根的性质,同学们应当知道下列结论:①若$a=b$,则$\sqrt[3]{a}=\sqrt[3]{b}$;②若$\sqrt[3]{a}=\sqrt[3]{b}$,则$a=b$.

解 由题意,得$2x+1=5x+10$,

即$3x=-9$,$\therefore x=-3$.

因此,$x^2+6x+9=(x+3)^2=(-3+3)^2=0$.

点评 因为无论什么数,它的立方根总是只有一个,所以该题解决的根本思想是依据立方根的唯一性.类似地,一个数的算术平方根也是唯一的.也就是说,一个数与它的立方根、一个数与它的算术平方根之间总是一一对应的.

拓展点三　解方程

例 3 求下列各式中的x:

(1)$2x^3-1=5$;

(2)$(2x+1)^3=8$;

(3)$8(x-1)^3-729=0$.

解析 题(1)先化成$x^3=a$的形式,再根据立方根的定义来求x的值;题(2)中将$2x+1$看成整体再用立方根的定义求解;把题(3)化成题(2)的形式再求解.

解 (1)$2x^3=6$,$x^3=3$,$\therefore x=\sqrt[3]{3}$.

(2)$2x+1=\sqrt[3]{8}$,即$2x+1=2$,$\therefore x=\dfrac{1}{2}$.

(3)由$8(x-1)^3-729=0$变形得$(x-1)^3=\dfrac{729}{8}$,

$\therefore x-1=\sqrt[3]{\dfrac{729}{8}}$,$\therefore x-1=\dfrac{9}{2}$,$\therefore x=\dfrac{11}{2}$.

点评 解这类方程的关键是把等式转化为左边是关于x的一个代数式的立方形式,右边是一个已知数.

拓展点四　实际应用问题

例 4 已知一个正方体的体积是1 000 cm^3,现在要在它的8个角上分别截去8个大小相同的小正方体,使截去后余下的体积是488 cm^3,问截得的每个小正方体的棱长是多少?

解析 由于一个正方体的体积是1 000 cm^3,现在要在它的8个角上分别截去8个大小相同的小正方体,使截去后余下的体积是488 cm^3,设截得的每个小正方体的棱长为x cm,根据已知条件可以列出方程$1\,000-8x^3=488$,解方程即可求解.

解 设截得的每个小正方体的棱长为x cm,依题意得

$1\,000-8x^3=488$,$\therefore 8x^3=512$,$\therefore x=4$.

答:截得的每个小正方体的棱长是4 cm.

点评 此题主要考查了立方根的应用,解题的关键是要理解题意,还应掌握正方体的体积公式.

易错辨析

错误分析,拨开迷雾

易错点　混淆平方根与立方根的被开方数的范围

例	求$\sqrt[3]{a-1}$有意义时a的取值范围.
正确解答	因为任何数都有立方根,所以a取任何数时,$\sqrt[3]{a-1}$都有意义.所以a可以是正数或负数或0.
易错总结	无论被开方数$a-1$是正数、负数,还是零,$\sqrt[3]{a-1}$都有意义,而$\sqrt{a-1}$有意义时需要$a-1\geqslant 0$,因此不要混淆平方根与立方根的性质,误认为凡是带根号的数,被开方数都不能是负数.

品味中考　对接中考,小试牛刀

1. (2017·聊城)64的立方根是（　　）

A. 4　B. 8　C. ±4　D. ±8

2. (2016·毕节)$\sqrt[3]{8}$的算术平方根是（　　）

A. 2　B. ±2　C. $\sqrt{2}$　D. $\pm\sqrt{2}$

3. (2017年·宁波)实数-8的立方根是________.

4. (2016·德阳)若实数x,y满足$(2x+3)^2+|9-4y|=0$,则xy的立方根为________.

趁热打铁　即时检测,巩固提高

基础篇

1. (☆)-27的立方根是（　　）

A. 3　B. -3　C. 9　D. -9

2. (☆☆)下列说法正确的是（　　）

A. -(-8)的立方根是-2

B. 立方根等于本身的数有-1,0,1

C. $-\sqrt{64}$的立方根为-4

D. 一个数的立方根不是正数就是负数

3. (☆☆)若$x^2=(-3)^2$,$y^3-27=0$,则$x+y$的值是（　　）

A. 0　B. 6

C. 0或6　D. 以上均不正确

4. (☆)已知$x^2=64$,则$\sqrt[3]{x}=$________.

5. (☆☆)已知$2x+1$的平方根是±5,则$5x+4$的立方根是________.

6. (☆☆)求下列各式中的x.

(1)$x^3=0.125$;　(2)$25x^2=1$;

(3)$(10x)^3=-343$;　(4)$3(x-4)^3-375=0$.

提升篇

7. (☆☆☆)若$\sqrt[3]{(4-k)^3}=k-4$,则k的值为（　　）

A. 2　B. 3　C. 4　D. 任意数

8. (☆☆☆)观察下表规律:

a	0.008	8	8 000	8 000 000
$\sqrt[3]{a}$	0.2	2	20	200

利用规律,如果$\sqrt[3]{343000}=70$,$\sqrt[3]{343}=7$,则$\sqrt[3]{0.343}$=________.

9. (☆☆☆)已知$x-2$的平方根是±2,$2x+y+7$的立方根是3,求x^2+y^2的平方根.

10. (☆☆☆)已知a是倒数是它本身的数,b是绝对值最小的数,c是相反数是本身的数,d是平方根和立方根都是本身的数,求$\sqrt[3]{27a-39b+4c+d}$.

挑战篇

11. (☆☆☆☆)已知$A=\sqrt[a-1]{a+3b}$是$a+3b$的算术平方根,$B=\sqrt[2a-b-1]{1-a^2}$是$1-a^2$的立方根.试求$A+B$的立方根.

课后答案　详解习题,夯实基础

练习(P_{100})

1. $-3, 0.2, \frac{1}{5}, -1, 0.4, \sqrt[3]{4}$.

2. (1)-8　(2)2　(3)-3　(4)-3

3. 设两球的半径分别为 R_1, R_2,体积分别为 V_1, V_2,则

$$\frac{V_1}{V_2}=\frac{\frac{4}{3}\pi R_1^3}{\frac{4}{3}\pi R_2^3}=\frac{R_1^3}{R_2^3}=\frac{5\ 120}{80}=64,\text{即}\left(\frac{R_1}{R_2}\right)^3=64,\text{则}\frac{R_1}{R_2}=4,$$

$\therefore$ 它们的半径比为 4.

习题 4.2(P_{100})

1. $-0.1, -\frac{3}{4}, 0.3, 1, 11$.

2. $1.2, -6, -5, \frac{1}{2}$.

3. (1)$x=-0.5$.　(2)$x=\frac{3}{2}$.　(3)$x=-1$.　(4)$x=3$.

4. 4 倍.

5. 设这个球形容器的半径为 R.$\because V_{球}=\frac{4}{3}\pi R^3$,$\therefore 36\pi=\frac{4}{3}\pi R^3$,则 $R^3=27$,$\therefore R=3$ m.

4.3 实　数

学习目标　明确方向,有的放矢

1. 了解实数的概念,知道无理数是客观存在的.
2. 知道实数与数轴上的点一一对应.
3. 会估计一个无理数的大致范围.
4. 会比较实数的大小,进行简单的实数的运算.

知识详解　讲透教材,解疑释难

知识点一　无理数　重点

无限不循环小数称为无理数.

提醒

1. 无理数的常见三种形式:(1)无限不循环小数形式的(一般都是人为构造的,如 1.010 010 001…等);(2)开方开不尽的数;(3)含有圆周率 π 的数.

2. 在识别一个数是有理数还是无理数时,应当注意要看到问题的本质,也就是说,要弄清楚一个数的实质是什么,千万不能只看表面,比如 $\sqrt[3]{64}=4$,$-\sqrt{121}=-11$,它们都是有理数;再如 $\frac{11}{6}$ 是分数,一定是有理数,不要认为它是无理数.

3. 无理数的估算方法是逐次逼近法.例如我们在寻求 $\sqrt{2}$ 的数值时就采用了这种方法.

例 1　在实数 $\frac{22}{7}, -\sqrt{5}, \frac{\pi}{2}, \sqrt[3]{8}, 3.14$ 中,无理数有(　　)

A. 1 个　　B. 2 个　　C. 3 个　　D. 4 个

解析　无理数就是无限不循环小数.理解无理数的概念,一定要同时理解有理数的概念,有理数是整数与分数的统称,即有限小数和无限循环小数是有理数,而无限不循环小数是无理数.由此即可判定.本题只有 $-\sqrt{5}$,$\frac{\pi}{2}$ 是无理数,故选 B.

答案　B

点评　本题主要考查了无理数的相关概念,熟练掌握无理数的概念是解题的关键.注意几种常见的无理数的形式.

▶ 知识点二　实数的概念和分类　重难点

1. 实数的概念:有理数和无理数统称为实数.也就是说,实数包含有理数和无理数.

2. 实数的分类:

(1)按定义分类

- 实数
  - 有理数（有限小数或无限循环小数）
    - 正有理数
      - 正整数
      - 正分数
    - 0
    - 负有理数
      - 负整数
      - 负分数
  - 无理数（无限不循环小数）
    - 正无理数
    - 负无理数

(2)按大小分类

- 实数
  - 正实数
    - 正有理数
      - 正整数
      - 正分数
    - 正无理数
  - 0
  - 负实数
    - 负有理数
      - 负整数
      - 负分数
    - 负无理数

提醒

实数的分类有多种方法,按同一标准进行分类时,应做到不重不漏.

例 2　把下列各数填在相应的集合内:

$100,-0.82,-30\frac{1}{2},3.14,-2,0,-2\ 011,-3.1\dot{5},\frac{3}{7},-\frac{\pi}{4},2.101\ 001\ 000\ 1\cdots$.

正分数集合:{　　　　　…};
整数集合:{　　　　　…};
负有理数集合:{　　　　　…};
非负数集合:{　　　　　…};
无理数集合:{　　　　　…}.

解析　根据分数、有理数、整数、非负数以及无理数的概念进行判断即可.

解　正分数集合:$\left\{3.14,\frac{3}{7},\cdots\right\}$;

整数集合:$\{100,-2,0,-2\ 011,\cdots\}$;

负有理数集合:$\left\{-0.82,-30\frac{1}{2},-2,-2\ 011,-3.1\dot{5},\cdots\right\}$;

非负数集合:$\left\{100,3.14,0,\frac{3}{7},2.101\ 001\ 000\ 1\cdots,\cdots\right\}$;

无理数集合:$\left\{-\frac{\pi}{4},2.101\ 001\ 000\ 1\cdots,\cdots\right\}$.

点评　对于提供的实数能够化简的要先化简,例如 $-\sqrt{9}=-3$,$-\frac{1}{\pi}$ 是一个无理数,而不是一个分数,分数的分子、分母必须是整数且互质.

▶ 知识点三　实数与数轴　重点

每一个实数都可以用数轴上的一个点来表示.反过来,数轴上的每一个点都表示一个实数.实数与数轴上的点一一对应.

提醒

有理数和数轴上的点不是一一对应的关系,因为给出一个有理数,在数轴上一定有一个点与它对应,但给出数轴上一个点,不一定有一个有理数和它对应,因为数轴上的点有一部分可以表示有理数,还有一部分可以表示无理数.例如,$\sqrt{2}$,$-\sqrt{3}$,….

例 3　请在如图所示的数轴上用尺规作出 $-\sqrt{2}$ 和 $\sqrt{5}$ 对应的点.

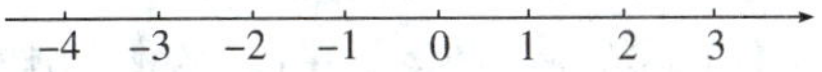

解析　$\sqrt{2}$ 可以看作是直角边长为 1,1 的直角三角形的斜边的长,$-\sqrt{2}$ 在数轴的负半轴上;$\sqrt{5}$ 可以看作是直角边长为 1,2 的直角三角形的斜边的长.

解　如图,$-\sqrt{2}$ 和 $\sqrt{5}$ 所对应的点分别是 A,B.

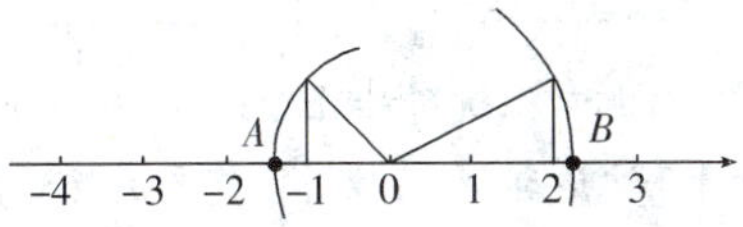

点评　本题考查了勾股定理、实数与数轴.无理数也可以在数轴上表示出来,一般应把它整理为有形的线段长.注意负无理数在数轴的负半轴上.

例 4　实数 a,b,c 在数轴上的位置如图所示,化简 $|c|-|a|+|-b|+|-a|$.

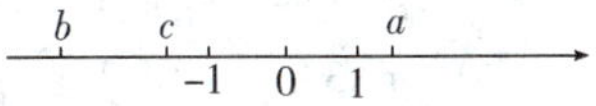

解析 根据数轴上点的位置判断出绝对值里边式子的正负,利用绝对值的代数意义化简,去括号合并即可得到结果.

解 由题意得 $b<c<-1<0<1<a$,

$\therefore$ 原式 $=-c-a-b+a=-c-b$.

点评 由于实数和数轴上的点是一一对应的,所以可依据点在数轴上的位置来确定实数的大小关系,“数”与“形”是对立统一的,借助于数轴,可以把抽象的无理数或实数直观地表示出来,达到“以形启数”“以数助形”的目的.

知识点四 实数的有关性质及其计算

重难点

1. 实数的相反数:如果 a 表示一个正实数,那么 $-a$ 就表示一个负实数.a 与 $-a$ 互为相反数.特别地,0 的相反数就是 0.

2. 实数的绝对值:一个正实数的绝对值是它本身;一个负实数的绝对值是它的相反数;0 的绝对值是 0.用符号语言可以表示为:$|a|=\begin{cases}a(a>0),\\0(a=0),\\-a(a<0).\end{cases}$

3. 实数的倒数:如果 a 是不等于 0 的实数,那么它的倒数就是 $\frac{1}{a}$.特别要注意,0 没有倒数.

4. 实数大小比较的规律:(1)正数、0 都大于负数;(2)两个负数,绝对值大的反而小;(3)在数轴上,越往右的数就越大,右边的数总比左边的数大.

5. 实数的运算性质和运算律:在实数范围内,有理数的运算性质和运算律仍然成立.

6. 利用计算器进行实数的计算:在利用计算器进行实数计算时,首先应弄清楚计算器的按键功能,然后还要注意运算顺序,最后应当根据题目的要求取近似值.

拓展

任何实数都可以进行开立方运算,任何非负数都可以进行开平方运算,和有理数一样要注意运算顺序.

在进行实数运算的过程中,要做到:一“看”——观察算式的结构特点,能否运用运算律或公式;二“用”——运用运算律或公式;三“查”——检查过程和结果是否正确.

例 5 (2017·邵阳)$3-\pi$ 的绝对值是 ( )

A. $3-\pi$ B. $\pi-3$ C. 3 D. π

解析 根据绝对值的概念求得实数 $3-\pi$ 的绝对值.$3-\pi$ 为负数,则实数 $3-\pi$ 的绝对值是 $\pi-3$,故选 B.

答案 B

点评 一个正数的绝对值是它本身;一个负数的绝对值是它的相反数;0 的绝对值是 0.

例 6 (2016·金华)若实数 a,b 在数轴上的位置如图所示,则下列判断错误的是 ( )

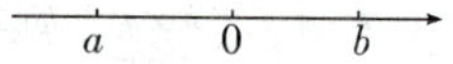

A. $a<0$ B. $ab<0$

C. $a<b$ D. a,b 互为倒数

解析 观察数轴可以确定 $a<0,b>0$,故 A,B,C 正确;通过数轴并不能判断 a,b 的乘积,所以 D 选项不一定正确,故选 D.

答案 D

点评 通过观察数轴上的点所表示的数与 0 的关系可以确定该数的符号;通过观察两点的位置关系可以判断两数的大小;在数轴上,左边的点所表示的数小于右边的点所表示的数.

★教材中的问题解答★

尝试(P_{101})

1. $a_1^2=2,a_2^2=3,a_3^2=4,a_4^2=5,a_5^2=6$;

$a_1=\sqrt{2},a_2=\sqrt{3},a_3=2,a_4=\sqrt{5},a_5=\sqrt{6}$.

2. 能,如长度为 $\sqrt{29}$ cm 的线段可表示为:

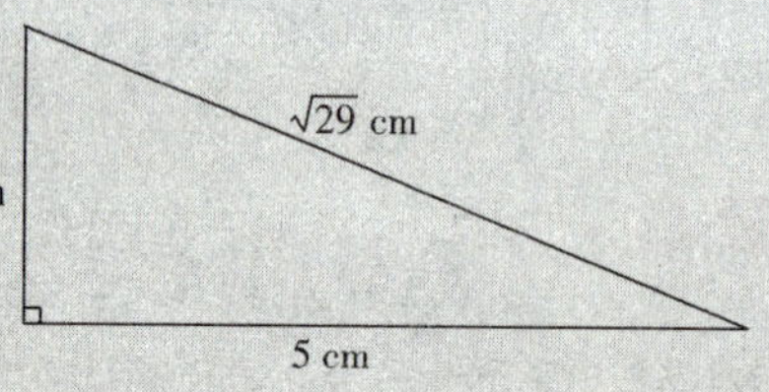

探索(P_{102})

如图:点 C 表示$\sqrt{5}$,点 D 表示$\sqrt{6}$.

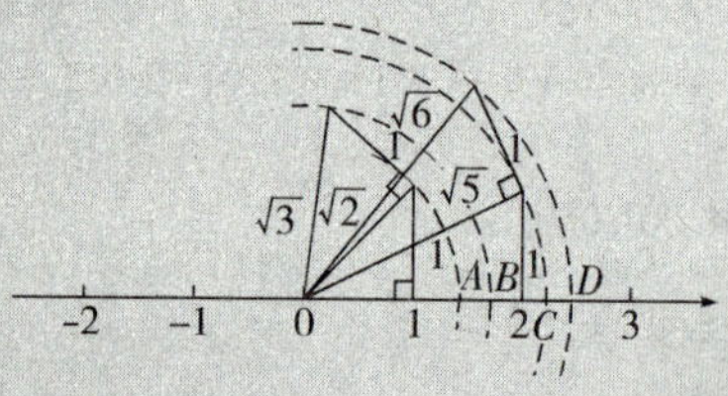

交流(P_{104})

(1)$-\sqrt{3}<-1.5$.(2)$\frac{\sqrt{5}-1}{2}>0.5$.

拓展典例　　分类提升，典例剖析

拓展点一　取值范围问题

例 1 若一正方形的面积为20平方厘米，周长为 x 厘米，则 x 的值介于下列哪两个整数之间？（　　）

A. 16，17　　B. 17，18　　C. 18，19　　D. 19，20

解析 ∵ 周长为 x 厘米，∴ 边长为 $\frac{x}{4}$ 厘米，

∴ $\left(\frac{x}{4}\right)^2=20$，∴ $\frac{x^2}{16}=20$，∴ $x^2=320$.

∵ $17^2=289$，$18^2=324$，∴ $17^2<320<18^2$，即 $17^2<x^2<18^2$.

∴ x 介于17和18之间，故选B.

答案 B

点评 此题考查了无理数大小的估计.利用数的平方比较大小是解此题的方法.

拓展点二　比较大小问题

例 2 比较大小：（填“>”或“<”）

（1）$\sqrt{2.8}$ ______ $\sqrt{2\frac{3}{4}}$；

（2）$\sqrt{47}-1$ ______ $\sqrt{27}+1$.

解析 对于（1），根据已知式子的特点，可以将分数化为小数，然后比较被开方数的大小. ∵ $2\frac{3}{4}=2.75<2.8$，∴ $\sqrt{2.8}>\sqrt{2\frac{3}{4}}$.对于（2），∵ $6=\sqrt{36}<\sqrt{47}<\sqrt{49}=7$，$5=\sqrt{25}<\sqrt{27}<\sqrt{36}=6$. ∴ $5<\sqrt{47}-1<6$，$6<\sqrt{27}+1<7$，

∴ $\sqrt{47}-1<\sqrt{27}+1$.

答案 （1）>　（2）<

点评 （1）简单的实数，可以转化为比较被开方数大小，即若 $a>0$，$b>0$，且 $a>b$，则 $\sqrt{a}>\sqrt{b}$.（2）对于复杂的实数，可以结合估算法比较大小.（3）在特殊情况下，还可以运用数形结合思想，把要比较的实数表示在数轴上，借助数轴的性质比较大小.

拓展点三　绝对值的化简问题

例 3 已知实数 a，b，c 在数轴上的位置如图所示，化简 $|a+b|-|c-b|$ 的结果是（　　）

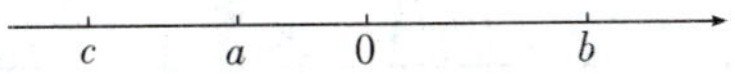

A. $a+c$　　B. $-a-2b+c$

C. $a+2b-c$　　D. $-a-c$

解析 从图中可知 $c<0$，$a<0$，$b>0$，$c<b$，$|a|<|b|$，$a+b>0$，$c-b<0$，所以 $|a+b|=a+b$，$|c-b|=b-c$，

所以 $|a+b|-|c-b|=(a+b)-(b-c)=a+b-b+c=a+c$.

因此选A.

答案 A

点评 这是一道数形结合的题目，解题的关键在于认真观察图形，只有认真细致地观察才能准确地找出数轴上所给定的点表示的实数的取值范围，以及各实数之间的大小关系，从而准确地去掉绝对值符号.讨论绝对值符号内的数的正负，常常要用到实数加减法的符号法则：同号相加，符号不变；异号相加，取绝对值较大加数的符号.绝对值化简问题，关键是去掉绝对值符号.

拓展点四　开放性问题

例 4 （2017·北京）写出一个比3大且比4小的无理数______.

解析 ∵ $3<x<4$，∴ $\sqrt{9}<\sqrt{x^2}<\sqrt{16}$，∴ $9<x^2<16$，故答案不唯一，如 π，$\sqrt{10}$，$\sqrt{11}$，$\sqrt{12}$，$\sqrt{13}$，$\sqrt{14}$，$\sqrt{15}$ 等.

答案 π（答案不唯一）

点评 本题易出现写出的无理数不满足条件“比3大且比4小”.认真审题并按照题目要求进行答题是正确解题的关键.

拓展点五　计算求值问题

例 5 已知 a 是 $\sqrt{8}$ 的整数部分，b 是 $\sqrt{8}$ 的小数部分，求 $(-a)^3+(b+2)^2$ 的值.

解 ∵ $2<\sqrt{8}<3$，又 a 是 $\sqrt{8}$ 的整数部分，∴ $a=2$.

∵ b 是 $\sqrt{8}$ 的小数部分，∴ $b=\sqrt{8}-2$，

∴ $(-a)^3+(b+2)^2=(-2)^3+(\sqrt{8}-2+2)^2=-8+8=0$.

点评 确定 $\sqrt{a}$ 的整数部分，要先找到 $\sqrt{a}$ 位于哪两个连续整数之间，方法是：找与 a 最接近的两个完全平方数.

例 6 （2017·内江改编）计算：$-1^{2\,017}-|1-\sqrt[3]{27}|+\sqrt{(-2)^2}\times\left(\frac{-1}{2}\right)^{-2}+(2\,017-\pi)^0$.

解析 分成四个部分进行计算：$-1^{2\,017}=-1$；$|1-\sqrt[3]{27}|=$

$|1-3|=2$；$\sqrt{(-2)^2}\times\left(-\frac{1}{2}\right)^{-2}=2\times4=8$；$(2\,017-\pi)^0=1$，最后再求和.

解 原式$=-1-2+8+1=6$.

点评 在实数的计算中，常常出现的知识点有绝对值、平方根、立方根、零次幂、乘方等.其中，对绝对值、开方运算应当特别小心，不能粗心大意；对零次幂也要留意，任何非零实数的零次幂都等于1，而不是等于0；运算中，对符号也要格外谨慎，不要忙中出乱.另外还要注意运算法则、运算律等的正确应用.

拓展点六 学科内综合问题

例 7 （攀枝花中考题）已知实数x,y,m满足$\sqrt{x+2}+|3x+y+m|=0$，且y为负数，则m的取值范围是（　　）

A. $m>6$　　B. $m<6$　　C. $m>-6$　　D. $m<-6$

解析 根据非负数的性质列出方程组求出x,y的值，然后根据y是负数即可得到一个关于m的不等式，从而求得m的取值范围.根据题意，结合非负数的性质，得$\sqrt{x+2}=0$，$|3x+y+m|=0$，

即$\begin{cases}x+2=0,\\3x+y+m=0.\end{cases}$解得$\begin{cases}x=-2,\\y=6-m.\end{cases}$则$6-m<0$，解得$m>6$.

答案 A

点评 本题考查了非负数的性质：几个非负数的和为0时，这几个非负数都为0.从而可以求得各个字母的值，进而求得代数式的值.非负数之和等于0的问题，本质上是解方程与代数式求值，这类问题解决并不困难，关键是要理解非负数的意义以及通解通法.此类题目中，易错点为：①不理解题意，不能将原题中的非负数的式子转化为0而导致错误；②因计算失误而导致错误.

易错辨析

错误分析，拨开迷雾

易错点一　不能区分无理数和有理数

例 1 （昭通中考题）实数$\frac{22}{7}$，$\sqrt{7}$，-8，$\sqrt[3]{2}$，$\sqrt{36}$，$\frac{\pi}{3}$中的无理数是________.

正确解答 $\frac{22}{7}$是分数，它是有理数，不是无理数；$\sqrt{7}$是开方开不尽的数，它是无理数；-8是负整数，它是有理数，不是无理数；$\sqrt[3]{2}$是开方开不尽的数，它是无理数；$\sqrt{36}=6$，它是整数，不是无理数；$\frac{\pi}{3}$是圆周率的三分之一，仍然是无限不循环小数，它是无理数.故填$\sqrt{7}$，$\sqrt[3]{2}$，$\frac{\pi}{3}$.

易错总结 本题考查了无理数的判别，正确理解无理数的概念是解题的关键.主要错因有：以为带根号的就是无理数；粗心大意，填错了无理数.所有的分数都是有理数，因为有理数就分为整数和分数.当然如$\frac{\pi}{3}$只是分数的形式而非分数，其实它还是无理数.

易错点二　绝对值问题中没有注意负数的情况

例 2 （1）已知一个数a的绝对值是$\sqrt{6}$，求这个数a；

（2）已知一个整数x满足$|x|<4$，求这个整数x.

正确解答 （1）$\because|\pm\sqrt{6}|=\sqrt{6}$，$\therefore a=\pm\sqrt{6}$.

（2）$\because|x|<4$，$\therefore$在数轴上表示数x的点到原点的距离小于4，又x是整数，$\therefore x=0,\pm1,\pm2,\pm3$.

易错总结 本题易出现两种错误：（1）绝对值等于正实数的数有2个，并且互为相反数；从绝对值的几何意义上来看，一个实数的绝对值就是在数轴上离原点的距离相等的数.（2）忽视了整数也有正、负之分.

品味中考

对接中考,小试牛刀

1. (2017·鄂州)下列实数是无理数的是 ( )

A. $\frac{2}{3}$ B. $\sqrt{3}$ C. 0 D. −1.010 101

2. (2017·南京)若$\sqrt{3}<a<\sqrt{10}$,则下列结论中正确的是 ( )

A. $1<a<3$ B. $1<a<4$

C. $2<a<3$ D. $2<a<4$

3. (2017·宁夏)实数a在数轴上的位置如图,则$|a-\sqrt{3}|$ =________.

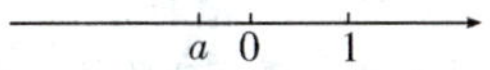

4. (2017·酒泉)估计$\frac{\sqrt{5}-1}{2}$与0.5的大小关系:$\frac{\sqrt{5}-1}{2}$________0.5.

5. (2017·连云港)计算:$-(-1)-\sqrt[3]{8}+(\pi-3.14)^0$.

趁热打铁

即时检测,巩固提高

基础篇

1. (知识点二 ☆☆)(2017·长沙)下列实数中,为有理数的是 ( )

A. $\sqrt{3}$ B. π C. $\sqrt[3]{2}$ D. 1

2. (知识点四 ☆☆)(2017·泰安)下列四个数:$-3,-\sqrt{3},-\pi,-1$.其中最小的数是 ( )

A. $-\pi$ B. -3 C. -1 D. $-\sqrt{3}$

3. (知识点四 ☆☆)(2017·温州)下列选项中的整数,与$\sqrt{17}$最接近的是 ( )

A. 3 B. 4 C. 5 D. 6

4. (知识点三、四 ☆☆)(2016·天津)实数a,b在数轴上的对应点的位置如图所示,把$-a,-b,0$按照从小到大的顺序排列,正确的是 ( )

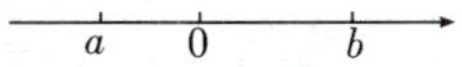

A. $-a<0<-b$ B. $0<-a<-b$

C. $-b<0<-a$ D. $0<-b<-a$

5. (知识点四 ☆☆)(2017·攀枝花)计算:$(3-\pi)^0-\sqrt{8}+\left(\frac{1}{2}\right)^{-1}+|1-\sqrt{2}|=$________.

6. (知识点一、二 ☆☆☆)把下列各数分别写入相应的集合中:

$-\frac{1}{3},0,0.17,2\frac{1}{3},0.81,\sqrt{7},-\frac{3}{5}\sqrt{3},\sqrt{9},-\sqrt[3]{11},\frac{\pi}{2},\sqrt[3]{-27},3.141\ 592\ 6,-0.070\ 070\ 007\cdots$.

(1)整数集合:{ …};

(2)负数集合:{ …};

(3)无理数集合:{ …};

(4)有理数集合:{ …};

(5)实数集合:{ …}.

提升篇

7. (知识点三、四 ☆☆)(2016·泰安)如图,四个实数m,n,p,q在数轴上对应的点分别为M,N,P,Q,若$n+q=0$,则m,n,p,q四个实数中,绝对值最大的一个是 ( )

A. p B. q C. m D. n

8. (知识点三 ☆☆☆)如图,O 为数轴原点,点 A,B 分别表示 $-2,2$,以 AB 为底边向数轴上方作等腰三角形 $\triangle ABC$,连接 OC,以 O 为圆心,OC 长为半径画圆弧交数轴正半轴于点 D,若 $AC=3$,则点 D 表示的实数为　(　　)

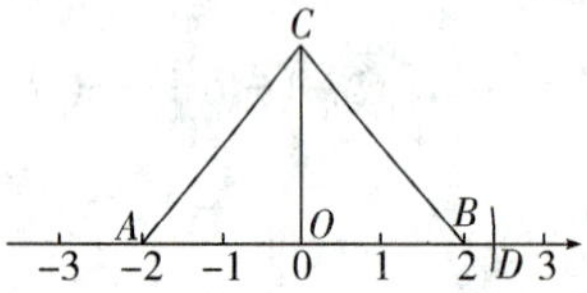

A. 2　　B. 2.5

C. $\sqrt{5}$　　D. $\sqrt{6}$

9. (知识点四 ☆☆☆)(2016·南京)比较大小:

$\sqrt{5}-3$________ $\frac{\sqrt{5}-2}{2}$.

10. (知识点三、四 ☆☆☆☆)已知实数 $\sqrt{14}$ 的小数部分是 b,求 $b^4+12b^3+37b^2+6b-20$.

知识讲解
无理数的估算问题

挑战篇

11. (知识点四 ☆☆☆☆☆)我们知道,一元二次方程 $x^2=-1$ 没有实数根,即不存在一个实数的平方等于 -1.若我们规定一个新数"i",使其满足 $i^2=-1$(即方程 $x^2=-1$ 有一个根为 i),并且进一步规定:一切实数可以与新数进行四则运算,且原有运算律和运算法则仍然成立,于是有 $i^1=i,i^2=-1,i^3=i^2\cdot i=(-1)\cdot i=-i,i^4=(i^2)^2=(-1)^2=1$,从而对于任意非负整数 n,我们可以得到 $i^{4n+1}=i^{4n}\cdot i=(i^4)^n\cdot i=i$,同理可得 $i^{4n+2}=-1,i^{4n+3}=-i,i^{4n}=1$.那么 $i+i^2+i^3+i^4+\cdots+i^{2\,014}+i^{2\,015}+i^{2\,016}+i^{2\,017}+i^{2\,018}+i^{2\,019}$ 的值为________.

课后答案

详解习题,夯实基础

练习(P_{103})

(1)$4\frac{2}{3}$,$0.\dot{6}$,$\sqrt{0.25}$,$\sqrt[3]{-125}$,$-\sqrt{\frac{16}{49}}$

(2)$-\sqrt[3]{9}$,$\sqrt{27}$,$\frac{\pi}{3}$,0.010 010 001 000 01⋯

(3)$4\frac{2}{3}$,$0.\dot{6}$,$\sqrt{0.25}$,$\sqrt{27}$,$\frac{\pi}{3}$,0.010 010 001 000 01⋯

(4)$-\sqrt[3]{9}$,$\sqrt[3]{-125}$,$-\sqrt{\frac{16}{49}}$

练习(P_{105})

1. (1)8　(2)5

2. (1)$\sqrt[3]{4}<\sqrt{3}$　(2)$\sqrt{2}>\frac{1}{\sqrt{2}}$　(3)$\sqrt{0.04}<\frac{1}{\sqrt{0.04}}$

3. (1)$-2.040\,544\,62$　(2)$1.827\,469\,294$
(3)$-1.555\,683\,434$

习题 4.3(P_{106})

1. 有理数:$\sqrt{64}$,$\sqrt[3]{-64}$,0.030 303⋯,$\sqrt{\frac{25}{36}}$.
无理数:3.141 592 6⋯,0.212 112 111 2⋯,$\sqrt[3]{9}$,$-\sqrt{11}$.

2. (1)-0.25　(2)-0.21　(3)-1.44

3.

实　数	相反数	绝对值	倒　数
$\sqrt{2.5}$	$-\sqrt{2.5}$	$\sqrt{2.5}$	$\frac{1}{\sqrt{2.5}}$
$-\pi$	π	π	$-\frac{1}{\pi}$
$-\sqrt[3]{0.9}$	$\sqrt[3]{0.9}$	$\sqrt[3]{0.9}$	$-\frac{1}{\sqrt[3]{0.9}}$
$a(a>0)$	$-a$	a	$\frac{1}{a}$
$a(a<0)$	$-a$	$-a$	$\frac{1}{a}$

4. 如图,点 A 表示的数是 $\sqrt{17}$.

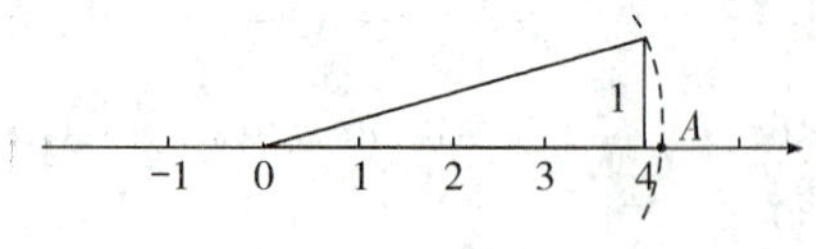

4.4 近　似　数

学习目标

明确方向，有的放矢

1. 了解近似数的概念，体会近似数的意义及在生产、生活中的作用.
2. 在解决实际问题中，能按问题的要求对结果取近似值.

知识详解

讲透教材，解疑释难

知识点一　近似数　重点

在实际生活中，有的量不可能或没有必要用准确值表示出来，而是近似地表示出来，这样表示出来的数叫做近似数.

提醒

生活中的数据可以分为两大类：一类是精确值，另一类是近似值. 大量的数值是近似值. 不要认为整数就是准确数，而分数和小数是近似数.

例 1　(2017·宜昌改编)5 月 18 日，新华社电讯：我国利用世界唯一的“蓝鲸 1 号”，在南海实现了可燃冰(即天然气水合物)的安全可控开采. 据介绍，“蓝鲸 1 号”拥有 27 354 台设备，约 40 000 根管路，约 50 000 个 MCC 报验点，电缆拉放长度估计 1 200 千米. 其中出现的数，哪些是准确数，哪些是近似数？

解　27 354 是准确数；40 000，50 000，1 200 是近似数.

点评　1. 题目含有“约”的，数据肯定是近似值.

2. 测量所得的结果为近似值.

3. 有些数据不能为近似值，那么只能是准确值，比如 3 口人，就不能说是由 3.1 口人或者 2.5 口人四舍五入得到的.

4. 在某一时间段的数据为近似值，如小明 15 岁，在这一年中他都是 15 岁.

5. 判断是否为近似值，往往要考虑实际问题的实际意义.

知识点二　近似数的精确度　重难点

用四舍五入法取一个数的近似数时，四舍五入到哪一位，这个近似数就精确到哪一位.

如果结果只取整数，那么就叫做精确到个位，如 $\pi\approx3$.

如果结果取 1 位小数，那么就叫做精确到十分位(或精确到 0.1)，如 $\pi\approx3.1$.

如果结果取 2 位小数，那么就叫做精确到百分位(或精确到 0.01)，如 $\pi\approx3.14$.

对于“精确到哪一位”，是指四舍五入到哪一位，如 $3\frac{1}{3}\approx3.333\cdots$，若要求四舍五入到十分位，则取 $3\frac{1}{3}\approx3.3$，就叫做精确到十分位(或叫做精确到 0.1).

提醒

1. 近似数的精确度有两种意义：(1)一个近似数四舍五入到哪一位，这个近似数就精确到哪一位；(2)根据近似数的精确度可以推断实际数据所在的范围. 比如，$\pi\approx3.142$，就是精确到千分位(或精确到 0.001)，也可以推断 $3.141\ 5<\pi<3.142\ 5$.

2. 求一个数的近似值，在实际问题中并不都是用“四舍五入法”，有时还采用其他的方法，常用的有“去尾法”和“进一法”.

“去尾法”，即把某一个数保留到某一指定的数位为止，后面的数全部舍去，如：要把一根 100 cm 长的圆钢截成 6 cm 长的一段做零件，最多可以截成几段？计算结果是 $100\div6\approx16.66\cdots$，虽然十分位上的数字大于 5，但不是一段，所以只能取近似数 16.

“进一法”，即把某一个数保留到某一指定的数位时，只要后面的数不是 0，都要在保留的最后一位数字上加 1，例如，某校七年级共有 112 名同学，想租用 45 个座的客车外出秋游，因为 $112\div45\approx2.488\cdots$，这里就不能用四舍五入法，而要用“进一法”来估计应该租用客车的辆数，即应租 3 辆.

例 2　下列各数是由四舍五入法得到的近似数，指出它们分别精确到哪一位.

(1)86.3；(2)0.025 08；(3)4.935 8；(4)1.8×10^4.

解析 近似数精确到哪一位,主要看最后一个数是小数点后的第几位,对于用科学记数法表示的近似数,其精确度由后面的10的指数确定.

解 (1)86.3精确到十分位(或精确到0.1).

(2)0.025 08精确到十万分位(或精确到0.000 01).

(3)4.935 8精确到万分位(或精确到0.000 1).

(4)1.8×10^4精确到千位.

点评 "精确到××位"是指结果四舍五入到这一位.

★教材中的问题解答★

交流(P_{107})

例如宇宙的年龄大约是200亿年等.

讨论(P_{108})

它们有两个区别:(1)精确度不一样,前者精确到十分位,后者精确到百分位;(2)其准确值的取值范围不一样.

拓展典例

分类提升,典例剖析

拓展点一　求近似数

例 1 用四舍五入法,按括号中的要求对下列各数取近似数.

(1)7.153 247(精确到万分位);

(2)8 074(精确到百位);

(3)2.03×10^4(精确到千位);

(4)20 373(精确到百位);

(5)1.363(精确到0.01).

解析 用四舍五入法对一个数取近似值,较大数应写成科学记数法的形式,小数可以按照要求来取近似值.

解 (1)7.153 247≈7.153 2. (2)8 074≈8.1×10^3.

(3)$2.03\times10^4\approx2.0\times10^4$. (4)20 373≈$2.04\times10^4$.

(5)1.363≈1.36.

点评 取近似值应注意精确到数位的后一位,如果这一位上的数大于或等于5,则向前进1,否则不进位.

拓展点二　近似数在科学记数法中的应用

例 2 (2016·潍坊)近日,记者从潍坊市统计局获悉,2016年第一季度潍坊全市实现生产总值1 256.77亿元,将1 256.77亿用科学记数法可表示为(精确到百亿位)　(　　)

A. 1.2×10^{11}　　B. 1.3×10^{11}

C. 1.26×10^{11}　　D. 0.13×10^{12}

解析 用科学记数法表示一个数,就是把一个数写成$a\times10^n$的形式(其中$1\leq|a|<10$,n为整数),先确定a,是整数数位只有一位的数,再确定n,然后再根据近似数的概念找到百亿位上的数按照四舍五入的原则取近似值. 1 256.77亿$=1.256\ 77\times10^{11}\approx1.3\times10^{11}$,故选B.

答案 B

点评 把一个数写成$a\times10^n$的形式(其中$1\leq|a|<10$,n为整数),这种记数法称为科学记数法,其方法是:(1)确定a,a是只有一位整数的数;(2)确定n:当原数的绝对值≥10时,n为正整数,n等于原数的整数位数减1;当原数的绝对值<1时,n为负整数,n的绝对值等于原数中左起第一个非零数前零的个数(含整数位数上的零).

拓展点三　新定义问题

例 3 对非负数x"四舍五入"到个位的值记为$\langle x\rangle$.例如:$\langle 0\rangle=\langle 0.48\rangle=0$,$\langle 0.64\rangle=\langle 1.493\rangle=1$,$\langle 18.75\rangle=\langle 19.499\rangle=19$,….

解决下列问题:

(1)$\langle\pi\rangle=$________(π为圆周率);

(2)如果$\langle 2x-1\rangle=3$,则有理数x有最________(填"大"或"小")值,这个值为________.

解析 (1)根据新定义把π四舍五入得到3;(2)根据新定义得到$2.5\leq2x-1<3.5$,解得$\frac{7}{4}\leq x<\frac{9}{4}$.

则有理数x有最小值,这个值为$\frac{7}{4}$.

答案 (1)3　(2)小　$\frac{7}{4}$

点评 本题考查了近似数,读懂"新定义"内容是解题的关键.

易错辨析
错误分析，拨开迷雾

易错点一　实际测量结果的精确度区分

例 1 在物理实验课上，小红和小明两个同学分别测量同一个物体的质量，小红测得的结果是 2.5 kg，小明测得的结果是 2.50 kg.请问他们测量的结果是否一样？为什么？

正确解答　小红测量得到的结果为 2.5 kg，是精确到 0.1 kg；而小明测量得到的结果是 2.50 kg，是精确到 0.01 kg.显然，他们测量所得结果的精确度是不一样的.另外，前一个结果的误差不大于 0.05 kg，而后一个结果的误差不大于 0.005 kg.因此，两人测量的结果是不相同的.

易错总结　近似数常常由于受客观条件或因素的制约和影响，不可能非常精确，与实际会有一点偏差，但绝不是错误的.对于不同的近似数，要注意正确区分它们的精确度.

易错点二　近似数精确度的确定

例 2 下列由四舍五入法得到的近似数，分别精确到哪一位？

(1)432.1；(2)0.987 50；(3)3.45 万；(4)7 232 265.

正确解答　(1)432.1 精确到十分位(即精确到 0.1)；(2)0.987 50 精确到十万分位(即精确到 0.000 01)；(3)3.45 万精确到百位；(4)7 232 265精确到个位.

易错总结　一个近似数末尾一位上的 0 绝对不是可有可无的，它也是精确度的重要体现；另外，对数字后面的单位，如"百""千""万""亿"等要特别留意，千万不能忽视，否则就一定会出错.

品味中考
对接中考，小试牛刀

1. (2016·天水)1.58×10^6米的百万分之一大约是　(　　)

A. 初中学生小丽的身高　B. 教室黑板的长度

C. 教室中课桌的宽度　D. 三层楼房的高度

2. (2017·苏州)小亮用天平称得一个罐头的质量为 2.026 kg，用四舍五入法将 2.026 精确到 0.01 的近似值为　(　　)

A. 2　B. 2.0　C. 2.02　D. 2.03

3. (2017·通辽)近似数 5.0×10^2 精确到　(　　)

A. 十分位　B. 个位　C. 十位　D. 百位

4. (柳州中考题)小芳给你一个如图所示的量角器，如果你用它来度量角的度数，那么能精确地读出的最小度数是　(　　)

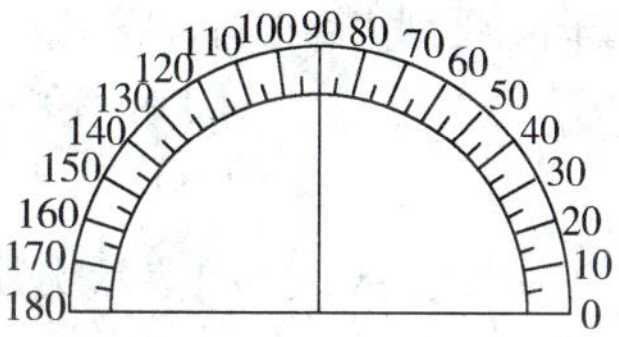

A. 1°　B. 5°　C. 10°　D. 180°

趁热打铁
即时检测，巩固提高

基础篇

1. (知识点一 ☆)下列数据中准确数是　(　　)

A. 上海科技馆的建筑面积约 98 000 平方米

B. "小巨人"姚明身高 2.26 米

C. 我国的神舟十号飞船有 3 个舱

D. 截至 2016 年底中国国内生产总值为 744 127 亿元

2. (知识点二 ☆☆)据统计，杭州市 G20 峰会注册志愿者达 9.17×10^5 人.那么近似数 9.17×10^5 精确到　(　　)

A. 百分位　B. 个位

C. 千位　D. 十万位

3. (知识点二 ☆☆)近似数 2.60 所表示的精确值 x 的取值范围是　(　　)

A. $2.600<x\leqslant2.605$　B. $2.595<x\leqslant2.605$

C. $2.595\leqslant x<2.605$　D. $2.50\leqslant x<2.70$

4. （知识点二 ☆☆）（黔南州中考题）下列各数表示正确的是（　　）

A. $57\ 000\ 000=57\times10^6$

B. 0.015 8（用四舍五入法精确到 0.001）≈0.015

C. 1.804（用四舍五入法精确到十分位）≈1.8

D. $0.000\ 025\ 7=2.57\times10^{-4}$

5. （知识点二 ☆☆）近似数4.73和下面哪个数最接近（　　）

A. 4.69　　B. 4.699　　C. 4.728　　D. 4.731

6. （知识点二 ☆☆☆）按括号里的要求用四舍五入法对下列各数取近似数：

（1）579.56（精确到十分位）；

（2）0.004 078 3（精确到 0.000 1）；

（3）8.973（精确到 0.1）；

（4）692 547（精确到十位）；

（5）48 378（精确到千位）；

（6）8.03×10^4（精确到千位）.

提升篇

7. （知识点二 ☆☆）用四舍五入法对“145 762”取近似数，要求精确到千位，下列表示正确的是（　　）

A. 1.5×10^5　　B. 1.46×10^5

C. 1.458×10^5　　D. 15 万

8. （知识点一、二 ☆☆）我们规定[a]表示实数 a 的整数部分，如[2.35]=2；[π]=3，按此规定$[2\ 022-\sqrt{17}]$=________.

9. （知识点二 ☆☆☆☆☆）计算：（1）$\sqrt[3]{14}+2\sqrt{11}-3\sqrt[3]{3}$（精确到 0.1）；

（2）$\frac{\pi}{2}-|\sqrt{5}-\sqrt{7}|+\frac{2}{3}$（精确到 0.01）.

10. （知识点二 ☆☆☆☆）电脑上网有“宽带上网”和“拨号上网”等方式，其中拨号上网的费用由电话费和上网费两部分组成，收费标准为：电话费为 0.22 元/3 min，上网费为每月不超过 30 h，按2 元/h 计算，超过 30 h 的部分，按 3 元/h 计算，不足 1 h 按四舍五入法计算，小明家某月拨号上网费用为 154.4 元，请问小明家本月上网的时间最长是多少？最短是多少？（精确到 0.1 h）

挑战篇

11. （知识点二 ☆☆☆☆☆）把一个四位数 a 四舍五入到十位，所得数 b 再四舍五入到百位，所得数 c 再四舍五入到千位，恰好得到数 d，数 d 正好是 3 000，试问这个四位数 a 的最大值和最小值分别是多少？

课后答案

详解习题，夯实基础

练习（$P_{108\sim109}$）

1. （1）准确　（2）近似　（3）近似　（4）近似

2. （1）（4×10）kg　（2）44 kg　（3）44.0 kg

3. 由题意得，在 Rt△ABC 中，∠ACB=90°，所以由勾股定理得 $AB=\sqrt{AC^2+BC^2}=\sqrt{2.55^2+3^2}=\sqrt{15.502\ 5}\approx3.9$（m）.

习题 4.4（$P_{109\sim110}$）

1. （1）3.3×10^{22}　（2）3.6×10^8

2. （1）1.7　（2）1.71　（3）1.710　（4）1.710 0

3. （1）精确到 0.01 m　（2）精确到 100 km　（3）精确到 0.1 mm　（4）精确到 0.000 000 01 cm

4. $\frac{157}{50}=3.14$，$\frac{22}{7}\approx3.142\ 857\ 14$，$\frac{355}{113}\approx3.141\ 592\ 9$.

5. 在 Rt△ABC 中，由勾股定理，得 $BC=\sqrt{AC^2-AB^2}=\sqrt{2.95^2-1.36^2}\approx2.62$（km），

$AB+AC=1.36+2.95=4.31$（km），$BA+AC-BC\approx4.31-2.62=1.69\approx1.7$（km）.

即走隧道比绕道 BA 和 AC 减少行程约 1.7 km.

本章总结

知识框架

要点归纳，一览无余

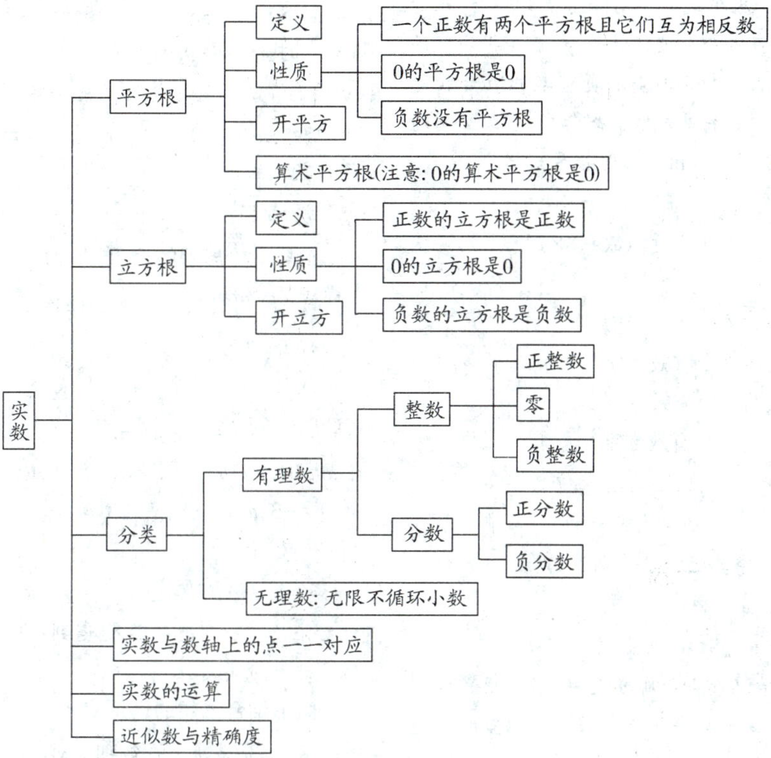

注：实数的相反数、绝对值、倒数的意义与有理数一样，有理数的运算性质、运算法则、运算律在实数范围内仍然适用.

专题归纳

科学总结，突破难点

知识技能

一、估算无理数大小的方法

例 1 (2017·重庆)估计 $\sqrt{13}+1$ 的值在　　(　　)

A. 2 到 3 之间　　B. 3 到 4 之间

C. 4 到 5 之间　　D. 5 到 6 之间

解析 因为 $9<13<16$，所以 $\sqrt{9}<\sqrt{13}<\sqrt{16}$，即 $3<\sqrt{13}<4$，所以 $4<\sqrt{13}+1<5$. 故选 C.

答案 C

点评 由于每个无理数都是无限不循环小数，一般我们都可以将其写成整数部分与小数部分的和的形式. 估算一个算术平方根的数值的方法，是找出这个数相邻的两个可以开得尽方的数，再按照被开方数大的数，其算术平方根也大的原则，确定此无理数的范围. $\sqrt{13}$的被开方数是在 9 和 16 这两个平方数之间，所以 $\sqrt{13}$的值在 3 和 4 之间.

二、实数的运算

例 2 (2017·荆门)计算：$|\sqrt{3}-4|-\sqrt{3}-\left(\frac{1}{2}\right)^{-2}$ 的结果是　　(　　)

A. $2\sqrt{3}-8$　　B. 0　　C. $-2\sqrt{3}$　　D. -8

解析 首先根据绝对值的性质、负整数指数幂运算规则将原式转化为 $4-\sqrt{3}-\sqrt{3}-4$，再合并二次根式化简. 所以 $|\sqrt{3}-4|-\sqrt{3}-\left(\frac{1}{2}\right)^{-2}=4-\sqrt{3}-\sqrt{3}-4=-2\sqrt{3}$. 故选 C.

答案 C

点评 实数的综合运算，是各地中考题中常见的计算题型. 解决此类题目的关键是熟练掌握平方、立方、立方根、平方根、零指数幂、二次根式的化简等考点的运算. 在计算时，需要针对每个考点分别进行计算，然后根据实数的运算法则求得计算结果. 本题考查了负整数指数幂和绝对值的相关运算，解题的关键是根据概念求解，此类问题容易出错的地方是去掉绝对值符号时符号出错.

三、近似数的精确度

例 3 由四舍五入法得到的近似数 6.8×10^3，下列说法中正确的是 （　　）

A. 精确到十分位，有 2 个有效数字

B. 精确到个位，有 2 个有效数字

C. 精确到百位，有 2 个有效数字

D. 精确到千位，有 4 个有效数字

解析 近似数精确到哪一位，应当看末位数字实际在哪一位. 个位代表千，那么十分位就代表百，乘号前面从左面第一个不是 0 的数字算起有 2 个数字，那么有效数字就是 2 个. 故选 C.

答案 C

点评 本题考查科学记数法和有效数字，对于用科学记数法表示的数，有效数字的计算方法以及精确到哪一位是需要识记的内容，经常会出错.

方法规律

一、依据算术平方根的性质求值

例 1 已知 $\sqrt{a-17}+\sqrt{17-a}=b+8$.

(1)求 a 的值；

(2)求 a^2-b^2 的平方根.

解析 根据负数没有平方根，我们可以得到 $a-17\geqslant0$，$17-a\geqslant0$，从而可以求出 a 的值，那么 b 的值也可以得到.

解 (1)由题意得 $\begin{cases}a-17\geqslant0,\\17-a\geqslant0,\end{cases}$ 解得 $a=17$.

(2)$b+8=0$，解得 $b=-8$. 则 $a^2-b^2=17^2-(-8)^2=225$，则 a^2-b^2 的平方根是 ±15.

点评 根据算术平方根的性质，可以知道：$\sqrt{-a}+\sqrt{a}$ 或 $\sqrt{-a}-\sqrt{a}$ 的值实际上就是 0，这个结论千万不能忽视.

二、依据字母表示的数的特点探求其值

例 2 若 a,b 都是有理数，且 $a^2+2b+\sqrt{2}b=17-4\sqrt{2}$，试探求 $a+b$ 的值.

解析 由于有理数的和、差、积仍然是有理数，因此，a^2+2b 仍然是有理数，且有理数与无理数的积是无理数，所以 $\sqrt{2}b$ 是一个无理数.

解 $\because a^2+2b+\sqrt{2}b=17-4\sqrt{2}$，$\therefore b=-4$，$a^2+2b=17$，$\therefore b=-4$，$a=5$ 或 $a=-5$，$\therefore$ 当 $a=5$，$b=-4$ 时，$a+b=1$；当 $a=-5$，$b=-4$ 时，$a+b=-9$.

点评 解答本题的关键是能够根据有理数与无理数之间的和、差、积、商、幂的特点，探求出其中的字母，进而求得代数式的值.

数学思想

一、分类讨论思想的运用

例 1 已知实数 a,b 满足 $|a|=5$，$\sqrt{b^2}=3$，且 $ab>0$，那么 $a+b$ 的值为 （　　）

A. 8　　B. -2　　C. 8 或 -8　　D. 2 或 -2

解析 由 $|a|=5$ 得 $a=\pm5$，由 $\sqrt{b^2}=3$ 得 $b^2=9$，$\therefore b=\pm3$，$\because ab>0$，$\therefore a,b$ 同号. 当 $a=5$ 时，$b=3$，$a+b=8$；当 $a=-5$ 时，$b=-3$，$a+b=-8$，故选 C.

答案 C

点评 当一个问题包含有多种情形时，需要逐一讨论，然后汇总得出问题的答案. 遇到绝对值或者平方根时，通常要进行分类讨论.

二、数形结合思想的运用

例 2 实数 a,b,c 在数轴上对应的点如图所示，下列式子中正确的是 （　　）

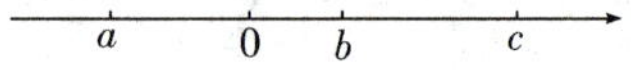

A. $-a<b<c$　　B. $ab<ac$

C. $-a+b>-a+c$　　D. $|a-b|<|a-c|$

解析 根据各点在数轴上的位置判断出其符号及绝对值的大小，再对各选项进行逐一判断即可. 由图可知，$a<0<b<c$，$c>|a|>b$. A. $\because a<0<b<c$，$c>|a|>b$，$\therefore b<-a<c$，故本选项错误；B. $\because a<0<b<c$，$\therefore ab>ac$，故本选项错误；C. $\because b<c$，$\therefore -a+b<-a+c$，故本选项错误；D. $\because a<0<b<c$，$c>|a|>b$，$\therefore a-c<a-b<0$，$\therefore |a-b|<|a-c|$，故本选项正确. 故选 D.

答案 D

点评 实数与数轴上的点建立了一一对应关系. 任何一个实数都能用数轴上的一个点来表示，数轴上的每一个点都表示一个实数. 将抽象的“数”转化为具体的“形”

(点),还可利用勾股定理构造“形”(点)来体会“数”,这样数形结合,使很多抽象的问题清晰化.

三、转化思想的运用

例 3 已知 $16(x+2)^2-81=0$,求 x 的值.

解析 把 $x+2$ 看成一个整体,可变成 $(x+2)^2=\frac{81}{16}$.两边同时开平方,从而将解二次方程的问题转化为解一元一次方程的问题.

解 由 $16(x+2)^2-81=0$ 得,$(x+2)^2=\frac{81}{16}$.$\therefore x+2=\pm\frac{9}{4}$,

即 $x=\frac{1}{4}$ 或 $x=-\frac{17}{4}$.

点评 转化思想就是将一个待解决的问题 A,转化为另一个较容易解决或已经解决的问题 B,从而获得问题 A 的答案.本题利用转化思想,将问题转化为解一元一次方程的问题,使问题简单化.

探究中考

综合分析,把握考向

命题趋势

本章知识在中考中占有一定的比例,它通常以填空题、选择题、计算题和解答题的形式出现,主要考查平方根、立方根、实数和近似数的有关概念,另外还有一类新情境下的探索题,实际问题背景下的应用性问题也是本章的热点考题.针对中考命题趋势,在学习中应夯实基础知识,注重对概念的理解,培养分析、解决问题的能力和对问题的探索能力.

分类展示

1. 无理数的识别

例 1 (2017 · 荆门)在实数 $-\frac{22}{7}$,$\sqrt{9}$,π,$\sqrt[3]{8}$ 中,是无理数的是　(　　)

A. $-\frac{22}{7}$　　B. $\sqrt{9}$　　C. π　　D. $\sqrt[3]{8}$

解析 $\because -\frac{22}{7}$ 是分数,$\sqrt{9}=3$,$\sqrt[3]{8}=2$,

$\therefore$ 在实数 $-\frac{22}{7}$,$\sqrt{9}$,π,$\sqrt[3]{8}$ 中,是无理数的是 π.故选 C.

答案 C

考题点睛 此题主要考查了无理数的定义.初中范围内学习的无理数有三类:①π 类,如 2π 等;②开方开不尽的数,如 $\sqrt{2}$ 等;③虽有规律但是无限不循环的数,如 0.101 001 000 1…等.

2. 近似数

例 2 (2017 · 济宁)某桑蚕丝的直径为 0.000 016 米,将 0.000 016 用科学记数法表示是　(　　)

A. 1.6×10^{-4}　　B. 1.6×10^{-5}

C. 1.6×10^{-6}　　D. 16×10^{-4}

解析 把一个数写成 $a\times10^n$ 的形式(其中 $1\leq|a|<10$,n 为整数,这种记数法称为科学记数法),其方法是:(1)确定 a,a 是只有一位整数的数;(2)确定 n,当原数的绝对值 ≥10 时,n 为正整数,n 等于原数的整数位数减 1;当原数的绝对值 <1 时,n 为负整数,n 的绝对值等于原数中左起第一个非零数前零的个数(含整数位上的零).所以将 0.000 016 用科学记数法表示是 1.6×10^{-5}.故选 B.

答案 B

考题点睛 近似数的表示方法有三种:一是常规记数法,二是数位记数法,三是科学记数法.其精确度都是指这个数的精确到数字的实际数位.用科学记数法保留有效数字,要在标准形式 $a\times10^n$ 中 a 的部分保留,从左边第一个不为 0 的数字数起,需要保留几位就数几位,然后根据四舍五入的原理进行取舍.

3. 无理数的估算

例 3 (2017 · 重庆)估计 $\sqrt{10}+1$ 的值应在　(　　)

A. 3 和 4 之间　　B. 4 和 5 之间

C. 5 和 6 之间　　D. 6 和 7 之间

解析 由于 $3<\sqrt{10}<4$,$\therefore 4<\sqrt{10}+1<5$.故选 B.

答案 B

考题点睛 此题主要考查了无理数的估算能力,对于一个形如 $\sqrt{a}$ 的无理数的估算,一般的方法是找出与 a 相邻的两个平方数,那么 $\sqrt{a}$ 就介于这两个平方数的正的平方根之间.

4. 实数的运算

例 4 (2017 · 随州)计算:$\left(\frac{1}{3}\right)^{-2}-(2\ 017-\pi)^0+\sqrt{(-3)^2}-|-2|$.

解析 先分别计算各项,然后再进行实数的加减运算.

解 原式 $=9-1+3-2=9$.

考题点睛 实数的混合运算是常见的中考题,常见的实数混合运算包括:负整数指数幂、零指数幂、二次根式、乘方、绝对值等.同时要牢记实数混合运算的顺序:先做乘方,再做乘除,然后计算加减.如果有括号要先算括号里面的.

5. 实数与数轴

例 5 （六盘水中考题）如图，表示$\sqrt{7}$的点在数轴上表示时，在哪两个字母之间（　　）

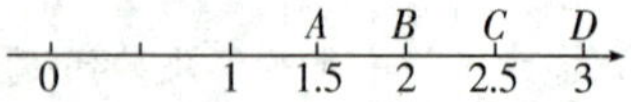

A. C与D　B. A与B　C. A与C　D. B与C

解析 确定出7的范围，利用算术平方根求出$\sqrt{7}$的范围，即可得到结果.

$\because 6.25<7<9$，$\therefore 2.5<\sqrt{7}<3$，

则表示$\sqrt{7}$的点在数轴上表示时，在C和D两个字母之间.故选A.

答案 A

考题点睛 此题考查了估算无理数的大小以及实数与数轴，解题关键是确定无理数的整数部分，即可解决问题.

6. 利用算术平方根的非负性解题

例 6 （2016·自贡）若$\sqrt{a-1}+b^2-4b+4=0$，则ab的值等于（　　）

A. -2　B. 0　C. 1　D. 2

解析 根据几个非负数的和为0时，这几个非负数都为0列出算式求出a,b的值，计算即可.

由题意得，$a-1=0$，$b-2=0$，

解得$a=1$，$b=2$，则$ab=2$，故选D.

答案 D

考题点睛 本题考查的是非负数的性质，掌握几个非负数的和为0时，这几个非负数都为0是解题的关键.

课后答案

详解习题，夯实基础

复习题（$P_{111\sim113}$）

复习巩固

1. $\frac{\sqrt{2}}{2}$，$\frac{\pi}{4}$，$\sqrt[3]{0.8}$.

2. $\pm\sqrt{\frac{9}{100}}=\pm\frac{3}{10}$，$\pm\sqrt{6.25}=\pm2.5$，$\pm\sqrt{10}$，$\pm\sqrt{\frac{1}{144}}=\pm\frac{1}{12}$，$\pm\sqrt{1\frac{9}{16}}=\pm\sqrt{\frac{25}{16}}=\pm\frac{5}{4}$.

3. $\sqrt[3]{-1\,000}=-10$，$\sqrt[3]{0.125}=0.5$，$\sqrt[3]{-\frac{1}{64}}=-\frac{1}{4}$，$\sqrt[3]{-5}$，$\sqrt[3]{3\frac{3}{8}}=\sqrt[3]{\frac{27}{8}}=\frac{3}{2}$.

4. $2.5,-\frac{1}{4},\frac{1}{2},-10,-5,2$.

5. （1）$x=\pm\sqrt{2}$.　（2）$x=2$.　（3）$x=\pm0.25$.　（4）$x=-8$.

6. $\sqrt[3]{-2}$的相反数是$\sqrt[3]{2}$，绝对值是$\sqrt[3]{2}$；$-2\sqrt{6}$的相反数是$2\sqrt{6}$，绝对值是$2\sqrt{6}$；$\sqrt{5}-\pi$的相反数是$\pi-\sqrt{5}$，绝对值是$\pi-\sqrt{5}$；$2-\sqrt{3}$的相反数是$\sqrt{3}-2$，绝对值是$2-\sqrt{3}$；$1.4-\sqrt{2}$的相反数是$\sqrt{2}-1.4$，绝对值是$\sqrt{2}-1.4$.

7. $\sqrt{22.5}\approx4.743$，$\sqrt{1.018}\approx1.009$，$\sqrt{0.043\,62}\approx0.209$，$\sqrt[3]{0.108}\approx0.476$，$\sqrt[3]{\frac{8}{5}}\approx1.170$.

8. （1）1.46；（2）2.59.

9. 4.2，5.8，2.1，3.9.

10. （1）>　（2）<　（3）=　（4）>

灵活运用

11. 如图，由题意得，$\angle B=45°$，$AB=80$ km，$BD=100$ km，过点A作$AC\perp BD$于点C.

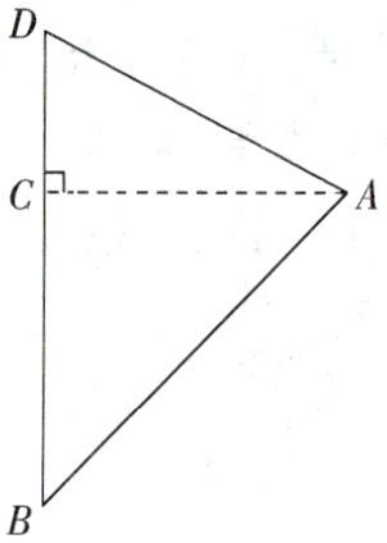

在Rt△ABC中，$\because \angle B=45°$，

$\therefore \angle CAB=45°$，则$AC=BC$，

由勾股定理，得$AC^2+BC^2=AB^2$，

即$2AC^2=80^2$，

$\therefore AC=BC=\sqrt{3\,200}\approx56.6$（km），$\therefore DC\approx43.4$ km.

在Rt△ADC中，由勾股定理，得$AD=\sqrt{DC^2+AC^2}\approx\sqrt{43.4^2+56.6^2}\approx71$（km），

$\therefore$它离甲地约71 km.

12. 由题意知，在Rt△ABC中，$AB=10$，$AC=8$，由勾股定理，得$BC=6$.

若$AA'=1$，那么$A'C=7$，

在Rt△$A'B'C$中，由勾股定理，得$B'C=\sqrt{10^2-7^2}\approx7.14$，则$BB'\approx7.14-6\approx1.1$（m）.

若$AA'=1.5$，那么$A'C=6.5$，

在Rt△$A'B'C$中，由勾股定理，得$B'C=\sqrt{10^2-6.5^2}\approx7.60$，

则$BB'\approx7.60-6\approx1.6$（m）.即如果梯子的顶端下滑1.5 m，那么它的底端向外滑动的距离是1.6 m.

13. 由勾股定理，得 $AB=\sqrt{10}$，$BC=\sqrt{5}$，$AC=\sqrt{17}$，则 $\triangle ABC$ 的周长约为 9.5，$\triangle ABC$ 的面积为 3.5.

探索研究

14. 如图所示：

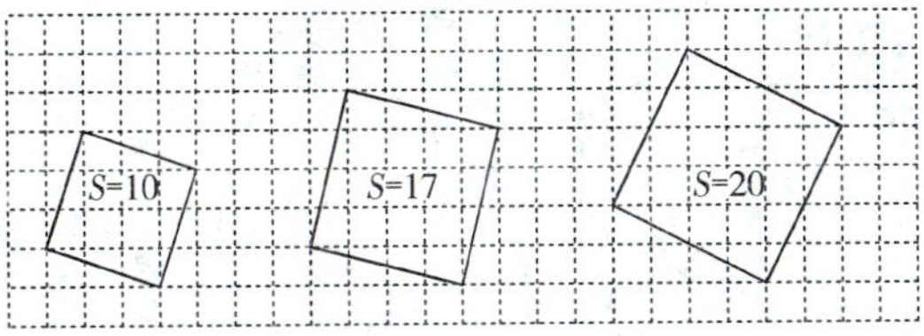

15. (1) 如图①，沿虚线剪拼：

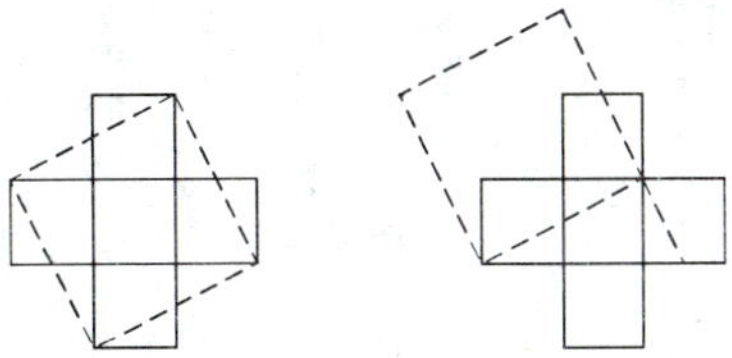

①　　②

(2) 剪法多样，如图②，剪 2 刀即可.

章末小练

巩固基础，综合提升

1. $\left(-\frac{1}{2}\right)^2$ 的平方根是　　(　　)

A. $-\frac{1}{2}$　　B. $\pm\frac{1}{2}$　　C. $\frac{1}{2}$　　D. $\frac{1}{4}$

2. 下列叙述中，不正确的是　　(　　)

A. 绝对值最小的实数是零

B. 算术平方根中最小的实数是零

C. 平方最小的实数是零

D. 立方根最小的实数是零

3. 在下列实数：$\frac{\pi}{2}$，$\sqrt{3}$，$\sqrt{4}$，$\frac{22}{7}$，$-1.010\,010\,001\cdots$ 中，无理数有　　(　　)

A. 1 个　　B. 2 个　　C. 3 个　　D. 4 个

4. (2016・威海) 实数 a，b 在数轴上的位置如图所示，则 $|a|-|b|$ 可化简为　　(　　)

A. $a-b$　　B. $b-a$　　C. $a+b$　　D. $-a-b$

5. 若 x，y 为实数，且 $|x+3|+\sqrt{y-3}=0$，则 $\left(\frac{x}{y}\right)^{2\,017}$ 的值为________.

6. (2017・孝感) 我国是世界上人均拥有淡水资源较少的国家，全国淡水资源的总量约为 27 500 亿 m^3，应节约用水，数 27 500 用科学记数法表示为________.

7. 下列说法：

①近似数 3.9×10^3 精确到十分位；

②按科学记数法表示的数 8.04×10^5 原数为 80 400；

③把数 60 430 保留 2 个有效数字得 6.0×10^4；

④用四舍五入法得到的近似数 9.178 0 是精确到 0.001；

⑤近似数 2.40 万精确到百位，有 3 个有效数字.

其中正确的有________个.

8. 设 $a=-|-2|$，$b=-(-1)$，$c=\sqrt[3]{-27}$，则 a，b，c 中最大实数与最小实数的差是________.

9. (1) $\sqrt[3]{27}+\left|-\frac{3}{2}\right|-(-2\,015)^0+4\div(-2)^3$；

(2) $\frac{1}{4}\times\pi-\sqrt{5}+2\sqrt{3}$ (精确到 0.001).

10. 已知 $5a+2$ 的立方根是 3，$3a+b-1$ 的算术平方根是 4，c 是 $\sqrt{13}$ 的整数部分，求 $3a-b+c$ 的平方根.

11. 如图，这是一个 6×6 的正方形网格图，每个小正方形的面积都是 1，试在图中分别画出表示实数 $\sqrt{5}$，$\sqrt{10}$，$\sqrt{13}$ 以及 $\sqrt{72}$ 的线段，并比较 $\sqrt{5}+\sqrt{10}+\sqrt{13}$ 与 $\sqrt{72}$ 的大小.

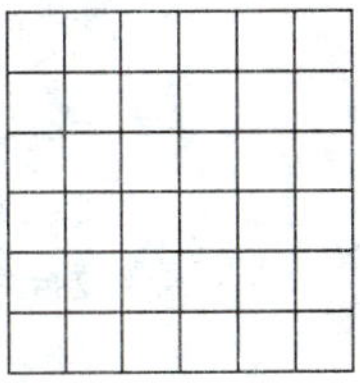

本章导航

情境导读

有一天，笛卡尔生病卧床，但他头脑一直没有休息，在反复思考一个问题：几何图形是直观的，而代数方程则比较抽象，能不能用几何图形来表示方程呢？通过什么样的办法才能把“点”和“数”联系起来呢？突然，他看见屋顶角上的一只蜘蛛，拉着丝垂了下来，一会儿，蜘蛛又顺着丝爬上去，在上边左右拉丝.蜘蛛的“表演”使笛卡尔思路豁然开朗.他想，可以把蜘蛛看作一个点，它在屋子里可以上下、左右运动，能不能把蜘蛛的每个位置用一组数确定下来呢？用一组数（a，b）可以表示平面上的一个点，平面上的一个点也可以用一组两个有顺序的数来表示.于是在蜘蛛的启示下，笛卡尔创建了直角坐标系.

本章概述

【本章内容】

平面直角坐标系是初中数学“函数”领域中的重要内容，本章所学主要内容有：（1）物体位置的确定；（2）平面直角坐标系相关概念；（3）点的确定；（4）建立平面直角坐标系.常考题型为选择、填空题.本章知识是中考的常考内容，主要以填空、选择的形式呈现，解答题很少.主要是作图问题和求点的坐标问题.中考中主要考查位置的确定、平面直角坐标系中点的坐标的确定、平面直角坐标系中特殊点的坐标特征及坐标的变化规律.本章常常与函数的知识结合起来考查，此时难度会有所提高.

【本章重点】

物体位置的确定、平面直角坐标系的意义及点的坐标的确定.

【本章难点】

图形位置的变化与点的坐标变化的关系.建立适当的平面直角坐标系，将实际问题数学化，并会用平面直角坐标系解决问题.

学法点津

1．在学习中要注意联系实际，在现实情境中感受可以用不同的方式确定物体的位置.灵活运用不同的方法确定物体的位置，发展发散思维.

2．能建立适当的平面直角坐标系，将实际问题数学化，并会用平面直角坐标系解决问题.

3．注意加强知识间的相互联系，知道平面直角坐标系是以数轴为基础的，同时又可以用它来研究几何图形的问题.

4．在学习的过程中注意体会位置的确定与坐标变换之间的关系，以及在平移、轴对称变换中相应的点的坐标的变化规律，增强自己的数形结合意识.由于平面直角坐标系的引入，架起了数与形之间的桥梁，使得我们可以用几何的方法研究代数问题，又可以用代数的方法研究几何问题.

5.1 物体位置的确定

学习目标

明确方向，有的放矢

① 知道可以用数量(一对数)来描述物体(一个点)的位置.

② 知道数量的变化与位置的变化之间的联系.

③ 经历研究数量、位置变化的全过程，增强发现问题和提出问题、分析和解决问题的能力.

知识详解

讲透教材，解疑释难

知识点一　物体位置的确定　重难点

在平面内，确定物体位置的方法大致有以下几种：

知识讲解 物体位置的确定

1. “经纬度”表示法：航行中的船只、行进中的军事演习部队、深山老林中的救险小分队等通常用经度和纬度来确定位置的变化.地理学上，常常用经纬度反映一个国家或地区所在的位置.这种方法在实际中的运用是比较广泛的.

2. “方向距离”表示法：很多物体位置的变化可以用运动的方向和运动的距离来确定，也就是可以用方位角和距离来确定位置的变化.在学习图形的平移时，同学们已经知道可以用图形移动的方向和距离来说明运动变化前后的位置情况.

3. “行列号”表示法：电影院、报告厅等一些地方的座位通常用排号和座号来确定；教室里的座位常常用行号和列号来确定.

4. “汉字数字”“数字字母”结合表示法：中国象棋、国际象棋、围棋常用汉字和数字或者数字和英文字母结合起来确定棋子在棋盘上位置的变化情况.

5. 其他方法：在城市里，常常用南北和东西方向的道路将其划分为若干不同的区域；船只还可以利用岸上的两个固定观测点测出的两个角来定位等.

提醒

上面这些确定物体位置的变化的方法，都具有一个共性：利用两个数量来表示变化情况.对于平面上的物体，一般用两个数据就可以表示其位置的变化了，但对于空间中的物体的位置确定则需要三个数据才行.

例 1　根据下列表述，能确定具体位置的是　(　　)

A. 某电影院 2 排　　B. 大桥南路

C. 北偏东 30°　　D. 东经 108°，北纬 43°

解析　A 用行列号法描述位置，缺少列号，不能确定位置；B 只能表示区域，不能确定具体位置；C 用方向距离法确定位置，但是缺少距离，不能确定位置；D 用经纬度法表示位置，可以确定位置.故选 D.

答案　D

点评　用一个量无法确定具体的位置，因此需要至少两个量来描述位置.

知识点二　有序实数对　难点

有顺序的两个实数 a 与 b 组成的数对，叫做有序实数对，记作 (a,b).利用有序实数对，可以准确地表示出一个位置.

提醒

1. 有序实数对包含三层意思：(1) 由两个数组成；(2) 两数有顺序性；(3) 成对出现.

2. 对“有序”要准确理解，“有序”指的是两个数的先后顺序，两个数的位置不能随意交换，顺序不同，表示的位置或意义不同. 如小明在教室的座位是 2 列 5 行，位置记作 $(2,5)$（前面的数表示列数，后面的数表示行数），而小红的座位是 5 列 2 行，位置记作 $(5,2)$，显然这是两个不同的座位.

3. 表示有序实数对时，要把两个数用括号括起来，中间用逗号分隔开.

例 2　如图所示，点 A 表示 2 街与 5 大道的十字路口，

点 B 表示 4 街与 3 大道的十字路口，点 C 表示 5 街与 4 大道的十字路口.

如果用(4,3)→(5,3)→(5,4)表示由 B 到 C 的一条路径，那么，你能用同样的方式写出由 A 经 B 到 C 的路径吗？

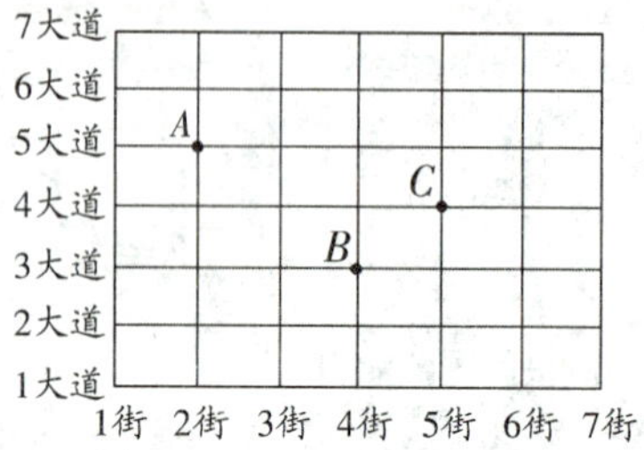

解析 只要先写出由 A 到 B 的路径，再写出由 B 到 C 的路径，再任意搭配即可.

解 由 A 经 B 到 C 的路径有：

(1)(2,5)→(3,5)→(4,5)→(4,4)→(4,3)→(5,3)→(5,4)；

(2)(2,5)→(2,4)→(2,3)→(3,3)→(4,3)→(5,3)→(5,4)；

(3)(2,5)→(3,5)→(4,5)→(4,4)→(4,3)→(4,4)→(5,4)；

(4)(2,5)→(2,4)→(2,3)→(3,3)→(4,3)→(4,4)→(5,4)；

(5)(2,5)→(3,5)→(3,4)→(4,4)→(4,3)→(5,3)→(5,4)等.

点评 解题关键是读懂题意，找出用一对数来表示 A，B 两点位置的规律，再应用此规律表示其他点的位置，而此规律就是括号内前面数据对应列号，后面数据对应行号. 在用一对数来表示平面上物体的位置及其变化时，要注意在两个数的先后顺序不同的情况下，这对数所表示的意义不同.

★教材中的问题解答★

尝试(P_{116})

略

思考(P_{117})

我国海军舰艇编队向基地报告自己的准确位置时，会报告该编队位于基地的方位角(例如南偏东20°等)和距离基地多少海里(例如距离基地 2 000 海里等).

交流($P_{117\sim118}$)

1. (1) $\angle BAC$ 先由小变大，再由大变小.

(2)当点 A 运动到 $\angle BAC=60°$ 时，$\triangle ABC$ 为等边三角形；当点 A 运动到 $BA\perp AC$(或点 A 到 BC 的距离等于 BC 的一半)时，$\triangle ABC$ 为直角三角形.

2. (1)在运动过程中，这些三角形的周长先由大变小，再由小变大.

(2)这无数个三角形的周长没有最大值，有最小值，取最小值时的点 O 的位置如图所示.

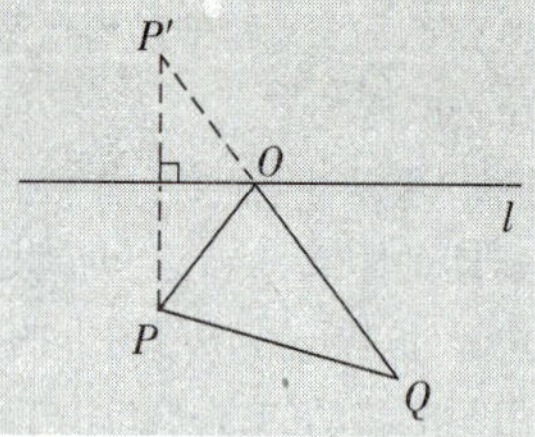

拓展典例

分类提升，典例剖析

拓展点一　网格中位置的确定

例 1 如图是游乐园的一角.

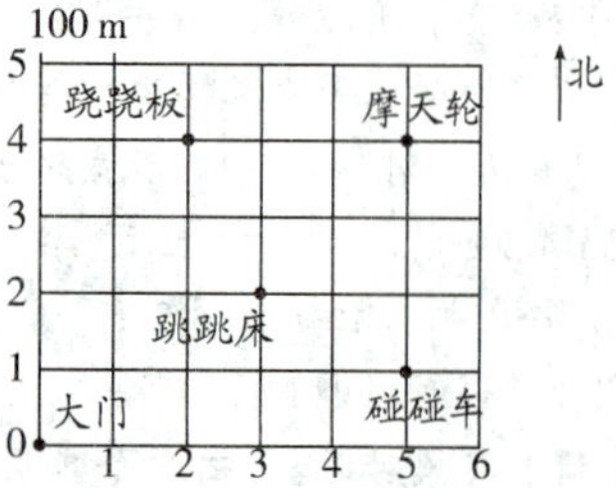

(1)如果用(3,2)表示跳跳床的位置，那么跷跷板用数对________表示，碰碰车用数对________表示，摩天轮用数对________表示.

(2)请你在图中标出秋千的位置，秋千在大门以东 400 m，再往北 300 m 处.

解析 (1)根据有序数对的定义分别写出即可；(2)根据网格结构找出秋千的位置标注即可.

解 (1)(2,4)　(5,1)　(5,4)

(2)如图.

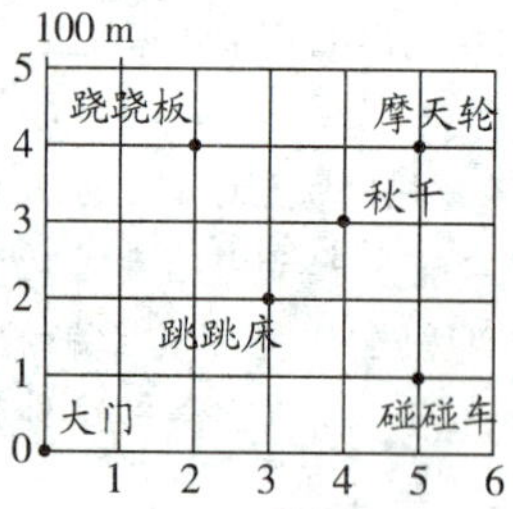

点评 用有序实数对来表示平面上物体的位置及其变化时，要注意在两个数的先后顺序不同的情况下，这对数所表示的意义不同.

▶ 拓展点二　探测图中位置的确定

例 2 雷达二维平面定位的主要原理是：测量目标的两个信息——距离和角度，目标的表示方法为(γ,α)，其中，γ表示目标与探测器的距离；α表示以正东为始边，逆时针旋转后的角度.如图，雷达探测器显示在点A，B，C处有目标出现，其中，目标A的位置表示为$A(5,30°)$，目标B的位置表示为$B(4,150°)$.用这种方法表示目标C的位置，正确的是　　　（　　）

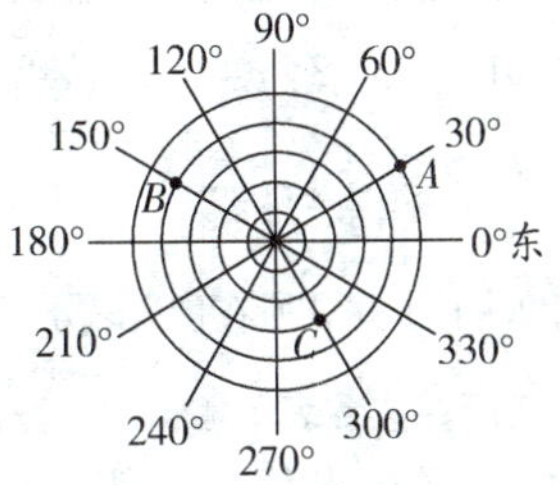

A. $(-3,300°)$　　B. $(3,60°)$
C. $(3,300°)$　　D. $(-3,60°)$

解析 ∵(γ,α)中，γ表示目标与探测器的距离；α表示以正东为始边，逆时针旋转后的角度，∴用这种方法表示目标C的位置为$(3,300°)$.故选C.

答案 C

点评 点的位置确定之后，关键是仿照题设中的表示方法，用一对有序实数来表示.

▶ 拓展点三　用距离和方位角确定物体的位置

例 3 上午9时，一艘海监船从海港A出发，以每小时15海里的速度沿北偏东60°的方向驶向小岛B，当天上午11时整到达B岛，这时船在海港A的什么位置？从B看A在什么位置？

解析 船航行的距离就是B岛与海港A的距离，然后运用"方向距离法"表示出位置.

解 这时船在海港A的北偏东60°，相距$2\times15=30$（海里）的位置.A在B的南偏西60°，相距30海里的位置.

点评 一般以正北、正南方向为参照量.从A看B和从B看A是两个不同的视角.

易错辨析

错误分析，拨开迷雾

易错点　要注意数据的顺序

例	如果电影票8排5座简记作(8,5)，那么(6,5)表示该电影票为______座______排.
正确解答	根据电影票8排5座的表示方法为(8,5)，逆向思考可得答案.故填5和6.
易错总结	括号里的数据是有顺序的，前面的数字表示排，后面的数字表示座，因此正确答案为5座6排，而不能写成6座5排.

品味中考

对接中考，小试牛刀

1. （台湾中考题）如图为小杰使用手机内的通讯软件跟小智对话的记录.

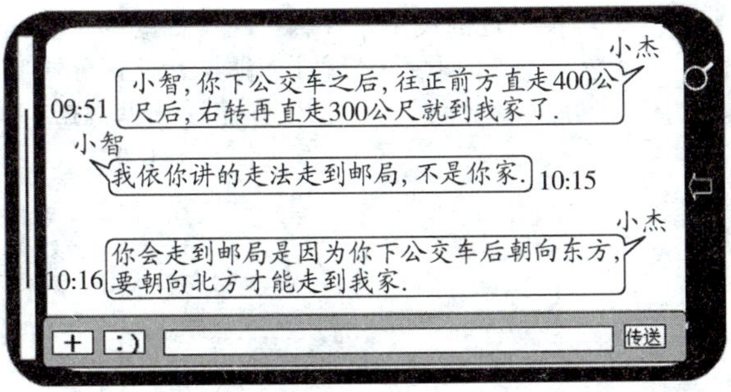

根据图中两人的对话记录，若下列有一种走法能从邮局出发走到小杰家，则此走法为何？　　　（　　）

A. 向北直走700公尺，再向西直走100公尺
B. 向北直走100公尺，再向东直走700公尺
C. 向北直走300公尺，再向西直走400公尺
D. 向北直走400公尺，再向东直走300公尺

2. （六盘水中考题）如图，观察中国象棋的棋盘，其中红方"马"的位置可以用一个数对(3,5)来表示，红"马"走完"马3进四"后到达B点，则表示B点位置的数对是________.

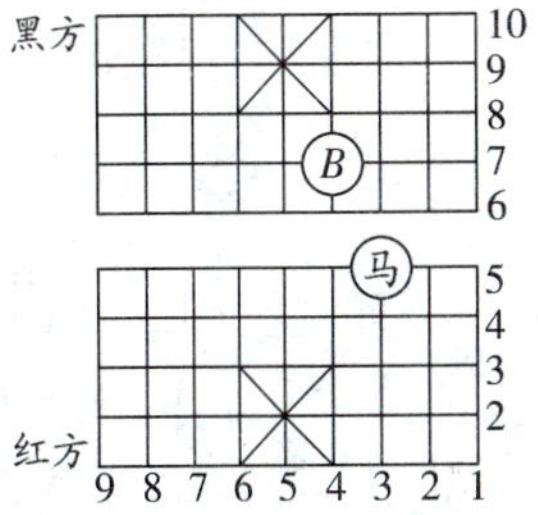

趁热打铁

即时检测,巩固提高

基础篇

1. (知识点一 ☆)根据下列表述,能确定位置的是 (　　)

A. 东经 116°,北纬 42°

B. 红星大桥南

C. 北偏东 30°

D. 太平洋影院第 2 排

2. (知识点一 ☆)点 A 的位置如图所示,则关于点 A 的位置下列说法中正确的是 (　　)

A. 距点 O 4 km 处

B. 北偏东 40°方向上 4 km 处

C. 在点 O 北偏东 50°方向上 4 km 处

D. 在点 O 北偏东 40°方向上 4 km 处

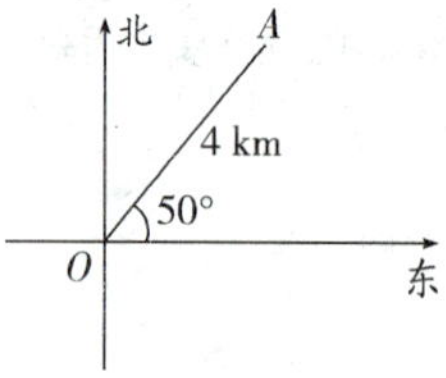

(第 2 题)

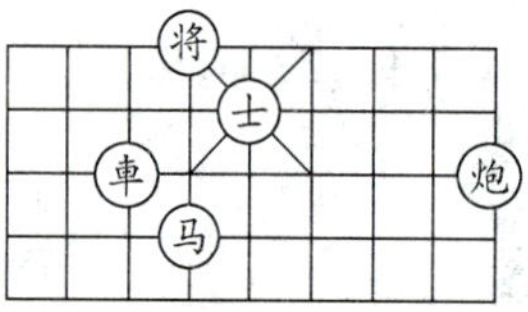

(第 3 题)

3. (知识点二 ☆☆)如图是棋盘的一部分,若用(1,3)表示㊕将的位置,(2,2)表示㊕士的位置,则㊕炮的位置可表示为 (　　)

A. (1,6)　　B. (6,1)

C. (6,0)　　D. (7,2)

4. (知识点二 ☆) 如果用(7,1)表示七年级一班,那么八年级五班可表示成________.

5. (知识点二 ☆)如图是小刚画的一张脸,他对妹妹说:"如果我用(1,3)表示左眼,用(3,3)表示右眼,那么嘴的位置可以表示成________".

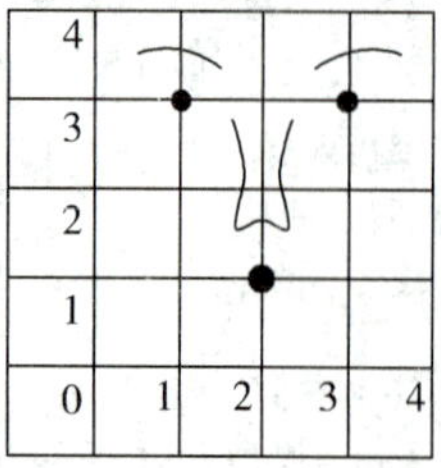

6. (知识点一、二 ☆☆)某个英文单词的字母顺序对应如图中的有序数对分别为(6,2),(1,1),(6,3),(1,2),(5,3),把这个英文单词写出来为________.

4	V	W	X	Y	Z		
3	O	P	Q	R	S	T	U
2	H	I	J	K	L	M	N
1	A	B	C	D	E	F	G
	1	2	3	4	5	6	7

提升篇

7. (知识点二 ☆☆☆) 如图,水立方所在位置表示 3 街与 3 路的十字路口,玲珑塔所在位置表示 4 街与 7 路的十字路口.如果用(3,3)表示水立方的位置,那么"(3,3)→(3,4)→(3,5)→(3,6)→(3,7)→(4,7)"表示从水立方到玲珑塔的一种路线.请你用这种形式写出一种从水立方到玲珑塔的路线,且使该路线经过鸟巢:________________.

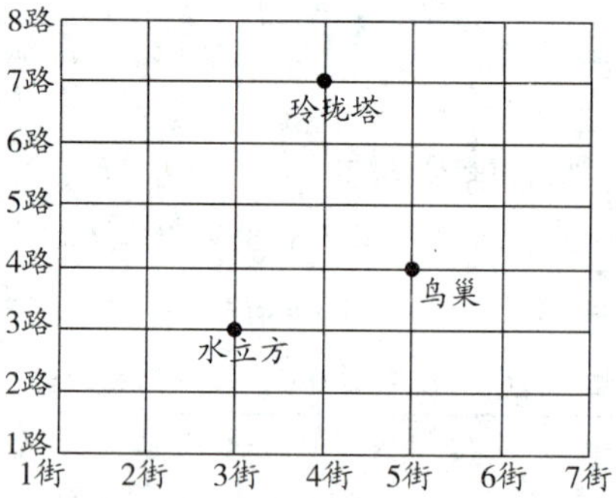

8. (知识点一 ☆☆☆) 如图所示是某学校周边环境示意图,对于学校来说:

(1)正东方向上有哪些设施?要明确这些设施相对于学校的位置,还需要哪些数据?

(2)离学校最近的设施是什么?在学校的哪个方向上?这一方向上还有其他设施吗?怎么区分?

(3)要确定京山相对于学校的位置,需要哪些数据?

比例: 1:10 000

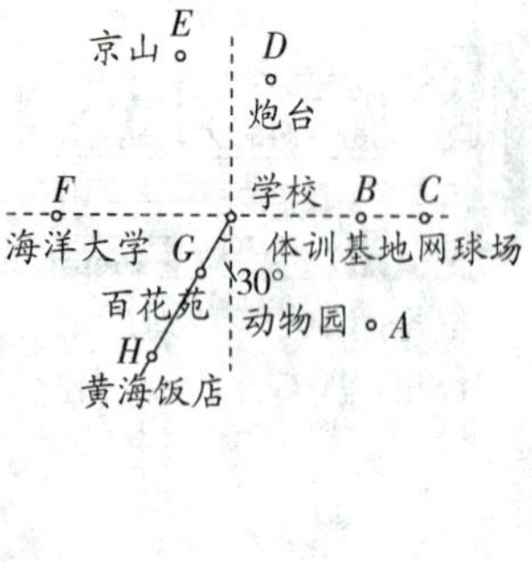

9. (知识点一 ☆☆☆☆) 如图①,将射线 OX 按逆时针方向旋转 $\beta°$ 角,得到射线 OY,如果点 P 为射线 OY 上的一点,且 $OP=a$,那么我们规定用 (a,β) 表示点 P 在平面内的位置,并记为 $P(a,\beta)$,例如,图②中,如果 $OM=8$, $\angle XOM=110°$,那么点 M 在平面内的位置,记为 $M(8,110)$,根据图形,解答下面的问题:

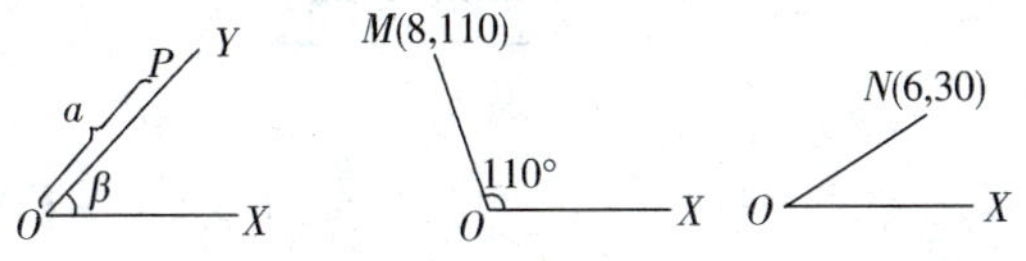

①　②　③

(1) 如图③,如果点 N 在平面内的位置记为 $N(6,30)$,那么 $ON=$________;$\angle XON=$________;

(2) 如果点 A,B 在平面内的位置分别记为 $A(5,30)$, $B(12,120)$,试求 A,B 两点之间的距离.

挑战篇

10. (知识点一、二 ☆☆☆☆) 将正整数按如图所示的规律排列下去,若有序实数对 (n,m) 表示第 n 排,从左到右第 m 个数,如(4,2)表示 9,则表示 58 的有序数对是　(　　)

1 ---------- 第1排
3　2 ---------- 第2排
4　5　6 ---------- 第3排
10　9　8　7---------- 第4排

A. (11,3)　B. (3,11)　C. (11,9)　D. (9,11)

课后答案　详解习题,夯实基础

练习(P_{118})

(1) C:4,四;D:16,四;E:16,十六;F:4,十六.

(2)略

习题 5.1(P_{119})

1. 略　**2.** 略

3. 两个同学根据题目中的棋谱进行对弈就行.

5.2 平面直角坐标系

学习目标　明确方向,有的放矢

1. 领会实际模型中确定位置的方法,会正确画出平面直角坐标系.
2. 会在给定的平面直角坐标系中,根据点的坐标描出点的位置,会由点的位置写出点的坐标.
3. 在同一平面直角坐标系中,探索位置变化与数量变化的关系、图形位置的变化与点的坐标变化的关系.
4. 能建立适当的平面直角坐标系,将实际问题数学化,并会用平面直角坐标系解决问题.
5. 进一步感受数形结合的数学思想.

知识详解　讲透教材,解疑释难

知识点一　平面直角坐标系、点的坐标　重点

1. 平面直角坐标系

平面内两条互相垂直的数轴构成平面直角坐标系,简称为直角坐标系.水平的数轴称为 x 轴或横轴,向右为正方向,铅直方向的数轴称为 y 轴或纵轴,向上为正方向,两轴的交点 O 是原点.

2. 点的坐标

有了平面直角坐标系，平面内的点就可以用一个有序实数对来表示了.如图所示，由点 A 分别向 x 轴和 y 轴作垂线，垂足 M 在 x 轴上的坐标是5，垂足 N 在 y 轴上的坐标为3，我们就说点 A 的横坐标为5，纵坐标为3，有序实数对(5,3)就叫做点 A 的坐标，记作 $A(5,3)$，类似地，点 B 的坐标可记作 $B(-3,2)$.

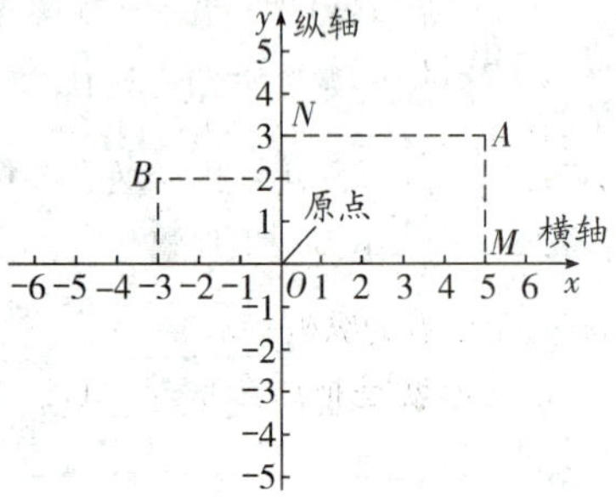

提醒

1. 在平面直角坐标系中，通常两坐标轴的单位长度是一致的. 有时根据所要表达的实际意义，也可以取不一致的单位，但是同一个坐标轴上的单位必须是一致的.

2. 在 x 轴上从原点向右称为 x 轴的正半轴，向左称为 x 轴的负半轴，在 y 轴上从原点向上称为 y 轴的正半轴，向下称为 y 轴的负半轴. 原点是两坐标轴的唯一公共点.

3. 坐标平面内某一点的坐标是一个有序实数对，在写坐标时要先写横坐标，再写纵坐标，不可把顺序写反，中间用逗号隔开，而且不能漏掉括号.

4. 对于坐标平面内任意一点 M，都有唯一的有序实数对 (x,y)（即点 M 的坐标）和它对应；反过来，对于任意有序实数对 (x,y)，在坐标平面内都有唯一的一点 M（即坐标为 (x,y) 的点）和它对应. 也就是说，坐标平面内的点与有序实数对是一一对应的.

5. 点 $A(a,b)$ 到 x 轴的距离为 $|b|$，到 y 轴的距离为 $|a|$，到原点的距离为 $\sqrt{a^2+b^2}$.

例 1 如图，写出其中标有字母的各点的坐标，并指出它们的横坐标和纵坐标.

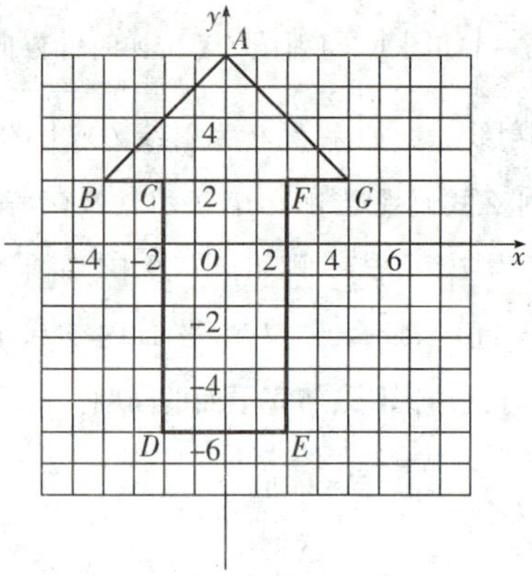

解析 位于 x 轴上的点的纵坐标为0，位于 y 轴上的点的横坐标为0，对于不在坐标轴上的点 B，由点 B 向 x 轴作垂线，得点 B 的横坐标是-4，向 y 轴作垂线，得点 B 的纵坐标是2，则点 B 的坐标是(-4,2)，同理可得点 C,D,E,F,G 的坐标.

解 由图可知各点的坐标分别为：$A(0,6)$，$B(-4,2)$，$C(-2,2)$，$D(-2,-6)$，$E(2,-6)$，$F(2,2)$，$G(4,2)$.

点评 本题考查了对点的坐标的认识.在坐标平面内的每一点，都可以找到唯一一个有序数对与它对应.反过来，对于任意一个有序数对，都可以在坐标平面内找到唯一一个点与它对应.因此，在书写点的坐标时，通常是先写点的名称，再写坐标.例如点 $A(0,6)$ 就表示点 A 的坐标是(0,6)，坐标为(0,6)的点是 A 点.

知识点二　坐标平面　　重难点

1. 建立了平面直角坐标系以后，坐标平面就被两条坐标轴分成如图所示的Ⅰ，Ⅱ，Ⅲ，Ⅳ四个部分，分别叫做第一象限、第二象限、第三象限和第四象限. x 轴与 y 轴上的点不属于任何象限.

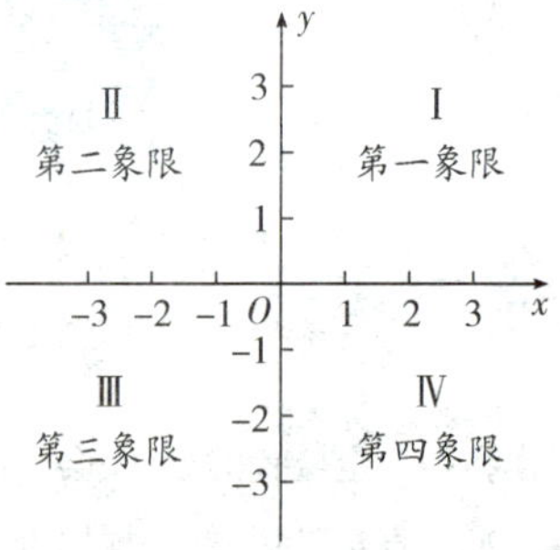

2. 从坐标平面内的任意一点向 x 轴、y 轴分别引垂线，所得到的点的横、纵坐标的符号如表所示：

象限	横、纵坐标符号(a,b)		图像
第一象限	$(+,+)$	$a>0,b>0$	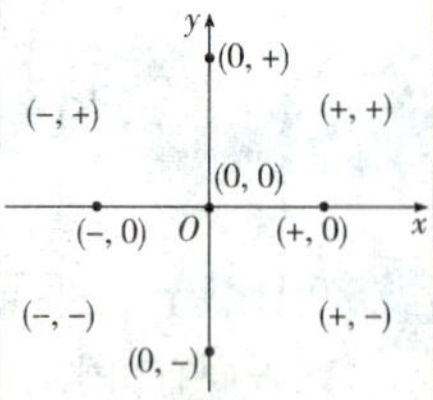
第二象限	$(-,+)$	$a<0,b>0$	
第三象限	$(-,-)$	$a<0,b<0$	
第四象限	$(+,-)$	$a>0,b<0$	
x 轴上	正半轴$(+,0)$	负半轴$(-,0)$	
y 轴上	正半轴$(0,+)$	负半轴$(0,-)$	
原点	$(0,0)$		

提醒

1. 平面直角坐标系由 x 轴、y 轴和四个象限六个部分组成，坐标轴上的点(包括原点)不属于任何象限.

2. 在 x 轴上的点的纵坐标等于0，反之，纵坐标等于0的点一定在 x 轴上；在 y 轴上的点的横坐标等于0，反之，横坐标等于0的点一定在 y 轴上.特别地，坐标原点既可以说在 x 轴上，也可以说在 y 轴上，它是 x 轴与 y 轴的交点.

3. 根据不在坐标轴上的点的坐标符号情况可以判断点在坐标平面内的大概位置；反之，根据不在坐标轴上的点在坐标平面内的位置也可以判断点的坐标的符号情况.

4. 第一、三象限角的平分线上的点的横坐标与纵坐标相等.第二、四象限角的平分线上的点的横坐标与纵坐标互为相反数.

5. 平行于 x 轴的直线上的点的纵坐标相同，其中任意两点之间的距离等于横坐标差的绝对值；平行于 y 轴的直线上的点的横坐标相同，其中任意两点之间的距离等于纵坐标差的绝对值.

例 2 指出下列各点所在的象限或坐标轴.

$A(4,5)$，$B(-2,3)$，$C(-4,-1)$，$D(2.5,-2)$，$E(0,-4)$，$F(3,0)$，$G(0,0)$.

解析 判断某一点所在的象限或坐标轴，主要看这一点的横、纵坐标的符号.根据各象限内点的坐标的符号特点，以及坐标轴上的点的坐标特点就可以知道这一点所在象限或坐标轴.

解 点 A 在第一象限；点 B 在第二象限；点 C 在第三象限；点 D 在第四象限；点 E 在 y 轴的负半轴上；点 F 在 x 轴的正半轴上；点 G 在原点上.

点评 记住每一象限内的点的坐标符号特征和坐标轴上的点的坐标特征，可以大致判断所描出的点是否正确，这对今后已知点的坐标描点大有帮助.特别值得注意的是坐标轴上的点不属于任何象限；原点既在 x 轴上，又在 y 轴上.

知识点三 变换下的点的坐标的关系

重难点

1. 轴对称变换

在直角坐标系中，点 $P(a,b)$ 关于 x 轴的对称点的坐标为 $(a,-b)$，即两对称点的横坐标相同，纵坐标互为相反数；关于 y 轴的对称点的坐标为 $(-a,b)$，即两对称点的横坐标互为相反数，纵坐标相同.

提醒

若两个图形关于 x 轴(y 轴)对称，则图中所有的对称点的坐标都符合关于 x 轴(y 轴)对称的特点.

2. 平移变换

(1)点的平移：在平面直角坐标系中，将点 (x,y) 向右或向左平移 $a(a>0)$ 个单位长度，可以得到对应点 $(x+a,y)$ 或 $(x-a,y)$；将点 (x,y) 向上或向下平移 $b(b>0)$ 个单位长度，可以得到对应点 $(x,y+b)$ 或 $(x,y-b)$.

(2)图形的平移：在平面直角坐标系内，如果把一个图形上各个点的横坐标都加上(或减去)一个正数 b，相应的新图形就是把原图形向右(或向左)平移 b 个单位长度；如果把它各个点的纵坐标都加上(或减去)一个正数 a，相应的新图形就是把原图形向上(或向下)平移 a 个单位长度.

提醒

1. 对一个图形进行平移，这个图形上所有点的坐标都要发生相应的变化；反过来，从图形上点的坐标的某种变化，我们也可以看出对这个图形进行了怎样的平移.

2. 将点左右平移，纵坐标不变，上下平移，横坐标不变；将点向右或向上平移几个单位长度，横坐标或纵坐标就增加几个单位长度；向左或向下平移几个单位长度，横坐标或纵坐标就减少几个单位长度.

3. 对一个图形进行平移，这个图形上所有点的坐标都要发生相同的变化；反过来，如果一个图形上各个点都发生了相同的变化，那么这个图形进行了平移.

例 3 (2017·西宁)在平面直角坐标系中，将点 $A(-1,-2)$ 向右平移3个单位长度得到点 B，则点 B 关于 x 轴的对称点 B' 的坐标为 ( )

A. $(-3,-2)$　　B. $(2,2)$

C. $(-2,2)$　　D. $(2,-2)$

解析 ∵ 点 A 的坐标为 $(-1,-2)$，∴ 平移后对应点 B 的坐标为 $(2,-2)$. ∵ 点 B 与点 B' 关于 x 轴对称，∴ 点 B' 的坐标为 $(2,2)$. 故选 B.

答案 B

点评 本题考查了点的坐标变化，解决本题的关键是掌握好点的坐标变化的规律：(1)关于 x 轴对称的点，横坐标相同，纵坐标互为相反数；(2)关于 y 轴对称的点，纵坐标相同，横坐标互为相反数；(3)关于原点对称的点，横坐标与纵坐标都互为相反数；(4)点的平移，横坐标左减右加，纵坐标上加下减.

▶知识点四 建立适当的直角坐标系来表示点(或物体)的位置 难点

由于点的坐标和坐标平面内的点是一一对应的关系,因此,我们可以通过建立适当的坐标系来确定物体或点的位置.利用平面直角坐标系绘制区域内一些地点分布情况的平面图的过程如下:

(1)建立坐标系,选择一个适当的参照点为原点,确定 x 轴、y 轴的正方向;

(2)根据具体问题确定适当的比例尺,在坐标轴上标出单位长度;

(3)在坐标平面内画出这些点,写出各点的坐标和各个地点的名称.

提醒

在建立平面直角坐标系时,一般有以下几种常见的注意点:

(1)使图形上的点尽可能多地在坐标轴上;

(2)以对称图形的对称轴为 x 轴或 y 轴;

(3)以某已知点为原点,使它的坐标为(0,0);

(4)以某些特殊线段(如高线、中线等)所在直线为 x 轴或 y 轴.

例 4 如图,已知长方形 $ABCD$ 的长与宽分别是 8 和 5,建立适当的平面直角坐标系,求 A,B,C,D 各点的坐标.

解析 可依据长方形的边长确定单位长度,坐标系的原点可选在长方形的顶点、中心或某一边的中点处等,随着坐标系原点的位置不同,长方形各顶点的坐标也不相同.

解 答案不唯一,列举四种解法:

解法一:如图①,以点 A 为原点,AB 所在的直线为x 轴,AD 所在的直线为 y 轴,建立平面直角坐标系,则 $A(0,0),B(8,0),C(8,5),D(0,5)$.

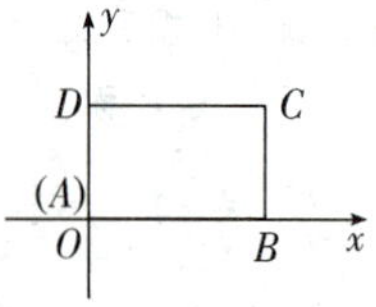

①

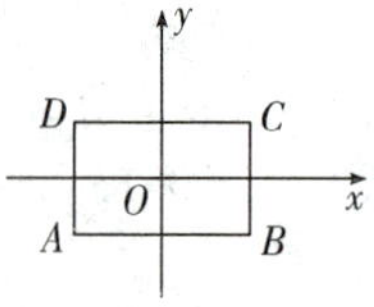

②

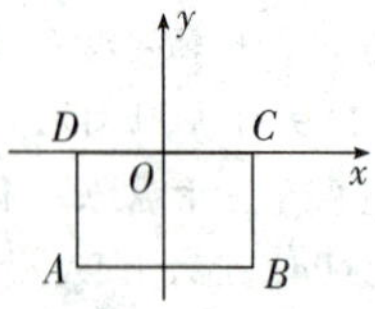

③

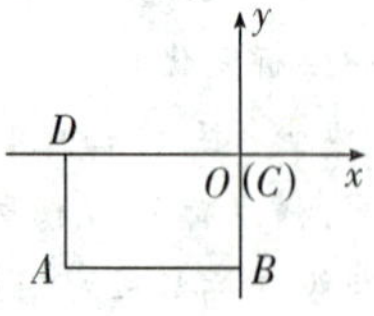

④

解法二:如图②,以长方形的中心为原点,分别以平行于 AB,AD 的直线为 x 轴、y 轴,建立平面直角坐标系,则 $A(-4,-2.5),B(4,-2.5),C(4,2.5),D(-4,2.5)$.

解法三:如图③,以 DC 的中点为原点,DC 所在的直线为 x 轴,平行于 AD 的直线为 y 轴,建立平面直角坐标系,则 $A(-4,-5),B(4,-5),C(4,0),D(-4,0)$.

解法四:如图④,以 C 点为原点,DC 所在的直线为 x 轴,BC 所在的直线为 y 轴,建立平面直角坐标系,则 $A(-8,-5),B(0,-5),C(0,0),D(-8,0)$.

点评 建立不同的平面直角坐标系,同一个点就会有不同的坐标,但长方形的形状和性质不会改变,因此各点的相对位置始终不变.

★教材中的问题解答★

讨论(P_{122})

1. 第一象限的点的横坐标与纵坐标都是正数;第二象限的点的横坐标是负数、纵坐标是正数;第三象限的点的横坐标和纵坐标都是负数;第四象限的点的横坐标是正数、纵坐标是负数.

2. x 轴上的点的纵坐标为 0,y 轴上的点的横坐标为 0(注意:坐标原点既可以说在 x 轴上,也可以说在 y 轴上,它是 x 轴与 y 轴的交点,即它们的公共点).

数学实验室(P_{124})

1. 按要求连接各点可以得到一个成轴对称的蝴蝶图案,如图.

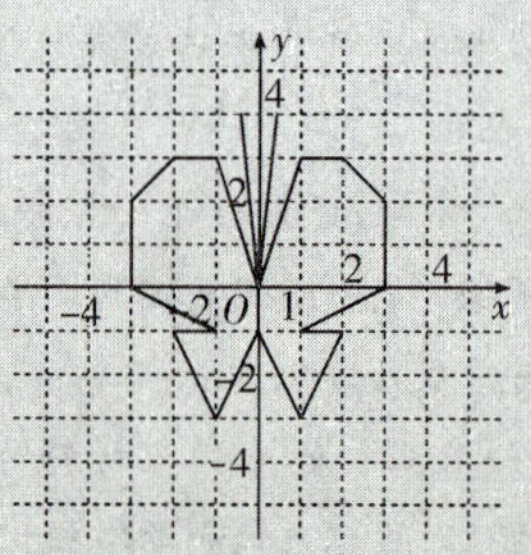

2.(1)(1,3) (-1,-3)

(2)(-1,-3) (1,3)

$(a,-b)$ $(-a,b)$

提示:一个点关于坐标轴的对称点的坐标为:关于哪个轴对称,哪个轴的坐标不变,另一个轴的坐标变成它的相反数.

3. A 点坐标为(-4,1),B 点坐标为(-2,3);

平移后 A'点坐标为(3,3),B'点坐标为(5,5);

(1)A 点的横坐标比 A'点的横坐标小 7,纵坐标比 A'点的纵坐标小 2;B 点的横坐标比 B'点的横坐标小 7,纵坐标比 B'点的纵坐标小 2.

(2)由(1)可得 C' 点的横坐标比 C 点的横坐标大7，C' 点的纵坐标比 C 点的纵坐标大2，因此 C' 点的坐标为 $(m+7,n+2)$.

思考(P_{124})

点的横坐标变化，纵坐标不变，点的位置将发生左右平移；点的纵坐标变化，横坐标不变，点的位置将发生上下平移.

尝试(P_{126})

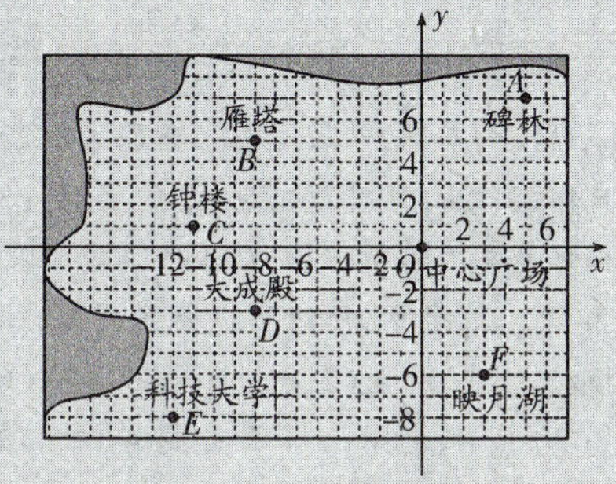

利用图中的方格，建立如图所示的平面直角坐标系，则各旅游景点的坐标分别是：中心广场 $O(0,0)$，碑林 $A(5,7)$，雁塔 $B(-8,5)$，钟楼 $C(-11,1)$，大成殿 $D(-8,-3)$，科技大学 $E(-12,-8)$，映月湖 $F(3,-6)$.

讨论(P_{127})

能，如图①，以正方形的中心 O 为坐标原点，分别以与边 AB，AD 平行的直线为 x 轴、y 轴，建立直角坐标系，则点 A,B,C,D 的坐标分别为 $A(-2,-2)$，$B(2,-2)$，$C(2,2)$，$D(-2,2)$.

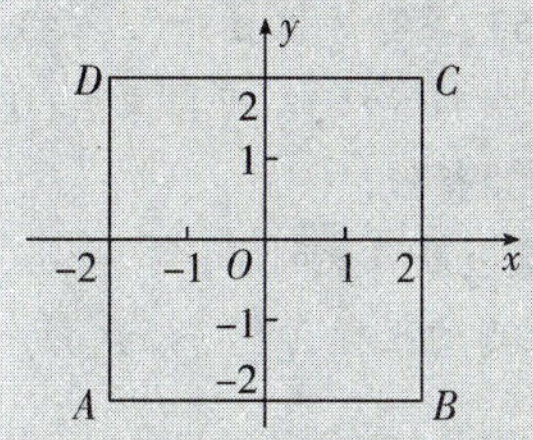

①

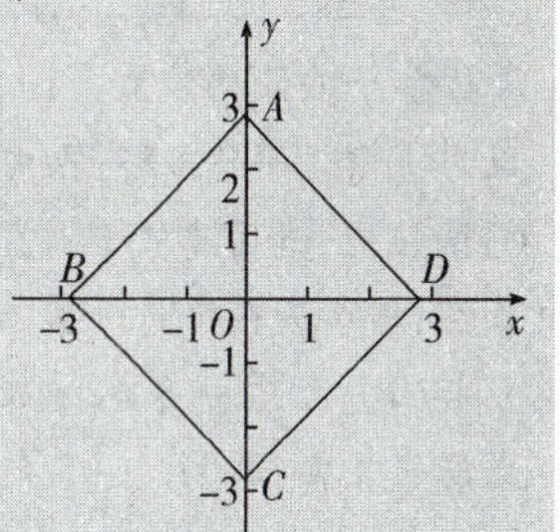

②

如图②，以正方形的中心 O 为坐标原点，分别以对角线 BD，AC 所在的直线为 x 轴、y 轴，建立直角坐标系，则点 A,B,C,D 的坐标分别为 $A(0,\sqrt{8})$，$B(-\sqrt{8},0)$，$C(0,-\sqrt{8})$，$D(\sqrt{8},0)$.

拓展典例

分类提升，典例剖析

拓展点一 由点的坐标确定点所在的象限

例1 若点 $A(a+1,b-1)$ 在第二象限，则点 $B(-a,b+2)$ 在 ( )

A. 第一象限 B. 第二象限

C. 第三象限 D. 第四象限

解析 根据第二象限内点的横坐标小于零，纵坐标大于零，得 $a+1<0$，$b-1>0$. 由不等式的性质1，得 $a<-1$，$b>1$. 由不等式的性质3，得 $-a>1$. 由不等式的性质1，得 $b+2>3$，点 $B(-a,b+2)$ 在第一象限，故选 A.

答案 A

点评 先确定点的横坐标与纵坐标的符号，再根据点的坐标的符号特征确定点所在的象限.

拓展点二 点的坐标位置的变化

例2 (2016·菏泽)如图，A,B 的坐标分别为 $(2,0)$，$(0,1)$，若将线段 AB 平移至 A_1B_1，则 $a+b$ 的值为 ( )

A. 2 B. 3 C. 4 D. 5

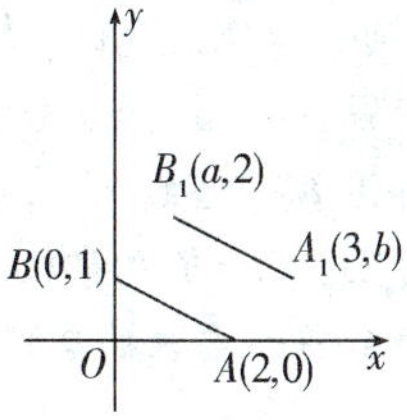

解析 由 B 点平移前后的纵坐标分别为1，2，可得 B 点向上平移了1个单位，由 A 点平移前后的横坐标分别为2，3，可得 A 点向右平移了1个单位，由此得线段 AB 的平移的过程是：向上平移1个单位，再向右平移1个单位，所以点 A,B 均按此规律平移，由此可得 $a=0+1=1$，$b=0+1=1$，故 $a+b=2$. 故选 A.

答案 A

点评 平面直角坐标系中，一个图形进行平移，这个图形上所有点的坐标都要发生相应的变化，通过坐标的变化，我们也可以推出图形进行了怎样的平移. 平移中点的变化规律是：横坐标左减右加，纵坐标上加下减.

拓展点三 根据已知点的坐标建立平面直角坐标系

例3 同学们玩过五子棋吗？它的比赛规则是只要同色5子先成一条直线就算胜. 如图是两人玩的一盘棋，若白①的位置是 $(1,-5)$，黑❷的位置是 $(2,-4)$，现轮到黑棋走，你认为黑棋放在________位置就获得胜利了.

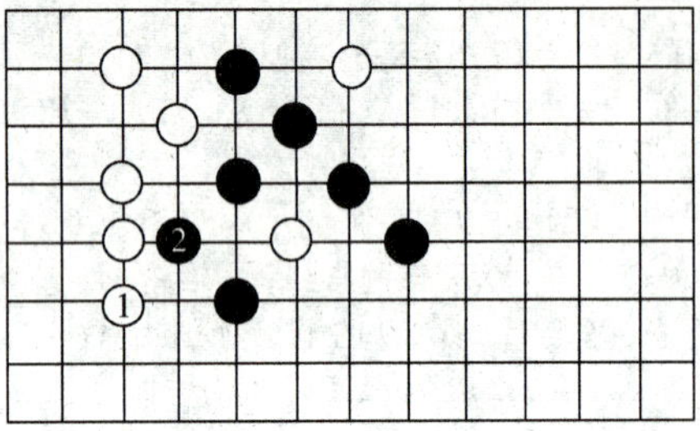

解析 ∵ 白①的位置是(1,-5),黑❷的位置是(2,-4),以白①向左平移1格,再向上平移5格,即可得原点(0,0)的位置,进而建立平面直角坐标系,

如图,黑棋放在两圆所在位置,就获得胜利了,

∴ 与(1,-5)在一条水平线上点的坐标为(7,-5),另一点的坐标为(2,0).

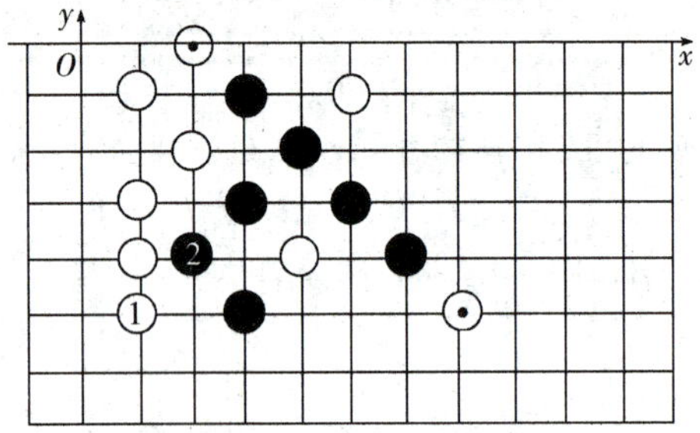

答案 (2,0)或(7,-5)

点评 根据坐标轴上点的坐标特征,我们可以借助点的平移,找到原点,建立平面直角坐标系,进而确定点的坐标.

拓展点四　平行于坐标轴的两点之间的距离

例 4 已知 $AB\parallel x$ 轴,A 点的坐标为(-3,2),并且 $AB=4$,则 B 点的坐标为________.

解析 在平面直角坐标系中与 x 轴平行的直线,则它上面的点的纵坐标相同,∴ 点 B 的纵坐标与点 A 的纵坐标相同,为2.又∵ $AB=4$,可能右移,横坐标为-3+4=1;可能左移,横坐标为-3-4=-7,∴ B 点坐标为(1,2)或(-7,2).

答案 (1,2)或(-7,2)

点评 点与点的距离问题:设 A,B 两点坐标分别为 $(x_1,y_1),(x_2,y_2)$,若纵坐标相同,则 A,B 两点的距离为 $|x_1-x_2|$;若横坐标相同,则 A,B 两点的距离为 $|y_1-y_2|$.

拓展点五　规律探索问题

例 5 在平面直角坐标系中,一只蚂蚁从原点 O 出发,按向上、向右、向下、向右的方向依次不断移动,每次移动1个单位.其行走路线如图所示.

题型精讲　确定点坐标

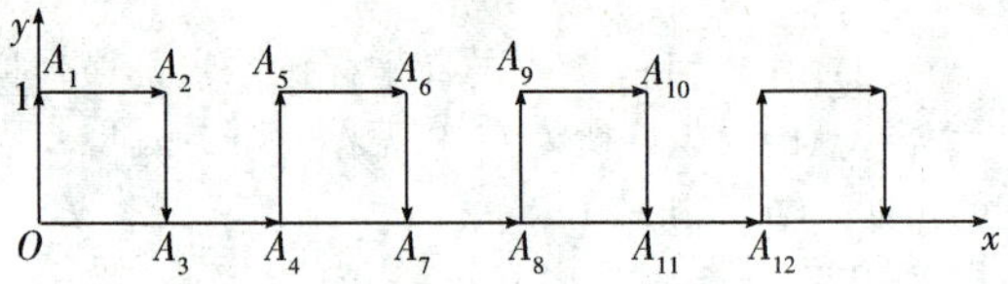

(1)填写下列各点的坐标:A_4(____,____),A_8(____,____),A_{12}(____,____);

(2)写出点 A_{4n} 的坐标(n 是正整数)(____,____);

(3)指出蚂蚁从点 $A_{2\,016}$ 到点 $A_{2\,017}$ 的移动方向为________.

解析 (1)观察图形可知,A_4,A_8,A_{12} 都在 x 轴上,求出 OA_4,OA_8,OA_{12} 的长度,然后写出坐标即可;(2)根据(1)中 $OA_{4n}=4n\div2=2n$,可以写出点 A_{4n} 的坐标;(3)点 $A_{2\,016}$ 中的 n 正好是4的倍数,根据(2)的答案可以分别得出点 $A_{2\,016}$ 和 $A_{2\,017}$ 的坐标,所以可以得到蚂蚁从点 $A_{2\,016}$ 到 $A_{2\,017}$ 的移动方向.(1)$A_4(2,0),A_8(4,0),A_{12}(6,0)$;(2)$(2n,0)$;(3)点 $A_{2\,016}$ 中的 n 正好是4的倍数,所以点 $A_{2\,016}$ 和 $A_{2\,017}$ 的坐标分别是 $A_{2\,016}(1\,008,0)$,$A_{2\,017}(1\,008,1)$,所以蚂蚁从点 $A_{2\,016}$ 到 $A_{2\,017}$ 的移动方向是向上.

答案 (1)2　0　4　0　6　0　(2)$2n$　0　(3)向上

点评 规律性猜想题,一般只要注意观察数字(式)的变化规律,经归纳便可猜想出结论.如果实在有困难,还可在平面直角坐标系中描点,根据图像猜测其蕴含的规律.正确确定循环的周期是解决此类问题的关键.

拓展点六　动点问题

例 6 如图,在长方形 $OABC$ 中,O 为平面直角坐标系的原点,点 A 的坐标为 $(a,0)$,点 C 的坐标为 $(0,b)$,且 a,b 满足 $\sqrt{a-4}+|b-6|=0$,点 B 在第一象限内,点 P 从原点出发,以每秒2个单位长度的速度沿着 $O-C-B-A-O$ 的路线移动.

(1)$a=$________,$b=$________,点 B 的坐标为________;

(2)当点 P 移动4秒时,请指出点 P 的位置,并求出点 P 的坐标;

(3)在移动过程中,当点 P 到 x 轴的距离为5个单位长度时,求点 P 移动的时间.

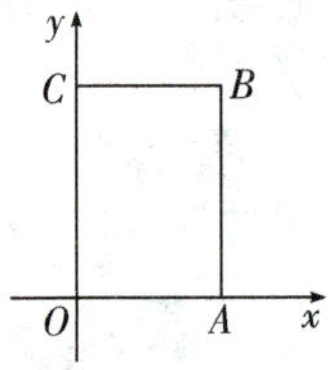

解析 (1)根据 $\sqrt{a-4}+|b-6|=0$,可以求得 a,b 的值,根据长方形的性质,可以求得点 B 的坐标;

(2)根据题意点 P 从原点出发,以每秒2个单位长度的速度沿着 $O-C-B-A-O$ 的路线移动,可以得到当点 P 移动4秒时,点 P 的位置和点 P 的坐标;

(3)由题意可以得到符合要求的有两种情况,分别求出

两种情况下点 P 移动的时间即可.

解 (1)4　6　(4,6)

(2)∵ 点 P 从原点出发,以每秒 2 个单位长度的速度沿着 $O-C-B-A-O$ 的路线移动,∴ $2\times4=8$.∵ $OA=4$, $OC=6$,∴ 当点 P 移动 4 秒时,在线段 CB 上,离点 C 的距离是 $8-6=2$,即当点 P 移动 4 秒时,此时点 P 在线段 CB 上,离点 C 的距离是 2 个单位长度,点 P 的坐标是(2,6).

(3)由题意可得,在移动过程中,当点 P 到 x 轴的距离为 5 个单位长度时,存在两种情况,

第一种情况,当点 P 在 OC 上时,点 P 移动的时间是 $5\div2=2.5$(秒),

第二种情况,当点 P 在 BA 上时,点 P 移动的时间是 $(6+4+1)\div2=5.5$(秒),

故在移动过程中,当点 P 到 x 轴的距离为 5 个单位长度时,点 P 移动的时间是 2.5 秒或 5.5 秒.

点评 本题考查了坐标与图形的性质,动点问题,主要利用了长方形的性质和点的坐标的确定,难点在于(3)要分情况讨论.

易错辨析

错误分析,拨开迷雾

易错点一　不要忽略“符号”和“顺序”

例 1 若点 $A(3,n)$ 在第四象限,且到 x 轴的距离为 4,则点 A 的坐标为________.

正确解答 第四象限内的点的横坐标为正,纵坐标为负,可知 $n<0$. 又点 $A(3,n)$ 到 x 轴的距离为 4,可知 $n=-4$,所以点 A 的坐标为 $(3,-4)$.故填 $(3,-4)$.

易错总结 点的坐标在书写时要注意两点:(1)坐标符号;(2)坐标的顺序.若忽略了其中任一点,则容易出错.

易错点二　不要漏解

例 2 已知点 $A(-3,2)$ 与点 $B(x,y)$ 在同一条平行于 y 轴的直线上,且点 B 到 x 轴的距离等于 3,则点 B 的坐标为________.

正确解答 ∵ 点 A 与点 B 在同一条平行于 y 轴的直线上,∴ 点 B 与点 A 的横坐标相同,

∴ $x=-3$.

∵ 点 B 到 x 轴的距离等于 3,

∴ $|y|=3$,∴ $y=3$ 或 $y=-3$.

故符合条件的点 B 有两个,如图所示.

当点 B 在第二象限时,$B_1(-3,3)$;当点 B 在第三象限时,$B_2(-3,-3)$.故填 $(-3,3)$ 或 $(-3,-3)$.

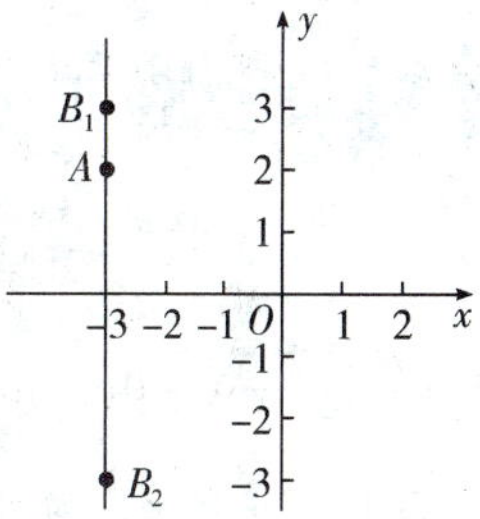

易错总结 1. 平行于 x 轴的同一条直线上的点的纵坐标相同,平行于 y 轴的同一条直线上的点的横坐标相同.

2. 本题中符合条件的点有两个,解题时容易忽略了一种情况而造成漏解.根据题意画出图形,通过数形结合可以较好地避免这个问题.

知识讲解　点的坐标的几何意义(1)

知识讲解　点的坐标的几何意义(2)

知识讲解　点的坐标特征(1)

知识讲解　点的坐标特征(2)

知识讲解　点的坐标特征(3)

知识讲解　直角坐标系下的面积问题

知识讲解　坐标系下的平移

错题诊断　坐标系下的整点问题

品味中考

对接中考，小试牛刀

1. (2017·南充)如图，等边△OAB的边长为2，则点B的坐标为　(　　)

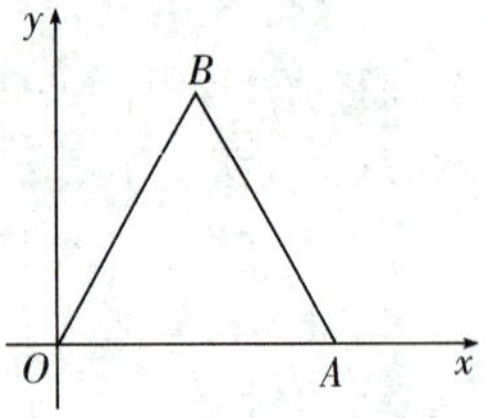

A. (1,1)

B. ($\sqrt{3}$,1)

C. ($\sqrt{3}$,$\sqrt{3}$)

D. (1,$\sqrt{3}$)

2. (2017·黔东南州)在平面直角坐标系中有一点A(-2,1)，将点A先向右平移3个单位，再向下平移2个单位，则平移后点A的坐标为______________.

3. (2017·六盘水)已知A(-2,1)，B(-6,0)，若白棋A飞挂后，黑棋C尖顶，黑棋C的坐标为________.

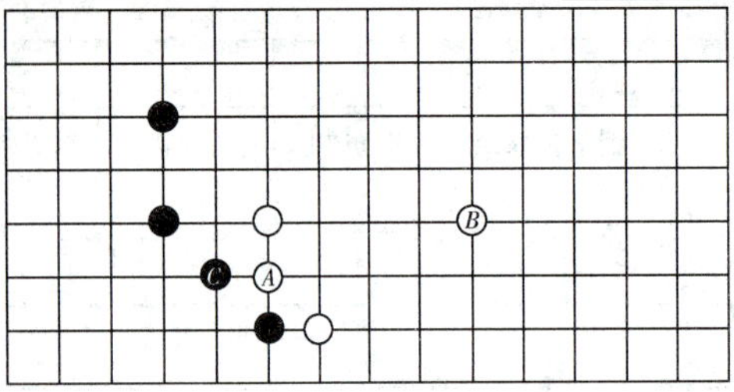

4. (2017·温州)在直角坐标系中，我们把横、纵坐标都为整数的点称为整点，记顶点都是整点的三角形为整点三角形.如图，已知整点A(2,3)，B(4,4)，请在所给网格区域(含边界)上按要求画整点三角形.

(1)在图①中画一个△PAB，使点P的横、纵坐标之和等于点A的横坐标；

(2)在图②中画一个△PAB，使点P，B横坐标的平方和等于它们纵坐标和的4倍.

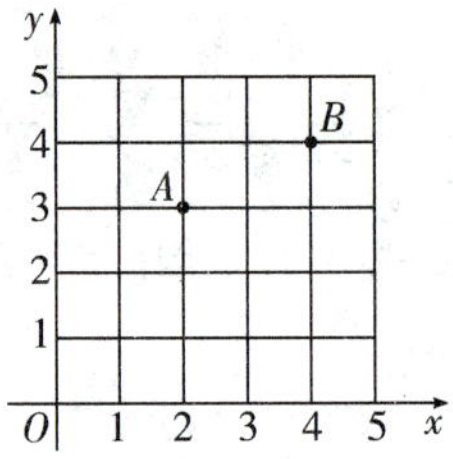

①

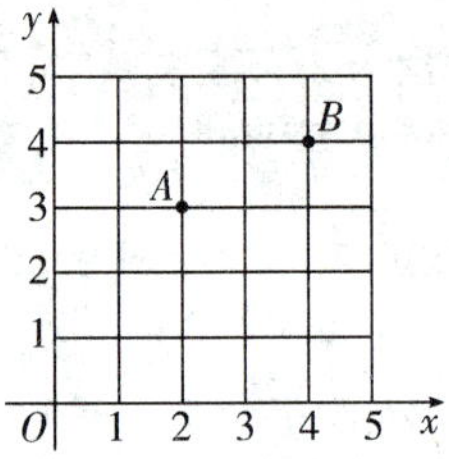

②

趁热打铁

即时检测，巩固提高

基础篇

1. (知识点一 ☆)(2016·临夏州)如图，在平面直角坐标系中，点P的坐标为　(　　)

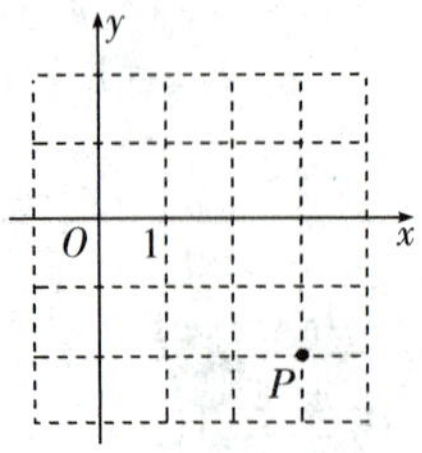

A. (3,-2)　　B. (-2,3)

C. (-3,2)　　D. (2,-3)

2. (知识点二 ☆)已知点P(0,m)在y轴的负半轴上，则点M(-m,-m+1)在　(　　)

A. 第一象限　　B. 第二象限

C. 第三象限　　D. 第四象限

3. (知识点三 ☆☆)已知点P(a,3)和点Q(4,b)关于x轴对称，则$(a+b)^{2017}$的值为　(　　)

A. 1　　B. -1　　C. 7^{2017}　　D. -7^{2017}

4. (知识点三 ☆☆)如图，如果△A′B′C′与△ABC关于y轴对称，那么点A的对应点A′的坐标为________.

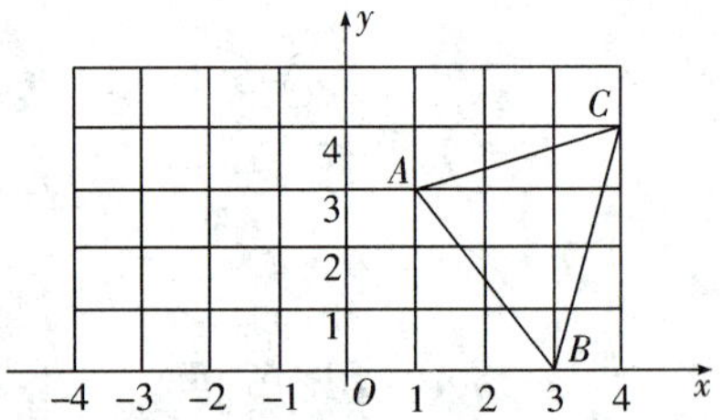

5. (知识点二 ☆☆)若点(m-4,1-2m)在第三象限内，则m的取值范围是______________.

6.（知识点四 ☆☆）如图是某台阶的一部分，如果建立适当的坐标系，使 A 点的坐标为 $(0,0)$，B 点的坐标为 $(1,1)$.

(1) 直接写出 C,D,E,F 的坐标；

(2) 如果台阶有10级，你能求得该台阶的长度和高度吗？

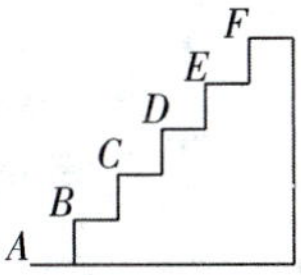

提升篇

7.（知识点一、二、四 ☆☆☆☆）在一次"寻宝"游戏中，寻宝人找到了如图所示的两个标志点 $A(2,3)$，$B(4,1)$，A,B 两点到"宝藏"点的距离都是 $\sqrt{10}$，则"宝藏"点的坐标是（　　）

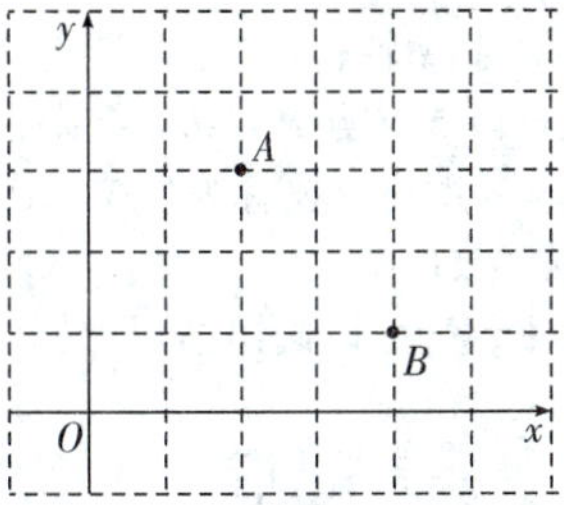

A. $(1,0)$　　B. $(5,4)$

C. $(1,0)$ 或 $(5,4)$　　D. $(0,1)$ 或 $(4,5)$

8.（知识点一 ☆☆☆）已知点 A,B 的坐标分别为 $(2,0)$，$(2,4)$，以 A,B,P 为顶点的三角形与 $\triangle ABO$ 全等（O 为坐标原点），写出一个符合条件的点 P 的坐标：________.

9.（知识点三 ☆☆☆）如图，在平面直角坐标系中，已知点 $A(1,1)$，$B(-1,1)$，$C(-1,-2)$，$D(1,-2)$，把一根长为2 015个单位长度且没有弹性的细线（线的粗细忽略不计）的一端固定在 A 处，并按 $A\to B\to C\to D\to A\to\cdots$ 的规律紧绕在四边形 $ABCD$ 的边上，则细线的另一端所在位置的点的坐标是________.

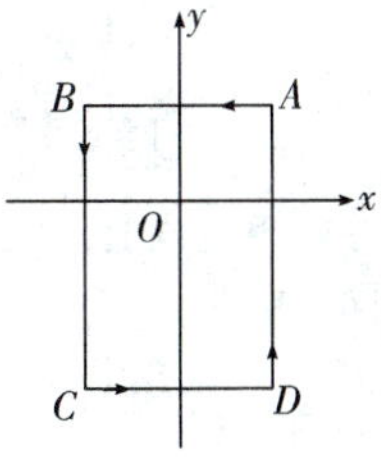

10.（知识点一、二 ☆☆☆）如图，已知 $A(-2,3)$，$B(4,3)$，$C(-1,-3)$.

(1) 求点 C 到 x 轴的距离；

(2) 求 $\triangle ABC$ 的面积；

(3) 点 P 在 y 轴上，当 $\triangle ABP$ 的面积为6时，请直接写出点 P 的坐标.

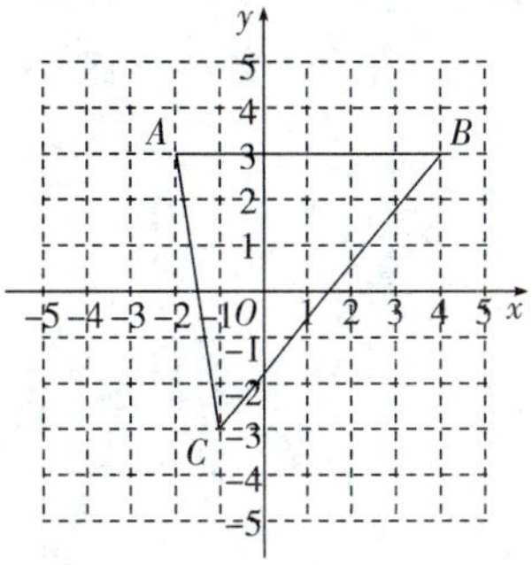

挑战篇

11.（知识点一、二、三 ☆☆☆☆）如图所示，$\triangle COB$ 是由 $\triangle AOB$ 经过某种变换后得到的图形，观察点 A 与点 C 的坐标之间的关系，解答下列问题：

(1) 若点 M 的坐标为 (x,y)，则它的对应点 N 的坐标为________.

(2) 若点 $P(a,2)$ 与点 $Q(-3,b)$ 关于 x 轴对称，求代数式 $\frac{1}{ab}+\frac{1}{(a-1)(b-1)}+\frac{1}{(a-2)(b-2)}+\cdots+\frac{1}{(a-10)(b-10)}$ 的值.

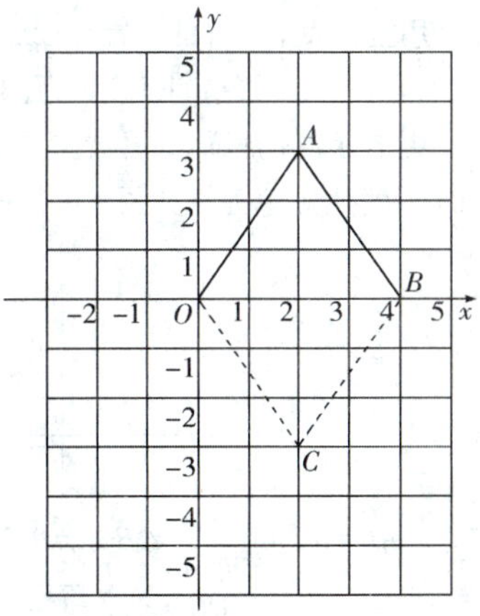

课后答案

详解习题,夯实基础

练习(P_{122})

1. A 点坐标为$(4,5)$,B 点坐标为$(-5,-3)$,C 点坐标为$(3,-4)$.
2. 点 A 在第一象限,点 B 在第二象限,点 C 在第三象限,点 D 在第四象限,如图:

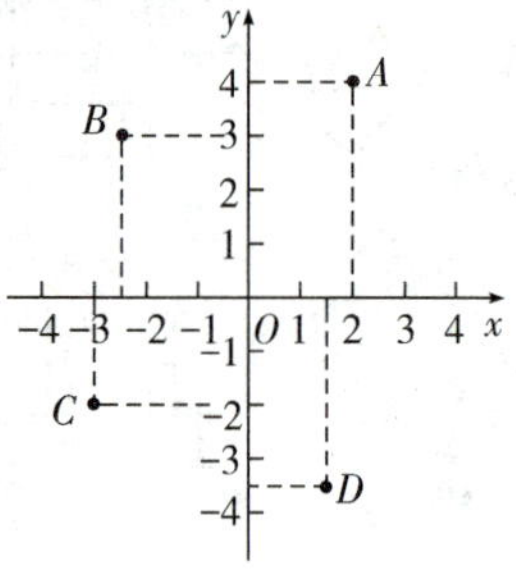

练习(P_{125})

(1)图①中点 A 的坐标为$(2,3)$,点 B 的坐标为$(3,0)$,点 M 的坐标为$(1,1.5)$,点 N 的坐标为$(2.5,1.5)$.

(2)由图①向右平移 2 个单位长度得到图②;由图①关于 x 轴对称,得到图③;由图①沿坐标原点 O 顺时针旋转 90°得到图④.图②中点 A'的坐标为$(4,3)$,点 B'的坐标为$(5,0)$,点 M'的坐标为$(3,1.5)$,点 N'的坐标为$(4.5,1.5)$.

图③中点 A'的坐标为$(2,-3)$,B'的坐标为$(3,0)$,点 M'的坐标为$(1,-1.5)$,点 N'的坐标为$(2.5,-1.5)$.

图④中点 A'的坐标为$(3,-2)$,点 B'的坐标为$(0,-3)$,点 M'的坐标为$(1.5,-1)$,点 N'的坐标为$(1.5,-2.5)$.

练习(P_{127})

1. 用坐标表示猴山的位置为$(4.7,0.7)$,
   用坐标表示驼峰的位置为$(2.3,-0.8)$,
   用坐标表示百鸟园的位置为$(3.7,2.3)$,
   用坐标表示熊猫馆的位置为$(1.3,2)$.图略.
2. 答案不唯一,建立如图所示的平面直角坐标系.

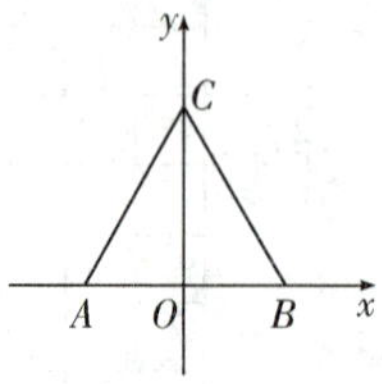

$\because AB=BC=AC=2,\angle BOC=90°$,

$\therefore OA=OB=1,OC=\sqrt{2^2-1^2}=\sqrt{3}$,

$\therefore A(-1,0),B(1,0),C(0,\sqrt{3})$.

习题 5.2(P_{129})

1. 可以得到一个猫脸,如图:

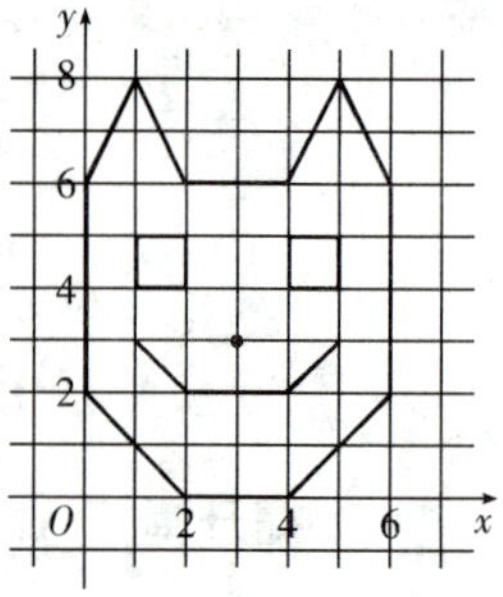

2. (1)5　(2)13　(3)$m<0$
3. $A(3,9)$,$H(7,6)$是第一象限的点;$B(-3,9)$,$C(-7,6)$是第二象限的点;$E(-7,-9)$是第三象限的点;$F(7,-9)$是第四象限的点;$G(2,0)$,$D(-2,0)$是 x 轴上的点.
4. P 点坐标为$(-5,3)$.
   提示:$\because$ 点 P 到 x 轴、y 轴的距离分别为 3,5,
   $\therefore |y|=3,|x|=5$.又点 P 在第二象限,$\therefore x<0,y>0$.
   $\therefore x=-5,y=3$,即点 P 坐标为$(-5,3)$.
5. 点 D 的坐标为$(0,3)$.
   提示:根据题意,可以画出图形,易知点 D 的坐标为$(0,3)$.
6. 如图:

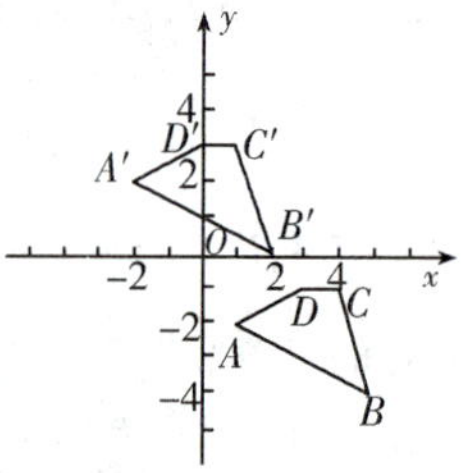

由图可以写出 A',B',C',D'的坐标:

$A'(-2,2)$,$B'(2,0)$,$C'(1,3)$,$D'(0,3)$.

7. 如图:

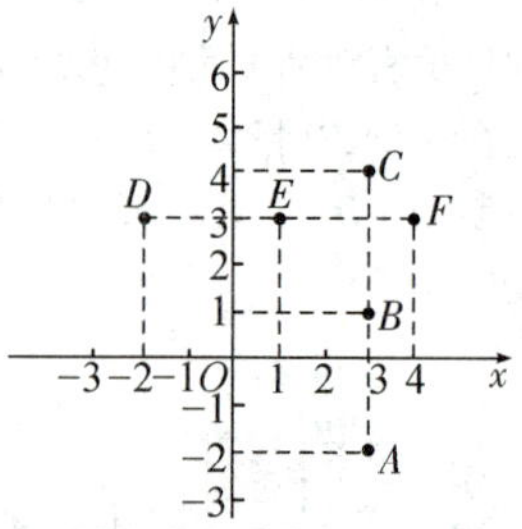

(1)点 A,B,C 在一条直线上,AC 平行于 y 轴,点 A,B,C 的横坐标相同.

(2)点 D,E,F 在一条直线上,DF 平行于 x 轴,点 D,E,F 的纵坐标相同.

本章总结

知识框架

要点归纳，一览无余

- 平面直角坐标系
  - 物体位置的确定
    - 经纬定位法
    - 方位角+距离定位法
    - 行列定位法
    - 其他定位法
  - 定义：平面内两条互相垂直的数轴构成平面直角坐标系
  - 坐标平面内点的特征
    - 四个象限内点的坐标特征
    - 坐标轴上点的坐标特征
    - 象限角平分线上点的坐标特征
  - 应用
    - 由点求坐标，由坐标求点
    - 点的坐标变换
      - 关于坐标轴对称
      - 平移
      - 关于原点对称
    - 建立平面直角坐标系解决问题

专题归纳

科学总结，突破难点

知识技能

一、坐标平面内点的特征

例 1 (2017·贵港)在平面直角坐标系中，点 $P(m-3,4-2m)$ 不可能在 (　　)

A. 第一象限　　B. 第二象限

C. 第三象限　　D. 第四象限

解析 本题需根据不同象限内点的坐标特征，判断点的位置. ①当 $m-3>0$，即 $m>3$ 时，$-2m<-6$，$4-2m<-2$，所以，点 $P(m-3,4-2m)$ 在第四象限，不可能在第一象限；②当 $m-3<0$，即 $m<3$ 时，$-2m>-6$，$4-2m>-2$，所以点 $P(m-3,4-2m)$ 可能在第二或第三象限，综上所述，点 P 不可能在第一象限. 故选 A.

答案 A

点评 各象限内点的坐标的符号特征分别是：第一象限 $(+,+)$；第二象限 $(-,+)$；第三象限 $(-,-)$；第四象限 $(+,-)$，因此需讨论 m 的不同情况.

二、建立平面直角坐标系解决问题

例 2 如图的围棋盘放在某个平面直角坐标系内，白棋②的坐标为 $(-7,-4)$，白棋④的坐标为 $(-6,-8)$，那么黑棋❶的坐标应该是________.

解析 根据白棋②的坐标为 $(-7,-4)$，白棋④的坐标为 $(-6,-8)$，可以确定 x 轴是白棋②所在的横线上方的第四条横线，y 轴是白棋②所在的竖线右边的第七条竖线(或者 x 轴是白棋④所在的横线上方的第八条横线，y 轴是白棋④所在的竖线右边的第六条竖线). 画出坐标轴如图. 根据坐标的定义可知黑棋❶的坐标应该是 $(-3,-7)$.

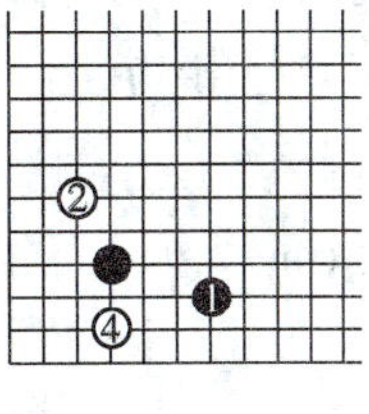

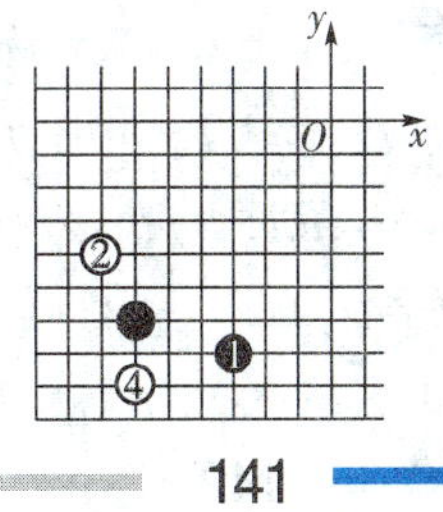

答案 $(-3,-7)$

点评 围棋是很多同学熟悉的棋类活动.它的棋盘是由网格线组成的方格形.本题利用围棋盘上的网格线,结合围棋的棋子来考查学生平面直角坐标系的知识.解决本题的关键是确定坐标轴的位置.

方法规律

一、点的坐标对称、平移规律

例 1 如果 P 点的坐标为 (a,b),它关于 y 轴的对称点为 P_1,P_1 关于 x 轴的对称点为 P_2,已知 P_2 的坐标为 $(-2,3)$,则点 P 的坐标为　　(　　)

A. $(-2,-3)$　　B. $(2,-3)$

C. $(-2,3)$　　D. $(2,3)$

解析 $\because P_2$ 的坐标为 $(-2,3)$,P_1 关于 x 轴的对称点为 P_2,$\therefore P_1(-2,-3)$。

$\because P$ 点的坐标为 (a,b),它关于 y 轴的对称点为 P_1,

$\therefore a=2,b=-3$,

$\therefore$ 点 P 的坐标为 $(2,-3)$,故选 B.

答案 B

点评 关于 x 轴对称的两个点,横坐标相等,纵坐标互为相反数.关于 y 轴对称的两个点,横坐标互为相反数,纵坐标相等.

二、探索点的坐标的规律

例 2 如图,动点 P 在平面直角坐标系中按图中箭头所示方向运动,第 1 次从原点运动到点 $(1,1)$,第 2 次运动到点 $(2,0)$,第 3 次运动到点 $(3,-1)$……按照这样的运动规律,点 P 第 2 017 次运动到点________.

题型精讲
点的坐标规律题

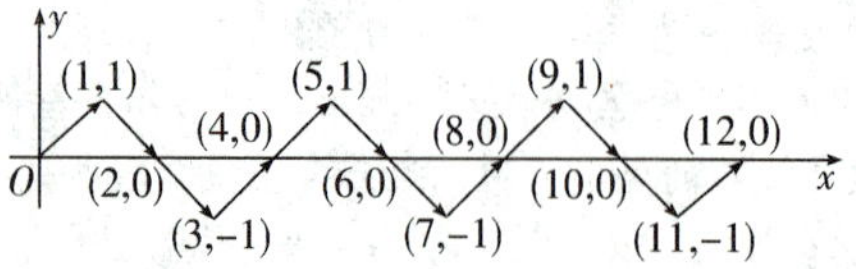

解析 令 P 点第 n 次运动到的点为 P_n 点(n 为自然数).通过观察发现:$P_0(0,0)$,$P_1(1,1)$,$P_2(2,0)$,$P_3(3,-1)$,$P_4(4,0)$,$P_5(5,1)$,…,

$\therefore P_{4n}(4n,0)$,$P_{4n+1}(4n+1,1)$,$P_{4n+2}(4n+2,0)$,$P_{4n+3}(4n+3,-1)$.

$\because 2\,017=4\times504+1$,$\therefore$ 点 P 第 2 017 次运动到点 $(2\,017,1)$.

答案 $(2\,017,1)$

点评 在解点的坐标规律的题目时,一般先按顺序列出一组坐标,找到变化的规律,归纳坐标的表达式,进而求出特定点的坐标.

数学思想

一、数形结合思想

例 1 如图,在平面直角坐标系 xOy 中,我们把横、纵坐标都是整数的点叫做整点.已知点 $A(0,4)$,点 B 是 x 轴正半轴上的整点,记 $\triangle AOB$ 内部(不包括边界)的整点个数为 m.

(1)当 $m=3$ 时,求点 B 坐标的所有可能值;

(2)当点 B 的横坐标为 $4n$(n 为正整数)时,用含 n 的代数式表示 m.

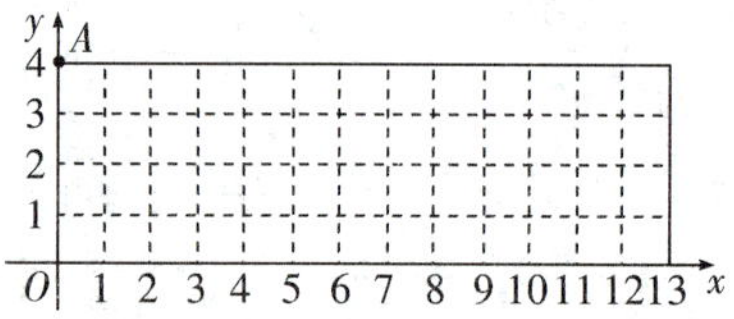

解析 (1)作出图形,然后根据网格结构确定出点 B 的可能坐标;(2)作出图形,求出 $n=1,2,3$ 时 m 的值,然后根据长方形内整点个数列出算式计算即可得解.

解 (1)如图①所示,当 B 点的横坐标为 3 或者 4,即 $B(3,0)$ 或 $(4,0)$ 时,只有 3 个整点,坐标分别为 $(1,1)$,$(1,2)$,$(2,1)$.

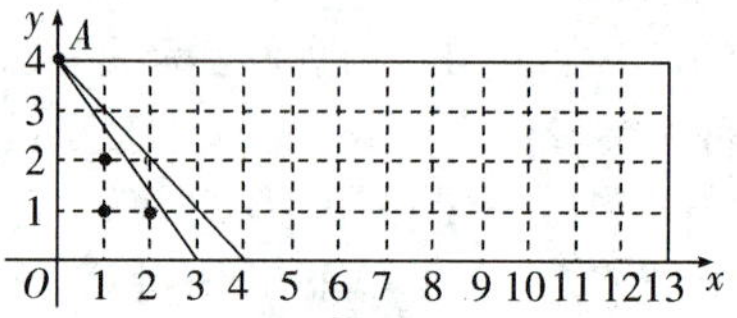

①

(2)当 $n=1$,即 B 点的横坐标为 4 时,如图①,此时有3 个整点;

当 $n=2$,即 B 点的横坐标为 8 时,如图②,此时有 9 个整点;

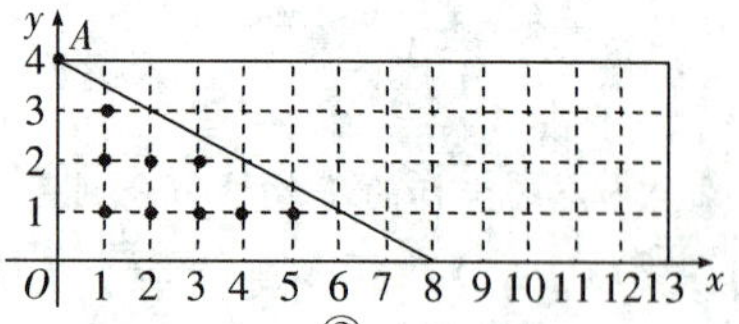

②

当 $n=3$,即 B 点的横坐标为 12 时,如图③,此时有 15 个整点……

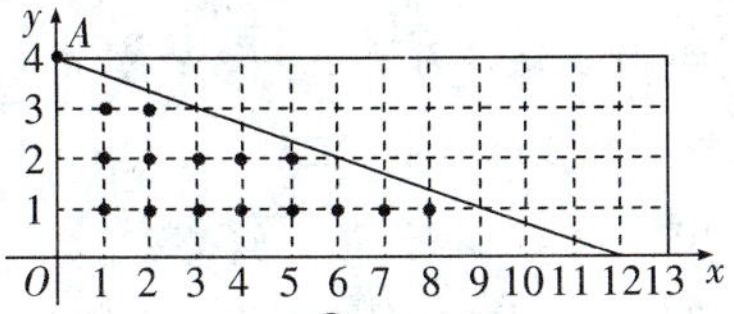

③

根据上面的规律,即可得出 3,9,15,…,∴ 整点个数 $m=6n-3$,理由如下:当点 B 的横坐标为 $4n$(n 为正整数)时,

∵ 以 OB 为长、OA 为宽的长方形内(不包括边界)的整点个数为 $(4n-1)\times3=12n-3$,对角线 AB 上的整点个数总为 3,

∴ $\triangle AOB$ 内部(不包括边界)的整点个数 $m=(12n-3-3)\div2=6n-3$.

点评 解答本题的关键是根据题意在平面直角坐标系中画出 $\triangle AOB$,再数出 $\triangle AOB$ 内部(不包括边界)的整点个数. 在研究数量关系时,结合图形,用图形性质或特点猜想和说明数量关系的性质.反之,用数量关系可给出超越图形限制的一般结果.

二、分类讨论思想

例 2 已知 $\triangle ABC$ 的两个顶点坐标为 $A(-4,0)$,$B(2,0)$,如图,且过这两个点的边上的高为 4,第三个顶点的横坐标为-1,求顶点 C 的坐标及三角形的面积.

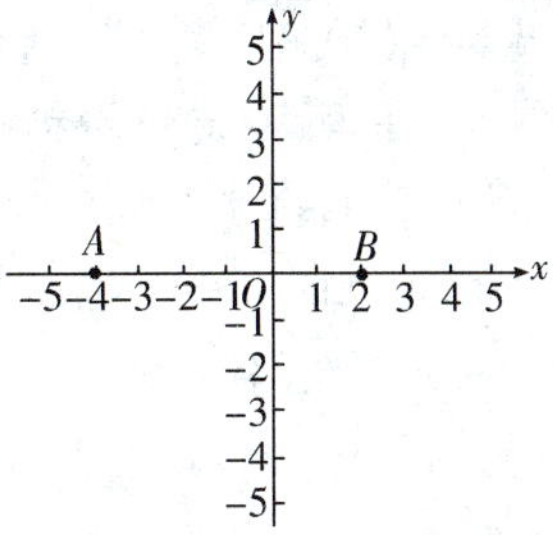

解析 根据题意,顶点 C 到 x 轴的距离为 4,横坐标为 -1,即 $C(-1,\pm4)$,需分两种情况讨论,利用三角形面积公式列式计算即可.

解 ∵ AB 边上的高为 4,

∴ 点 C 的纵坐标为 4 或-4.

∵ 第三个顶点 C 的横坐标为-1,

∴ 点 C 的坐标为 $(-1,4)$ 或 $(-1,-4)$.

∵ $A(-4,0)$,$B(2,0)$,

∴ $AB=2-(-4)=2+4=6$,

∴ $\triangle ABC$ 的面积 $=\frac{1}{2}\times6\times4=12$.

点评 点到 x 轴的距离是其纵坐标的绝对值,点到 y 轴的距离是其横坐标的绝对值.因此在不知道点所在象限的情况下,需分类讨论.

探究中考

综合分析,把握考向

命题趋势

本章知识是后面学习函数的基础知识,因此中考中常与函数的知识结合起来考查,此时一般难度比较大.而中考中单独考查时,一般难度不大,主要是以填空题、选择题为主,解答题很少,主要是些作图问题和求点的坐标问题. 中考中主要考查位置的确定、平面直角坐标系中确定点的坐标、平面直角坐标系中特殊点的坐标特征,以及图形坐标的变化规律. 中考中对本章知识的考查以基础题为主,主要是单独考查本章的知识,偶尔出现与其他知识的综合性问题,试题总体难度不会太大.

分类展示

1. 点的坐标(平移)

例 1 (2017 · 大连)在平面直角坐标系 xOy 中,线段 AB 的两个端点坐标分别为 $A(-1,-1)$,$B(1,2)$.平移线段 AB,得到线段 $A'B'$.已知点 A' 的坐标为 $(3,-1)$,则点 B' 的坐标为 (　　)

A. $(4,2)$　　B. $(5,2)$　　C. $(6,2)$　　D. $(5,3)$

解析 由于 $A(-1,-1)$,$A'(3,-1)$,说明线段 AB 向右平移了4 个单位,因此对应的 B 点也相应的向右平移了 4 个单位,因此 $B'(5,2)$. 故选 B.

答案 B

考题点睛 点的平移与其坐标变化的规律是:上加下减,右加左减.即向上平移 a 个单位,纵坐标加 a,向下平移 a 个单位,纵坐标减 a;向右平移 a 个单位,横坐标加 a,向左平移 a 个单位,横坐标减 a.

2. 象限的坐标特征

例 2 (2016 · 荆门)在平面直角坐标系中,若点 $A(a,-b)$ 在第一象限内,则点 $B(a,b)$ 所在的象限是 (　　)

A. 第一象限　　B. 第二象限

C. 第三象限　　D. 第四象限

解析 根据各象限内点的坐标特征解答.∵ 点 $A(a,-b)$ 在第一象限内,∴ $a>0$,$-b>0$,∴ $b<0$,∴ 点 $B(a,b)$ 所在的象限是第四象限.故选 D.

答案 D

考题点睛 第一象限点的坐标特征是(+,+)；第二象限点的坐标特征是(-,+)；第三象限点的坐标特征是(-,-)；第四象限点的坐标特征是(+,-).本题也可以从点的坐标变换的角度来看，点 A 关于 x 轴的对称点在第四象限.

3. 结合几何图形探究点的坐标规律

例 3 (2017·天门)如图，在平面直角坐标系中，$\triangle ABC$ 的顶点坐标为 $A(-1,1)$，$B(0,-2)$，$C(1,0)$.点 $P(0,2)$ 绕点 A 旋转 180°得到点 P_1，点 P_1 绕点 B 旋转 180°得到点 P_2，点 P_2 绕点 C 旋转 180°得到点 P_3，点 P_3 绕点 A 旋转 180°得到点 P_4……按此作法进行下去，则点 $P_{2\,017}$ 的坐标为__________.

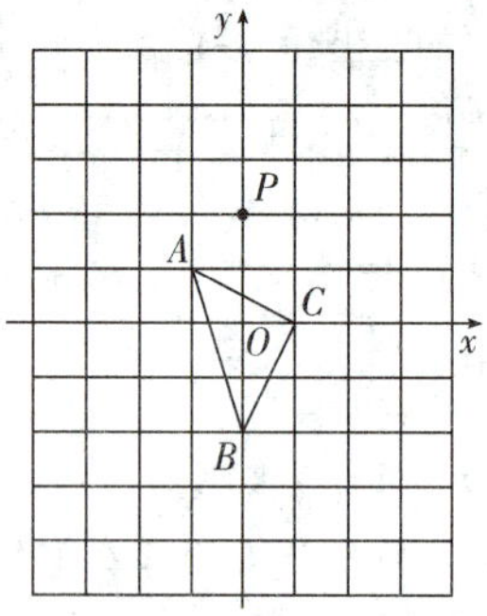

解析 根据旋转可得：$P_1(-2,0)$，$P_2(2,-4)$，$P_3(0,4)$，$P_4(-2,-2)$，$P_5(2,-2)$，$P_6(0,2)$，故 6 次变换为一个循环，$2\,017\div6=336\cdots1$，故 $P_{2\,017}(-2,0)$.

答案 $(-2,0)$

考题点睛 本题结合旋转考查点的坐标规律，注意从特殊到一般，先由旋转写出前几个点的坐标，从而发现规律.

4. 新定义题型

例 4 (2016·黔南州)在平面直角坐标系中，对于平面内任一点 (a,b)，若规定以下三种变换：

①$\triangle(a,b)=(-a,b)$；

②$\bigcirc(a,b)=(-a,-b)$；

③$\Omega(a,b)=(a,-b)$.

按照以上变换，例如：$\triangle(\bigcirc(1,2))=(1,-2)$，则 $\bigcirc(\Omega(3,4))$ 等于__________.

解析 不难看出，$\triangle(a,b)$ 是将横坐标取相反数，$\bigcirc(a,b)$ 是将横坐标和纵坐标都取相反数，$\Omega(a,b)$ 是将纵坐标取相反数.那么 $\bigcirc(\Omega(3,4))$ 是先将纵坐标取相反数得 $(3,-4)$，然后将 $(3,-4)$ 的横坐标和纵坐标都取相反数得 $(-3,4)$.所以 $\bigcirc(\Omega(3,4))=\bigcirc(3,-4)=(-3,4)$.

答案 $(-3,4)$

考题点睛 本题的三种变换分别对应着：①点关于 y 轴对称；②点关于原点对称；③点关于 x 轴对称.因此求 $\bigcirc(\Omega(3,4))$ 也可以看作先将点 $(3,4)$ 关于 x 轴对称，再关于原点对称.

课后答案

详解习题，夯实基础

复习题($P_{132\sim133}$)

复习巩固

1. (1)画图略.

(2)1 月至 7 月的平均气温逐渐上升.

(2)7 月至 12 月的平均气温逐渐下降.

2. 如图所示.

(1)

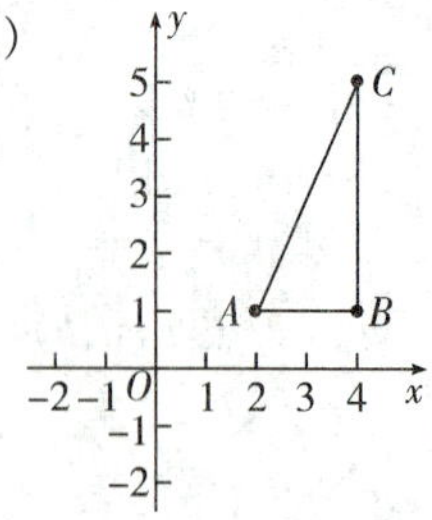

(2)

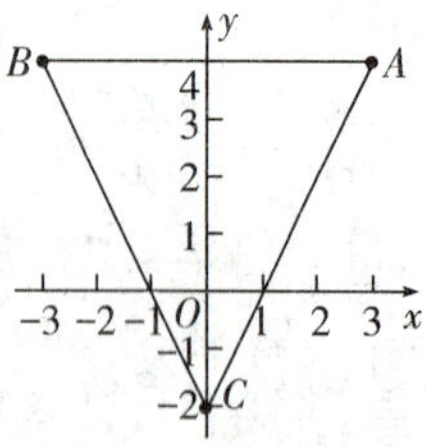

(3)

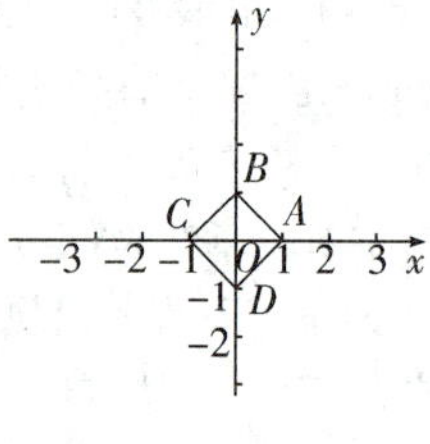

(4)

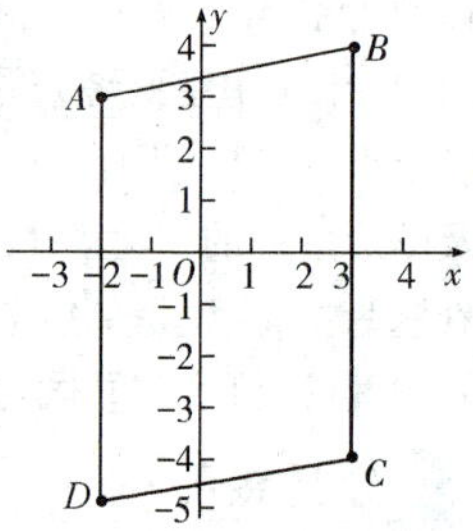

(1)中图形是直角三角形；(2)中图形是等腰三角形；(3)中图形是正方形；(4)中图形是平行四边形.

3. 点 A 在第二象限，点 B 在第四象限，点 C 在第一象限，点 D 在第三象限，点 E 在 y 轴上.

4.

点的坐标	(5,2)	(−2,5)	(−2,−4)	(4,−2)
关于 x 轴对称的点的坐标	(5,−2)	(−2,−5)	(−2,4)	(4,2)
关于 y 轴对称的点的坐标	(−5,2)	(2,5)	(2,−4)	(−4,−2)

5. $A(-1,-1)$，$B(3,-1)$，$C(3,3)$，$D(-1,3)$，$E(1,1)$.

6. (1)B　C　A　B　(2)二　y 轴上

提示：(1)根据点关于坐标轴对称的点的坐标特征可得答案.(2)根据字母 m 的取值范围确定点 P 的两个坐标的正负性可得点 P 所在象限.把 $m=1$ 代入点 P 的坐标可得横坐标为 0.

7. 如下表：

点的横坐标	点的纵坐标	点所在的象限或坐标轴
+	+	第一象限
−	+	第二象限
+	−	第四象限
−	−	第三象限
0	0	坐标原点
−	0	x 轴的负半轴
+	0	x 轴的正半轴
0	−	y 轴的负半轴
0	+	y 轴的正半轴

灵活运用

8. 依次说出图案中各点的坐标即可，答案略.

9. $\because AB=3, S_{\triangle ABC}=\frac{1}{2}AB\cdot|y_C|=5, \therefore |y_C|=\frac{10}{3}, \therefore y_C=\pm\frac{10}{3}. \therefore C\left(0,\frac{10}{3}\right)$ 或 $\left(0,-\frac{10}{3}\right)$.

探索研究

10. 第 4 个顶点的坐标为(4,3)，(−4,3)，(−2,−3)，如图①；或(4,−3)，(−4,−3)，(−2,3)，如图②.

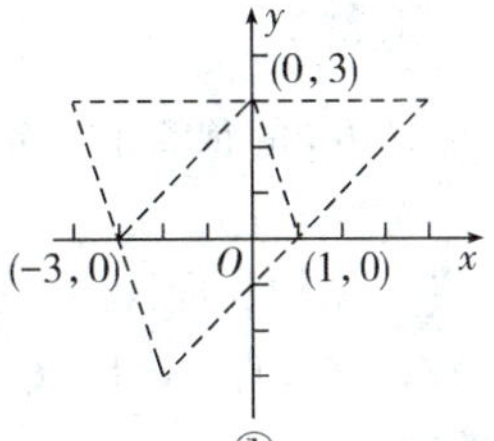

①

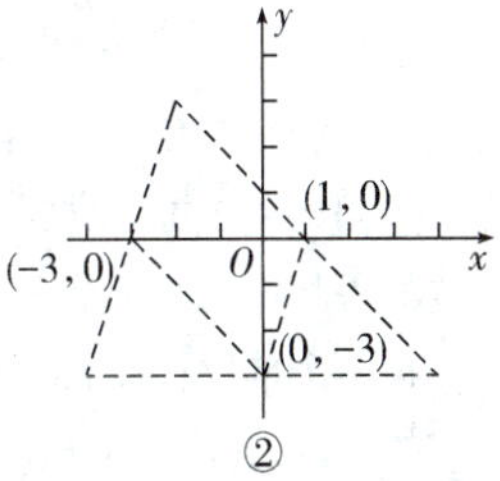

②

11. 答案不唯一，只要写出一种即可，如图①中其余三个顶点的坐标分别为(3,2)，(3,−1)，(−1,−1)；图②中其余三个顶点的坐标分别为(2,2)，(2,−2)，(−1,−2).

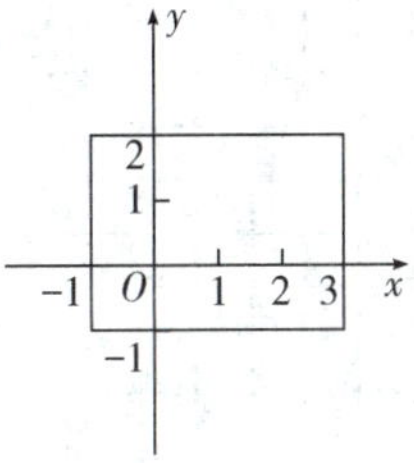

①

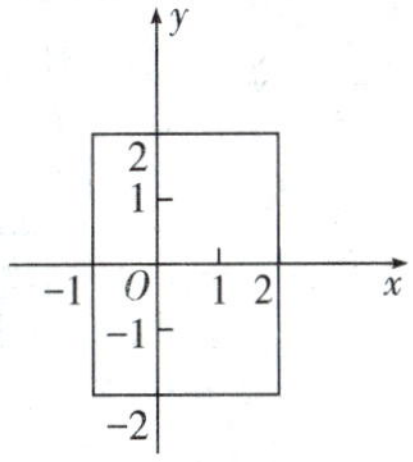

②

章末小练

巩固基础，综合提升

1. 点(−4,3)关于 x 轴对称的点的坐标为　(　　)

A. (4,3)　　B. (4,−3)

C. (−4,−3)　　D. 无法确定

2. 已知点 $P(a-1,a+2)$ 在平面直角坐标系的第二象限内，则 a 的取值范围是　(　　)

A. $1<a<2$　　B. $-1<a<2$

C. $-2<a<-1$　　D. $-2<a<1$

3. (2017·潍坊)小莹和小博士下棋，小莹执圆子，小博士执方子.如图，棋盘中心方子的位置用(−1,0)表示，右下角方子的位置用(0,−1)表示.小莹将第 4 枚圆子放入棋盘后，所有棋子构成一个轴对称图形.她放的位置是　(　　)

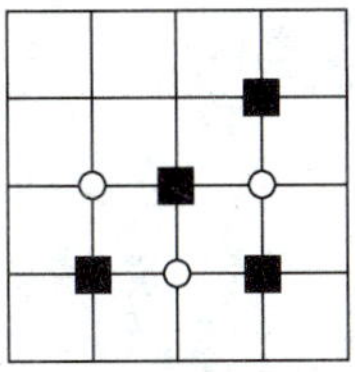

A. (−2,1)　　B. (−1,1)

C. (1,−2)　　D. (−1,−2)

4. 已知等腰△ABC，建立适当的平面直角坐标系后，其三个顶点的坐标分别为 $A(m,0)$，$B(m+4,2)$，$C(m+4,-3)$，则下列关于该三角形三边关系正确的是　(　　)

A. $AC=BC\neq AB$

B. $AB=AC\neq BC$

C. $AB=BC\neq AC$

D. $AB=AC=BC$

5. 将点 P 向左平移 2 个单位，再向上平移 1 个单位得到 $P'(-1,3)$，则点 P 的坐标是________.

6. 已知点 A 在 x 轴上方，到 x 轴的距离是 3，到 y 轴的距离是 4，那么点 A 的坐标是____________.

7. 已知点 $A(2a-3b,-1)$ 与点 $A'(-2,3a+2b)$ 关于坐标原点对称，则 $5a-b=$ ______.

8. 如图是轰炸机机群的一个飞行队形,若轰炸机 A,B 的坐标分别是 $A(-2,1)$,$B(-2,-3)$,则轰炸机 C 的坐标为________.

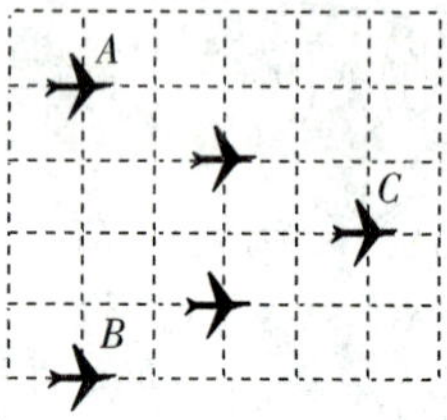

9. 如图,在平面直角坐标系中,$\triangle ABC$ 的顶点坐标分别是$A(0,0)$,$B(3,1)$,$C(2,2)$.

(1)如果将$\triangle ABC$ 向上平移 1 个单位长度,再向左平移 2 个单位长度,得到$\triangle A_1B_1C_1$,直接写出 B_1,C_1 的坐标,并求$\triangle A_1B_1C_1$的面积;

(2)求出线段 AB 在(1)中的平移过程中扫过的面积.

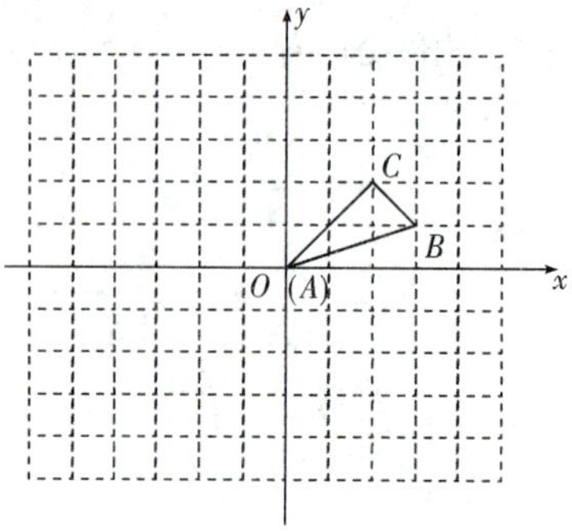

10. 如图,已知在平面直角坐标系中,$S_{\triangle ABC}=24$,$OA=OB$,$BC=12$,求$\triangle ABC$ 三个顶点的坐标.

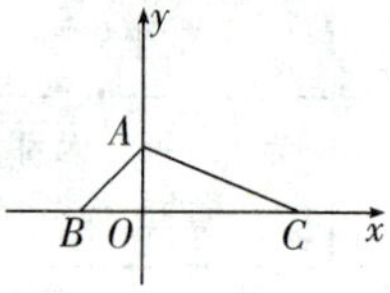

11. 要在街道旁修建一个奶站,向居民区 A,B 提供牛奶,奶站应建在什么地方,才能使从 A,B 到它的距离之和最短?小聪根据实际情况,以街道旁为 x 轴,建立了如图所示的平面直角坐标系,测得 A 点的坐标为$(0,3)$,B 点的坐标为$(6,5)$,求 A,B 两点到奶站距离之和的最小值.

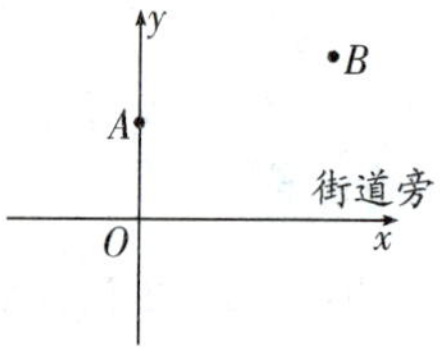

本章导航

情境导读

同学们一定知道乌鸦喝水的故事吧？ 一个小口瓶中盛有一些水，乌鸦想喝，但是嘴够不着瓶中的水，于是乌鸦衔来一些小石子放入瓶中，瓶中水面的高度随石子的增多而上升，乌鸦喝到了水．但是还没解渴，瓶中水面就下降到乌鸦够不着的高度，乌鸦只好再去衔些石子放入瓶中，水面又上升，乌鸦终于喝足了水，飞走了．

这是一则寓言故事，瓶中水面的高度随着石子的增多而上升，其实这就是函数．通过这一章的学习，你一定能掌握有关函数的很多知识，好好努力吧！

本章概述

【本章内容】

本章所学主要内容有：(1) 函数的概念及表示方法；(2) 一次函数；(3) 一次函数的图像及简单的应用；(4) 用一次函数解决实际问题；(5) 一次函数与二元一次方程；(6) 一次函数、一元一次方程和一元一次不等式．本章内容是中考的必考内容，选择题、填空题、解答题各种题型都有可能出现，除对一次函数的图像与性质进行单独考查外，还多与一元一次方程、二元一次方程组等知识综合考查，建立一次函数模型解决生活中的实际问题更是中考的热点．

【本章重点】

函数的意义及自变量的取值范围等概念，正比例函数和一次函数的图像与性质，一次函数与一元一次方程、一元一次不等式、二元一次方程的相互转化关系．

【本章难点】

对函数概念的理解，一次函数性质及应用，一次函数与方程（组）、不等式的相互转化关系，充分利用一次函数的图像，结合其表达式，理解、探索、解决实际问题．

学法点津

(1) 重视数学概念中蕴涵的思想，注意从运动变化和联系对应的角度认识函数．通过用函数表述具体问题中的数量关系和变化规律，体会模型的思想．

(2) 借助实际问题情景，由具体到抽象地认识函数；通过函数应用举例，体现数学建模思想．在本章的学习中，要注重数学知识与现实生活的联系，建立一次函数的数学模型，加强对函数模型的认识，提高数学应用能力．

(3) 探索正比例函数、一次函数的图像与性质，要多动手、多操作、多观察，能由性质知图像，由图像推导性质，提高应用数形结合思想的能力．

(4) 加强对知识之间内在联系的认识，体会函数观点的统领作用．注意函数与方程、不等式、几何知识的内在联系，把一次函数的知识与其他学科知识有机地结合起来．力求能够在构建和发展一个较好的知识体系方面起到一定的引导作用．

6.1 函　数

学习目标

明确方向,有的放矢

1. 探索简单实例中的数量关系和变化规律,了解常量、变量的意义.
2. 结合实例,了解函数的概念和三种表示方法,能举出函数的实例.
3. 能结合图像对简单实际问题中的函数关系进行分析.
4. 能确定简单实际问题中函数自变量的取值范围,并会求出函数值.
5. 能用适当的函数表示方法刻画简单实际问题中变量之间的关系.
6. 结合对函数关系的分析,能对变量的变化情况进行初步讨论.

知识详解

讲透教材,解疑释难

知识点一　常量和变量　重点

1. 常量:在某一变化过程中,数值保持不变的量叫做常量.

2. 变量:在某一变化过程中,可以取不同数值的量叫做变量.

提醒

1. 变量和常量往往是相对的,对不同的过程而言,变量和常量是可以互相转化的.常量与变量必须存在于一个变化过程中.判断一个量是常量还是变量,需要看两个方面:①看它是否存在一个变化的过程中;②看它在这个变化过程中的取值情况.

2. 注意:变量通常用字母表示,但字母不一定都表示变量.π是常量,而不是变量.

例 1 指出下列表达式中的变量与常量.

(1)设圆柱的底面半径 R(m)不变,圆柱的体积 V(m^3)与圆柱的高 h(m)的表达式是 $V=\pi R^2h$;

(2)以固定的速度 v_0(m/s)向上抛一个小球,小球的高度 h(m)与小球运动的时间 t(s)之间的表达式是 $h=v_0t-4.9t^2$.

解析 (1)中圆周率 π 是保持不变的量,半径 R 已说明不变,而 V 和 h 可以取不同的数值.(2)中 v_0 已知不变,−4.9 是固定的值,小球的高度和小球运动的时间可以取不同的数值.

解 (1)变量是 V 和 h,常量是 π 和 R.
(2)变量是 h 和 t,常量是 v_0 和−4.9.

点评 在一个变化的过程中,变量或常量有时不止一个,而且常量和变量往往是相对而言的,例如(1)中的 R 是常量,但在圆的面积 S 与半径 R 的表达式 $S=\pi R^2$ 中 R 就是变量.

知识点二　函数　重难点

1. 函数的概念:一般地,在一个变化过程中有两个变量 x 和 y,如果对于 x 的每一个值,y 都有唯一的值与它对应,那么我们称 y 是 x 的函数,x 是自变量.

知识讲解
函数的历史

2. 函数值:在一个变化的过程中,自变量的取值通常有一定的范围.给定一个自变量的值,就可以求出对应的函数值.

3. 自变量的取值范围:自变量的取值必须使函数表达式有意义;自变量的取值必须使实际问题有意义.

提醒

1. 理解函数的概念要把握好三点:①一个变化过程;②两个变量;③一种对应关系.判断两个量是否具有函数关系也要以这三点为依据.

2. 函数不是数,函数的本质是对应,函数关系就是变量之间的对应关系,并且是一种特殊的对应关系,必须是“对于自变量 x 的每一个值,y 都有唯一的值与之对应”,即如果 x 取一个值,y 有两个或两个以上的值与之对应,则不能称 y 是 x 的函数.

3. 函数自变量的取值范围应从两方面考虑:

(1)要使函数的表达式有意义;

(2)对于反映实际问题和几何问题的函数关系,应使实际问题和几何问题有意义.

例 2 变量 x,y 有如下关系：①$x+y=10$；②$y=\frac{-5}{x}$；③$y=|x-3|$；④$y^2=8x$.其中 y 是 x 的函数的是 ( )

A. ①②③④ B. ①②③ C. ①② D. ①

解析 根据对于 x 的每一个取值，y 都有唯一确定的值与之对应，①$x+y=10$；②$y=\frac{-5}{x}$；③$y=|x-3|$ 满足函数的定义，y 是 x 的函数，④当 $x=2$ 时，在 $y^2=8x$ 中 $y=\pm4$，y 不是有唯一的值与之对应，y 不是 x 的函数，故选 B.

答案 B

点评 看自变量 x 的每一个值，y 是否都有唯一的值与之对应.

例 3 根据如图所示的计算程序，若输出的值 $y=10$，则输入的值 $x=$________.

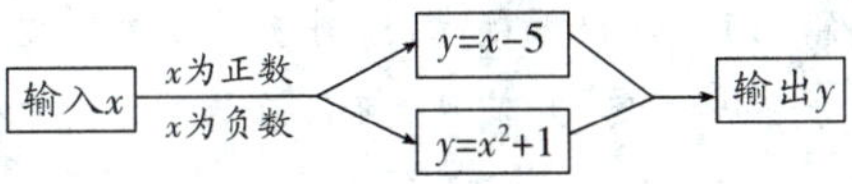

解析 根据题意得到关于 x 的方程，解方程即可.当 x 为正数时，$x-5=10$，解得 $x=15$；当 x 为负数时，$x^2+1=10$，解得 $x=-3$，故答案为 15 或 -3.

答案 15 或 -3

点评 此题主要考查了函数值的求解，采用代入法即可，要熟练掌握，解答此题的关键是要明确：①当已知函数表达式时，求函数值就是求代数式的值；当已知函数表达式，给出函数值时，求相应的自变量的值就是解方程；②当自变量确定时，函数值是唯一确定的.但当函数值唯一确定时，对应的自变量可以是多个.

例 4 (2017·安顺)函数 $y=\frac{\sqrt{x-1}}{x-2}$ 中自变量 x 的取值范围是____________.

解析 ∵被开方数为非负数，∴ $x-1\geq0$，解得 $x\geq1$.又∵分式的分母不为 0，∴ $x-2\neq0$，解得 $x\neq2$，∴函数自变量的取值范围是 $x\geq1$ 且 $x\neq2$.

答案 $x\geq1$ 且 $x\neq2$

点评 在分式中，分母不能为零；偶次根式中，被开方式大于或等于零；负整数指数幂的底数和零指数幂的底数不得为零.

知识点三 函数的图像 重点

在平面直角坐标系中，以函数的自变量的值为横坐标、对应的函数值为纵坐标的点所组成的图形叫做这个函数的图像.

拓展

画函数图像的一般步骤：

①列表：列表给出自变量与函数的一些对应值；

②描点：以表中每对对应值为坐标，在平面直角坐标系内描出相应的点；

③连线：按照自变量从小到大的顺序，把所有的点用平滑的曲线连接起来.

提醒

函数图像上的任意点 $P(x,y)$ 中的 x,y 满足函数表达式，满足函数表达式的任意一对 (x,y) 的值所对应的点一定在函数的图像上.

例 5 A,B 两地间的路程为 690 km，一辆汽车从 A 地出发，以 60 km/h 的速度匀速驶向 B 地.

(1)写出行驶路程 s(km)与行驶时间 t(h)之间的函数表达式，并写出自变量的取值范围；

(2)画出这个函数的图像；

(3)行驶 8 h 时离 B 地还有多少路程?

解析 运用"路程=速度×时间"，列出函数表达式，在自变量的取值范围内，取相应的自变量的值，再根据函数表达式求得函数值，用这样的数对在平面直角坐标系中描点，形成函数图像.

解 (1)∵某汽车行驶的速度为 60 km/h，行驶的时间为 t h，行驶的路程为 s km，

∴ s 与 t 之间的函数表达式为 $s=60t$，自变量 t 的取值范围是 $0\leq t\leq11.5$.

(2)如图所示：

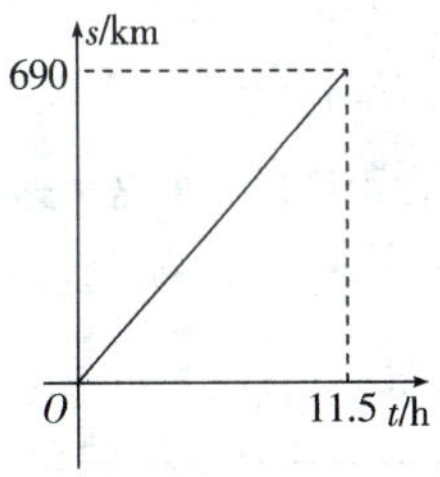

(3)行驶 8 h 时离 B 地的距离为 $690-60\times8=210$(km).

点评 此题由数到形，又可由形到数，达到数形结合.

知识点四 函数的三种表示方法 重难点

表示两个变量之间关系的方法有三种：列表法、图像法、表达式法.

(1)列表法：通过列表，给出一个变量与另一个变量的对应数值，可以表示它们之间的函数关系.

(2)图像法:在平面直角坐标系中,以函数的自变量的值为横坐标、相应的函数值为纵坐标的点所组成的图形叫做这个函数的图像.

(3)表达式法:表示两个变量之间函数关系的式子称为函数表达式.

提醒

三种函数的表示方法的优缺点如下:

(1)用列表法表示函数关系

优点:对于表中自变量的每一个值,可以不通过计算,直接把函数值找到,查询时很方便.

缺点:表中不能把所有的自变量与对应的函数值全部列出,而且从表中不易看出变量间的对应规律.

(2)用图像法表示函数关系

优点:形象直观,可以形象地反映出函数关系变化的趋势和某些性质,把复杂的函数关系图形化、形象化.

缺点:根据自变量的值常常难以找到对应的准确的函数值.

(3)用表达式法表示函数关系

优点:简单明了,能从表达式中清楚地看到两个变量之间的全部关系,并且适用于进行理论分析和推导计算.只要给出一个变量的值,就可以准确地求出另一个变量的值.

缺点:不能直观地看出两个变量之间的对应关系.

函数的三种基本表示方法,各有各的优点和缺点.在数学或其他科学研究与应用上,有时把这三种方法结合起来使用,即由已知的函数表达式,列出自变量与对应的函数值的表格,再画出它的图像.

例 6 如图,某校学习小组在做实验中发现弹簧挂上物体后会伸长,在弹性限度内测得这个弹簧的长度 y(cm)与悬挂的物体的质量 x(kg)间有下面的关系:

物体的质量 x/kg	0	1	2	3	4	5	…
弹簧的长度 y/cm	10	12	14	16	18	20	…

(1)弹簧不悬挂重物时的长度为________cm;物体的质量每增加 1 kg,弹簧的长度 y 增加________cm;

(2)写出 y 与 x 的关系式:________________.

解析 (1)由 $x=0$ 时 y 的值可得不挂物体时弹簧的长度,观察表格得物体的质量每增加 1 kg,弹簧的长度 y 增加 2 cm;(2)y 与 x 的关系式:$y=10+2x$.

答案 (1)10　2　(2)$y=10+2x$

点评 本题以表格的形式给出了弹簧的长度与悬挂的物体的质量的关系,我们应观察、分析各数值之间的关系,从而列出函数表达式.

例 7 为庆祝商都正式营业,商都推出了两种购物方案.方案一:非会员购物所有商品价格可获九五折优惠;方案二:若交纳 300 元会费成为该商都会员,则所有商品价格可获九折优惠.

(1)以 x(元)表示商品价格,y(元)表示支出金额,分别写出两种购物方案中 y 关于 x 的函数表达式;

(2)若某人计划在商都购买价格为 5 880 元的电视机一台,请分析选择哪种方案更省钱.

解析 第(1)问是根据题意,分别求出方案一和方案二中的函数表达式.第(2)问是求两个函数当 $x=5\ 880$ 时的函数值.

解 (1)方案一:$y_1=0.95x$;

方案二:$y_2=300+0.9x$.

(2)当 $x=5\ 880$ 时,

$y_1=0.95\times5\ 880=5\ 586$,

$y_2=300+0.9\times5\ 880=5\ 592$.

$\because 5\ 586<5\ 592$,

$\therefore$ 方案一更省钱.

点评 解题时要注意分析问题、解决问题的方法,此题中将购物的实际问题抽象成数学模型——函数关系,利用函数性质解决购物方案,从中选出最佳方案.解决实际问题时的难点是数学模型的合理构建.

★教材中的问题解答★

尝试(P_{137})

例如,蜡烛燃烧时,蜡烛的长度随燃烧时间的变化而变化.

交流(P_{137})

(1)0.9 m.　(2)0.8 m.　(3)长是宽的函数,因为在这个过程中的两个变量长与宽,当宽取定一个值时,长的取值是唯一的,因此根据函数的定义可知,这个长方形的长是宽的函数.

思考(P_{139})

15 L

拓展典例

分类提升，典例剖析

拓展点一　实际应用问题

知识讲解
函数图像的实际问题

例 1　(2017·东营)小明从家到学校，先匀速步行到车站，等了几分钟后坐上了公交车，公交车沿着公路匀速行驶一段时间后到达学校，小明从家到学校行驶路程 s(m)与时间 t(min)的大致图像是　　(　　)

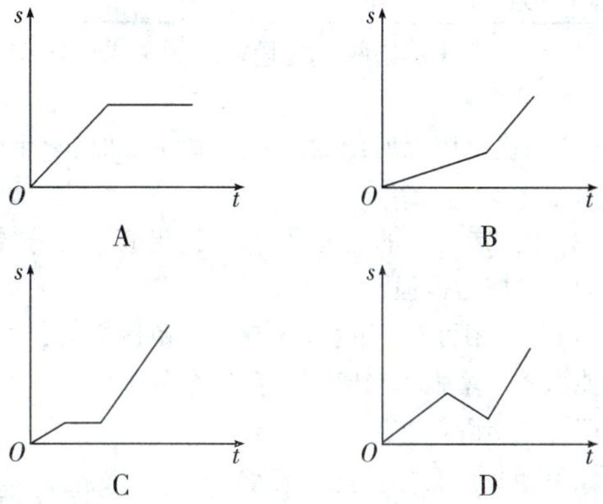

解析　①小明从家到学校，先匀速步行到车站，这一段时间内，路程 s 随着时间 t 均匀增加(即直线关系)；②等了几分钟后坐上了公交车，等公交车的这段时间内 s 不变；③公交车沿着公路匀速行驶一段时间后到达学校，这一段时间内，路程 s 随着时间 t 均匀增加(即直线关系).故选 C.

答案　C

点评　对于用图像描述分段函数的实际问题，要抓住以下几点：①自变量变化而函数值不变化的图像用水平线段表示；②函数值变化越大的图像与 x 轴的夹角就越大；③各个分段中，准确确定函数关系；④确定函数图像的最低点和最高点.

例 2　星期天晚饭后，小红从家里出去散步，到了一个报亭，看了一会儿报后，又继续向前走了一段，然后回家了.如图描绘了她散步过程中离家的距离 s(米)与散步所用时间 t(分)之间的关系，请根据这个关系图回答下列问题.

(1)这个关系图反映了哪几个变量之间的关系？

(2)任取变量 t 的一个值，变量 s 有几个值与它对应？变量 s 是 t 的函数吗？

(3)报亭离小红家多远？小红在报亭看了多长时间的报？

(4)小红从家到报亭，由报亭继续向前走及返回的平均速度分别是多少？

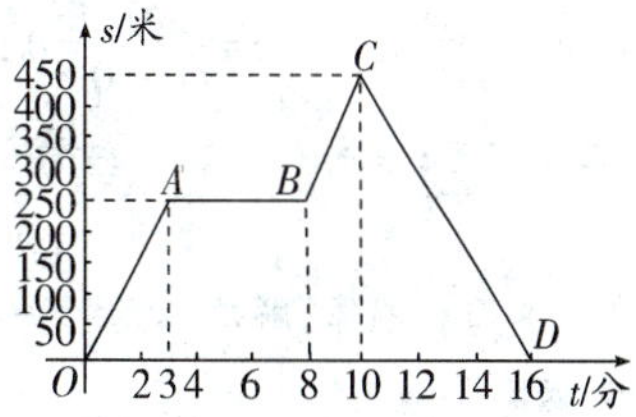

解析　本题利用图形的方式揭示两个变量路程 s(米)与时间 t(分)的关系，认真读图，理解题意，便能从中直接或间接获取信息，就能回答问题.

解　(1)这个关系图反映了两个变量路程 s 与时间 t 之间的关系.

(2)任取变量 t 的一个值，变量 s 有唯一确定的值与它对应，所以变量 s 是 t 的函数.

(3)报亭离小红家 250 米，小红在报亭看了 $8-3=5$(分)的报.

(4)小红从家到报亭 250 米，用了 3 分钟，所以平均速度为 $250\div3=\dfrac{250}{3}$(米/分)；由报亭继续向前走了 200 米，用了 2 分钟，所以平均速度为 $200\div2=100$(米/分)；返回路程为 450 米，用了 6 分，所以平均速度为 $450\div6=75$(米/分).

点评　在理解函数图像概念的基础上，明确函数图像横轴与纵轴的意义，就可以从图像上读出相关的信息，进而可以通过相关的计算，解答问题.

拓展点二　判断问题

例 3　(2017·丽水)在同一条道路上，甲车从 A 地到 B 地，乙车从 B 地到 A 地，乙先出发，图中的折线段表示甲、乙两车之间的距离 y(千米)与行驶时间 x(时)的函数关系的图像.下列说法错误的是　　(　　)

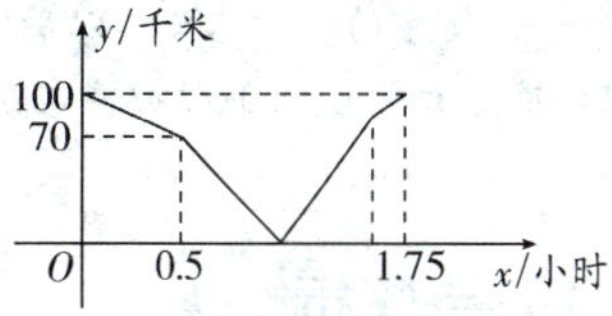

A. 乙先出发的时间为 0.5 时

B. 甲的速度是 80 千米/时

C. 甲出发 0.5 时后两车相遇

D. 甲到 B 地比乙到 A 地早$\dfrac{1}{12}$时

解析　观察图像可知乙先出发 0.5 时，故选项 A 正确，不符合题意;甲在乙出发0.5时后出发,行完全程用了(1.75-0.5)时,则甲行完全程所用速度$=\frac{100}{1.75-0.5}=80$(千米/时),故选项B正确;乙的平均速度$=\frac{100-70}{0.5}=60$(千米/时);甲、乙相遇的时间$=\frac{70}{60+80}=0.5$(时),故选项C正确,不符合题意;故选D.

答案 D

点评 本题考查了函数图像,解决本题的关键是读懂函数图像,理解各段图像的含义.

拓展点三　学科内综合问题

例 4 如图,在Rt$\triangle ABC$中,$\angle C=90°$,$AC=6$,$BC=8$,设P为BC上任一点,P点与B,C两点不重合,若$CP=x$,$S_{\triangle APB}=y$.

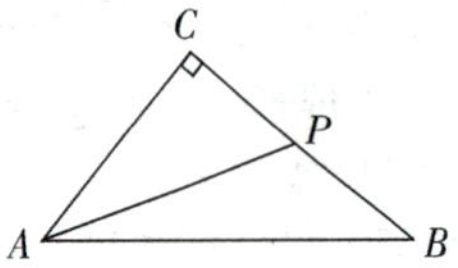

(1)求y与x之间的函数表达式;

(2)求自变量x的取值范围.

解析 所要求面积的$\triangle APB$是一个任意三角形,不易直接求解,因此需将图形分割,即$S_{\triangle APB}=S_{\triangle ABC}-S_{\triangle APC}$,由$P$点与$B$,$C$两点不重合易求出$x$的取值范围.

解 (1)$\because S_{\triangle ABC}=\frac{1}{2}AC\cdot BC=\frac{1}{2}\times6\times8=24$,

$S_{\triangle APC}=\frac{1}{2}AC\cdot PC=\frac{1}{2}\times6\times x=3x$,

$\therefore S_{\triangle APB}=S_{\triangle ABC}-S_{\triangle APC}=24-3x$,

即$y=24-3x$.

(2)$\because P$点与B,C两点不重合,

$\therefore 0<x<8$.

点评 求几何量中函数表达式的自变量的取值范围时,可以把自变量所代表的几何量放到两个极端位置,求出相应的值,再结合几何量的实际意义加以确定,如本题中自变量首先可以确定大于0,再假设P点与B点重合这个特殊位置求出CP的长,因为P与B不重合,所以x应小于特殊位置的CP的值.

拓展点四　图表信息问题

例 5 心理学家发现,学生对概念的接受能力y与提出概念所用的时间x(单位:min)之间有如下关系.(其中$0\leqslant x\leqslant30$)

提出概念所用的时间x	2	5	7	10	12	13	14	17	20
对概念的接受能力y	47.8	53.5	56.3	59	59.8	59.9	59.8	58.3	55

(1)表中反映了哪两个变量之间的关系?哪个是自变量?

(2)当提出概念所用的时间是10 min时,学生的接受能力是多少?

(3)根据表格中的数据,你认为提出概念几分钟时,学生的接受能力最强?

(4)从表中可知,当时间x在什么范围内时,学生的接受能力逐步增强?当时间x在什么范围内时,学生的接受能力逐步降低?

解析 题中以表格形式给出了"学生对概念的接受能力y与提出概念所用的时间x"的一种对应关系,对于每一个"提出概念所用的时间x"的值,"对概念的接受能力y"都有唯一的值与之对应,因而x是自变量,y是x的函数.当函数关系确定之后,进而可以求得自变量取值对应的函数值.

解 (1)表中反映了提出概念所用的时间x和对概念的接受能力y两个变量之间的关系,其中x是自变量.

(2)当提出概念所用的时间是10 min时,学生的接受能力是59.

(3)提出概念13 min时,学生的接受能力最强.

(4)2 min至13 min时,学生的接受能力逐步增强.13 min至20 min时,学生的接受能力逐步降低.

点评 对表格所反映的数量的变化,一要观察仔细、全面,二要注意数量之间的变化趋势,三要判断准确,并进行合理预测.

知识讲解

自变量的取值范围

易错辨析

错误分析,拨开迷雾

易错点一　不能正确区分常量和变量

例 1 半径是R的圆的周长$C=2\pi R$,下列说法正确的是　(　　)

A. C,π,R是变量　B. C是变量,2,π,R是常量　C. R是变量,2,π,C是常量　D. C,R是变量,2,π是常量

正确解答	在半径是 R 的圆的周长公式 $C=2\pi R$ 中，C,R 是变量，$2,\pi$ 是常量，故选 D.
易错总结	π 虽然是字母，但它表示的数值不发生变化，所以它是常量，确定一个变化过程中的常量和变量，要看这个量在这个变化过程中的数值是否发生变化.在一个变化的过程中，数值发生变化的量称为变量，数值始终不变的量称为常量.

易错点二　不能正确识别是否是函数

例 2 下列说法正确的是　　(　　)

A. 变量 x,y 满足 $x+3y=1$，则 y 是 x 的函数　　B. 变量 x,y 满足 $y=\sqrt{-x^2-3}$，则 y 是 x 的函数

C. 变量 x,y 满足 $|y|=2x$，则 y 是 x 的函数　　D. 变量 x,y 满足 $y^2=x$，则 y 是 x 的函数

正确解答　对于 A，变量 x,y 存在对应关系 $x+3y=1$，对于自变量 x 每一个确定的值，变量 y 都有唯一一个值与它对应，则 y 是 x 的函数.对于 B，对于自变量 x 每一个确定的值，y 找不到值与它对应，即 y 无意义，则 y 不是 x 的函数；对于 C，有 $y=2x$ 或 $y=-2x$，自变量 x 每一个确定的值，y 有两个值与它对应，故 y 不是 x 的函数；对于 D，有 $y=\pm\sqrt{x}$，故 y 不是 x 的函数.故选 A.

易错总结　要真正理解函数的概念，关键是对"如果对于 x 的每一个值，y 都有唯一的值与它对应"的深刻理解，如果理解不深，容易导致错选 B 或 C 或 D.

易错点三　忽视实际问题中自变量的意义

例 3 经纶公司购买了 500 本笔记本捐助给贫困学生，每人 5 本，写出余下的笔记本数 y(本)与贫困学生数 x(名)之间的函数表达式，并求自变量 x 的取值范围.

正确解答　函数表达式为 $y=500-5x$，x 的取值范围是 $0\leqslant x\leqslant 100$，且 x 为整数.

易错总结　解此题时要注意 $y\geqslant 0$，即 $500-5x\geqslant 0$，$x\leqslant 100$，所以 $0\leqslant x\leqslant 100$，要注意 x 表示人数，x 必须为整数.

品味中考

对接中考，小试牛刀

1. (2017·泸州)下列曲线中不能表示 y 是 x 的函数的是　　(　　)

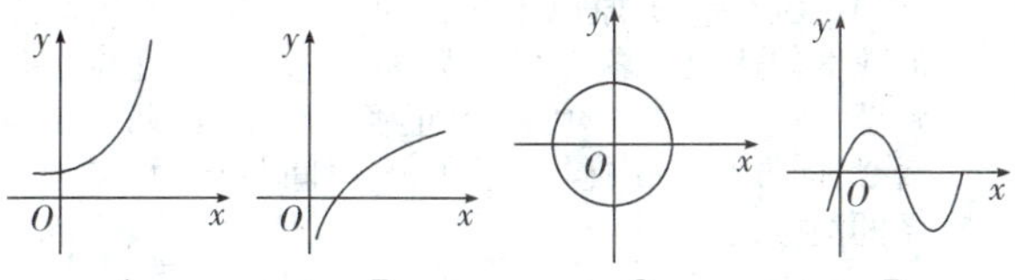

A　　B　　C　　D

2. (2016·威海)函数 $y=\dfrac{\sqrt{x+2}}{x}$ 的自变量 x 的取值范围是　　(　　)

A. $x\geqslant -2$　　B. $x\geqslant -2$ 且 $x\neq 0$

C. $x\neq 0$　　D. $x>0$

3. (甘南州中考题)若函数 $y=\begin{cases}x^2+2(x\leqslant 2),\\2x(x>2),\end{cases}$ 则当函数值 $y=8$ 时，自变量 x 的值是　　(　　)

A. $\pm\sqrt{6}$　　B. 4

C. $\pm\sqrt{6}$ 或 4　　D. 4 或 $-\sqrt{6}$

4. (2017·河南)如图①，点 P 从△ABC 的顶点 B 出发，沿 $B\to C\to A$ 匀速运动到点 A.图②是点 P 运动时，线段 BP 的长度 y 随时间 x 变化的关系图像，其中 M 为曲线部分的最低点，则△ABC 的面积是________.

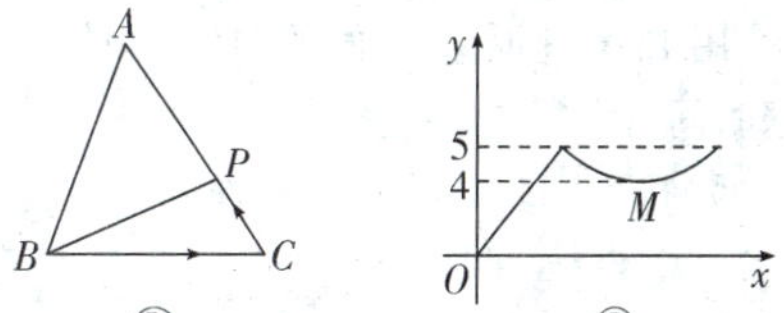

①　　②

5. (2016·重庆)甲、乙两人在直线道路上同起点、同终点、同方向，分别以不同的速度匀速跑步 1 500 米，先到终点的人原地休息. 已知甲先出发 30 秒后，乙才出发. 在跑步的整个过程中，甲、乙两人的距离 y(米)与甲出发的时间 x(秒)之间的关系如图所示. 则乙到达终点时，甲距终点的距离是________米.

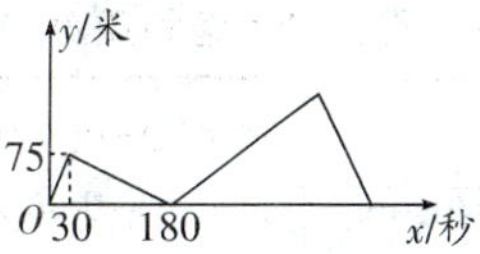

趁热打铁　即时检测，巩固提高

基础篇

1. (知识点一 ☆☆)在△ABC中，它的底边是a，底边上的高是h，则三角形面积$S=\frac{1}{2}ah$，当a为定长时，在此式中　（　　）

A. S,h是变量，$\frac{1}{2}$，a是常量

B. S,h,a是变量，$\frac{1}{2}$是常量

C. a,h是变量，$\frac{1}{2}$，S是常量

D. S是变量，$\frac{1}{2}$，a,h是常量

2. (知识点二、三 ☆☆)下列各图能表示y是x的函数的是　（　　）

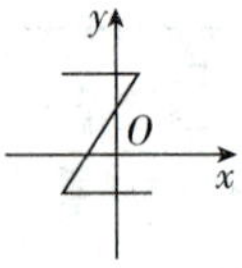
A

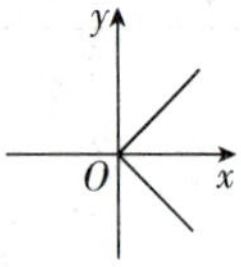
B

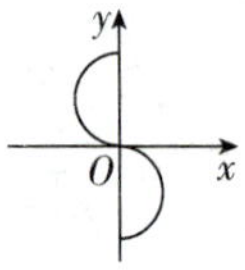
C

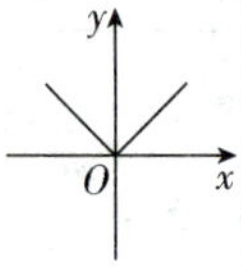
D

3. (知识点三 ☆☆)(2017·凉山州)小明和哥哥从家里出发去买书，从家出发走了20分钟到一个离家1 000米的书店.小明买了书后随即按原路返回；哥哥看了20分钟书后，用15分钟返家.下面的图像中哪一个表示哥哥离家时间与距离之间的关系　（　　）

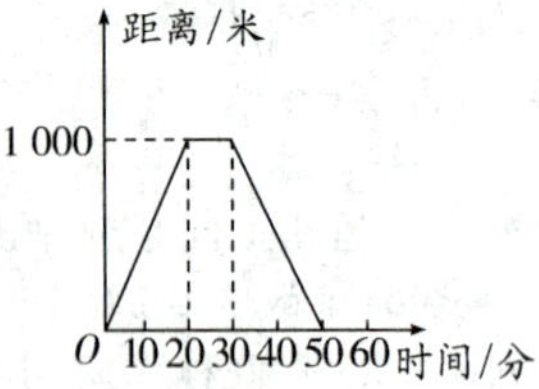

A

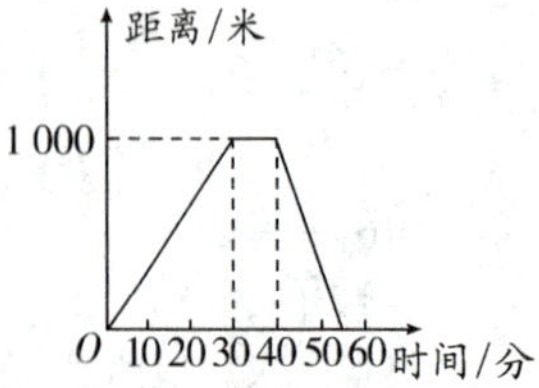

B

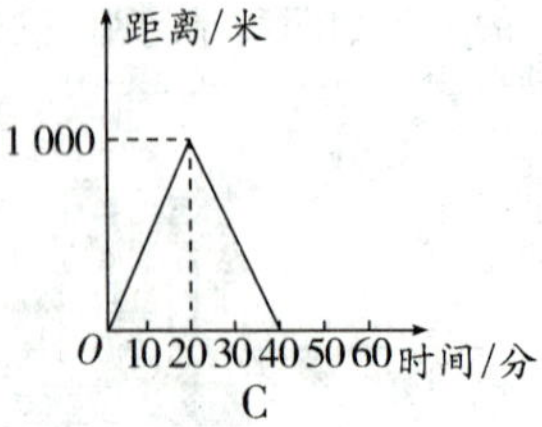

C

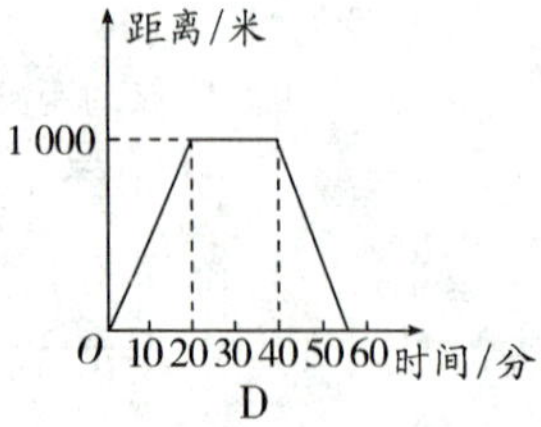

D

4. (知识点二 ☆☆)函数$y=\frac{x-5}{\sqrt{x+3}}$中，自变量x的取值范围是________.

5. (知识点二、四 ☆☆)一种树苗栽种时的高度为80 cm，为研究它们的生长情况，测得数据如表.

栽种以后的年数n/年	1	2	3	4	…
高度h/cm	105	130	155	180	…

则按照表中呈现的规律，树苗的高度h与栽种年数n的表达式为____________，栽种________年后，树苗能长到280 cm.

6. (知识点三、四 ☆☆)如图是小明从学校到家里行进的路程s(米)与时间t(分)的函数图像.观察图像，从中得到如下信息：①学校离小明家1 000米；②小明用了20分钟到家；③小明前10分钟走了路程的一半；④小明后10分钟比前10分钟走得快.

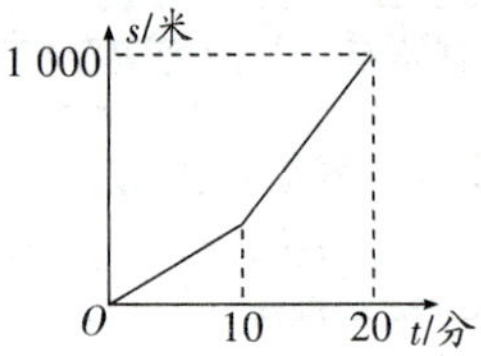

其中正确的有________(填序号).

提升篇

7. (知识点三、四 ☆☆☆)(2016·安徽)一段笔直的公路AC长20千米，途中有一处休息点B，AB长15千米，甲、乙两名长跑爱好者同时从点A出发，甲以15千米/时的速度匀速跑至点B，原地休息半小时后，再以10千米/时的速度匀速跑至终点C；乙以12千米/时的速度匀速跑至终点C.下列选项中，能正确反映甲、乙两人出发后2小时内运动路程y(千米)与时间x(小时)函数关系的图像是　（　　）

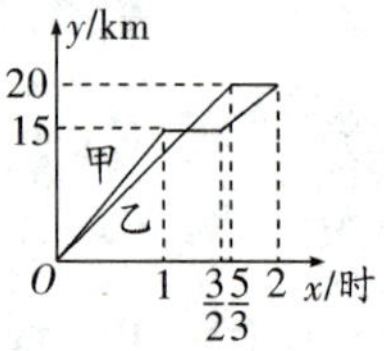

A

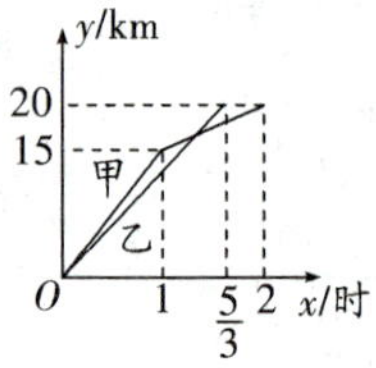

B

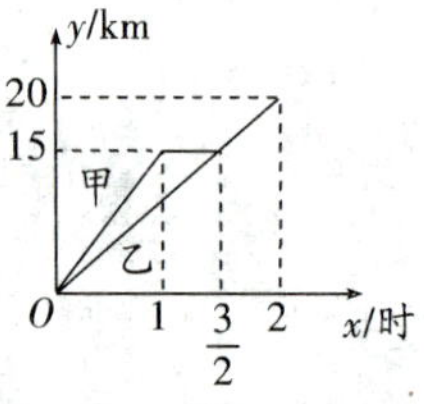

C

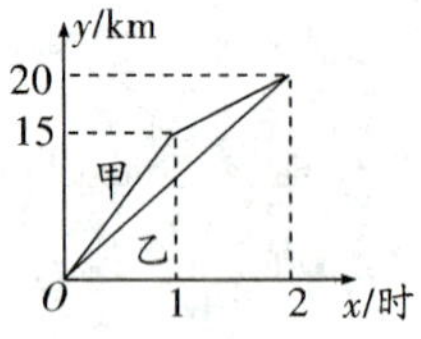

D

8. $\left(\frac{\text{知识点二、四}}{☆☆☆}\right)$如图，在长方形 $ABCD$ 中，$AB=6$，$AD=4$，P 是 CD 上的动点，且不与点 C,D 重合．设 $DP=x$，梯形 $ABCP$ 的面积为 y，则 y 与 x 之间的函数表达式和自变量的取值范围分别是（　　）

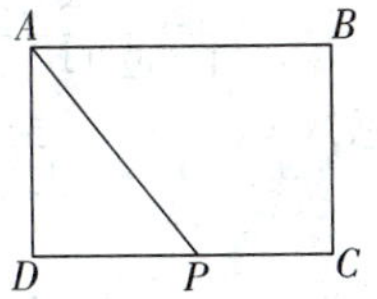

A. $y=24-2x;0<x<6$　　B. $y=24-2x;0<x<4$

C. $y=24-3x;0<x<6$　　D. $y=24-3x;0<x<4$

9. $\left(\frac{\text{知识点一、二、四}}{☆☆☆}\right)$某居民小区按照分期付款的方式售房，购房时，首期（第 1 年）付款 30 000 元，以后每年付款如下表：

年份	第 2 年	第 3 年	第 4 年	第 5 年	第 6 年
交付房款/元	15 000	20 000	25 000	30 000	35 000

(1)上表反映了哪两个变量之间的关系？哪个是自变量？

(2)根据表格推测，第 7 年应付款多少元？

(3)如果第 x 年（其中 $x>1$）应付房款为 y 元，写出 y 与 x 之间的函数表达式；

(4)小明家购得一套住房，到第 8 年恰好付清房款，8 年来他家一共交付房款多少元？

挑战篇

10. $\left(\frac{\text{知识点三、四}}{☆☆☆☆}\right)$李大爷按每千克 2.1 元批发了一批黄瓜到镇上出售，为了方便，他带了一些零钱备用．他先按市场价售出一些后，又降价出售．售出黄瓜千克数 x 与他手中持有的钱数 y 元（含备用零钱）的关系如图所示，结合图像回答下列问题：

(1)李大爷自带的零钱是多少？

(2)降价前他每千克黄瓜出售的价格是多少？

(3)卖了几天，黄瓜卖相不好了，随后他按每千克下降1.6 元将剩余的黄瓜售完，这时他手中的钱（含备用的钱）是 530 元，问他一共批发了多少千克的黄瓜？

(4)请问李大爷是亏了还是赚了？若亏（赚）了，亏（赚）多少钱？

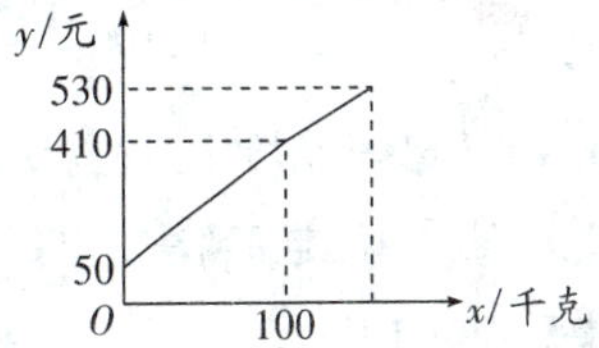

课后答案

详解习题，夯实基础

练习（P_{138}）

1. 漏到另一容器中细沙的数量为自变量．

2. y 是 x 的函数，由图知 $y=5(x+2)-4$．当 x 变化时，变量 y 总有唯一的值与 x 对应，故 y 是 x 的函数．

练习（P_{140}）

1. $100-x$　当 x 越来越大时，y 越来越小．

2. ②表示甲离家的路程与时间之间的函数关系，④表示乙离家的路程与时间之间的函数关系．

习题 6.1（$P_{141\sim143}$）

1. (1)$S=\frac{1}{4}\pi d^2$，其中$\frac{1}{4}\pi$ 是常量，圆面积 S、直径 d 是变量，S 是 d 的函数，d 是自变量．

(2)$y=1.20x$，其中 1.20 是常量，y,x 是变量，y 是 x 的函数，x 是自变量．

(3)$g=h-105$，其中 -105 是常量，g,h 是变量，g 是 h 的函数，h 是自变量．

2. $l=340t$，2 380 m．

3. $y=14.1-0.006x$．

4. (1)7~13 岁学生的身高增长较快，14~18 岁学生的身高变化较缓．

(2)7~13 岁男、女生的身高差异较小，14~18 岁男、女生的身高差异较大．

(3)符合，理由略．

5. (1)(2)如图所示．　(3)2 月、4 月、5 月、6 月、11 月、12 月产量上升；3 月、7 月、8 月产量不升不降；9 月、

10月产量下降.

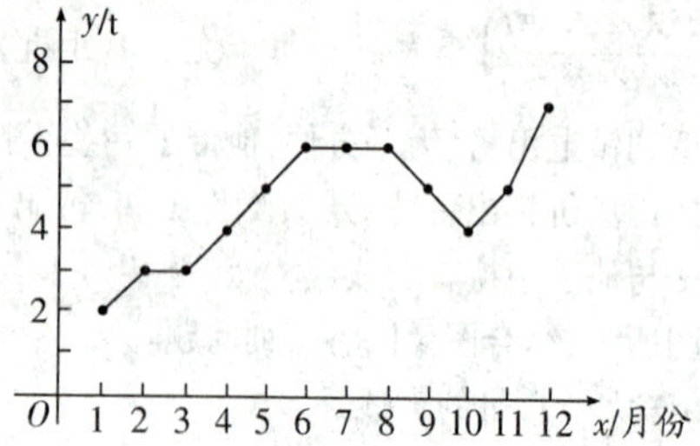

6. (1)如图所示.

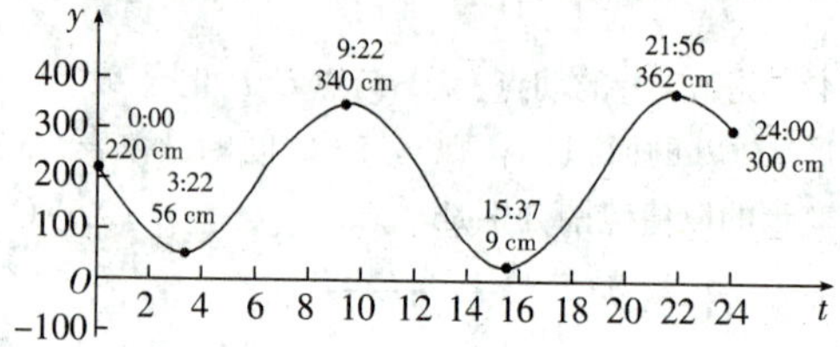

(2)12:00时的潮位约为220 cm.

6.2 一次函数

学习目标　明确方向,有的放矢

1. 结合具体情境体会一次函数的意义,能根据已知条件确定一次函数的表达式.
2. 会利用待定系数法确定一次函数的表达式.
3. 理解正比例函数.

知识详解　讲透教材,解疑释难

知识点一　一次函数的概念　重点

1. 一次函数的概念:一般地,形如 $y=kx+b$(k,b 为常数,且 $k\neq0$)的函数叫做一次函数,其中 x 是自变量,y 是 x 的函数.

2. 正比例函数的概念:特别地,当 $b=0$ 时,$y=kx$(k 为常数,$k\neq0$),y 叫做 x 的正比例函数.

提醒

1. 在理解一次函数的概念时要注意:(1)自变量的指数为1;(2)含自变量的式子为整式;(3)$k\neq0$.判断一次函数的关键是看一个式子能否化成 $y=kx+b$(k,b 为常数,且 $k\neq0$)的形式,而不是看原来式子的形式.

2. 正比例函数 $y=kx$($k\neq0$)和一次函数 $y=kx+b$($k\neq0$)的自变量的取值范围是一切实数.

3. 正比例函数是一次函数的特殊形式,正比例函数一定是一次函数,但一次函数不一定是正比例函数.两个函数中都有 $k\neq0$ 的条件.可用图表示正比例函数与一次函数的关系.

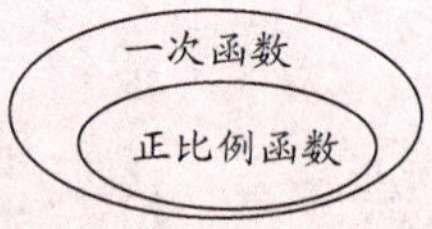

4. 如果已知 y 与 x 成正比例,则可设函数表达式为 $y=kx$;若已知变量 y 是变量 x 的一次函数,则可设函数表达式为 $y=kx+b$,反之亦然.

例 1 下列函数中,哪些是一次函数,哪些是正比例函数?

(1)$y=2x-3$;

(2)$y=\dfrac{8}{x}$;

(3)$y=\sqrt{2x+1}$;

(4)$y=7x^2+x(1-7x)$;

(5)$x+y=0$.

解析 首先看每个函数表达式能否通过恒等变形,转化为 $y=kx+b$ 的形式,如果 x 的次数是1,且 $k\neq0$,则是一次函数,否则就不是一次函数;在一次函数中,如果常数项 $b=0$,那么它就是正比例函数.

解 (1)$y=2x-3$是一次函数,但不是正比例函数.

(2)$y=\frac{8}{x}$不是一次函数,也不是正比例函数,因为自变量x的指数不是1.

(3)$y=\sqrt{2x+1}$不是一次函数,也不是正比例函数,因为自变量x的指数不是1.

(4)$y=7x^2+x(1-7x)$经过恒等变形,得$y=x$,$\therefore y=7x^2+x(1-7x)$是一次函数,也是正比例函数.

(5)$x+y=0$经过变形,得$y=-x$,$\therefore x+y=0$是一次函数,也是正比例函数.

$\therefore$(1)(4)(5)是一次函数,(4)(5)是正比例函数.

点评 将函数表达式通过恒等变形后,根据一般形式$y=kx+b$,$y=kx(k\neq0)$加以判断,注意形如$y=kx(k\neq0)$的函数,既是正比例函数,也是一次函数.

例 2 当m,n为何值时,$y=(5m-3)x^{2-n}+(m+n)$是关于x的一次函数?当m,n为何值时,y是关于x的正比例函数?

解析 (1)根据一次函数的定义列出方程和不等式,然后求解即可;

(2)根据正比例函数是特殊的一次函数解答.

解 若$y=(5m-3)x^{2-n}+(m+n)$是关于x的一次函数,则有$\begin{cases}5m-3\neq0,\\2-n=1,\end{cases}$解得$\begin{cases}m\neq\frac{3}{5},\\n=1,\end{cases}$所以当$m\neq\frac{3}{5}$且$n=1$时,$y=(5m-3)x^{2-n}+(m+n)$是关于$x$的一次函数.

若$y=(5m-3)x^{2-n}+(m+n)$是关于x的正比例函数,则有$\begin{cases}5m-3\neq0,\\2-n=1,\\n+m=0,\end{cases}$解得$\begin{cases}n=1,\\m=-1,\end{cases}$所以当$m=-1$且$n=1$时,$y=(5m-3)x^{2-n}+(m+n)$是关于$x$的正比例函数.

点评 本题考查了一次函数与正比例函数的定义,注意区分:正比例函数的一般形式是$y=kx(k\neq0)$,一次函数的一般形式是$y=kx+b$(k,b为常数,且$k\neq0$).

知识点二　确定一次函数的表达式　重难点

1. 能根据实际问题中的条件,确定一次函数的表达式.
2. 能用待定系数法求一次函数的表达式.

提醒

1. 确定正比例函数的表达式需要一个条件,确定一次函数的表达式需要两个条件.

2. 用待定系数法求一次函数表达式的步骤:

(1)设函数表达式为$y=kx+b$.

(2)根据已知条件列出关于k,b的方程或方程组.

(3)解方程或方程组.

(4)把求出的k,b的值代回到表达式中即可.

例 3 (2017·苏州)某长途汽车客运公司规定旅客可免费携带一定质量的行李,当行李的质量超过规定时,需付的行李费y(元)是行李质量x(kg)的一次函数,已知行李质量为20 kg时需付行李费2元,行李质量为50 kg时需付行李费8元.

(1)当行李的质量x超过规定时,求y与x之间的函数表达式;

(2)求旅客最多可免费携带行李的质量.

解析 先根据题意用待定系数法确定函数表达式,再求出$y=0$时x的值即可.

解 (1)根据题意,设y与x的函数表达式为$y=kx+b$.

$\because x=20$时,$y=2$,$x=50$时,$y=8$,

$\therefore\begin{cases}20k+b=2,\\50k+b=8,\end{cases}$

解得$\begin{cases}k=\frac{1}{5},\\b=-2,\end{cases}$

$\therefore$所求函数表达式为$y=\frac{1}{5}x-2$.

(2)当$y=0$时,$\frac{1}{5}x-2=0$,

解得$x=10$.

答:旅客最多可免费携带行李10 kg.

点评 确定函数的表达式主要有两种情况:(1)根据题目中的实际问题直接写出函数的表达式;(2)用待定系数法求函数的表达式,例如本题的第(1)问.求一次函数的表达式需要两个条件,两组对应的自变量和函数的值.求正比例函数的表达式需要一个条件,一组对应的自变量和函数的值.

★教材中的问题解答★

讨论(P_{144})

它们都是整式的形式,自变量的指数都是1.

交流(P_{145})

(1)$S=x^2$,不是一次函数.

(2)$l=4x$,是一次函数,也是正比例函数.

(3)$S=ax$,是一次函数,也是正比例函数.

(4)$y=300t$,是一次函数,也是正比例函数.

(5)$y=200+120t$,是一次函数,但不是正比例函数.

拓展典例

分类提升，典例剖析

拓展点一　计算求值问题

例 1　已知 $y+3$ 与 $x+2$ 成正比例，且当 $x=3$ 时，$y=7$.

(1)求出 y 与 x 之间的函数表达式；

(2)当 $x=-1$ 时，求 y 的值；

(3)当 $y=0$ 时，求 x 的值.

解析　(1)将 $y+3$ 与 $x+2$ 分别当做一个整体，再用待定系数法设出函数表达式，根据当 $x=3$ 时，$y=7$，即可得出关于 k 的一元一次方程，解之即可得出 k 值，再将 k 值代入 $y+3=k(x+2)$ 中整理后即可得出 y 与 x 之间的函数表达式；(2)将 $x=-1$ 代入(1)中求出的表达式即可得出 y 的值；(3)将 $y=0$ 代入(1)中求出的表达式，求出 x 值即可.

解　(1)设 $y+3=k(x+2)(k\neq0)$，

$\because$ 当 $x=3$ 时，$y=7$，$\therefore 7+3=(3+2)k$，

$\therefore k=2$，$\therefore y+3=2x+4$，即 $y=2x+1$.

(2)当 $x=-1$ 时，$y=-1\times2+1=-1$.

(3)当 $y=0$ 时，$2x+1=0$，解得 $x=-\frac{1}{2}$.

点评　本题考查了待定系数法求一次函数表达式，此题中成正比例的是两个代数式，将其分别当做一个整体变量处理是解答本题的关键.

拓展点二　实际应用问题

例 2　小明帮妈妈洗茶杯，发现摞起来的茶杯高度与茶杯的个数成一次函数，如果 2 个茶杯摞起来的高度是 4 cm，4 个茶杯摞起来的高度是 6 cm，则 7 个茶杯摞起来的高度是　　　　(　　)

A. 7 cm　　B. 8 cm　　C. 9 cm　　D. 10 cm

解析　设茶杯高度 h 与茶杯的个数 x 之间的函数表达式为 $h=kx+b$，

则有 $\begin{cases}2k+b=4,\\4k+b=6,\end{cases}$ 解得 $\begin{cases}k=1,\\b=2,\end{cases}$

$\therefore h=x+2$，$\therefore x=7$ 时，$h=7+2=9$，故选 C.

答案　C

点评　本题不易直接观察得出，需要建立一次函数的模型来解决.

拓展点三　学科渗透问题

例 3　已知弹簧的长度 y(cm)在一定的限度内是所挂物体质量 x(kg)的一次函数.现已测得不挂重物时弹簧的长度是 6 cm，挂 4 kg 质量的重物时，弹簧的长度是 7.2 cm，挂 5 kg 质量的重物时，弹簧的长度是______cm.

解析　已知弹簧的长度 y(cm)在一定的限度内是所挂物体质量 x(kg)的一次函数，所以可以设所求函数的表达式是 $y=kx+b$，再将题中的已知条件代入上式，即可求出这个一次函数的表达式，再把 $x=5$ 代入函数表达式求出对应的 y 值即可.易得函数为 $y=6+0.3x$.当 $x=5$ 时，$y=7.5$.

答案　7.5

点评　本题考查了求函数的对应值，确定一次函数表达式是解题的关键.求解函数式时一般先设出表达式，利用待定系数法求解.

拓展点四　图表信息问题

例 4　已知 y 是 x 的一次函数，下表中列出了部分对应值，则 m 等于　　　　(　　)

x	-1	0	1
y	1	m	-5

A. -1　　B. 0　　C. -2　　D. $\frac{1}{2}$

解析　先利用待定系数法求出一次函数表达式，然后计算自变量为 0 所对应的函数值即可.

设一次函数表达式为 $y=kx+b$，

根据题意得 $\begin{cases}-k+b=1,\\k+b=-5,\end{cases}$ 解得 $\begin{cases}k=-3,\\b=-2.\end{cases}$

所以一次函数表达式为 $y=-3x-2$，当 $x=0$ 时，$m=-2$. 故选 C.

答案　C

点评　本题考查了用待定系数法求一次函数表达式，其关键是根据两组数值列出方程组，并解此方程组，由此求出一次函数表达式，再根据自变量的值求出对应的函数值即可.

拓展点五　阅读理解问题

例 5　在密码学中，直接可以看到的内容为明码，对明码进行某种处理后得到的内容为密码.有一种密码，将英文 26 个字母 $a,b,c,\cdots,z$(不论大小写)依次对应 1，2，3，…，26 这 26 个自然数(见表格). 当明码对应的序号 x 为奇数时，密码对应的序号 $y=\frac{x+1}{2}$；当明码对应的序号 x

为偶数时，密码对应的序号 $y=\frac{x}{2}+13$.

字母	a	b	c	d	e	f	g	h	i	j	k	l	m
序号	1	2	3	4	5	6	7	8	9	10	11	12	13
字母	n	o	p	q	r	s	t	u	v	w	x	y	z
序号	14	15	16	17	18	19	20	21	22	23	24	25	26

按上述规定，将明码“love”译成密码是 ( )

A. gavy B. shxc C. sdrt D. love

解析 每一个英文字母对应一个自然数，且当该字母对应的序号为奇数时，代入 $y=\frac{x+1}{2}$ 中进行计算求得结果，当该字母对应的序号为偶数时，代入 $y=\frac{x}{2}+13$ 中进行计算求得结果，然后再从计算的结果中找到对应的字母.

答案 B

点评 本题的设计趣味性强，以明码、密码为知识背景，考查同学们的阅读能力与想象能力，其实质是求一次函数的函数值问题.

易错辨析 错误分析，拨开迷雾

易错点一 忽视 $k\neq0$

例 1	已知关于 x 的一次函数 $y=(m-2)x^{m^2-3}+m+1$ 是一次函数，则 m 的值为________.
正确解答	本题将 m 的值隐含在一次函数的表达式中，既要考虑函数有意义，又得保证 x 的指数为1.故填-2.
易错总结	在解本题时，容易忽略 $m\neq2$ 这个隐含条件.

易错点二 考虑问题不周

例 2	当 m 满足条件______时，函数 $y=(m+2)x+4x-5$ 是一次函数.
正确解答	把函数 $y=(m+2)x+4x-5$ 整理成标准形式，再考虑 x 的系数不等于0.故填 $m\neq-6$.
易错总结	很多学生因没有化成标准形式，从而错误地得出 $m+2\neq0$，所以当 $m\neq-2$ 时，$y=(m+2)x+4x-5$ 是关于 x 的一次函数.错误的原因是考虑问题不周，只考虑 $m+2\neq0$，实际上当 $m+2=0$，即 $m=-2$ 时，$y=4x-5$ 也是一次函数.

品味中考 对接中考，小试牛刀

1. (2017·陕西)若一个正比例函数的图像经过 $A(3,-6)$，$B(m,-4)$ 两点，则 m 的值为 ( )

A. −2 B. 2 C. 8 D. −8

2. (眉山中考题)在函数 $y=x+1$ 中，自变量 x 的取值范围是______.

3. (凉山州中考题)已知函数 $y=2x^{2a+b}+a+2b$ 是正比例函数，则 $a=$______，$b=$______.

4. (2016·金华)如图①表示同一时刻的韩国首尔时间和北京时间，两地时差为整数.

(1)设北京时间为 x(时)，首尔时间为 y(时)，就 $0\leq x\leq12$，求 y 关于 x 的函数表达式，并填写下表(同一时刻的两地时间)；

北京时间	7:30	____	2:50
首尔时间	____	12:15	____

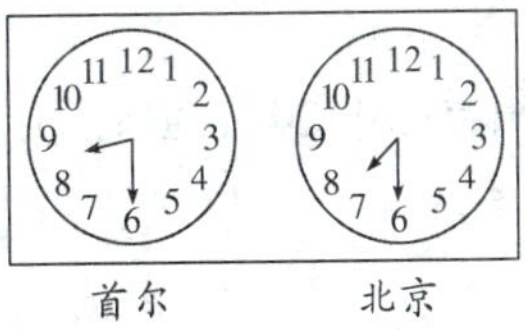

①

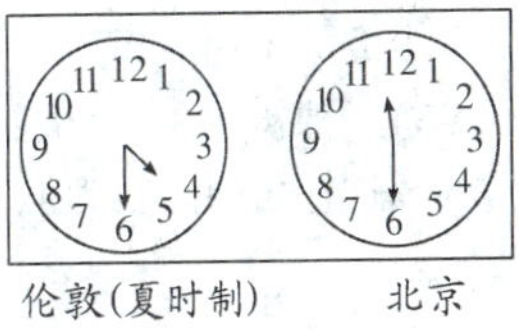

②

(2)如图②表示同一时刻的英国伦敦时间(夏时制)和北京时间，两地时差为整数.如果现在伦敦(夏时制)时间为7:30，那么此时韩国首尔时间是多少？

趁热打铁 即时检测，巩固提高

基础篇

1. （知识点一 ☆☆）下列函数中，是一次函数的有（　　）

①$y=\pi x$；②$y=2x-1$；③$y=\frac{1}{x}$；④$y=2-3x$；⑤$y=x^2-1$.

A. 4个　　B. 3个　　C. 2个　　D. 1个

2. （知识点二 ☆☆）已知一次函数 $y=2x+b$，若 $x=-\sqrt{3}$ 时，$y=\sqrt{3}$，则 $b=$（　　）

A. $-\sqrt{3}$　　B. $\sqrt{3}$　　C. $2\sqrt{3}$　　D. $3\sqrt{3}$

3. （知识点一 ☆☆）已知函数 $y=\sqrt{a-2}x^{a^2-8}+3$ 是一次函数，则 a 的值是（　　）

A. $a=\pm3$　　B. $a=3$　　C. $a=-3$　　D. $a=1$

4. （知识点一 ☆☆）对于函数 $y=(k-3)x+k+3$，当 $k=$________时，它是正比例函数；当 k________时，它是一次函数.

5. （知识点二 ☆☆）一次函数 $y=kx+b$，当 $x=1$ 时，$y=5$，当 $x=-1$ 时，$y=1$，则当 $x=2$ 时，$y=$________.

6. （知识点一 ☆☆）写出下列各题中 x 与 y 之间的表达式，并判断 y 是否为 x 的一次函数，是否为正比例函数.

(1)汽车以60千米/时的速度匀速行驶，行驶路程 y(千米)与行驶时间 x(时)之间的表达式；

(2)圆的面积 y(平方厘米)与它的半径 x(厘米)之间的关系；

(3)一棵树现在高50厘米，每个月长高2厘米，x 月后这棵树的高度为 y(厘米).

提升篇

7. （知识点一、二 ☆☆☆）若 $2y+1$ 与 $x-5$ 成正比例，则（　　）

A. y 是 x 的一次函数

B. y 与 x 没有函数关系

C. y 是 x 的函数，但不是一次函数

D. y 是 x 的正比例函数

8. （知识点二 ☆☆☆）已知一次函数 $y=kx+b$，当 $-3\leqslant x\leqslant1$ 时，对应 y 的值为 $1\leqslant y\leqslant9$，则 $k+b$ 的值为________.

9. （知识点一、二 ☆☆☆☆）已知 y 与 $x-3$ 成正比例，当 $x=4$ 时，$y=3$.

(1)写出 y 与 x 之间的函数表达式；

(2) y 与 x 之间是什么函数关系？

(3)当 $x=2.5$ 时，求 y 的值.

10. （知识点二 ☆☆☆☆）某用煤单位有煤 m t，每天烧煤 n t，现已知烧煤3天后余煤102 t，烧煤8天后余煤72 t.

(1)求该单位余煤量 y t 与烧煤天数 x 之间的函数表达式；

(2)当烧煤12天后，还余煤多少吨？

(3)预计多少天后会把煤烧完？

挑战篇

11. （知识点一、二 ☆☆☆☆）已知 $\sqrt{a+1}+(b-2)^2=0$，则函数 $y=(b+3)x^{-a}+1-2ab+b^2$ 是什么函数？当 $x=-\frac{1}{2}$ 时，函数值 y 是多少？

课后答案

详解习题,夯实基础

练习(P_{145})

1. $y=465-15t$.

2. $y=-10x+150$.

练习(P_{146})

1. (1)-7　0　(2)-5　$\frac{1}{3}$

2. $s=520-80t,0\leqslant t\leqslant 6.5$.

习题 6.2($P_{146\sim147}$)

1. (1)-11　4　(2)$\frac{15}{4}$　7

2. (1)$y=25-x$.　(2)15 cm.

3. (1)$y=80-2x$.　(2)20.　(3)36.

4. (1)$d=0.32x$.　(2)$y=88x$.　(3)5 h;440 m^3.

5. 把 $x=1,y=7$ 代入 $y=ax-3$,
得 $7=a-3$,则 $a=10$.

6. 将 $x=-3,y=0$ 和 $x=0,y=-4$ 代入 $y=kx+b$ 得

$$\begin{cases}-3k+b=0,\\ b=-4,\end{cases}\text{解得}\begin{cases}k=-\frac{4}{3},\\ b=-4.\end{cases}$$

6.3 一次函数的图像

学习目标

明确方向,有的放矢

1. 知道一次函数图像是一条直线.
2. 会选取两个适当的点画出一次函数的图像.
3. 能根据一次函数的图像和函数表达式,探索并理解一次函数的性质.
4. 进一步理解正比例函数与一次函数的关系.
5. 通过画函数图像,培养画图技能.通过由图像对函数的性质的探索活动,培养观察、比较、抽象和概括能力,培养用数形结合的思想方法解决数学问题的能力,培养应用意识和创新意识.

知识详解

讲透教材,解疑释难

知识点一　一次函数的图像　重点

1. 画函数的图像的一般步骤

(1)列表:在表中列出自变量与其对应的函数值.

(2)描点:建立平面直角坐标系,以表中自变量的值为横坐标,相应的函数值为纵坐标,描出各对应点.

(3)连线:按照自变量从小到大的顺序,把所描各点用直线连接起来.

提醒

1. 列表时自变量的值一定要在自变量的取值范围内.

2. 描点时是以自变量的值为横坐标,相应的函数值为纵坐标.

3. 连线时一定要按从左到右的顺序连接各点,要用直线连接,不能画成折线.

2. 一次函数图像的画法

(1)一次函数 $y=kx+b$(k,b 是常数,且 $k\neq0$)的图像是一条直线.

(2)一次函数 $y=kx+b$(k,b 是常数,且 $k\neq0$)的图像

画法：$b\neq0$ 时，一般画过 $(0,b)$ 和 $\left(-\frac{b}{k},0\right)$ 的一条直线；$b=0$ 时，即为正比例函数 $y=kx(k\neq0)$ 的图像，一般画过点 $(0,0)$ 和 $(1,k)$ 的一条直线.

提醒

1. 点 $(0,b)$ 和 $\left(-\frac{b}{k},0\right)$ 是直线 $y=kx+b$ 分别与 y 轴、x 轴的交点.

2. 由于一次函数的图像是一条直线，因此通常也称为直线 $y=kx+b$.

3. 在选择两点画直线时要灵活运用，尽可能取横纵坐标为整数的点.

例 1 在同一坐标系中，画出下列函数的图像.

(1) $y=2x$；(2) $y=x-2$；(3) $y=-2x+3$.

解析 利用两点定线法.

解 (1) 把 $x=1$ 代入 $y=2x$，得 $y=2$，则过原点和 $(1,2)$ 画直线，这条直线就是函数 $y=2x$ 的图像.

(2) 把 $x=0$ 代入 $y=x-2$，得 $y=-2$；把 $y=0$ 代入 $y=x-2$，得 $x=2$，则过点 $(0,-2)$，$(2,0)$ 画直线，这条直线就是函数 $y=x-2$ 的图像.

(3) 把 $x=0$ 代入 $y=-2x+3$，得 $y=3$；把 $y=0$ 代入 $y=-2x+3$，得 $x=1.5$，则过点 $(0,3)$，$(1.5,0)$ 画直线，这条直线就是函数 $y=-2x+3$ 的图像.

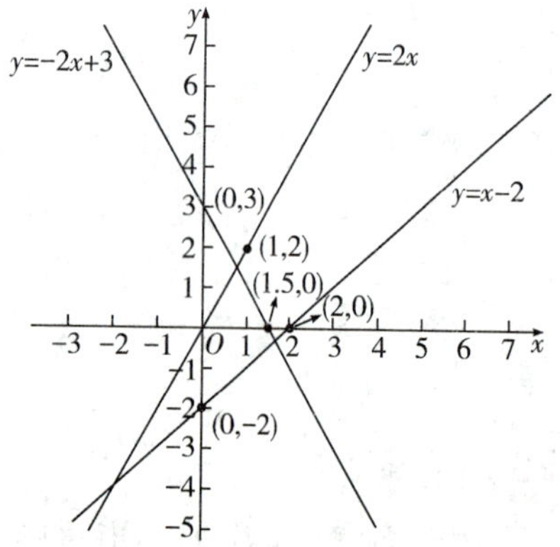

点评 我们用两点法画一次函数的图像时，可以取图像上的任意两点，但习惯上我们选取的是比较方便的两点，即图像与 x 轴、y 轴的交点.

知识点二　一次函数 $y=kx+b(k\neq0)$ 的性质

重难点

在一次函数 $y=kx+b$ 中，

如果 $k>0$，那么函数值 y 随自变量 x 的增大而增大；

如果 $k<0$，那么函数值 y 随自变量 x 的增大而减小.

提醒

1. 利用图像判断函数的增减性，一定要从左向右看.

2. k,b 的符号与一次函数图像的位置关系：

	$b>0$	$b=0$（正比例函数）	$b<0$
$k>0$	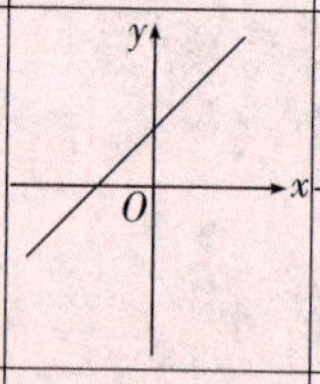	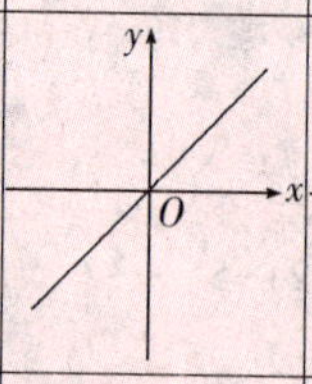	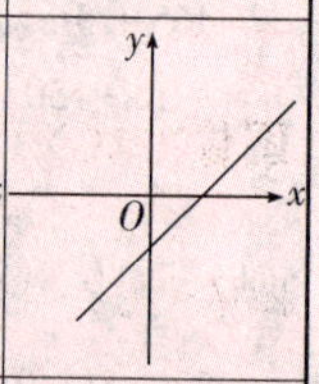
图像经过的象限	一、二、三	一、三	一、三、四
$k<0$	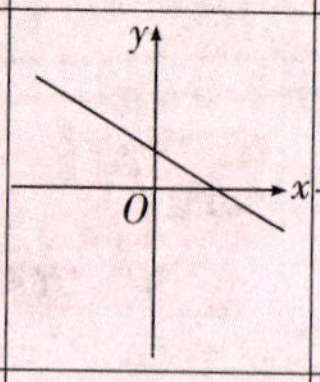	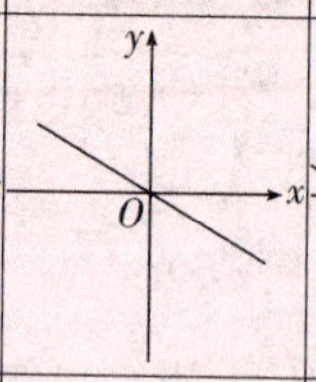	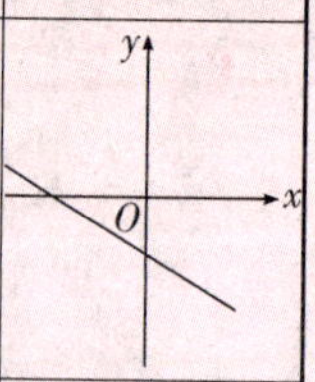
图像经过的象限	一、二、四	二、四	二、三、四

例 2 (2017·沈阳)在平面直角坐标系中，一次函数 $y=x-1$ 的图像是 (　　)

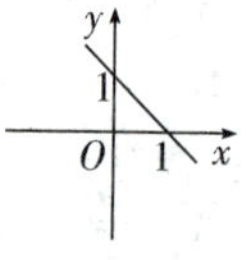
A

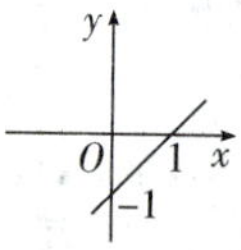
B

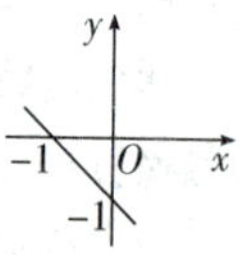
C

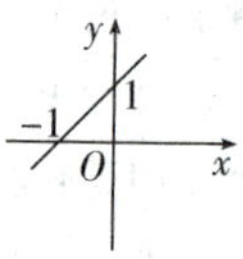
D

解析 根据"一次函数图像的性质"，通过一次函数表达式 $y=x-1$ 即能确定图像，$k=1>0$，函数经过第一、三象限，$b=-1<0$，函数经过第四象限，所以答案选 B.

答案 B

点评 本题主要考查一次函数图像在坐标平面内的位置与 k,b 的关系.解答本题时注意理解直线 $y=kx+b$ 所在的位置与 k,b 的符号有直接的关系.$k>0$ 时，直线必经过第一、三象限.$k<0$ 时，直线必经过第二、四象限.$b>0$ 时，直线与 y 轴正半轴相交；$b=0$ 时，直线过原点；$b<0$ 时，直线与 y 轴负半轴相交.

例 3 (2017·广安)当 $k<0$ 时，一次函数 $y=kx-k$ 的图像不经过 (　　)

A. 第一象限　　B. 第二象限

C. 第三象限　　D. 第四象限

解析 ∵ $k<0$，∴ $-k>0$，∴ 一次函数 $y=kx-k$ 的图像经过第一、二、四象限，即不经过第三象限. 故选 C.

答案 C

点评 本题考查的是一次函数的图像，熟知一次函数的图像与系数的关系是解答此题的关键.

▶ 知识点三　正比例函数的图像和一次函数的图像的关系

重点

1. 正比例函数的图像和一次函数的图像都是一条直线.

2. 正比例函数 $y=kx$ 的图像是经过原点的一条直线，一次函数 $y=kx+b$ 的图像可以由正比例函数 $y=kx$ 的图像沿 y 轴向上 $(b>0)$ 或向下 $(b<0)$ 平移 $|b|$ 个单位得到.

知识讲解

正比例函数的图像和性质

提醒

两直线 $y=k_1x+b_1(k_1\neq0)$ 与 $y=k_2x+b_2(k_2\neq0)$ 的位置关系：

(1) 当 $k_1=k_2$ 且 $b_1\neq b_2$ 时，两直线平行，反之，若两直线平行，则 $k_1=k_2$，$b_1\neq b_2$.

(2) 当 $k_1=k_2$ 且 $b_1=b_2$ 时，两直线重合，反之亦成立.

(3) 当 $k_1\neq k_2$ 时，两直线相交，反之亦成立.

例 4 已知一次函数的图像与直线 $y=-x+1$ 平行，且过点 $(8,2)$，则此一次函数的表达式为__________.

解析 设所求一次函数的表达式为 $y=kx+b$，

∵ 函数的图像与直线 $y=-x+1$ 平行，∴ $k=-1$，

又过点 $(8,2)$，有 $2=-1\times8+b$，解得 $b=10$，

∴ 一次函数的表达式为 $y=-x+10$.

答案 $y=-x+10$

点评 由两直线平行得 k 的值是解决问题的关键. k 相同，且 b 不相等，两直线平行.

★教材中的问题解答★

交流（P_{152}）

它们互相平行.

拓展典例

分类提升，典例剖析

▶ 拓展点一　比较大小问题

例 1 （2017·滨州）若点 $M(-7,m)$，$N(-8,n)$ 都在函数 $y=-(k^2+2k+4)x+1$（k 为常数）的图像上，则 m 和 n 的大小关系是　　（　　）

A. $m>n$　　B. $m<n$

C. $m=n$　　D. 不能确定

解析 解法一：∵ $k^2+2k+4=(k+1)^2+3>0$，

∴ $-(k^2+2k+4)<0$，

∴ $y=-(k^2+2k+4)x+1$ 中 y 随 x 的增大而减小.

∵ $-7>-8$，∴ $m<n$. 故选 B.

解法二：∵ $k^2+2k+4=(k+1)^2+3>0$，

∴ $-(k^2+2k+4)<0$.

∴ 一次函数图像大致如下：

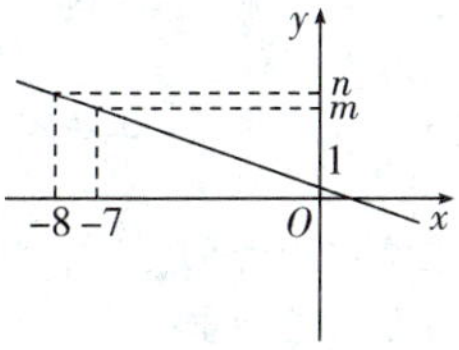

∴ $m<n$. 故选 B.

答案 B

点评 本题考查了一次函数值的比较大小、函数的增减性. 有关函数增减性的试题，除了利用函数的增减性进行解题，先画出草图，利用图像解题更为直观形象，这样往往可以使复杂问题变得简单. 这也是此类问题常用的方法，体现了数形结合思想在解题中的应用.

▶ 拓展点二　一次函数图像中的坐标三角形

例 2 （2017·怀化）一次函数 $y=-2x+m$ 的图像经过点 $P(-2,3)$，且与 x 轴，y 轴分别交于点 A，B，则 $\triangle AOB$ 的面积是　　（　　）

A. $\frac{1}{2}$　　B. $\frac{1}{4}$　　C. 4　　D. 8

解析 将 $P(-2,3)$ 代入 $y=-2x+m$ 得 $m=-1$. 所以一次函数表达式为 $y=-2x-1$. 当 $x=0$ 时，$y=-1$. 所以点 B 的坐标为 $(0,-1)$. 当 $y=0$ 时，$-2x-1=0$，$x=-\frac{1}{2}$，所以点 A 的坐标为 $\left(-\frac{1}{2},0\right)$. 所以 $\triangle AOB$ 的面积为 $\frac{1}{2}\times\frac{1}{2}\times1=\frac{1}{4}$，故选 B.

答案 B

点评 本题考查了一次函数表达式的确定、一次函数与坐标轴交点的求法以及三角形的面积. 解题关键是确定

一次函数表达式中字母的值.要先将已知点的坐标代入表达式中求出一次函数的表达式,再求出一次函数与坐标轴的交点坐标,从而求出三角形的面积.

拓展点三　作图问题

例 3 若三角形的底边长为6.

(1)写出此三角形的面积 S 与高 h 之间的函数表达式;

(2)画出此函数的图像.(注意自变量的取值范围)

解析 根据三角形面积公式可得 S 与 h 的函数关系,并且在画此函数图像前,必须求出自变量的取值范围,在此题中自变量 h 表示三角形的高,应为正数.

解 (1)由三角形面积公式得 $S=\frac{1}{2}\times6\times h=3h(h>0)$.

(2)列表:

h	0	1
S	0	3

描点,连线,画出图像如图所示(原点处应画成空心).

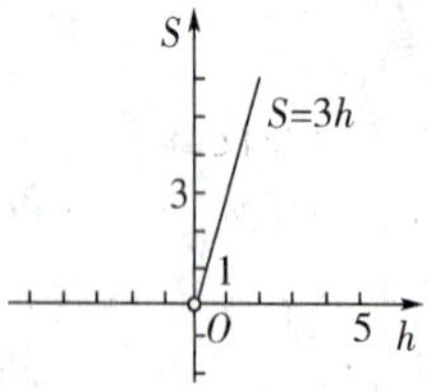

点评 (1)自变量 h 的取值不能为0,但在画图像时可借助于 $h=0$ 的点,画出函数图像,然后在 $h=0$ 的对应点处,画上圈,表示函数图像中不包括这个点;(2)因为自变量 h 的取值范围是 $h>0$,所以函数的图像只能在 $h>0$ 的范围内存在,即函数的图像只能在第一象限存在,第三象限不存在.

拓展点四　计算求值问题

例 4 (梧州中考题)若一条直线经过点$(-1,1)$和点$(1,5)$,则这条直线与 x 轴的交点坐标为________.

解析 该函数图像的表达式为 $y=kx+b$,由一条直线经过点$(-1,1)$和点$(1,5)$,即$\begin{cases}1=-k+b,\\5=k+b,\end{cases}$解得$\begin{cases}k=2,\\b=3,\end{cases}$∴函数图像的表达式为 $y=2x+3$,∴$y=0$时,$x=-\frac{3}{2}$.∴该直线与 x 轴的交点坐标为$\left(-\frac{3}{2},0\right)$.

答案 $\left(-\frac{3}{2},0\right)$

点评 本题考查了用待定系数法求一次函数表达式,图像与坐标轴交点的坐标.关键在于正确列方程(组)求解.用待定系数法求函数的表达式,找到经过图像上的点,将点的坐标代入表达式组成方程和方程组,求出函数中待定的系数,再将求得的值代入所设的表达式,是解决这一类型问题的基本思路.一次函数与坐标轴的交点问题.除原点外,坐标轴上点的横、纵坐标中有且只有一个等于0.

例 5 如图,在平面直角坐标系中,边长为2的正方形 $ABCD$ 在第一象限内,$AD/\!/y$ 轴,点 A 的坐标为$(5,3)$,已知直线 l:$y=\frac{1}{2}x-2$.

(1)将直线 l 向上平移 m 个单位,使平移后的直线恰好经过点 A,求 m 的值;

(2)在(1)的条件下,平移后的直线与正方形的边 BC 交于点 E,求△ABE 的面积.

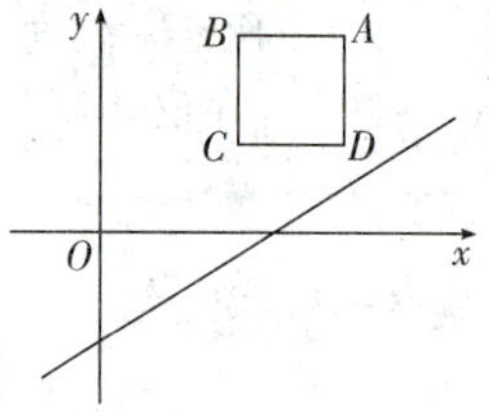

解析 (1)根据直线平移的规律,可设平移后的直线表达式为 $y=\frac{1}{2}x+b$,把点 $A(5,3)$代入,求出 $b=\frac{1}{2}$,得到平移后的直线表达式为 $y=\frac{1}{2}x+\frac{1}{2}$,进而求出 $m=\frac{1}{2}-(-2)=\frac{5}{2}$;

(2)先求出点 E 的横坐标为 $5-2=3$,再把 $x=3$ 代入 $y=\frac{1}{2}x+\frac{1}{2}$,那么点 E 的坐标为$(3,2)$,$BE=1$,根据三角形面积公式即可求出△ABE 的面积.

解 (1)设平移后的直线表达式为 $y=\frac{1}{2}x+b$,∵$y=\frac{1}{2}x+b$ 过点 $A(5,3)$,∴$3=\frac{1}{2}\times5+b$,∴$b=\frac{1}{2}$,∴平移后的直线表达式为 $y=\frac{1}{2}x+\frac{1}{2}$,∴$m=\frac{1}{2}-(-2)=\frac{5}{2}$.

(2)∵正方形 $ABCD$ 中,$AD/\!/y$ 轴,点 A 的坐标为$(5,3)$,∴点 E 的横坐标为 $5-2=3$.把 $x=3$ 代入 $y=\frac{1}{2}x+\frac{1}{2}$,得 $y=\frac{1}{2}\times3+\frac{1}{2}=2$,∴点 E 的坐标为$(3,2)$,∴$BE=1$,∴△ABE 的面积$=\frac{1}{2}\times2\times1=1$.

点评 一次函数是历年中考的考点,把它与平移结合在一起考查学生的综合应用知识的能力对学生来说有一些难度.函数问题考查学生的数形结合能力,所以在解决问题时要注意结合函数的图像分析.

拓展点五　识别图像问题

例 6　若式子 $\sqrt{k-1}+(k-1)^0$ 有意义，则一次函数 $y=(k-1)x+1-k$ 的图像可能是　　(　　)

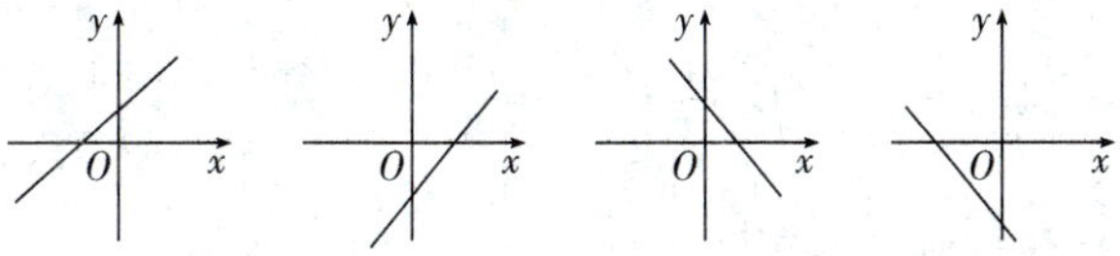

A　　B　　C　　D

解析　$\because$ 式子 $\sqrt{k-1}+(k-1)^0$ 有意义，$\therefore k-1\geqslant 0$，且 $k-1\neq 0$，解得 $k>1$，$\therefore k-1>0$，$1-k<0$，$\therefore$ 一次函数 $y=(k-1)x+1-k$ 的图像经过第一、三、四象限，故选 B.

答案　B

点评　本题考查了一次函数的图像及性质.根据二次根式中的被开方数是非负数，以及 $a^0=1(a\neq 0)$，判断出 k 的取值范围，然后判断出 $k-1$，$1-k$ 的正负，再根据一次函数的图像与系数的关系，判断出一次函数 $y=(k-1)x+1-k$ 的图像.一次函数 $y=kx+b$ 的图像与性质如下：

k,b 的符号	$k>0,b>0$	$k>0,b<0$	$k<0,b>0$	$k<0,b<0$
图像的大致位置	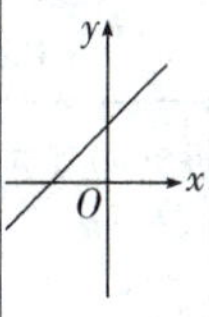	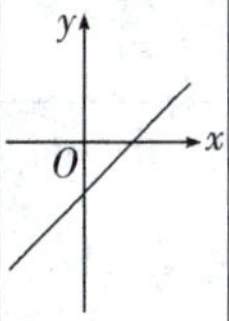	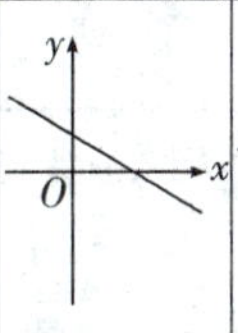	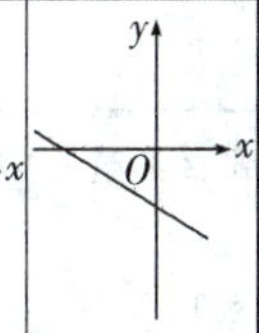
经过象限	第一、二、三象限	第一、三、四象限	第一、二、四象限	第二、三、四象限
性质	y 随 x 的增大而增大	y 随 x 的增大而增大	y 随 x 的增大而减小	y 随 x 的增大而减小

拓展点六　一次函数中的分段函数问题

例 7　(2016·绍兴)根据卫生防疫部门要求，游泳池必须定期换水，清洗.某游泳池周五早上 8:00 打开排水孔开始排水，排水孔的排水速度保持不变，期间因清洗游泳池需要暂停排水，游泳池的水在 11:30 全部排完.游泳池内的水量 $Q(\mathrm{m}^3)$ 和开始排水后的时间 $t(\mathrm{h})$ 之间的函数图像如图所示，根据图像解答下列问题：

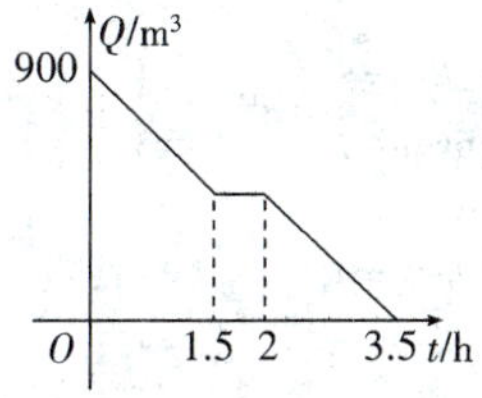

(1)暂停排水需要多少时间？排水孔排水速度是多少？

(2)当 $2\leqslant t\leqslant 3.5$ 时，求 Q 关于 t 的函数表达式.

解析　(1)暂停排水时，游泳池内的水量 Q 保持不变，图像为平行于 x 轴的一条线段，由此得出暂停排水需要的时间；由图像可知，该游泳池 3 个小时排水 900 m^3，根据速度公式求出排水速度即可；

(2)当 $2\leqslant t\leqslant 3.5$ 时，设 Q 关于 t 的函数表达式为 $Q=kt+b$，易知图像过点 $(3.5,0)$，再求出 $(2,450)$ 在直线 $y=kt+b$ 上，然后利用待定系数法求出表达式即可.

解　(1)暂停排水需要的时间为：$2-1.5=0.5$(小时).

$\because$ 排水时间为：$3.5-0.5=3$(小时)，一共排水 900 m^3，

$\therefore$ 排水孔排水速度是：$900\div 3=300(\mathrm{m}^3/\mathrm{h})$.

(2)当 $2\leqslant t\leqslant 3.5$ 时，设 Q 关于 t 的函数表达式为 $Q=kt+b$，易知图像过点 $(3.5,0)$.

$\because t=1.5$ 时，排水 $300\times 1.5=450$，此时 $Q=900-450=450$，

$\therefore (2,450)$ 在直线 $Q=kt+b$ 上.

把 $(2,450)$，$(3.5,0)$ 代入 $Q=kt+b$，

得 $\begin{cases}2k+b=450,\\3.5k+b=0,\end{cases}$ 解得 $\begin{cases}k=-300,\\b=1\,050,\end{cases}$

$\therefore Q$ 关于 t 的函数表达式为 $Q=-300t+1\,050$.

点评　这是一道常见的分段函数题，主要考查学生能否把实际问题转化成数学问题，题目比较典型，是一道比较好的题目.其中，函数表达式的求法尤为重要，这类题在中考里经常以选择题的形式出现.

拓展点七　学科内综合问题

例 8　已知直线 $y=ax+\frac{2}{3}$ 与 x 轴和 y 轴分别交于 B，C 两点，直线 $y=-\frac{2}{3}x+b$ 与 x 轴交于点 A，并且这两条直线交点 P 的坐标为 $(2,2)$.

(1)求两条直线的函数表达式；

(2)求四边形 $AOCP$ 的面积；

(3)试说明 $\triangle PAB$ 是等腰三角形.

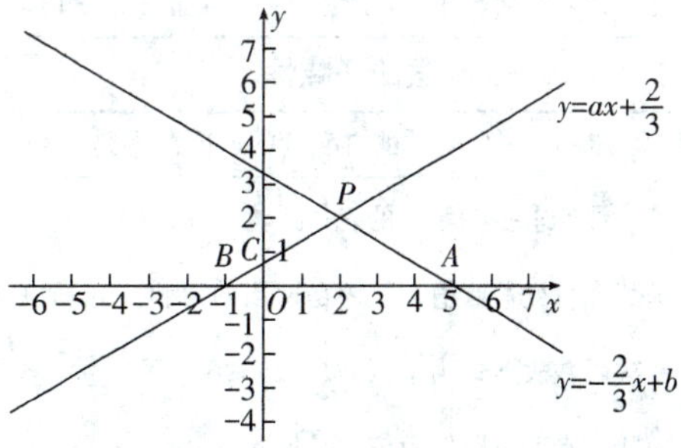

解析　由两直线交于点 $P(2,2)$，可求出直线所对应的函数表达式，进而求出 A，B，C 的坐标，分别计算 $\triangle PAB$ 和 $\triangle BCO$ 的面积，即可求出四边形 $AOCP$ 的面积，过点 P 作 $PM\perp x$ 轴于点 M，通过计算 PB，PA 的长说明 $\triangle PAB$

是等腰三角形.

解 (1)∵ 两直线交于点 $P(2,2)$,

$\therefore \begin{cases} 2a+\dfrac{2}{3}=2, \\ -\dfrac{4}{3}+b=2, \end{cases}$ 解得 $\begin{cases} a=\dfrac{2}{3}, \\ b=\dfrac{10}{3}. \end{cases}$

∴ 两条直线的函数表达式分别为 $y=\dfrac{2}{3}x+\dfrac{2}{3}$ 和 $y=-\dfrac{2}{3}x+\dfrac{10}{3}$.

(2)把 $y=0$ 代入 $y=\dfrac{2}{3}x+\dfrac{2}{3}$,得 $x=-1$,

把 $x=0$ 代入 $y=\dfrac{2}{3}x+\dfrac{2}{3}$,得 $y=\dfrac{2}{3}$.

∴ B,C 两点的坐标为 $(-1,0)$, $\left(0,\dfrac{2}{3}\right)$.

把 $y=0$ 代入 $y=-\dfrac{2}{3}x+\dfrac{10}{3}$,得 $x=5$,

∴ A 点的坐标为 $(5,0)$.

过点 P 作 $PM\perp x$ 轴于点 M,则 $PM=2$,

$\therefore S_{\triangle PAB}=\dfrac{1}{2}AB\cdot PM=\dfrac{1}{2}\times(1+5)\times2=6$,

$S_{\triangle OBC}=\dfrac{1}{2}OB\cdot OC=\dfrac{1}{2}\times1\times\dfrac{2}{3}=\dfrac{1}{3}$,

$\therefore S_{四边形AOCP}=S_{\triangle PAB}-S_{\triangle OBC}=6-\dfrac{1}{3}=\dfrac{17}{3}$.

(3)根据题意,$OM=2$, $BM=1+2=3$, $AM=5-2=3$,

∴ $AM=BM$,又 $PM\perp AB$,∴ $PA=PB$,

∴ $\triangle PAB$ 为等腰三角形.

点评 一次函数的图像与坐标轴构成的图像问题是数形结合思想的体现,解决此类问题的关键是认真观察图像,在此基础上运用几何图形的性质和方程(组)等相关知识解决问题.

易错辨析

错误分析,拨开迷雾

易错点一 忽略自变量的范围

例 1 拖拉机开始工作时,油箱中有 24 L 油,如果每小时耗油 4 L,那么油箱中的剩余油量 y(L)与工作时间 x(h)之间的函数关系的图像是 ( )

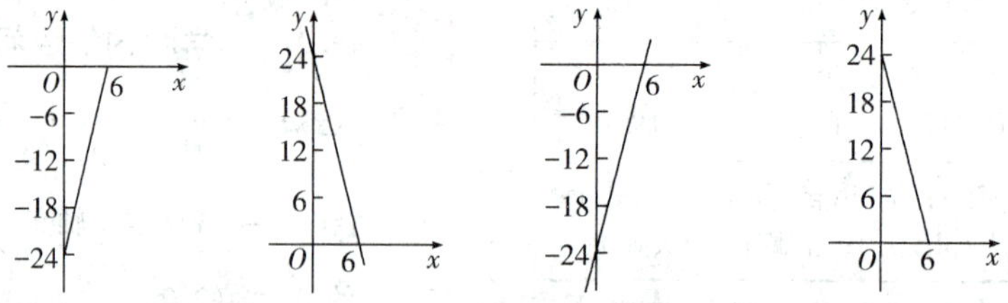

A B C D

正确解答 根据题意,得 y 与 x 之间的函数关系为 $y=24-4x$, $0\leqslant x\leqslant6$.当 $x=0$ 时,$y=24$;当 $x=6$ 时,$y=0$,∴ 此函数的图像是包括端点(0,24),(6,0)的线段,故选 D.

易错总结 在实际问题中,画图像时必须弄清自变量的取值范围,这是解题的关键.

易错点二 忽略一次函数的增减性

例 2 已知一个一次函数的自变量的取值范围是 $2\leqslant x\leqslant6$,函数值的取值范围是 $5\leqslant y\leqslant9$,求这个一次函数表达式.

正确解答 设所求一次函数的表达式为 $y=kx+b$.

若这个函数在自变量取值范围内是递增的,则它的图像必通过(2,5)和(6,9)两点,则 $\begin{cases} 2k+b=5, \\ 6k+b=9, \end{cases}$ 解得 $\begin{cases} k=1, \\ b=3. \end{cases}$

∴ 所求一次函数表达式为 $y=x+3(2\leqslant x\leqslant6)$.

若这个函数在自变量取值范围内是递减的,则它的图像必通过(2,9)和(6,5)两点,则 $\begin{cases} 2k+b=9, \\ 6k+b=5. \end{cases}$ 解得 $\begin{cases} k=-1, \\ b=11, \end{cases}$

∴ 所求一次函数表达式为 $y=-x+11(2\leqslant x\leqslant6)$.

易错总结 很多学生看到题目就错误地认为这个一次函数在自变量取值范围内是递增的,从而导致漏解.漏解的原因是没有对 k 进行分类讨论.当 $k>0$ 时,函数是递增的;当 $k<0$ 时,函数是递减的.

品味中考　对接中考，小试牛刀

1. (2017·上海)如果一次函数 $y=kx+b$(k,b 是常数，$k\neq0$)的图像经过第一、二、四象限，那么 k,b 应满足的条件是　(　　)

A. $k>0$,且 $b>0$　　B. $k<0$,且 $b>0$

C. $k>0$,且 $b<0$　　D. $k<0$,且 $b<0$

2. (2016·丽水)在直角坐标系中，点 M,N 在同一个正比例函数图像上的是　(　　)

A. $M(2,-3)$, $N(-4,6)$

B. $M(-2,3)$, $N(4,6)$

C. $M(-2,-3)$, $N(4,-6)$

D. $M(2,3)$, $N(-4,6)$

3. (2016·镇江)已知点 $P(m,n)$是一次函数 $y=x-1$ 的图像位于第一象限部分上的点，其中实数 m,n 满足 $(m+2)^2-4m+n(n+2m)=8$,则点 P 的坐标为　(　　)

A. $\left(\frac{1}{2},-\frac{1}{2}\right)$　　B. $\left(\frac{5}{3},\frac{2}{3}\right)$

C. $(2,1)$　　D. $\left(\frac{3}{2},\frac{1}{2}\right)$

4. (2017·海南)在平面直角坐标系中，已知一次函数 $y=x-1$ 的图像经过 $P_1(x_1,y_1)$、$P_2(x_2,y_2)$两点，若 $x_1<x_2$,则 y_1______y_2(填“>”“<”或“=”).

5. (2016·益阳)将正比例函数 $y=2x$ 的图像向上平移 3 个单位，所得的直线不经过第______象限.

趁热打铁　即时检测，巩固提高

基础篇

1. (知识点二 ☆☆)由 $A(3,2)$,$B(-1,-3)$两点确定的直线不经过　(　　)

A. 第一象限　　B. 第二象限

C. 第三象限　　D. 第四象限

2. (知识点一 ☆☆)函数 $y=|2x|$ 的图像是　(　　)

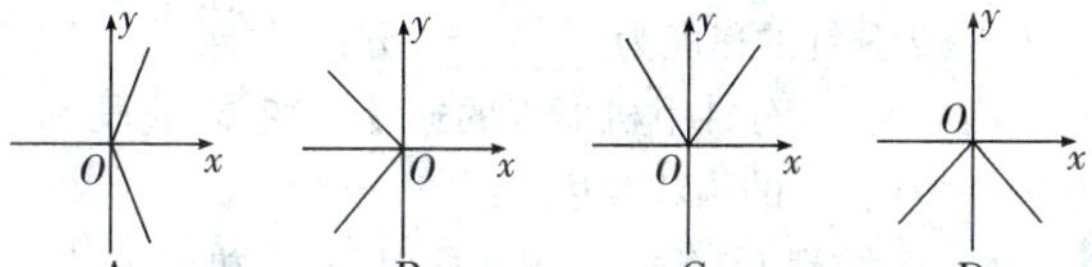

A　　B　　C　　D

3. (知识点三 ☆☆)(2017·赤峰)将一次函数 $y=2x-3$ 的图像沿 y 轴向上平移 8 个单位长度，所得直线的表达式为　(　　)

A. $y=2x-5$　　B. $y=2x+5$

C. $y=2x+8$　　D. $y=2x-8$

4. (知识点二 ☆☆)已知点 $P(m,n)$在第四象限，则直线 $y=nx+m$ 的图像大致是下列的　(　　)

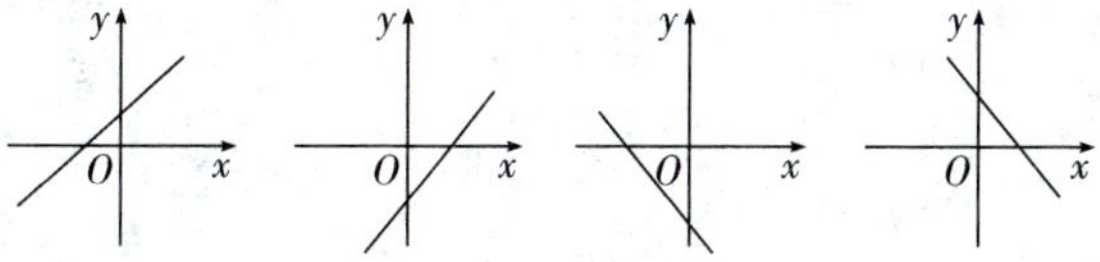

A　　B　　C　　D

5. (知识点一、二 ☆☆)(2016·贵阳)已知点 $M(1,a)$和点 $N(2,b)$是一次函数 $y=-2x+1$ 图像上的两点，则 a 与 b 的大小关系是______.

6. (知识点一、二 ☆☆☆)已知一次函数 $y=-2x-2$.

(1)根据表达式画出函数的图像；

(2)求出图像与 x 轴、y 轴的交点 A,B 的坐标；

(3)求 A,B 两点间的距离；

(4)求出△AOB 的面积；

(5)y 的值随 x 值的增大怎样变化？

提升篇

7.（知识点二 ☆☆☆）（2016·巴彦淖尔）如图，直线 l 经过第一、二、四象限，l 的表达式是 $y=(m-3)x+m+2$，则 m 的取值范围在数轴上表示为（　　）

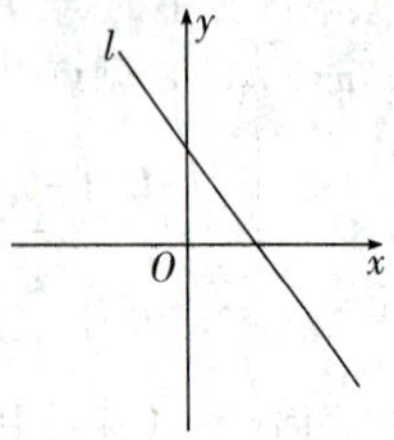

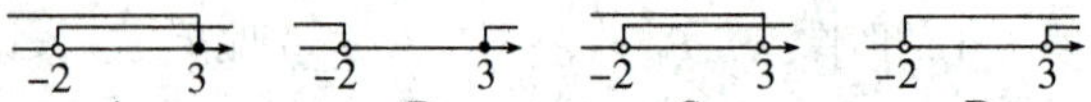

A　　B　　C　　D

8.（知识点一、二 ☆☆☆）（2017·孝感）如图，将直线 $y=-x$ 沿 y 轴向下平移后的直线恰好经过点 $A(2,-4)$，且与 y 轴交于点 B，在 x 轴上存在一点 P 使得 $PA+PB$ 的值最小，则点 P 的坐标为________.

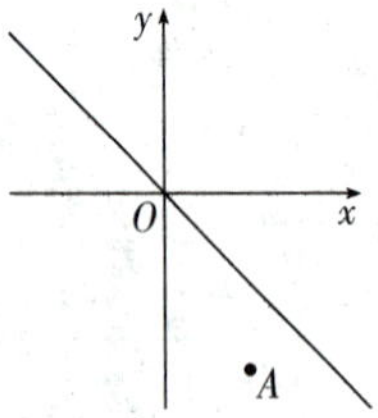

9.（知识点一 ☆☆☆）定义运算"※"为：$a※b=\begin{cases}ab(b\geq 0),\\-ab(b<0).\end{cases}$

(1) 计算：3※4；

(2) 画出函数 $y=2※x$ 的图像.

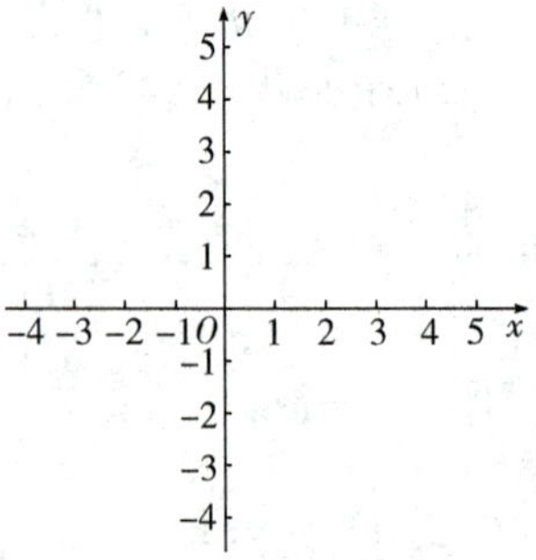

10.（知识点一、二 ☆☆☆）已知一次函数 $y=(6+3m)x+(n-4)$. 求：

(1) m 为何值时，y 随 x 的增大而减小；

(2) m,n 满足什么条件时，函数图像与 y 轴的交点在 x 轴下方；

(3) m,n 分别取何值时，函数图像经过原点；

(4) m,n 满足什么条件时，函数图像不经过第二象限.

挑战篇

11.（知识点一 ☆☆☆☆☆）（2016·齐齐哈尔）有一科技小组进行了机器人行走性能试验，在试验场地有 A,B,C 三点顺次在同一笔直的赛道上，甲、乙两机器人分别从 A,B 两点同时同向出发，历时 7 分钟同时到达 C 点，乙机器人始终以 60 米/分的速度行走，如图是甲、乙两机器人之间的距离 y（米）与他们的行走时间 x（分钟）之间的函数图像，请结合图像，回答下列问题：

(1) A,B 两点之间的距离是______米，甲机器人前 2 分钟的速度为______米/分；

(2) 若前 3 分钟甲机器人的速度不变，求线段 EF 所在直线的函数表达式；

(3) 若线段 $FG/\!/x$ 轴，则此段时间，甲机器人的速度为______米/分；

(4) 求 A,C 两点之间的距离；

(5) 直接写出两机器人出发多长时间相距 28 米.

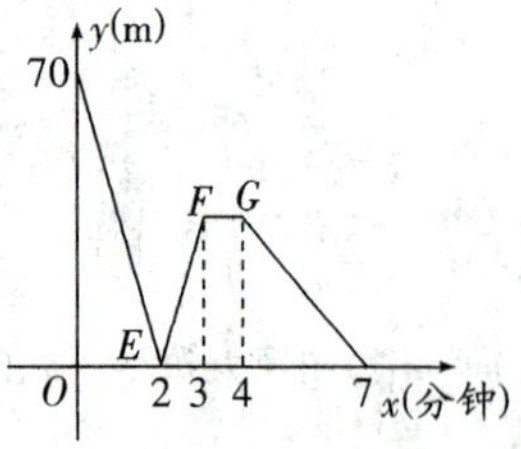

课后答案

详解习题，夯实基础

练习(P_{150})

1. 图略，点 A 在直线 $y=\frac{1}{2}x+3$ 上，点 B 在直线 $y=-4x-5$ 上.
2. 图略，它们互相平行.

练习($P_{152\sim153}$)

1. (2)(3)(5)函数值随自变量的增大而增大；(1)(4)函数值随自变量的增大而减小.
2. 如图：

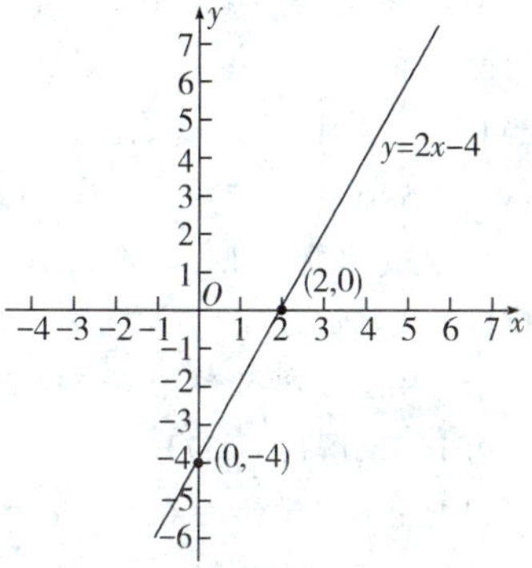

(1)3.　(2)1.　(3)当 $x>2$ 时，$y>0$；当 $x=2$ 时，$y=0$；当 $x<2$ 时，$y<0$.

3. 函数 $y=-\frac{3}{2}x$ 的图像向上平移 1 个单位得到函数 $y=-\frac{3}{2}x+1$ 的图像；函数 $y=-\frac{3}{2}x$ 的图像向下平移 2 个单位得到函数 $y=-\frac{3}{2}x-2$ 的图像.

习题 6.3($P_{153\sim154}$)

1. 如图，交点坐标为(1,0).

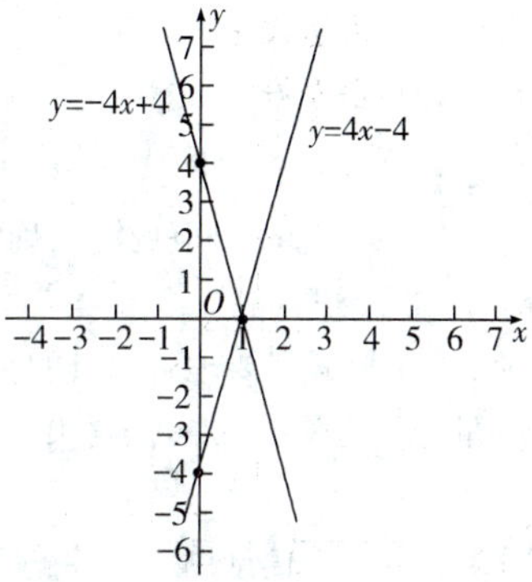

2. ①$y=\frac{4}{7}x$；②$y=-x+2$.
3. 函数值随自变量增大而增大的有：(3)(4)(5)；函数值随自变量增大而减小的有：(1)(2)(6)；图像经过原点的函数有：(3)(6).
4. (1)>　>　(2)<　>　(3)>　<　(4)<　<
5. (1)l_1 由直线 $y=2x$ 的图像向上平移 3 个单位得到，函数表达式为 $y=2x+3$；l_2 由直线 $y=2x$ 的图像向下平移 2 个单位得到，函数表达式为 $y=2x-2$.

(2)图略.

函数 $y=-\frac{3}{2}x$ 的图像向上平移 2 个单位得到的直线的表达式为 $y=-\frac{3}{2}x+2$；

函数 $y=-\frac{3}{2}x$ 的图像向下平移 3 个单位得到的直线的表达式为 $y=-\frac{3}{2}x-3$.

6.4 用一次函数解决问题

学习目标

明确方向，有的放矢

1. 能根据实际问题中变量之间的关系，确定一次函数的表达式. 通过用一次函数表述数量变化及其关系的过程，体会模型的思想.
2. 能用一次函数解决简单实际问题.
3. 通过经历“问题情境——建立模型——求解验证”的数学活动过程，初步学会从数学的角度发现问题和提出问题，综合运用数学知识解决简单实际问题，增强应用意识，提高实践能力.

知识详解　讲透教材，解疑释难

知识点　一次函数的应用　重难点

运用一次函数解决实际问题时常见类型有：

1. 根据实际问题中变量之间的关系，确定一次函数的表达式，解决简单的实际问题.

对于各种实际的问题只要理解题目的意思，抓住题目中的两个变量之间的关系，就可以得出一次函数的表达式.

2. 通过函数图像获取信息，解决相关的实际问题.

对于给出的函数图像要善于观察，根据图像的特点，如形状、位置、特殊点、发展变化趋势等及两个坐标表示的含义，得出相关信息.

一定要重视自变量的取值范围，如果函数的图像是射线或线段，则自变量的取值就不是全体实数.尤其要注意，对于分段函数，一定要分不同的情况来讨论.

3. 利用一次函数的性质或图像进行决策或方案设计.

主要是利用一次函数的增减性或两个图像的位置来进行决策或方案设计.解题时常常要结合方程来解题，要能体会方程与函数的关系.

提醒

1. 在解决客观现实生活中的数量关系问题时，如何应用函数知识解题，关键是建立函数表达式.一般地，建立函数表达式有以下三种方法：

(1)根据基本的数量之间存在的关系列出函数表达式，如长方形面积=长×宽，路程=速度×时间.

(2)若题目中明确给出两变量的函数关系，则可用待定系数法求出函数表达式.

(3)若题目中明确给出两变量变化关系的图像，则由图像分辨出其函数类型，进而用待定系数法求出函数表达式.

2. 在具体数学问题中，常常数据较多，反映的内容也比较多，把众多的信息有机结合在一起是解题的关键，要认真读题，分析题意，理顺关系，寻求解题途径.

例 1 为加强公民的节水意识，某城市制定了以下用水收费标准：每户每月用水未超过7立方米时，每立方米收费1.0元并加收0.2元的城市污水处理费，超过7立方米的部分每立方米收费1.5元并加收0.4元的城市污水处理费，设某户每月用水量为x(立方米)，应交水费为y(元).

(1)分别写出用水未超过7立方米和超过7立方米时，y与x之间的函数表达式；

(2)如果某单位某月共交水费514.75元，那么这个单位这个月用水量是多少？

解析 根据变量水费、单价之间的关系，就可以写出两个变量之间的关系.

解 (1)当$0\leqslant x\leqslant 7$时，$y=(1.0+0.2)x=1.2x$.

当$x>7$时，$y=(1.5+0.4)(x-7)+1.2\times 7=1.9x-4.9$.

(2)当$x=7$时，需付水费$7\times 1.2=8.4$(元).

所以该单位该月用水量超过了7立方米.

设该单位这个月用水x立方米，令$y=514.75$，

则$1.9x-4.9=514.75$，解得$x=273.5$.

点评 实际问题中的变量的关系是常见的关系，直接写出函数表达式相对简单.但本题的函数是个分段函数，在写出函数表达式时，要注意对自变量进行分类，分别给出函数表达式，防止发生只写一个的错误.

例 2 (2017·长春)甲、乙两车间同时开始加工一批服装.从开始加工到加工完这批服装甲车间工作了9小时，乙车间在中途停工一段时间维修设备，然后按停工前的工作效率继续加工，直到与甲车间同时完成这批服装的加工任务为止.设甲、乙两车间各自加工服装的数量为y(件)，甲车间加工的时间为x(时)，y与x之间的函数图像如图所示.

(1)甲车间每小时加工服装的件数为________件；这批服装的总件数为________件；

(2)求乙车间维修设备后，乙车间加工服装的数量y与x之间的函数表达式；

(3)求甲、乙两车间共同加工完1 000件服装时甲车间所用的时间.

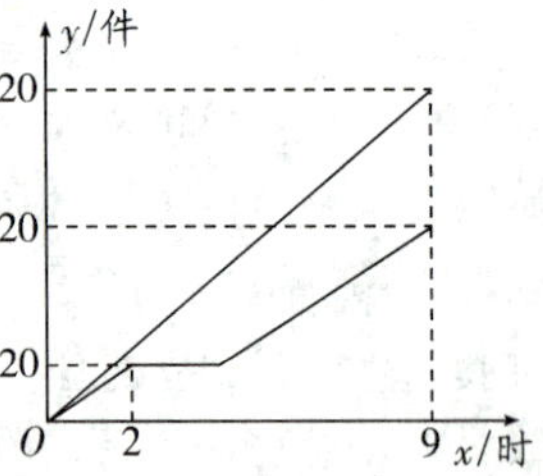

解析 (1)由图像信息可直接利用除法和加法得到答案;(2)先求关键点的坐标,然后利用待定系数法列二元一次方程组求解;(3)根据题意,列关于时间 x 的一元一次方程求解.

解 (1)80　1 140

(2)由乙车间 2 h 共加工服装 120 件,得乙车间每小时加工服装 60 件,那么加工 300 件需要 5 小时,从而可知乙车间维修设备 2 小时,如图,得 $B(4,120)$,$C(9,420)$.令线段 BC 的表达式为 $y=kx+b\ (4\leqslant x\leqslant 9)$,则 $\begin{cases}4k+b=120,\\9k+b=420,\end{cases}$ 解得 $\begin{cases}k=60,\\b=-120.\end{cases}$ 故乙车间维修设备后,乙车间加工服装的数量 y 与 x 之间的函数表达式为 $y=60x-120(4\leqslant x\leqslant 9)$.

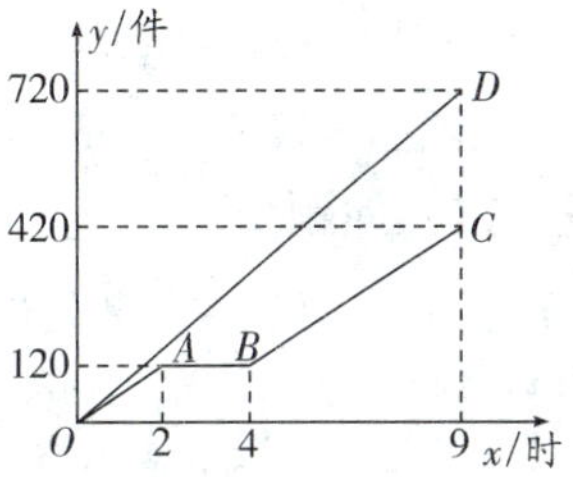

(3)易知 OD 的表达式为 $y=80x$,由题意得 $60x-120+80x=1\ 000$,$140x=1\ 120$,解得 $x=8$.故甲、乙两车间共同加工完 1 000 件服装时甲车间所用的时间为 8 小时.

点评 用一次函数解决实际问题的一般步骤:(1)设一次函数表达式;(2)利用待定系数法求出一次函数表达式;(3)确定自变量取值范围;(4)依据一次函数的性质确定相应的值,并看看是否符合实际意义.

★教材中的问题解答★

交流(P_{156})

函数表达式为 $y=300(n-1)+2\ 000$;当 $n=5$ 时,$y=300\times4+2\ 000=3\ 200$,$3\ 200\times12=38\ 400<40\ 000$,$\therefore$ 他第 5 年的年收入不能超过 40 000 元.

交流($P_{157\sim158}$)

(1)$y_1=200+4.5x$,$y_2=410+2.4x$;(2)当运输路程为 100 km 时,两种运输方式的总费用一样;当运输路程小于 100 km 时,用汽车运输较好;当运输路程大于 100 km 时,用火车运输较好.

思考(P_{158})

答案不唯一,符合题意即可.

知识讲解　一次函数的应用

知识讲解　用一次函数解决实际问题①

知识讲解　用一次函数解决实际问题②

拓展典例

分类提升,典例剖析

拓展点一　利用一次函数图像解决实际问题

例 1 (2016·淮安)甲、乙两家草莓采摘园的草莓品质相同,销售价格也相同."五一"假期,两家均推出了优惠方案,甲采摘园的优惠方案是:游客进园需购买 60 元的门票,采摘的草莓六折优惠;乙采摘园的优惠方案是:游客进园不需购买门票,采摘的草莓超过一定数量后,超过部分打折优惠,优惠期间,设某游客的草莓采摘量为 x(千克),在甲采摘园所需总费用为 y_1(元),在乙采摘园所需总费用为 y_2(元),图中折线 OAB 表示 y_2 与 x 之间的函数关系.

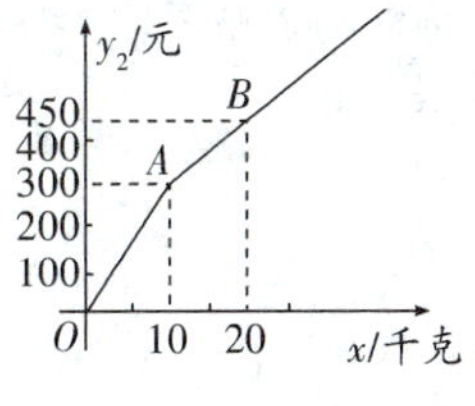

(1)甲、乙两采摘园优惠前的草莓销售价格是每千克______元;

(2)求 y_1,y_2 与 x 的函数表达式;

(3)在图中画出 y_1 与 x 的函数图像,并写出选择甲采摘园所需总费用较少时,草莓采摘量 x 的范围.

解析 本题考查了一次函数的应用,求出各个分段内的函数表达式是解题的关键.(1)根据单价 $=\dfrac{总价}{数量}$,即可解决问题;(2)y_1 的函数表达式 $=60+$单价$\times$数量,y_2 与 x 的函数表达式结合图像利用待定系数法即可解决.(3)画出函数图像后,当 y_1 在 y_2 下面时为选择甲采摘园所需总费用较少,由此求出自变量的取值范围.

解 (1)30

(2)$\because$ 甲需要购买 60 元的门票,采摘的草莓六折优惠,

$\therefore y_1=0.6\times30x+60=18x+60$.

直线 OA：$y_2=30x$；

设直线 AB 的表达式为 $y_2=kx+b$，

$\therefore \begin{cases}10k+b=300,\\20k+b=450,\end{cases}$ 解得 $\begin{cases}k=15,\\b=150,\end{cases}$

$\therefore y_2=15x+150.$

$\therefore y_1$ 与 x 的函数表达式为 $y_1=18x+60.$

y_2 与 x 的函数表达式为 $y_2=\begin{cases}30x, 0\leqslant x\leqslant 10,\\15x+150, x>10.\end{cases}$

(3) 当直线 y_1 与 y_2 交于 OA 段时：$18x+60=30x$，解得 $x=5$.

当直线 y_1 与 y_2 交于 AB 段时：$18x+60=15x+150$，解得 $x=30$.

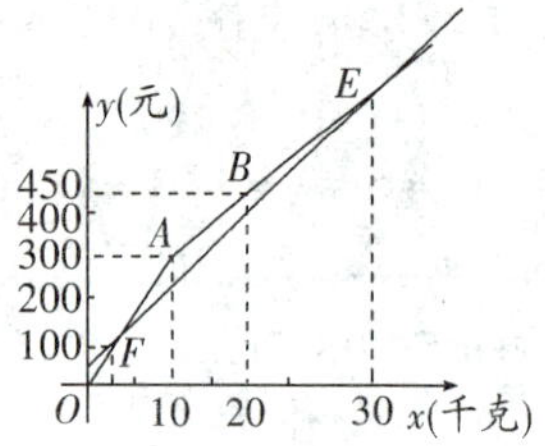

所以当 $5<x<30$ 时，选择甲采摘园的总费用较少.

点评 一般来说，使用待定系数法有以下四步：

(1) 设——按照所求函数类型，设出表达式，其系数是待定的；

(2) 列——把题目中提供的坐标代入所设表达式中，列出关于待定系数的方程或方程组；

(3) 解——解这个方程或方程组，得到待定系数的值；

(4) 代——将第(3)步中求出的结果，代入第(1)步所设的表达式中，从而得到完整的函数表达式.

拓展点二　行程问题

例 2 (2017·青岛) A，B 两地相距 60 km，甲、乙两人从两地出发相向而行，甲先出发. 图中 l_1，l_2 表示两人离 A 地的距离 s(km) 与时间 t(h) 的关系. 请结合图像解答下列问题：

(1) 表示乙离 A 地的距离与时间关系的图像是________(填 l_1 或 l_2)；甲的速度是________km/h；乙的速度是________km/h；

(2) 甲出发多长时间两人恰好相距 5 km？

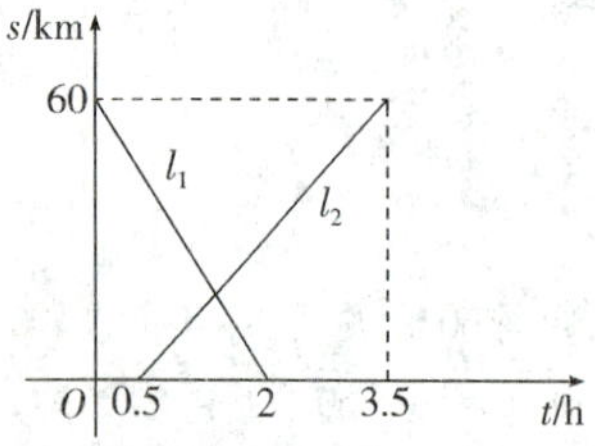

解析 (1) 根据题意知，甲先出发，则乙后出发，结合图像可知甲 2 h 行驶了 60 km，乙 3 h 行驶了 60 km，即可求出甲、乙的速度.

(2) 分两种情况讨论，相遇前两人相距 5 km，两人行驶路程和 $+5=60$，求出甲出发的时间；相遇后两人相距 5 km，两人行驶的路程和 $-5=60$，求出甲出发的时间.

解 (1) l_2　30　20

(2) 设甲出发 x 小时两人恰好相距 5 km，

①相遇前两人相距 5 km：$30x+20(x-0.5)+5=60$，解得 $x=1.3$；

②相遇后两人相距 5 km：$30x+20(x-0.5)-5=60$，解得 $x=1.5$.

答：甲出发 1.3 h 或 1.5 h 两人恰好相距 5 km.

点评 本题考查一次函数的应用，正确求出两线段的表达式是解决本题的关键，因为系数为小数，计算时要格外细心，防止出错.

拓展点三　方案问题

例 3 (2017·绵阳) 江南农场收割小麦，已知 1 台大型收割机和 3 台小型收割机 1 小时可以收割小麦 1.4 公顷，2 台大型收割机和 5 台小型收割机 1 小时可以收割小麦 2.5 公顷.

(1) 每台大型收割机和每台小型收割机 1 小时收割小麦各多少公顷？

(2) 每台大型收割机每小时费用为 300 元，每台小型收割机每小时费用为 200 元，两型号的收割机一共有 10 台，要求 2 小时完成 8 公顷小麦的收割任务，且总费用不超过 5 400 元，有几种方案？请指出费用最低的一种方案，并求出相应的费用.

解析 (1) 根据题意，列出方程组，解出方程组即可；

(2) 首先根据题意列出不等式组，然后根据一次函数的性质得出最低费用即可.

解 (1) 设 1 台大型收割机每小时收割小麦 a 公顷，1 台小型收割机每小时收割小麦 b 公顷，

$\begin{cases}a+3b=1.4,\\2a+5b=2.5,\end{cases}$ 解得 $\begin{cases}a=0.5,\\b=0.3.\end{cases}$

(2) 设需要大型收割机 x 台，则需要小型收割机 $(10-x)$ 台，

$\begin{cases}600x+400(10-x)\leqslant 5\,400,\\x+0.6(10-x)\geqslant 8,\end{cases}$ 解得 $5\leqslant x\leqslant 7$. 又 x 为整数，所以 $x=5,6,7$，一共有 3 种方案. 设费用为 w 元，则 $w=600x+400(10-x)=200x+4\,000$，由一次函数性质知：$w$ 随 x 的

增大而增大,所以 $x=5$ 时,w 值最小,即大型收割机 5 台,小型收割机 5 台时,费用最低.此时,费用 $w=200\times5+4\ 000=5\ 000$(元).

点评 本题考查了一次函数的应用,解决本题的关键是根据已知条件,列出二元一次方程组和一元一次不等式组,应用一次函数的性质解决问题.

拓展点四　分类讨论题

例 4 (六盘水中考题)联通公司手机话费收费有 A 套餐(月租费 15 元,通话费每分钟 0.1 元)和 B 套餐(月租费 0 元,通话费每分钟 0.15 元)两种.设 A 套餐每月话费为 y_1(元),B 套餐每月话费为 y_2(元),月通话时间为 x 分钟.

(1)分别表示出 y_1 与 x,y_2 与 x 的函数表达式.

(2)月通话时间为多长时,A,B 两种套餐收费一样?

(3)什么情况下 A 套餐更省钱?

解析 (1)根据 A 套餐的收费为月租加上话费,B 套餐的收费为话费列式即可;(2)根据两种收费相同列出方程,求解即可;(3)根据(2)的计算结果,得出选择 A 套餐情况.

解 (1)A 套餐的收费方式:$y_1=0.1x+15$;

B 套餐的收费方式:$y_2=0.15x$.

(2)由 $0.1x+15=0.15x$,解得 $x=300$.

即当月通话时间是 300 分钟时,A,B 两种套餐收费一样.

(3)当月通话时间多于 300 分钟时,A 套餐更省钱.

点评 本题考查了一次函数的应用,是典型的电话收费问题,求出两种收费相同的时间是确定选择不同的缴费方式的关键.

拓展点五　最值问题

例 5 (2016·无锡)某公司今年如果用原线下销售方式销售一产品,每月的销售额可达 100 万元.由于该产品供不应求,公司计划于 3 月份开始全部改为线上销售,这样,预计今年每月的销售额 y(万元)与月份 x(月)之间函数关系的图像如图①中的点状图所示(5 月及以后每月的销售额都相等),而经销成本 p(万元)与销售额 y(万元)之间函数关系的图像如图②中线段 AB 所示.

(1)求经销成本 p(万元)与销售额 y(万元)之间的函数表达式;

(2)分别求该公司 3 月、4 月的利润;

(3)问:把 3 月作为第 1 个月开始往后算,最早到第几个月止,该公司改用线上销售后所获得的利润总额比同期用线下方式销售所能获得的利润总额至少多出 200 万元?(利润 = 销售额 - 经销成本)

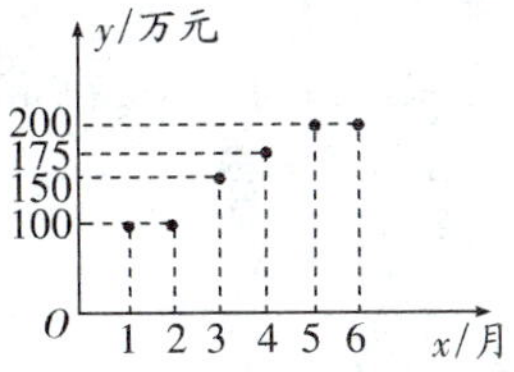

①

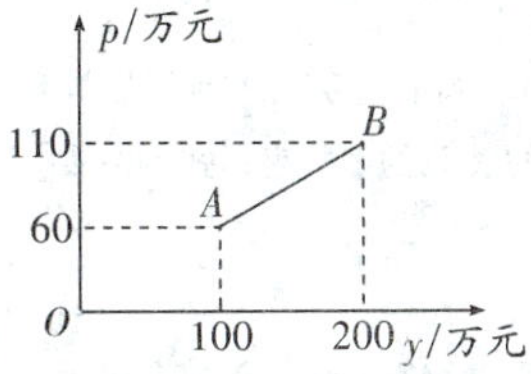

②

解析 解答本题的关键是弄清销售额、经销成本、利润和月份之间的关系.在本题中,(1)设函数表达式为 $p=ky+b$,将(100,60),(200,110)代入即可求出函数的表达式;(2)由于销售额为 y,经销成本为 $p=\frac{1}{2}y+10$,所以利润应该是销售额与经销成本的差,即利润 $=\frac{1}{2}y-10$,将 3 月份和 4 月份的 y 值代入即可求出这两个月的利润;(3)线上销售前 x 个月利润总额为 $[65+77.5+90(x-2)]$ 万元,线下销售前 x 个月利润总额为 $40x$,这两式的差值不小于 200 万元.

解 (1)设 $p=ky+b$,则 $\begin{cases}100y+b=60,\\200y+b=110,\end{cases}$ 解得 $\begin{cases}y=\frac{1}{2},\\b=10,\end{cases}$

所以 $p=\frac{1}{2}y+10$.

(2)利润 = 销售额 - 经销成本 $=y-\left(\frac{1}{2}y+10\right)=\frac{1}{2}y-10$.

3 月份利润:$\frac{1}{2}\times150-10=65$(万元),

4 月份利润:$\frac{1}{2}\times175-10=77.5$(万元).

(3)设最早到第 x 个月止,该公司改用线上销售后所获得利润总额比同期用线下方式销售所能获得的利润总额至少多出 200 万元,

$[65+77.5+90(x-2)]-40x\geqslant200$,解得 $x\geqslant4.75$.

$\because x$ 为整数,$\therefore$ 最早到第 5 个月止.

点评 解决利润的应用问题,需要弄清题目中各个变量表示的含义,并知道利润是售价与成本的差值.

易错辨析

错误分析，拨开迷雾

易错点　要注意实际问题中自变量的取值范围

例 如图是某种蜡烛在燃烧过程中高度与时间之间关系的图像，由图像求这种蜡烛在燃烧过程中高度与时间关系的函数表达式，并写出自变量的取值范围.

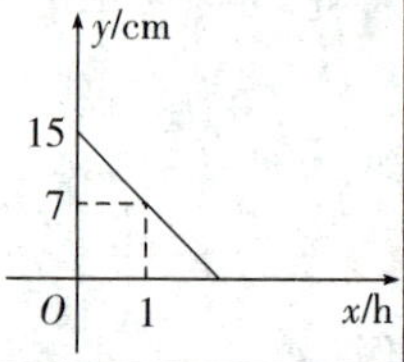

正确解答 由于函数图像是一条直线，所以可设所求函数表达式为 $y=kx+b$，由图可知这个图像过点(0,15)，(1,7)，

$\therefore \begin{cases} b=15, \\ k+b=7, \end{cases}$ 解得 $\begin{cases} k=-8, \\ b=15, \end{cases}$ $\therefore$ 所求函数表达式为 $y=-8x+15$.

令 $y=0$，解得 $x=\frac{15}{8}$，$\therefore$ 该图像与 x 轴的交点为 $\left(\frac{15}{8},0\right)$，自变量的取值范围为 $0\leqslant x\leqslant\frac{15}{8}$.

易错总结 一次函数 $y=kx+b$ 中的自变量的取值范围是全体实数，但是在实际问题中，一次函数中自变量的取值范围往往不是全体实数，要根据实际要求来确定.

知识讲解　实际问题的函数图像(1)

知识讲解　实际问题的函数图像(2)

知识讲解　分段函数的实际应用

品味中考

对接中考，小试牛刀

1.(2017·齐齐哈尔)已知等腰三角形的周长是10，底边长 y 是腰长 x 的函数，则下列图像中，能正确反映 y 与 x 之间函数关系的图像是　　(　　)

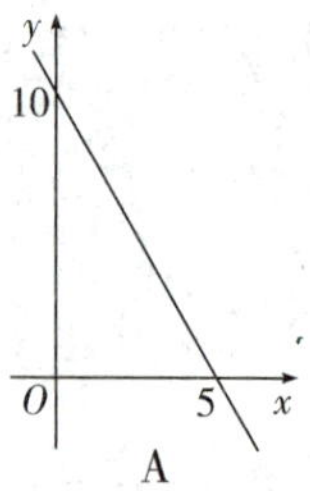

A

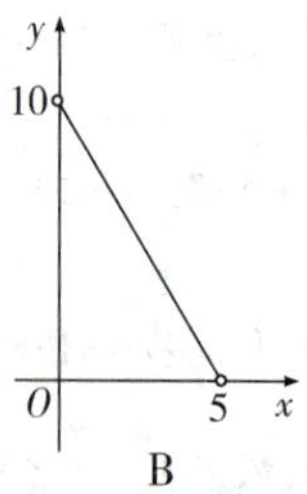

B

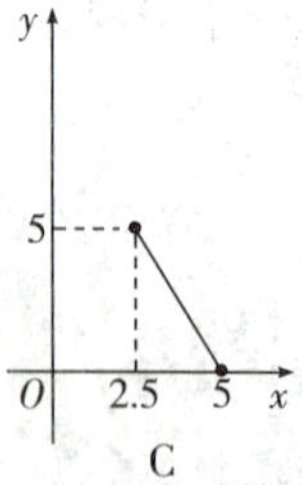

C

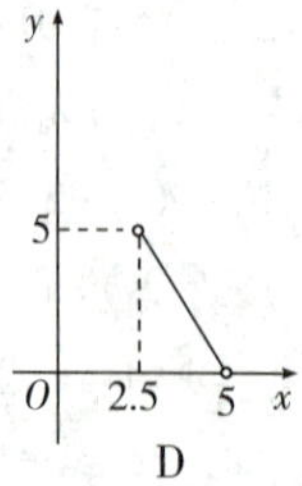

D

2.(2016·黔西南州)如图，小明购买一种笔记本所付款金额 y(元)与购买量 x(本)之间的函数图像由线段 OB 和射线 BE 组成，则一次性购买8本笔记本比分8次购买每次购买1本可节省________元.

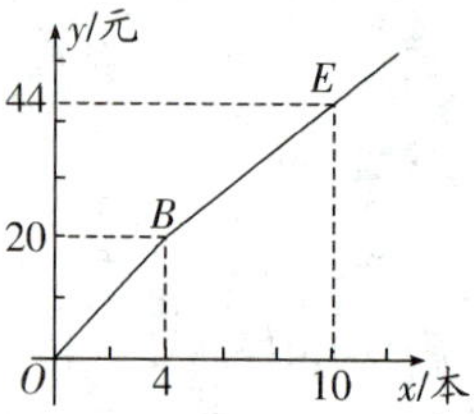

3.(2017·南充)小明从家到图书馆看报然后返回，他离家的距离 y 与离家时间 x 之间的对应关系如图所示. 如果小明在图书馆看报30 min，那么他离家50 min时离家的距离为________km.

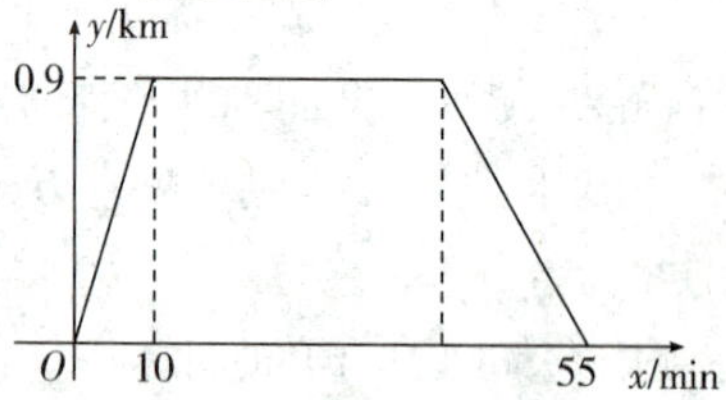

4. (2017 · 南京)张老师计划到超市购买甲种文具 100 个，他到超市后发现还有乙种文具可供选择. 如果调整文具的购买品种，每减少购买 1 个甲种文具，需增加购买 2 个乙种文具. 设购买 x 个甲种文具时，需购买 y 个乙种文具.

(1)①当减少购买一个甲种文具时，$x=$________，$y=$________；

②求 y 与 x 之间的函数表达式.

(2)已知甲种文具每个 5 元，乙种文具每个 3 元，张老师购买这两种文具共用去 540 元. 甲、乙两种文具各购买了多少个？

趁热打铁

即时检测，巩固提高

基础篇

1. (☆☆)(广安中考题)某油箱容量为 60 L 的汽车，加满汽油后行驶了 100 km 时，油箱中的汽油大约消耗了 $\frac{1}{5}$，如果加满汽油后汽车行驶的路程为 x km，油箱中剩油量为 y L，则 y 与 x 之间的函数表达式和自变量的取值范围分别是 ( )

A. $y=0.12x, x>0$　　B. $y=60-0.12x, x>0$

C. $y=0.12x, 0\leqslant x\leqslant 500$　　D. $y=60-0.12x, 0\leqslant x\leqslant 500$

2. (☆☆)若弹簧的总长度 y(cm)与所挂重物 x(kg)的一次函数图像如图，则不挂重物时，弹簧的长度是 ( )

A. 5 cm　　B. 8 cm

C. 9 cm　　D. 10 cm

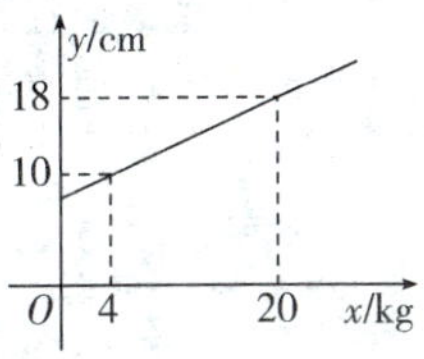

(第 2 题)

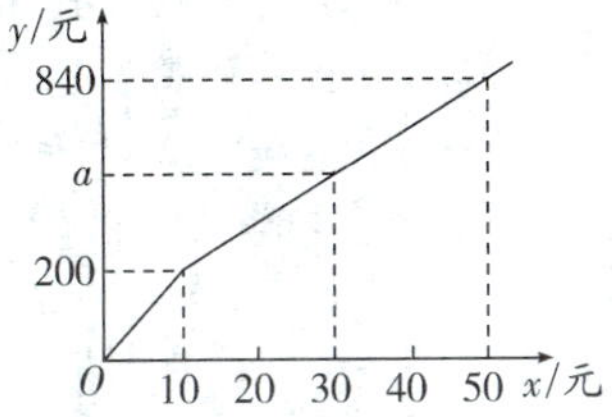

(第 3 题)

3. (☆☆)随着《中国诗词大会》节目的热播，《唐诗宋词精选》一书也随之热销. 如果一次性购买 10 本以上，超过 10 本的那部分书的价格将打折，并依此得到付款金额 y(单位：元)与一次性购买该书的数量 x(单位：本)之间的函数关系如图所示，则下列结论错误的是 ( )

A. 一次性购买数量不超过 10 本时，销售价格为 20 元/本

B. $a=520$

C. 一次性购买 10 本以上时，超过 10 本的那部分书的价格打八折

D. 一次性购买 20 本比分两次购买且每次购买 10 本少花 80 元

4. (☆☆)(2016 · 阜新)一辆汽车由 A 地开往 B 地，它距离 B 地的路程 s(km)与行驶时间 t(h)的关系如图所示，如果汽车一直快速行驶，那么可以提前________小时到达 B 地.

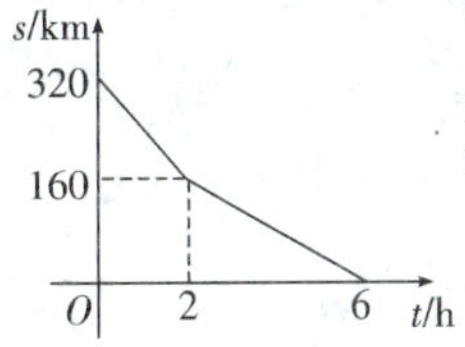

(第 4 题)

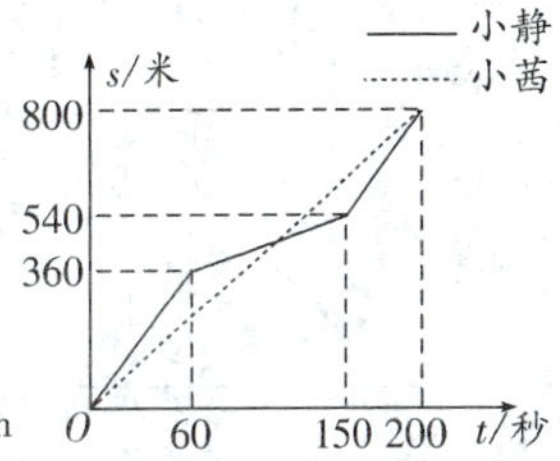

(第 5 题)

5. (☆☆)为增强学生体质，某中学在体育课中加强了学生的长跑训练. 在一次女子 800 米耐力测试中，小静和小茜在校园内 200 米的环形跑道上同时起跑，同时到达终点；所跑的路程 s(米)与所用的时间 t(秒)之间的函数图像如图所示，则她们第一次相遇的时间是起跑后的第________秒.

6. (☆☆☆)移动营业厅推出两种移动电话计费方式：方式一，月租费用 15 元，本地通话费用 0.2 元/分钟，方式二，月租费用 0 元，本地通话费用 0.3 元/分钟.

(1)以 x 表示每个月的通话时间(单位：分钟)，y 表示每个月的电话费用(单位：元)，分别表示出两种电话计费方式的函数表达式；

(2)当每个月的通话时间为 300 分钟时，采用哪种电话计费方式比较合算？

提升篇

7. (☆☆☆)(2017·鄂州)小东家与学校之间是一条笔直的公路,早饭后,小东步行前往学校,途中发现忘带画板,停下给妈妈打电话,妈妈接到电话后,带上画板马上赶往学校,同时小东沿原路返回,两人相遇后,小东立即赶往学校,妈妈沿原路返回,16 min 到家,再过5 min 小东到达学校.小东始终以100 m/min 的速度步行,小东和妈妈的距离(单位:m)与小东打完电话后的步行时间(单位:min)之间的函数关系如图所示,下列四种说法:

①打电话时,小东和妈妈的距离是1 400 m;
②小东与妈妈相遇后,妈妈回家的速度是50 m/min;
③小东打完电话后,经过27 min到达学校;
④小东家离学校的距离是2 900 m.

其中正确的个数是 (　　)

A. 1　　B. 2　　C. 3　　D. 4

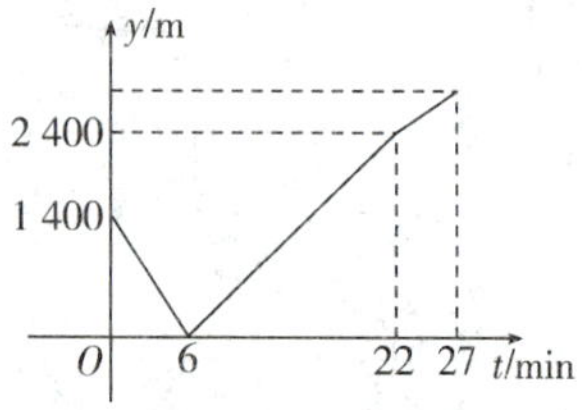

(第7题)

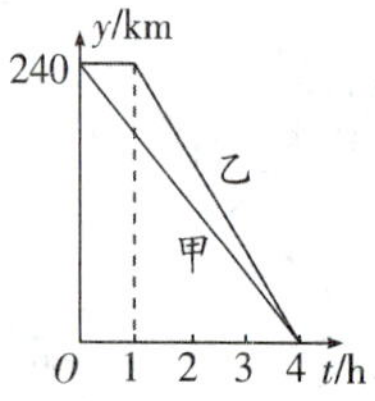

(第8题)

8. (☆☆☆)(2016·沈阳)在一条笔直的公路上有A,B,C三地,C地位于A,B两地之间,甲、乙两车分别从A,B两地出发,沿这条公路匀速行驶至C地停止.从甲车出发至甲车到达C地的过程,甲、乙两车各自与C地的距离y(km)与甲车行驶时间t(h)之间的函数关系如图所示,当甲车出发______h时,两车相距350 km.

9. (☆☆☆☆)某农机租赁公司共有50台收割机,其中甲型20台、乙型30台,现将这50台收割机派往A,B两地区收割水稻,其中30台派往A地区,20台派往B地区,两地区与该农机公司商定的每天租赁价格如下表:

	每台甲型收割机的租金	每台乙型收割机的租金
A地区	1 800元	1 600元
B地区	1 600元	1 200元

(1)设派往A地区x台乙型收割机,租赁公司这50台收割机一天获得的租金为y元,求y关于x的函数表达式;

(2)若使农机租赁公司这50台收割机一天所获租金不低于79 600元,试写出满足条件的所有分派方案;

(3)农机租赁公司拟出一个分派方案,使该公司50台收割机每天获得租金最高,并说明理由.

挑战篇

10. (☆☆☆☆☆)(2017·齐齐哈尔)“低碳环保、绿色出行”的理念得到广大群众的接受,越来越多的人喜欢选择自行车作为出行工具.小军和爸爸同时从家骑自行车去图书馆,爸爸先以150米/分的速度骑行一段时间,休息了5分钟,再以m米/分的速度到达图书馆.小军始终以同一速度骑行,两人行驶的路程y(米)与时间x(分)的关系如图.请结合图像,解答下列问题:

(1)$a=$______,$b=$______,$m=$______.

(2)若小军的速度是120米/分,求小军在途中与爸爸第二次相遇时,距图书馆的距离.

(3)在(2)的条件下,爸爸自第二次出发至到达图书馆前,何时与小军相距100米?

(4)若小军的行驶速度是v米/分,且在途中与爸爸恰好相遇两次(不包括家、图书馆两地),请直接写出v的取值范围.

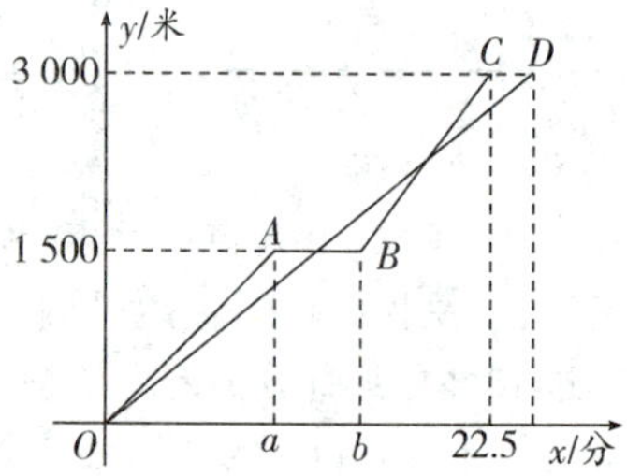

课后答案

详解习题,夯实基础

练习(P_{156})

1. 令 $y=5\,596$,则 $4\,500+10x=5\,596$,解得 $x=109.6\approx110$,∴ 110 年后玉龙雪山的雪线会消失.

2. (1)当 $x\leqslant3$ 时,$y=7$,

当 $x>3$ 时,$y=7+2.4(x-3)$.

(2)8 km.

练习(P_{158})

1. 设租车行程为 x 百 km,甲汽车出租公司的租费是 y_1 元,乙汽车出租公司的租费是 y_2 元. 则 $y_1=150x$,$y_2=800+50x$,当 $x=8$,即当用车路程为 800 km 时,租用两家汽车出租公司的车所需费用相同. 当 $x>8$,即当用车路程超过 800 km 时,租用乙汽车出租公司的车费用低. 当 $x<8$,即当用车路程不足 800 km 时,租用甲出租汽车公司的车费用低.

2. 设 x 人参加旅游,A 家旅行社的费用为 y_1,B 家旅行社的费用为 y_2.

则 $y_1=90+\frac{1}{2}\times90(x-1)=45x+45$,$y_2=\frac{2}{3}\times90x=60x$,当 $y_1=y_2$ 时,$45x+45=60x$,解得 $x=3$. 即当有 3 人参加旅游时,两家旅行社的费用一样. 当 $x<3$,即当旅游人数不足 3 人时,B 旅行社费用低. 当 $x>3$,即当旅游人数超过 3 人时,A 旅行社费用低.

习题 6.4(P_{159})

1. 油箱中剩余油量由两方面决定:油箱中有油 40 L,这是一个常量;拖拉机工作时耗油量,这是一个与工作时间相关的变量. 这样可得所求函数表达式为 $Q=40-6t$. 当 $t=2.5$ h时,$Q=40-6\times2.5=25$(L),即拖拉机工作 2.5 h 后油箱中剩余油量为 25 L.

2. (1)车速 80 km/h,函数表达式为 $y=10+80x$.

(2)由 $250=10+80x$,得 $x=3$,即到达 B 站时为 11 点,如果汽车按原速行驶,那么 11 点 45 分可到达 C 站.

3. 设每月通话 x min,甲种方式收费 y_1 元,乙种方式收费 y_2 元,则 $y_1=8+0.2x$,$y_2=0.3x$,若 $y_1=y_2$,则 $8+0.2x=0.3x$,解得 $x=80$;当每月通话时间为 80 min 时,两种方式的收费相同;当每月通话时间超过 80 min 时,则选用甲种方式省钱;当每月通话时间在80 min内时,则选用乙种方式省钱.

4. 设 A 产品生产 x 件,则 B 产品生产$(50-x)$件,

∴ $y=700x+1\,200(50-x)$,即 $y=-500x+60\,000$.

5. (1)设派往 A 地 x 名钳工,则派往 B 地的钳工为$(20-x)$名,车工为 30 名,于是 $y=1\,800x+1\,600(20-x)+1\,200\times30$,即 $y=200x+68\,000(0<x\leqslant20$ 且 x 为整数).

(2)设派往 A 地 x 名车工,则派往 B 地的车工为$(30-x)$名,钳工为 20 名,于是 $y=1\,600x+1\,200(30-x)+1\,600\times20$,即 $y=400x+68\,000(0<x\leqslant30$ 且 x 是整数).

6.5 一次函数与二元一次方程

学习目标

明确方向,有的放矢

1. 知道一次函数与二元一次方程的关系.
2. 会用一次函数的图像求二元一次方程组的近似解.
3. 通过用两个函数图像解二元一次方程组的探索活动,感受函数与方程的辩证统一,感受数学知识与方法的内在联系.

知识详解

讲透教材，解疑释难

知识点一　一次函数与二元一次方程的关系

重点

一般地，一次函数 $y=kx+b$ 的图像上任意一点的坐标都是二元一次方程 $kx-y+b=0$ 的解；以二元一次方程 $kx-y+b=0$ 的解为坐标的点都在一次函数 $y=kx+b$ 的图像上.

提醒

1. 对于同一个数学模型 $y=kx+b$，若将其中的 x,y 看作变量，则它表示一个一次函数；若将 x,y 看作未知数，则它就是一个二元一次方程，两者本质相同.

2. 从形式上看，通过移项，二元一次方程 $ax+by+c=0(a\neq0,b\neq0)$ 可以化为一次函数 $y=-\frac{a}{b}x-\frac{c}{b}$ 的形式；而从图像上看，一方面，函数图像上点的坐标都满足方程，另一方面，以方程的解为坐标的点都在函数的图像上.此外，一个二元一次方程有无数个解，而一条直线上也有无数个点，所以二元一次方程与一次函数无论是形式上还是内容上都是完美统一的.

例 1　直线 l 是以二元一次方程 $8x-4y=5$ 的解为坐标所构成的直线，则该直线不经过的象限是　(　　)

A. 第一象限　　B. 第二象限

C. 第三象限　　D. 第四象限

解析　将原二元一次方程进行适当变形，再根据一次函数图像与系数的关系即可求解.$\because 8x-4y=5$，$\therefore y=2x-\frac{5}{4}$. $\because k=2>0,b=-\frac{5}{4}<0$，$\therefore$ 图像经过第一、三、四象限，即不经过第二象限.故选 B.

答案　B

点评　本题考查了一次函数与二元一次方程的关系及一次函数图像与系数的关系.任何二元一次方程都可以化为 $y=kx+b$（k,b 为常数，且 $k\neq0$）的形式，且以二元一次方程的解为坐标的所有点组成的图像与相应的一次函数的图像是相同的.注意，二元一次方程与一次函数之间在形式上互换其实就是等式变形，要防止出现移项不变号的错误.

知识点二　二元一次方程组的图像解法

重难点

1. 用图像法解二元一次方程组

一般地，如果两个一次函数的图像有一个交点，那么交点的坐标就是相应的二元一次方程组的解.用一次函数的图像求二元一次方程组的解的方法称为二元一次方程组的图像解法.

2. 我们可以用图像法求二元一次方程组的解，其具体步骤是：

(1)把二元一次方程化成一次函数的形式；

(2)在同一个平面直角坐标系中画出这两个一次函数的图像，并标出交点；

(3)确定交点的坐标，也就是这个方程组的解.

可总结为：“变形式，画直线，找交点，确定解.”

提醒

1. 解二元一次方程组的基本方法有代入消元法和加减消元法，其基本思想是将两个未知数转化为只有一个未知数，即消元的思想.如果说代入法和加减法仅仅是从数的角度得到方程组的解，那么图像法应该是数形结合的产物，这种方法将求方程组解的问题转化为求两条直线交点的坐标问题.

2. 若两条直线平行（比例系数 k 相同，常数 b 不同），则方程组无解；若比例系数 k 和常数 b 均相同，那么两条直线互相重合，方程组就有无数个解.也就是：

二元一次方程组无解⇔一次函数的图像平行（无交点）；

二元一次方程组有一解⇔一次函数的图像相交（有一个交点）；

二元一次方程组有无数个解⇔一次函数的图像重合（有无数个交点）.

3. 要检验由图像法求得的解是否正确，可将解代入方程组中进行检验，只要有一个方程不满足，这组解就不是该方程组的解.

例 2　用作图像的方法解方程组 $\begin{cases}2x-y=7,\\3x+y=8.\end{cases}$

解析　把方程组中的两个方程化为一次函数的形式，在同一直角坐标系中作出两个一次函数的图像，图像的交点坐标即为方程组的解.

解　由 $2x-y=7$，得 $y=2x-7$，由 $3x+y=8$，得 $y=-3x+8$.

在同一直角坐标系内作出函数 $y=2x-7$ 的图像 l_1 和 $y=-3x+8$ 的图像 l_2，如图所示.

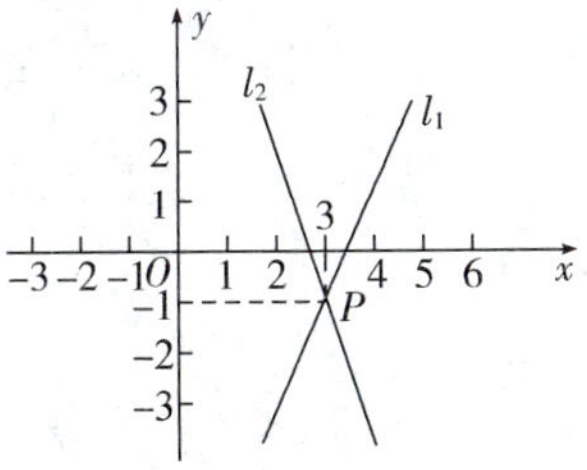

由图像知 l_1 与 l_2 的交点为 $P(3,-1)$，故方程组 $\begin{cases}2x-y=7,\\3x+y=8\end{cases}$ 的解为 $\begin{cases}x=3,\\y=-1.\end{cases}$

点评 用作图像的方法解方程组时，函数图像必须尽可能的准确，不能误差太大，否则影响解的得出，必要时可以通过验证的方法解答.

★教材中的问题解答★

讨论（P_{160}）

一次函数 $y=2x-3$ 和 $y=\frac{1}{2}x-\frac{3}{2}$ 的图像的交点的横、纵坐标的两个数值就是相应的二元一次方程组 $\begin{cases}2x-y-3=0,\\x-2y-3=0\end{cases}$ 的解中的两个数值.

拓展典例

分类提升，典例剖析

拓展点一　不求解判断方程组解的情况

例 1 观察方程组 $\begin{cases}2x+y=3,\\x-2y=-1.\end{cases}$

（1）不解方程组，请判断它的解的情况；

（2）利用图像求出方程组的解.

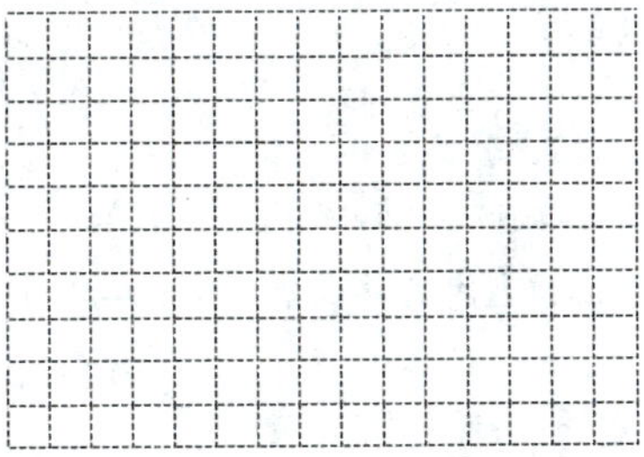

解析 （1）方程组中的两方程可化为 $y=-2x+3$ 和 $y=\frac{1}{2}x+\frac{1}{2}$，画出两直线的函数图像，看其是否有交点即可得出结论；（2）在画出的图像中确定出其交点坐标即可.

解 （1）方程组的解可以看成直线 $y=-2x+3$ 和 $y=\frac{1}{2}x+\frac{1}{2}$ 的交点，如图，两直线有一个交点，∴ 原方程组有一组解.

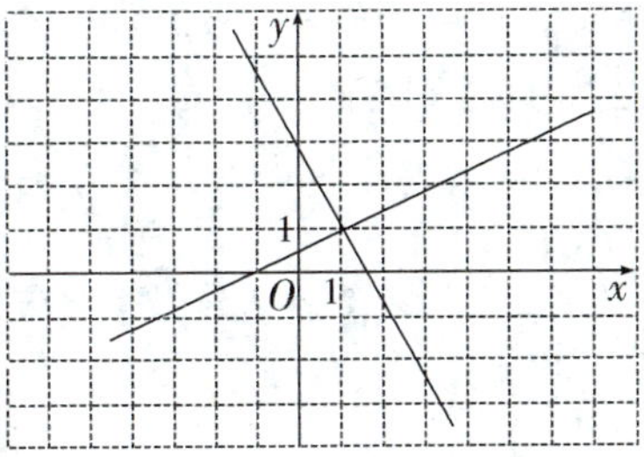

（2）如图，可知两直线的交点坐标为（1，1），∴ 原方程组的解为 $\begin{cases}x=1,\\y=1.\end{cases}$

点评 画出函数图像，就可以直观得出两直线交点的位置，从而判断出交点坐标的情况，也就是方程组解的情况.

拓展点二　已知函数图像求对应的方程组

例 2 图中两直线 l_1，l_2 的交点可以看作是哪个方程组的解？

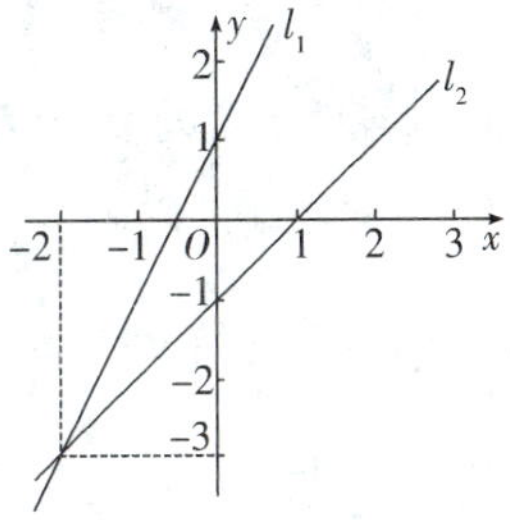

解析 只要根据直线 l_1，l_2 的位置，写出这两条直线的方程即可.

解 因为直线 l_1 过点（0，1）和（-2，-3），若设 l_1 的方程为 $y=k_1x+b_1$，则 $\begin{cases}1=b_1,\\-3=-2k_1+b_1,\end{cases}$ 解得 $\begin{cases}k_1=2,\\b_1=1.\end{cases}$

所以直线 l_1 的方程为 $y=2x+1$.

而直线 l_2 过点（0，-1）和（-2，-3），若设 l_2 的方程为 $y=k_2x+b_2$，则 $\begin{cases}-1=b_2,\\-3=-2k_2+b_2,\end{cases}$ 解得 $\begin{cases}k_2=1,\\b_2=-1.\end{cases}$

所以直线 l_2 的方程为 $y=x-1$.

所以直线 l_1 和 l_2 的交点 $(-2,-3)$ 可以看作是方程组 $\begin{cases}y=2x+1,\\y=x-1,\end{cases}$ 即 $\begin{cases}2x-y=-1,\\x-y=1\end{cases}$ 的解.

点评 两条直线的位置确定,从而可以写出 l_1,l_2 的方程,进而交点的坐标可以看作 l_1,l_2 的方程所组成的方程组的解.若只给出一个定点,没有其他条件,那么点可以是无数个二元一次方程组的解,因为经过该定点的直线可以有无数条.

拓展点三　直线与坐标轴围成的面积

例 3 如图,已知两直线 $y=-\frac{2}{3}x+3$ 和 $y=2x-1$,求它们与 y 轴所围成的三角形的面积.

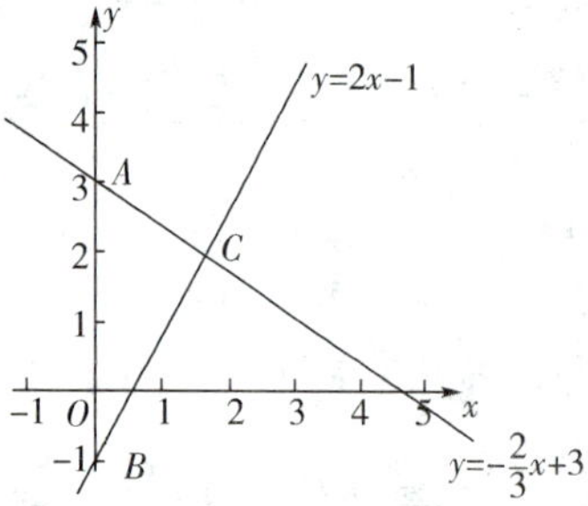

解析 由图像可知 A,B 的坐标,由两条直线的表达式可得出交点 C 的坐标,有了 A,B,C 三点的坐标,就能求出 $\triangle ABC$ 的面积.

解 在平面直角坐标系中,根据两条直线的函数表达式首先可以得到它们与 y 轴的交点分别为 $A(0,3)$,$B(0,-1)$,它们的交点为 $C\left(\frac{3}{2},2\right)$,所以它们与 y 轴所围成的 $\triangle ABC$ 的面积为 $S_{\triangle ABC}=\frac{1}{2}AB\times|x_C|=\frac{1}{2}\times4\times\frac{3}{2}=3$.

点评 在平面直角坐标系中,如果要求两条直线与坐标轴围成的三角形或其他不规则图形的面积,一般地,可以把坐标轴所在的位置作为三角形的底边,只要求出其交点坐标,就能够解决问题了;对于不规则的图形要将其进行分割,转化为规则图形加以解答.

拓展点四　用函数图像与方程组解决实际问题

例 4 2016 年国际马拉松赛于承德市举办,起点承德市狮子园,赛道为外环路,终点为奥体中心(赛道视为直线).在赛道上有 A,B 两个服务点,现有甲、乙两个服务人员,分别从 A,B 两个服务点同时出发,沿直线匀速跑向终点 C(奥体中心),如图①所示,设甲、乙两人出发 x h 后,与 B 点的距离分别为 $y_甲$ km,$y_乙$ km,$y_甲$,$y_乙$ 与 x 的函数关系如图②所示.

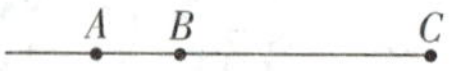

①

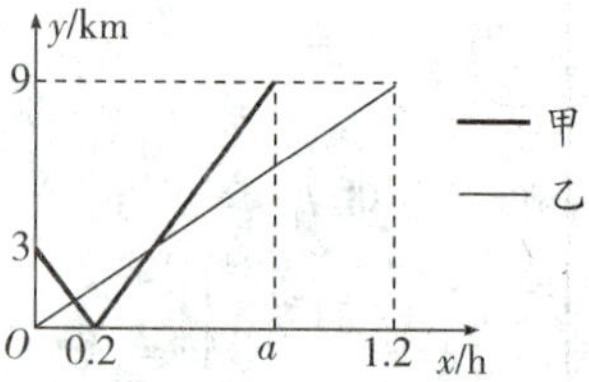

②

(1)从服务点 A 到终点 C 的距离为________km,$a=$________h;

(2)求甲、乙相遇时 x 的值.

解析 (1)根据题意和函数图像中的数据可以求得从服务点 A 到终点 C 的距离和 a 的值.

(2)根据函数图像中的数据可以求得甲、乙对应的函数表达式,把它们联立成方程组,即可求得甲、乙相遇时 x 的值.

解 (1)12　0.8

(2)设乙对应的函数表达式为 $y=kx$,$1.2k=9$,得 $k=7.5$,即乙对应的函数表达式为 $y=7.5x$.当 $x>0.2$ 时,设甲对应的函数表达式为 $y=mx+n$,则 $\begin{cases}0.2m+n=0,\\0.8m+n=9,\end{cases}$ 解得 $\begin{cases}m=15,\\n=-3,\end{cases}$ 即当 $x>0.2$ 时,甲对应的函数表达式为 $y=15x-3$,解方程组 $\begin{cases}y=7.5x,\\y=15x-3,\end{cases}$ 得 $\begin{cases}x=0.4,\\y=3,\end{cases}$ 即甲、乙相遇时 x 的值是 0.4.

点评 本题主要考查一次函数的表达式,一次函数与方程(组)的联系,实际问题的探究.灵活运用一次函数与方程的联系是解答实际问题的关键.解决与一次函数有关的实际问题,要用到一次函数与方程的关系.方程组 $\begin{cases}y=7.5x,\\y=15x-3\end{cases}$ 的解也就是函数 $y=7.5x$ 与 $y=15x-3$ 的图像的交点的坐标.

易错辨析　错误分析，拨开迷雾

易错点　**"准确作图，审清题意"**

例　已知直线 $y=-3x+6$ 和 $y=x$，求它们和 y 轴所围成的三角形的面积.

正确解答　在 $y=-3x+6$ 中，令 $x=0$，则 $y=6$；

令 $y=0$，则 $x=2$，作 $y=-3x+6$ 的图像，如图，

在 $y=x$ 中，令 $x=0$，则 $y=0$；令 $x=1$，则 $y=1$，作 $y=x$ 的图像，如图.

$\therefore$ 两直线与 y 轴的交点坐标分别为 $A(0,6)$，$O(0,0)$.

而由 $\begin{cases}y=-3x+6,\\y=x,\end{cases}$ 解得 $\begin{cases}x=1.5,\\y=1.5.\end{cases}$ $\therefore$ 两直线的交点坐标为 $B(1.5,1.5)$. $\therefore S_{\triangle AOB}=\frac{1}{2}\times1.5\times6=4.5$.

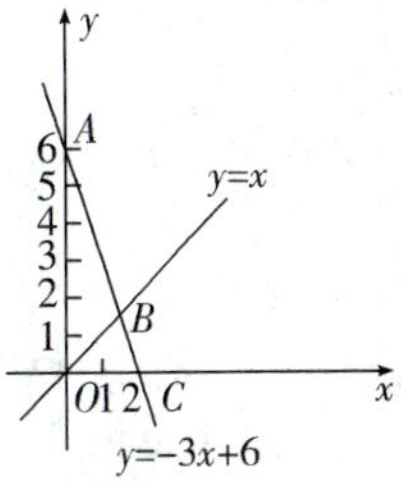

易错总结　由于审题不清误认为两条直线与 y 轴所围成的三角形的面积为 $S_{\triangle BCO}=\frac{1}{2}\times1.5\times2=1.5$. 导致出现上述错误的原因是：将两直线与 y 轴所围成的三角形的面积误求成两直线与 x 轴所围成的三角形的面积.

品味中考　对接中考，小试牛刀

1. (2017·绥化)在同一平面直角坐标系中，直线 $y=4x+1$ 与直线 $y=-x+b$ 的交点不可能在　(　　)

A. 第一象限　　B. 第二象限

C. 第三象限　　D. 第四象限

2. (荆州中考题)体育课上，20人一组进行足球比赛，每人射点球5次，已知某一组的进球总数为49个，进球情况记录如表，其中进2个球的有 x 人，进3个球的有 y 人，若 (x,y) 恰好是两条直线的交点坐标，则这两条直线的表达式是　(　　)

进球数	0	1	2	3	4	5
人数	1	5	x	y	3	2

A. $y=x+9$ 与 $y=\frac{2}{3}x+\frac{22}{3}$

B. $y=-x+9$ 与 $y=\frac{2}{3}x+\frac{22}{3}$

C. $y=-x+9$ 与 $y=-\frac{2}{3}x+\frac{22}{3}$

D. $y=x+9$ 与 $y=-\frac{2}{3}x+\frac{22}{3}$

3. (2016·巴中)已知二元一次方程组 $\begin{cases}x-y=-5,\\x+2y=-2\end{cases}$ 的解为 $\begin{cases}x=-4,\\y=1,\end{cases}$ 则在同一平面直角坐标系中，直线 $l_1:y=x+5$ 与直线 $l_2:y=-\frac{1}{2}x-1$ 的交点坐标为________.

趁热打铁　即时检测，巩固提高

基础篇

1. (知识点一 ☆☆)下列直线，其中直线上每个点的坐标都是二元一次方程 $2x-y=2$ 的解的是　(　　)

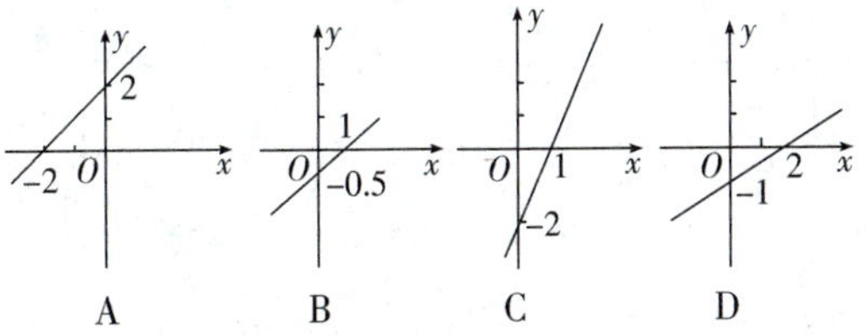

2. (知识点二 ☆☆) 如图,两个一次函数图像的交点坐标为(2,4),则关于 x,y 的方程组 $\begin{cases}y=k_1x+b_1,\\y=k_2x+b_2\end{cases}$ 的解为 ( )

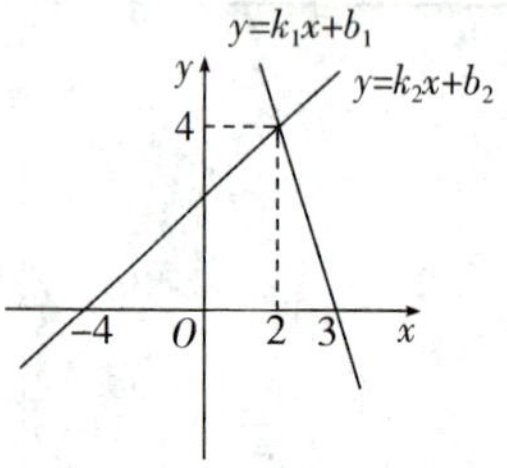

A. $\begin{cases}x=2\\y=4\end{cases}$　B. $\begin{cases}x=4\\y=2\end{cases}$　C. $\begin{cases}x=-4\\y=0\end{cases}$　D. $\begin{cases}x=3\\y=0\end{cases}$

3. (知识点二 ☆☆) 方程组 $\begin{cases}ax+y=3,\\x+by=-1\end{cases}$ 所对应的一次函数图像如图所示,则 $2a+b$ 的值为 ( )

A. -5　B. 3　C. 5　D. -3

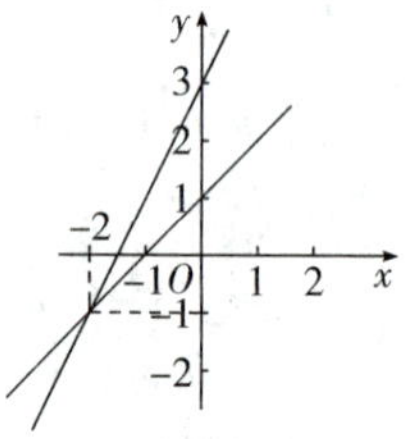

(第 3 题)

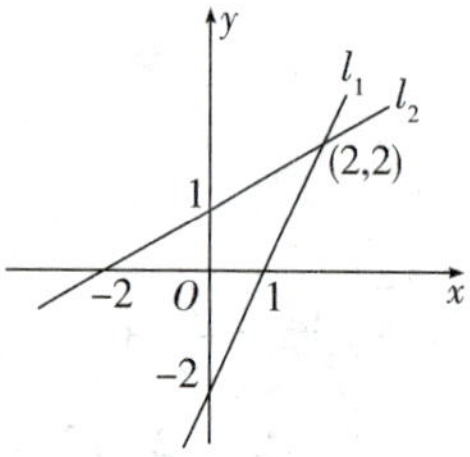

(第 4 题)

4. (知识点二 ☆☆) 如图,直线 l_1,l_2 的交点坐标可以看作下列哪个方程组的解? ( )

A. $\begin{cases}x-2y=-2,\\2x-y=2\end{cases}$　B. $\begin{cases}y=-x+1,\\y=2x-2\end{cases}$

C. $\begin{cases}x-2y=-1,\\2x-y=-2\end{cases}$　D. $\begin{cases}y=2x+1,\\y=2x-2\end{cases}$

5. (知识点二 ☆☆) 已知关于 x,y 的二元一次方程 $3ax+2by=0$ 和 $5ax-3by=19$ 化成的两个一次函数的图像的交点坐标为(1,-1),则 $a=$________,$b=$________.

6. (知识点二 ☆☆) 请用图像法求方程组 $\begin{cases}x+y=-1,\\2x-y+2=0\end{cases}$ 的解.

提升篇

7. (知识点二 ☆☆☆) 直线 $l_1:y=x+1$ 与直线 $l_2:y=mx+n$ 的交点 P 的横坐标为 1,则下列说法错误的是 ( )

A. 点 P 的坐标为(1,2)

B. 关于 x,y 的方程组 $\begin{cases}y=x+1,\\y=mx+n\end{cases}$ 的解为 $\begin{cases}x=1,\\y=2\end{cases}$

C. 直线 l_1 中,y 随 x 的增大而减小

D. 直线 $y=nx+m$ 也经过点 P

8. (知识点二 ☆☆☆) 若方程组 $\begin{cases}y=-x+1,\\y=(2k+1)x-3\end{cases}$ 无解,那么直线 $y=(-k+1)x-3$ 不经过第________象限.

9. (知识点一、二 ☆☆☆) 在同一直角坐标系中,画出函数 $y=x+1$ 和 $y=3x-1$ 的图像.

(1)在你所画的一次函数图像中,直线分别经过哪几个象限?

(2)两直线的交点在第几象限内?交点坐标是什么?

(3)请你求出方程组 $\begin{cases}x-y=-1,\\3x-y=1\end{cases}$ 的解.

(4)由(2)(3)探究两个函数图像交点坐标与方程组的解之间有什么关系?

10. (知识点二 ☆☆☆) 若方程组 $\begin{cases}2x+y=k,\\2x-y=1\end{cases}$ 的解中,x 是正数,y 是非正数.

(1)求 k 的正整数解;

(2)在(1)的条件下求一次函数 $y=kx-\dfrac{3}{2}$ 与坐标轴围成图形的面积.

挑战篇

11. (知识点二 ☆☆☆☆) 在直角坐标系中，直线 l_1 经过点 $(1,-3)$ 和 $(3,1)$，直线 l_2 经过点 $(1,0)$，且与直线 l_1 交于点 $A(2,a)$.

(1) 求 a 的值.

(2) $A(2,a)$ 可看成怎样的二元一次方程组的解？

(3) 设直线 l_1 与 y 轴交于点 B，直线 l_2 与 y 轴交于点 C，求 $\triangle ABC$ 的面积.

课后答案

详解习题，夯实基础

练习（P_{161}）

1. (1) $y=-3x+7$.　(2) $y=-\frac{3}{4}x+\frac{13}{4}$.

2. (1) 由 $x-y=5$，整理得 $y=x-5$.

如图①，在同一直角坐标系中，画出一次函数 $y=x-5$ 和 $y=3-x$ 的图像，它们的交点为 $P(4,-1)$，

$\therefore$ 原二元一次方程组的解是 $\begin{cases}x=4,\\y=-1.\end{cases}$

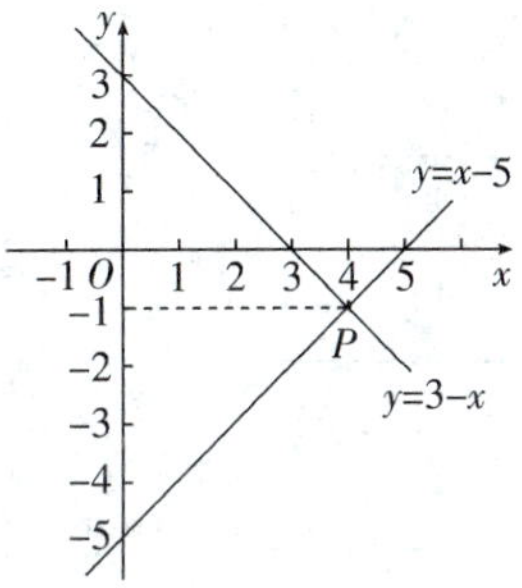

①

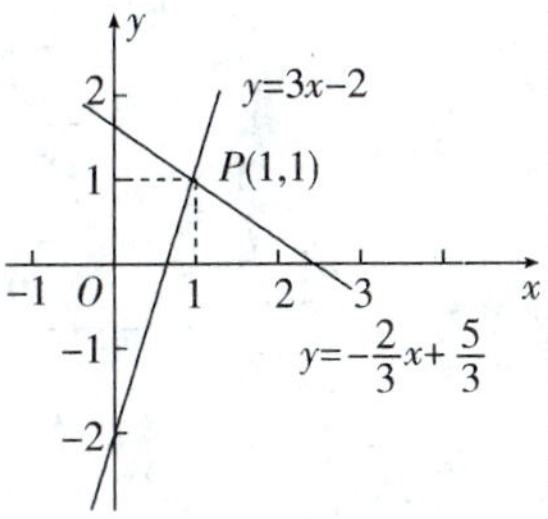

②

(2) 由 $2x+3y=5$ 得 $y=-\frac{2}{3}x+\frac{5}{3}$；由 $3x-y=2$，得 $y=3x-2$. 如图②，在同一直角坐标系中，画出一次函数 $y=-\frac{2}{3}x+\frac{5}{3}$ 和 $y=3x-2$ 的图像，它们的交点为 $P(1,1)$，$\therefore$ 原二元一次方程组的解为 $\begin{cases}x=1,\\y=1.\end{cases}$

习题 6.5（P_{162}）

1. (1) 由 $3x-y=0$，得 $y=3x$；由 $x+3y=0$，得 $y=-\frac{1}{3}x$.

在同一直角坐标系中，画一次函数 $y=3x$ 与 $y=-\frac{1}{3}x$ 的图像，如图①，由交点坐标为 $O(0,0)$，得原方程组的解为 $\begin{cases}x=0,\\y=0.\end{cases}$

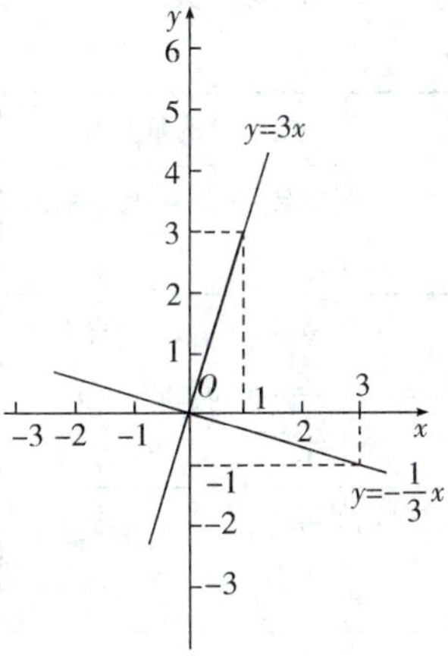

①

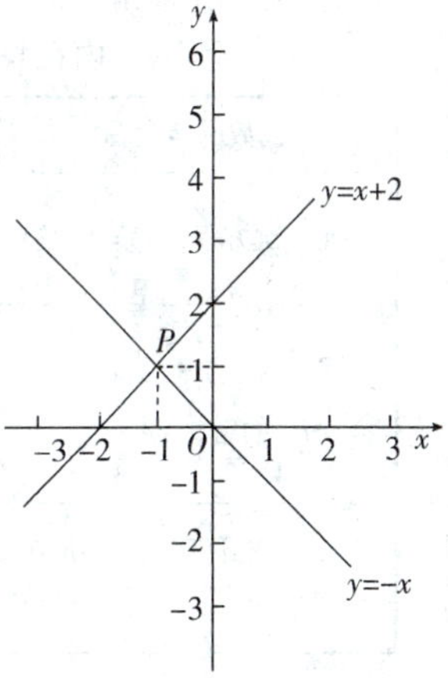

②

(2) 由 $x+y=0$，得 $y=-x$；由 $x-y+2=0$，得 $y=x+2$.

在同一直角坐标系中，画一次函数 $y=-x$ 与 $y=x+2$ 的图像，如图②，由交点坐标为 $P(-1,1)$，得原方程组的解为 $\begin{cases}x=-1,\\y=1.\end{cases}$

2. （画图略）(1) 由交点坐标为 $(2,6)$，得原方程组的解为 $\begin{cases}x=2,\\y=6.\end{cases}$

(2) 由交点坐标为 $(2,-1)$，得原方程组的解为 $\begin{cases}x=2,\\y=-1.\end{cases}$

3. 把 $(2,5)$ 代入 $y=kx+1$，得 $2k+1=5$，$\therefore k=2$.

把 $(2,5)$ 代入 $y=-0.5x+b$，得 $-0.5\times2+b=5$，

$\therefore b=6$，即 $k=2$，$b=6$.

6.6 一次函数、一元一次方程和一元一次不等式

学习目标　明确方向,有的放矢

❶ 通过具体实例,初步体会一次函数与一元一次方程、一元一次不等式的内在联系.

❷ 了解一次函数、一元一次方程、一元一次不等式在解决问题过程中的作用和联系.

知识详解　讲透教材,解疑释难

知识点　一次函数、一元一次方程、一元一次不等式的内在联系　重点

从数与形的角度来阐述一次函数与一元一次方程、一元一次不等式的内在联系:

从数的角度看		从形的角度看
一元一次方程 $ax+b=0$ 的解	⇔	直线 $y=ax+b$ 与 x 轴的交点
一元一次方程 $a_1x+b_1=a_2x+b_2$ 的解	⇔	直线 $y=a_1x+b_1$ 与直线 $y=a_2x+b_2$ 的交点的横坐标
一元一次不等式 $ax+b>0$ 的解集	⇔	直线 $y=ax+b$ 在 x 轴上方的部分
一元一次不等式 $ax+b<0$ 的解集	⇔	直线 $y=ax+b$ 在 x 轴下方的部分
一元一次不等式 $a_1x+b_1>a_2x+b_2$ 的解集	⇔	直线 $y=a_1x+b_1$ 在直线 $y=a_2x+b_2$ 上方的部分
一元一次不等式 $a_1x+b_1<a_2x+b_2$ 的解集	⇔	直线 $y=a_1x+b_1$ 在直线 $y=a_2x+b_2$ 下方的部分

例 1　画出函数 $y=2x+1$ 的图像,利用图像求:

(1)方程 $2x+1=0$ 的根;

(2)不等式 $2x+1\geqslant0$ 的解集;

(3)当 $y\leqslant3$ 时,求 x 的取值范围;

(4)当 $-3\leqslant y\leqslant3$ 时,求 x 的取值范围.

解析　此题必须先画出图像,再根据图像求解,通过解方程或不等式也能得到准确答案,但不符合题意要求,本题主要考查观察函数图像的能力.

解　$\because$ 函数 $y=2x+1$ 是一次函数,列表如下:

x	0	$-\frac{1}{2}$
y	1	0

$\therefore A(0,1),B\left(-\frac{1}{2},0\right)$,连接 AB,如图,直线 AB 就是函数 $y=2x+1$ 的图像.

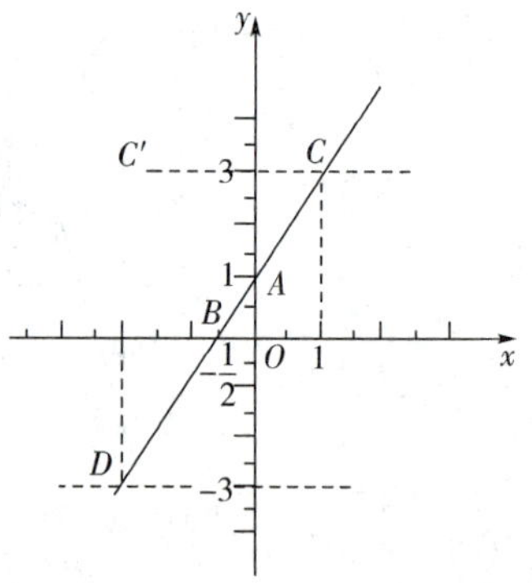

(1)直线 AB 与 x 轴的交点是 $B\left(-\frac{1}{2},0\right)$,从图像可以看出,当 $x=-\frac{1}{2}$时,$y=0$,即 $2x+1=0$.$\therefore x=-\frac{1}{2}$就是方程 $2x+1=0$ 的解.

(2)从图像上可以看到,射线 BA 在 x 轴的上方及 x 轴上,它上面的点的纵坐标都不小于零,即 $y=2x+1\geqslant0$.

$\because$ 射线 BA 上点的横坐标满足 $x\geqslant-\frac{1}{2}$,

$\therefore$ 不等式 $2x+1\geqslant0$ 的解集是 $x\geqslant-\frac{1}{2}$.

(3)过点$(0,3)$引平行于 x 轴的直线 CC',与直线 AB 的交点坐标为$(1,3)$,直线 CC'上点的纵坐标 y 均等于3,直

线 CC' 下方的点的纵坐标 y 均小于3，射线 CD 上点的横坐标满足 $x\leqslant1$.∴ 当 $y\leqslant3$ 时，x 的取值范围为 $x\leqslant1$.

(4)过(0,-3)点作平行于 x 轴的直线，交直线 AB 于 $D(-2,-3)$.

从图像中可知，线段 DC 上的点的纵坐标满足 $-3\leqslant y\leqslant3$，而横坐标满足 $-2\leqslant x\leqslant1$.

点评 掌握好一次函数与一元一次方程、一元一次不等式的内在联系就能很好地作答本题.本例(3)(4)也可以将 $y=2x+1$ 代入 $y\leqslant3$，$-3\leqslant y\leqslant3$ 中求相应的 x 的值的取值范围，这个事实说明：当给定函数值的一个取值范围，欲求相应的自变量的取值范围时，实质就是解不等式.

例 2 已知直线 $y=kx+5$ 交 x 轴于 A，交 y 轴于 B 且 A 坐标为(5,0)，直线 $y=2x-4$ 与 x 轴交于 D，与直线 AB 相交于点 C.

(1)求点 C 的坐标；

(2)根据图像，写出关于 x 的不等式 $2x-4>kx+5$ 的解集；

(3)求 $\triangle ADC$ 的面积.

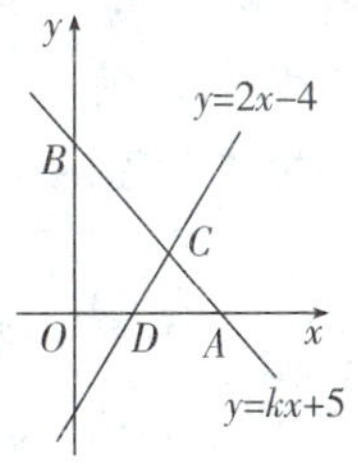

解析 (1)根据点 A 的坐标利用待定系数法可求出直线 AB 的表达式，联立直线 AB，CD 的表达式组成方程组，通过解方程组即可求出点 C 的坐标；

(2)根据直线 AB，CD 的上下位置关系结合点 C 的坐标，即可得出不等式 $2x-4>kx+5$ 的解集；

(3)利用一次函数图像上点的坐标特征可求出点 D 的坐标，再根据三角形的面积公式即可求出 $\triangle ADC$ 的面积.

解 (1)∵ 直线 $y=kx+5$ 经过点 $A(5,0)$，∴ $5k+5=0$，解得 $k=-1$，∴ 直线 AB 的表达式为 $y=-x+5$.联立直线 AB，CD 的表达式组成方程组 $\begin{cases}y=-x+5,\\y=2x-4,\end{cases}$ 解得 $\begin{cases}x=3,\\y=2,\end{cases}$ ∴ 点 C 的坐标为(3,2).

(2)观察函数图像可知：当 $x>3$ 时，直线 $y=2x-4$ 在直线 $y=-x+5$ 的上方，∴ 不等式 $2x-4>kx+5$ 的解集为 $x>3$.

(3)当 $y=2x-4=0$ 时，$x=2$，∴ 点 D 的坐标为(2,0)，

∴ $S_{\triangle ACD}=\frac{1}{2}(x_A-x_D)\cdot y_C=\frac{1}{2}\times(5-2)\times2=3$.

点评 本题考查了一次函数与一元一次不等式、待定系数法求一次函数表达式、一次函数图像上点的坐标特征以及三角形的面积，解题的关键是：(1)联立两直线表达式组成方程组，求出交点坐标；(2)根据两直线的上下位置关系找出不等式的解集；(3)利用一次函数图像上点的坐标特征求出点 D 的坐标.

例 3 某企业在自主研制新产品的同时考虑招聘员工的计划，已知该产品的生产成本为每件40元，员工每人每月的工资为2 500元，公司每月需支付其他费用15万元，设产品月销售量为 y(万件)，销售单价为 x(元)，试销阶段 $40\leqslant x\leqslant60$，企业把试销情况列成表格(如表)，正式销售阶段 $60<x<100$，企业把销售情况绘制成函数图像(如图).

月销售量 y/万件	4	3.5	2
销售单价 x/元	40	45	60

(1)请你认真分析图表中所给的数据，试用一次函数来表示企业在试销阶段 y 与 x 之间的变化规律，并求出它的函数表达式；

(2)求正式销售时，y 与 x 之间的函数表达式；

(3)当销售单价定为50元时，为保证企业月利润达到5万元(利润=销售额-生产成本-员工工资-其他费用)，该企业需要招聘多少员工？

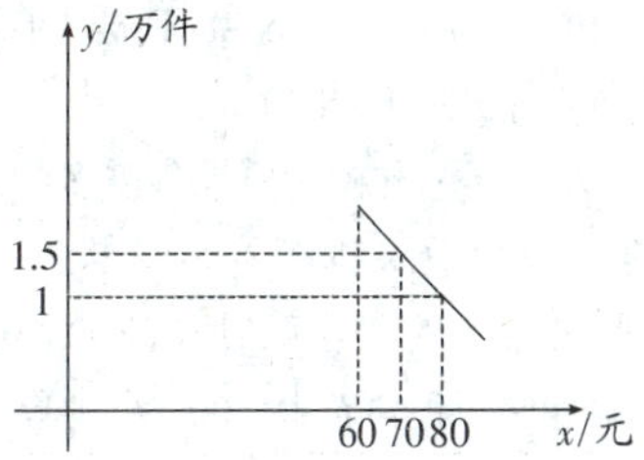

解析 (1)由表中数据可以看出，随着销售单价的增加，销售量在减少，设函数表达式为 $y=kx+b$，代入两点求得表达式即可；

(2)设函数表达式为 $y=ax+c$，代入两点求得表达式即可；

(3)利用利润=销售额-生产成本-员工工资-其他费用，列方程解答问题.

解 (1)设函数为 $y=kx+b$，代入(40,4)，(45,3.5)两点得，$\begin{cases}40k+b=4,\\45k+b=3.5,\end{cases}$ 解得 $\begin{cases}k=-0.1,\\b=8,\end{cases}$

∴ 函数表达式 $y=-0.1x+8(40\leqslant x\leqslant60)$.

(2)设函数表达式为 $y=ax+c$，代入(70,1.5)，(80,1)两点得，$\begin{cases}70a+c=1.5,\\80a+c=1,\end{cases}$ 解得 $\begin{cases}a=-0.05,\\c=5,\end{cases}$

∴ 函数表达式 $y=-0.05x+5(60<x<100)$.

(3)设该企业需要招聘 m 名员工,由题意得,

$(50-40)\times(-0.1\times50+8)-0.25m-15=5$,解得 $m=40$.

答:该企业需要招聘 40 名员工.

点评 此题考查一次函数的运用和一元一次方程的应用,注意图表信息的读取.

★教材中的问题解答★

讨论(P_{164})

能.$0.5x+25\leq35$,解得 $x\leq20$,所以在弹性限度内能挂物体的最大质量为 20 kg.

探索(P_{164})

$x=-2$;$x>-2$;$x<-2$.

尝试(P_{164})

答案不唯一,符合条件即可,如:汽车在高速公路上行驶多长时间后,它距出发点的路程超过 300 km?

解:$35+105x\geq300$,解得 $x\geq\frac{53}{21}$,即汽车在高速公路上行驶 $\frac{53}{21}$ h 后,距出发点的路程超过 300 km.

题型精讲

一次函数、方程与不等式关系

知识讲解

一次函数与一元一次方程、一元一次不等式的应用

拓展典例

分类提升,典例剖析

拓展点一　运用一次函数、方程和不等式解决实际问题

例 1 我市在创建全国文明城市过程中,决定购买 A,B 两种树苗对某路段道路进行绿化改造,已知购买 A 种树苗 8 棵,B 种树苗 3 棵,需要 950 元;若购买 A 种树苗 5 棵,B 种树苗 6 棵,则需要 800 元.

(1)求购买 A,B 两种树苗每棵各需多少元.

(2)考虑到绿化效果和资金周转,购进 A 种树苗不能少于 50 棵,且用于购买这两种树苗的资金不能超过 7 650 元,若购进这两种树苗共 100 棵,则有哪几种购买方案?

(3)某包工队承包种植任务,若种好一棵 A 种树苗可获工钱 30 元,种好一棵 B 种树苗可获工钱 20 元,在第(2)问的各种购买方案中,种好这 100 棵树苗,哪一种购买方案所付的种植工钱最少?最少工钱是多少元?

解析 (1)设购买 A 种树苗每棵需要 x 元,B 种树苗每棵需要 y 元,根据总价=单价×数量,可列出关于 x,y 的二元一次方程组,解方程组即可得出结论;

(2)设购买 A 种树苗 m 棵,则购买 B 种树苗$(100-m)$棵,根据总价=单价×数量,可列出关于 m 的一元一次不等式组,解不等式组即可得出 m 的取值范围,由此可得出结论;

(3)设种植工钱为 W,根据植树的工钱=植 A 种树的工钱+植 B 种树的工钱,列出 W 关于 m 的函数表达式,根据一次函数的单调性即可解决最值问题.

解 (1)设购买 A 种树苗每棵需要 x 元,B 种树苗每棵需要 y 元,

由已知得,$\begin{cases}8x+3y=950,\\5x+6y=800,\end{cases}$解得$\begin{cases}x=100,\\y=50.\end{cases}$

答:购买 A 种树苗每棵需要 100 元,B 种树苗每棵需要 50 元.

(2)设购买 A 种树苗 m 棵,则购买 B 种树苗$(100-m)$棵,

根据已知,得$\begin{cases}m\geq50,\\100m+50(100-m)\leq7\,650,\end{cases}$解得 $50\leq m\leq53$.故有四种购买方案:①购买 A 种树苗 50 棵,B 种树苗 50 棵;②购买 A 种树苗 51 棵,B 种树苗 49 棵;③购买 A 种树苗 52 棵,B 种树苗 48 棵;④购买 A 种树苗 53 棵,B 种树苗 47 棵.

(3)设种植工钱为 W,由已知得,$W=30m+20(100-m)=10m+2\,000$,∴ 当 $m=50$ 时,W 最小,最小值为 2 500 元.

故购买 A 种树苗 50 棵、B 种树苗 50 棵时所付的种植工钱最少,最少工钱是 2 500 元.

点评 本题考查了一次函数的应用、二元一次方程组的应用以及一元一次不等式组的应用,解题的关键是:(1)列出关于 x,y 的二元一次方程组;(2)根据数量关系列出关于 m 的一元一次不等式组;(3)根据数量关系找出 W 关于 m 的函数表达式.

例 2 (2016·荆门)A 城有某种农机 30 台,B 城有该农机 40 台,现要将这些农机全部运往 C,D 两乡,调运任务承包给某运输公司.已知 C 乡需要农机 34 台,D 乡需要农机 36 台,从 A 城往 C,D 两乡运送农机的费用分别为 250 元/台和 200 元/台,从 B 城往 C,D 两乡运送农机的费用分别为 150 元/台和 240 元/台.

(1)设 A 城运往 C 乡该农机 x 台,运送全部农机的总费用为 W 元,求 W 关于 x 的函数表达式,并写出自变量 x 的取值范围.

(2)现该运输公司要求运送全部农机的总费用不低于 16 460 元,则有多少种不同的调运方案?将这些方案设计出来.

(3)现该运输公司决定对 A 城运往 C 乡的农机,从运输费中每台减免 a 元($a\leqslant200$)作为优惠,其他费用不变,如何调运,使总费用最少?

解析 (1)A 城运往 C 乡的农机为 x 台,则可得 A 城运往 D 乡的农机为$(30-x)$台,B 城运往 C 乡的农机为$(34-x)$台,B 城运往 D 乡的农机为$[40-(34-x)]$台,从而可得出 W 与 x 的函数表达式.

(2)根据题意得 $140x+12\ 540\geqslant16\ 460$ 求得 $28\leqslant x\leqslant30$,于是得到有 3 种不同的调运方案,写出方案即可;

(3)根据题意得到 $W=(140-a)x+12\ 540$,所以当 $a=200$ 时,$y=-60x+12\ 540$,于是得到当 $x=30$ 时,总费用最少.

解 (1)$W=250x+200(30-x)+150(34-x)+240(6+x)=140x+12\ 540(0\leqslant x\leqslant30)$.

(2)根据题意得 $140x+12\ 540\geqslant16\ 460$,$\therefore x\geqslant28$.

$\because x\leqslant30$,$\therefore 28\leqslant x\leqslant30$,$\therefore$ 有 3 种不同的调运方案,

第一种调运方案:从 A 城调往 C 乡 28 台,调往 D 乡 2 台,从 B 城调往 C 乡 6 台,调往 D 乡 34 台;

第二种调运方案:从 A 城调往 C 乡 29 台,调往 D 乡 1 台,从 B 城调往 C 乡 5 台,调往 D 乡 35 台;

第三种调运方案:从 A 城调往 C 乡 30 台,调往 D 乡 0 台,从 B 城调往 C 乡 4 台,调往 D 乡 36 台.

(3)$W=(250-a)x+200(30-x)+150(34-x)+240(6+x)=(140-a)x+12\ 540$,

①当 $0<a<140$ 时,即 $140-a>0$,

当 $x=0$ 时,$W_{最小值}=12\ 540$,

此时从 A 城调往 C 乡 0 台,调往 D 乡 30 台,从 B 城调往 C 乡 34 台,调往 D 乡 6 台;

②当 $a=140$ 时,$W=12\ 540$ 元,

$\therefore$ 各种方案费用一样多;

③当 $140<a\leqslant200$ 时,$140-a<0$,

$\therefore$ 当 $a=200$ 时,$W=-60x+12\ 540$,

当 $x=30$ 时,$W_{最小值}=10\ 740$,

此时从 A 城调往 C 乡 30 台,调往 D 乡 0 台,从 B 城调往 C 乡 4 台,调往 D 乡 36 台.

点评 选择不同方案的一次函数应用题,注意根据实际问题意义,建立函数模型,结合实际问题中的不少于、不多于等关系构造不等式(组),确定实际问题中的自变量的取值范围,根据一次函数的性质,判断函数值取某些数(或某些范围)时,符合题意的自变量的对应值,得出函数值满足某种条件时的方案.

拓展点二 运用函数图像解决问题

例 3 波波和爸爸两人以相同路线从家出发,步行前往公园.图中 OA,BC 分别表示爸爸和波波所走的路程 y(米)与爸爸步行的时间 x(分)的函数图像.已知爸爸从家步行到公园所花的时间比波波的 2 倍还多 10 分钟,则在步行过程中,他们父子俩相距的最远路程是________米.

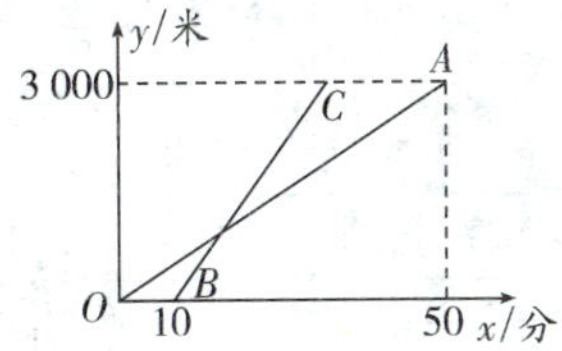

解析 波波所花的时间为$(50-10)\div2=20$(分),爸爸的速度为 $3\ 000\div50=60$(米/分),

波波的速度为 $3\ 000\div20=150$(米/分).

根据题意得,线段 OA 的表达式为 $y=60x(0\leqslant x\leqslant50)$,

线段 BC 的表达式为 $y=150(x-10)=150x-1\ 500(10\leqslant x\leqslant30)$.

当 $x=10$ 时,$60x-(150x-1\ 500)=600$;

当 $x=30$ 时,$150x-1\ 500-60x=1\ 200$.

$\because 1\ 200>600$,$\therefore$ 他们父子俩相距的最远路程是 1 200 米.

答案 1 200

点评 对于函数图像的选择,命题者关注的重点并非放在精确绘制的函数图像上,而是提供一个与现实生活密切联系的问题情境,考查同学们对图像的理解和灵活运用函数知识解决实际问题的能力.从命题者关注的侧重点出发分析问题,往往能收到事半功倍的效果.

例 4 (济南中考题)若直线 $y=kx$ 与四条直线 $x=1,x=2,y=1,y=2$ 围成的正方形有公共点,则 k 的取值范围是________.

解析 如图,直线 $y=kx$ 过点$(1,2)$和$(2,1)$时是边界.直线过点$(1,2)$和$(2,1)$时的表达式分别为 $y=2x$ 和 $y=\frac{1}{2}x$,因此 $\frac{1}{2}\leqslant k\leqslant2$.

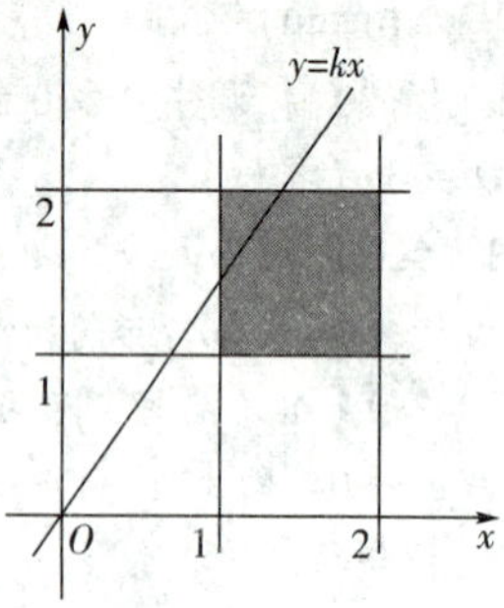

答案 $\frac{1}{2}\leqslant k\leqslant 2$

点评 本题考查平面直角坐标系、求一次函数表达式,找准题目中的正方形是关键.先找到边界的位置,求出边界直线的表达式即可确定 k 的取值范围.直线过点(1,2)和(2,1)时,与正方形只有一个公共点,在这两者之外,则与正方形没有公共点.

易错辨析

错误分析,拨开迷雾

易错点　未找准对应关系

例 已知一次函数 $y=kx+b$ 的图像如图所示,则当 $x<0$ 时,y 的取值范围是 (　　)

A. $y>0$　　B. $y<0$

C. $-2<y<0$　　D. $y<-2$

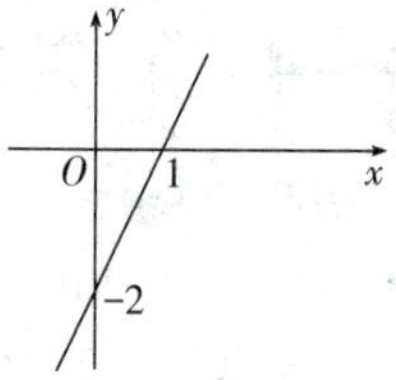

正确解答 根据图像可知当 $x<0$ 时,$y<-2$.故选 D.

易错总结 这类题的解题关键是运用数形结合的思想,找到符合条件的图像,然后根据要求找答案.若求 y 的取值范围,则应看"上下";若求 x 的取值范围,则应看"左右".

品味中考

对接中考,小试牛刀

1. (2016·桂林)如图,直线 $y=ax+b$ 过点 $A(0,2)$ 和点 $B(-3,0)$,则方程 $ax+b=0$ 的解是 (　　)

A. $x=2$　B. $x=0$　C. $x=-1$　D. $x=-3$

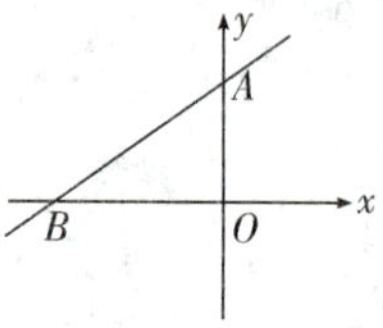

(第1题)

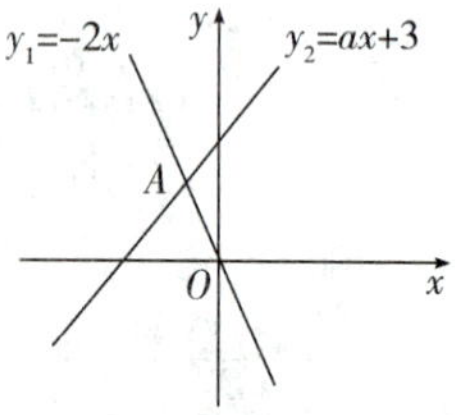

(第2题)

2. (2017·菏泽)如图,函数 $y_1=-2x$ 与 $y_2=ax+3$ 的图像相交于点 $A(m,2)$,则关于 x 的不等式 $-2x>ax+3$ 的解集是 (　　)

A. $x>2$　B. $x<2$　C. $x>-1$　D. $x<-1$

3. (2017·十堰)如图,直线 $y=kx$ 和 $y=ax+4$ 交于 $A(1,k)$,则不等式 $kx-6<ax+4<kx$ 的解集为__________.

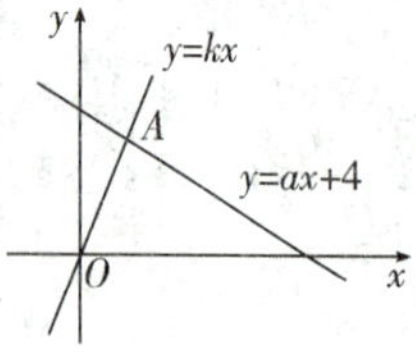

4. (2016·怀化)已知一次函数 $y=2x+4$.

(1)在如图所示的平面直角坐标系中,画出函数的图像;

(2)求图像与 x 轴的交点 A 的坐标,与 y 轴的交点 B 的坐标;

(3)在(2)条件下,求△AOB 的面积;

(4)利用图像直接写出:当 $y<0$ 时,x 的取值范围.

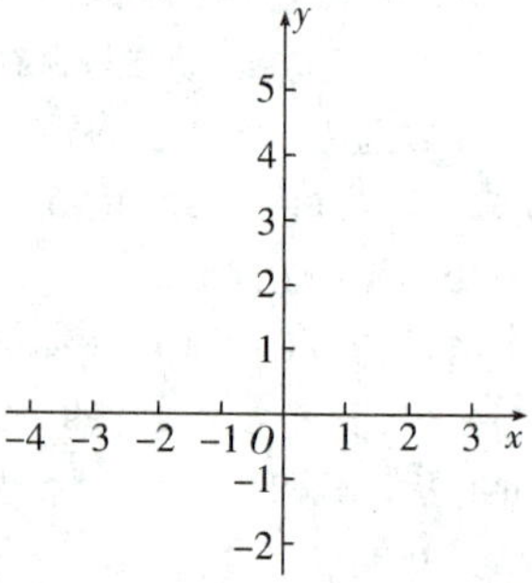

5. (2017·玉林)某新建成学校举行美化绿化校园活动，九年级计划购买 A,B 两种花木共 100 棵绿化操场，其中 A 花木每棵 50 元，B 花木每棵 100 元.

(1)若购进 A,B 两种花木刚好用去 8 000 元，则购买了 A,B 两种花木各多少棵?

(2)如果购买 B 花木的数量不少于 A 花木的数量，请设计一种购买方案使所需总费用最低，并求出该购买方案所需总费用.

趁热打铁

即时检测，巩固提高

基础篇

1. (☆)(2017·湘潭)一次函数 $y=ax+b$ 的图像如图所示，则不等式 $ax+b\geqslant 0$ 的解集是　(　　)

A. $x\geqslant 2$　　B. $x\leqslant 2$　　C. $x\geqslant 4$　　D. $x\leqslant 4$

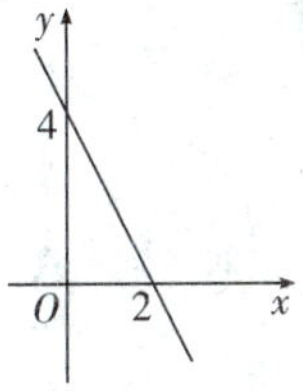

(第 1 题)

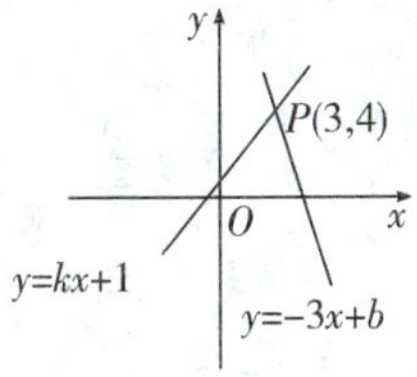

(第 2 题)

2. (☆☆)一次函数 $y=-3x+b$ 和 $y=kx+1$ 的图像如图所示，其交点为 $P(3,4)$，则不等式 $kx+1\geqslant -3x+b$ 的解集在数轴上表示正确的是　(　　)

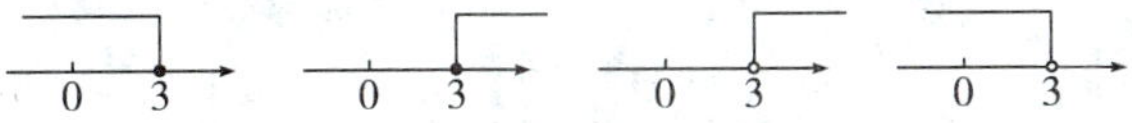

A　　B　　C　　D

3. (☆☆)如图，直线 $y=kx+b$ 经过 $A(2,1)$，$B(-1,-2)$ 两点，则不等式 $-2<kx+b<1$ 的解集为　(　　)

A. $-2<x<2$　　B. $-1<x<1$

C. $-2<x<1$　　D. $-1<x<2$

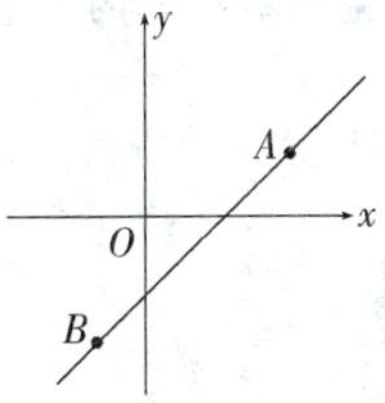

(第 3 题)

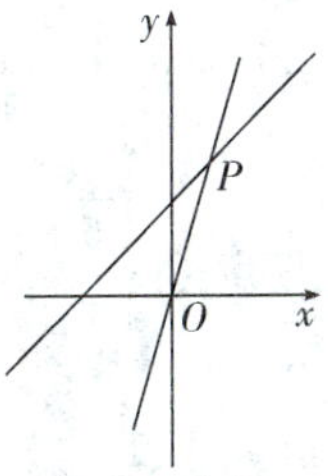

(第 5 题)

4. (☆☆)已知关于 x 的方程 $mx+n=0$ 的解是 $x=2$，则直线 $y=mx+n$ 与 x 轴的交点坐标是________.

5. (☆☆)如图，直线 $y=3x$ 和 $y=kx+2$ 相交于点 $P(a,3)$，则关于 x 的不等式 $(3-k)x\leqslant 2$ 的解集为________.

6. (☆☆)画出函数 $y=-\frac{3}{2}x+3$ 的图像，根据图像回答下列问题：

(1)求方程 $-\frac{3}{2}x+3=0$ 的解；

(2)求不等式 $-\frac{3}{2}x+3<0$ 的解集；

(3)当 x 取何值时，$y\geqslant 0$.

提升篇

7. (☆☆☆)已知直线 $y_1=2x$ 与直线 $y_2=-2x+4$ 相交于点 A.有以下结论：①点 A 的坐标为 $A(1,2)$；②当 $x=1$ 时，两个函数值相等；③当 $x<1$ 时，$y_1<y_2$；④直线 $y_1=2x$ 与直线 $y_2=-2x+4$ 在平面直角坐标系中的位置关系是平行.其中正确的是　(　　)

A. ①③④　　B. ②③

C. ①②③④　　D. ①②③

8. (☆☆☆)直线 $y_1=2x+2$ 关于 x 轴对称的直线为 y_2，则当 $y_1>y_2$ 时，自变量 x 的取值范围是　(　　)

A. $x>-1$　B. $x<-1$　C. $x>2$　D. $x>0$

9. (☆☆☆)(2016·曲靖)如图，已知直线 $y_1=-\frac{1}{2}x+1$ 与 x 轴交于点 A，与直线 $y_2=-\frac{3}{2}x$ 交于点 B.

(1)求△AOB 的面积；

(2)求 $y_1>y_2$ 时 x 的取值范围.

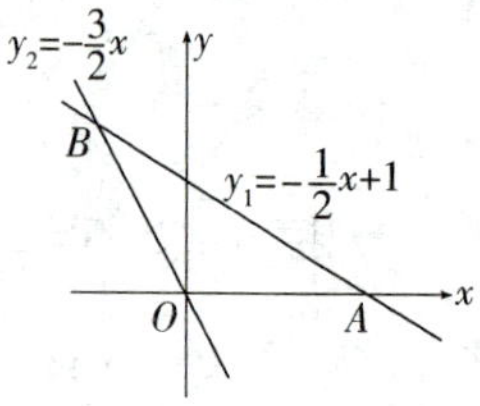

挑战篇

10. (☆☆☆☆☆)小刚家装修，准备安装照明灯.他和爸爸到市场进行调查，了解到某种优质品牌的一盏40瓦白炽灯的售价为1.5元，一盏8瓦节能灯的售价为22.38元，这两种功率的灯发光效果相当.假定电价为0.45元/度，设照明时间为 x(h)，使用一盏白炽灯和一盏节能灯的费用分别为 y_1(元)和 y_2(元)(耗电量(度)=功率(千瓦)×用电时间(h)，费用=电费+灯的售价).

(1)分别求出 y_1，y_2 与照明时间 x 之间的函数表达式.

(2)你认为选择哪种照明灯合算？

(3)若一盏白炽灯的使用寿命为2 000 h，一盏节能灯的使用寿命为6 000 h，如果不考虑其他因素，以6 000 h计算，使用哪种照明灯省钱？省多少钱？

课后答案

详解习题，夯实基础

练习(P_{164})

1. 当 $x<1$ 时，函数 $y=-2(x+1)+4$ 的值是正数；当 $x>1$ 时，函数 $y=-2(x+1)+4$ 的值是负数；当 $x\leqslant1$ 时，函数 $y=-2(x+1)+4$ 的值是非负数.

2. (1)音速为340 m/s时的气温为15 ℃.

(2)音速超过340 m/s时的气温范围是大于15 ℃.

习题6.6(P_{165})

1. 画图略.(1) $x=1$.(2) $x>1$.(3) $x<1$.

2. 当 $x<1$ 时，函数 $y=-3x+1$ 的值大于 -2；

当 $x>1$ 时，函数 $y=-3x+1$ 的值小于 -2；

当 $x=1$ 时，函数 $y=-3x+1$ 的值等于 -2.

3. 当 $x<-5$ 时，y 的值是正数；

当 $x>-5$ 时，y 的值是负数；

当 $x\leqslant-5$ 时，y 的值是非负数.

4. (1) $k=\frac{1}{5}$，$b=-2$.

(2)由图像可知，旅客最多可免费携带行李的质量是10 kg.

(3)由题意，得 $\begin{cases}\frac{1}{5}x-2\geqslant4,\\ \frac{1}{5}x-2\leqslant15,\end{cases}$

解得 $30\leqslant x\leqslant85$.

∴ 该旅客所携带行李的质量范围是大于等于30 kg，且小于等于85 kg.

本章总结

知识框架

要点归纳，一览无余

- 一次函数
  - 函数的概念
    - 常量与变量
    - 函数、自变量与因变量
    - 函数的表示方法
      - 列表法
      - 图像法
      - 解析法
    - 自变量的取值范围与函数值
  - 一次函数
    - 一次函数与正比例函数
    - 求一次函数与正比例函数的表达式(待定系数法)
  - 一次函数的图像
    - 一次函数图像的画法
    - 一次函数图像的性质
      - k 的正负决定直线的倾斜方向($|k|$ 越大，与 y 轴的正半轴夹角越小)
        - ① 当 $k>0$ 时，y 随 x 的增大而增大
        - ② 当 $k<0$ 时，y 随 x 的增大而减小
      - b 的正负决定直线与 y 轴交点的位置($|b|$ 越小，与 y 轴交点越接近原点)
        - ① 当 $b>0$ 时，直线与 y 轴交于正半轴上
        - ② 当 $b<0$ 时，直线与 y 轴交于负半轴上
        - ③ 当 $b=0$ 时，直线经过原点，是正比例函数
  - 一次函数的应用
    - 根据一次函数的图像解决实际问题
    - 利用一次函数解决实际问题
  - 二元一次方程组的图像解法

专题归纳

科学总结，突破难点

知识技能

一、一次函数的概念及性质

例 1 某一次函数的图像经过点$(1,2)$，且 y 随 x 的增大而减小，则这个函数的表达式可能是　(　　)

A. $y=2x+4$　　B. $y=3x-1$

C. $y=-3x-1$　　D. $y=-2x+4$

解析 设一次函数表达式为 $y=kx+b$，

$\because$ 图像经过点$(1,2)$，$\therefore k+b=2$.

$\because y$ 随 x 的增大而减小，$\therefore k<0$.

即 k 取负数，满足 $k+b=2$ 的 k,b 的取值都可以. 故选 D.

答案 D

点评 在一次函数 $y=kx+b(k\neq0)$ 中，函数值 y 随 x 的增大而减小$\Leftrightarrow k<0$；函数值 y 随 x 的增大而增大$\Leftrightarrow k>0$，熟练掌握一次函数的定义及性质是解题的关键.

二、一次函数及其表达式

例 2 已知一次函数的图像经过$(-1,2)$和$(-3,4)$，则这个一次函数的表达式为____________.

解析 设一次函数表达式为 $y=kx+b$，将$(-1,2)$与$(-3,

4)代入得$\begin{cases}-k+b=2,\\-3k+b=4,\end{cases}$解得$\begin{cases}k=-1,\\b=1,\end{cases}$则一次函数表达式为$y=-x+1$.

答案 $y=-x+1$

点评 确定一次函数的表达式主要有两种情况:(1)给出两组对应的自变量、函数值;(2)给出直线上两个点的坐标.本题根据直线的图像,可以找出它上面的两个点的坐标(一般找两个特殊的点,比如与x轴、y轴的交点),从而求出k,b的值.

三、一次函数与方程、不等式的关系

例 3 如图,直线$y=-x+m$与$y=nx+4n(n\neq0)$的交点的横坐标为-2,则关于x的不等式$-x+m>nx+4n>0$的整数解是________.

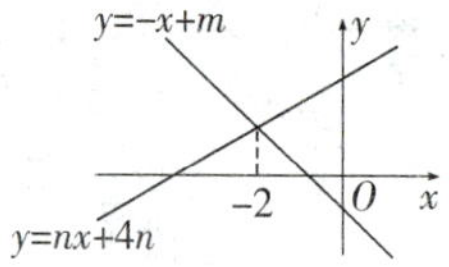

解析 ∵直线$y=-x+m$与$y=nx+4n$的交点的横坐标为-2,

∴关于x的不等式$-x+m>nx+4n>0$的解集为$-4<x<-2$,

∴整数解是-3.

答案 -3

点评 本题考查了一次函数与一元一次不等式,要注意数形结合,从图中得到有效信息.

方法规律

一、如何解决几何动态问题中的图像问题

例 1 (2016·绥化)周末,小芳骑自行车从家出发到野外郊游,从家出发0.5小时到达甲地,游玩一段时间后按原速前往乙地,小芳离家1小时20分钟后,妈妈驾车沿相同路线前往乙地,行驶10分钟时,恰好经过甲地,如图是她们距乙地的路程y(km)与小芳离家时间x(h)的函数图像.

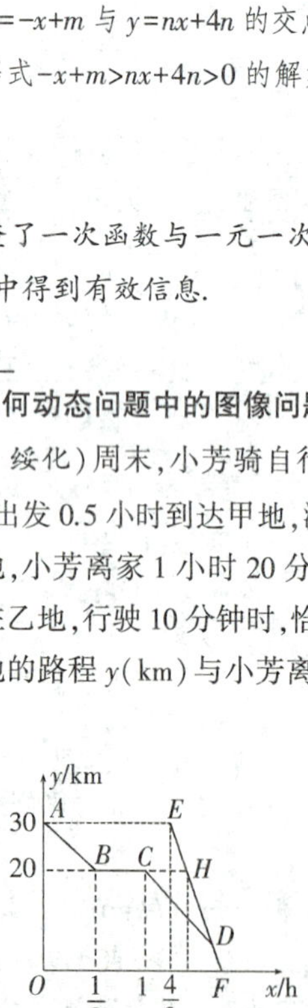

(1)小芳骑车的速度为________km/h,H点的坐标为________.

(2)小芳从家出发多少小时后被妈妈追上?此时距家的路程是多远?

(3)相遇后,妈妈载上小芳和自行车按原速行驶一同到达乙地(彼此交流时间忽略不计),求小芳比预计时间早几分钟到达乙地.

解析 (1)根据函数图像中的数据,由小芳从家到甲地的路程和时间可以求出小芳骑车的速度;

(2)先求出直线AB的表达式,再根据直线$AB/\!/CD$,求出直线CD的表达式,再求出直线EF的表达式,联立直线CD和直线EF的表达式,求出交点D的坐标即可;

(3)将$y=0$分别代入直线CD和直线EF的表达式,分别求出当$y=0$时的横坐标,再求出两横坐标的差值即可.

解 (1)20　$\left(\frac{3}{2},20\right)$

(2)设直线AB的表达式为$y_1=k_1x+b_1$,

将点$A(0,30)$,$B\left(\frac{1}{2},20\right)$代入得$y_1=-20x+30$.

∵$AB/\!/CD$,

∴设直线CD的表达式为$y_2=-20x+b_2$,

将点$C(1,20)$代入得$b_2=40$,

故$y_2=-20x+40$,

设直线EF的表达式为$y_3=k_3x+b_3$,

将点$E\left(\frac{4}{3},30\right)$,$H\left(\frac{3}{2},20\right)$代入得$k_3=-60,b_3=110$,

∴$y_3=-60x+110$,

解方程组$\begin{cases}y=-60x+110,\\y=-20x+40,\end{cases}$得$\begin{cases}x=1.75,\\y=5,\end{cases}$

∴点D坐标为(1.75,5),30-5=25(km),

∴小芳出发1.75小时后被妈妈追上,此时距家25 km.

(3)将$y=0$代入直线CD的表达式有$-20x+40=0$,

解得$x=2$,

将$y=0$代入直线EF的表达式有$-60x+110=0$,

解得$x=\frac{11}{6}$,$2-\frac{11}{6}=\frac{1}{6}$(h)=10(分钟),

故小芳比预计时间早10分钟到达乙地.

点评 本题考查了一次函数的应用,解答本题的关键在于读懂题意,根据函数图像所给的信息求出合适的函数表达式并求解.利用函数的图像解决实际问题,正确理解函数图像横纵坐标表示的意义,理解问题的过程,就能够通过图像得到函数问题的相应解决;如果解答分段函数图像的问题,要抓住其不同变化阶段的特征,对函数图像变化趋势做出正确的判断,有时也需要研究不同变化过程中数量之间的关系.

二、如何解决一次函数应用问题

例 2 (北京中考题)一家游泳馆的游泳收费标准为 30 元/次,若购买会员年卡,可享受如下优惠:

会员年卡类型	办卡费用/元	每次游泳收费/元
A 类	50	25
B 类	200	20
C 类	400	15

例如,购买 A 类会员年卡,一年内游泳 20 次,消费 $50+25\times20=550$(元),若一年内在该游泳馆游泳的次数介于 45~55 次之间,则最省钱的方式为　(　　)

A. 购买 A 类会员年卡

B. 购买 B 类会员年卡

C. 购买 C 类会员年卡

D. 不购买会员年卡

解析 设一年内在该游泳馆游泳的次数为 x 次,消费的钱数为 y 元,

根据题意得,$y_{非会员}=30x$,$y_A=50+25x$,$y_B=200+20x$,$y_C=400+15x$,

当 $45\leqslant x\leqslant55$ 时,$1\ 350\leqslant y_{非会员}\leqslant1\ 650$;$1\ 175\leqslant y_A\leqslant1\ 425$;$1\ 100\leqslant y_B\leqslant1\ 300$;$1\ 075\leqslant y_C\leqslant1\ 225$;

由此可见,C 类会员年卡消费最低,所以最省钱的方式为购买 C 类会员年卡.

答案 C

点评 本题考查了一次函数的应用,解决本题的关键是根据题意列出函数表达式,并确定函数值的范围.

数学思想

一、分类讨论思想的运用

例 1 虽然近几年某市政府加大了对湖水治污的力度,但由于大规模、高强度的经济活动和日益增加的污染负荷,使部分湖水水域水质恶化,富营养化不断加剧.为了保护水资源,该市制定一套节水的管理措施,其中对居民生活用水收费作如下规定:

月用水量/吨	单价/(元/吨)
不大于 10 吨部分	1.5
大于 10 吨不大于 m 吨部分($20\leqslant m\leqslant50$)	2
大于 m 吨部分	3

(1)若某用户六月份用水量为 18 吨,求其应缴纳的水费;

(2)记该用户六月份用水量为 x 吨,缴纳水费为 y 元,试列出 y 关于 x 的函数表达式;

(3)若该用户六月份用水量为 40 吨,缴纳水费 y 元的取值范围为 $70\leqslant y\leqslant90$,试求 m 的取值范围.

解析 (1)用水 18 吨交费时包括两部分:10 吨以内和超过 10 吨部分;(2)利用水费不同阶段的收费标准列出函数表达式即可;(3)用 40 代替上题求得的函数表达式中的 x,利用缴纳水费 y 元的取值范围为 $70\leqslant y\leqslant90$ 得到有关 m 的不等式组求解即可.

解 (1)$\because 18<m$,$\therefore$ 此时前面 10 吨每吨收 1.5 元,后面 8 吨每吨收 2 元,$10\times1.5+(18-10)\times2=31$(元).

(2)①当 $x\leqslant10$ 时,$y=1.5x$;②当 $10<x\leqslant m$ 时,$y=10\times1.5+(x-10)\times2=2x-5$;③当 $x>m$ 时,$y=10\times1.5+(m-10)\times2+(x-m)\times3=3x-m-5$,$\therefore y=\begin{cases}1.5x(x\leqslant10),\\2x-5(10<x\leqslant m),\\3x-m-5(x>m).\end{cases}$

(3)$\because 20\leqslant m\leqslant50$,$\therefore$ 当用水量为 40 吨时就有可能是按照第二和第三两种方式收费,

①当 $40\leqslant m\leqslant50$ 时,此时选择第二种方案,费用 $=2\times40-5=75$,符合题意,

②当 $20\leqslant m<40$ 时,此时选择第三种方案,费用 $=3x-m-5$,则 $70\leqslant3x-m-5\leqslant90$,$\therefore 25\leqslant m\leqslant45$,$\therefore$ 此状况下 $25\leqslant m\leqslant45$.

综合①②可得 m 的取值范围为 $25\leqslant m\leqslant50$.

点评 本题考查的是用一次函数解决实际问题,此类题是近年中考中的热点问题.根据实际问题中的数量关系分段求一次函数表达式是解题的关键,第(3)问要注意分情况讨论.

二、数形结合思想的运用

例 2 如图,已知直线 $y=-2x+b$ 与直线 $y=ax-1$ 相交于点$(2,-2)$,由图像可得不等式$-2x+b>ax-1$ 的解集是__________.

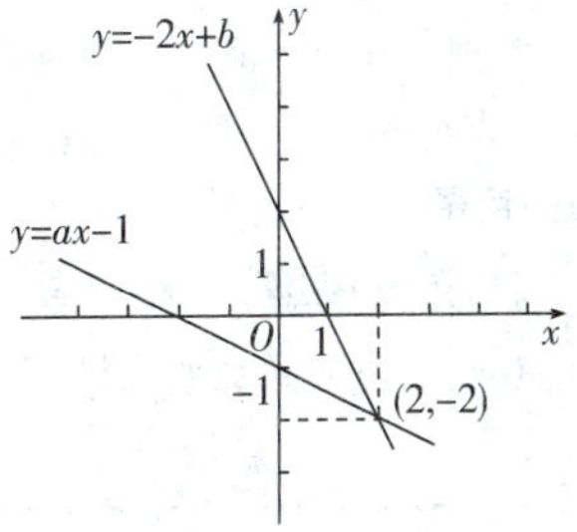

解析 当 $x<2$ 时,$y=-2x+b$ 的图像都在 $y=ax-1$ 的图像上方,所以关于 x 的不等式$-2x+b>ax-1$ 的解集为 $x<2$.

答案 $x<2$

点评 本题考查了一次函数与不等式(组)的关系及数形结合思想的应用.从函数的角度看,就是寻求使一次函

数 $y=kx+b$ 的值大于(或小于)0 的自变量 x 的取值范围;从函数图像的角度看,就是确定直线 $y=kx+b$ 在 x 轴上(或下)方部分所有的点的横坐标所构成的集合.解决此类问题关键是仔细观察图形,注意几个关键点(交点、原点等),做到数形结合.

例 3 (黔南州中考题)如图①,在矩形 $MNPQ$ 中,动点 R 从点 N 出发,沿 $N\to P\to Q\to M$ 方向运动至点 M 处停止.设点 R 运动的路程为 x,$\triangle MNR$ 的面积为 y,如果 y 关于 x 的函数图像如图②所示,则当 $x=9$ 时,点 R 应运动到 (　　)

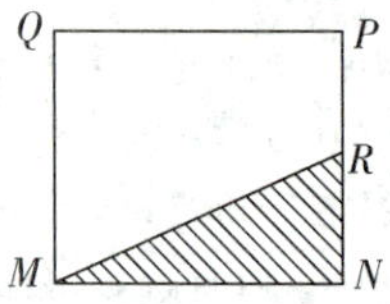

①

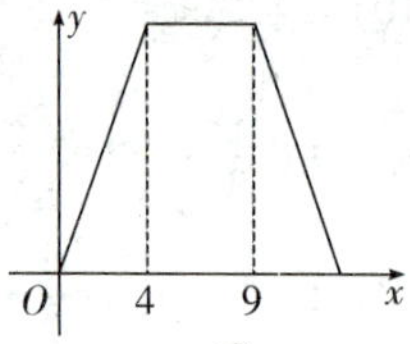

②

A. M 处　　B. N 处　　C. P 处　　D. Q 处

解析 图①表示动点 R 在矩形上的运动情况,图②表示的是运动过程中 $\triangle MNR$ 的面积 y 与 R 点运动的路程 x 之间的函数关系.从图①看动点 R 从点 N 出发向 P 运动时,$\triangle MNR$ 的高 NR 逐渐变大,因此面积逐渐变大;动点 R 从 P 到 Q 运动时,$\triangle MNR$ 的高没变,因此面积不变;动点 R 从点 Q 向 M 运动时,$\triangle MNR$ 的高 MR 逐渐变小,因此面积逐渐变小.从图②看当 x 从 0 到 4 时,面积 y 逐渐变大,当 x 从 4 到 9 时面积没变,从 9 开始面积逐渐变小.所以结合图①和图②知当 $x=9$ 时,点 R 运动到 Q 点.故选 D.

答案 D

点评 本题将数量关系和几何图形巧妙地结合起来,并充分地利用这种结合,探求解决问题的思路和方法,本章中函数的图像,特别是用一次函数的图像解决问题时应注重此种思想方法的运用.

三、方程思想的运用

例 4 (甘南州中考题)某酒厂每天生产 A,B 两种品牌的白酒共 600 瓶,A,B 两种品牌的白酒每瓶的成本和利润如下表:

	A	B
成本/(元/瓶)	50	35
利润/(元/瓶)	20	15

设每天生产 A 种品牌白酒 x 瓶,每天获利 y 元.

(1)请写出 y 关于 x 的函数表达式;

(2)如果该酒厂每天至少投入成本 26 400 元,那么每天至少获利多少元?

解析 (1)生产 A 种品牌白酒 x 瓶,则生产 B 种品牌白酒 $(600-x)$ 瓶;利润 $=A$ 种品牌白酒瓶数 $\times A$ 种品牌白酒一瓶的利润 $+B$ 种品牌白酒瓶数 $\times B$ 种品牌白酒一瓶的利润,列出函数表达式;(2)生产 A 种品牌白酒 x 瓶,则生产 B 种品牌白酒 $(600-x)$ 瓶;成本 $=A$ 种品牌白酒瓶数 $\times A$ 种品牌白酒一瓶的成本 $+B$ 种品牌白酒瓶数 $\times B$ 种品牌白酒一瓶的成本,列出方程,求 x 的值,再代入(1)求利润.

解 (1)生产 A 种品牌白酒 x 瓶,则生产 B 种品牌白酒 $(600-x)$ 瓶,依题意,得 $y=20x+15(600-x)=5x+9\ 000$.

(2)生产 A 种品牌白酒 x 瓶,则生产 B 种品牌白酒 $(600-x)$ 瓶,依题意,得 $50x+35(600-x)\geqslant 26\ 400$,解得 $x\geqslant 360$,

$\therefore$ 每天至少获利 $y=5\times 360+9\ 000=10\ 800$(元).

点评 根据题意,列出利润的函数表达式及成本的表达式,由每天投入成本的范围,可求 A 种品牌白酒瓶数的范围,再求利润.

四、建模思想的运用

例 5 某商店销售 10 台 A 型和 20 台 B 型电脑的利润为 4 000 元,销售 20 台 A 型和 10 台 B 型电脑的利润为 3 500 元.

(1)求每台 A 型电脑和 B 型电脑的销售利润.

(2)该商店计划一次购进两种型号的电脑共 100 台,其中 B 型电脑的进货量不超过 A 型电脑的 2 倍,设购进 A 型电脑 x 台,这 100 台电脑的销售总利润为 y 元.

①求 y 关于 x 的函数表达式;

②该商店购进 A 型、B 型电脑各多少台,才能使销售总利润最大?

解析 (1)设每台 A 型电脑销售利润为 x 元,每台 B 型电脑的销售利润为 y 元,然后根据利润 4 000 元和 3 500 元列出方程组,然后求解即可;

(2)①根据总利润等于两种电脑的利润之和列式整理即可得解;

②根据 B 型电脑的进货量不超过 A 型电脑的 2 倍列不等式求出 x 的取值范围,然后根据一次函数的增减性求解即可.

解 (1)设每台 A 型电脑销售利润为 x 元,每台 B 型电脑的销售利润为 y 元,

根据题意得 $\begin{cases}10x+20y=4\ 000,\\20x+10y=3\ 500,\end{cases}$ 解得 $\begin{cases}x=100,\\y=150.\end{cases}$

答:每台 A 型电脑销售利润为 100 元,每台 B 型电脑的销售利润为 150 元.

(2)①据题意,得 $y=100x+150(100-x)$,

即 $y=-50x+15\ 000$.

②据题意,得 $100-x\leqslant 2x$,解得 $x\geqslant 33\frac{1}{3}$.

$\because y=-50x+15\ 000$,$\therefore y$ 随 x 的增大而减小.

$\because x$ 为正整数,$\therefore$ 当 $x=34$ 时,y 取最大值,则 $100-x=66$,即商店购进 34 台 A 型电脑和 66 台 B 型电脑的销售利润最大.

点评 利用函数解决问题,就是应用变化、运动的观点来分析问题中的数量关系,抽象升华为函数的模型,进而解决有关问题. 一次函数的应用要注意与不等式结合,利用一元一次不等式组锁定范围,再利用函数的性质解决最值问题.

探究中考

综合分析,把握考向

命题趋势

一次函数在中考中占有较大的比重,有选择题、填空题、解答题.选择题、填空题主要考查一次函数的概念及图像和性质,如求直线表达式、直线与坐标轴围成的图形的面积,难度为中低档.解答题主要考查一次函数的应用,难度较大.综合性试题通常是出现在最后(压轴题).从近几年中考试题来看,一次函数的内容逐步从知识立意转化为能力立意,所以以实际问题为背景的一次函数题目应引起高度重视.

分类展示

1. 识别实际问题中函数的图像

例 1 (2017·牡丹江)下列图像中,能反映等腰三角形顶角 y(度)与底角 x(度)之间的函数关系的是(　　)

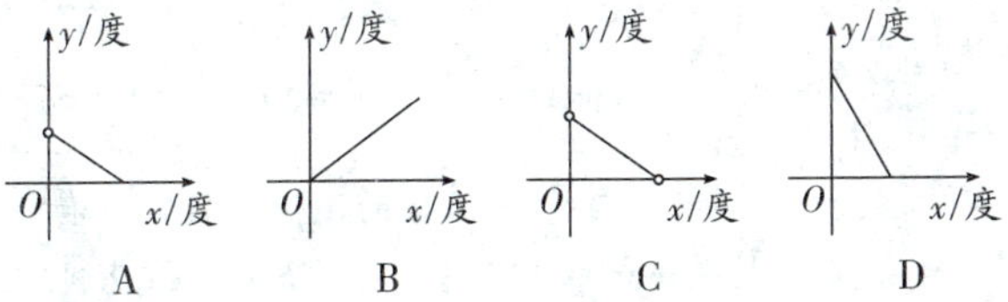

解析 y 与 x 的表达式为 $y=180-2x(0<x<90)$,根据函数的表达式可以判断,函数的整个图像过第一、二、四象限,故 B 错误,又 $0<x<90$,不包括 0 和 90,$\therefore$ 图像是一条线段,且不包括与坐标轴的交点,表现在图像上用空心圈表示,故 A,D 错误,C 正确,故选 C.

答案 C

考题点睛 本题考查了函数的图像,先要根据三角形的内角和与等腰三角形的性质求出 y 与 x 之间的函数表达式,其次求出自变量 x 的取值范围,从而判断函数的图像.

2. 一次函数的图像与性质

例 2 (2017·泰安)已知一次函数 $y=kx-m-2x$ 的图像与 y 轴的负半轴相交,且函数值 y 随自变量 x 的增大而减小,则下列结论正确的是(　　)

知识讲解
一次函数的性质

A. $k<2,m>0$　　B. $k<2,m<0$

C. $k>2,m>0$　　D. $k<0,m<0$

解析 由题意可知 $y=kx-m-2x=(k-2)x-m$,

$\because$ 一次函数的图像与 y 轴的负半轴相交,

$\therefore -m<0$,$\therefore m>0$;

又函数值 y 随自变量 x 的增大而减小,

$\therefore k-2<0$,$\therefore k<2$,故答案为 A.

答案 A

考题点睛 此类问题的解答关键是熟练掌握一次函数 $y=kx+b$ 的图像特征,容易出错的地方是不能根据一次函数中 k,b 的取值范围来确定一次函数的位置.

一次函数 $y=kx+b$ 的图像有四种情况:

①当 $k>0,b>0$ 时,函数 $y=kx+b$ 的图像经过第一、二、三象限,y 的值随 x 的增大而增大;

②当 $k>0,b<0$ 时,函数 $y=kx+b$ 的图像经过第一、三、四象限,y 的值随 x 的增大而增大;

③当 $k<0,b>0$ 时,函数 $y=kx+b$ 的图像经过第一、二、四象限,y 的值随 x 的增大而减小;

④当 $k<0,b<0$ 时,函数 $y=kx+b$ 的图像经过第二、三、四象限,y 的值随 x 的增大而减小.

3. 求一次函数表达式

例 3 (2016·龙岩)某厂家在甲、乙两家商场销售同一商品所获利润分别为 $y_甲$,$y_乙$(单位:元),$y_甲$,$y_乙$ 与销售数量 x(单位:件)的函数关系如图所示,请根据图像解决下列问题:

(1)分别求出 $y_甲$,$y_乙$ 与 x 的函数表达式;

(2)现厂家分配该商品 800 件给甲商场,400 件给乙商场，当甲、乙商场售完这批商品，厂家可获得总利润是多少元？

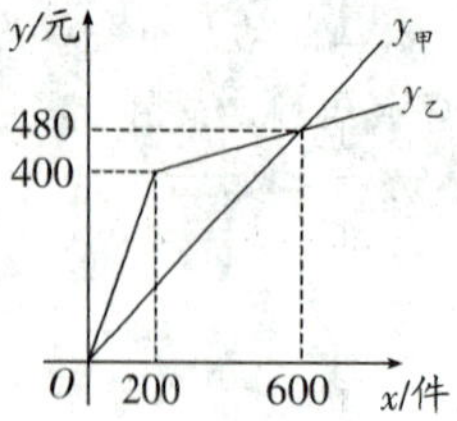

解析 (1)设 $y_甲=k_1x(k_1\neq0)$，把 $x=600,y_甲=480$ 代入即可；当 $0\leqslant x\leqslant200$ 时，设 $y_乙=k_2x(k_2\neq0)$，把 $x=200,y_乙=400$ 代入即可；当 $x>200$ 时，设 $y_乙=k_3x+b(k_3\neq0)$，把 $x=200,y_乙=400$ 和 $x=600,y_乙=480$ 代入即可；

(2)当 $x=800$ 时求出 $y_甲$，当 $x=400$ 时求出 $y_乙$，即可求出答案.

解 (1)设 $y_甲=k_1x(k_1\neq0)$，由图像可知，

当 $x=600$ 时，$y_甲=480$，代入得 $480=600k_1$，

解得 $k_1=0.8$，$\therefore y_甲=0.8x$；

当 $0\leqslant x\leqslant200$ 时，设 $y_乙=k_2x(k_2\neq0)$，

由图像可知，当 $x=200$ 时，$y_乙=400$，代入得 $400=200k_2$，

解得 $k_2=2$，$\therefore y_乙=2x$；

当 $x>200$ 时，设 $y_乙=k_3x+b(k_3\neq0)$，

由图像可知，当 $x=200$ 时，$y_乙=400$，当 $x=600$ 时，$y_乙=480$，

代入得 $\begin{cases}200k_3+b=400,\\600k_3+b=480,\end{cases}$ 解得 $\begin{cases}k_3=0.2,\\b=360,\end{cases}$ $\therefore y_乙=0.2x+360$；

即 $y_乙=\begin{cases}2x(0\leqslant x\leqslant200),\\0.2x+360(x>200).\end{cases}$

(2)$\because$ 当 $x=800$ 时，$y_甲=0.8\times800=640$；

当 $x=400$ 时，$y_乙=0.2\times400+360=440$，$\therefore 640+440=1\,080$(元).

答：厂家可获得总利润是 1 080 元.

考题点睛 本题考查了一次函数图像和性质，用待定系数法求一次函数表达式的应用，能正确用待定系数法求出函数表达式是解此题的关键.

4. 一次函数、一元一次方程、一元一次不等式的内在联系

例 4 (2016·甘孜州)如图，已知一次函数 $y=kx+3$ 和 $y=-x+b$ 的图像交于点 $P(2,4)$，则关于 x 的方程 $kx+3=-x+b$ 的解是______.

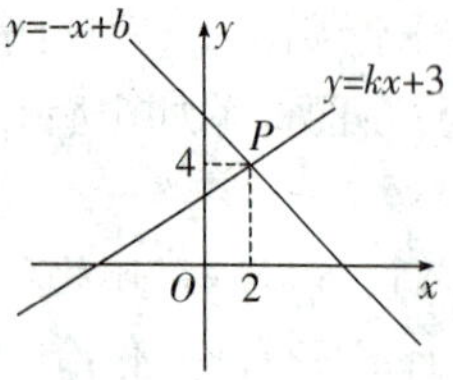

解析 $\because$ 已知一次函数 $y=kx+3$ 和 $y=-x+b$ 的图像交于点 $P(2,4)$，$\therefore$ 关于 x 的方程 $kx+3=-x+b$ 的解是 $x=2$，故答案为 $x=2$.

答案 $x=2$

考题点睛 本题考查了一次函数与一元一次方程的知识，解题的关键是了解函数图像的交点与方程解的关系，难度不大.

例 5 (2017·陕西)如图，已知直线 $l_1:y=-2x+4$ 与直线 $l_2:y=kx+b(k\neq0)$ 在第一象限内交于点 M，若直线 l_2 与 x 轴的交点为 $A(-2,0)$，则 k 的取值范围为 (　　)

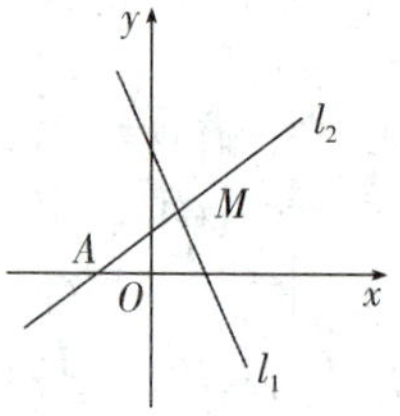

A. $-2<k<2$　　B. $-2<k<0$

C. $0<k<4$　　D. $0<k<2$

解析 因为直线 l_2 的函数图像经过第一、二、三象限，所以 $k>0$.又因为直线 l_1 与 y 轴的交点坐标为$(0,4)$，把$(0,4)$和$(-2,0)$代入 $y=kx+b(k\neq0)$，得 $k=2$，所以 $0<k<2$，故选 D.

答案 D

考题点睛 本题考查了一次函数的图像与性质和待定系数法，解题的关键是根据题意判断出 k 的取值范围.先由图像确定 k 的正负，再运用待定系数法求出当直线 l_1 与已知直线 l_2 有交点时的 k 值，从而求出 k 的取值范围.

5. 一次函数的实际应用

例 6 (2017·牡丹江)A，B，C 三地在同一条公路上，A 地在 B，C 两地之间，甲、乙两车同时从 A 地出发匀速行驶，甲车驶向 C 地，乙车先驶向 B 地，到达 B 地后，调头按原速经过 A 地驶向 C 地(调头时间忽略不计)，到达 C 地停止行驶，甲车比乙车晚 0.4 小时到达 C 地，两车距 B 地的路程 y(km)与行驶时间 x(h)之间的函数关系如图所示，请结合图像信息，解答下列问题：

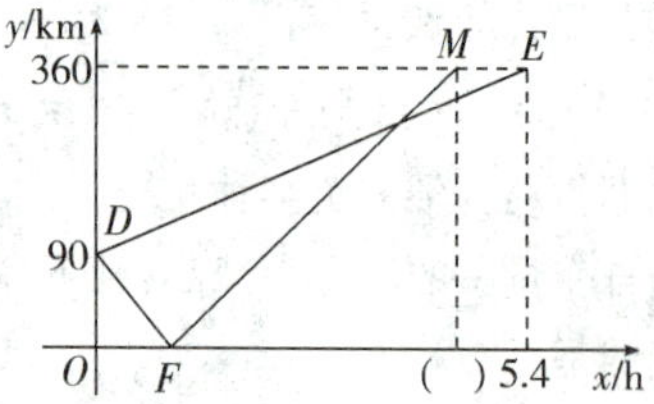

(1)甲车行驶的速度是________km/h，并在图中(　　)内填入正确的数值.

(2)求图像中线段 FM 所表示的 y 与 x 的函数表达式(不需要写出自变量 x 的取值范围).

(3)在乙车到达 C 地之前,甲、乙两车出发后几小时与 A 地路程相等?直接写出答案.

解析 读懂函数图像是解题的关键.根据图中提供的信息,求出 AB,AC,BC 的距离,根据速度=路程÷时间,求出甲的速度,根据题意求出乙到达的时间,进而求出点 F 的坐标,根据待定系数法,求出 FM 的表达式.

解 (1)50　5

(2)由图像可知 AB 之间的距离为 90 km,AC 之间的距离为 270 km,

∴ 乙车的速度为 $(360+90)\div(5.4-0.4)=90(\text{km/h})$,

∴ F 点的坐标为 $(1,0)$.

∵ $M(5,360)$,设直线 FM 的表达式为 $y=kx+b$,

则 $\begin{cases}k+b=0,\\5k+b=360,\end{cases}$ 解得 $\begin{cases}k=90,\\b=-90,\end{cases}$

∴ 线段 FM 的表达式为 $y=90x-90$.

(3)设 x 小时后甲、乙两车与 A 地的路程相等,则 $90-(90x-90)=50x$ 或 $90x-90=50x+90$,解得 $x=\frac{9}{7}$ 或 $x=\frac{9}{2}$,即甲、乙两车出发后 $\frac{9}{7}$ 小时或 $\frac{9}{2}$ 小时时与 A 地路程相等.

考题点睛 从图像中获取信息,首先要明确两坐标轴的实际意义,抓住交点、起点、终点等关键点,明确函数图像的变化趋势、变化快慢的实际意义. 对于双函数图像问题,会分段分析,并明确图像的上下或左右位置关系所对应的实际意义.

例 7 (2016·天津)公司有 330 台机器需要一次性运送到某地,计划租用甲、乙两种货车共 8 辆,已知每辆甲种货车一次最多运送机器 45 台、租车费用为 400 元,每辆乙种货车一次最多运送机器 30 台、租车费用为 280 元.

(1)设租用甲种货车 x 辆(x 为非负整数),试填写表格.

表一:

租用甲种货车的数量/辆	3	7	x
租用的甲种货车最多运送机器的数量/台	135	____	____
租用的乙种货车最多运送机器的数量/台	150	____	____

表二:

租用甲种货车的数量/辆	3	7	x
租用甲种货车的费用/元	____	2 800	____
租用乙种货车的费用/元	____	280	____

(2)给出能完成此项运送任务的最节省费用的租车方案,并说明理由.

解析 (1)根据计划租用甲、乙两种货车共 8 辆,已知每辆甲种货车一次最多运送机器 45 台、租车费用为 400 元,每辆乙种货车一次最多运送机器 30 台、租车费用为 280 元,可以分别把表一和表二补充完整;(2)由(1)中的数据和公司有 330 台机器需要一次性运送到某地,可以解答本题.

解 (1)表一:315　$45x$　30　$-30x+240$

表二:1 200　$400x$　1 400　$-280x+2\ 240$　解析:由题意可得,

在表一中,当甲车 7 辆时,运送的机器数量为 $45\times7=315$(台),则乙车 $8-7=1$(辆),运送的机器数量为 $30\times1=30$(台),

当甲车 x 辆时,运送的机器数量为 $45\times x=45x$(台),则乙车 $(8-x)$ 辆,运送的机器数量为 $30\times(8-x)=(-30x+240)$ 台,

在表二中,当租用甲货车 3 辆时,租用甲种货车的费用为 $400\times3=1\ 200$(元),则租用乙种货车 $8-3=5$(辆),租用乙种货车的费用为 $280\times5=1\ 400$(元),

当租用甲种货车 x 辆时,租用甲种货车的费用为 $400\times x=400x$(元),则租用乙种货车 $(8-x)$ 辆,租用乙种货车的费用为 $280\times(8-x)=[-280x+2\ 240]$ 元.

(2)能完成此项运送任务的最节省费用的租车方案是甲车 6 辆,乙车 2 辆.

理由:当租用甲种货车 x 辆时,设两种货车的总费用为 y 元,则两种货车的总费用为 $y=400x+(-280x+2\ 240)=120x+2\ 240$,

又 $45x+(-30x+240)\geqslant330$,解得 $x\geqslant6$.

∵ $120>0$,

∴ 在函数 $y=120x+2\ 240$ 中,y 随 x 的增大而增大,

∴ 当 $x=6$ 时,y 取得最小值,

即能完成此项运送任务的最节省费用的租车方案是甲种货车 6 辆,乙种货车 2 辆.

考题点睛 本题考查一次函数的应用,解题的关键是明确题意,找出所求问题需要的条件,列出相应的方程和不等式.

例 8 (2016·梧州)为了提高身体素质,有些人选择到专业的健身中心锻炼身体,某健身中心的消费方式如下:

普通消费:35 元/次;

白金卡消费:购卡 280 元/张,凭卡免费消费 10 次再送 2 次;

钻石卡消费:购卡 560 元/张,凭卡每次消费不再收费.

以上消费卡使用年限均为一年,每位顾客只能购买一张卡,且只限本人使用.

(1)李叔叔每年去该健身中心健身 6 次,他应选择哪种消费方式更合算?

(2)设一年内去该健身中心健身 x 次(x 为正整数),所需总费用为 y 元,请分别写出选择普通消费和白金卡消费的 y 与 x 的函数表达式.

(3)王阿姨每年去该健身中心健身至少 18 次,请通过计算帮助王阿姨选择最合算的消费方式.

解析 (1)根据普通消费方式,算出健身 6 次的费用,再与 280,560 进行比较,即可得出结论;

(2)根据"普通消费费用=35×次数"即可得出 $y_{普通}$ 关于 x 的函数表达式;再根据"白金卡消费费用=卡费+超出部分的费用"即可得出 $y_{白金卡}$ 关于 x 的函数表达式;

(3)先算出健身 18 次普通消费和白金卡消费两种形式下的费用,再令白金卡消费费用=钻石卡消费的卡费,算出二者相等时的健身次数,由此即可得出结论.

解 (1) $35\times6=210$(元),$210<280<560$,

∴ 李叔叔选择普通消费方式更合算.

(2)根据题意得,$y_{普通}=35x$.

当 $x\leqslant12$ 时,$y_{白金卡}=280$;

当 $x>12$ 时,$y_{白金卡}=280+35(x-12)=35x-140$.

$$\therefore y_{白金卡}=\begin{cases}280(x\leqslant12),\\35x-140(x>12).\end{cases}$$

(3)当 $x=18$ 时,$y_{普通}=35\times18=630$;

$y_{白金卡}=35\times18-140=490$;

令 $y_{白金卡}=560$,即 $35x-140=560$,

解得 $x=20$.

∴ 当 $18\leqslant x\leqslant19$ 时,选择白金卡消费最合算;当 $x=20$ 时,选择白金卡消费和钻石卡消费费用相同;当 $x\geqslant21$ 时,选择钻石卡消费最合算.

考题点睛 (1)解此类题的关键是理清各种数量关系,能利用等量关系列方程、列函数表达式,能利用不等关系列不等式(组);会利用不等式(组)求出范围,利用函数的增减性以及自变量的取值范围设计最优方案.(2)类似求解不同方案设计问题的方法主要有:①列举法或列表法;②利用二元一次方程(组)的整数解;③利用一元一次不等式组锁定范围,再利用函数的性质解决最值问题.

课后答案

详解习题,夯实基础

复习题($P_{167\sim170}$)

复习巩固

1. (1) $y=200-120x\left(0\leqslant x\leqslant\frac{5}{3}\right)$

(2) $S=256-\pi r^2(0<r\leqslant8)$

(3) $y=-\frac{1}{2}x+4$

(4) $y=20+0.5x(0\leqslant x\leqslant20)$

2. 根据点在图像上,点的坐标满足函数表达式,得到 $a=-5$,点 P 坐标为$(-2,-5)$.

3. (1) $y=-x$　(2) -2

4. (图像略)(1)6　9　13.5　(2) -3　-1　-5

5. (1) $V=10+8t(0\leqslant t\leqslant10)$.

(2)当 $t=0$ 时,$V=10$;当 $V=90$ 时,$t=10$.

(3)图像略.

6. 画图略.(1)由交点坐标为(1,3),得原方程组的解为 $\begin{cases}x=1,\\y=3.\end{cases}$(2)由交点坐标为(2,4),得原方程组的解为 $\begin{cases}x=2,\\y=4.\end{cases}$

灵活运用

7. (1) $\frac{1}{2}$　(2)一、三、四　(3)一、二、三

8. (1)一次函数 $y=2x+b$ 与 x 轴交于点$\left(-\frac{b}{2},0\right)$,与 y 轴交于点$(0,b)$.则 $\frac{1}{2}\cdot\left|-\frac{b}{2}\right|\cdot|b|=4$,∴ $b=\pm4$.

(2)一次函数 $y=-2x+1$ 和 $y=x+4$ 的图像交于点$(-1,3)$,把 $x=-1$,$y=3$ 代入 $y=2x+b$,得 $b=5$.

9. (1)26 日、30 日和 31 日这三天的气温最高,最高气温为 38 ℃.(2)13 日、19 日和 24 日的温差最大,温差为 10 ℃.(3)略.

10. (1)7　9　6.8　5　7　9　7.2　5　7

(2)能.因为 16:30 的水深约为 8.5 m.

11. 设函数表达式为 $y=kx+b\ (k\neq0)$,由题意,得 $\begin{cases}-3k+b=-9,\\b=-3,\end{cases}$ 解得 $\begin{cases}k=2,\\b=-3,\end{cases}$

$\therefore y=2x-3$. 当 $x=-\sqrt{2}$ 时，$y=-2\sqrt{2}-3$；当 $x=-1$ 时，$y=-5$；当 $x=\pi$ 时，$y=2\pi-3$.

探索研究

12. (1)无解.

(2)如图.

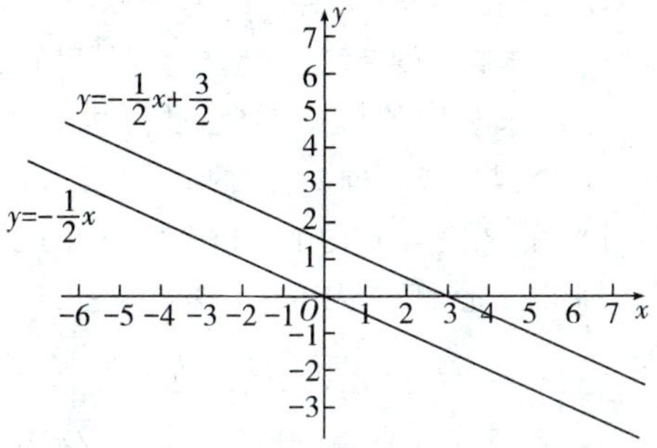

因为两条直线平行，没有交点，所以原方程组无解.

(3)方程组无解，两方程所对应的两直线是平行的.

13. 如图：(1)

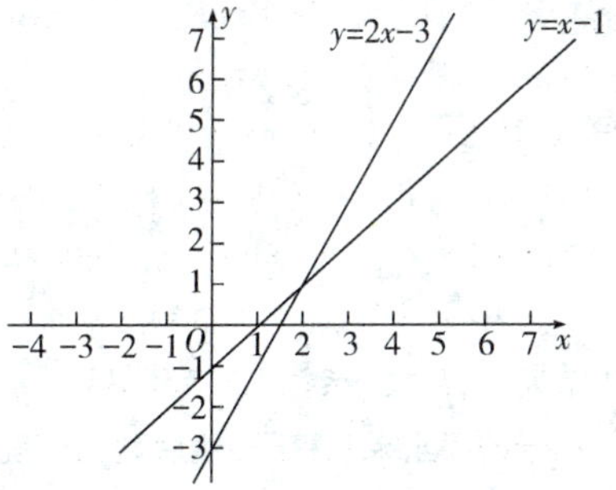

(2)

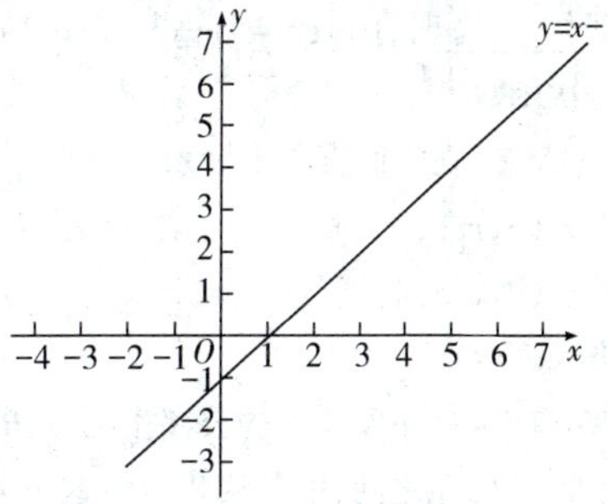

(3)

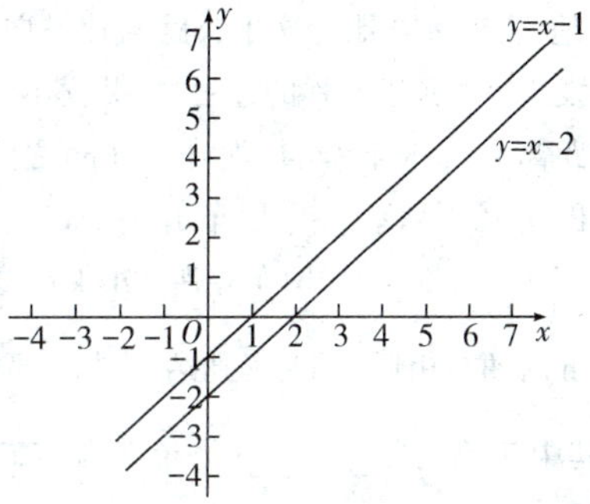

二元一次方程组的解与一次函数图像之间的关系：

二元一次方程组无解⇔一次函数的图像平行（无交点）；

二元一次方程组有一解⇔一次函数的图像相交（有一个交点）；

二元一次方程组有无数个解⇔一次函数的图像重合（有无数个交点）.

章末小练

巩固基础，综合提升

1. (2017 · 恩施州)函数 $y=\frac{1}{x-3}+\sqrt{x-1}$ 的自变量 x 的取值范围是 （　　）

A. $x\geqslant1$　　B. $x\geqslant1$ 且 $x\neq3$

C. $x\neq3$　　D. $1\leqslant x\leqslant3$

2. (2017 · 大庆)对于函数 $y=2x-1$，下列说法正确的是 （　　）

A. 它的图像过点(1,0)

B. y 值随着 x 值的增大而减小

C. 它的图像经过第二象限

D. 当 $x>1$ 时，$y>0$

3. 已知点 (k,b) 为第四象限内的点，则一次函数 $y=-kx-b$ 的图像大致是 （　　）

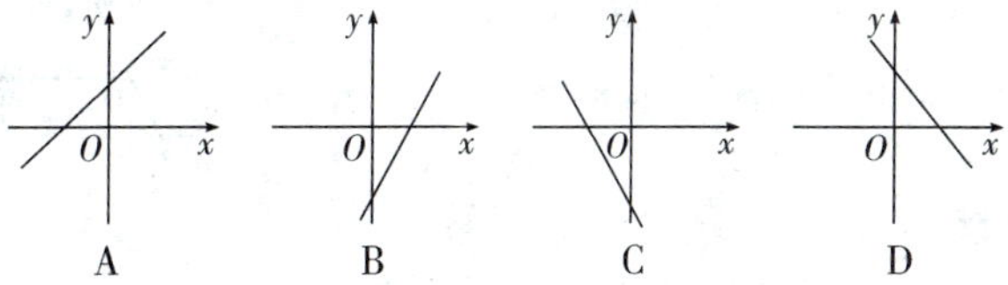

4. (2017 · 福建)若直线 $y=kx+k+1$ 经过点 $(m,n+3)$ 和 $(m+1,2n-1)$，且 $0<k<2$，则 n 的值可以是 （　　）

A. 3　　B. 4　　C. 5　　D. 6

5. 某一次函数的图像经过点 $(-1,3)$，且函数 y 随 x 的增大而减小，请你写出一个符合条件的函数表达式________________.

6. 当 $m=$________时，函数 $y=(m+3)x^2m+1+4x-5(x\neq 0)$ 是一次函数.

7. (2017·大连)在平面直角坐标系 xOy 中，点 A,B 的坐标分别为 $(3,m)$，$(3,m+2)$，直线 $y=2x+b$ 与线段 AB 有公共点，则 b 的取值范围为____________(用含 m 的代数式表示).

8. (2017·随州)在一条笔直的公路上有 A,B,C 三地，C 地位于 A,B 两地之间，甲车从 A 地沿这条公路匀速驶向 C 地，乙车从 B 地沿这条公路匀速驶向 A 地. 在甲车出发至甲车到达 C 地的过程中，甲、乙两车各自与 C 地的距离 $y(\text{km})$ 与甲车行驶时间 $t(\text{h})$ 之间的函数关系如图所示. 下列结论：①甲车出发 2 h 时，两车相遇；②乙车出发 1.5 h 时，两车相距 170 km；③乙车出发 $2\frac{5}{7}$ h 时两车相遇；④甲车到达 C 地时，两车相距 40 km. 其中正确的是________(填写所有正确结论的序号).

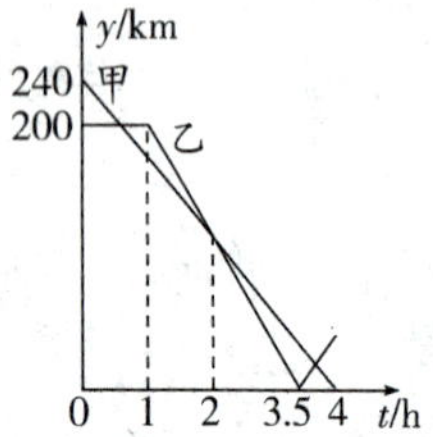

9. (2016·北京)如图，在平面直角坐标系 xOy 中，过点 $A(-6,0)$ 的直线 l_1 与直线 l_2：$y=2x$ 相交于点 $B(m,4)$.

(1)求直线 l_1 的表达式；

(2)过动点 $P(n,0)$ 且垂直于 x 轴的直线与 l_1,l_2 的交点分别为 C,D，当点 C 位于点 D 上方时，写出 n 的取值范围.

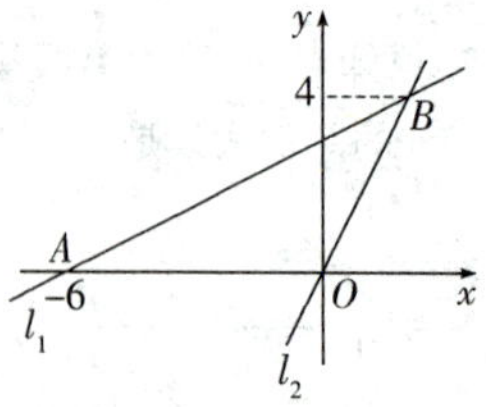

10. 某车间的甲、乙两名工人分别同时生产 500 个同一型号的零件，他们生产的零件 y(个)与生产时间 x(分)的函数关系的图像如图所示. 根据图像提供的信息解答下列问题：

(1)甲每分钟生产零件________个；乙在提高生产速度之前已生产了零件________个；

(2)若乙提高速度后，乙的生产速度是甲的 2 倍，请分别求出甲、乙两人生产全过程中，生产的零件 y(个)与生产时间 x(分)的函数表达式；

(3)当两人生产零件的个数相等时，求生产的时间；并求出此时甲工人还有多少个零件没有生产.

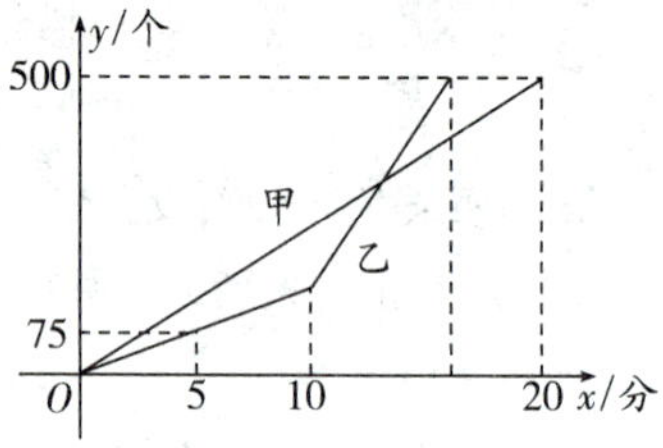

11. 端午节期间，某校"慈善小组"筹集到 1 240 元善款，全部用于购买水果和粽子，然后到福利院送给老人，决定购买大枣粽子和普通粽子共 20 盒，剩下的钱用于购买水果，要求购买水果的钱数不少于 180 元但不超过 240 元. 已知大枣粽子比普通粽子每盒贵 15 元，若用 300 元恰好可以买到 2 盒大枣粽子和 4 盒普通粽子.

(1)请求出两种口味的粽子每盒的价格.

(2)设买大枣粽子 x 盒，买水果共用了 w 元.

①请求出 w 关于 x 的函数表达式；

②求出购买两种粽子的可能方案，并说明哪一种方案使购买水果的钱数最多.

参 考 答 案

第 1 章　全等三角形

1.1　全 等 图 形

品味中考

1. D　**2.** A

趁热打铁

1. D　**2.** C　**3.** D

4. ①⑥　②③⑤

5.

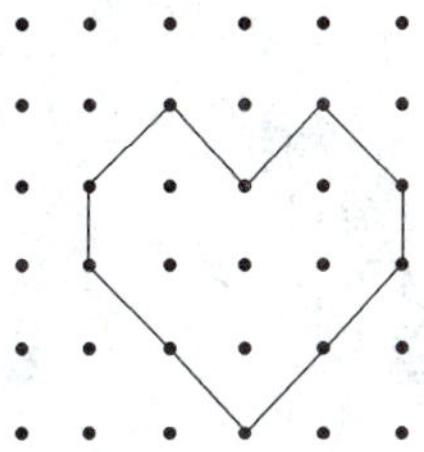

6. A　**7.** C

8. M　N　Q　P　**解析**：由全等图形的概念可知：图形 A 是三个三角形，与图形 M 对应；图形 B 是一个三角形和两个直角梯形，与图形 N 对应；图形 C 是一个三角形和两个四边形，与图形 Q 对应；图形 D 是两个三角形和一个四边形，与图形 P 对应.

9. 答案不唯一，如：

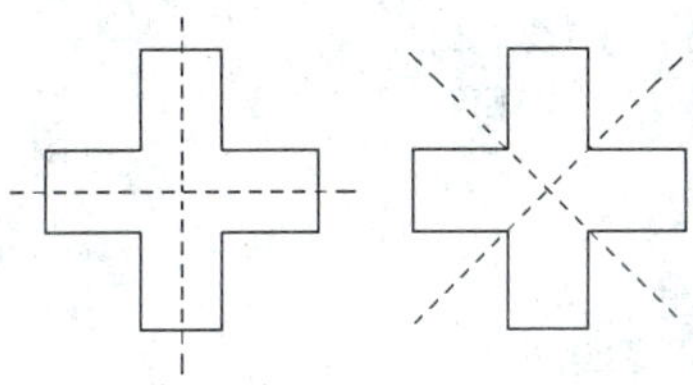

10. (1)答案不唯一，如：

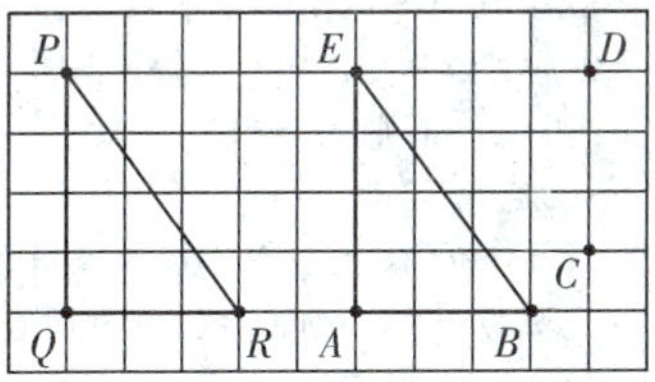

①

(2)答案不唯一，如：

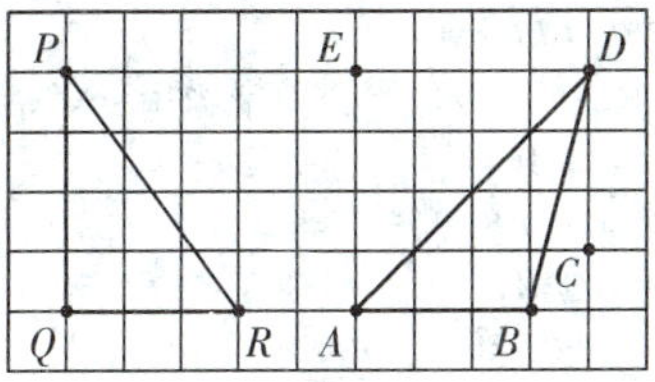

②

1.2　全等三角形

品味中考

1. A

2. B　**解析**：∵ $\triangle DEF$ 是 $\triangle DEA$ 沿直线 DE 翻折变换而来，$\triangle DEF\cong\triangle DEA$，∴ $AD=DF$. ∵ D 是 AB 边的中点，∴ $AD=BD$，∴ $BD=DF$，∴ $\triangle DBF$ 是等腰三角形，∴ $\angle B=\angle BFD$. ∵ $\angle B=65°$，∴ $\angle BDF=180°-\angle B-\angle BFD=180°-65°-65°=50°$. 故选 B.

点评：全等三角形的性质是全等三角形的对应角、对应边相等，用全等三角形的性质时关键要“对应”. 注意，图形经过翻折、平移和旋转等变换所得到的新图形一定与原图形全等.

3. 120°

4. 由 $\triangle ABC\cong\triangle AED$ 得 $\angle B=\angle E=140°$，五边形内角和为 $(5-2)\times180°=540°$，$\angle BCD=\angle EDC=90°$，∴ $\angle BAE=540°-2\times140°-2\times90°=80°$.

趁热打铁

1. C　**2.** B　**3.** A　**4.** C　**5.** 4

6. (1) ∵ $\triangle ABD\cong\triangle ACD$，∴ $\angle B=\angle C$.

又∵ $\angle BAC=90°$，∴ $\angle B=\angle C=45°$.

(2) $AD\perp BC$.

理由：∵ $\triangle ABD\cong\triangle ACD$，∴ $\angle BDA=\angle CDA$.

∵ $\angle BDA+\angle CDA=180°$，∴ $\angle BDA=\angle CDA=90°$，

∴ $AD\perp BC$.

7. B　**解析**：∵ $\triangle ADE\cong\triangle BDE$，∴ $DA=DB$，$\triangle ADC$ 的周长 $=AC+CD+AD=AC+CD+BD=AC+BC=12$，又 $AC=5$，∴ $BC=7$，故选 B.

8. C　**解析**：∵ $\triangle ABC$ 绕点 A 逆时针旋转到 $\triangle AB'C'$ 的位置，∴ $\triangle ABC\cong\triangle AB'C'$. ∴ $AC'=AC$，$\angle B'AB=\angle C'AC$. 又∵ $AC'=AC$，∴ $\triangle ACC'$ 是等腰三角形，∴ $\angle AC'C=\angle ACC'$. ∵ $CC'\parallel AB$，∴ $\angle ACC'=\angle CAB=70°$，∴ $\angle AC'C=\angle ACC'=70°$，∴ $\angle CAC'=180°-2\times70°=40°$，∴ $\angle B'AB=40°$，故选 C.

9. 9　**解析**：由题意知 $\triangle DBC\cong\triangle DBE$，∴ $DE=DC$，$BC=BE$，∴ $AD+DE+AE=AD+DC+(AB-EB)=AC+(AB-BC)=6+(10-7)=9$(cm).

10. (1) 3　**解析**：∵ $\triangle ABC\cong\triangle DEB$，$DE=8$，$BC=5$，

∴ $AB=DE=8$，$BE=BC=5$，

∴ $AE=AB-BE=8-5=3$.

(2)①∵ $\triangle ABC\cong\triangle DEB$，

∴ $\angle A=\angle D=35°$，$\angle DBE=\angle C=60°$.

∵ $\angle A+\angle ABC+\angle C=180°$，∴ $\angle ABC=180°-\angle A-\angle C=85°$，

∴ $\angle DBC=\angle ABC-\angle DBE=85°-60°=25°$.

②∵ $\angle AEF$ 是 $\triangle DBE$ 的外角，

∴ $\angle AEF=\angle D+\angle DBE=35°+60°=95°$.

∵ $\angle AFD$ 是 $\triangle AEF$ 的外角，

∴ $\angle AFD=\angle A+\angle AEF=35°+95°=130°$.

11. 26　**解析**：由平移得 $\triangle ABC\cong\triangle DEF$，∴ $DE=AB=8$ cm，$S_{\triangle ABC}=S_{\triangle DEF}$. ∵ $S_{\triangle ABC}=S_{梯形ABEH}+S_{\triangle HEC}$，$S_{\triangle DEF}=S_{梯形DHCF}+S_{\triangle HEC}$，∴ $S_{梯形ABEH}=S_{梯形DHCF}$. ∵ $DH+HE=DE$，∴ $HE=DE-HD=8-$

$3=5(\text{cm})$,∴ $S_{梯形ABEH}=\frac{1}{2}(AB+HE)\cdot BE=\frac{1}{2}\times(8+5)\times4=26(\text{cm}^2)$,∴ $S_{梯形DHCF}=26\ \text{cm}^2$.

1.3 探索三角形全等的条件

品味中考

1. D **解析**:∵ $\angle B=\angle DEF$,$AB=DE$,∴ 当添加$\angle A=\angle D$时,利用ASA可得$\triangle ABC\cong\triangle DEF$;当添加$BC=EF$时,利用SAS可得$\triangle ABC\cong\triangle DEF$;当添加$\angle ACB=\angle F$时,利用AAS可得$\triangle ABC\cong\triangle DEF$.故选D.

点评:本题属于中考常考题型,考查了全等三角形的判定,掌握全等三角形的判定方法:SSS、ASA、SAS、AAS和HL是解题的关键.

2. $AB=CD$或$AC=DB$或$\angle ABC=\angle DCB$或$\angle ACB=\angle DBC$　**解析**:已知直角三角形中一斜边,要使两三角形全等,可考虑"HL""AAS".

3. $1<m<4$　**解析**:如图,延长AD至点E,使$DE=AD$,连接EC,∵ $BD=CD$,$DE=AD$,$\angle ADB=\angle EDC$,∴ $\triangle ABD\cong\triangle ECD$,∴ $CE=AB=5$.又$AC=3$,设$AD=m$,则$AE=2m$,∴ $2<2m<8$,∴ $1<m<4$.

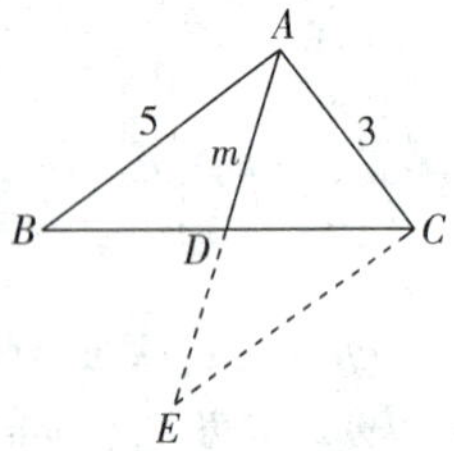

4. ∵ $AB\parallel DC$,∴ $\angle ABO=\angle CDO$.又∵ $DO\perp CD$,∴ $\angle CDO=90°$,
∴ $\angle ABO=90°$,即$BO\perp AB$.
∵ 相邻两平行线间的距离相等,∴ $BO=DO$,
∴ $\triangle BOA\cong\triangle DOC$.∴ $CD=AB=20$米.

点评:本题考查了三角形全等和平行线的性质,解题的关键是掌握三角形全等的判定方法,并将实际问题转化成数学问题来解决.

趁热打铁

1. C　2. B　3. C　4. 60°

5. ∵ $\angle BAE=\angle BCE=\angle ACD=90°$,
∴ $\angle DCE+\angle ECA=\angle ECA+\angle ACB$,
∴ $\angle DCE=\angle ACB$,且$\angle B+\angle CEA=180°$.
又$\angle DEC+\angle CEA=180°$,∴ $\angle B=\angle DEC$.
在$\triangle ABC$和$\triangle DEC$中,$\begin{cases}\angle ACB=\angle DCE,\\ BC=EC,\\ \angle B=\angle DEC,\end{cases}$
∴ $\triangle ABC\cong\triangle DEC(\text{ASA})$.

6. C

7. D **解析**:在$\triangle ABD$与$\triangle CBD$中,$\begin{cases}AD=CD,\\ AB=CB,\\ DB=DB,\end{cases}$
∴ $\triangle ABD\cong\triangle CBD(\text{SSS})$,∴ $\angle ADB=\angle CDB$.
在$\triangle AOD$与$\triangle COD$中,$\begin{cases}AD=CD,\\ \angle ADB=\angle CDB,\\ OD=OD,\end{cases}$
∴ $\triangle AOD\cong\triangle COD(\text{SAS})$,
∴ $\angle AOD=\angle COD=90°$,$AO=CO=\frac{1}{2}AC$,
故①②③都正确,故选D.

8. 18　**解析**:过点A作$AE\perp CD$交CD的延长线于点E,作$AF\perp BC$交BC于点F.由题意易证$\triangle AED\cong\triangle AFB$,故四边形$ABCD$的面积等于正方形$AFCE$的面积,即四边形$ABCD$的面积$=\frac{1}{2}\times6\times6=18$.

9. ∵ $CE\perp AD$,∴ $\angle EGD=\angle CGD=\angle AGE=\angle AGC=90°$.
又AD平分$\angle BAC$,∴ $\angle EAG=\angle CAG$.
在$\triangle AGE$和$\triangle AGC$中,$\begin{cases}\angle AGE=\angle AGC,\\ AG=AG,\\ \angle EAG=\angle CAG,\end{cases}$
∴ $\triangle AGE\cong\triangle AGC(\text{ASA})$,∴ $EG=CG$.
在$\triangle DGE$和$\triangle DGC$中,$\begin{cases}EG=CG,\\ \angle EGD=\angle CGD,\\ GD=GD,\end{cases}$
∴ $\triangle DGE\cong\triangle DGC(\text{SAS})$,∴ $\angle DEC=\angle DCE$.
又$EF\parallel BC$,∴ $\angle FEC=\angle DCE$,∴ $\angle DEC=\angle FEC$.

本章总结

章末小练

1. C　2. A　3. D

4. D **解析**:∵ AD是$\triangle ABC$的中线,
∴ $BD=CD$,∴ $S_{\triangle ABD}=S_{\triangle ACD}$,
在$\triangle BDF$和$\triangle CDE$中,$\begin{cases}BD=CD,\\ \angle BDF=\angle CDE,\\ DF=DE,\end{cases}$
∴ $\triangle BDF\cong\triangle CDE(\text{SAS})$,故①②正确.
∴ $\angle F=\angle CED$,∴ $BF\parallel CE$,故③正确.
∵ $\angle FBD=35°$,$\angle BDF=75°$,
∴ $\angle F=180°-35°-75°=70°$,
∴ $\angle DEC=70°$,故④正确.
综上所述,正确的是①②③④,共4个.

5. 8　6. 4　7. 2

8. 4　**解析**:∵ $CA\perp AB$于A,$DB\perp AB$于B,∴ $\angle A=\angle B=90°$.
设运动x分钟后$\triangle CAP$与$\triangle PBQ$全等.
则$BP=x$ m,$BQ=2x$ m,则$AP=(12-x)$m.
分两种情况:①若$BP=AC$,则$x=4$,
$AP=12-4=8(\text{m})$,$BQ=8$ m,$AP=BQ$,∴ $\triangle CAP\cong\triangle PBQ$;
②若$BP=AP$,则$12-x=x$,解得$x=6$,$BQ=12\text{ m}\neq AC$,
此时$\triangle CAP$与$\triangle PBQ$不全等.
综上所述,运动4分钟后$\triangle CAP$与$\triangle PBQ$全等,故答案为4.

9. 由题意得$AC=BC$,$\angle ACB=90°$,$AD\perp DE$,$BE\perp DE$,
∴ $\angle ADC=\angle CEB=90°$,
∴ $\angle ACD+\angle BCE=90°$,$\angle ACD+\angle DAC=90°$,
∴ $\angle BCE=\angle DAC$,
在$\triangle ADC$和$\triangle CEB$中,
$\begin{cases}\angle ADC=\angle CEB,\\ \angle DAC=\angle ECB,\\ AC=BC,\end{cases}$ ∴ $\triangle ADC\cong\triangle CEB(\text{AAS})$.

由题意得 $AD=EC=6$ cm，$DC=BE=14$ cm，

$\therefore DE=DC+CE=20$ cm.

答：两堵木墙之间的距离为 20 cm.

10. (1)$\because \triangle ACB$ 和 $\triangle ECD$ 都是等腰直角三角形，

$\therefore AC=BC, CE=CD, \angle ACE=\angle BCD=90°$，

在 $\triangle ACE$ 和 $\triangle BCD$ 中，$\begin{cases} AC=BC, \\ \angle ACE=\angle BCD, \\ CE=CD, \end{cases}$

$\therefore \triangle ACE \cong \triangle BCD$(SAS).

(2)直线 AE 与 BD 互相垂直，

证明：$\because \triangle ACE \cong \triangle BCD$，$\therefore \angle EAC=\angle DBC$.

又$\because \angle DBC+\angle CDB=90°$，

$\therefore \angle EAC+\angle CDB=90°$，$\therefore \angle AFD=90°$，

$\therefore AF\perp BD$，即直线 AE 与 BD 互相垂直.

第 2 章　轴对称图形

2.1　轴对称与轴对称图形

品味中考

1. C　**2.** A

3. B　**解析：**如图所示，其对称轴有 2 条.故选 B.

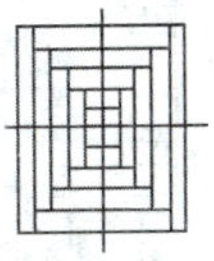

点评：本题比较基础，主要考查轴对称图形的概念，可以从最外层开始，一层一层地判断对称轴，公共的对称轴就是整个图形的对称轴.

趁热打铁

1. D　**2.** C　**3.** A　**4.** ④

5. 根据轴对称的定义和图形的特点，容易发现对称轴如图中虚线所示.把 $\triangle ABC$ 沿虚线翻折可以发现点 A 和点 A' 重合，$\therefore$ 点 A 的对称点是点 A'.同理可得点 B，C 的对称点分别是点 B'，C'.

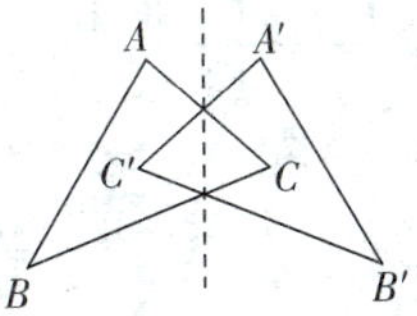

6. C

7. =　**解析：**甲图中，阴影部分的面积等于长方形面积的一半，乙图中，阴影部分的面积也等于长方形面积的一半.$\because$ 两个图形的大小相等，$\therefore$ 甲、乙阴影部分面积相等.

8. 答案不唯一.如：中　A　**解析：**在汉字中有许多符合轴对称图形定义的字，如中、田等；在英文字母中如 A，E，H，M，O 等.

9. 如图，作点 A 关于 EF 的对称点 A'，连接 $A'B$，交 EF 于点 C，将白球 A 打到台边 EF 的点 C 处，反弹后能击中彩球 B.

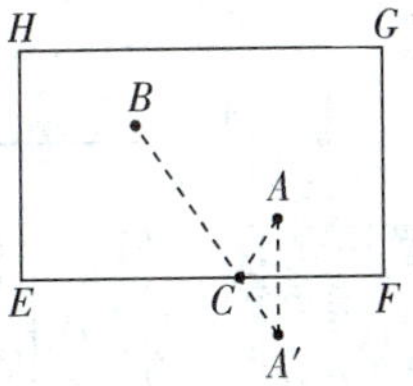

10. (1)①264　21　成立　②198　81　成立

解析：(1)$12\times462=5\ 544=264\times21$；

$18\times891=16\ 038=198\times81$.

(2)$\because 3+6=9$，

$\therefore$ 左边的三位数是 396，右边的三位数是 693，即“●”处的三位数是 693.

2.2　轴对称的性质

品味中考

1. D　**2.** 13

3. (1)如图所示.

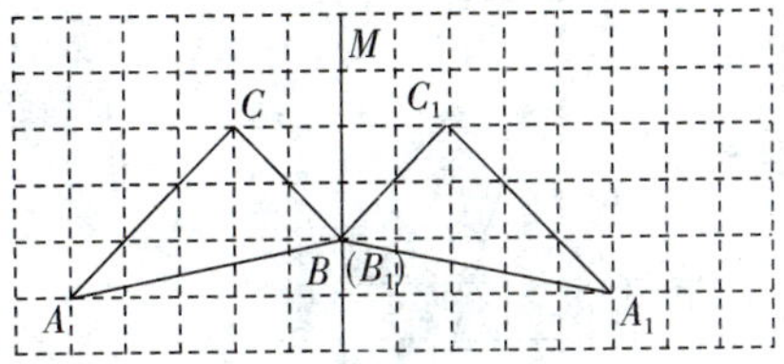

(2)$AA_1=10$.

趁热打铁

1. D　**2.** B　**3.** 8

4. (1)图形如图所示.

(2)这个整体图形的对称轴有 4 条.

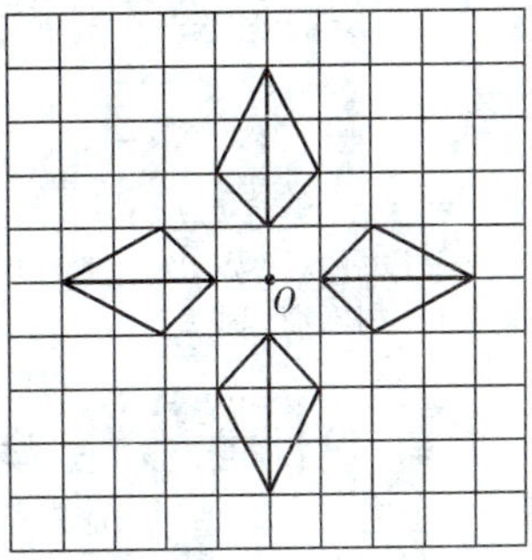

5. 是.理由如下：$\because$ 直线 $l\perp AB$，$\therefore \angle AOP=\angle BOP=90°$.在 Rt$\triangle AOP$ 和 Rt$\triangle BOP$ 中，$\because PA=PB, OP=OP$，$\therefore$ Rt$\triangle AOP\cong$Rt$\triangle BOP$，$\therefore OA=OB$.又直线 $l\perp AB$，$\therefore$ 直线 l 是线段 AB 的垂直平分线.

6. C　**解析：**$\because AB=8, AD=6$，纸片折叠，使得 AD 边落在 AB 边上，

$\therefore DB=8-6=2, \angle EAD=45°$.

又 $\triangle AED$ 沿 DE 向右翻折，AE 与 BC 的交点为 F，

$\therefore AB=AD-DB=6-2=4$，$\triangle ABF$ 为等腰直角三角形，

$\therefore BF=AB=4$，$\therefore CF=BC-BF=6-4=2$.

又 $EC=BD=2$，$\therefore S_{\triangle CEF}=\frac{1}{2}\times2\times2=2$.故选 C.

7. 40°　**解析：**如图，$\because \angle1=115°$，

$\therefore \angle EFG=65°$.由折叠可得 $\angle EFB'=\angle EFB=115°$，

$\therefore \angle GFB'=115°-65°=50°$.

又$\because \angle B'=90°$，$\therefore \angle FGB'=90°-50°=40°$，

$\therefore \angle2=40°$.故答案为：40°.

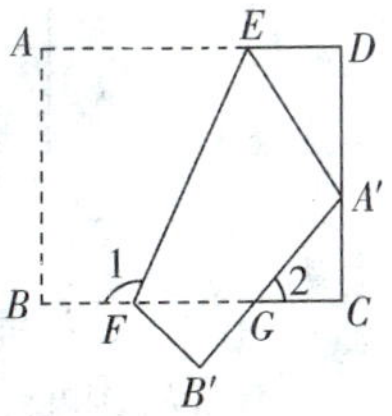

8. 在 $\triangle ABC$ 中，$\angle A=75°, \angle B=65°$，

$\therefore \angle C=40°$.

$\because \triangle CED$ 沿 DE 折叠得到 $\triangle C'DE$，$\therefore \triangle CED$ 与 $\triangle C'ED$ 关于 DE 对称.

$\therefore \angle C'=\angle C=40°, \angle CED=\angle C'ED, \angle C'DE=\angle CDE$.

$\because \angle1+\angle C'DE+\angle CDE=180°$，且 $\angle1=20°$，$\therefore \angle C'DE=80°$.

在 $\triangle C'DE$ 中，$\angle C'DE=80°, \angle C'=40°$，$\therefore \angle C'ED=60°$.

$\therefore \angle2=180°-\angle C'ED-\angle CED=60°$.

9. (1) $\triangle A_1B_1C_1$ 如图所示.

$\triangle A_1B_1C_1$ 的面积 $=\frac{1}{2}\times2\times6=6$.

(2) 连接 A_1B，与直线 DE 相交于点 Q，点 Q 即为所求.

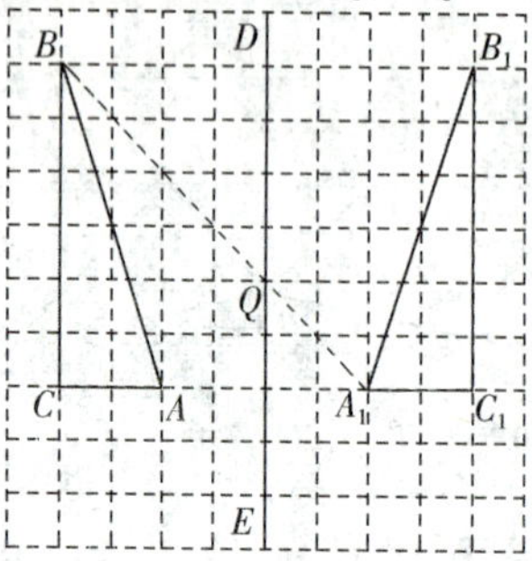

10. 如图所示.作法：

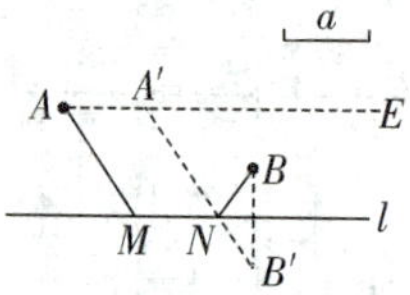

①过点 A 作 $AE/\!/l$，在 AE 上截取 $AA'=a$；

②作点 B 关于直线 l 的对称点 B'，连接 $A'B'$ 交直线 l 于点 N；

③过点 A 作 $AM/\!/A'B'$，交直线 l 于点 M.

则点 M,N 即为所求.

2.3　设计轴对称图案

品味中考

1. D　**解析：**由题意可得，当连接 P_2P_3，P_4P_5，P_7P_8 时，所形成的图形都是轴对称图形，当连接 P_8P_9 时，所形成的图形不是轴对称图形.故选 D.

2. 如图所示（答案不唯一）：

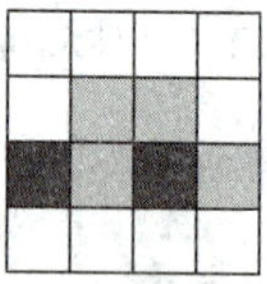
①

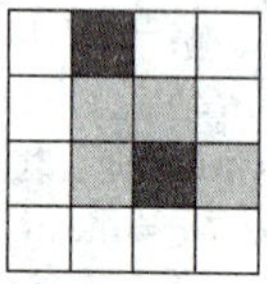
②

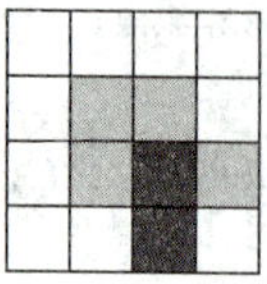
③

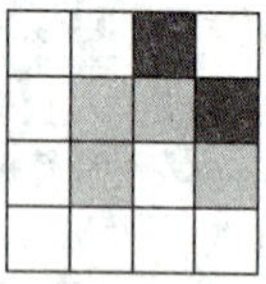
④

趁热打铁

1. B　**2.** D　**3.** D

4. 4　**解析：**分别以直线 AB,EF 及 MN,CH 为对称轴，作轴对称图形如图所示.

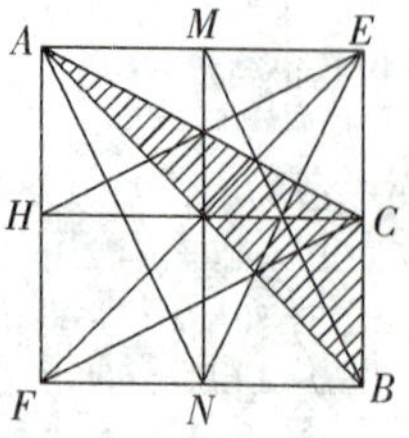

则 $\triangle ABM$，$\triangle ANB$，$\triangle EHF$，$\triangle EFC$ 都是符合题意的三角形.

5. 如图所示.（也可以是其他图形，只要符合条件即可）

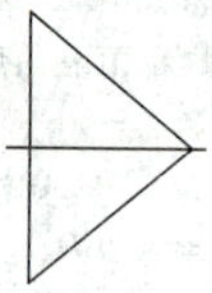
第一种

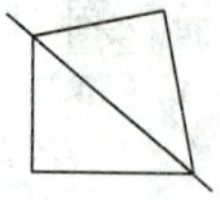
第二种

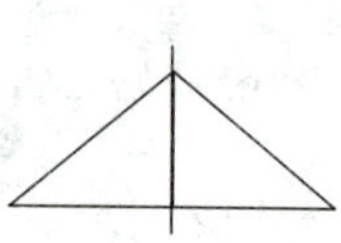
第三种

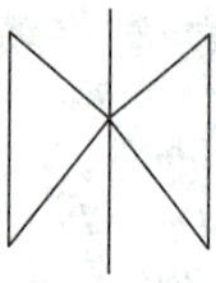
第四种

6. 13　**解析：**如图所示：

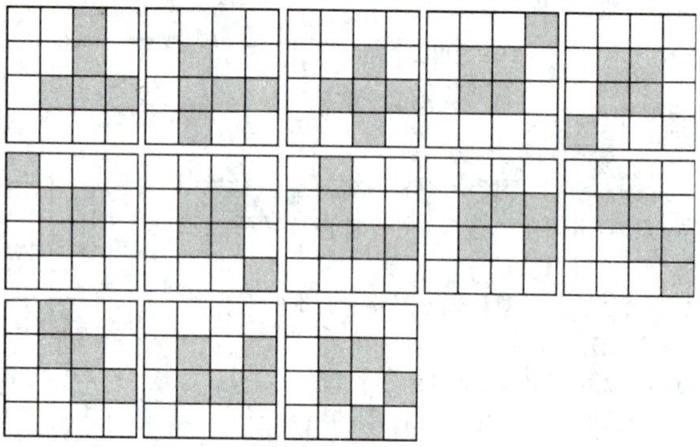

故一共有 13 种移法，故答案为 13.

7. 如图所示（画法不唯一）.

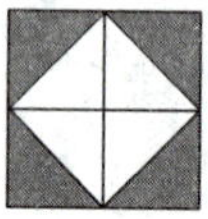
②

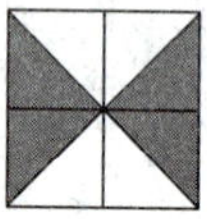
③

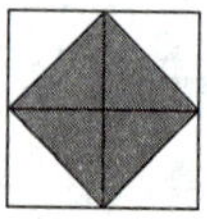
④

8. 创意：一座漂亮的小房子.同学们可以发挥自己的想象力，再设计出更多的图案，和其他同学一起交流.

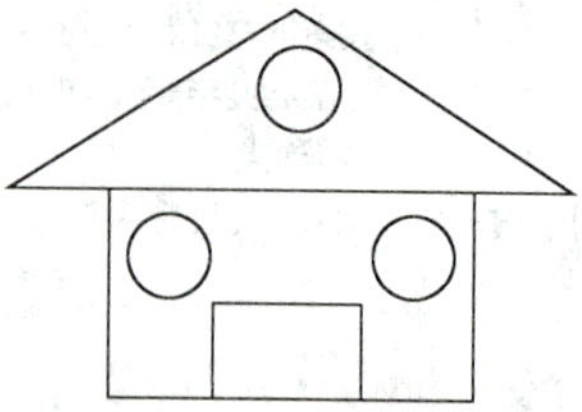

9. 如图所示（画法不唯一）.

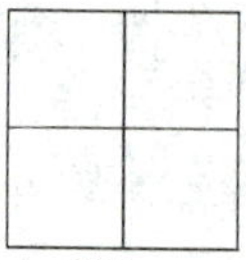
方法一

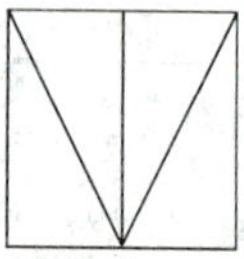
方法二

方法三

2.4　线段、角的轴对称性

品味中考

1. B　**2.** A

3. $BC=BE$ 或 $DC=DE$ 或 $DB=DA$ 或 $EB=EA$ 或 $BC=AE$

趁热打铁

1. C 2. B 3. 10 cm 4. 56

5. ∵ 点 M,N 分别是点 P 关于 AO,BO 的对称点，∴ OA 是 PM 的垂直平分线，∴ $EP=EM$，同理 $FP=FN$. ∵ $\triangle PEF$ 的周长为 15，∴ $EF+EP+FP=15$，∴ $EM+EF+FN=15$，即 $MN=15$.

6. 如图，作 $DE\perp AB$ 于 E，$DF\perp AC$ 于 F. 因为 AD 为 $\angle BAC$ 的平分线，所以 $DE=DF$. 因为 $AB<AC$，$S_{\triangle ABD}:S_{\triangle ADC}=\left(\frac{1}{2}DE\cdot AB\right):\left(\frac{1}{2}DF\cdot AC\right)=AB:AC=3:5$，设 $AB=x$ cm，$AC=y$ cm，所以 $x+y+17=41$，$x:y=3:5(x<y)$，所以 $x=9$，$y=15$，即 $AB=9$ cm，$AC=15$ cm.

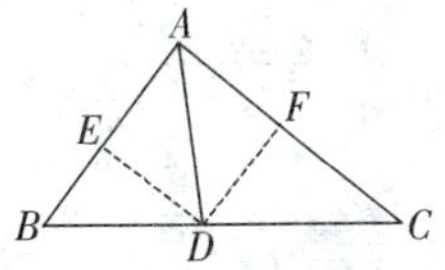

（第 6 题）

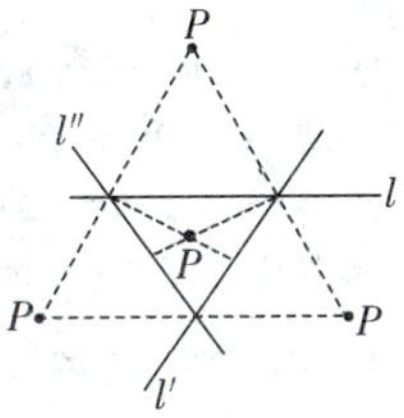

（第 7 题）

7. D **解析**：如图所示，加油站的地址有四处. 故选 D.

8. A **解析**：本题给出四边形 $ABCD$ 的四个内角平分线，要找出四个三角形面积之间的关系，只要分别作出点 P 到四边形 $ABCD$ 四边的距离，如图，从而可以证明 $\triangle PEA\cong\triangle PHA$，$\triangle PEB\cong\triangle PFB$，$\triangle PFC\cong\triangle PGC$，$\triangle PGD\cong\triangle PHD$. ∴ $S_{\triangle PEA}=S_{\triangle PHA}$，$S_{\triangle PEB}=S_{\triangle PFB}$，$S_{\triangle PFC}=S_{\triangle PGC}$，$S_{\triangle PGD}=S_{\triangle PHD}$. ∴ $S_1+S_3=S_{\triangle PHA}+S_{\triangle PHD}+S_{\triangle PFB}+S_{\triangle PFC}=S_{\triangle PEA}+S_{\triangle PGD}+S_{\triangle PEB}+S_{\triangle PGC}=S_2+S_4$.

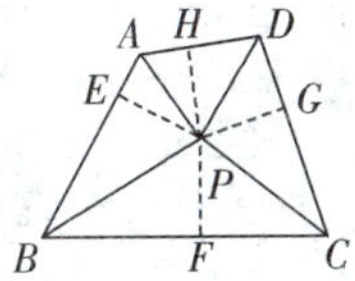

9. ∵ AD 是高，∴ $AD\perp BC$. 又 ∵ $BD=DE$，∴ AD 所在的直线是线段 BE 的垂直平分线，∴ $AB=AE$，∴ $AB+BD=AE+DE$.
又 ∵ $AB+BD=DC$，∴ $DC=AE+DE$，∴ $DE+EC=AE+DE$，∴ $EC=AE$，∴ 点 E 在线段 AC 的垂直平分线上.

10. 作法：①作 $\angle ADC$ 的平分线 DE；②过 C 作 $CP_1/\!/AB$，交 DE 于点 P_1；③以 C 为角的顶点作 $\angle P_2CB=\angle P_1CB$，交 DE 于点 P_2，则点 P_1 和 P_2 就是所求作的点.

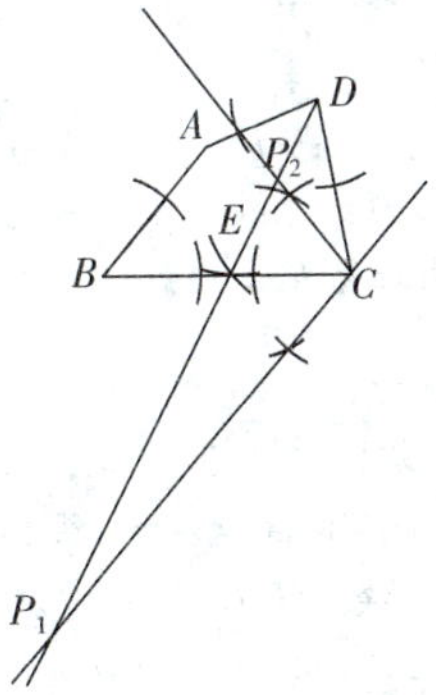

（第 10 题）

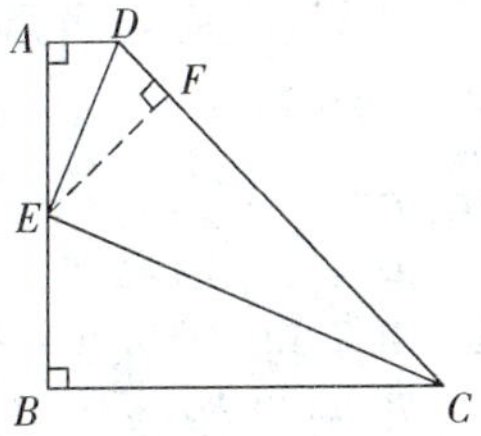

（第 11 题）

11. 过点 E 作 $EF\perp CD$ 于点 F，
∵ $\angle A=\angle EFD=90°$，
∴ $EA\perp AD$，$EF\perp CD$.
∵ 点 E 是 AB 的中点，∴ $EA=EB$.
∵ DE 平分 $\angle ADC$，$EF\perp CD$，$EA\perp AD$，
∴ $EF=EA=EB$.
∵ $EF\perp CD$，$EB\perp BC$，$EF=EB$，
∴ CE 平分 $\angle BCD$.

2.5 等腰三角形的轴对称性

品味中考

1. B **解析**：设 $\angle B=x$，∵ $AB=AC$，∴ $\angle C=\angle B=x$.
∵ $DA=DC$，∴ $\angle DAC=\angle C=x$.
∴ $\angle ADB=\angle DAC+\angle C=2x$.
∵ $BD=BA$，∴ $\angle BAD=\angle ADB=2x$.
∵ $\angle B+\angle C+\angle BAC=180°$，
∴ $x+x+x+2x=180°$. 解得 $x=36°$. 故选 B.

2. D **解析**：如图，在 OA 上截取 $OC=OP=2$，∵ $\angle AOP=60°$，∴ $\triangle OCP$ 是等边三角形，∴ $CP=OP$，$\angle OCP=\angle CPO=60°$. 在线段 OC 任取一点 M，在 OB 上截取 ON，使 $ON+OM=2$，连接 MN,PM,PN. ∵ $MC+OM=2$，∴ $CM=ON$. 在 $\triangle MCP$ 和 $\triangle NOP$ 中，∵ $CM=ON$，$\angle MCP=\angle NOP=60°$，$CP=OP$，∴ $\triangle MCP\cong\triangle NOP(\text{SAS})$，∴ $PM=PN$，$\angle MPC=\angle NPO$，∴ $\angle MPC+\angle MPO=\angle NPO+\angle MPO$，即 $\angle CPO=\angle MPN$，∴ $\angle MPN=60°$，∴ $\triangle PMN$ 是等边三角形. 故满足条件的 $\triangle PMN$ 有无数个，选 D.

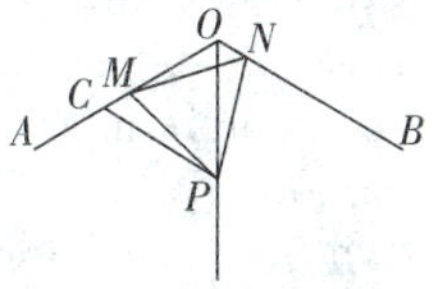

点评：解此类题一般先找出符合要求的特殊点，如点 M 与点 O 重合，点 N 与点 O 重合等，发现以上特殊情形都满足 $OM+ON=2$，再研究一般情形下 $\triangle PMN$ 是否为等边三角形.

3. $2a+3b$ **解析**：∵ DE 是 AC 的垂直平分线，∴ $CE=AE$.
∵ $\angle BAC=36°$，∴ $\angle ACE=36°$，
∴ $\angle BEC=\angle BAC+\angle ACE=72°$.
∵ $AB=AC$，∴ $\angle B=72°$，∴ $BC=EC$.
∵ $BE=a$，$AE=b$，∴ $AC=a+b$，$BC=b$，
∴ $\triangle ABC$ 的周长 $=AB+AC+BC=2(a+b)+b=2a+3b$.

趁热打铁

1. A 2. B 3. 4 4. 20°

5. $\triangle ABE\cong\triangle ACE$，$\triangle EBD\cong\triangle ECD$，$\triangle ABD\cong\triangle ACD$.
以 $\triangle ABE\cong\triangle ACE$ 为例，证明如下：
由等腰三角形的三线合一性质知，AD 平分 $\angle BAC$，∴ $\angle BAE=\angle CAE$.
在 $\triangle ABE$ 和 $\triangle ACE$ 中，$\begin{cases}AB=AC,\\ \angle BAE=\angle CAE,\\ AE=AE,\end{cases}$
∴ $\triangle ABE\cong\triangle ACE(\text{SAS})$.

6. B **解析**：如图所示，共有 4 种画法.

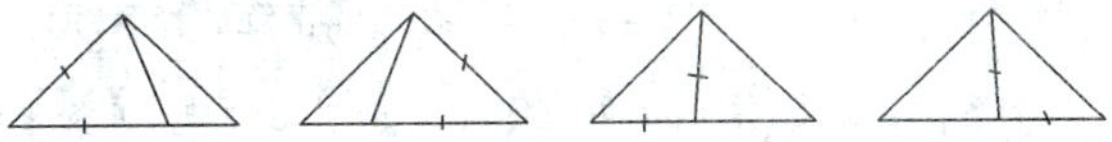

7. 15

8. (1) $\because AD\perp DE$，且 $AD=DE$，$\therefore \triangle ADE$ 是等腰直角三角形.

又 F 是 AE 的中点，

$\therefore DF\perp AE$，$DF=AF=EF$.

又 $\because \angle ABC=90^\circ$，$\angle DCF$、$\angle AMF$ 都与 $\angle MAC$ 互余，

$\therefore \angle DCF=\angle AMF$.

又 $\because \angle DFC=\angle AFM=90^\circ$，$\therefore \triangle DFC\cong\triangle AFM$(AAS).

$\therefore CF=MF$. $\therefore \angle FMC=\angle FCM$.

(2) $AD\perp MC$，理由如下：

如图，延长 AD 交 MC 于点 G.

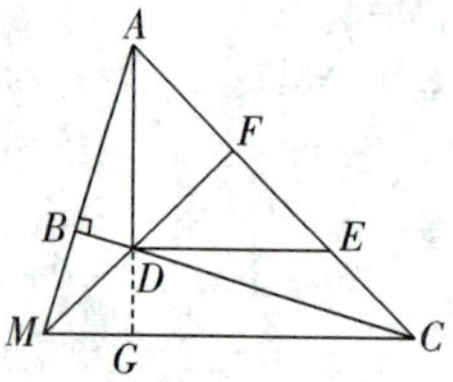

由(1)知 $\angle MFC=90^\circ$，$FD=FE$，$FM=FC$.

$\therefore \angle FDE=\angle FMC=45^\circ$，

$\therefore DE\parallel CM$.

$\therefore \angle AGC=\angle ADE=90^\circ$，$\therefore AG\perp MC$，即 $AD\perp MC$.

9. (1) $\because \triangle ABC$ 和 $\triangle ADE$ 都是等边三角形，

$\therefore AB=AC$，$AD=AE$，$\angle BAC=\angle DAE=\angle ACB=\angle ABC=60^\circ$，

$\therefore \angle BAD=\angle CAE$.

在 $\triangle ABD$ 和 $\triangle ACE$ 中，$\begin{cases}AB=AC,\\ \angle BAD=\angle CAE,\\ AD=AE,\end{cases}$

$\therefore \triangle ABD\cong\triangle ACE$，$\therefore CE=BD$，$\angle ACE=\angle ABD$.

$\because AB\perp$ 直线 l 于 B，$\therefore \angle ABD=90^\circ$，

$\therefore \angle ACE=90^\circ$，$\angle CBF=30^\circ$.

$\because E,C,F$ 在一条线上，$\angle ACB=60^\circ$，

$\therefore \angle BCF=30^\circ$，$\therefore BF=CF$.

$\because BD=DF+BF$，$\therefore BD=DF+CF=CE$，即 $DF=CE-CF$.

(2) $DF=CF-CE$；$DF=CE+CF$.

(3) 由(1)(2)可知，$BD=CE$，$CF=BF$，

$\because BD=2BF$，$\therefore CE=2BF$.

$\because$ 由图①②可知 $EF=CE+CF$，$\therefore 3CF=EF=6$，$\therefore CF=2$.

又由图③可知：$CE=EF+CF$，

$\therefore 2CF=EF+CF$，$\therefore CF=EF=6$.

综上所述，$CF=2$ 或 6.

本章总结

章末小练

1. C **2.** D **3.** C **4.** B **5.** 8 **6.** 8 cm 或 4 cm **7.** 135° 14

8. ①④ **解析**：$\because AB=AD$，$CB=CD$，

$\therefore \angle ABD=\angle ADB$，$\angle CBD=\angle CDB$，

$\therefore \angle ABC=\angle ADC$，故①正确；

显然 OA 不一定等于 OC，故②错误；

$\because \angle ABD\neq\angle CBD$，$\therefore BD$ 不能平分 $\angle ABC$，故③错误；

$\because AB=AD$，$CB=CD$，

$\therefore AC\perp BD$，$S_{四边形ABCD}=S_{\triangle ABD}+S_{\triangle BCD}=\frac{1}{2}BD\cdot AO+\frac{1}{2}BD\cdot OC=\frac{1}{2}BD\cdot(AO+CO)=\frac{1}{2}BD\cdot AC$，故④正确. 故答案为①④.

9. 如图所示，作 D 关于 AB 的对称点 D'，连接 CD'，与 AB 交于点 P，此点即为所求作的点 P.

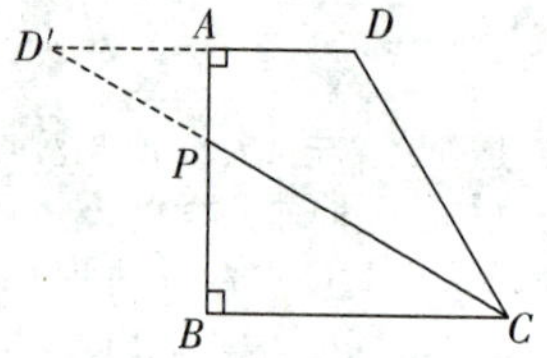

10. (1) $\because G$ 是 CE 的中点，$DG\perp CE$，

$\therefore DG$ 是 CE 的垂直平分线，$\therefore DE=DC$.

$\because AD$ 是高，CE 是中线，

$\therefore DE$ 是 Rt$\triangle ADB$ 的斜边 AB 上的中线，

$\therefore DE=BE=\frac{1}{2}AB$，$\therefore DC=BE$.

(2) $\because DE=DC$，$\therefore \angle DEC=\angle BCE$，

$\therefore \angle EDB=\angle DEC+\angle BCE=2\angle BCE$.

$\because DE=BE$，$\therefore \angle B=\angle EDB$，$\therefore \angle B=2\angle BCE$，

$\therefore \angle AEC=3\angle BCE=66^\circ$，则 $\angle BCE=22^\circ$.

11. (1) $\because AF$ 平分 $\angle BAC$，$\therefore \angle CAD=\angle DAB=\frac{1}{2}\angle BAC$.

$\because$ 点 D 与点 A 关于点 E 对称，$\therefore E$ 为 AD 中点.

$\because BC\perp AD$，$\therefore BC$ 为 AD 的中垂线，$\therefore AC=CD$.

在 Rt$\triangle ACE$ 和 Rt$\triangle ABE$ 中，

$\angle CAD+\angle ACE=\angle DAB+\angle ABE=90^\circ$，$\angle CAD=\angle DAB$，

$\therefore \angle ACE=\angle ABE$，$\therefore AC=AB$. $\therefore AB=CD$.

(2) $\angle MCD=\angle F$. 理由如下：

$\because \angle BAC=2\angle MPC$，又 $\because \angle BAC=2\angle CAD$，

$\therefore \angle MPC=\angle CAD$.

$\because AC=CD$，$\therefore \angle CAD=\angle CDA$，$\therefore \angle MPC=\angle CDA$.

$\therefore \angle MPF=\angle CDM$. $\because AC=AB$，$AE\perp BC$，$\therefore CE=BE$.

$\therefore AM$ 为 BC 的中垂线，$\therefore CM=BM$.

$\because EM\perp BC$，$\therefore EM$ 平分 $\angle CMB$，

$\therefore \angle CME=\angle BME$. $\because \angle BME=\angle PMF$，$\therefore \angle PMF=\angle CME$，

$\therefore \angle MCD=\angle F$.

第3章 勾股定理

3.1 勾股定理

品味中考

1. C **解析**：$\because$ 大正方形的面积为 13，$\therefore a^2+b^2=13$. $\because (a+b)^2=21$，$\therefore a^2+2ab+b^2=21$，$\therefore 13+2ab=21$，$\therefore 2ab=8$. $\because$ 直角三角形较长直角边长为 a，较短直角边长为 b，$\therefore 4S_{小直角三角形}=4\times\frac{1}{2}ab=2ab=8$，$\therefore S_{小正方形}=S_{大正方形}-4S_{小直角三角形}=13-8=5$，故选 C.

2. C **解析**：长方形 $ABCD$ 中，$BC=AD=4$ cm，$\angle B=\angle D=90^\circ$，由题意可得 $\triangle ACE$ 与 $\triangle ACB$ 关于直线 AC 轴对称，即 $\triangle ACE\cong\triangle ACB$，$\therefore CE=BC=4$ cm，$\angle E=\angle B=90^\circ$，在 $\triangle AOD$ 和 $\triangle COE$ 中，$\angle E=\angle D$，$\angle AOD=\angle COE$，$AD=CE$，$\therefore \triangle AOD\cong\triangle COE$，$\therefore AO=CO=5$ cm，在 Rt$\triangle COE$ 中，根据勾股定理可得 $OE^2=OC^2-CE^2=5^2-4^2=9$，$\therefore OE=3$ cm，$\therefore AE=AO+OE=5+3=$

8(cm),∴ $AB=8$ cm,故选 C.

3. 5　**解析:**由题意知 EF 是线段 AB 的垂直平分线,

∴ $AD=DB$.

Rt△ABC 中,∵ $\angle ACB=90°$,$BC=6$,$AC=8$,∴ $AB=10$.

∵ $AD=DB$,$\angle ACB=90°$,∴ $CD=\frac{1}{2}AB=5$.

4. 在△ABC 中,$AB=15$,$BC=14$,$AC=13$,设 $BD=x$,∴ $CD=14-x$.

由勾股定理得 $AD^2=AB^2-BD^2=15^2-x^2$,$AD^2=AC^2-CD^2=13^2-(14-x)^2$,

∴ $15^2-x^2=13^2-(14-x)^2$,解得 $x=9$.∴ $AD=12$.

∴ $S_{\triangle ABC}=\frac{1}{2}BC\cdot AD=\frac{1}{2}\times14\times12=84$.

点评:根据勾股定理,利用 AD 作为“桥梁”建立方程模型是解答此题的关键.

趁热打铁

1. D　**2.** C　**3.** D　**4.** D　**5.** 100

6. (1)∵ 在 Rt△ABC 中,$\angle ACB=90°$,$BC=15$,$AC=20$,∴ $AB=25$,∴ AB 的长是 25.

(2)∵ $S_{\triangle ABC}=\frac{1}{2}AC\cdot BC=\frac{1}{2}AB\cdot CD$,∴ $AC\cdot BC=AB\cdot CD$,

∴ $20\times15=25CD$,∴ $CD=12$.

7. B　**解析:**∵ $AB=10$,$EF=2$,∴ 大正方形的面积是 100,小正方形的面积是 4,

∴ 四个直角三角形面积和为 $100-4=96$,设 AE 为 a,DE 为 b,

即 $4\times\frac{1}{2}ab=96$,∴ $2ab=96$.又 $a^2+b^2=100$,

∴ $(a+b)^2=a^2+b^2+2ab=100+96=196$,∴ $a+b=14$.

∵ $a-b=2$,联立解得 $a=8$,$b=6$,∴ $AE=8$,$DE=6$,∴ $AH=6$.故选 B.

8. B　**解析:**如图,作 $BF\perp l$ 交 l 的平行线 $A'F$ 于 F,作 $AK\perp BF$,垂足为 K.

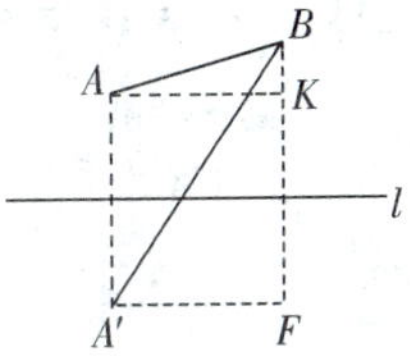

在 Rt△$A'FB$ 中,$A'B^2=BF^2+A'F^2$,

即 $A'B^2=25+A'F^2$.

∵ 在 Rt△AKB 中,$AK^2=AB^2-BK^2$,

又 $AK=A'F$,

于是 $A'B^2=25+AB^2-BK^2$,

即 $A'B^2=25+AB^2-1$,∴ $A'B^2-AB^2=24$,故选 B.

9. 31　**解析:**∵ 所有三角形都是直角三角形,所有四边形都是正方形,∴ $S=S_1+S_2+S_3+S_4=9+4+8+10=31$.

10. 如图,由题意知 $AB=3$ m,$CD=14-1=13$(m),$BD=24$ m.

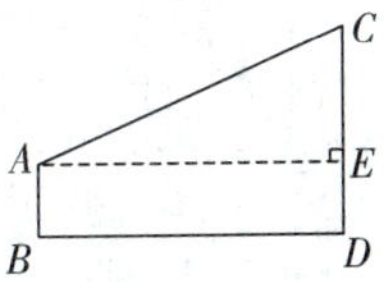

过 A 作 $AE\perp CD$ 于 E.则 $CE=13-3=10$(m),$AE=24$ m.

在 Rt△AEC 中,$AC^2=CE^2+AE^2=10^2+24^2=676$.

故 $AC=26$ m,则 $26\div5=5.2$(s).

答:它至少需要 5.2 s 才能赶回巢中.

11. (1)$BH=AC$,理由如下:∵ $\angle BDC=\angle BEC=\angle CDA=90°$,$\angle ABC=45°$,∴ $\angle BCD=45°=\angle ABC$,∴ $DC=DB$.

∵ $\angle BHD=\angle CHE$,∴ $\angle DBH=\angle DCA$,∴ △DBH≌△DCA,

∴ $BH=AC$.

(2)连接 GC,∴ $GC^2-GE^2=EC^2$.∵ F 为 BC 的中点,$DB=DC$,∴ DF 垂直平分 BC,∴ $BG=GC$,∴ $BG^2-GE^2=EC^2$.∵ $\angle ABE=\angle CBE$,$BE\perp AC$,∴ $EC=EA$,∴ $BG^2-GE^2=EA^2$.

3.2　勾股定理的逆定理

品味中考

1. C　**解析:**在能够组成三角形的条件下,如果满足较小两边平方的和等于最大边的平方,则是直角三角形;满足较小两边平方的和大于最大边的平方,则是锐角三角形;满足较小两边平方的和小于最大边的平方,则是钝角三角形,依此求解即可.

A.因为 $3^2+4^2>4^2$,所以三条线段能组成锐角三角形,不符合题意;

B.因为 $3^2+4^2=5^2$,所以三条线段能组成直角三角形,不符合题意;

C.因为 $3+4>6$,且 $3^2+4^2<6^2$,所以三条线段能组成钝角三角形,符合题意;

D.因为 $3+4=7$,所以三条线段不能组成三角形,不符合题意.

故选 C.

2. 6.5　**解析:**∵ $AC=5$,$BC=12$,$AB=13$,

∴ $AC^2+BC^2=5^2+12^2=169$,$AB^2=169$,

∴ $AC^2+BC^2=AB^2$,

∴ △ABC 是以 $\angle ACB$ 为直角的直角三角形.

∵ CD 是 AB 边上的中线,∴ $CD=\frac{1}{2}AB=6.5$.

3. 当 $n=1$ 时,$a=\frac{1}{2}(m^2-1)$ ①,$b=m$ ②,$c=\frac{1}{2}(m^2+1)$ ③,因为直角三角形有一边长为 5,分情况如下:(1)当 $a=5$ 时,即 $\frac{1}{2}(m^2-1)=5$,$m^2=11$,m 不是正整数,舍去;(2)当 $b=5$ 时,即 $m=5$,再将它分别代入①③得 $a=\frac{1}{2}\times(5^2-1)=12$,$c=\frac{1}{2}\times(5^2+1)=13$;(3)当 $c=5$ 时,即 $\frac{1}{2}(m^2+1)=5$,$m=\pm3$,因为 $m>0$,所以 $m=3$,把 $m=3$ 分别代入①②得 $a=\frac{1}{2}\times(3^2-1)=4$,$b=3$.综上所述,直角三角形的另两边长为 12,13 或 3,4.

趁热打铁

1. B　**2.** A　**3.** C　**4.** D　**5.** 150

6. ∵ $EF=30$ cm,∴ $EG=\frac{1}{2}EF=15$ cm.

∵ $DE^2=17^2=289$,$DG^2=8^2=64$,$EG^2=15^2=225$,

∴ $DG^2+EG^2=DE^2$.

∴ △DGE 为直角三角形,$\angle DGE=90°$,即 $DG\perp EF$.

又 DG 是 EF 边上的中线,

∴ $DF=DE$,即△DEF 是等腰三角形.

7. B

8. C　**解析:**根据勾股数的概念,可以得到 $x^2=y^2+11^2$.

∴ $x^2-y^2=11^2$,$(x+y)(x-y)=121$.∵ x,y 都是正整数,且$x>y$,

∴ $x+y$、$x-y$ 也都是正整数,且 $x+y>x-y$.∴ $(x+y)(x-y)=121\times$

1，得到$\begin{cases}x+y=121,\\x-y=1,\end{cases}$解得$\begin{cases}x=61,\\y=60.\end{cases}$

∴ 这个三角形的三边长为 61，60，11. 因此，它的周长是 61+60+11=132.

9. AB,EF,GH　**解析**：$AB^2=2^2+2^2=8$，$CD^2=4^2+2^2=20$，$EF^2=1^2+2^2=5$，$GH^2=3^2+2^2=13$，

∴ $AB^2+EF^2=GH^2$.

∴ 以线段 AB，EF，GH 为边可构成一个直角三角形.

10. 连接 AC，在 Rt△ABC 中，$AC^2=AB^2+BC^2=225=15^2$，∴ $AC=15$ cm，在△ADC 中，$AD=8$ cm，$CD=17$ cm，$AC=15$ cm，则 $AC^2+AD^2=DC^2$，∴ △ADC 为直角三角形，∴ 这块钢板的面积$=S_{\triangle ABC}+S_{\triangle ADC}=\frac{1}{2}AB\times BC+\frac{1}{2}AD\times AC=54+60=114(\text{cm}^2)$.

11. 如图，以 AP 为边作等边△APD，连接 BD，PC.

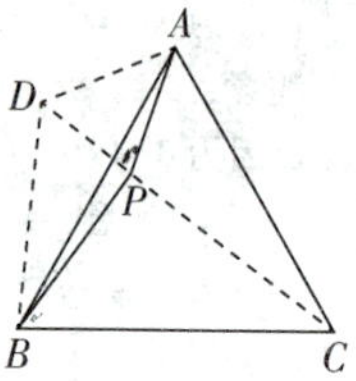

则∠BAD=60°−∠BAP=∠CAP.

在△ADB 和△APC 中，

$AD=AP$，∠BAD=∠CAP，$AB=AC$，

∴ △ADB≌△APC(SAS).

∴ $BD=PC=5$. 又 $PD=AP=3$，$BP=4$，

∴ $BP^2+PD^2=4^2+3^2=25=BD^2$，∴ ∠$BPD$=90°，

∴ ∠APB=∠APD+∠BPD=60°+90°=150°.

3.3　勾股定理的简单应用

品味中考

1. C　**2.** 5　正北

3. $\frac{15}{4}$　**解析**：在 Rt△ABC 中，∵ $AC=8$ cm，$BC=6$ cm，根据勾股定理，得 $AB=10$ cm. 如图，设 $CE=x$ cm，由折叠的性质得 $BD=AD=5$ cm，$BE=AE=(8-x)$cm，在 Rt△BCE 中，根据勾股定理可知 $BC^2+EC^2=BE^2$，即 $6^2+x^2=(8-x)^2$，

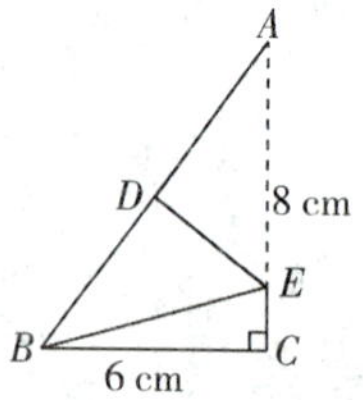

解得 $x=\frac{7}{4}$，∴ $BE=\frac{25}{4}$ cm，在 Rt△BDE 中，$BD^2+DE^2=BE^2$，

∴ $DE=\frac{15}{4}$ cm，故答案为$\frac{15}{4}$.

趁热打铁

1. C　**2.** D　**3.** C　**4.** 1 000 米　**5.** 2　**6.** $x^2=10^2+(x-4)^2$

7. B　**解析**：画出该圆柱的侧面展开图如图所示，则蚂蚁从 A 点出发沿着圆柱体的表面爬行到点 P 的最短距离为线段 AP 的长. 在 Rt△ACP 中，$AC=\frac{6}{2}=3$(cm)，$PC=\frac{2}{3}BC=4$ cm，∴ $AP=5$ cm.

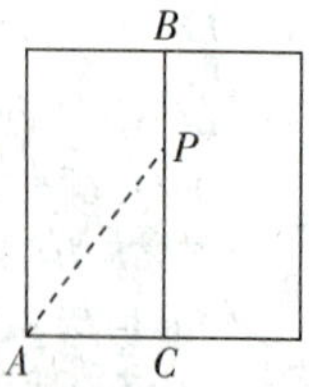

8. 西北或东南

9. 500　**解析**：将老街与平安路的交叉口设为 C 点，∵ BC∥AD，

∴ ∠DAE=∠ACB.

又∵ BC⊥AB，DE⊥AC，∴ ∠ABC=∠DEA=90°.

又∵ $AB=DE=400$ m，∴ △ABC≌△DEA，∴ $EA=BC=300$ m，

在 Rt△ABC 中，$AC^2=AB^2+BC^2$，∴ $AC=500$ m.

∴ $CE=AC-AE=200$ m.

从 B 到 E 有两种较近的走法：①$BA+AE=700$ m；②$BC+CE=500$ m，

∴ 最近的路程是 500 m. 故答案是 500.

10. 如图，作出 A 点关于 MN 的对称点 A'，连接 $A'B$ 交 MN 于点 P，则 $A'B$ 就是最短路线，在 Rt△$A'DB$ 中，由勾股定理得 $A'B^2=A'D^2+DB^2$，∴ $A'B=17$ km.

答：他要完成这件事情所走的最短路程是 17 km.

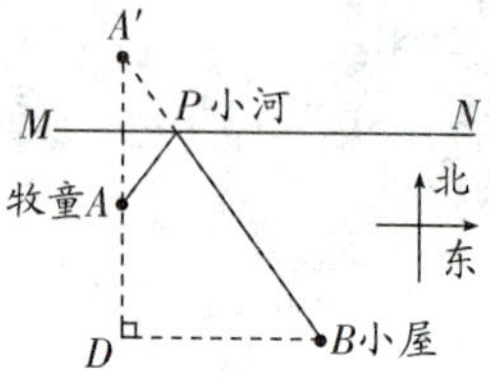

（第 10 题）

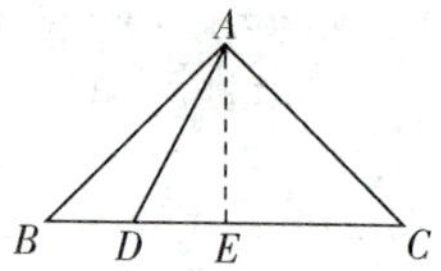

（第 11 题）

11. 如图，过 A 点作 AE⊥BC 于 E.

∵ $AB=AC$，∴ $BE=EC$.

∵ AE⊥BC，

∴ $AB^2=AE^2+BE^2$，$AD^2=AE^2+ED^2$.

∴ $AB^2-AD^2=BE^2-ED^2=(BE+ED)(BE-ED)=(EC+ED)\cdot(BE-ED)=CD\cdot BD$.

∴ $AD^2+BD\cdot DC=AB^2$.

本 章 总 结

章末小练

1. D　**2.** B　**3.** D　**4.** C　**5.** 17　**6.** $\frac{25}{8}$

7. 25　**解析**：如图，一条直角边(即枯木的高)长为 20 尺，另一条直角边长为 5×3=15(尺)，

因此葛藤长为 25 尺.

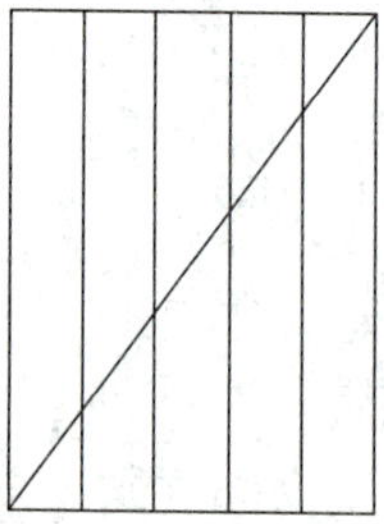

（第 7 题）

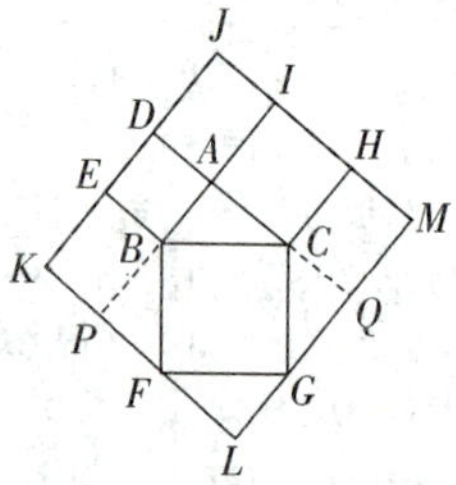

（第 8 题）

8. 440　**解析**：如图，延长 AB 交 KL 于 P，延长 AC 交 LM 于 Q，则△ABC≌△PFB≌△QCG，

∴ $PB=AC=8$，$CQ=AB=6$.

∵ 图②是由图①放入长方形内得到的，

∴ $IP=8+6+8=22$，

$DQ=6+8+6=20$，

∴ 长方形 $KLMJ$ 的面积=22×20=440. 故答案为 440.

9. ∵ 在 Rt△ABD 中，∠ADB=90°，

$\therefore AB^2=AD^2+BD^2$,同理可得 $AC^2=AD^2+CD^2$,

$\therefore AB^2+AC^2=AD^2+BD^2+AD^2+CD^2$.又 $AD^2=BD\cdot DC$,

$\therefore AB^2+AC^2=BD^2+CD^2+2BD\cdot CD=(BD+CD)^2=BC^2$,

$\therefore \triangle ABC$ 是直角三角形.

10. (1)$\because \frac{1}{2}(a+b)(a+b)=2\times\frac{1}{2}ab+\frac{1}{2}c^2$,

$\therefore (a+b)(a+b)=2ab+c^2$,

$\therefore a^2+2ab+b^2=2ab+c^2$,$\therefore a^2+b^2=c^2$.

(2)$\frac{9}{2}\pi$ **解析**:$\because S_1=\frac{1}{8}\pi AC^2, S_2=\frac{1}{8}\pi BC^2$,

$\therefore S_1+S_2=\frac{1}{8}\pi(AC^2+BC^2)=\frac{1}{8}\pi AB^2=\frac{9}{2}\pi$.

(3)设 $CO=x$ 千米,则 $OD=(80-x)$千米.

$\because O$ 到 A,B 两个城市的距离相等,

$\therefore AO=BO$,即 $AO^2=BO^2$,

由勾股定理,得 $40^2+x^2=60^2+(80-x)^2$,

解得 $x=52.5$.

即 O 应建在离 C 点 52.5 千米处.

11. 若$\triangle ABC$ 是锐角三角形,则有结论:$a^2+b^2>c^2$;若$\triangle ABC$ 是钝角三角形,则有结论:$a^2+b^2<c^2$.

①当$\triangle ABC$ 是锐角三角形时,如图①.过点 A 作 $AD\perp CB$ 于点 D.设 $CD=x$,则 $DB=a-x$.在 $\text{Rt}\triangle ADB$ 和 $\text{Rt}\triangle ADC$ 中,分别根据勾股定理,得 $AD^2=AB^2-DB^2=AC^2-CD^2$,即 $c^2-(a-x)^2=b^2-x^2$,整理,得 $a^2+b^2=c^2+2ax$.因为 a,x 均为正数,所以 $2ax$ 也是正数.因此,$a^2+b^2>c^2$.

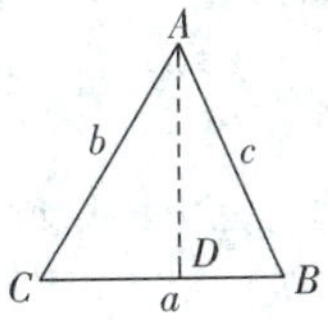

①

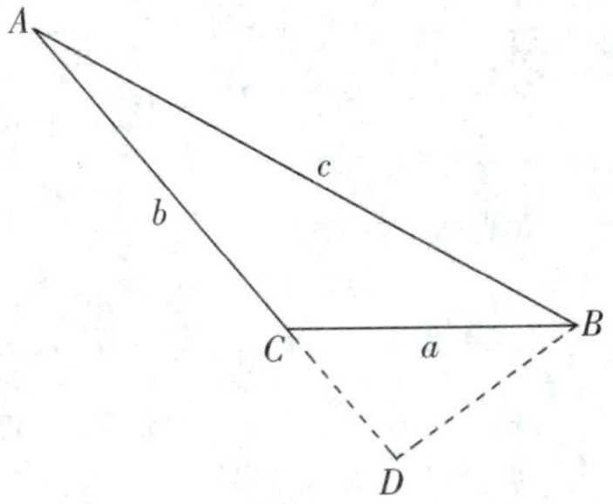

②

②当$\triangle ABC$ 是钝角三角形时,如图②.过点 B 作 $BD\perp AC$,交 AC 的延长线于点 D.设 $CD=x$,在 $\text{Rt}\triangle BCD$ 中,根据勾股定理,得 $BD^2=a^2-x^2$.在 $\text{Rt}\triangle ABD$ 中,根据勾股定理,得 $AB^2=BD^2+AD^2$,即 $c^2=a^2-x^2+(b+x)^2$,整理,得 $a^2+b^2+2bx=c^2$.因为 b,x 均为正数,所以 $2bx$ 也是正数.因此 $a^2+b^2<c^2$.

第4章 实 数

4.1 平 方 根

品味中考

1. C **2.** A **3.** 6 **4.** 3

趁热打铁

1. A **2.** B **3.** D **4.** B **5.** 2 1

6. $\because 2m+2$ 的平方根是±4,$\therefore 2m+2=16$,解得 $m=7$;$\because 3m+n+1$ 的平方根是±5,$\therefore 3m+n+1=25$,即 $21+n+1=25$,解得 $n=3$,$\therefore m+3n=7+3\times3=16$,$\therefore m+3n$ 的平方根为±4.

7. C

8. C **解析**:$\because$ 一个正奇数的算术平方根是 a,$\therefore$ 这个正奇数为 a^2,$\therefore$ 与它相邻的下一个正奇数为 a^2+2,$\therefore$ 与这个正奇数相邻的下一个正奇数的算术平方根是 $\sqrt{a^2+2}$.故选 C.

9. 4

10. 设截去的小正方形的边长为 x cm,则做成的纸盒的底面仍为正方形且边长为$(40-2x)$cm,由题意得$(40-2x)^2=625$,解得 $x=\frac{15}{2}$或 $x=\frac{65}{2}$.当 $x=\frac{65}{2}$时,$40-2x=-25<0$,$\therefore x=\frac{65}{2}$不合题意,舍去.故截去的小正方形的边长为$\frac{15}{2}$ cm.

11. (1)$(\sqrt{n})^2+1=n+1$, $S_n=\frac{\sqrt{n}}{2}$.

(2)$\because OA_1=\sqrt{1}, OA_2=\sqrt{2}, OA_3=\sqrt{3},\cdots$,

$\therefore OA_{10}=\sqrt{10}$.

(3) $S_1^2+S_2^2+S_3^2+\cdots+S_{10}^2=\left(\frac{\sqrt{1}}{2}\right)^2+\left(\frac{\sqrt{2}}{2}\right)^2+\left(\frac{\sqrt{3}}{2}\right)^2+\cdots+\left(\frac{\sqrt{10}}{2}\right)^2=\frac{1}{4}(1+2+3+\cdots+10)=\frac{55}{4}$.

4.2 立 方 根

品味中考

1. A

2. C **解析**:$\sqrt[3]{8}=2$,2 的算术平方根是$\sqrt{2}$,故选 C.

点评:本题的易错点是容易将只得正数的结果误得到正负两个值.认真、正确理解概念是防错的法宝.

3. -2

4. $-\frac{3}{2}$ **解析**:因为 $(2x+3)^2+|9-4y|=0$,所以 $2x+3=0$,$9-4y=0$,解得 $x=-\frac{3}{2}$,$y=\frac{9}{4}$,所以 $\sqrt[3]{xy}=\sqrt[3]{-\frac{3}{2}\times\frac{9}{4}}=\sqrt[3]{-\frac{27}{8}}=-\frac{3}{2}$,故答案为$-\frac{3}{2}$.

趁热打铁

1. B **2.** B **3.** C **4.** ±2 **5.** 4

6. (1)$x=0.5$ (2)$x=\pm\frac{1}{5}$ (3)$x=-\frac{7}{10}$ (4)$x=9$

7. C **8.** 0.7

9. $\because x-2$ 的平方根是±2,$\therefore x-2=4$,$\therefore x=6$.

$\because 2x+y+7$ 的立方根是 3,$\therefore 19+y=27$,$\therefore y=8$.

$\therefore x^2+y^2=36+64=100$,$\therefore x^2+y^2$ 的平方根是±10.

10. $\because a$ 是倒数是它本身的数,$\therefore a=\pm1$.

$\because b$ 是绝对值最小的数,$\therefore b=0$.

$\because c$ 是相反数是本身的数,$\therefore c=0$.

$\because d$ 是平方根和立方根都是本身的数,$\therefore d=0$.

$\therefore \sqrt[3]{27a-39b+4c+d}=\pm3$.

11. 已知 $A=\sqrt[a-1]{a+3b}$ 是 $a+3b$ 的算术平方根，$B=\sqrt[2a-b-1]{1-a^2}$ 是 $1-a^2$ 的立方根，$\therefore \begin{cases}a-1=2,\\2a-b-1=3,\end{cases}$ $\therefore \begin{cases}a=3,\\b=2,\end{cases}$ $A=\sqrt{a+3b}=\sqrt{3+3\times2}=3$，$B=\sqrt[3]{1-a^2}=\sqrt[3]{1-3^2}=-2$，$A+B=3+(-2)=1$. $\therefore A+B$ 的立方根是 1.

4.3 实　数

品味中考

1. B　**2.** B　**3.** $\sqrt{3}-a$

4. >　**解析**：解法一：$\frac{\sqrt{5}-1}{2}>\frac{\sqrt{4}-1}{2}=\frac{2-1}{2}=\frac{1}{2}$，即 $\frac{\sqrt{5}-1}{2}>0.5$.

解法二：设 $A=\frac{\sqrt{5}-1}{2}$，$B=\frac{1}{2}$，则 $A-B=\frac{\sqrt{5}-1}{2}-\frac{1}{2}=\frac{\sqrt{5}-2}{2}$.

$\because \sqrt{5}>2$，$\therefore \frac{\sqrt{5}-2}{2}>0$，即 $A-B>0$，$\therefore A>B$.

点评：比较两个数大小的方法通常有：(1)作差法，如：比较 A 与 B 的大小，若 $A-B>0$，则 $A>B$；若 $A-B=0$，则 $A=B$；若 $A-B<0$，则 $A<B$；(2)作商法；(3)平方法，即化无理数为有理数.

5. 原式 $=1-2+1=0$.

趁热打铁

1. D　**2.** A　**3.** B　**4.** C　**5.** $2-\sqrt{2}$

6. (1)整数集合：$\{0,\sqrt{9},\sqrt[3]{-27},\cdots\}$；

(2)负数集合：

$\left\{-\frac{1}{3},-\frac{3}{5}\sqrt{3},-\sqrt[3]{11},\sqrt[3]{-27},-0.070\ 070\ 007\cdots,\cdots\right\}$；

(3)无理数集合：

$\left\{\sqrt{7},-\frac{3}{5}\sqrt{3},-\sqrt[3]{11},\frac{\pi}{2},-0.070\ 070\ 007\cdots,\cdots\right\}$；

(4)有理数集合：

$\left\{-\frac{1}{3},0,0.17,2\frac{1}{3},0.81,\sqrt{9},\sqrt[3]{-27},3.141\ 592\ 6,\cdots\right\}$；

(5)实数集合：$\left\{-\frac{1}{3},0,0.17,2\frac{1}{3},0.81,\sqrt{7},-\frac{3}{5}\sqrt{3},\sqrt{9},-\sqrt[3]{11},\frac{\pi}{2},\sqrt[3]{-27},3.141\ 592\ 6,-0.070\ 070\ 007\cdots,\cdots\right\}$.

7. A　**8.** C　**9.** <

10. $\because 9<14<16$，即 $3<\sqrt{14}<4$，$\therefore \sqrt{14}$ 的整数部分是 3.

设 $\sqrt{14}=3+b$，两边同时平方得 $14=9+6b+b^2$，

$\therefore b^2+6b=5$.

$\therefore b^4+12b^3+37b^2+6b-20$

$=(b^4+2\cdot 6b^3+36b^2)+(b^2+6b)-20=(b^2+6b)^2+(b^2+6b)-20$

$=5^2+5-20=10$.

11. -1　**解析**：由题意得，$i^1=i$，$i^2=-1$，$i^3=i^2\cdot i=(-1)\cdot i=-i$，$i^4=(i^2)^2=(-1)^2=1$，$i^5=i^4\cdot i=i$，$i^6=i^5\cdot i=-1$，…，

故可发现 4 次一循环，一个循环内的和为 0，

$\because 2\ 019\div4=504\cdots\cdots3$，

$\therefore i+i^2+i^3+i^4+\cdots+i^{2\ 017}+i^{2\ 018}+i^{2\ 019}=i-1-i=-1$.故答案为 -1.

4.4 近　似　数

品味中考

1. A　**解析**：先计算出 1.58×10^6 米的百万分之一具体等于多少，再结合生活实际估算.其中 $1.58\times10^6\times10^{-6}=1.58$ 米，这和一位初中学生的身高相近，故选 A.

点评：解决这类问题，一要对生活中各种物体的高度有一定的感性认识，可以用自己的身高展开对比、联想；二要熟练掌握幂的运算性质；三要掌握科学记数法.计算时，也可根据"1.58×10^6 米的百万分之一 $=1.58$ 米"获解，只是书写较为繁琐.

2. D　**3.** C

4. B　**解析**：量角器的最小刻度是 5°，所以能精确地读出的最小度数是 5°.故选 B.

趁热打铁

1. C　**2.** C　**3.** C　**4.** C　**5.** D

6. (1) $579.56\approx579.6$；

(2) $0.004\ 078\ 3\approx0.004\ 1$；

(3) $8.973\approx9.0$；

(4) $692\ 547\approx6.925\ 5\times10^5$；

(5) $48\ 378\approx4.8\times10^4$；

(6) $8.03\times10^4\approx8.0\times10^4$.

7. B

8. 2 017　**解析**：$\because 4<\sqrt{17}<5$，$\therefore -4>-\sqrt{17}>-5$，

$\therefore 2\ 018>2\ 022-\sqrt{17}>2\ 017$，$\therefore [2\ 022-\sqrt{17}]=2\ 017$，

故答案为 2 017.

9. (1) $\sqrt[3]{14}+2\sqrt{11}-3\sqrt[3]{3}\approx2.41+2\times3.32-3\times1.44\approx4.7$.

(2) $\frac{\pi}{2}-|\sqrt{5}-\sqrt{7}|+\frac{2}{3}\approx\frac{3.142}{2}-(2.646-2.236)+0.667\approx1.83$.

10. 设上网时间为 x h，若 $x\leqslant30$，则 $\frac{60x}{3}\times0.22+2x=154.4$，即 $6.4x=154.4$，解得 $x=24.125\approx24$；若 $x>30$，则 $\frac{60x}{3}\times0.22+30\times2+(x-30)\times3=154.4$，解得 $x\approx25$.又 $25<30$，故舍去.$\because$ 24 是实际上网时间通过四舍五入法得到的，$\therefore$ 小明家本月上网的时间最长是 24.4 h，最短是 23.5 h.

11. 根据题意，千位上的数最大为 3，最小为 2.若千位上的数是 3，则个位、十位、百位上的数最大只能分别是 4，4，4.若千位上的数是 2，则个位、十位、百位上的数最小只能分别是 5，4，4.通过以上的分析，不难知道最大值应该是 3 444，最小值应该是 2 445.

本章总结

章末小练

1. B　**2.** D　**3.** C　**4.** C　**5.** -1　**6.** 2.75×10^4　**7.** 2　**8.** 4

9. (1)3　(2)2.013

10. $\because 5a+2$ 的立方根是 3，$3a+b-1$ 的算术平方根是 4，

$\therefore 5a+2=27$，$3a+b-1=16$，$\therefore a=5$，$b=2$.

$\because c$ 是 $\sqrt{13}$ 的整数部分，$\therefore c=3$，

$\therefore 3a-b+c=16$，$\therefore 3a-b+c$ 的平方根是 ±4.

11. 如图，根据题意，依据勾股定理可以分别画出 $AB=\sqrt{5}$，$BC=\sqrt{13}$，$CD=\sqrt{10}$，$AD=\sqrt{72}$. 根据“两点之间线段最短”，可以说明：$\sqrt{5}+\sqrt{10}+\sqrt{13}>\sqrt{72}$.

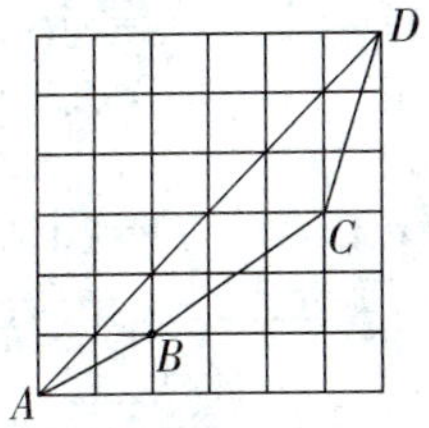

第 5 章　平面直角坐标系

5.1　物体位置的确定

品味中考

1. A　**解析**：根据题意先画出图形，可得出 $AE=400$ 公尺，$AB=CD=300$ 公尺，再得出 $DE=100$ 公尺，即可得出从邮局出发走到小杰家的路径为：向北直走 $AB+AE=700$ 公尺，再向西直走 $DE=100$ 公尺. 故选 A.

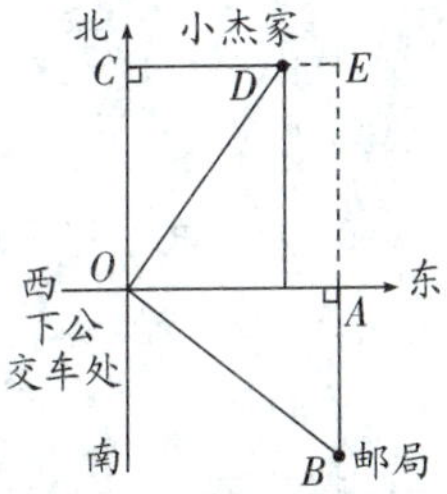

点评：本题考查了位置的确定，根据题意画出图形是解题的关键.

2. (4,7)　**解析**：根据图示，写出点 B 的位置的数对即可.
如题图所示，B 点位置的数对是(4,7)，故答案为(4,7).
点评：本题考查了用有序数对确定位置，准确找出中心位置是解题的关键.

趁热打铁

1. A　2. D　3. B　4. (8,5)　5. (2,1)　6. MATHS

7. (3,3)→(4,3)→(5,3)→(5,4)→(5,5)→(5,6)→(5,7)→(4,7)（答案不唯一）
解析：∵ (3,3)表示水立方的位置，且根据题干中从水立方到玲珑塔的图可得鸟巢的坐标为(5,4)，玲珑塔的坐标为(4,7)，
∴ 从水立方到玲珑塔的路线可以为“(3,3)→(4,3)→(5,3)→(5,4)→(5,5)→(5,6)→(5,7)→(4,7)”.

8. (1)有体训基地、网球场；要明确这些设施相对于学校的位置还需要知道距离. (2)百花苑，在学校的南偏西 30° 的方向上，还有黄海饭店，它们离学校的距离不同. (3)方位角和距离.

9. (1)6　30°　**解析**：根据点 N 在平面内的位置为 $N(6,30)$ 可知，$ON=6$，$\angle XON=30°$.
(2)如图所示，∵ $A(5,30)$，$B(12,120)$，
∴ $\angle BOX=120°$，$\angle AOX=30°$，
∴ $\angle AOB=90°$.
∵ $OA=5$，$OB=12$，∴ 在 Rt△AOB 中，
$AB=\sqrt{12^2+5^2}=\sqrt{169}=13$.

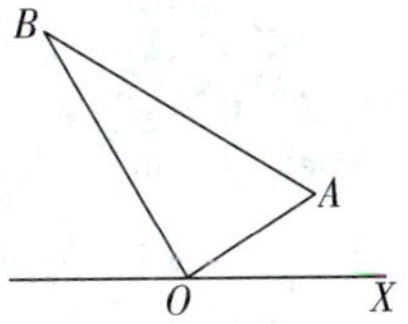

10. A　**解析**：根据图中所揭示的规律可知，前 10 排共有 1+2+3+4+5+6+7+8+9+10=55(个)数，所以 58 在第 11 排；偶数排从左到右由大到小，奇数排从左到右由小到大，所以 58 应该在 11 排的从左到右第 3 个数. 故选 A.

5.2　平面直角坐标系

品味中考

1. D　2. (1,-1)

3. (-1,1)　**解析**：由题意可知，从上往下数，第二个黑子就是坐标原点，建立直角坐标系，即可得到 C 点的坐标. 如图所示，点 C 的坐标为(-1,1).

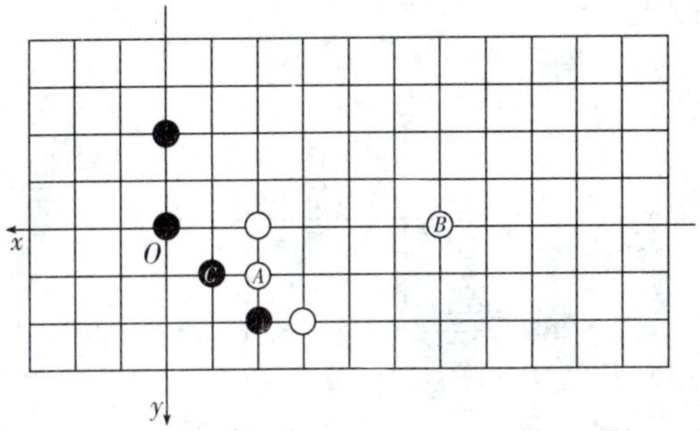

4. (1)答案不唯一，如图①：

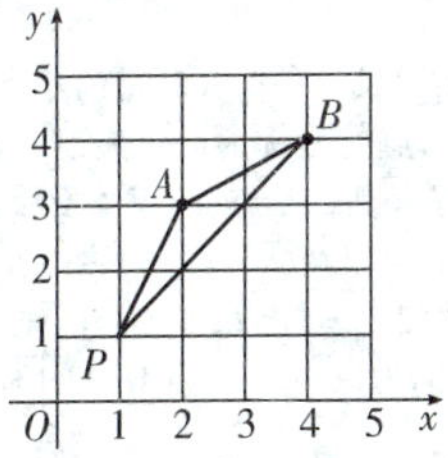

①

(2)答案不唯一，如图②：

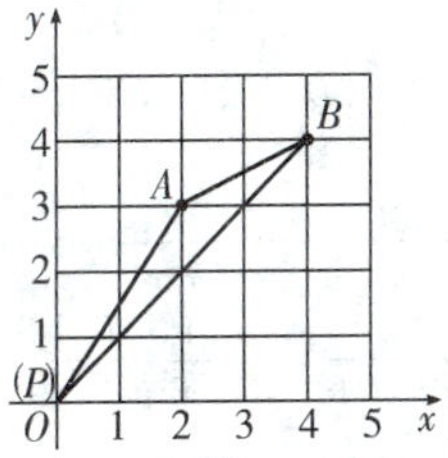

②

趁热打铁

1. A　2. A　3. A　4. (-1,3)　5. $\frac{1}{2}<m<4$

6. (1)如图，以 A 点为原点，水平方向为 x 轴，建立平面直角坐标系.

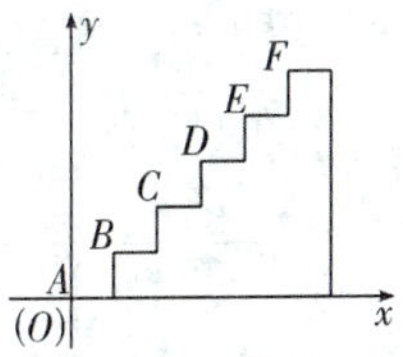

所以 C，D，E，F 各点的坐标分别为 $C(2,2)$，$D(3,3)$，$E(4,4)$，$F(5,5)$.

(2)每级台阶高为1,宽也为1,
所以10级台阶的高度是10,长度为11.

7. C　**解析**:由题意可知,"宝藏"点首先在线段AB的垂直平分线上,其次确定$\sqrt{10}$,长为无理数$\sqrt{10}$的线段通常看做是直角边分别为1与3的直角三角形的斜边.

8. (4,0),(4,4),(0,4)(只要写出一个即可)
解析:如图,由题意,在平面直角坐标系中标出点A、点B,要使以A,B,P为顶点的三角形与$\triangle ABO$全等,$\because AB$是公共边,$\therefore \angle PBA$或$\angle PAB$为直角,且PA或PB等于2,由此可标出$P_1(4,0)$,再由对称、翻折等图形的变化可求得满足条件的点P为(4,0),(4,4)和(0,4).

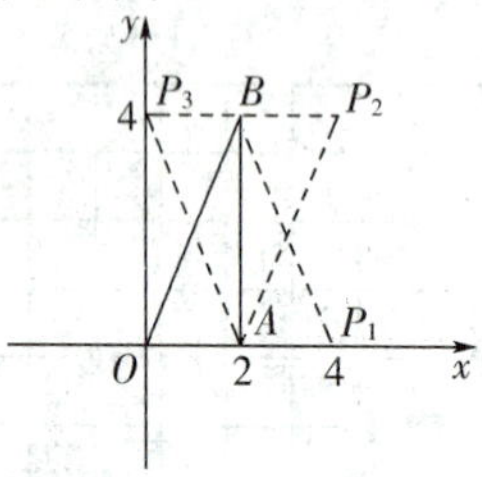

9. (-1,-2)　**解析**:$\because A(1,1),B(-1,1),C(-1,-2),D(1,-2)$,
$\therefore AB=1-(-1)=2,BC=1-(-2)=3,CD=1-(-1)=2,DA=1-(-2)=3$,
$\therefore$绕四边形$ABCD$一周的细线长度为$2+3+2+3=10$,$2\,015\div10=201\cdots\cdots5$,
$\therefore$细线另一端在绕四边形第202圈的第5个单位长度的位置,即点C的位置,点的坐标为(-1,-2).

10. (1)$\because C(-1,-3)$,$\therefore |-3|=3$,$\therefore$点C到x轴的距离为3.
(2)$\because A(-2,3),B(4,3),C(-1,-3)$,$\therefore AB=4-(-2)=6$,点$C$到边$AB$的距离为$3-(-3)=6$,$\therefore \triangle ABC$的面积为$6\times6\div2=18$.
(3)设点P的坐标为$(0,y)$,$\because \triangle ABP$的面积为6,$A(-2,3)$,$B(4,3)$,$\therefore \frac{1}{2}\times6\times|y-3|=6$,$\therefore |y-3|=2$,$\therefore y=1$或$y=5$,
$\therefore P$点的坐标为(0,1)或(0,5).

11. (1)$(x,-y)$
(2)$\because$点$P(a,2)$与点$Q(-3,b)$关于x轴对称,
$\therefore a=-3,b=-2$,
$\therefore \frac{1}{ab}+\frac{1}{(a-1)(b-1)}+\frac{1}{(a-2)(b-2)}+\cdots+\frac{1}{(a-10)(b-10)}$
$=\frac{1}{6}+\frac{1}{12}+\frac{1}{20}+\cdots+\frac{1}{156}=\frac{1}{2}-\frac{1}{3}+\frac{1}{3}-\frac{1}{4}+\cdots+\frac{1}{12}-\frac{1}{13}$
$=\frac{1}{2}-\frac{1}{13}=\frac{11}{26}$.

本章总结

章末小练

1. C　**2.** D　**3.** B

4. A　**解析**:如图所示,

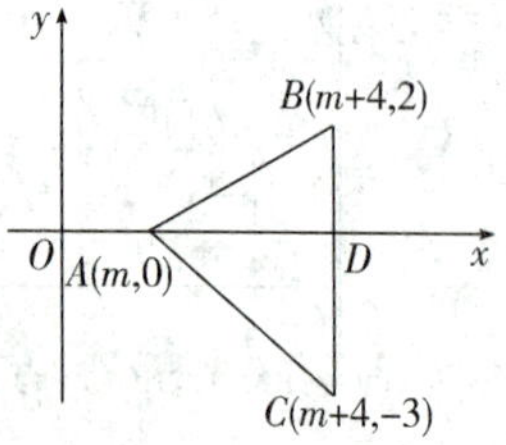

则$AD=4,BD=2,CD=3$,$\therefore BC=5,AB=2\sqrt{5},AC=5$,$\therefore AC=BC\neq AB$,故选A.

5. (1,2)　**6.** (4,3)或(-4,3)

7. 3　**解析**:由点$A(2a-3b,-1)$与点$A'(-2,3a+2b)$关于坐标原点对称,得$2a-3b=2,3a+2b=1$,两式相加得$5a-b=3$.

8. (2,-1)　**解析**:因为$A(-2,1),B(-2,-3)$,所以y轴在A的右侧的第2条路线所在直线,x轴在A的下方的第1条路线所在直线,如图所示,所以点C的坐标为(2,-1).

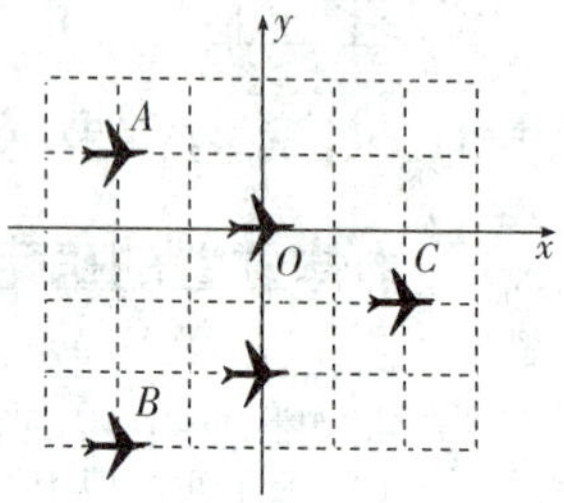

9. (1)$\because B(3,1),C(2,2)$,将$\triangle ABC$向上平移1个单位长度,再向左平移2个单位长度,
$\therefore B_1(1,2),C_1(0,3)$,
如图,$\triangle A_1B_1C_1$的面积$=3\times2-\frac{1}{2}\times2\times2-\frac{1}{2}\times1\times1-\frac{1}{2}\times3\times1=2$.
(2)如图,线段AB在(1)中的平移过程中扫过的面积$=S_{平行四边形A_1ABB_1}=5\times2-2\times\frac{1}{2}\times3\times1-2\times\frac{1}{2}\times2\times1=5$.

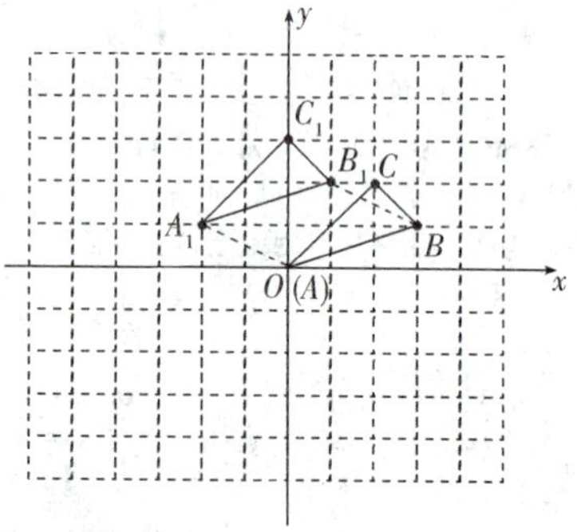

10. $\because \angle AOB=90°,AO=BO$,$\therefore \triangle AOB$为等腰直角三角形.
又$S_{\triangle ABC}=24$,$\therefore OA=OB=24\times2\div12=4$,
$\therefore OC=12-4=8$,$\therefore A(0,4),B(-4,0),C(8,0)$.

11. 如图,取点A关于x轴的对称点A',连接$A'B$交x轴于点C,过点A'作x轴的平行线,与过点B作x轴的垂线相交于点D,$\because A$点的坐标为(0,3),

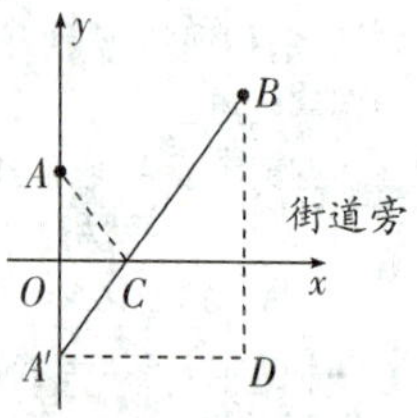

$\therefore$点A'的坐标为(0,-3),
则点C为从A,B两点到奶站距离之和最小的点.
在$\text{Rt}\triangle A'BD$中,
$A'B=\sqrt{6^2+(5+3)^2}=10$,
$\therefore$所求最小值为10.

第6章 一次函数

6.1 函数

品味中考

1. C 2. B 3. D

4. 12 解析：动点 P 运动过程中：当动点 P 在 BC 上时，BP 由 0 到 5 逐渐增加，所以可得 $BC=5$；当动点 P 在 AC 上时，BP 先变小后变大且当 BP 垂直于 AC 时，BP 最小为 4；当 P 到达 A 点时，此时 $BP=5$，$\therefore AB=BC=5$，AC 边上的高 $BP=4$，此时，由勾股定理可得 $AP=CP=\sqrt{5^2-4^2}=3$，$\therefore AC=6$，$S_{\triangle ABC}=\frac{1}{2}\times4\times6=12$.

5. 175 解析：由图可知甲 30 秒跑了 75 米，则甲的速度为 $75\div30=2.5$（米/秒）. 由图可知甲出发 180 秒后乙追上了甲，此时乙用时 $180-30=150$（秒），设乙的速度为 m 米/秒，根据题意可得 $150m=2.5\times180$，解得 $m=3$，则乙跑完全程需 $1\,500\div3=500$（秒），此时甲跑了 $500+30=530$（秒），甲跑过的路程为 $530\times2.5=1\,325$（米），则甲距终点的距离是 $1\,500-1\,325=175$（米）. 故答案为 175.

点评：此类问题为函数图像信息题，解决这类问题的关键是能够将实际问题情境与函数图像相互转换，运用数形结合思想，从图像的横、纵两个方向分别获取信息，判断出图像上的点相应的实际意义，找到解题的途径.

趁热打铁

1. A 2. D 3. D 4. $x>-3$ 5. $h=25n+80$ 8

6. ①②④ 解析：①由图像的纵坐标可以看出学校离小明家 1 000米，故①正确；
②由图像的横坐标可以看出小明用了 20 分钟到家，故②正确；
③由图像的纵、横坐标可以看出，小明前 10 分钟走的路程较少，故③错误；
④由图像的纵、横坐标可以看出，小明后 10 分钟比前 10 分钟走得快，故④正确；故答案为①②④.

7. A

8. A 解析：$\because DP=x$，$\therefore CP=6-x$，
$\therefore y=\frac{1}{2}(AB+CP)\cdot BC=\frac{1}{2}(6+6-x)\times4=2\times(12-x)=24-2x$.
$\because P$ 是 CD 上的动点，且不与点 C,D 重合，$\therefore 0<x<6$.

9. (1)反映了付款数与年份之间的函数关系，年份是自变量.
(2)40 000 元.
(3)$y=5\,000+5\,000x(x>1)$.
(4)$30\,000+15\,000+20\,000+25\,000+30\,000+35\,000+40\,000+45\,000=240\,000$（元）.

10. (1)由图可得李大爷自带的零钱为 50 元.
(2)$(410-50)\div100=360\div100=3.6$（元）.
答：降价前他每千克黄瓜出售的价格是 3.6 元.
(3)$(530-410)\div(3.6-1.6)=120\div2=60$（千克），
$100+60=160$（千克）.
答：他一共批发了 160 千克的黄瓜.
(4)$530-160\times2.1-50=144$（元）.
答：李大爷赚了，一共赚了 144 元钱.

6.2 一次函数

品味中考

1. B

2. 全体实数 解析：函数 $y=x+1$ 中，自变量 x 的取值范围是全体实数.
点评：本题考查了函数自变量的范围，一般从三个方面考虑：(1)当函数表达式是整式时，自变量可取全体实数；(2)当函数表达式是分式时，考虑分式的分母不能为 0；(3)当函数表达式是偶次根式时，考虑被开方数(式)不小于 0.

3. $\frac{2}{3}$ $-\frac{1}{3}$

4. (1)从图①看出，同一时刻，首尔时间比北京时间多 1 小时，所以，y 关于 x 的函数表达式是 $y=x+1$. 填表如下：

北京时间	7:30	11:15	2:50
首尔时间	8:30	12:15	3:50

(2)从图②看出，设伦敦（夏时制）时间为 t 时，则北京时间为 $(t+7)$ 时，由第(1)题，韩国首尔时间为 $(t+8)$ 时，所以，当伦敦（夏时制）时间为 7:30，韩国首尔时间为 15:30.
点评：解决此问题的关键在于认真观察时钟的时间差，确定两地的时差，进而用函数表达式表示出这种关系，最后通过表达式解决实际问题.

趁热打铁

1. B 2. D 3. B 4. -3 $\neq3$ 5. 7

6. (1)$y=60x$，y 是 x 的一次函数，也是 x 的正比例函数.
(2)$y=\pi x^2$，y 不是 x 的一次函数，也不是 x 的正比例函数.
(3)$y=50+2x$，y 是 x 的一次函数，但不是 x 的正比例函数.

7. A 解析：$\because 2y+1$ 与 $x-5$ 成正比例，
$\therefore 2y+1=k(x-5)(k\neq0)$，
$\therefore y=\frac{k}{2}x-\frac{5k+1}{2}$，
$\therefore y$ 是 x 的一次函数.故选 A.

8. 9 或 1 解析：①当 $x=-3$ 时，$y=1$；当 $x=1$ 时，$y=9$，则 $\begin{cases}1=-3k+b,\\9=k+b,\end{cases}$ 解得 $\begin{cases}k=2,\\b=7,\end{cases}$ 所以 $k+b=9$；②当 $x=-3$ 时，$y=9$；当 $x=1$ 时，$y=1$，则 $\begin{cases}-3k+b=9,\\k+b=1,\end{cases}$ 解得 $\begin{cases}k=-2,\\b=3,\end{cases}$ 所以 $k+b=1$.

9. (1)$\because y$ 与 $x-3$ 成正比例，$\therefore$ 设 $y=k(x-3)$.
$\because$ 当 $x=4$ 时，$y=3$，$\therefore 3=k(4-3)$，解得 $k=3$，
$\therefore y$ 与 x 之间的函数表达式为 $y=3(x-3)=3x-9$.
(2) y 与 x 之间是一次函数关系.
(3)当 $x=2.5$ 时，$y=3x-9=3\times2.5-9=-1.5$.

10. (1)设单位余煤量 y t 与烧煤天数 x 之间的函数表达式 $y=m-nx$. 根据题意得 $\begin{cases}m-3n=102,\\m-8n=72,\end{cases}$ 解得 $\begin{cases}m=120,\\n=6.\end{cases}$ $\therefore$ 所求的函数表达式为 $y=-6x+120$.
(2)当烧煤 12 天后，即 $x=12$ 时，$y=-6\times12+120=48$，$\therefore$ 还余煤 48 t.
(3)当 $y=0$ 时，$y=-6x+120=0$，解得 $x=20$，$\therefore$ 预计20 天后会把煤烧完.

11. $\because \sqrt{a+1}+(b-2)^2=0, \therefore a=-1, b=2.$

$\therefore y=(2+3)x^{-(-1)}+1-2\times(-1)\times2+2^2$，即 $y=5x+9$，

$\therefore$ 函数 $y=(b+3)x^{-a}+1-2ab+b^2$ 是一次函数.

当 $x=-\dfrac{1}{2}$ 时，$y=5\times\left(-\dfrac{1}{2}\right)+9=\dfrac{13}{2}$.

6.3　一次函数的图像

品味中考

1. B

2. A　**解析**：设正比例函数的表达式为 $y=kx$，根据4个选项中点 M 的坐标求出 k 的值，再代入 N 点的坐标去验证点 N 是否在正比例函数图像上，由此即可得出结论.A选项中横、纵坐标的比值均为 $-\dfrac{2}{3}$，B，C，D选项的横、纵坐标之比都不相等，故选A.

点评：本题考查了正比例函数图像上点的坐标特征以及待定系数法求函数表达式，解题的关键是验证4个选项中点 M，N 是否在同一个正比例函数图像上.本题属于基础题，难度不大，解决该题型题目时，根据给定的一点的坐标利用待定系数法求出正比例函数表达式，再代入另一点坐标去验证该点是否在该正比例函数图像上.

3. D　**解析**：$\because (m+2)^2-4m+n(n+2m)=8$，

化简，得 $(m+n)^2=4$，

$\because$ 点 $P(m,n)$ 是一次函数 $y=x-1$ 的图像位于第一象限部分上的点，

$\therefore n=m-1$，$\begin{cases}(m+n)^2=4,\\ n=m-1,\end{cases}$ 解得 $\begin{cases}m=\dfrac{3}{2},\\ n=\dfrac{1}{2}\end{cases}$ 或 $\begin{cases}m=-\dfrac{1}{2},\\ n=-\dfrac{3}{2}.\end{cases}$

$\because$ 点 $P(m,n)$ 是一次函数 $y=x-1$ 的图像位于第一象限部分上的点，$\therefore m>0, n>0$，

故点 P 的坐标为 $\left(\dfrac{3}{2},\dfrac{1}{2}\right)$，故选D.

点评：通常把已知点的坐标作为自变量和函数的对应值代入函数表达式，建立方程(组)求解.本题容易出错的地方是忽视条件"点 $P(m,n)$ 是一次函数 $y=x-1$ 的图像位于第一象限部分上的点"而得到 m，n 有两组值.

4. <　**5.** 四

趁热打铁

1. B　**2.** C　**3.** B　**4.** D　**5.** $a>b$

6. (1)如图：

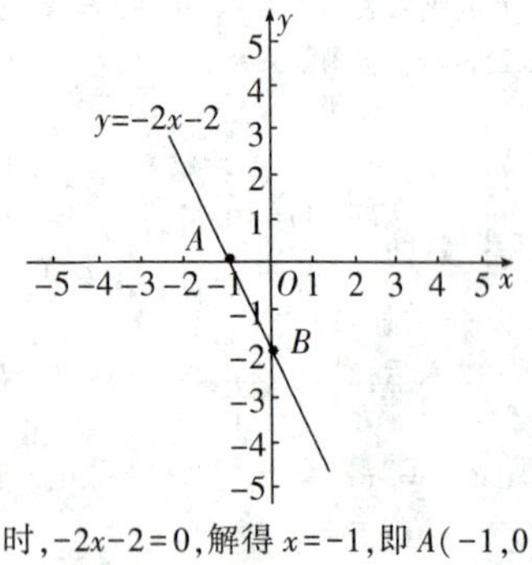

(2)当 $y=0$ 时，$-2x-2=0$，解得 $x=-1$，即 $A(-1,0)$；

当 $x=0$ 时，$y=-2$，即 $B(0,-2)$.

(3)由勾股定理得 $AB=\sqrt{(-1)^2+(-2)^2}=\sqrt{5}$.

(4)$S_{\triangle AOB}=\dfrac{1}{2}\times1\times2=1$.

(5)由一次函数 $y=-2x-2$ 的系数 $k=-2<0$ 可知：y 随着 x 的增大而减小.

7. C

8. $\left(\dfrac{2}{3},0\right)$　**解析**：过点 A 作 AB∥直线 $y=-x$，交 y 轴于点 B，作点 B 关于 x 轴的对称点 B'，连接 $B'A$ 交 x 轴于点 P，连接 PB.

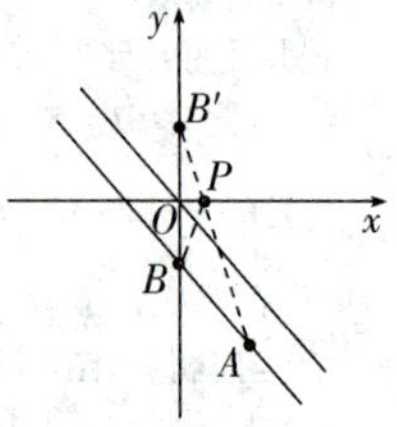

$\because$ 点 B 与点 B' 关于 x 轴对称，$\therefore PB=PB'$，$\therefore PB+PA=PB'+PA$，$\therefore$ 当点 B'，P，A 在一条直线上时，$PB+PA$ 有最小值.设直线 AB 的表达式为 $y=-x+b$，将点 $(2,-4)$ 代入得 $-2+b=-4$，解得 $b=-2$，$\therefore$ 直线 AB 的表达式为 $y=-x-2$，$\therefore B$ 的坐标为 $(0,-2)$，$\therefore B'$ 的坐标为 $(0,2)$.设直线 $B'A$ 的表达式为 $y=mx+n$，将点 A 和点 B' 的坐标代入得 $\begin{cases}2k+b=-4,\\ b=2,\end{cases}$ 解得 $\begin{cases}k=-3,\\ b=2,\end{cases}$ $\therefore$ 直线 $B'A$ 的表达式为 $y=-3x+2$，令 $y=0$ 得 $-3x+2=0$，解得 $x=\dfrac{2}{3}$. $\therefore$ 点 P 的坐标为 $\left(\dfrac{2}{3},0\right)$.

9. (1)$\because 4\geqslant0, \therefore 3※4=3\times4=12$；

(2)当 $x\geqslant0$ 时，y 与 x 的关系式为 $y=2x$；

当 $x<0$ 时，y 与 x 的关系式为 $y=-2x$；

列表如下：

x	…	-2	-1	0	1	2	…
y	…	4	2	0	2	4	…

描点、连线，如图所示.

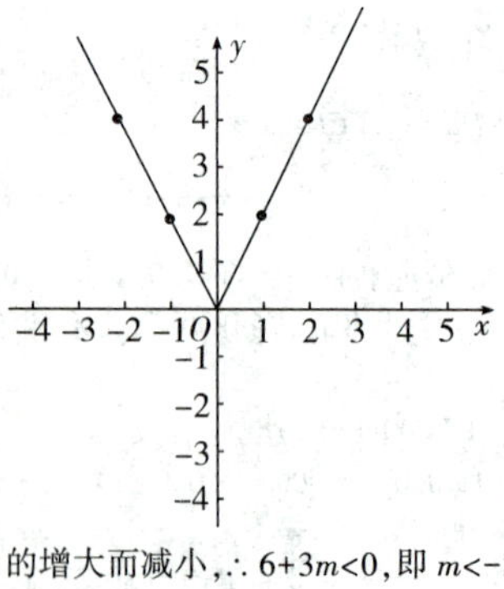

10. (1)$\because y$ 随 x 的增大而减小，$\therefore 6+3m<0$，即 $m<-2$.

$\therefore$ 当 $m<-2$ 时，y 随 x 的增大而减小.

(2)令 $\begin{cases}6+3m\neq0,\\ n-4<0,\end{cases}$ 即 $\begin{cases}m\neq-2,\\ n<4.\end{cases}$

$\therefore$ 当 $m\neq-2$，$n<4$ 时，函数图像与 y 轴交点在 x 轴下方.

(3)令 $\begin{cases}6+3m\neq0,\\ n-4=0,\end{cases}$ 即 $\begin{cases}m\neq-2,\\ n=4.\end{cases}$

$\therefore$ 当 $m\neq-2$，$n=4$ 时，函数图像经过原点.

(4)令$\begin{cases}6+3m>0,\\n-4\leqslant 0,\end{cases}$即$\begin{cases}m>-2,\\n\leqslant 4.\end{cases}$

∴ 当 $m>-2$,$n\leqslant 4$ 时,函数图像不经过第二象限.

11. (1)70　95　**解析:**由图像可知,A,B 两点之间的距离是 70 米,甲机器人前 2 分钟的速度为:$(70+60\times2)\div2=95$(米/分).

(2)设线段 EF 所在直线的函数表达式为:$y=kx+b$,

∵ $1\times(95-60)=35$,∴ 点 F 的坐标为$(3,35)$,

则$\begin{cases}2k+b=0,\\3k+b=35,\end{cases}$解得$\begin{cases}k=35,\\b=-70,\end{cases}$

∴ 线段 EF 所在直线的函数表达式为 $y=35x-70$.

(3)60　**解析:**∵ 线段 $FG/\!/x$ 轴,

∴ 此段时间,甲、乙两机器人的速度都是 60 米/分.

(4)A,C 两点之间的距离为 $70+60\times7=490$(米).

(5)设前 2 分钟,两机器人出发 x 分钟相距 28 米,

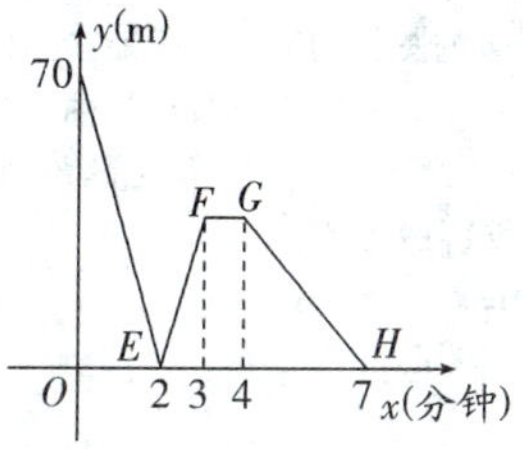

由题意得,$60x+70-95x=28$,解得 $x=1.2$,

前 2 分钟~3 分钟,两机器人相距 28 米时,

$95x-60x-70=28$,解得 $x=2.8$.

4 分钟~7 分钟,直线 GH 经过点$(4,35)$和点$(7,0)$,

则直线 GH 的表达式为 $y=-\dfrac{35}{3}x+\dfrac{245}{3}$,

当 $y=28$ 时,解得 $x=4.6$.

答:两机器人出发 1.2 分或 2.8 分或 4.6 分时相距 28 米.

6.4　用一次函数解决问题

品味中考

1. D　**解析:**由题意可知,$2x+y=10$,则 $y=-2x+10$,函数图像与 x 轴、y 轴分别交于$(5,0)$、$(0,10)$两点,又∵ x,y 均为正数,故函数图像在第一象限,且不能取$(5,0)$、$(0,10)$两点,再根据"三角形任意两边之和大于第三边"可得 $2x>y$,即 $2x>10-2x>0$,解得 $2.5<x<5$,故选 D.

2. 4　**解析:**由线段 OB 的图像可知,当 $0<x<4$ 时,$y=5x$,

1 本笔记本的价钱为 5 元.

设射线 BE 的表达式为 $y=kx+b(x\geqslant4)$,

把$(4,20)$,$(10,44)$代入得$\begin{cases}20=4k+b,\\44=10k+b,\end{cases}$解得$\begin{cases}k=4,\\b=4,\end{cases}$

∴ 射线 BE 的表达式为 $y=4x+4$,

当 $x=8$ 时,$y=4\times8+4=36$,$5\times8-36=4$(元),故答案为 4.

点评:本题考查了一次函数的应用,解决本题的关键是掌握待定系数法求一次函数表达式.

3. 0.3　**解析:**解法一:依题意可知,小明返回时的速度为 $0.9\div(55-40)=0.06$(km/min).

$50-40=10$,返回时走 10 min 的路程$=0.06\times10=0.6$(km),$0.9-0.6=0.3$(km),所以他离家 50 min 时离家的距离为 0.3 km.

解法二:如图,经过点 $A(40,0.9)$和点 $B(55,0)$的线段的表达式为 $y=-0.06x+3.3(40\leqslant x\leqslant55)$.当 $x=50$ 时,$y=-0.06\times50+3.3=0.3$.所以他离家 50 min 时离家的距离为 0.3 km.

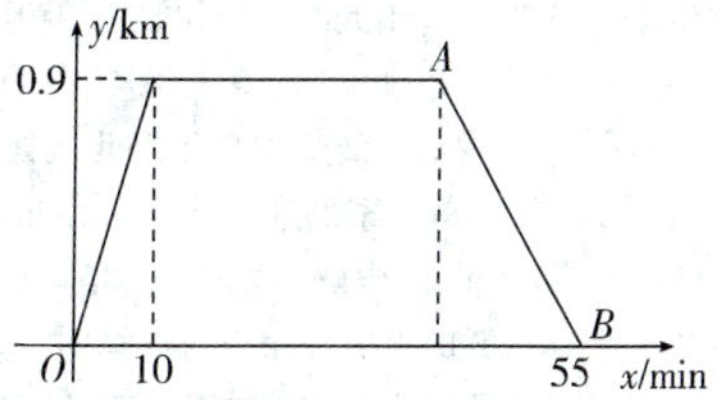

点评:本题应用数形结合思想,需要分析在不同阶段中 y 随 x 变化的情况,由题中给出的关键点的坐标,先求出返回时的速度或直线的表达式.

4. (1)①99　2　②根据题意,得 $y=2(100-x)=-2x+200$.所以 y 与 x 之间的函数表达式为 $y=-2x+200(0\leqslant x\leqslant100$,且 x 为整数).

(2)根据题意,得$\begin{cases}y=-2x+200,\\5x+3y=540,\end{cases}$解得$\begin{cases}x=60,\\y=80.\end{cases}$

答:甲、乙两种文具各购买了 60 个和 80 个.

趁热打铁

1. D　**2.** B

3. D　**解析:**A.∵ $200\div10=20$(元/本),∴ 一次性购买数量不超过 10 本时,销售价格为 20 元/本,A 选项正确,不符合题意;C.∵ $(840-200)\div(50-10)=16$(元/本),$16\div20=0.8$,∴ 一次性购买 10 本以上时,超过 10 本的那部分书的价格打八折,C 选项正确,不符合题意;B.∵ $200+16\times(30-10)=520$(元),∴ $a=520$,B 选项正确,不符合题意;D.∵ $200\times2-200-16\times(20-10)=40$(元),∴ 一次性购买 20 本比分两次购买且每次购买 10 本少花 40 元,D 选项错误,符合题意.故选 D.

4. 2　**解析:**$320-160=160$(km),$160\div2=80$(km/h).$320\div80=4$(h).$6-4=2$(h).故答案为 2.

5. 120　**解析:**如图,设直线 OA 的表达式为 $s=kt$.代入 $A(200,800)$,得 $800=200k$,解得 $k=4$,故直线 OA 的表达式为 $s=4t$.

设 BC 的表达式为 $s_1=k_1t+b$,

由题意,得$\begin{cases}360=60k_1+b,\\540=150k_1+b,\end{cases}$解得$\begin{cases}k_1=2,\\b=240.\end{cases}$

∴ BC 的表达式为 $s_1=2t+240$.

当 $s=s_1$ 时,$4t=2t+240$,解得 $t=120$.则她们第一次相遇的时间是起跑后的第 120 秒.

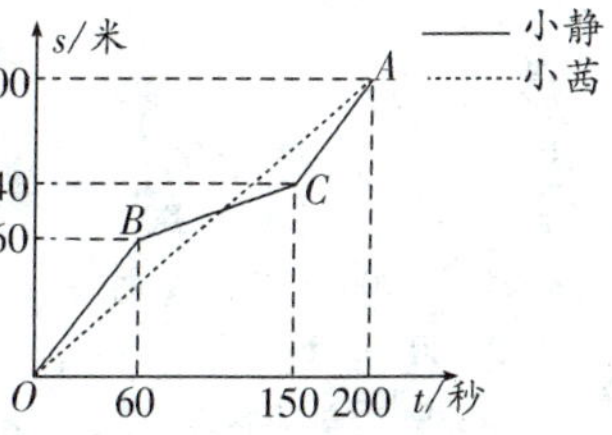

6. (1)根据题意知,

方式一中通话费用关于时间的函数表达式为 $y=15+0.2x(x\geqslant0)$,

方式二中通话费用关于时间的函数表达式为 $y=0.3x(x\geqslant0)$.

(2)当 $x=300$ 时,方式一的费用 $y=15+0.2\times300=75$(元),
方式二的费用 $y=0.3\times300=90$(元),
∴ 采用方式一比较合算.

7. D　**解析:** 打电话时,在图像中的时间 $t=0$,对应的距离 $y=1\ 400$,根据表示的意义可知,此时小东和妈妈的距离是 1 400 m,①正确;小东与妈妈相遇,此时 $y=0$,是图像中的点(6,0),妈妈回到家,是图像中的点(22,2 400),因此妈妈回家时间为 $22-6=16$(min).设妈妈回家的速度为 x m/min,则 $16\times100+16x=2\ 400$,解得 $x=50$,即妈妈回家的速度为 50 m/min,②正确;图像中横坐标为 0 的点表示小东打电话时刻,横坐标为 27 的点表示小东到校,所以小东打完电话后经过 27 min 到达学校,③正确;相遇后妈妈回家的路程为 $50\times16=800$(m),小明到达学校的路程为 $100\times21=2\ 100$(m),所以小东家离学校的距离是 2 900 m,④正确.

8. $\frac{3}{2}$　**解析:** 由题意,得 $AC=BC=240$ km,
甲的速度 $240\div4=60$(km/h),乙的速度 $240\div3=80$(km/h).
设甲出发 x h 甲、乙相距 350 km,由题意,得
$60x+80(x-1)+350=240\times2$,解得 $x=\frac{3}{2}$.所以甲车出发 $\frac{3}{2}$ h 时,两车相距 350 km.

9. (1)由于派往 A 地的乙型收割机 x 台,则派往 B 地的乙型收割机为$(30-x)$台,
派往 A,B 地区的甲型收割机分别为$(30-x)$台和$(x-10)$台.
∴ $y=1\ 600x+1\ 200(30-x)+1\ 800(30-x)+1\ 600(x-10)=200x+74\ 000(10\leqslant x\leqslant30)$.
(2)由题意,得 $200x+74\ 000\geqslant79\ 600$,解得 $x\geqslant28$.
∵ $28\leqslant x\leqslant30$,x 是正整数,
∴ $x=28,29,30$.∴ 有 3 种不同的分派方案:
①当 $x=28$ 时,派往 A 地区的甲型收割机 2 台,乙型收割机 28 台,余者全部派往 B 地区;
②当 $x=29$ 时,派往 A 地区的甲型收割机 1 台,乙型收割机 29 台,余者全部派往 B 地区;
③当 $x=30$ 时,即 30 台乙型收割机全部派往 A 地区,20 台甲型收割机全部派往 B 地区.
(3)∵ $y=200x+74\ 000$ 中 y 随 x 的增大而增大,
∴ 当 $x=30$ 时,y 取得最大值,此时,$y=200\times30+74\ 000=80\ 000$,建议农机租赁公司将 30 台乙型收割机全部派往 A 地区,20 台甲型收割机全部派往 B 地区,这样公司每天获得租金最高,最高租金为 80 000 元.

10. (1)10　15　200
(2)设 BC 的表达式为 $y=kx+b$,
则 $\begin{cases}15k+b=1\ 500,\\22.5k+b=3\ 000,\end{cases}$ 解得 $\begin{cases}k=200,\\b=-1\ 500,\end{cases}$
∴ BC 的表达式为 $y=200x-1\ 500$.
∵ 小军的速度是 120 米/分,
∴ OD 的函数表达式为 $y=120x$.
由 $\begin{cases}y=200x-1\ 500,\\y=120x,\end{cases}$ 得 $\begin{cases}x=\frac{75}{4},\\y=2\ 250,\end{cases}$
∴ 小军在途中与爸爸第二次相遇时,距图书馆的距离为 $3\ 000-2\ 250=750$(米).
(3)当 $200x-1\ 500-120x=100$ 时,$x=20$;
当 $120x-(200x-1500)=100$ 时,$x=17.5$.
∴ 爸爸自第二次出发至到达图书馆前,时间为 17.5 分或 20 分时与小军相距 100 米.
(4)由函数图像可知:当小军在途中与爸爸恰好相遇两次(不包括家、图书馆两地)时,速度 v 要满足条件:$1\ 500\div15<v<3\ 000\div22.5$,即 $100<v<\frac{400}{3}$.

6.5　一次函数与二元一次方程

品味中考

1. D　**解析:** 画出一次函数 $y=4x+1$ 的图像,一次函数 $y=4x+1$ 的图像经过第一、二、三象限,根据交点坐标一定在函数图像上,所以两函数的图像的交点不可能在第四象限.故选 D.
点评: 本题考查了两直线交点及象限内点的坐标特征,解题的关键是确定出一次函数的图像经过的象限.

2. C　**解析:** 根据进球总数为 49 个,
得 $2x+3y=49-5-3\times4-2\times5=22$,
整理得 $y=-\frac{2}{3}x+\frac{22}{3}$.
∵ 20 人一组进行足球比赛,
∴ $1+5+x+y+3+2=20$,
整理,得 $y=-x+9$.
点评: 本题考查了一次函数与二元一次方程的知识,解题的关键是根据题目列出方程并整理成函数的形式.

3. $(-4,1)$

趁热打铁

1. C　**2.** A　**3.** A　**4.** A

5. 2　3　**解析:** 两个一次函数的图像的交点坐标为$(1,-1)$,则 $x=1$,$y=-1$ 同时满足两个方程,代入得 $3a-2b=0$,$5a+3b=19$;
联立方程组 $\begin{cases}3a-2b=0,\\5a+3b=19,\end{cases}$ 解得 $\begin{cases}a=2,\\b=3.\end{cases}$

6. 由 $x+y=-1$,得 $y=-x-1$.
由 $2x-y+2=0$,得 $y=2x+2$.
在同一坐标系内作出函数 $y=-x-1$ 的图像 l_1 和 $y=2x+2$ 的图像 l_2,如图所示,由图像知 l_1 与 l_2 的交点为 $P(-1,0)$,故方程组 $\begin{cases}x+y=-1,\\2x-y+2=0\end{cases}$ 的解为 $\begin{cases}x=-1,\\y=0.\end{cases}$

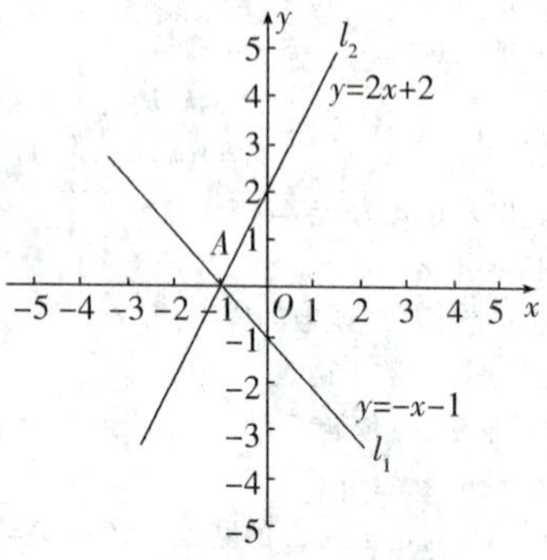

7. C 解析：直线 l_1 中，y 随 x 的增大而增大，错误，故选 C.

8. 二 解析：∵ 方程组 $\begin{cases} y=-x+1, \\ y=(2k+1)x-3 \end{cases}$ 无解，∴ 直线 $y=-x+1$ 与 $y=(2k+1)x-3$ 平行，∴ $-1=2k+1$，解得 $k=-1$，在直线 $y=2x-3$ 中，∵ $2>0$，$-3<0$，∴ 直线 $y=2x-3$ 经过第一、三、四象限，不经过第二象限.

9. (1)如图，直线 $y=x+1$ 经过第一、二、三象限，直线 $y=3x-1$ 经过第一、三、四象限.

(2)两直线的交点在第一象限内，交点坐标是(1,2).

(3) $\begin{cases} x-y=-1, & ① \\ 3x-y=1, & ② \end{cases}$

②−①得 $2x=2$，∴ $x=1$. 把 $x=1$ 代入①，得 $y=2$，∴ 方程组的解是 $\begin{cases} x=1, \\ y=2. \end{cases}$

(4)两个函数图像交点的横坐标是方程组中 x 的解，纵坐标是方程组中 y 的解.

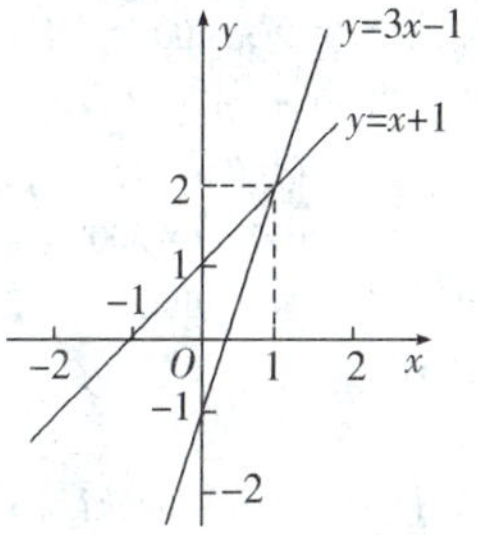

10. (1)解方程组 $\begin{cases} 2x+y=k, \\ 2x-y=1 \end{cases}$ 得 $\begin{cases} x=\frac{k+1}{4}, \\ y=\frac{k-1}{2}. \end{cases}$

因为 x 是正数，y 是非正数，所以 $\begin{cases} \frac{k+1}{4}>0, \\ \frac{k-1}{2}\leqslant 0, \end{cases}$

解得 $-1<k\leqslant 1$. 因为 k 取正整数，所以 $k=1$.

(2)把 $k=1$ 代入一次函数 $y=kx-\frac{3}{2}$ 得 $y=x-\frac{3}{2}$. 令 $y=0$ 得 $x=\frac{3}{2}$，令 $x=0$，$y=-\frac{3}{2}$，所以与坐标轴围成图形的面积为 $\frac{1}{2}\times\frac{3}{2}\times\frac{3}{2}=\frac{9}{8}$.

11. (1)设直线 l_1 的表达式为 $y=kx+b$，

把(1,−3)和(3,1)代入，得 $\begin{cases} k+b=-3, \\ 3k+b=1, \end{cases}$ 解得 $\begin{cases} k=2, \\ b=-5, \end{cases}$

则直线 l_1 的表达式为 $y=2x-5$，

把 $A(2,a)$ 代入 $y=2x-5$，得 $a=2\times2-5=-1$.

(2)设 l_2 的表达式为 $y=mx+n$，把 $A(2,-1)$，(1,0)代入，

得 $\begin{cases} 2m+n=-1, \\ m+n=0, \end{cases}$ 解得 $\begin{cases} m=-1, \\ n=1, \end{cases}$

∴ l_2 的表达式为 $y=-x+1$，

∴ 点 $A(2,a)$ 可以看作是二元一次方程组 $\begin{cases} 2x-y=5, \\ x+y=1 \end{cases}$ 的解.

(3)把 $x=0$ 代入 $y=2x-5$，得 $y=-5$，

把 $x=0$ 代入 $y=-x+1$，得 $y=1$，

∴ 点 B 的坐标为(0,−5)，点 C 的坐标为(0,1)，

∴ $BC=1-(-5)=6$. 又 A 点坐标为(2,−1)，

∴ $S_{\triangle ABC}=\frac{1}{2}\times6\times2=6$.

6.6 一次函数、一元一次方程和一元一次不等式

品味中考

1. D 2. D

3. $1<x<2.5$ 解析：如图，∵ 直线 $y=kx$ 和 $y=ax+4$ 交于 $A(1,k)$，∴ $k=a+4$. 将直线 $y=kx$ 向下平移 6 个单位得直线 $y=kx-6$，∴ 直线 $y=kx-6$ 和 $y=ax+4$ 交于另一点，∴ $kx-6=ax+4$. 联立得 $x=2.5$，由图像可知不等式的解集为 $1<x<2.5$.

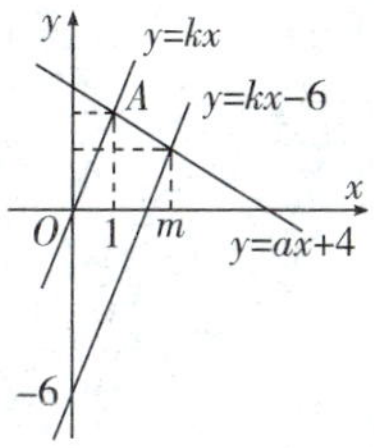

（第 3 题）

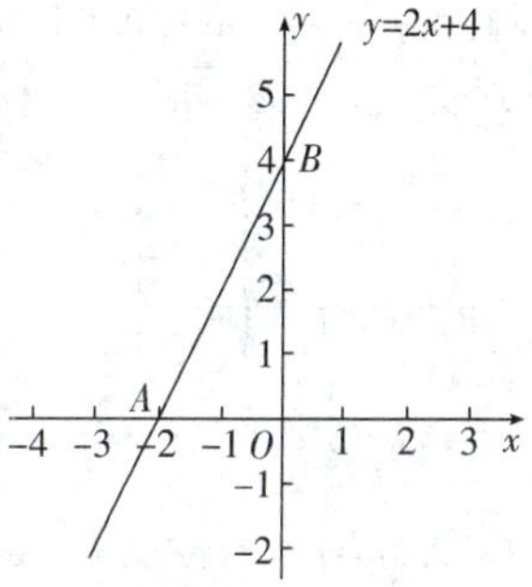

（第 4 题）

4. (1)如图所示.

(2)令 $x=0$，则 $y=4$；令 $y=0$，则 $x=-2$，∴ $A(-2,0)$，$B(0,4)$.

(3)∵ $A(-2,0)$，$B(0,4)$，∴ $OA=2$，$OB=4$，

∴ △AOB 的面积 $=\frac{1}{2}OA\cdot OB=\frac{1}{2}\times2\times4=4$.

(4)由图像得，x 的取值范围为 $x<-2$.

点评：此题考查一次函数的图像、一次函数与方程(组)或不等式的联系，解题的关键是会求直线与坐标轴的交点坐标. 本题中，由交点 A，B 的坐标，可得线段 OA，OB 的长，进而得出 △AOB 的面积；由交点 A 的坐标，可判断 x 的取值范围.

5. (1)设购买了 A 种花木 x 棵，则购买了 B 种花木 $(100-x)$ 棵.

根据题意得 $50x+100(100-x)=8\,000$，

解得 $x=40$. ∴ $100-x=100-40=60$.

答：购买了 A 种花木 40 棵，B 种花木 60 棵.

(2)设购买了 A 种花木 x 棵，则购买了 B 种花木 $(100-x)$ 棵.

根据题意得 $100-x\geqslant x$，解得 $x\leqslant 50$.

总费用 $=50x+100(100-x)=50x+10\,000-100x=-50x+10\,000$.

∵ $k=-50<0$，∴ y 随 x 的增大而减小.

又 $x\leqslant 50$，∴ 当 $x=50$ 时，总费用最小，总费用的最小值为 7 500 元.

∴ 当购买 A，B 两种花木均为 50 棵时，总费用最小，总费用的最小值为 7 500 元.

趁热打铁

1. B 2. B 3. D 4. (2,0) 5. $x\leqslant 1$

6. 图略.

(1)观察图像可知,方程$-\frac{3}{2}x+3=0$的解为$x=2$.

(2)观察图像可知,不等式$-\frac{3}{2}x+3<0$的解集为$x>2$.

(3)当$x\leqslant 2$时,$y\geqslant 0$.

7. D　解析:联立$y_1=2x$,$y_2=-2x+4$得$\begin{cases}y=2x,\\y=-2x+4,\end{cases}$解得$\begin{cases}x=1,\\y=2,\end{cases}$∴点A的坐标为(1,2),故①正确;当$x=1$时,$y_1=2$,$y_2=2$,故②正确;画草图可知,当$x<1$时,$y_1<y_2$,故③正确;直线$y_1=2x$与直线$y_2=-2x+4$不平行,故④错误,故选D.

8. A　解析:当$y_1=0$,即$2x+2=0$时,解得$x=-1$,则与x轴的交点坐标为$(-1,0)$.∵直线$y_1=2x+2$关于x轴对称的直线为y_2,∴当$y_1>y_2$时,$x>-1$.故选A.

9. (1)由$y_1=-\frac{1}{2}x+1$,可知当$y=0$时,$x=2$,

∴点A的坐标是(2,0),∴$AO=2$.

∵$y_1=-\frac{1}{2}x+1$与直线$y_2=-\frac{3}{2}x$交于点B,

∴B点的坐标是$\left(-1,\frac{3}{2}\right)$,

∴△AOB的面积$=\frac{1}{2}\times 2\times\frac{3}{2}=\frac{3}{2}$.

(2)由(1)可知交点B的坐标是$\left(-1,\frac{3}{2}\right)$,

由函数图像可知$y_1>y_2$时,$x>-1$.

10. (1)根据题意,得$y_1=0.45\times\frac{40}{1\,000}x+1.5=0.018x+1.5$;

$y_2=0.45\times\frac{8}{1\,000}x+22.38=0.003\,6x+22.38$.

(2)由$y_1=y_2$,得$0.018x+1.5=0.003\,6x+22.38$,

解得$x=1\,450$;

由$y_1>y_2$,得$0.018x+1.5>0.003\,6x+22.38$,解得$x>1\,450$;

由$y_1<y_2$,得$0.018x+1.5<0.003\,6x+22.38$,解得$x<1\,450$.

∴当照明时间为1 450 h时,选择两种灯的费用相同;当照明时间超过1 450 h时,选择节能灯合算;当照明时间少于1 450 h时,选择白炽灯合算.

(3)由(2)知当$x>1\,450$时,使用节能灯省钱.

当$x=2\,000$时,$y_1=0.018\times 2\,000+1.5=37.5$;

当$x=6\,000$时,$y_2=0.003\,6\times 6\,000+22.38=43.98$,

∴$3\times 37.5-43.98=68.52$(元).

∴按6 000 h计算,使用节能灯省钱,省68.52元.

本章总结

章末小练

1. B　**2.** D　**3.** D　**4.** C　**5.** $y=-x+2$(答案不唯一)

6. -3或0　**7.** $m-6\leqslant b\leqslant m-4$

8. ②③④　解析:①观察函数图像可知,当$t=2$时,两函数图像相交.∵C地位于A,B两地之间,∴交点代表了两车离C地的距离相等,并不是两车相遇,结论①错误;②甲车的速度为$240\div 4=60$(km/h),乙车的速度为$200\div(3.5-1)=80$(km/h).∵$t=1.5$ h时,两车相距$240+200-2.5\times 60-1.5\times 80=170$(km),∴乙车出发1.5 h时,两车相距170 km,结论②正确;③∵$(240+200-60)\div(60+80)=2\frac{5}{7}$(h),∴乙车出发$2\frac{5}{7}$ h时,两车相遇,结论③正确;④∵$80\times(4-3.5)=40$(km),∴甲车到达C地时,两车相距40 km,结论④正确.综上所述,正确的结论有②③④.故答案为②③④.

9. (1)∵点B在直线l_2上,∴$4=2m$,∴$m=2$,点B(2,4).

设直线l_1的表达式为$y=kx+b$,

由题意得$\begin{cases}2k+b=4,\\-6k+b=0,\end{cases}$解得$\begin{cases}k=\frac{1}{2},\\b=3,\end{cases}$∴直线$l_1$的表达式为$y=\frac{1}{2}x+3$.

(2)由图像可知$n<2$.

10. (1)25　150

(2)结合图像可得,甲:$y_甲=25x(0\leqslant x\leqslant 20)$;乙提速后的速度为50个/分,故乙生产完500个零件还需7分钟,乙:$y_乙=15x(0\leqslant x\leqslant 10)$,当$10<x\leqslant 17$时,设$y_乙=kx+b$,把(10,150),(17,500),代入可得$\begin{cases}10k+b=150,\\17k+b=500,\end{cases}$解得$\begin{cases}k=50,\\b=-350,\end{cases}$故$y_乙=50x-350(10\leqslant x\leqslant 17)$.综上可得:$y_甲=25x(0\leqslant x\leqslant 20)$;$y_乙=\begin{cases}15x(0\leqslant x\leqslant 10),\\50x-350(10<x\leqslant 17).\end{cases}$

(3)令$y_甲=y_乙$得$25x=50x-350$,解得$x=14$,此时$y_甲=y_乙=350$个,故甲工人还有150个零件未生产.

11. (1)设大枣粽子x元/盒,普通粽子y元/盒,

根据题意,得$\begin{cases}x-y=15,\\2x+4y=300,\end{cases}$解得$\begin{cases}x=60,\\y=45.\end{cases}$

答:大枣粽子60元/盒,普通粽子45元/盒.

(2)①设买大枣粽子x盒,则购买普通粽子$(20-x)$盒,买水果共用了w元,

根据题意,得$w=1\,240-60x-45(20-x)$

$=1\,240-60x-900+45x=-15x+340$,

故w关于x的函数表达式为$w=-15x+340$.

②∵要求购买水果的钱数不少于180元但不超过240元,

∴$\begin{cases}-15x+340\geqslant 180,&①\\-15x+340\leqslant 240;&②\end{cases}$

解不等式①得,$x\leqslant 10\frac{2}{3}$,解不等式②得,$x\geqslant 6\frac{2}{3}$,

∴不等式组的解集是$6\frac{2}{3}\leqslant x\leqslant 10\frac{2}{3}$.

∵x是正整数,∴$x=7,8,9,10$,可能方案有:

方案一:购买大枣粽子7盒,普通粽子13盒,

方案二:购买大枣粽子8盒,普通粽子12盒,

方案三:购买大枣粽子9盒,普通粽子11盒,

方案四:购买大枣粽子10盒,普通粽子10盒;

∵$-15<0$,∴w随x的增大而减小,

∴方案一可使购买水果的钱数最多,最多为$-15\times 7+340=235$(元).